《现代数学基础丛书》编委会

主　编：杨　乐

副主编：姜伯驹　李大潜　马志明

编　委：(以姓氏笔画为序)

　　　　王启华　王诗宬　冯克勤　朱熹平

　　　　严加安　张伟平　张继平　陈木法

　　　　陈志明　陈叔平　洪家兴　袁亚湘

　　　　葛力明　程崇庆

国家科学技术学术著作出版基金资助出版

现代数学基础丛书 174

代数 K 理论

黎景辉 著

首都师范大学
北京成像技术高精尖创新中心

科学出版社

北京

内 容 简 介

本书介绍代数 K 群的结构和性质. 我们从一个环 R 的 K 群 $K_0(R)$, $K_1(R)$, $K_2(R)$ 开始, 接着构造 Quillen 的高次 K 群, 介绍 Waldhausen 范畴的 K 理论和概形的 K 群. 为了方便学习, 我们补充了所需的代数和同伦代数的基本知识, 并介绍了模型范畴理论. 最后介绍了 Grothendieck 的原相理论, 并叙述了利用 K 理论来表达关于代数圈的一组为国际数学家所亟待解决的问题.

本书适合具备基础代数知识的数学系和理论物理系的本科生和研究生学习与参考.

图书在版编目(CIP)数据

代数 K 理论/黎景辉著. —北京: 科学出版社, 2018.6
(现代数学基础丛书; 174)
ISBN 978-7-03-058102-0

I. ①代⋯ II. ①黎⋯ III. ①代数 K 理论 IV. ①O154.3

中国版本图书馆 CIP 数据核字(2018) 第 134112 号

责任编辑: 李静科/责任校对: 邹慧卿
责任印制: 吴兆东/封面设计: 陈 敬

科学出版社 出版
北京东黄城根北街 16 号
邮政编码: 100717
http://www.sciencep.com

北京九州迅驰传媒文化有限公司 印刷
科学出版社发行 各地新华书店经销

*

2018 年 6 月第 一 版 开本: 720×1000 B5
2022 年 1 月第三次印刷 印张: 30
字数: 592 000
定价: 198.00 元
(如有印装质量问题, 我社负责调换)

《现代数学基础丛书》序

对于数学研究与培养青年数学人才而言，书籍与期刊起着特殊重要的作用．许多成就卓越的数学家在青年时代都曾钻研或参考过一些优秀书籍，从中汲取营养，获得教益．

20 世纪 70 年代后期，我国的数学研究与数学书刊的出版由于"文化大革命"的浩劫已经破坏与中断了 10 余年，而在这期间国际上数学研究却在迅猛地发展着．1978 年以后，我国青年学子重新获得了学习、钻研与深造的机会．当时他们的参考书籍大多还是 50 年代甚至更早期的著述．据此，科学出版社陆续推出了多套数学丛书，其中《纯粹数学与应用数学专著》丛书与《现代数学基础丛书》更为突出，前者出版约 40 卷，后者则逾 80 卷．它们质量甚高，影响颇大，对我国数学研究、交流与人才培养发挥了显著效用．

《现代数学基础丛书》的宗旨是面向大学数学专业的高年级学生、研究生以及青年学者，针对一些重要的数学领域与研究方向，作较系统的介绍．既注意该领域的基础知识，又反映其新发展，力求深入浅出，简明扼要，注重创新．

近年来，数学在各门科学、高新技术、经济、管理等方面取得了更加广泛与深入的应用，还形成了一些交叉学科．我们希望这套丛书的内容由基础数学拓展到应用数学、计算数学以及数学交叉学科的各个领域．

这套丛书得到了许多数学家长期的大力支持，编辑人员也为其付出了艰辛的劳动．它获得了广大读者的喜爱．我们诚挚地希望大家更加关心与支持它的发展，使它越办越好，为我国数学研究与教育水平的进一步提高做出贡献．

杨 乐

2003 年 8 月

序

这是一部为数学系/理论物理系的高年级本科生、研究生和自学者学习入门代数 K 理论而写的教材, 本书的内容是学习解决 K 理论里的一些问题需要的基本知识. 我于 2014 年在台北和 2016 年在北京讲代数 K 理论课时使用了本书部分材料. 我也曾用部分拓扑的材料在香港中文大学和香港科技大学为本科生上课. 最后一章的底稿是我二十年前开始写的讲义, 现整理出版.

全书共五篇. 第一篇讲环的 K 理论; 第二篇是关于高次 K 理论的知识; 第三篇记录一些代数的背景资料; 第四篇介绍同伦代数——这是首次在中文书出现的; 第五篇讲代数圈和关于它的 L 函数的猜想.

本书的部分内容第一次用中文出版. 我们谈到的如 Q 构造、$S_\bullet$ 构造、行列式是虚拟对象、λ 环、Adams 运算、单纯范畴、复纯范畴 (complicial category)、闭模型范畴 (closed model category)、分类空间与范畴拓扑化、上纤射 (cofibration)、上胞腔 (cocell)、同伦极限、单纯空间的单纯层、反宽松函子 (oplax functor)、算元 (operad)、E_∞ 环谱 (E_∞ ring spectrum)、无穷回路机 (infinite loop machine)、Bousfield-Kan 完备化、Dold-Kan 对应、代数圈 (algebraic cycle)、原相 (motif) 等基本概念都未曾在中文书中出现.

学过微分的人都知道什么是微分方程, 但却不是那么容易说明什么是 K 群. 请让我作一个不大准确的描述. 假设有一组大数据 $\mathcal{D}$. 经过处理之后这些数据和数据之间的关系有一个"好"的范畴的结构. 把这个范畴的对象看作端点, 把态射看作连接端点的箭, 便得一个可能很复杂的高维的网络. 怎样分析这个网络呢? 比如有态射 $f: A \to B, h: A \to C, g: B \to C$ 使得 $h = gf$, 我们便在这个网络安装一个以 A, B, C 为端点的三角形. 如此把这个网络"几何化"之后得出的拓扑空间记为 $|\mathcal{D}|$. 现在决定用拓扑学里的同伦为等价关系来简化这个网络的结构, 于是我们便用同伦群 $\pi_n(|\mathcal{D}|)$ 来分析原有的大数据 $\mathcal{D}$——这些同伦群便是代数 K 群了.

K 理论大致上有三种完全不同的味道: 拓扑 K 理论, 如 [Ati 69], [Kar 78]; 解析 K 理论, 如 [Bla 86], [HR 00], [Lod 98]; 代数 K 理论, 如 [Bas 68], [Wei 13]. 我在 [拓扑群] 介绍过前两种味道——当然这个简单的介绍没有谈到后续这两个 K 理论的非交换几何学——这是在传统微分几何和流形上的微分方程之外了. 代数 K 理论亦分三代: 第一代从 Grothendieck 至 Quillen 是正合范畴的 K 理论; 第二代是 Suslin 和 Voevodsky 的 Milnor K 理论; 第三代是单纯代数几何的 K 理论. 本书只

谈第一代代数 K 理论.

以下详细地介绍全书五篇的内容. 第一篇讲环的 K 理论, 对读者来说, 有限维向量空间是比较 "实在" 的. 我们从环开始, 而不是第一时间就用最抽象的范畴作定义, 这样是比较容易开始学习的. 先讲 K_0, K_1, K_2. 为了方便应用, 接着谈这些 K 群的正合序列的显式计算. 1.1 节是 K_0 群的定义和性质. $K_0(R)$ 是利用环 R 上的投射模 (或移射影模) 的直和 $P \oplus Q$ 来构造加法的一个群. 这看似简单但它的深远意义却在意料之外! 1.1 节我们已经可以证明 "加性定理"——以后将不断提高它的适应性. 在 1.1 节的内容加入自同构便得 1.2 节的 K_1 群; 不过我们的重点在于证明 K_1 群和 $\cup_{n=1}^{\infty} GL_n(R)$ 的关系, 怎样继续下去这个问题由 Milnor 利用 Steinberg 群 $St(R)$ 来解决, 我们证明有正合序列

$$1 \to K_2(R) \to St(R) \xrightarrow{\phi} GL(R) \to K_1(R) \to 1.$$

在 1.3 节我们介绍了域 F 的高次 Milnor K 群 $K_n^M(F)$ 和 Bloch-Kato-Milnor 猜想, 亦计算出了 $K_0(\mathbb{Z}), K_1(\mathbb{Z}), K_2(\mathbb{Z})$. 如果不会代数数论可以跳过 1.4 节. 选定 p 进数域 $\mathbb{Q}_p$ 的代数闭包 $\overline{\mathbb{Q}_p}$. 在 $\overline{\mathbb{Q}_p}$ 内取有限扩张 $F/\mathbb{Q}_p$. 定义有限 $\text{Gal}(\overline{\mathbb{Q}_p}/F)$ 模 A 的 Euler-Poincaré 特征标为

$$\chi(A) = \prod_{i=0}^{2} (\sharp H^i(G_F, A))^{(-1)^i}.$$

在 1.4 节我们利用 Serre 的结果证明 Tate 的神奇公式

$$\chi(A) = |\sharp A|_F.$$

这样在第 1 章我们看到 Bass, Grothendieck, Milnor, Serre, Steinberg, Tate, Whitehead 等参与代数 K 理论的启动工作, 他们都是 20 世纪下半叶最优秀的代数学家, 其中 Grothendieck, Milnor, Serre 都拿过 Fields 奖. 不过代数 K 理论的工作尚未成功, 同学们仍需努力!

在第 2 章我们想了解第 1 章构造的三个 K 群为什么有 $0, 1, 2$ 这样的序号. 为此我们回顾拓扑学的一个从拓扑空间范畴到交换群范畴的基本函子: 对整数 $n \geqslant 0$, 拓扑空间 $X \mapsto$ 奇异同调群 $H_n(X)$. 若 A 是 X 的子空间, 则可构造相对奇异同调群 $H_n(X, A)$ 和边界映射 $\partial_n : H_n(X, A) \to H_{n-1}(A)$ 使得有正合序列

$$\cdots \to H_n(A) \to H_n(X) \to H_n(X, A) \xrightarrow{\partial_n} H_{n-1}(A) \to H_{n-1}(X) \to \cdots$$

([姜] 第二章, 定理 1.2, 47 页). 如果希望 K_n 有类似 H_n 的结构, 我们便希望对 $n \geqslant 0$ 有 $K_n(R)$, 并且对同态 $R \to S$ 有正合序列

$$\cdots \to K_n(R) \to K_n(S) \to ?? \to K_{n-1}(R) \to K_{n-1}(S) \to \cdots.$$

2.1 节证明: 从环同态 $\phi: R \to R'$ 得正合序列

$$K_1(R) \xrightarrow{\phi_1} K_1(R') \xrightarrow{d'} K(\Phi f) \xrightarrow{d} K_0(R) \xrightarrow{\phi_0} K_0(R').$$

2.2 节证明: 设 I 为环 R 的 (双边) 理想. 从商环 R/I 得正合序列

$$K_2(R) \to K_2(R/I) \xrightarrow{\partial} K_1(R, I) \to K_1(R)$$
$$\to K_1(R/I) \xrightarrow{d'} K_0(R, I) \xrightarrow{d} K_0(R) \to K_0(R/I).$$

2.3 节证明: 从环卡方

$$\begin{array}{ccc} R & \xrightarrow{i_2} & R_2 \\ {\scriptstyle i_1}\downarrow & & \downarrow{\scriptstyle j_2} \\ R_1 & \xrightarrow{j_1} & S \end{array}$$

其中 j_2 是满射, 得 Mayer-Vietoris 正合序列

$$K_1 R \xrightarrow{f_1} K_1 R_1 \oplus K_1 R_2 \xrightarrow{g_1} K_1 S \xrightarrow{\delta} K_0 R \xrightarrow{f_0} K_0 R_1 \oplus K_0 R_2 \xrightarrow{g_0} K_0 S.$$

2.5 节证明: 若 S 是环 R 的右分母集并且 S 的元素都不是零除子, 则有局部化列正合序列

$$K_1(R) \xrightarrow{f_1} K_1(RS^{-1}) \xrightarrow{\partial} K_0(R, RS^{-1}) \xrightarrow{t} K_0(R) \xrightarrow{f_0} K_0(RS^{-1})$$

([WY 92], [BK 95], [FK 06]). 这个非交换环的结果很重要, 比如在第 16 章谈等变玉河数猜想时便用到. 在阅读 2.5 节前需要补充一些非交换代数: 见 2.4 节和第 7 章 ([MR 87], [Row 88], [Lam 91], [Pas 04]). 本章对 $n=0,1,2$ 构造正合序列. 当然只要你掌握的 K 理论足够强便有一个局部化列可以用来推出本章所有的结果. 但是本章对学习计算是有一定帮助的.

第二篇是关于高次 K 理论的知识. 在此要理解的中心思想是: 我们要给一个范畴构造它的 K 群. 因此我们介绍了正合范畴的 Quillen 方法和处理导出范畴的 Waldhausen 方法. 本篇最后一章讨论概形和叠的 K 群.

若要给一个范畴构造它的 K 群就得要求这个范畴有一些起码的结构. 在第 1 章我们已看到构造 $K_0(R)$ 的基础内容是正合序列, 所以我们按照 [Qui 73] 选正合范畴 (exact category), 为它构造 K 群. 3.1 节复习加性范畴、Abel 范畴、半单范畴的定义, 然后证明正合范畴的初步性质. 3.2 节讲正合范畴的 K_0. 这是在 Quillen 之前 Bass 和 Swan 等做的预备工作. 我们认为先了解这些再进入 [Qui 73] 就会觉得比较自然容易——在这一节我们证明几个 K_0 的 "基本定理". 3.3 节讨论 Quillen 的天才发明——Q 构造. 3.4 节使用分类空间 (classifying space, 12.1 节) 讲 Quillen

定义的正合范畴的 K 群. 我们一开始便证明: 设 $\mathcal{C}$ 是正合范畴, 则 $\pi_1(B Q\mathcal{C})$ 是同构于 3.2 节用 Grothendieck 群来定义的 $K_0(\mathcal{C})$. 然后我们介绍关于 Quillen K_n 群的几个 "基本定理"——这些结果反映了 Grothendieck 的代数几何学教程 (EGA) 对 Quillen 的影响. 在本章最后一节我们回到环 R 的 K 群. 我们指出 $K_n(R)$ 是 Quillen 的 $K_n(\mathbf{fpMod}(R))$, 其中 $\mathbf{fpMod}(R)$ 是有限生成投射 R 模范畴. 这样我们看到 Quillen 成功地推广已有的 $K_0(R), K_1(R), K_2(R)$ 至 $K_n(R), n \geqslant 0$——完成了一项伟大的工程. 为了明白这件事, 我们解释 Quillen 是怎样想到 BGL^+ 的, 然后证明 $+ = Q$, 我们才能了解 Quillen$Q$ 构造的拓扑内容.

怎样处理一个 Abel 范畴 $\mathcal{A}$ 的复形范畴 $\mathbf{Com}(\mathcal{A})$ 的 K 理论呢? 第 4 章按照 Thomason 的名著 ([Tho 90]) 用 Waldhausen $S_\bullet$ 构造来解决此问题, 讨论了复纯范畴、Waldhausen K 群与 Quillen K 群的比较等问题.

第 5 章谈概形的 K 群——当然若 R 是交换环, 概形 $\operatorname{Spec} R$ 的 K 群 $K_n(\operatorname{Spec} R)$ 就是第 1 章的 $K_n(R)$, 不过现在可以取 $n \geqslant 3$. 本章的主要内容包括 K 和 G、顺符号、概形的代数圈、Bloch-Quillen 公式、带支集的 K 群 $K_n^Y(X)$、概形单纯层、概形的 K 群与 BGL 的关系、层的 $+ = Q$ 定理、概形 K 群的 λ 环结构、单纯概形 $Y_\bullet$ 的 K_0 群是增广 $H^0(Y_\bullet, \mathbb{Z})$ λ 代数、完全复形 (perfect complex)、概形 X 的 K 谱 $\mathbb{K}(X)$ 是 E_∞ 环谱、K 谱 $\mathbb{K}$ 是从概形范畴至环谱范畴的函子 ([Tho 90])、叠的 K 理论. 最后以关于椭圆曲线 E 的代数 K 群的问题结束.

第三篇和第四篇简单记录一些背景资料以方便参考, 避免经常打断第二篇的叙述. 第三篇讲代数. 第 6 章是补充 [高线] 关于投射模的背景知识——包括单模、半单环、Quillen-Suslin 证明的关于多项式环的投射模的 Serre 猜想、左投射维数 $lpd(M)$、左整体维数 $lgld(R)$、过滤、完备化和谱序列.

第 7 章从幺半范畴 (monoidal category) 开始 (这是在代数 K 理论里重要的结构), 我们采用 Thomason 想法澄清了一些细节. 然后以向量空间的行列式为引子讲 Deligne 的行列式函子理论和虚拟对象 (virtual object) ([Del 871])——这并不是 Dieudonne 行列式而是应用在 K 群的新想法.

第 8 章讲 λ 环. 1957 年 Grothendieck 在研究陈省身示性类时, 模仿向量空间外代数 ([高线] 3.5 节) 在幂级数环 $1+tR[[t]]$ 引入 λ 环的结构 (文章没有发表). 自此有一系列的资料讨论 λ 环: [Gro 581], [AT 69], [Ber 71], [Kra 80], [Hil 81], [Sou 85], [Sch 88], [Gra 95], [Lec 98], [RSS 88], [Wei 13] II §4, [FL 85], [Knu 73]. 我们从复习对称函数和牛顿多项式开始. 8.2 节讲 Adams 运算——这是 Adams 在其创造性的文章 [Ada 62] 中引入的. 我们是按照 Grothendieck 的方法, 用的文献是 [AT 69]. 最后一节讲群表示环并且以 Serre([Ser 68]) 证明关于分裂简约群概形表示环的 Grothendieck 猜想结束. 第 7, 8 章的内容第一次出现在中文书中.

第四篇首次用中文介绍同伦代数 (homotopical algebra), 还收集一些 K 群论常使用的拓扑学知识——主要是讲 "组合拓扑学" 里的单纯同伦论.

第 9 章是从拓扑空间的定义起步的. 我们关心的是同伦和弱等价、推出和拉回、回路和同纬象、纤射和上纤射、纤维列、同伦纤维. 内容涉及零幂空间、Hurewicz 定理、Whitehead 定理、Moore 空间、Eilenberg-Mac Lane 空间、Dold-Thom 定理、Mayer-Vietoris 同伦列、柱锥列、同伦拉回方、同伦卡方、Mather 定理.

第 10 章特别介绍 Quillen 的闭模型范畴. 在设计上 K 理论就深受它的影响. 比如要在一个集合 M 上算积分, 我们先选 M 的可测集 (σ 环). 要在一个集合 S 上谈连续函数 (层), 我们先在 S 内选定拓扑. 在这里每遇上一个范畴, 我们便为它选定弱等价集、纤射集和上纤射集. 定义闭模型范畴的公理系在同伦论的重要性几乎等于定义拓扑的公理系在拓扑空间的重要性. 正如淡中范畴帮助我们了解线性代数的深层结构, 闭模型范畴在同伦论中亦扮演同样角色. Quillen 称他的理论为同伦代数, 或为非线性同调代数. 例如, 纤射列的性质如同 Verdier 的同调代数里剖分范畴的三角形, 同伦范畴里的导函子理论. 从近来出版的多本教科书中可以看到关于闭模型范畴的研究是非常活跃的, 是不容忽视的. 可以参看 [DHKS 04], [EKM 96], [Hirs 03], [GJ 09], [Hov 99], [Lur 09], [Rie 14], [Voe 07].

第 11 章介绍单纯同伦. 我们从单纯集开始到 Quillen 创建高次 K 理论的文章 [Qui 73] 里常用的定理 A 和 B, 其中包括构造基础技术如几何现相 ([Mil 57])、Bousfield-Kan 完备化 ([BK 87])、同伦极限 ([Vog 73], [Tho 79], [Tho 82], [BK 87]); 又有单纯集范畴、逗号范畴和纤范畴. 为了方便读者, 我们复习范畴里的极限 (limit) 和上极限 (colimit), 楔 (wedge), 双自然变换 (dinatural transformation), 端 (end, 即 $\int^c S$).

第 12 章介绍分类空间. 范畴的高次 K 群是用拓扑空间的高次同伦群定义的. 为此第一步便是把范畴化为拓扑空间, 然后才可以取同伦群. 称此过程为范畴的拓扑化. 一个范畴的分类空间是这个范畴的神经的几何现相. 定义是容易说的, 但这是什么意思呢. 整个第 12 章就是为解释这个定义的. 说明了 Brown 表示定理, 便谈向量丛、主丛、BG 和主 G 丛同构类的关系, 证明 $BGL_n = \operatorname{Grass}_n(\mathbb{R}^\infty)$. 接着讲分类层范畴 (classifying topos) ([Gro 682], [Moe 95]). 本章最后一节讨论 $B(\mathcal{S}^{-1}\mathcal{S})$, 这是用在 Quillen 的 $+ = Q$ 定理.

第 13 章介绍单纯对象——第 5, 15, 16 章使用这一章的内容. 以 $\operatorname{Hom}(\mathcal{A}, \mathcal{B})$ 记从范畴 $\mathcal{A}$ 到范畴 $\mathcal{B}$ 的全部函子所组成的范畴. Δ 是序数范畴. 取范畴 $\mathcal{C}$. 称函子 $\Delta^{op} \to \mathcal{C}$ 为单纯 $\mathcal{C}$ 对象 (simplicial $\mathcal{C}$ object). 并以 $\mathbf{sC}$ 记范畴 $\operatorname{Hom}(\Delta^{op}, \mathcal{C})$. **Top** 是拓扑空间范畴. 简称函子 $\Delta^{op} \to \mathbf{Top}$ 为单纯拓扑空间 (simplicial topological space). 全部范畴组成范畴 **Cat**. 按这里的原则称函子 $\Delta^{op} \to \mathbf{Cat}$ 为单纯范畴. 13.1 节讲

Dold-Kan 对应 ([Kan 582], [DP 61]). 13.2 节复习软层、松层 ([模曲线], [God 73], [Fu 06]). 13.3 节证明拓扑空间的单纯层范畴 $\mathbf{sSh}_X$ 是闭模型范畴, $\mathbf{sSh}_X$ 的同伦范畴 $Ho\,\mathbf{sSh}_X$ 上的导函子、拓扑空间的单形层的上同调群、Gillet-Brown-Gersten 表达式 ([Qui 67], [BrK 74], [BG 73], [Gil 81]). 13.4 节讲单纯拓扑空间的层 ([Del 741] §5, [Gil 83] §1). 13.5 节讲单纯概形 ([Fri 82], [Gil 83]). 13.6 节讲 Quillen 单纯模型范畴 ([Qui 67], [GJ 09]). 13.7 节讲单纯预层 ([Jar 871], [Jar 872]).

第 14 章讲谱 (spectrum). 在数学中有三个不同的谱. 一是泛函分析的算子谱, 二是代数几何里交换环的谱, 三是代数拓扑的谱. 代数几何的环的谱 (spectrum of a ring) 与代数拓扑的环谱 (ring spectrum) 是不同的结构. 拓扑学家对谱的定义没有共识. 以前课本如 [Ada 74], [Swi 75] 都讲过谱. 事实上从二十世纪六十年代 Boardman 的从没有公开的笔记 ([SS 02]) 到九十年代 [EKM 96], [HSS 99], 大家都在尝试构造谱范畴. 我认为只要选定一组定义, 看文章时便容易比较了. 我们选择 [Tho 82].

14.1 节复习函子——相贯公理 (coherence axiom)、宽松函子 (lax functor)、反宽松函子、伪函子 (pseudo functor)、强卡氏态射 (strongly cartesian morphism)、纤维范畴 (fibred category)、群胚纤维范畴 (category fibred in groupoids)、纤维范畴与预层的关系. 14.2 节讲拓扑空间谱, 也谈及无穷回路空间 (infinite loop space)、同纬预谱 (suspension prespectrum)、谱化 (spectrification). 14.3 节讲无穷回路机 ([Seg 74], [May 74], [SS 79], [Tho 79], [Tho 82], [MT 78], [May 80]). 14.4 节介绍 Segal Γ 空间 ([Seg 74]). 14.5 节讲算元 (([May 72], [May 771], [LB 12], [Lei 04]). 14.6 节讲环谱: $\mathbb{L}$ 谱、E_∞ 环谱 ([May 771], [May 09], [LMS 86], [EKM 96]). 14.7 节讲单纯预谱范畴. 14.8 节讲单纯预谱预层 (pre-sheaf of pre-spectra)([Jar 872], [Jar 97]).

没有 (深刻、未解决的) 问题的理论已完成了它的发展. 第五篇就是以介绍名题为主. 大家都想证明的猜想是一个理论的试金石.

第 15 章讲代数圈 (algebraic cycle) 以区别于同调闭链 (homological cycle). 在第二篇证明了的 Bloch-Quillen 公式告诉我们代数 K 理论一开始便说明了 K 群与代数圈的关系. 15.1 节复习拓扑流形、微分流形, 复流形的圈映射、Weil 上同调群和 Grothendieck 的标准猜想 (standard conjectures) ([Gro 68]), 然后介绍 Hodge 猜想 ([Hod 50]) 和 Tate 代数圈猜想 [Tat 65]). Hodge 猜想是克雷数学研究所 (Clay Mathematical Institute) 的七个千年问题 (Millennium Problem) 之一, 是二十一世纪关于几何的伟大数学题目, 年青的数学家应该知道的. 我们要在代数簇 X 的子簇所生成的自由群 $Z(X)$ 中引入乘法使得 $Z(X)$ 是上同调环 $H^*(X)$ 的子环. 这个乘法来自代数簇的相交理论 (intersection theory). 关于两个代数簇的相交, 二十世纪三十年代有 van der Waerden 和周炜良 ([Wae 27], [CV 37], [Wae 39]) 提出的相交积的定义, 接着有 Weil ([Wei 46]), Chevalley ([Che 45], [Che 58]), Samuel ([Sam

51]), Serre ([Ser 65]) 的工作. 15.2 节介绍 Grothendieck 给出的相交理论公理 ([Gro 58] §1; [Man 68] §1), 这是后来发展的所有的代数圈和原相理论的原始模型. 后来他们要证明的定理或猜想本来已在 Grothendieck 的相交理论里面. 在本篇将看到代数圈的研究是 Grothendieck 和他的追随者们留给我们的伟大挑战. 我认为对初学和自学的人来说, 弄清楚基本原理比一开始就讲原相同伦好一点. 15.3 节讲周炜良环——代数圈的有理等价类集合的环结构. 在此节我们给出了 [Ful 98] 的摘要——指出"用法锥定义积"这一关键, 再加上附录里所说的切空间理论, 便可以了解相交积. 本节对学习 Fulton 的书是有帮助的. (我参与此书第一版的修正——见第二版的序.) 最后介绍周群的两个过滤猜想: Bloch-Beilinson 猜想和 Murre 猜想来结束 15.3 节. 15.4 节讲相交重数的 Serre 公式和 Quillen-Chevalley 公式. 15.5 节讲 Bloch 用代数几何方法定义周群 ([Blo 86]). 这个概念对过去三十年的工作有深刻的影响. 读者一定要学习此原著. 15.6 节介绍以周炜良命名的周坐标. 老一辈的数学家 (如 Shimura) 用它来讨论模问题. 这是一种经典的投射几何学方法, 以同调代数为中心的代数几何学教科书 (如 [Har 77]) 不会谈到的. 我相信没有别的地方你可以学到这东西. 原始的资料可参考 [Wae 39] §36, §37. 不要小看这老东西, 它的好处是: 可以用它写电脑程序进行数值计算. 15.7 节开始时解释为什么我译 motif 为 "原相"——希望这个译名得到年青一代的支持. 大家可以从以下的几个会议记录深入学习原相理论: [JKS 94], [AB 94], [GL 00], [NP 07], [JL 09]. 本章在伪 Abel 范畴的定义之后构造纯原相范畴和再谈 Tate 猜想. 接着有混原相、Hodge 结构、混 Hodge 结构 ([Voi 02], [PS 08], [Del 71], [Del 741])、数域上的投射簇的现相、淡中范畴 (Tannakian category) ([DM 82], [Del 90])、原相 Galois 群猜想、Mumford-Tate 猜想 ([Mum 66], [Ser 94], [Ser 77])、等分布 (equidistribution) 和 Serre 的佐藤干夫 -Tate 猜想 ([Ser 11]), 最后以原相结构 ([FP 94]) 和朗兰兹纲领结束——真是很丰富的一章.

在 Quillen 证明了 Serre 猜想, Bass 处理了同余子群问题, Grothendieck-Gillet-Soule-Thomason-Fulton-MacPherson 整理了 Riemann-Roch, Voevodsky 证明了范剩定理之后, 正如开始时研究代数数环的 K_2 一样, 代数 K 理论的核心挑战仍然是隐藏在代数数论内. 为此第 16 章说明等变玉河数猜想. 核心的概念是 L 函数, 它好像是个大铁环, 所有东西都扣在它上面, 又通过它连起来了.

16.1 节介绍关于代数整数环 $\mathcal{O}_F$ 的 K 群的 Quillen-Lichtenbaum 猜想. 然后复习 Galois 上同调群、岩泽理论、关于 Dedekind ζ 函数特殊值与 $\#K_n(\mathcal{O}_F)$ 的 Lichtenbaum 猜想 ([Lic 84])、经典调控子、Artin L 函数、Hasse-Weil ζ 函数、光滑射影簇的 L 函数和 Hodge 过滤. 16.2 节讨论 "周期"——这是为了帮助我们理解上一章和 16.1 里谈到的: 簇 X 的 L 函数的无穷部分与 X 的 Hodge 结构的关系和函数方程的控制. 在这一节我们利用黎曼曲面、Abel 簇介绍周期矩阵 ([GH

78])、Abel-Jacobi 定理、Ehresmann 定理、周期区、Griffiths 解析性和横截性定理 ([Gri 681])、Shimura 周期符号 ([Shi 98]) 及 Colmez-Yoshida 猜想 ([Yos 03])、Deligne 的现相造原相、Deligne 的 $\mathbb{Q}$ 周期猜想 ([Del 79]). 近二十年很多人从各观点研究"周期区"; 除论文外还有好几部书, 如 [KP 16], [DOR 10], [KU 08], [GG 05], [And 03], [CMP 03], [RZ 96]. 16.3 节用 Hodge 理论详细构造 Beilinson-Deligne 上同调群 ([Bei 85]). 16.4 节讲陈省身示性类 (Chern class), 简称陈类——这是学生应该熟知的概念. 我们先从 K 理论观点构造陈类——GL_n 的同调群、Beilinson 调控子映射猜想、K 群上的 Adams 算子、Jouanolou 引理、证明刻画陈特征标的定理 ([BS 58], [Gro 581], [Mac 63], [Jou 73], [Sou 79], [Kal 80], [Gil 81], [Sus 82], [Fri 82], [Bei 85], [Blo 86], [Sch 88], [Wei 13] Chap V, §11). 最后为了帮助读者了解背景, 我们叙述经典陈类理论 ([Hir 66], [Hus 94], [Hat 09]). 16.5 节讲 Selmer 群、Kummer 序列、无分歧上同调、Greenberg-Wiles 公式、Bloch-加藤 Selmer 群、Selmer 结构 (([Gre 89], [BK 90], [Gre 91], [Wil 95], ([FP 94], [DDT 97], [Nek 06]). 16.6 节介绍 Bloch-加藤的玉河数猜想 ([BK 90], [BN 02], [King 03], [HK 03], [DFG 04]). 16.7 节对黎曼 ζ 函数证明 Bloch-加藤玉河数猜想 ([BK 90], [Coa 15]). 为了容许非交换系数在 16.8 节引入"等变玉河数猜想" (equivariant Tamagawa number conjecture ETNC) ([BF 01], [BF 03], [BG 03], [Bley 06])、Fontaine-Perrin-Riou Mot_∞ 猜想 ([FP 94])、Deligne-Beilinson 猜想, p 进调控子猜想. 在 16.6—16.8 节我们不单使用了本章前五节甚至使用了前十五章的结果, 没有代数 K 理论就说不出 ETNC. 16.9 节以椭圆曲线为实例来说明 ETNC——假设秩猜想和 Ш$(E/\mathbb{Q})$ 是有限的, 则可以从 ETNC 推出 BSD 关于 $L(E,1)^*$ 的猜想 ([King 11], [King 01], [Bars 02], [Sto 03], [KT 03]). 16.10 节是 Beilinson 在模曲线上证明他的猜想 ([Bei 86], [Sch 90], [Kat 93], [Kat 04]). 到此我们体会到代数 K 理论是个庞大的有机体, 每个部分是紧密连在一起的, 剖开该有机体的秘密是很有意义的挑战!

这里介绍 K 理论的时候我们谈到我国两位伟大先师陈省身先生和周炜良先生的工作. 在此向他们敬礼.

如果你在学习 K 理论, 我希望本书是有参考价值的. 不过我相信在可见的未来, 我国学习 K 理论的人中很多都是自学的. 学习代数 K 理论要懂一些范畴的语言, 建议参考 [李文威] 的前三章; 当然如果你有时间可以学习文献 [Mac 78]. 对自学者来说, 如果有点范畴学的基础, 以及同伦群和分类空间的知识, 直接看第 3, 4 章便可知道 K 群了; 第 3 章用 Quillen 定理 A 和 B 时可参阅第 11 章. 当然若想了解代数 K 群的内涵就得看看其他各章了. 若打算从头开始看, 有两种方法. 一是先看 6.1 节、6.2 节、1.1—1.3 节、2.1 节、2.2 节, 然后学点范畴学、同伦群和分类空间, 接着看第 3, 4 章. 如果愿意多花点时间, 第二种方法是先学习第三篇, 然后学习第一篇. 阅读一本代数拓扑学; 学习第 9 章、11.1 节、11.2 节和第 12 章. 接着学习第

3,4 章; 遇到未见过的概念就去第三、四篇查一查. 如果同时学些代数几何便可学习第 5 章. 若还会点代数数论, 就可以阅读第五篇了. 第四篇——同伦代数是 Quillen 创造的. 他构造高次 K 理论时是深受同伦代数影响的. 如果有时间是值得学习这一篇的, 没有证明的地方可以看专著来补充. 我上课时是按听众所知从第一、二篇和第三、四篇平行选讲. 本书的内容是来自半个多世纪人们的工作, 其间许多概念的定义不断更换, 这对本书的编写带来一定的困难. 不过我相信有了一个参考坐标作比较就会容易统一各种观点. 我建议读者把本书作为原创文章的导读, 应该尽早学习 [Qui 73], [Wal 85], [Del 79], [Bei 85], [Blo 86], [BK 90], [BF 01], [BF 03] 等.

对自学者我建议每学习一章一节都去想一想这一章这一节中结果的条件和研究的对象有什么是可以改变的, 若改变了会不会有新的结果呢? 作为例子请看第 3 章、第 5 章的最后一段. 也许想出来做出来的不是当前最热门的课题, 但还是值得的, 这是一个很好的锻炼. 回顾: ① Quillen 创造 Q 构造而成功为正合范畴构造高次 K 群; ② Voevodsky 使用 Quillen 的闭模型技术构造混原相范畴而成功解决 Bloch-Kato-Milnor 猜想. 我们看到代数 K 理论这两次的突破都是从基础做起, 也就是说: 再造一个新的结构, 像造新房一样, 从地基造到顶层. 我相信解决代数 K 理论当前的困难亦需要造新的结构、新的范畴、新的同伦. 因此本书希望帮助读者观察已有结构合起来的整体布局以为造新的结构作准备.

可以说代数 K 理论是代数数论、代数几何学、代数拓扑学和范畴学组合而成的. 我们所补上的一些代数和拓扑是和代数 K 理论的发展分不开的. 将来当这些内容出现在我们的代数和拓扑课本的时候便可省去第三、四篇了. 对那些希望多学点关系结构的数学的读者来说, 最好是所在的数学系可以开设全套的代数课: 组合数学、非交换代数、交换代数、代数几何、代数拓扑、同调代数、同伦代数、表示论、范畴学. 过去四十年我国大学数学教育的建设在微分方程、动力系统、微分几何、复流形、泛函分析这几方面是非常成功的. 相对而言可以年年开设全套的代数课的数学系就没有几家. 希望我国代数教学越来越好.

代数 K 理论的讲授有不同常常是因为大家要解决的问题相异. 不妨看看一些名家作品: Bass-Milnor-Serre [BMS 67]; Grothendieck [Gro 71]; Connes [Con 85]; Quillen [Qui 76], Suslin-Vaserstein- [SV 76]; Waldhausen [Wal 78], [Wal 85]; Thomason [Tho 90]; Bloch [Blo 86], Beilinson [Bei 86], Kato [Kat 04]; Voevodsky [Voe 98], [Voe 11]. (Atiyah, Connes, Grothendieck, Milnor, Quillen, Serre 和 Voevodsky 都曾获得 Fields 奖.)

很多 K 理论的结果本书没有谈到, 如整套 Voevodsky 的 Milnor K 群理论 ([VSF00], [Voe 07]) 是在本书之外. 我的安排与选题的深浅度和一些标准的教材是不大相同的. 若本书的观点和有关专家的观点不同, 请见谅, 有错的请赐教.

感谢冯克勤、方复全、李克正、席南华、张继平和科学出版社李静科编辑对本书出版的支持. 本书获得国家科学技术学术著作出版基金的资助, 特此感谢. 这部书连同其他六本完成了我介绍基本代数数论的愿望. 谢谢大家.

黎景辉

2018 年 5 月 2 日

目 录

《现代数学基础丛书》序
序
符号说明
术语说明

第一篇　环的 K 理论

第 1 章　K 群 ··· 3
  1.1　Grothendieck 群 ··· 3
  1.2　Bass-Whitehead 群 ·· 7
  1.3　Milnor 群 ·· 14
  1.4　Serre-Tate 定理 ·· 26

第 2 章　正合序列 ·· 31
  2.1　同态的正合序列 ·· 31
  2.2　商环的正合序列 ·· 36
  2.3　Mayer-Vietoris 列 ·· 38
  2.4　非交换环的局部化 ·· 42
  2.5　局部化列 ·· 45

第二篇　高次 K 理论

第 3 章　正合范畴的 K 理论 ··· 55
  3.1　正合范畴 ·· 56
  3.2　正合范畴的 K_0 群 ·· 61
  3.3　Q 构造 ·· 66
  3.4　Quillen K 群 ·· 70
  3.5　环的高次 K 群 ··· 75

第 4 章　Waldhausen 范畴的 K 理论 ·· 90
  4.1　Waldhausen 范畴 ·· 90
  4.2　复纯范畴 ·· 92
  4.3　$S_\bullet$ 构造 ··· 95
  4.4　Waldhausen 范畴的 K 群 ··· 100

第 5 章 概形的 K 理论 ... 103
- 5.1 概形的 K 群 ... 103
- 5.2 概形的代数圈 ... 106
- 5.3 概形的 K 群的 λ 环结构 ... 111
- 5.4 概形的 K 谱 ... 117
- 5.5 叠的 K 理论 ... 119

第三篇 代 数

第 6 章 模 ... 127
- 6.1 有限生成模 ... 127
- 6.2 投射模 ... 132
- 6.3 纤维积 ... 135
- 6.4 过滤和完备化 ... 136
- 6.5 谱序列 ... 137

第 7 章 行列式 ... 140
- 7.1 幺半范畴 ... 140
- 7.2 向量空间的行列式 ... 144
- 7.3 行列式函子 ... 145
- 7.4 虚拟对象 ... 147
- 7.5 环的行列式 ... 148

第 8 章 λ 环结构 ... 150
- 8.1 λ 环 ... 153
- 8.2 Adams 运算 ... 156
- 8.3 γ 过滤 ... 158
- 8.4 群表示环 ... 161

第四篇 同伦代数

第 9 章 拓扑 ... 167
- 9.1 拓扑空间 ... 167
- 9.2 同伦 ... 173
- 9.3 Ω 和 Σ ... 175
- 9.4 同调 ... 185
- 9.5 纤维 ... 187

第 10 章　模型范畴 · 197
10.1　闭模型 · 197
10.2　同伦 · 204
10.3　同伦范畴 · 209
10.4　Ω 和 Σ · 212
10.5　导函子 · 216
10.6　固有闭模型范畴 · 219

第 11 章　单纯同伦 · 221
11.1　单纯集 · 221
11.2　几何现相 · 227
11.3　单纯集范畴 · 235
11.4　同调 · 237
11.5　同伦 · 237
11.6　胞腔和上胞腔 · 239
11.7　上单纯对象 · 240
11.8　R 完备化 · 242
11.9　逗号范畴和纤范畴 · 243
11.10　同伦极限 · 246
11.11　双单纯集 · 250
11.12　定理 A 和 B · 252

第 12 章　分类空间 · 255
12.1　范畴的拓扑化 · 255
12.2　基本群 · 260
12.3　BG · 264
12.4　$\mathbf{B}_{\mathcal{C}}$ · 269
12.5　$B\mathcal{S}^{-1}\mathcal{S}$ · 270

第 13 章　单纯对象 · 276
13.1　Dold-Kan 对应 · 276
13.2　层 · 280
13.3　单纯层 · 283
13.4　单纯拓扑空间的层 · 289
13.5　单纯概形 · 291
13.6　Quillen 单纯模型范畴 · 291
13.7　单纯预层 ·295

第 14 章　谱 ··· 296
- 14.1　伪函子 ··· 296
- 14.2　拓扑空间谱 ··· 300
- 14.3　无穷回路机 ··· 303
- 14.4　Γ 空间 ··· 303
- 14.5　算元 ··· 305
- 14.6　环谱 ··· 306
- 14.7　单纯谱 ··· 310
- 14.8　单纯谱预层 ··· 311

第五篇　猜　想

第 15 章　代数圈 ··· 315
- 15.1　标准猜想 ··· 315
- 15.2　相交理论 ··· 320
- 15.3　周炜良环 ··· 325
- 15.4　相交重数 ··· 333
- 15.5　Bloch 周群 ··· 335
- 15.6　周坐标 ··· 336
- 15.7　原相 ··· 344

第 16 章　L 函数猜想 ··· 357
- 16.1　整数环 ··· 358
- 16.2　周期 ··· 369
- 16.3　Deligne 上同调群 ··· 377
- 16.4　陈省身示性类 ··· 388
- 16.5　Selmer 群 ··· 398
- 16.6　Bloch-加藤猜想 ··· 403
- 16.7　黎曼 ζ 函数 ··· 408
- 16.8　等变玉河数猜想 ··· 410
- 16.9　椭圆曲线 ··· 415
- 16.10　模曲线 ··· 420

后记 ··· 422

参考文献 ··· 423

《现代数学基础丛书》已出版书目 ··· 451

符号说明

$\#S$ 或 $|S|$ 是有限集合 S 的元素个数.

常用的范畴我们用黑体来记, 例如: **Set** 是集合范畴, **Top** 是拓扑空间范畴, **pMod**(R) 是投射 R 模范畴.

在符号前加小字母作形容词, 例如: **sSet** 是单纯集范畴, **cgTop** 是紧生成拓扑空间范畴, **fpMod**(R) 是有限生成投射 R 模范畴.

有时大小写有区别, 例如: **Cat** 是小范畴组成的范畴, **CAT** 是全部范畴组成的范畴.

其他一般范畴常写为花体, 如 $\mathcal{C}, \mathcal{D}, \mathcal{S}$.

层以手体记, 如 $\mathscr{O}_X, \mathscr{F}$.

术语说明

上 (co), 如同调 (homology) 和上同调 (cohomology), 极限 (limit) 和上极限 (colimit), 积 (product) 和上积 (coproduct).

协变 (covariant), 反变 (contravariant), 等变 (equivariant).

分解 (decomposition), 化解 (resolution), 析解 (devissage).

已约 (reduced), 如已约丛 (reduced bundle); 可约 (reducible); 简约 (reductive), 如简约群 (reductive group); 约化 (reduction), 如 mod p 约化 (reduction mod p).

已分 (separated), 如已分概形 (separated scheme); 可分 (separable), 如可分扩张 (separable extension).

次数 (degree), 如 n 次多项式; 级 (grade), 如分级环 (graded ring); 阶 (order), 如二阶常微分方程.

收缩 (contraction), 如收缩映射 (contraction map); 可缩 (contractible), 如可缩空间 (contractible space); 缩回 (retraction), 如缩回映射 (retraction map); 缩回核 (retract). 浸入 (immersion), 嵌入 (embedding).

单形 (simplex), 单纯 (simplicial), 复形 (complex), 复纯 (complicial).

第一篇

环的 K 理论

第 1 章 K 群

1.1 Grothendieck 群

Alexander Grothendieck (格罗滕迪克，1928 年在德国出生，2014 年在法国逝世) 是二十世纪的伟大数学家.

1.1.1 K_0

作为温习建议读者阅读 6.1 节、6.2 节.

设 R 是环 (暂不设交换). 以 $\langle P \rangle$ 记 R 模 P 的同构类. 以有限生成的投射 R 模的同构类为生成元的自由交换群，记为 $\mathcal{F}$. 在 $\mathcal{F}$ 内取由以下的生成元所生成的子群 $\mathcal{R}$: 每当

$$0 \to P' \to P \to P'' \to 0$$

是有限生成投射 R 模正合序列时，便取 $\langle P' \rangle + \langle P'' \rangle - \langle P \rangle$ 为 $\mathcal{R}$ 生成元. 称商群 $\mathcal{F}/\mathcal{R}$ 为环 R 的 **Grothendieck 群**，并记此为 $K_0(R)$.

由于投射模的正合序列必分裂，所以 $0 \to P' \to P \to P'' \to 0$ 正合等价于 $P \cong P' \oplus P''$. 因此可以说 $\mathcal{F}$ 的子群 $\mathcal{R}$ 由以下的生成元所生成: $\langle P' \rangle + \langle P'' \rangle - \langle P' \oplus P'' \rangle$，其中 P', P'' 走遍所有有限生成的投射 R 模.

$\langle P \rangle$ 在 $K_0(R)$ 的象记为 $[P]$. 于是

$$\left[\bigoplus_{i=1}^n P_i \right] = \sum_{i=1}^n [P_i].$$

$K_0(R)$ 的元可表达为 $\sum_i [P_i] - \sum_j [Q_j] = [\bigoplus_i P_i] - [\bigoplus_j Q_j]$. 于是可以说: $K_0(R)$ 的任一元素可表达为 $[P] - [Q]$.

在自由交换群 $\mathcal{F}$ 中，

$$\langle P_1 \rangle + \cdots + \langle P_k \rangle = \langle Q_1 \rangle + \cdots + \langle Q_k \rangle$$

当且仅当存在置换 π 使 $P_1 \cong Q_{\pi(1)}, \cdots, P_k \cong Q_{\pi(k)}$. 于是有

$$P_1 \oplus \cdots \oplus P_k \cong Q_1 \oplus \cdots \oplus Q_k.$$

现设 $[P] = [Q]$. 即在 $\mathcal{F}$ 中有

$$\langle P \rangle - \langle Q \rangle = \sum_i (\langle P_i \rangle + \langle Q_i \rangle - \langle P_i \oplus Q_i \rangle) - \sum_j (\langle P'_j \rangle + \langle Q'_j \rangle - \langle P'_j \oplus Q'_j \rangle),$$

于是

$$\langle P\rangle + \sum\langle P_i\oplus Q_i\rangle + \sum\langle P'_j\rangle + \sum\langle Q'_j\rangle = \langle Q\rangle + \sum\langle P_i\rangle + \sum\langle Q_i\rangle + \sum\langle P'_j\oplus Q'_j\rangle.$$

取 $X=\oplus_i P_i\oplus\oplus_i Q_i\oplus\oplus_j P'_j\oplus\oplus_j Q'_j$, 则得 $P\oplus X\cong Q\oplus X$. X 是有限生成的投射 R 模, 于是有 R 模 Y 使得 $X\oplus Y\cong R^n$. 因此 $P\oplus R^n\cong Q\oplus R^n$. 这样得以下命题.

命题 1.1 设 P,Q 是有限生成的投射 R 模, 则在 $K_0(R)$ 内 $[P]=[Q]$ 当且仅当存在整数 $n\geqslant 0$ 使得 $P\oplus R^n\cong Q\oplus R^n$.

引理 1.2 设 $f:R\to S$ 是环同态, 则

$$K_0(f):K_0(R)\to K_0(S):[P]\mapsto[S\otimes_R P]$$

是群同态.

证明 设 $f:R\to S$ 是环同态, 则映射 $S\times R\to S:(s,r)\mapsto sf(r)$ 使 S 成为右 R 模. 若 P 是左 R 模, 则可取张量积 $S\otimes_R P$. 环乘法使 S 为左 S 模, 于是交换群 $S\otimes_R P$ 成为左 S 模.

设 P 是有限生成的投射 R 模, 则有 R 模 Q 使得 $P\oplus Q\cong R^n$. 这样

$$(S\otimes_R P)\oplus(S\otimes_R Q)\cong S\otimes_R(P\oplus Q)\cong S\otimes_R R^n$$
$$\cong(S\otimes_R R)^n\cong S^n,$$

于是 $S\otimes_R P$ 是有限生成的投射 S 模. 不难证明 $K_0(f)$ 是群同态. □

常以 f^* 记 $K_0(f)$.

Rg 记环范畴, **Ab** 记交换群范畴.

命题 1.3 $K_0:\mathbf{Rg}\to\mathbf{Ab}$ 是函子.

证明 设有环同态 $f:R\to S,g:S\to T$ 和 R 模 P, 则

$$T\otimes_S(S\otimes_R P)\cong(T\otimes_S S)\otimes_R P\cong T\otimes_R P,$$

其中 $T\otimes_R$ 是用 $gf:T\to R$ 来定义的. 于是 $K_0(g)\circ K_0(f)=K_0(g\circ f)$.

从恒等映射 $1_R:R\to R:a\mapsto a$ 得恒等映射 $K_0(1_R):K_0(R)\to K_0(R)$. □

S,T 是环. 令

$$(s,t)+(s',t')=(s+s',t+t'),\quad (s,t)(s',t')=(ss',tt'),$$

则 $S\times T$ 是以 $(1_S,1_T)$ 为幺元的环.

命题 1.4 S,T 是环, 则 $K_0(S\times T)\cong K_0(S)\oplus K_0(T)$.

证明 由 $S\times T\to S: (s,t)\mapsto s$ 得
$$\pi_1: K_0(S\times T)\to K_0(S): [P]\mapsto [P/TP].$$
若 M 是 S 模, $x\in M$, 取 $(s,t)x=sx$, 则 M 成为 $S\times T$ 模 $\overline{M}$. 易证明可以定义 $\iota_1: K_0(S)\to K_0(S\times T): [M]\mapsto [\overline{M}]$. 同样定义 $\pi_2: K_0(S\times T)\to K_0(T)$, $\iota_2: K_0(T)\to K_0(S\times T)$, 则 $\pi_i\iota_j=\delta_{ij}$.

若 P 是 $S\times T$ 模, 则 $P=SP\oplus TP$. 于是 $\iota_1\pi_1+\iota_2\pi_2=1$. □

pfMod(R) 记有限生成投射 R 模范畴.

定理 1.5 (加性定理) (1) 设有限生成投射 R 模 M 在 **pfMod**(R) 内有有限过滤, 即有 $M=M_0\supset M_1\supset\cdots\supset M_n=0$, $M_i\in$ **pfMod**(R), 则在 $K_0(R)$ 内有
$$[M]=\sum_{i=0}^{n-1}[M_i/M_{i-1}].$$

(2) 若 $0\to M_n\to\cdots\to M_0\to 0$ 是 **pfMod**(R) 内正合序列, 则在 $K_0(R)$ 内有
$$\sum_{i=0}^{n}(-1)^i[M_i]=0.$$

证明 (1) 当 $n=2$ 时, $M=M_0\supset M_1\supset M_2=0$. 由 $0\to M_1\to M_0\to M_0/M_1\to 0$ 得 $[M_0]=[M_0/M_1]+[M_1]$.

余下对 n 作归纳证明. 设对 $n-1$ 成立. 由 $M=M_0\supset M_1\supset\cdots\supset M_n=0$ 得 $M=M_1\supset M_1\supset\cdots\supset M_n=0$, 于是 $[M_1]=[M_1/M_2]+\cdots+[M_{n-1}/M_n]$. 已有 $[M_0]=[M_0/M_1]+[M_1]$. 则得证.

(2) 当 $n=2$ 时, 按定义, 由 $0\to M_2\to M_1\to M_0\to 0$ 得 $[M_1]=[M_0]+[M_2]$.

余下对 n 作归纳证明. 设 $C_k=\mathrm{Img}(M_{k+1}\to M_k)=\mathrm{Ker}(M_k\to M_{k-1})$, 则有

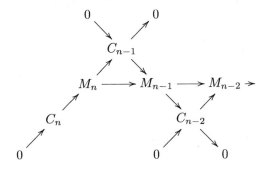

其中 $C_n=0$. 于是 $[M_n]=[C_{n-1}]$, 由正合序列 $0\to C_{n-1}\to M_{n-1}\to C_{n-2}\to 0$ 得 $[M_{n-1}]=[C_{n-1}]+[C_{n-2}]$, 由正合序列 $0\to C_{n-2}\to M_{n-2}\to\cdots$ 得 $\sum_{i=0}^{n-2}(-1)^i[M_i]+(-1)^{n-1}[C_{n-2}]=0$. 代入即得所求. □

1.1.2 K_0 的例

1. F 是域, 则 $K_0(F) = \mathbb{Z}$.
2. $K_0(\mathbb{Z}) = \mathbb{Z}$.
3. 系数在环 R 的 $n \times n$ 矩阵所组成的环记为 $M_n(R)$. $K_0(M_n(R)) = K_0(R)$.

讨论.

以下谈以上例子的计算.

1. F 是域, 则有限生成 F 模是有限维向量空间, F 模是投射模. 可扩展 $\phi(\langle V \rangle) = \dim_F V$ 为群同态 $\phi: \mathcal{F} \to \mathbb{Z}; \mathcal{R} \subseteq \operatorname{Ker} \phi$. 于是 ϕ 诱导同态 $\tilde{\phi}: K_0(F) \to \mathbb{Z}$. 当 $n > 0$ 时取 $n \mapsto [F^n]$, 然后扩展为群同态 $\mathbb{Z} \to K_0(F)$. 证明此为 $\tilde{\phi}$ 的逆映射.

2. 有限生成的投射 $\mathbb{Z}$ 模是有限秩交换自由群. 以 $\operatorname{rank} G$ 记群 G 的秩, 则 $[G] \mapsto \operatorname{rank} G$ 扩展为群同态 $K_0(\mathbb{Z}) \to \mathbb{Z}$. 反过来从正整数 n 引入 $\mathbb{Z}^n$ 为秩 n 的自由群.

3. 记 $S = M_n(R), T = M_m(R)$, 目的是构造互逆的两个同态: $K_0(S) \to K_0(T)$, $K_0(S) \leftarrow K_0(T)$.

我们使用 (T, S) 模 $N = M_{m \times n}(R)$. 为了证明 $[P] \mapsto [N \otimes_S P]$ 决定同态 $K_0(S) \to K_0(T)$, 需要证明: 若 P 是有限生成的投射 S 模, 则 $N \otimes_S P$ 是有限生成的投射 T 模. 为此取 S 模 Q 使得 $P \oplus Q \cong S^k$. 于是

$$(N \otimes_S P) \oplus (N \otimes_S Q) \cong N \otimes_S (P \oplus Q) \cong N \otimes_S S^k \cong (N \otimes_S S)^k \cong N^k.$$

此外看作 T 模 $N^m \cong T^n$ (两边都是 $m \times nm$-R 矩阵). 于是有 T 模 V 使得 $(N \otimes_S P) \oplus V \cong N^{km} = T^{kn}$. 因此 $N \otimes_S P$ 是有限生成的投射 T 模. 此外可证: 若在 $K_0(S)$ 内有 $[P] = [P']$, 则在 $K_0(T)$ 内有 $[N \otimes_S P] = [N \otimes_S P']$. 于是在生成元上设 $[P] \mapsto [N \otimes_S P]$ 便得同态 $K_0(S) \to K_0(T)$.

另一方面用 (S, T) 模 $M = M_{n \times m}(R)$ 亦可从生成元上映射 $[Q] \mapsto [M \otimes_T Q]$ 得同态 $K_0(T) \to K_0(S)$.

这两个同态互逆的原因是

$$M \otimes_T (N \otimes_S P) \cong (M \otimes_T N) \otimes_S P \cong S \otimes_S P \cong P,$$

$$N \otimes_S (M \otimes_T Q) \cong (N \otimes_S M) \otimes_T Q \cong T \otimes_T Q \cong Q.$$

于此证毕 $K_0(M_n(R)) = K_0(M_m(R))$.

更多例子.

4. (1) 若 D 是可除环, 则 $K_0(D) = \mathbb{Z}$.

(2) 若 R 是半单 Artin 环, 则按 Wedderburn 定理, 存在系数在可除环 D_i 的矩阵环 $M_{n_i}(D_i)$ 使得 $R \cong M_{n_1}(D_1) \times \cdots \times M_{n_k}(D_k)$. 于是 $K_0(R) = \mathbb{Z}^k$.

5. 若交换环 R 是主理想环, 则 $K_0(R) = \mathbb{Z}$.

6. (1) 设有环同态 $f: R \to S$, $g: S \to R$ 满足条件 $gf = 1$, 则 $K_0(f)$ 是单射, $K_0(g)$ 是满射和 $K_0(S) \cong K_0(R) \oplus \mathrm{Ker}(K_0(g))$.

(2) 设 $f: R \to S$ 是环满态射, 则 $K_0(f)([P]) = [P/\mathrm{Ker} f]$.

(3) 环 R 的单位元组成群 $R^\times = \{a \in R : \exists b \in R, ab = ba = 1\}$. 设 $f: R \to S$ 是环满态射. 若 $1 + \mathrm{Ker} f \subseteq R^\times$, 则 $K_0(f): K_0(R) \to K_0(S)$ 是单射.

(4) 若 $\mathfrak{m} = R \setminus R^\times$ 是环 R 的理想, 则称 R 为局部环. ① 若 R 是交换局部环, 则 $\mathfrak{m}$ 是唯一的极大理想. ② 若 R 是局部环, 则 $K_0(R) = \mathbb{Z}$. ③ 若有正整数因子分解 $n = p_1^{n_1} \cdots p_k^{n_k}$, 则 $K_0(\mathbb{Z}/n\mathbb{Z}) = \mathbb{Z}^k$.

7. 设 R 是交换环.

(1) 取乘法 $[P][Q] = [P \otimes_R Q]$, 则 $K_0(R)$ 是交换环.

(2) 若 R 模 M 满足条件: 对 R 的任意素理想 $\mathfrak{p}$ 有 $\mathrm{rank}_\mathfrak{p}(M) = 1$, 则称 M 为可逆模 (invertible module). 以 $\langle M \rangle$ 记 M 的同构类. 取 $M^* = \mathrm{Hom}_R(M, R)$. 可逆有限生成投射 R 模组成的集合记为 $\mathrm{Pic}(R)$. 定义乘法为

$$\langle M \rangle \langle N \rangle = \langle M \otimes_R N \rangle,$$

并取 $\langle R \rangle = 1$, $\langle M \rangle^{-1} = \langle M^* \rangle$, 则 $\mathrm{Pic}(R)$ 为交换群, 称此为 **Picard 群**.

(3) 设 R 是 Dedekind 环, 则有同构 $K_0(R) \cong \mathbb{Z} \oplus \mathrm{Pic}(R)$. (在此, 以 "加法" 记 $\mathrm{Pic}(R)$ 的运算.)

8. (1) 取 $\mathcal{O}_3 = \mathbb{Z} + \mathbb{Z}\left(\dfrac{1}{2}(1 + \sqrt{-3})\right)$, 则 $K_0(\mathcal{O}_3) = \mathbb{Z}$.

(2) 取 $\mathcal{O}_5 = \mathbb{Z} + \mathbb{Z}\sqrt{-5}$, 则 $K_0(\mathcal{O}_5) = \mathbb{Z} \oplus \mathbb{Z}/2\mathbb{Z}$.

1.2 Bass-Whitehead 群

对群 G 记 $G/[G, G]$ 为 G^{ab}.

1.2.1 K_1

设 R 是环 (暂不设交换). 考虑有限生成投射 R 模 P, Q 和自同构 $a: P \to P$, $b: Q \to Q$. 态射 $f: (P, a) \to (Q, b)$ 是指 R 模同态 $f: P \to Q$ 使得 $f \circ a = b \circ f$. 态射 $f: (P, a) \to (Q, b)$ 的核和余核便取为 $f: P \to Q$ 的核和余核. 称 (P, a) 同构于 (Q, b) 若以上 f 是 R 模同构. 以 $\langle P, a \rangle$ 记 (P, a) 的同构类.

引入自由交换群 $\mathcal{F}$, 它的生成元是 $\langle P, a \rangle$, 其中 P 走遍所有有限生成的投射 R 模和它的自同构 $a: P \to P$.

在 $\mathcal{F}$ 内取由以下的生成元所生成的子群 $\mathcal{R}$:

(1) 每当
$$0 \to (P', a') \to (P, a) \to (P'', a'') \to 0$$
是正合序列, 便取 $\langle P', a'\rangle + \langle P'', a''\rangle - \langle P, a\rangle$ 为 $\mathcal{R}$ 的生成元.

(2) 对 $a, b \in Aut(P)$, 取 $\langle P, a\rangle + \langle P, b\rangle - \langle P, a \circ b\rangle$ 为生成元.

定义环 R 的 **Bass-Whitehead 群**为 $\mathcal{F}/\mathcal{R}$, 并记此为 $K_1(R)$. $\langle P, a\rangle$ 在 $K_1(R)$ 的象记为 $[P, a]$.

美国学者称 $K_1(R)$ 为 Bass 群, 英国学者称它为 Whitehead 群.

Hyman Bass, 1932 年在美国休斯顿出生, 1955 年从普林斯顿大学毕业, 1959 年获得芝加哥大学的博士学位, 导师是 Irving Kaplansky, 1959—1998 年为哥伦比亚大学教授.

John Henry Constantine Whitehead (1904—1960) 是英国代数拓扑学家, 1930 年获得普林斯顿大学博士学位. 自 1947—1960 年为牛津大学教授.

直接从定义知, 在 $K_1(R)$ 内有
$$[P, 1] + [P, 1] = [P, 1 \circ 1] = [P, 1],$$
于是 $[P, 1] = 0$.

pfMod(R) 是有限生成投射 R 模范畴. 从 $K_0(R)$ 的加性定理得 $K_1(R)$ 的加性定理.

定理 1.6 (加性定理) (1) 设有限生成投射 R 模 M 和自同构 $\alpha: M \to M$. 若在 **pfMod**(R) 内有有限过滤, 即有 $M = M_0 \supset M_1 \supset \cdots \supset M_n = 0$, $M_i \in $ **pfMod**(R) 并且 $\alpha M_i \subset M_i$, 则在 $K_1(R)$ 内有
$$[M, \alpha] = \sum_{i=0}^{n-1}[M_i/M_{i-1}, \alpha_{M_i/M_{i-1}}],$$
其中 $\alpha_{M_i/M_{i-1}}: M_i/M_{i-1} \to M_i/M_{i-1}$ 由 α 诱导.

(2) 设有自同构 $\alpha_i: M_i \to M_i \in$ **pfMod**(R). 若 $0 \to (M_n, \alpha_n) \to \cdots \to (M_0, \alpha_0) \to 0$ 是正合序列, 则在 $K_1(R)$ 内有
$$\sum_{i=0}^{n}(-1)^i[M_i, \alpha_i] = 0.$$

1.2.2 GL

取环 R. 记 R 的可逆元群为 $R^\times = \{a \in R: \exists b \in R \text{ 满足 } ab = 1 = ba\}$. $M_n(R)$ 是从 R 取系数的 $n \times n$ 矩阵所组成的环. 记 $M_n(R)^\times$ 为 $GL_n(R)$, 它的元素为系数属于 R 的 $n \times n$ 可逆矩阵.

1.2 Bass-Whitehead 群

设 $n \geqslant 1$, R 是环. 矩阵 e_{ij} 的 i 行 j 列元素是 1, 其余是 0. 集 $\{e_{ij} : 1 \leqslant i, j \leqslant n\}$ 是由 $n \times n$ 的 R 矩阵组成自由 R 模 $M_n(R)$ 的基. 则有等式

$$e_{ij}e_{hk} = \delta_{jh}e_{ik}.$$

对 $i \neq j$, $r \in R$ 定义初等矩阵 $e_{ij}(r) = 1 + re_{ij}$. 则有关系

$$e_{ij}(r)e_{ij}(s) = e_{ij}(r+s),$$

$$[e_{ij}(r), e_{kl}(s)] = \begin{cases} 1, & i \neq l, j \neq k, \\ e_{il}(rs), & i \neq l, j = k, \\ e_{kj}(-sr), & i = l, j \neq k, \end{cases}$$

其中 $[a, b] = aba^{-1}b^{-1}$ 是交换子. 特别地, 当 $n \geqslant 3$ 时, 任何初等矩阵是交换子, $e_{il}(r) = [e_{ij}(r), e_{jl}(1)]$.

由 $e_{ij}(r)e_{ij}(-r) = e_{ij}(0) = 1$ 知, $e_{ij}(r) \in GL_n(R)$. $E_n(R)$ 记由元素 $e_{ij}(r)$ 所生成的 $GL_n(R)$ 的子群.

命题 1.7 (1) 若 $n \geqslant 3$, 则 $[E_n(R), E_n(R)] = E_n(R)$.

(2) 取 $\alpha \in GL_n(R)$, 则 $\begin{pmatrix} \alpha & 0 \\ 0 & \alpha^{-1} \end{pmatrix} \in E_{2n}(R)$.

(3) $\begin{pmatrix} [GL_n(R), GL_n(R)] & 0 \\ 0 & I \end{pmatrix} \subset E_{2n}(R)$.

(4) $\begin{pmatrix} 1 & & * \\ & \ddots & \\ 0 & & 1 \end{pmatrix} \in E_n(R)$.

证明 (1) 任何初等矩阵是交换子.

(2), (3) 先设 $n = 2$, 则对 $a, b \in R^\times$, 有

$$\begin{pmatrix} a & 0 \\ 0 & a^{-1} \end{pmatrix} = \begin{pmatrix} 1 & a-1 \\ 0 & 1 \end{pmatrix} \begin{pmatrix} 1 & 0 \\ 1 & 1 \end{pmatrix} \begin{pmatrix} 1 & a^{-1}-1 \\ 0 & 1 \end{pmatrix} \begin{pmatrix} 1 & 0 \\ -a & 1 \end{pmatrix},$$

$$\begin{pmatrix} a & 0 \\ 0 & a^{-1} \end{pmatrix} \begin{pmatrix} b & 0 \\ 0 & b^{-1} \end{pmatrix} \begin{pmatrix} a^{-1}b^{-1} & 0 \\ 0 & ba \end{pmatrix} = \begin{pmatrix} [a,b] & 0 \\ 0 & 1 \end{pmatrix}.$$

于是 $GL_2(R)$ 满足 (2) 和 (3). 换 R 为 $M_n(R)$ 即得所求一般情形.

(4) 取 $\beta = (b_2, \cdots, b_n)$, $\alpha \in E_{n-1}(R)$, 则

$$\begin{pmatrix} 1 & \beta \\ 0 & I \end{pmatrix} = e_{11}^{b_2} \cdots e_{1n}^{b_n} \in E_n(R),$$

$$\begin{pmatrix} 1 & \beta \\ 0 & \alpha \end{pmatrix} = \begin{pmatrix} 1 & 0 \\ 0 & \alpha \end{pmatrix} \begin{pmatrix} 1 & \beta \\ 0 & I \end{pmatrix} \in E_n(R).$$

用以上对 n 作归纳得所求. □

把 $GL_n(R)$ 与 $GL_{n+m}(R)$ 的子群 $\begin{pmatrix} GL_n(R) & 0 \\ 0 & I_m \end{pmatrix}$ 等同. 设

$$GL(R) = \bigcup_n GL_n(R), \quad E(R) = \bigcup_n E_n(R).$$

称 $GL(R)$ 为稳定一般线性群 (stable general linear group).

引理 1.8 (Whitehead)　$[GL(R), GL(R)] = E(R)$.

证明　由命题 1.7 之 (1) 得 $E(R) = [E(R), E(R)] \subseteq [GL(R), GL(R)]$, 由命题 1.7 之 (3) 得 $[GL(R), GL(R)] \subseteq E(R)$. □

定理 1.9　对 $\alpha \in GL_n(R)$, 设 $f_n[\alpha] = [R^n, \alpha]$, 则 f_n 诱导群同构 $\phi: GL(R)/E(R) \to K_1(R)$. 于是有正合序列

$$1 \to E(R) \to GL(R) \to K_1(R) \to 1.$$

证明　1) 先说明 ϕ 是如何定义的. 由

$$f_{n+m} \begin{pmatrix} \alpha & 0 \\ 0 & I_m \end{pmatrix} = [R^{n+m}, \alpha \oplus 1_{R^m}] = [R^n, \alpha] + [R^m, 1_{R^m}] = f_n(\alpha),$$

即

$$\begin{array}{ccc} GL_{n+m} & \xrightarrow{f_{n+m}} & \\ \uparrow & & K_1(R) \\ GL_n & \xrightarrow{f_n} & \end{array}$$

可取直极限得 (f_n) 从 $GL(R) = \varinjlim_n GL_n(R)$ 至 $K_1(R)$. 但 $K_1(R)$ 是交换群, 于是得同态 ϕ 如下图

$$\begin{array}{ccc} GL(R) & & \\ \downarrow & \searrow^{(f_n)} & \\ GL(R)/[GL(R), GL(R)] & \xrightarrow{\phi} & K_1(R) \end{array}$$

2) 下一步构造 ϕ^{-1}.

取有限生成 R 模 P, 则有有限生成 R 模 P', 同构 $\sigma: P \oplus P' \to R^n$. 以下合成

$$Aut(P) \to Aut(P \oplus P') \to Aut(R^n) = GL_n(R) \to GL(R)/E(R),$$
$$\alpha \mapsto \alpha \oplus 1_{P'}, \quad \gamma \mapsto \sigma\gamma\sigma^{-1},$$

给出同态 $g_{P,P',n,\sigma}$.

若另选 $\sigma': P \oplus P' \to R^n$, 则 $\sigma'\sigma^{-1} = \tau \in GL_n(R)$ 和 $\sigma'\gamma\sigma'^{-1} = \tau(\sigma\gamma\sigma^{-1})\tau^{-1}$. 由于 $GL(R)/E(R)$ 是交换群, 于是 $\sigma\gamma\sigma^{-1}$ 与 $\sigma'\gamma\sigma'^{-1}$ 在 $GL(R)/E(R)$ 的象是一样的. 即指 $g_{P,P',n,\sigma}$ 与 σ 无关, 可改记它为 $g_{P,P',n}$.

用 $P' \oplus R^m, \sigma \oplus I_m$ 代替 P', σ, 立见 $g_{P,P',n} = g_{P,P' \oplus R^m, n+m}$. 现设有同构 $\tau: P \oplus Q \to R^m$, 则 $Q \oplus R^n = Q \oplus P \oplus P' = R^m \oplus P'$. 于是 $g_{P,Q,m} = g_{P,Q \oplus R^n, m+n} = g_{P,P' \oplus R^m, n+m} = g_{P,P',n}$. 于是知 $g_{P,P',n}$ 只是依赖于 P. 因此可记为 $g_P: Aut(P) \to GL(R)/E(R)$.

设 $0 \to (P', \alpha') \to (P, \alpha) \to (P'', \alpha'') \to 0$ 是正合序列, 则 α 的矩阵可表达为

$$\begin{pmatrix} \alpha' & \beta \\ 0 & \alpha'' \end{pmatrix} = \begin{pmatrix} \alpha' & 0 \\ 0 & \alpha'' \end{pmatrix} \varepsilon, \text{ 其中 } \varepsilon = \begin{pmatrix} 1_{P'} & \gamma \\ 0 & 1_{P''} \end{pmatrix}, \gamma \in \text{Hom}_R(P'', P').$$

显然 $g_{P' \oplus P''}(\alpha' \oplus \alpha'') = g_{P'}(\alpha')g_{P''}(\alpha'')$. 由于 $\varepsilon \in E(R)$ (命题 1.7 (4)), 于是 $g_P(\alpha) = g_{P'}(\alpha')g_{P''}(\alpha'')$.

此外

$$g_P(\alpha\beta) = \sigma \begin{pmatrix} \alpha\beta & 0 \\ 0 & 1 \end{pmatrix} \sigma^{-1} = \sigma \begin{pmatrix} \alpha & 0 \\ 0 & 1 \end{pmatrix} \sigma^{-1} \cdot \sigma \begin{pmatrix} \beta & 0 \\ 0 & 1 \end{pmatrix} \sigma^{-1} = g_P(\alpha)g_P(\beta).$$

因此得同态 $\psi: K_1(R) \to GL(R)/E(R): [P, \alpha] \mapsto g_P(\alpha)$.

3) 余下不难证明 ϕ, ψ 是互为逆映射. $\square$

设 $f: R \to S$ 是环同态, 则自然得 $GL_n(R) \to GL_n(S)$, 于是, 按定理 1.9 得同态 $K_1(f): K_1(R) \to K_1(S)$. 常记 $K_1(f)$ 为 f^*.

命题 1.10 $K_1: \mathbf{Rg} \to \mathbf{Ab}$ 是函子.

证明留给读者.

命题 1.11 (1) $K_1(M_n(R)) \cong K_1(R)$.

(2) 设 R, S 是环, 则 $K_1(R \times S) \cong K_1(R) \oplus K_1(S)$.

证明 (1) 对环 A 有 $M+k(A) = GL_k(A)$. 由于同构 $M_m(M_n(R)) \cong M_{mn}(R)$, 所以 $GL_{mn}(R) = M_{mn}(R)^\times = M_m(M_n(R))^\times = GL_m(M_n(R))$. 于是 $GL(M_n(R)) = GL(R)$. 因此按定理 1.9 得 $K_1(R) = GL(R)^{ab} = GL(M_n(R))^{ab} = K_1(M_n(R))$.

(2) 由同构 $GL(R \times S) \cong GL(R) \times GL(S)$, 加 ^{ab} 得所求. $\square$

例 1.12 F 是域. $K_1(F) = F^\times$.

F 是域, $K_1(F)$ 的元素是 $[V, \alpha]$, 其中 V 是有限维 F 向量空间, $\alpha: V \to V$ 是同构. 在 V 取基底决定: ① 同构 $f: V \to F^n, n = \dim V$; ② α 的可逆矩阵 A 使得按以上定义 $\langle V, \alpha \rangle$ 同构于 $\langle F^n, A \rangle$, 即 $[V, \alpha] = [F^n, A]$.

给出矩阵 A, 用行初等变换把 A 对角化, 即 $A = E_1 E_2 \cdots E_r D$, 其中 E_j 是初等矩阵, D 是对角矩阵. 取 $a, b \in F^\times$, 则

$$\begin{pmatrix} a & 0 \\ 0 & b \end{pmatrix} = \begin{pmatrix} b^{-1} & 0 \\ 0 & b \end{pmatrix} \begin{pmatrix} ba & 0 \\ 0 & 1 \end{pmatrix}.$$

逐步推导, 得左乘初等矩阵的积后, D 可以为对角矩阵, 其对角元素为 $|A|, 1, \cdots, 1$, 即

$$A = E_1 E_2 \cdots E_s \begin{pmatrix} |A| & & & 0 \\ & 1 & & \\ & & \ddots & \\ 0 & & & 1 \end{pmatrix}.$$

$|A|$ 是 A 的行列式. 于是在 $K_1(F)$ 内

$$[V, \alpha] = [F^n, A] = \sum_i [F^n, E_i] + [F \oplus F^{n-1}, |A| \oplus I_{n-1}] \tag{1.1}$$

$$= \sum_i [F^n, E_i] + [F, |A|] + [F^{n-1}, I_{n-1}]. \tag{1.2}$$

按一般原则 $[F^{n-1}, I_{n-1}] = 0$. 利用

$$[F^n, E_i] = [F^n, E_i] + [F, 1] = [F^{n+1}, E_i \oplus 1],$$

我们可以假设 $n \geqslant 3$. 此时, 由任何初等矩阵是交换子和 $K_1(F)$ 是交换群, 知 $[F^n, E_i] = 0$. 此外 $|A| = \det \alpha$, 因此,

$$[V, \alpha] = [F, \det \alpha].$$

这个公式建议我们考虑映射 $(V, \alpha) \mapsto \det \alpha$. 若 (V, α) 与 (W, β) 同构, 即有同构 $f: V \to W$ 使得 $f \circ \alpha = \beta \circ f$. 于是 $\det \alpha = \det \beta$. 因此可以用 $\langle V, \alpha \rangle \mapsto \det \alpha$ 定义同态 $\mathcal{F} \to F^\times$. 从 $\det(\alpha \oplus \beta) = \det \alpha \det \beta$, $\det(\alpha \circ \beta) = \det \alpha \det \beta$, 得同态

$$\delta: K_1(F) \to F^\times : [V, \alpha] \mapsto \det \alpha.$$

该同态是单射: 若 $[V, \alpha] - [W, \beta] \in \operatorname{Ker} \delta$, 则 $\det \alpha = \det \beta$, 于是 $[V, \alpha] = [F, \det \alpha] = [W, \beta]$.

取 $a \in F^\times$, 则 $\delta([F, a]) = a$, 于是 δ 是满射.

1.2.3 $K_1(\mathbb{Z})$

设 R 为交换环, $\alpha \in GL_n(R)$, 则可定义行列式 $\det \alpha$. $\det : GL_n(R) \to R^\times$ 为群同态. 记 $\operatorname{Ker} \det$ 为 $SL_n(R)$.

N 记非负整数幺半群. 称交换整环 D 为 Euclid 整环, 若存在映射 $\delta : D \to \mathbb{N}$ 使得对 $0 \neq a, b \in D$, 有 $q, r \in D$ 使 $a = bq + r$ 和 $\delta(r) < \delta(b)$. 例: $(\mathbb{Z}, |\cdot|)$ 是 Euclid 整环.

命题 1.13 设 (D, δ) 是 Euclid 整环.
(1) $GL_n(D) = GL_1(D)E_n(D)$.
(2) $SL_n(D) = E_n(D)$.

证明 显然 $E_n(D) \subseteq SL_n(D)$. (2) 是 (1) 的直接推论. 余下证 (1).

可假设 $n \geqslant 2$. 取 $\sigma \in GL_n(D)$. 只需证明存在 $\tau, \tau' \in E_n(D)$ 使 $\tau\sigma\tau' \in GL_{n-1}(D)$. 因为由归纳得 $\tau\sigma\tau' \in GL_1(D)E_{n-1}(D)$. 但是对任意 $a \in GL_1(D)$, 有 $aE_n(D)a^{-1} \subseteq E_n(D)$. $\left(\text{留意}: GL_1(D) \hookrightarrow GL_n(D) \text{ 是 } a \mapsto \begin{pmatrix} a & 0 \\ 0 & I \end{pmatrix}.\right)$ 这样便知 $\sigma \in GL_1(D)E_n(D)$.

在双陪集 $E_n(D)\sigma E_n(D)$ 中的所有矩阵的系数中选非零元 s 使得 $\delta(s)$ 取最小值. 取适当的 $\tau, \tau' \in E_n(D)$, 以 $\tau\sigma\tau'$ 代替 σ 可以假设 s 为 σ 的系数. 对 $t \in D^\times$ 引入 $E_n(D)$ 的元素

$$c_{ij}(t) = e_{ij}(t)e_{ji}(t)^{-1}e_{ij}(t), \text{ 例 } c_{12}(t) = \begin{pmatrix} 0 & t \\ -t^{-1} & 0 \end{pmatrix}.$$

σ 在左乘或右乘适当多个 $c_{ij}(1)$ 之后, 可以假设 s 为 σ 的 (n, n) 系数.

现考虑 σ 的第 n 列. 设 $k < n$, r 为 σ 的 (k, n) 系数. D 是 Euclid 整环, 若 $r \neq 0$, 则存在 $a, b \in D$, 有 $q, r \in D$ 使 $r = as + b$ 和 $\delta(b) < \delta(s)$. 这样 $e_{k,n}(-a)\sigma$ 的 (k, n) 系数是 $r - as = b$. 由于 $\delta(s)$ 是最小的, 所以 $b = 0$. 如此, 在左乘 $E_n(D)$ 的矩阵后可以假设 σ 的第 n 列除 (n, n) 系数外其他系数是零. 同样在右乘适当 $E_n(D)$ 的矩阵后可以假设 σ 的第 n 行除 (n, n) 系数外其他系数是零. 于是 $s \in R^\times$. 从 $c_{n-1,n}(s)c_{n-1,n}(-1)\sigma = \begin{pmatrix} \nu & 0 \\ 0 & 1 \end{pmatrix}$, $\nu \in GL_{n-1}(D)$ 得双陪集 $E_n(D)\sigma E_n(D)$ 中有元素属于 $GL_{n-1}(D)$. □

显然把 $\det : GL_n(D) \to D^\times$ 并起来便可以定义同态 $\det : GL(D) \to D^\times$, 然后如果常用 $D^\times$ 是交换的, 得同态 $\det : K_1(D) \to D^\times$. 以 $SK_1(D)$ 记这个同态 $\det$ 的核. 若 $\sigma \in GL_n(D)$ 代表 $x \in K_1(D)$, 则 $\sigma \in SL_n(D)$. 但 $SL_n(D) = E_n(D)$, 于是 $x = 1$. 即 $\det : K_1(D) \to D^\times$ 是单射. 显然 $D^\times = GL_1(D) \hookrightarrow GL_n(D)$ 是

$\det: GL_n(D) \to D^\times$ 的截面. 于是得

$$D \text{是 Euclid 整环} \Rightarrow K_1(D) = D^\times.$$

特别情形是: $K_1(\mathbb{Z}) = \mathbb{Z}^\times$.

1.3 Milnor 群

本节常用群 G 的交换子的恒等式.

$$[u,[v,w]] = [uv,w][w,u][w,v],$$
$$[uv,w] = [u,[v,w]][v,w][u,w],$$
$$1 \equiv [u,[v,w]][v,[w,u]][w,[u,v]] \mod G'',$$

其中 $G'' = [[G,G],[G,G]]$.

1.3.1 Steinberg 群

设 $n \geqslant 3$. 环 R 的 Steinberg 群 $St_n(R)$ 是由满足以下关系的元素 $x_{ij}(r)$ 所生成的群, $1 \leqslant i \neq j \leqslant n, r \in R$. 其关系是

$$x_{ij}(r)x_{ij}(s) = x_{ij}(r+s),$$

$$[x_{ij}(r), x_{kl}(s)] = \begin{cases} 1, & i \neq l, j \neq k, \\ x_{il}(rs), & i \neq l, j = k, \\ x_{kj}(-sr), & i = l, j \neq k, \end{cases}$$

其中 $[a,b] = aba^{-1}b^{-1}$. 因为定义 $St_{n+1}(R)$ 的关系包含 $St_n(R)$ 的关系, 所以有同态 $St_n(R) \to St_{n+1}(R)$, 于是可以定义

$$St(R) = \varinjlim_n St_n(R).$$

Robert Steinberg (1922—2014), 罗马尼亚出生的美国数学家.

由于 $x_{ij}(r)$ 和 $e_{ij}(r)$ 满足相同关系, 所以 $x_{ij}(r) \mapsto e_{ij}(r)$ 决定同态 $\phi_n: St_n(R) \to E_n(R) \subset GL_n(R)$. 取极限得满同态 $\phi: St(R) \to E(R)$.

定义 1.14 定义 Milnor 群

$$K_2(R) = \operatorname{Ker} \phi.$$

1.3 Milnor 群

John Milnor, 1931 年出生, 美国拓扑学家, 1954 年获得普林斯顿大学博士学位, 1962 年获得 Fields 奖, 1989 年获得 Wolf 奖, 2011 年获得 Abel 奖.

我们可以想象 $K_2(R)$ 为初等矩阵的所有非平凡关系. 事实上若有初等矩阵的关系

$$e_{i_1j_1}(r_1)e_{i_2j_2}(r_2)\cdots e_{i_kj_k}(r_k) = I,$$

在 $K_2(R)$ 内便有元素 $x_{i_1j_1}(r_1)x_{i_2j_2}(r_2)\cdots x_{i_kj_k}(r_k)$.

例如, 由

$$(e_{12}(1)e_{21}(-1)e_{12}(1))^4 = \left(\begin{pmatrix} 0 & 1 \\ -1 & 0 \end{pmatrix}\right)^4 = I$$

得 $K_2(\mathbb{Z})$ 的元素 $(x_{12}(1)x_{21}(-1)x_{12}(1))^4$.

命题 1.15 (1) 有正合序列

$$1 \to K_2(R) \to St(R) \xrightarrow{\phi} GL(R) \to K_1(R) \to 1.$$

(2) $K_2(R)$ 是 $St(R)$ 的中心.

(3) $K_2(R)$ 是交换群.

证明 只需证 (2). 记群 G 的中心为 ZG. 取 $C \in ZE(R)$. 即若 $J \in E(R)$, 则 $CJ = JC$. 可设 $C \in E_n(R)$. 在 $E_{2n}(R)$ 内有

$$\begin{pmatrix} C & 0 \\ 0 & I \end{pmatrix} \begin{pmatrix} I & I \\ 0 & I \end{pmatrix} = \begin{pmatrix} I & I \\ 0 & I \end{pmatrix} \begin{pmatrix} C & 0 \\ 0 & I \end{pmatrix},$$

即 $\begin{pmatrix} C & C \\ 0 & I \end{pmatrix} = \begin{pmatrix} C & I \\ 0 & I \end{pmatrix}$. 于是 $C = I$. 即 $ZE(R) = \{I\}$.

取 $M \in ZSt(R)$, 记 $\phi(M) = N \in E(R)$. 因 ϕ 是满射, 所以 $N \in ZE(R)$. 于是 $N = I$. 得证: $ZSt(R) \subset \operatorname{Ker}\phi = K_2(R)$.

固定 n. 由 $\{x_{in}(a) : i \neq n, a \in R\}$ 所生成 $St(R)$ 的子群记为 C_n. 由于

$$x_{in}(a)x_{in}(b) = x_{in}(a+b), \quad [x_{in}(a), x_{i'n}(b)] = 1,$$

所以 C_n 是交换群. 这样 C_n 的任一元素可表达为 $y = \prod_{i \neq n} x_{in}(a_i)$. 而矩阵 $\phi(y) = \prod_{i \neq n} e_{in}(a_i)$ 除第 n 列外是单位矩阵, 第 n 列是 $a_1, a_2, \cdots, a_{n-1}, 1, a_{n+1}, \cdots$. 由此表达式可见 ϕ 限制至 C_n 是单射.

G 的子群 H 的正规化子记为 NH. 若 $p \neq n$, 则

$$x_{pq}(a)x_{in}(b)x_{pq}(a)^{-1} = \begin{cases} x_{in}(b), & q \neq 1, \\ x_{pn}(ab)x_{in}(b), & q = 1, \end{cases}$$

所以 $x_{pq}(a) \in NC_n$.

取 $\alpha \in K_2(R)$. 表达式为 $\alpha = \prod_{i,j \leqslant m} x_{in}(a_{ij})$. 选 $n > m$, 则 $\alpha \in NC_n$. 即由 $\beta \in C_n$ 得 $\alpha\beta\alpha^{-1} \in C_n$. 但 $\phi(\alpha) = 1$. 于是 $\phi(\alpha\beta\alpha^{-1}) = \phi(\beta)$. 已证 $\phi|_{C_n}$ 是单射. 因此对任意 $\beta \in C_n$ 有 $\alpha\beta\alpha^{-1} = \beta$ 成立.

由 $\{x_{nj}(a) : j \neq n, a \in R\}$ 所生成 $St(R)$ 的子群记为 R_n, 则如上可证: 对任意 $\gamma \in R_n$ 有 $\alpha\gamma = \gamma\alpha$.

以 C_n, R_n 所生成的 $St(R)$ 的子群记为 $\langle C_n, R_n \rangle$. 则已证: $\alpha \in Z\langle C_n, R_n \rangle$.

若 $p \neq q$, 则由 $q = n$ 得 $x_{pq}(a) \in C_n$, 由 $p = n$ 得 $x_{pq}(a) \in R_n$, 由 $q \neq n$ 和 $p \neq n$ 得 $x_{pq}(a) = [x_{pn}(a), x_{nq}(1)] \in [C_n, R_n]$. 于是知 $\langle C_n, R_n \rangle = St(R)$.

由以上证明知: 若 $\alpha \in K_2(R)$, 则 $\alpha \in ZSt(R)$. □

取环同态 $f : R \to S$, 则 $x_{ij}(a) \mapsto x_{ij}(f(a))$ 决定群同态 $St(f) : St(R) \to St(S)$. 容易证明 St 是函子. 把 $St(f)$ 限制得群同态 $K_2(f) : K_2(R) \to K_2(S)$. 常记 $K_2(f)$ 为 f_*.

$$\begin{array}{ccccccccc}
0 & \longrightarrow & K_2(R) & \longrightarrow & St(R) & \longrightarrow & E(R) & \longrightarrow & 0 \\
 & & \downarrow {\scriptstyle K_2(f)} & & \downarrow {\scriptstyle St(f)} & & \downarrow {\scriptstyle E(f)} & & \\
0 & \longrightarrow & K_2(S) & \longrightarrow & St(S) & \longrightarrow & E(S) & \longrightarrow & 0
\end{array}$$

Rg 记环范畴, **Ab** 记交换群范畴.

命题 1.16 $K_2 : \mathbf{Rg} \to \mathbf{Ab}$ 是函子.

证明留给读者.

为了构造 $K_2(R)$ 的元素, 我们模仿线性代数群里的 Weyl 子群和 Cartan 子群在 $St(R)$ 内引入子群 W 和 H. 取 $r \in R^\times$, 设

$$w_{ij}(r) = x_{ij}(r)x_{ji}(-r^{-1})x_{ij}(r), \quad h_{ij}(r) = w_{ij}(r)w_{ij}(-1).$$

以 W 记由 $w_{ij}(r)$ 在 $St(R)$ 所生成的子群, 由 $h_{ij}(r)$ 所生成的 W 的子群记为 H. 首先 $w_{ij}(r)w_{ij}(-r) = 1$, $h_{ij}(1) = 1$. 此外

$$\phi(w_{12}(r)) = \begin{pmatrix} 0 & r \\ -r^{-1} & 0 \end{pmatrix} = \begin{pmatrix} 0 & 1 \\ 1 & 0 \end{pmatrix}\begin{pmatrix} -r^{-1} & 0 \\ 0 & r \end{pmatrix}, \quad \phi(h_{12}(r)) = \begin{pmatrix} r & 0 \\ 0 & r^{-1} \end{pmatrix}.$$

引理 1.17 有 s, t, b 使得 $wx_{ij}(a)w^{-1} = x_{st}(b)$.

证明 我们只要考虑 w 是生成元 $w_{pq}(a)$. 余下分为七个情形进行证明.

1) p, q, i, j 各不相同, 则 $w_{pq}(b)x_{ij}(a) = x_{ij}(a)w_{pq}(b)$.

1.3 Milnor 群

2) p, i, j 各不相同和 $q = i$, 则

$$\begin{aligned}w_{pi}(b)x_{ij}(a) &= x_{pi}(b)x_{ip}(-b^{-1})x_{pi}(b)x_{ij}(a)\\&= x_{pi}(b)x_{ip}(-b^{-1})x_{ij}(a)x_{pj}(ba)x_{pi}(b)\\&= x_{pi}(b)x_{pj}(ba)x_{ip}(-b^{-1})x_{pi}(b) = x_{pj}(ba)w_{pi}(b).\end{aligned}$$

3) p, i, j 各不相同和 $q = j$, 则

$$\begin{aligned}w_{pj}(b)x_{ij}(a) &= x_{pj}(b)x_{jp}(-b^{-1})x_{pj}(b)x_{ij}(a)\\&= x_{pj}(b)x_{jp}(-b^{-1})x_{ij}(a)x_{pj}(b)\\&= x_{pj}(b)x_{ij}(a)x_{ip}(ab^{-1})x_{jp}(-b^{-1})x_{pj}(b)\\&= x_{ip}(ab^{-1})w_{pj}(b).\end{aligned}$$

4) q, i, j 各不相同和 $p = i$, 则 $w_{iq}(-b)x_{qj}(-b^{-1}a) = x_{ij}(a)w_{iq}(-b)$, 因此

$$w_{iq}(b)x_{ij}(a) = x_{qj}(-b^{-1}a)w_{iq}(b).$$

5) q, i, j 各不相同和 $p = j$. 由 (3) 得 $w_{jq}(-b)x_{iq}(-ba) = x_{ij}(a)w_{jq}(-b)$, 因此

$$w_{jq}(b)x_{ij}(a) = x_{iq}(-ab)w_{jq}(b).$$

6) $p = i, q = j$. 选 $h \neq i, j$, 由 (3), (4) 得

$$\begin{aligned}w_{ij}(b)x_{ij}(a) &= w_{ij}(b)[x_{ih}(a), x_{hj}(1)]\\&= [x_{jh}(-b^{-1}a), x_{hi}(b^{-1})]w_{ij}(b) = x_{ji}(-b^{-1}ab^{-1})w_{ij}(b).\end{aligned}$$

7) $p = j, q = i$. 选 $h \neq i, j$, 由 (2), (5) 得

$$\begin{aligned}w_{ji}(b)x_{ij}(a) &= w_{ji}(b)[x_{ih}(a), x_{hj}(1)]\\&= [x_{jh}(ba), x_{hi}(-b)]w_{ji}(b) = x_{ji}(-bab)w_{ji}(b). \quad \square\end{aligned}$$

$\text{diag}(a_1, \cdots, a_n)$ 指以 $a_1, \cdots, a_n$ 为对角元的矩阵. 以 $P(\pi)$ 记对应于排列 π 的矩阵. 例如取置换 $\pi = (kl)$, $a_k = -r^{-1}, a_l = r$, 若 $m \neq k, l$, 则取 $a_m = 1$. 则 $\phi(w_{kl}(r)) = P((kl))\text{diag}(a_1, a_2, \cdots)$.

命题 1.18 若 $w \in W$, 则有排列 π 和 $a_j \in R$ 使得 $\phi(w) = P(\pi)\text{diag}(a_1, a_2, \cdots)$. 并且, 若 $\pi(i) = k, \pi(j) = l$, 则

(1) $wx_{ij}(a)w^{-1} = x_{kl}(a_i a a_j^{-1})$.

(2) $ww_{ij}(b)w^{-1} = w_{kl}(a_i b a_j^{-1})$.

(3) $wh_{ij}(c)w^{-1} = h_{kl}(a_i c a_j^{-1})h_{kl}(a_i a_j^{-1})^{-1}$.

此外还有以下等式：

(4) $w_{ij}(a) = w_{ji}(-a^{-1})$.

(5) $[h_{ij}(a), h_{ik}(b)] = h_{ik}(ab)h_{ik}(a)^{-1}h_{ik}(b)^{-1}$.

(6) $h_{jk}(a) = h_{ik}(a)h_{ij}(a)^{-1}$.

(7) $h_{jk}(a)h_{kj}(a) = 1$.

(8) $h_{ij}(a)^{-1}h_{jk}(a)^{-1}h_{ki}(a)^{-1} = 1$.

证明 (1) 初等矩阵 $e_{ij}(a)$ 见 1.2.2 小节

$$\phi(wx_{ij}(a)w^{-1})$$
$$= P(\pi)\mathrm{diag}(a_1, a_2, \cdots)e_{ij}(a)\mathrm{diag}(a_1, a_2, \cdots)^{-1}P(\pi)^{-1}$$
$$= P(\pi)e_{ij}(a_i a a_j^{-1})P(\pi)^{-1} = e_{kl}(a_i a a_j^{-1}).$$

现在使用引理 1.17, 这样便得

$$e_{kl}(a_i a a_j^{-1}) = \phi(x_{st}(b)) = e_{st}(b).$$

(2) 由 (1) 得

$$ww_{ij}(b)w^{-1} = wx_{ij}(b)x_{ji}(-b^{-1})x_{ij}(b)w^{-1}$$
$$= x_{kl}(a_i b a_j^{-1})x_{lk}(-a_j b^{-1} a_i^{-1})x_{kl}(a_i b a_j^{-1}) = w_{kl}(a_i b a_j^{-1}).$$

(3) 由 (2) 得

$$wwh_{ij}(b)w^{-1} = ww_{ij}(b)w_{ij}(-1)w^{-1} = w_{kl}(a_i b a_j^{-1})w_{kl}(-a_i a_j^{-1})$$
$$= w_{kl}(a_i b a_j^{-1})w_{kl}(-1)w_{kl}(1)w_{kl}(-a_i a_j^{-1})$$
$$= h_{kl}(a_i b a_j^{-1})h_{kl}(a_i a_j^{-1})^{-1}.$$

(4) 在 (2) 中取 $w = w_{ij}(a)$, 即 $a_i = -a^{-1}, a_j = a$, 则

$$w_{ij}(a) = w_{ij}(a)w_{ij}(a)w_{ij}(a)^{-1} = w_{ji}(-a^{-1}aa^{-1}) = w_{ji}(-a^{-1}).$$

(5) 若 $w = h_{ij}(a)$, 则 $\pi = 1, a_j = a^{-1}, a_i = a$. 由 (3) 得

$$h_{ij}(a)h_{ik}(b)h_{ij}(a)^{-1} = h_{ik}(ab)h_{ik}(a)^{-1}.$$

(6) $(h_{ik}(a)w_{jk}(1)h_{ik}(a)^{-1})w_{jk}(1)^{-1} = w_{jk}(a)w_{jk}(-1) = h_{jk}(a)$. 另一方面

$$h_{ik}(a)(w_{jk}(1)h_{ik}(a)^{-1}w_{jk}(1)^{-1}) = h_{ik}(a)h_{ij}(a)^{-1}.$$

(7) 由 (6) 可得.

(8) 在 (6) 中用 $h_{ki}(a)^{-1}$ 代替 $h_{ik}(a)$ 便得. □

1.3.2 交换环的 K_2

本小节我们假设 R 为交换环, 虽然部分结果没有这个假设也是成立的.

引理 1.19 取 $a, b \in R^\times$. 对 $i \neq k$, 设

$$\{a, b\}_{ik} = h_{ik}(ab) h_{ik}(a)^{-1} h_{ik}(b)^{-1}.$$

则对意 $i \neq k$ 有 $\{a, b\}_{ik} = \{a, b\}_{13}$.

证明 设 $p \neq i, k$, 则由命题 1.18(3) 得

$$w_{pi}(1) h_{ik}(c) w_{pi}(1)^{-1} = h_{pk}(c) h_{pk}(1)^{-1} = h_{pk}(c).$$

若 $q \neq p, k$, 则 $w_{qk}(1) h_{pk}(c) w_{qk}(1)^{-1} = h_{pq}(c)$. 这样选 p, q 与 $i, k, 1, 3$ 不相同, 设 $w = w_{3q}(1) w_{1p}(1) w_{qk}(1) w_{pi}(1)$, 则 $w\{a, b\}_{ik} w^{-1} = \{a, b\}_{13}$. 由命题 1.15(2) 知 $\{a, b\}_{ik} \in K_2(R) = ZSt(R)$, 于是得所求. □

定义 1.20 R 为交换环, $a, b \in R^\times$. 定义 $\{a, b\} \in K_2(R)$ 为 $\{a, b\}_{13}$. 称此为 a, b 的符号 (symbol).

命题 1.21 取 $a, a_1, a_2, b, b_1, b_2 \in R^\times$, 则

(1) $\{b, a\} = \{a, b\}^{-1}$, 于是 $\{a, a\}^2 = 1$.

(2) $\{a_1 a_2, b\} = \{a_1, b\}\{a_2, b\}$.

(3) $\{a, b_1 b_2\} = \{a, b_1\}\{a, b_2\}$.

(4) 若 $a + b = 0$ 或 1, 则 $\{a, b\} = 1$.

证明 (1) 把 $\{a, b\}$ 看作 $\{a, b\}_{12}$, 则

$$\{b, a\} = [h_{12}(b), h_{13}(a)] = [h_{13}(a), h_{12}(b)]^{-1} = \{a, b\}^{-1}.$$

(2) 由命题 1.18(5) 和 $\{a_1, a_2\} \in ZSt(R)$ 得

$$\begin{aligned}\{a_1 a_2, b\} &= [h_{12}(a_1 a_2), h_{13}(b)] \\ &= [\{a_1, a_2\} h_{12}(a_2) h_{12}(a_1), h_{13}(b)] \\ &= [h_{12}(a_2) h_{12}(a_1), h_{13}(b)].\end{aligned}$$

再由 $\{a_1, b\} \in ZSt(R)$ 得

$$\{a_1 a_2, b\} = [h_{12}(a_2), \{a_1, b\}]\{a_1, b\}\{a_2, b\} = \{a_1, b\}\{a_2, b\}.$$

(3) $\{a, b_1 b_2\} = \{b_1 b_2, a\}^{-1} = (\{b_1, a\}\{b_2, a\})^{-1}$, 由 (1),(2)得,

$$\begin{aligned}&= \{b_1, a\}^{-1}\{b_2, a\}^{-1}, \quad K_2(R) \text{ 是交换群,} \\ &= \{a, b_1\}\{a, b_2\}.\end{aligned}$$

(4) $b = -a$ 或 $b = 1-a$, 则 $ab = ba$.

(i) 设 $a+b = 0$, 则

$$h_{12}(a)h_{12}(b) = h_{12}(a)h_{12}(-a) = w_{12}(a)w_{12}(-1)w_{12}(-a)w_{12}(-1)$$
$$= w_{12}(a)w_{12}(-1)w_{12}(a)^{-1}w_{12}(-1) = w_{21}(a^{-2})w_{12}(-1)$$
$$= w_{12}(-a^2)w_{12}(-1) = h_{12}(-a^2) = h_{12}(ab).$$

(ii) 设 $a+b = 1$, 则

$$h_{12}(a)h_{12}(b)w_{12}(-1)^{-1}$$
$$= w_{12}(a)w_{12}(-1)w_{12}(b) = w_{12}(a)w_{21}(1)w_{12}(b)$$
$$= w_{12}(a)x_{21}(1)x_{12}(-1)x_{21}(1)w_{12}(b)$$
$$= x_{12}(-a^2)w_{12}(a)x_{12}(-1)w_{12}(b)x_{12}(-b^2)$$
$$= x_{12}(-a^2+a)x_{21}(-a^{-1})x_{12}(a-1+b)x_{21}(-b^{-1})x_{12}(b-b^2)$$
$$= x_{12}(-a^2+a)x_{21}(-a^{-1}-b^{-1})x_{12}(b-b^2)$$
$$= x_{12}(ab)x_{21}(-(ab)^{-1})x_{12}(ab) = w_{12}(ab) = h_{12}(ab)w_{12}(-1)^{-1}. \quad \square$$

定理 1.22 R 为交换环. $\phi_n : St_n(R) \to E_n(R) \subset GL_n(R)$. 设 $C_n = W \cap \mathrm{Ker}\,\phi_n$, 则 $C_n \subset ZSt_n(R)$ 和 C_n 由符号 $\{u, v\}$ 生成.

证明 设 $w \in W$ 和 $\phi(w) = 1$. 由引理 1.17 的公式 $wx_{ij}(a)w^{-1} = x_{st}(b)$ 在 $GL_n(R)$ 得 $I \cdot e_{ij}(a)I^{-1} = e_{st}(b)$. 因此 $x_{ij}(a) = x_{st}(b)$. 于是知 $C_n \subset ZSt_n(R)$.

从 $w_{ij}(a) \equiv w_{ij}(1) \mod H$, 以 w_{ij} 记 $w_{ij}(1) \mod H$, 可知 $w_{ij} = w_{ji}$. 在 C_n 取元素 $c = w_{i_1j_1}(a_1)\cdots w_{i_kj_k}(a_k)$. 利用

$$w_{ij}w_{1m} \equiv w_{\pi i\,\pi m}w_{ij} \mod H, \quad \pi = (ij); i, j > 1,$$

我们把所有 w_{1m} 推到式子的左边. 然后, 因为有

$$w_{1m}w_{1m} \equiv 1, \quad w_{1j}w_{1m} \equiv w_{1m}w_{mj}, \text{ 若 } j \neq m,$$

我们可以消去 w_{1m} 直至最后只有一个 w_{1m} 在最左边. 但是 $\phi_n(c) = I$ 是恒等置换, 于是 c 里不可以只有一个 w_{1m} 在最左边. 同理我们可以消去 w_{2m} 等. 最后便得 $c \equiv 1 \mod H$. 这样证明了: $C_n \subseteq H$.

由此可以把 $c \in C_n$ 写为 $h_{ij}(a)$ 的积. 由命题 1.18 (6): $h_{jk}(a) = h_{1k}(a)h_{1j}(a)^{-1}$, 所以 c 可写为形如 $h_{1m}(a)$ 和 $h_{1m}(a)^{-1}$ 的元素的积.

由符号 $\{u, v\}$ 生成 C_n 的子群记为 C^*, 则

$$h_{1m}(uv) \equiv h_{1m}(u)h_{1m}(v), \quad h_{1j}(u)h_{1m}(v) \equiv h_{1m}(v)h_{1j}(u) \mod C^*.$$

1.3 Milnor 群

因此 c 可写为

$$c \equiv h_{12}(a_2)h_{13}(a_3)\cdots h_{1n}(a_n) \mod C^*.$$

因此 $\phi_n(c) = \operatorname{diag}(a_2,\cdots,a_n,a_2^{-1},\cdots,a_n^{-1})$. 由假设 $\phi_n(c) = I$, 得 $a_2 = \cdots = a_n = 1$. 于是 $c \equiv 1 \mod C^*$. 即得 $C_n = C^*$. □

下面是两个例子:

1. 若 F 是域, 则交换群 $K_2(F)$ 是由满足以下关系的符号 $\{x,y\}$ 所生成的, 其中 $x, y \in F^\times$, 关系是

$$\{xx',y\} = \{x,y\}\{x',y\}, \quad \{x,yy'\} = \{x,y\}\{x,y'\},$$

$$\{x,1-x\} = 1, \quad x \neq 1.$$

这是 Matsumoto 定理, 证明见 [Mil 71] §12.

由这些关系得 $\{1,a\}\{1,a\} = \{1,a\}$, 于是 $\{1,a\} = 1$. 取 $a \neq 1$, 则 $\{a,-a\} = 1$, 因为

$$\{a,-a\} = \{a,(1-a)(1-a^{-1})^{-1}\} = \{a,(1-a)\}\{a,(1-a^{-1})^{-1}\}$$
$$= \{a,(1-a^{-1})^{-1}\} = \{a,1-a^{-1}\}^{-1}$$
$$= \{a^{-1},1-a^{-1}\} = 1.$$

2. $K_2(\mathbb{F}_q) = 1$.

$\mathbb{F}_q^\times$ 是 $q-1$ 阶循环群, 以 γ 记生成元. 取 $a = \gamma^n$, $b = \gamma^m$, $n, m \in \mathbb{Z}$. 由命题 1.21 得

$$\{a,b\} = \{\gamma^n,\gamma^m\} = \{\gamma,\gamma^m\}^n = \{\gamma,\gamma\}^{nm}.$$

按 Matsumoto 定理得 $\{\gamma,\gamma\}$ 是循环群 $K_2(\mathbb{F}_q)$ 的生成元. 由命题 1.21 得 $\{\gamma,\gamma\}^2 = 1$. 于是, 若有奇数 $r = 2k+1$ 使得 $\{\gamma,\gamma\}^r = 1$, 便得 $1 = \{\gamma,\gamma\}^r = (\{\gamma,\gamma\}^2)^k\{\gamma,\gamma\} = \{\gamma,\gamma\}$. 于是 $K_2(\mathbb{F}_q) = 1$.

若 q 是偶数, 则 $r = q-1$ 便是所求. 余下设 q 是奇数. $\mathbb{F}_q^\times$ 包含 $\frac{1}{2}(q-1)$ 个平方、$\frac{1}{2}(q-1)$ 个非平方. 由于 $1 = 1^2$, $\mathbb{F}_q^\times - \{1\}$ 包含 $\frac{1}{2}(q-3)$ 个平方、$\frac{1}{2}(q-1)$ 个非平方. 另一方面 $\mathbb{F}_q^\times - \{1\} \to \mathbb{F}_q^\times - \{1\}: a \mapsto 1-a$ 是双射. 于是存在 $a \in \mathbb{F}_q^\times - \{1\}$ 使得 a 和 $1-a$ 是非平方. 因此有奇数 n, m 使得 $a = \gamma^n$ 和 $1-a = \gamma^m$. 这样

$$1 = \{a,1-a\} = \{\gamma^n,\gamma^m\} = \{\gamma,\gamma\}^{nm},$$

便得 nm 为所求的奇数.

1.3.3 $K_2(\mathbb{Z})$

引理 1.23 $K_2(\mathbb{Z}) \ni \{-1, -1\} \neq 1$.

证明 把 $K_2(\mathbb{Z})$ 的元素 $\{-1, -1\}$ 看作实数域 $\mathbb{R}$ 的 $K_2(\mathbb{R})$ 的元素.

设双线性映射 $c : \mathbb{R}^\times \times \mathbb{R}^\times \to \{\pm 1\}$ 满足条件 $c(r, 1-r) = 1$. 则按 Matsumoto 定理, $\underline{c}(\{x, y\}) = c(x, y)$ 给出同态 $\underline{c} : K_2(\mathbb{R}) \to \{\pm 1\}$.

定义这样的一个 c 如下: 设 $c(x, y) = -1$, 若 x 和 y 是负数; 其他情形取 $c(x, y) = +1$. 因为 x 和 $1 - x$ 不会同时是负数, 所以 $c(x, 1-x) = 1$. c 所给的 $\underline{c} : K_2(\mathbb{R}) \to \{\pm 1\}$ 是满态射, 因为 $\underline{c}(-1, -1) = c(-1, -1) = -1$. 于是得结论 $\{-1, -1\} \neq 1$. □

以下利用 $\phi_n : St_n(\mathbb{Z}) \to E_n(\mathbb{Z}) \subset GL_n(\mathbb{Z})$, 使 $St_n(\mathbb{Z})$ 作用在 $\mathbb{Z}^n$ 上.

引理 1.24 对 $(a_1, \cdots, a_n) \in \mathbb{Z}^n$, 设 $\|(a_1, \cdots, a_n)\| = |a_1| + \cdots + |a_n|$. 取 $n \geqslant 2$. 设 $\pm \beta$ 是 $\mathbb{Z}^n$ 的标准基底里的一个向量. $St_n(\mathbb{Z})$ 的任一元素可表达为 $g_1 \cdots g_k w$, 其中 $w \in W$, g_l 等于 $x_{ij}(\pm 1)$ 其中之一, 并且

$$\|\beta g_1\| \leqslant \|\beta g_1 g_2\| \leqslant \cdots \leqslant \|\beta g_1 \cdots g_k\|.$$

证明见 [Mil 71] §10.6, 85 页.

引理 1.25 设 $n \geqslant 2$. $\phi_n : St_n(R) \to E_n(R) \subset GL_n(R)$, 则 $\text{Ker}\,\phi_n \subseteq W \cap St_n(\mathbb{Z})$.

证明 对 n 作归纳证明. $n = 1$ 引理是对的. 现设 $n > 1$. 选 $\beta = (0, \cdots, 0, 1) \in \mathbb{Z}^n$. 由引理 1.24, $\text{Ker}\,\phi_n$ 的任一元素可写为 $g_1 \cdots g_r w$, 并且

$$1 \leqslant \|\beta g_1\| \leqslant \|\beta g_1 g_2\| \leqslant \cdots \leqslant \|\beta g_1 \cdots g_r w\| = 1.$$

由 $1 = \|\beta g_1\|$ 得 Steinberg 群生成元 g_1 满足 $\beta g_1 = \beta$. 如此继续得 $\beta g_j = \beta$. 因为 $\phi_n(g_1 \cdots g_r w) = 1$, 所以 $\beta w = \beta$. 于是知 $g_1 \cdots g_r$ 不含生成元 $x_{nj}(\pm)$.

若 $g_1 \cdots g_r$ 含生成元 $x_{in}(\pm)$, 则可用 Steinberg 群生成元关系把 $x_{in}(\pm)$ 推向左边. 这样设 x 是所有现在左边形如 $x_{ij}(\pm), j = n$ 的元素的积, 即有

$$g_1 \cdots g_r w = x \iota(y) w,$$

其中映射 $\iota : St(n-1, \mathbb{Z}) \to St(n, \mathbb{Z})$. 作为例子考虑 $n = 4$ 的情形, 从以上等式知矩阵 $\phi_n(x), \phi_n(\iota(y)w)$ 是

$$\begin{pmatrix} 1 & 0 & 0 & * \\ 0 & 1 & 0 & * \\ 0 & 0 & 1 & * \\ 0 & 0 & 0 & 1 \end{pmatrix}, \begin{pmatrix} * & * & * & 0 \\ * & * & * & 0 \\ * & * & * & 0 \\ 0 & 0 & 0 & 1 \end{pmatrix}.$$

1.3 Milnor 群

但此二矩阵的积是 1, 因此 $\phi_n(x) = \phi_n(\iota(y)w) = 1$. 于是 $x = 1$.

下一步设 $w = \iota(w')c$, $w' \in W \cap St(n-1, \mathbb{Z})$, $c \in W \cap \operatorname{Ker} \phi_n$. 这样我们开始时选在 $\operatorname{Ker} \phi_n$ 的元素 $g_1 \cdots g_r w$ 可写成 $\iota(yw')c$. 因为 $yw' \in \operatorname{Ker} \phi_n$, 所以按归纳假设, $yw' \in W \cap \operatorname{Ker} \phi_{n-1}$. 因此 $\iota(yw') \in W \cap \operatorname{Ker} \phi_n$. □

定理 1.26 对 $n \geqslant 3$ 有正合序列
$$1 \to C_n \to St_n(\mathbb{Z}) \to E_n(\mathbb{Z}) \to 1,$$
其中 C_n 是由 $\{-1, -1\} = (x_{12}(1)x_{21}(-1)x_{12}(1))^4$ 所生成的 2 阶循环群.

证明 由引理 1.25 和定理 1.22 得 $\operatorname{Ker} \phi_n \subseteq ZSt_n(R)$ 是由 $\{-1, -1\}$ 生成的. 由引理 1.23 和直接计算知 $\{-1, -1\}$ 的阶为 2. □

由于 $K_2(\mathbb{Z}) = \varinjlim C_n$, 所以 $K_2(\mathbb{Z}) = \mathbb{Z}/2$.

1.3.4 H_2

本段介绍 K_2 和同调群的关系 (群的同调群的定义可以看 [代数群]§1.1).

定理 1.27 (Kervaire-Steinberg) $E(R)$ 在整数环 $\mathbb{Z}$ 取平凡作用, 则群 $E(R)$ 的同调群 $H_2(E(R), \mathbb{Z})$ 同构于 $K_2(R)$.

可参考 [Ker 70]; [Stei 68] 93 页. 亦可以参考 [Mil 71] §5, thm 5.1; [Swa 68] 208 页; [Wei 13] 241 页.

Milnor 的证明使用了群扩张的理论 (作为补充可以参看 [代数群]§5.1).

Michel André Kervaire (1927—2007 年), 波兰出生, 法国拓扑学家. 1955 年获得瑞士联邦理工学院博士学位. 与他有关的一个未解的名题: 126 维的微分流形的 Kervaire 不变量是否非零 ($126 = 2^7 - 2$). Atiyah 认为这是拓扑学的中心问题之一, 是值得我们关注的. 最近的结果见 [HHR 16].

1.3.5 积

我们将看到前三节介绍的 K_0, K_1, K_2 并不是互无关连. 本小节指出它们的一些共同的性质.

命题 1.28 R 为交换环. 对 $i + j \leqslant 2$ 存在映射
$$\mu: K_i(R) \times K_j(R) \to K_{i+j}(R)$$
使得

(1) μ 在 $K_0(R)$ 上定义积使 $K_0(R)$ 是环;
(2) 对 $i = 0$ 和 $j = 1, 2$, μ 使 $K_j(R)$ 是 $K_0(R)$ 模;
(3) $K_1(R) \times K_1(R) \to K_2(R)$ 是双 $K_0(R)$ 线性偶对.

R 为交换环. 有限生成投射模的张量积是有限生成投射模. 于是在 $K_0(R)$ 中可以定义 $[P] \cdot [Q]$ 为 $[P \otimes_r Q]$. 不难证明, 以此为积, $K_0(R)$ 是以 $[R]$ 为单位的交换环 ([Mil 71] 4 页).

取 $[P] \in K_0(R)$. 则 $A \mapsto 1_P \otimes_R A$ 定义同态 $GL_n(R) \cong Aut\,(R^n) \to Aut\,(P \oplus R^n)$. 在定理 1.9 的证明中见同态 $Aut\,(P \oplus R^n) \to GL(R)/E(R) \cong K_1(R)$. 于是有同态 $h_n(P) : GL_n(R) \to K_1(R)$. 可以证明 $h_n(P \oplus P') = h_n(P) + h_n(P')$. 于是 $[P] = [P'] \Rightarrow h_n(P) = h_n(P')$. 即可定以 $h_n([P])$. 让 $n \to \infty$, 得同态 $h_\infty([P]) : K_1(R) \to K_1(R)$. $\alpha \in K_1(R)$. 记 $h_\infty([P])(\alpha)$ 为 $[P] \cdot \alpha$. 这就是所求的 $\mu : K_0(R) \times K_1(R) \to K_1(R)$ ([Mil 71] 27 页).

设 $[P] \in K_0(R)$. 取 Q 使得 $P \oplus Q \cong R^r$. 如上一段有同态

$$k_n(P) : GL_n(R) \to Aut\,(P \oplus Q \oplus R^n) \to GL(R),$$

并且当 $n \geqslant 3$ 时有 $k_n(P)(E_n(R)) \subseteq E(R)$. 于是有同态

$$k_n(P)_* : H_2(E_n(R), \mathbb{Z}) \to H_2(E(R), \mathbb{Z}).$$

可以证明: $k_n(P \oplus P')_* = k_n(P)_* + k_n(P')_*$. 让 $n \to \infty$, 加上定理 1.27 得同态 $[P]\cdot? : K_2(R) \to K_2(R)$. 这就是所求的 $\mu : K_0(R) \times K_2(R) \to K_2(R)$ ([Mil 71] 51 页).

设 $A \in GL_m(R), B \in GL_n(R)$. 取 $a, b \in St(R)$ 使得在映射 $\phi : St(R) \twoheadrightarrow E(R)$ 下

$$\phi(a) = \mathrm{diag}(A \otimes I_n, A^{-1} \otimes I_n, I_m \otimes I_n),$$
$$\phi(b) = \mathrm{diag}(I_m \otimes B, I_m \otimes I_n, I_m \otimes B^{-1}).$$

然后定义 $\wr A, B \wr$ 为 $aba^{-1}b^{-1}$. 最后证明 $\wr \cdot, \cdot \wr$ 决定双 $K_0(R)$ 线性偶对 $K_1(R) \times K_1(R) \to K_2(R)$ ([Mil 71] §8).

命题中的假设 $i + j \leqslant 2$ 不是必要的, 在构造高次 K 群之后, 便知对所有的 i, j 均可定义 μ, 证明见 [Lod 76]. 我们不详细证明命题了.

1.3.6 迁移

设 R, S 为交换环. $f : R \to S$ 是环同态. 设 $i = 0, 1, 2$. 则有换基同态

$$f^* : K_i(R) \to K_i(S).$$

见引理 1.2, 命题 1.10 和命题 1.16.

注 记 $X = \mathrm{Spec}\, R, Y = \mathrm{Spec}\, S$. 则环同态 $f : R \to S$ 决定概形态射 $\phi : Y \to X$. 沿 ϕ 拉回 $\mathcal{O}_X$ 模 M 得 $\mathcal{O}_Y$ 模, 记为 ϕ^*M. 在这里我们借用该记号. 见 [Wei 13] 83, 425 页. 这是与 [Mil 71] §14 不同的.

用交换环同态 $f : R \to S$ 把 S 看作 $S - R$ 模. Q 是有限生成投射 S 模. 则 $Q \otimes_S S$ 是有限生成投射 R 模. 如此得忘却函子 $\mathbf{fpMod}(S) \to \mathbf{fpMod}(R) : Q \mapsto Q \otimes_S S$. 于是得同态 $f_* : K_0(S) \to K_0(R)$ ([Mil 71] 138 页; [Wei 13] 83 页).

余下假设 R 是 S 的子环, $f: R \to S$ 是包含同态. 假设 S 是有限生成投射 R 模. 取 $X \in GL(n, S)$. 选投射 R 模 Q 使得 $S \oplus Q = R^r$, 则 $S^n \oplus Q^n$ 是自由 R 模. 显然 $X \oplus id_{Q^n}$ 是 $S^n \oplus Q^n$ 的 R 线性自同构. 把该自同构的矩阵记为 $f_\sharp(X) \in GL_{nr}(R)$. 如定理 1.9 的证明一样, 我们得同态

$$f_\sharp: GL(n, S) \to GL_{nr}(R) \to GL(R) \to K_1(R).$$

取 $n \to \infty$ 得同态 $f_*: K_1(S) \to K_1(R)$ ([Mil 71] 138 页; [Wei 13] 206 页).

如上一段我们可以构造同态 $E(n, S) \to E(R)$ 取 $n \to \infty$. 应用 Kervaire-Steinberg 定理, 得同态 $f_*: K_2(S) \to K_2(R)$ ([Mil 71] 139 页; [Wei 13] 242 页).

称 f_* 为**迁移同态**(transfer homomorphism).

定理 1.29 假设 R 是 S 的子环, S 是有限生成投射 R 模. $f: R \to S$ 记包含同态. 设 $i + j \leqslant 2$, $x \in K_i(S)$, $y \in K_j(R)$, 则

$$f_*(x \cdot f^*(y)) = (f_*x) \cdot y.$$

这个定理后来被 Quillen 推广了 ([Qui 73] 103 页). 因此不用详细证明.

一般 K 理论都会包括加性 (addition)、共尾 (cofinal)、化解 (resolution)、析解 (devissage)、局部化 (localization) 等几个定理. 下一章将说明局部化定理.

我们已有 $K_n(R)$, $n = 0, 1, 2$. 但我们不知道 K_n, $n \geqslant 3$ 是什么? 我们更不知道这些 K_n 是有什么用呢? 这些都是以后的问题.

1.3.7 K_n^M

受 Matsumoto 定理的影响, 对 $n \geqslant 1$, 我们定义域 F 的第 n 个 Milnor K 群为

$$K_n^M(F) = (F^\times \otimes_{\mathbb{Z}} \cdots \otimes_{\mathbb{Z}} F^\times)/I_n.$$

I_n 是由满足条件: 有 $i \neq j$ 使得 $a_i + a_j = 1$ 的元素 $a_1 \otimes \cdots \otimes a_n$ 所生成的 $F^\times \otimes \cdots \otimes F^\times$ 的子群. 我们定义 $K_0^M(F) = \mathbb{Z}$. 注意: 这个 K_n^M 与第二部分的高次 K 群不同. 参看: [FV 01] Chap IX; [NSW 08] VI, §5; VII, §3.

以 $\{a_1, \cdots, a_n\}$ 记 $a_1 \otimes \cdots \otimes a_n \mod I_n$. 把 $K_n^M(F)$ 的运算写为 "加", 即

$$\{\cdots, a_i b_i, \cdots\} = \{\cdots, a_i, \cdots\} + \{\cdots, b_i, \cdots\}.$$

因为 $I_n \otimes \overbrace{F^\times \otimes_{\mathbb{Z}} \cdots \otimes_{\mathbb{Z}} F^\times}^{m}$ 和 $\overbrace{F^\times \otimes_{\mathbb{Z}} \cdots \otimes_{\mathbb{Z}} F^\times}^{n} \otimes I_m$ 在 $\overbrace{F^\times \otimes_{\mathbb{Z}} \cdots \otimes_{\mathbb{Z}} F^\times}^{n+m}$ 的象属于 I_{n+m}, 于是可以定义同态

$$K_n^M(F) \times K_m^M(F) \to K_{n+m}^M(F),$$

$$\{a_1, \cdots, a_n\}, \{b_1, \cdots, b_m\} \mapsto \{a_1, \cdots, a_n, b_1, \cdots, b_m\},$$

于是得分级环 $K^M(F) = \bigoplus_0^\infty K_n^M(F)$.

取与 F 的特征互素的正整数 N, 以 μ_N 记 N 次单位根群, 则有正合序列

$$1 \to \mu_N \to F^\times \to F^\times \to 1,$$

因此有 Galois 上同调群的正合序列

$$1 \to F^{\times N} \to F^\times \xrightarrow{\delta} H^1(G_F, \mu_N) \to 1.$$

G_F 是 F^{sep}/F 的 Galois 群. 另一方面 G_F 在 μ_N 的作用 $\sigma: \zeta \mapsto \zeta^{\chi(\sigma)}$ 给出特征标 $\chi: G_F \to (\mathbb{Z}/N\mathbb{Z})^\times$. 作为 G_F 模 $\mu_N^{\otimes n}$ 的特征标是 χ^n. 这样从杯积

$$H^1(G_F, \mu_N) \times \cdots \times H^1(G_F, \mu_N) \xrightarrow{\cup} H^n(G_F, \mu_N^{\otimes n})$$

得映射

$$\Delta: F^\times \times \cdots \times F^\times \to H^n(G_F, \mu_N^{\otimes n}): (a_1, \cdots, a_n) \mapsto \delta a_1 \cup \cdots \cup \delta a_n.$$

定理 1.30 (Tate)　Δ 诱导同态 $h_F: K_n^M(F) \to H^n(G_F, \mu_N^{\otimes n})$.

John Tate, 代数数论家, 1925 年生于美国明尼阿波利斯, 1946 年哈佛大学毕业, 1950 年获得普林斯顿大学博士学位, 导师为 Emil Artin. 自 1954 年为哈佛大学教授. 2002 年获得 Wolf 奖, 2010 年获得 Abel 奖.

Bloch-Kato-Milnor 猜想　h_F 诱导同构

$$K_n^M(F)/NK_n^M(F) \to H^n(G_F, \mu_N^{\otimes n}).$$

Voevodsky 证明: 当 $N = 2^m$, n 是任意的, Bloch-Kato-Milnor 猜想是对的. 他因为这个成果在北京拿了 Fields 奖. 最近他宣布已完全证明 Bloch-Kato-Milnor 猜想 ([Voe 11], [Rio 13]), 由此可以推出 Quillen-Lichtenbaum 猜想的证明; [Kol 15] 给出了这方面的介绍; 更详细的讨论见 Haesemeyer 和 Weibel 将出版的书 *The Norm Residue Theorem in Motivic Cohomology*.

1.4　Serre-Tate 定理

本节介绍 Grothendieck 群在数论中的一个应用. 若读者暂时不懂代数数论, 则可以跳过本节.

以 $\sharp S$ 记有限集 S 的元素个数. 选定 p 进数域 $\mathbb{Q}_p$ 的代数闭包 $\overline{\mathbb{Q}_p}$. 在 $\overline{\mathbb{Q}_p}$ 内取有限扩张 $F/\mathbb{Q}_p$. 设 E/F 是有限 Galois 扩张, $G = \text{Gal}(E/F)$ 是 E/F 的 Galois 群. 以 G_F 记 Galois 群 $\text{Gal}(\overline{\mathbb{Q}_p}/F)$.

1.4 Serre-Tate 定理

取素数 ℓ. $\mathbb{F}_\ell$ 记 ℓ 个元素的有限域, $\mathbb{F}_\ell[G]$ 记以 $\mathbb{F}_\ell$ 为系数 G 的群环.

以 $\langle P \rangle$ 记 $\mathbb{F}_\ell[G]$ 模 P 的同构类. 以有限 $\mathbb{F}_\ell[G]$ 模的同构类为生成元的自由交换群记为 $\mathcal{F}$. 在 $\mathcal{F}$ 内取由以下的生成元所生成的子群 $\mathcal{R}$: 每当

$$0 \to P' \to P \to P'' \to 0$$

是有限 $\mathbb{F}_\ell[G]$ 模正合序列, 便取 $\langle P' \rangle + \langle P'' \rangle - \langle P \rangle$ 为 $\mathcal{R}$ 生成元. 记商群 $\mathcal{F}/\mathcal{R}$ 为 $K_0'(G)$. $\langle P \rangle$ 在 $K_0'(G)$ 的象记为 $[P]$. 以 $[P][Q] := [P \otimes_{\mathbb{F}_\ell} Q]$ 为积, 则 $K_0'(G)$ 是交换环.

引理 1.31 取 H 走遍 G 的所有循环子群使得 $\ell \nmid \sharp(H)$, 则 $\bigcup_H \mathrm{Ind}_H^G(K_0'(H) \otimes \mathbb{Q})$ 生成群 $K_0'(G) \otimes \mathbb{Q}$.

证明 以 $\mathfrak{Z}$ 记由 G 的所有循环子群组成的集合, 则诱导表示给出满射

$$Ind \otimes \mathbb{Q} : \oplus_{H \in \mathfrak{Z}} K_0'(\mathbb{Q}_\ell[H]) \otimes \mathbb{Q} \to K_0'(\mathbb{Q}_\ell[G]) \otimes \mathbb{Q}$$

([Ser 771] §12.5, thm 26). 存在满射

$$K_0'(\mathbb{Q}_\ell[G]) \otimes \mathbb{Q} \to K_0'(\mathbb{F}_\ell[G]) \otimes \mathbb{Q}$$

([Ser 771] §16.1, thm 33). 于是有满射

$$Ind \otimes \mathbb{Q} : \oplus_{H \in \mathfrak{Z}} K_0'(\mathbb{F}_\ell[H]) \otimes \mathbb{Q} \to K_0'(\mathbb{F}_\ell[G]) \otimes \mathbb{Q}.$$

取 G 的所有循环子群 H 使得 $\ell \nmid \sharp(H)$ 组成集合 $\mathfrak{Z}'$. 需要证明: 把 $\oplus_{H \in \mathfrak{Z}}$ 换为 $\oplus_{H \in \mathfrak{Z}'}$ 后, 以上映射仍是满射.

现设有循环子群 H 使得 $\sharp H = \ell^r$, 则 $\mathbb{Z}/\ell\mathbb{Z}$ 是唯一的单 $\mathbb{F}_\ell[H]$ 模. 于是 $K_0'(H)$ 是由 $[\mathbb{Z}/\ell\mathbb{Z}]$ 生成的. 因此若 $[M] \in K_0'(H)$, 则有 $\alpha \in \mathbb{Q}$ 使得

$$[Ind_H^G M] = \alpha [Ind_H^G Ind_1^H \mathbb{Z}/\ell\mathbb{Z}] = \alpha [Ind_1^G \mathbb{Z}/\ell\mathbb{Z}]$$

在 $K_0'(G) \otimes \mathbb{Q}$ 内成立. 这样, 我们便知在和 $\oplus_{H \in \mathfrak{Z}}$ 里, 不包括那些 H 使得 $\sharp H = \ell^r$, $Ind \otimes \mathbb{Q}$ 仍是满射. □

引理 1.32 若 V 是 $\mathbb{Z}_\ell$ 模, 则乘以 ℓ 同态 $V \xrightarrow{\ell} V$ 的核和余核分别记为 $_\ell V$, V_ℓ.

(1) A 是有限 $\mathbb{Z}_\ell[G]$ 模, 则有 $[_\ell A] = [A_\ell]$.

(2) 设 V 是 $\mathbb{Z}_\ell[G]$ 模使得 $_\ell V$ 和 V_ℓ 是有限的. 又设 V 有子模使得 V/W 是有限的, 则

$$[V_\ell] - [_\ell V] = [W_\ell] - [_\ell W].$$

证明 (1) 是来自 $[_\ell A] + [\ell A] = [\ell A] + [A_\ell]$.

(2) 用图

$$\begin{array}{ccccccccc} 0 & \longrightarrow & W & \longrightarrow & V & \longrightarrow & V/W & \longrightarrow & 0 \\ & & \downarrow \ell & & \downarrow \ell & & \downarrow \ell & & \\ 0 & \longrightarrow & W & \longrightarrow & V & \longrightarrow & V/W & \longrightarrow & 0 \end{array}$$

的蛇引理得正合序列

$$0 \to {}_\ell W \to {}_\ell V \to {}_\ell(V/W) \to W_\ell \to V_\ell \to (V/W)_\ell \to 0.$$

对此用 (1) 便得 (2). □

利用投射 $j: G_F \to G$ 把有限 $\mathbb{F}_\ell[G]$ 模 A 看作 G_F 模, 然后透过包含态射 $i: G_E \to G_F$, 得到 A 是平凡 G_E 模. 定义

$$h(E, A) = \sum_{i=0}^{2} (-1)^i [H^i(G_E, A)].$$

命题 1.33 μ_ℓ 是次方根. 若 $\ell \neq p$, 则 $h(E, \mu_\ell) = 0$. 若 $\ell = p$, 则 $h(E, \mu_\ell) = -[F:\mathbb{Q}_p][\mathbb{F}_p[G]]$.

证明 1) ℓ 次方给出正合序列

$$1 \to \mu_\ell(E) \to E^\times \xrightarrow{\times \ell} E^\times \to 1.$$

由此得

$$H^0(G_E, \mu_\ell) = \mu_\ell(E), \quad H^1(G_E, \mu_\ell) = E^\times/E^{\times,\ell}, \quad H^2(G_E, \mu_\ell) = \mathbb{Z}/\ell\mathbb{Z}.$$

于是

$$h(E, \mu_\ell) = [\mu_\ell(E)] - [E^\times/E^{\times,\ell}] + [\mathbb{Z}/\ell\mathbb{Z}].$$

2) E 的赋值环 $\mathscr{O}$ 的单位群记为 U. 由正合序列

$$0 \to U/U^\ell \to E^\times/E^{\times,\ell} \to \mathbb{Z}/\ell\mathbb{Z} \to 0$$

得 $[E^\times/E^{\times,\ell}] = [\mathbb{Z}/\ell\mathbb{Z}] + [U/U^\ell]$, 因此

$$h(E, \mu_\ell) = [\mu_\ell(E)] - [U/U^\ell] = [_\ell U] - [U_\ell].$$

κ 记 E 的剩余域, $\mathfrak{p}$ 记 $\mathscr{O}$ 的极大理想, 设 $V = 1 + \mathfrak{p}$, 有正合序列

$$1 \to V \to U \to \kappa^\times \to 1.$$

1.4 Serre-Tate 定理

用引理 1.32 得

$$h(E, \mu_\ell) = [_\ell U] - [U_\ell] = [_\ell V] - [V_\ell].$$

3) 若 $\ell \neq p$, 则 V 是投射 p 群, 于是 $_\ell V = V_\ell = \{1\}$, 因此 $h(E, \mu_\ell) = 0$.

4) 现设 $\ell = p$. 取 $W = 1 + \mathfrak{p}^n$, 则 V/W 是有限 $\mathbb{Z}_p$ 模. 用引理 1.32 得

$$h(E, \mu_\ell) = [_p W] - [W_p].$$

当 n 足够大时, $\log : W \to \mathfrak{p}^n$ 是同构 ([数论] 3.4.3), $\mathscr{O}/\mathfrak{p}^n$, 得

$$h(E, \mu_\ell) = [_p \mathscr{O}] - [\mathscr{O}/p\mathscr{O}].$$

5) 存在 $\theta \in \mathscr{O}$ 使得 Galois 扩张 $E = \oplus_{\sigma \in G} F \sigma \theta$. $\mathscr{O}_F$ 记 F 的赋值环. 设 $M = \oplus_{\sigma \in G} \mathscr{O}_F \sigma \theta$, 则 $\mathscr{O}/M$ 有限, $_p M = 0$, $M/pM \cong \mathscr{O}_F/p\mathscr{O}_F[G] \cong \mathbb{F}_p[G]^{[F:\mathbb{Q}_p]}$. 于是

$$h(E, \mu_\ell) = -[M/pM] = -[F : \mathbb{Q}_p][\mathbb{F}_p[G]]. \qquad \square$$

定理 1.34 (Serre) 设 A 是有限 $\mathbb{F}_\ell[G]$ 模. 若 $\ell \neq p$, 则 $h(E, A) = 0$. 若 $\ell = p$, 则 $h(E, A) = -\dim_{\mathbb{F}_p}(A)[F : \mathbb{Q}_p][\mathbb{F}_p[G]]$.

证明 考虑计算上同调群的链复形, 杯积给出同构 $C^i(G_E, \mathbb{Z}/\ell\mathbb{Z}) \otimes A \to C^i(G_E, A)$, 于是有同构 $H^i(G_E, \mathbb{Z}/\ell\mathbb{Z}) \otimes A \to H^i(G_E, A)$. 因此

$$h(E, A) = h(E, \mathbb{Z}/\ell\mathbb{Z}) \cdot [A].$$

有限 $\mathbb{F}_\ell[G]$ 模上的正合函子 $M \mapsto M^* = \mathrm{Hom}(M, \mathbb{F}_\ell)$ 决定 $K'_0(G)$ 的自同态 $\xi \mapsto \xi^*$. 用局部对偶定理 ([数论] §8.6) 得

$$h(E, \mathbb{Z}/\ell\mathbb{Z})^* = h(E, \mu_\ell).$$

又因 $[\mathbb{F}_\ell[G]] = [\mathbb{F}_\ell[G]^*]$, 于是

$$h(E, A) = \begin{cases} 0, & \ell \neq p, \\ -[F : \mathbb{Q}_p][\mathbb{F}_p[G]] \cdot [A], & \ell = p. \end{cases}$$

现在把 A 看作平凡 G 模并改记它为 A_0, 则

$$\mathbb{F}_\ell[G] \otimes A_0 \to \mathbb{F}_\ell[G] \otimes A : \sigma \otimes a \mapsto \sigma \otimes \sigma a$$

是 $\mathbb{F}_\ell[G]$ 模同构. 于是

$$[\mathbb{F}_\ell[G]] \cdot [A] = [\mathbb{F}_\ell[G]] \cdot [A_0] = \dim_{\mathbb{F}_\ell}(A)[\mathbb{F}_\ell[G]]. \qquad \square$$

设 $F/\mathbb{Q}_p$ 是有限域扩张. 在 F 上取赋值 v 满足条件 $v(F^\times) = \mathbb{Z}$. q 是 F 的剩余域的元素个数. 取绝对值 $|x|_F = q^{-v(x)}$.

定义有限 G_F 模 A 的 Euler-Poincaré 特征标为
$$\chi(A) = \prod_{i=0}^{2} (\sharp H^i(G_F, A))^{(-1)^i}.$$

定理 1.35 (Tate) 设 $F/\mathbb{Q}_p$ 是有限域扩张, A 是有限 G_F 模, 则
$$\chi(A) = |\sharp A|_F.$$

证明 因为 χ 和 $|\ |_F$ 是使用短正合序列来定义的积性函数, 所以利用正合序列 $0 \to {}_\ell A \to A \to A/\ell A \to 0$ 对 $\sharp(A)$ 作归纳, 便知可以假设有素数 ℓ 使得 $\ell A = 0$.

给出有限 G_F 模 A, 存在有限 Galois 扩张 E/F 使得 A 是平凡 G_E 模. 于是以下假设 A 是有限 $\mathbb{F}_\ell[G]$ 模, $G = \mathrm{Gal}(E/F)$.

以 $\phi(A)$ 记 $|\sharp A|_F$, 则 χ 和 ϕ 是从 $K_0'(G)$ 至 $\mathbb{Q}_+^\times$ 的同态. $\mathbb{Q}_+^\times$ 是无挠群, 按引理 1.31, 只需要对 $A = \mathrm{Ind}_H^G B$ 作证明, 其中 B 是有限 $\mathbb{F}_\ell[H]$ 模, H 是 G 的循环子群. $\ell \nmid \sharp H$ 给证明 $\chi(A) = \phi(A)$. 以 F' 记 H 的固定域. 用 Shapiro 引理 ([数论] §5.1, 引理 5.6) 得
$$\chi(F, A) = \chi(F', B).$$
于是 $|\sharp B|_{F'} = |\sharp B|_F^{[F':F]} = |\sharp A|_F$. 这样我们便可以假设 G 是循环群并且 $\ell \nmid \sharp G$.

定义同态 $d : K_0'(G) \to \mathbb{Z}$ 为 $d([M]) = \dim_{\mathbb{F}_\ell}(H^0(G, M))$.

从 Galois 扩张 E/F 得群正合序列
$$1 \to G_E \xrightarrow{i} G_F \xrightarrow{j} G \to 1.$$
由此得 Hochschild-Serre 谱序列 ([数论] 8.3.1)
$$H^p(G, H^i(G_E, A)) \Rightarrow H^{p+i}(G_F, A).$$
因为 G 是循环群谱序列退化, 于是 $H^i(G_F, A) = H^0(G, H^i(G_E, A))$. 因此
$$\chi(A) = \prod_{i=0}^{2} \ell^{(-1)^i \dim_{\mathbb{F}_\ell} H^i(G_F, A)} = \ell^{d(h(E,A))}.$$

若 $\ell \neq p$, 则按 Serre 定理, $h(E, A) = 0$, 于是 $\chi(A) = 1$. 现取 $\ell = p$, 则 $h(E, A) = -\dim(A)[F : \mathbb{Q}_p][\mathbb{F}_p[G]]$. 由于 $d([\mathbb{F}_p[G]]) = \dim(\mathbb{F}_p[G]^G) = \dim(\mathbb{F}_p) = 1$, 因此
$$\chi(A) = p^{-\dim(A)[F:\mathbb{Q}_p]} = |\sharp(A)|_F. \qquad \square$$

到这里我们看到 Bass, Grothendieck, Milnor, Serre, Steinberg, Tate, Whitehead 等参与了代数 K 理论的启动工作, 他们都是二十世纪下半叶最优秀的代数学家. 不过代数 K 理论的工作尚未成功, 同学们仍需努力!

第 2 章 正合序列

我们回顾拓扑学的一个从拓扑空间范畴到交换群范畴的基本函子：对整数 $n \geqslant 0$，拓扑空间 $X \mapsto$ 奇异同调群 $H_n(X)$. 若 A 是 X 的子空间，则可构造相对奇异同调群 $H_n(X, A)$ 和边界映射 $\partial_n : H_n(X, A) \to H_{n-1}(A)$ 使得有正合序列

$$\cdots \to H_n(A) \to H_n(X) \to H_n(X, A) \xrightarrow{\partial_n} H_{n-1}(A) \to H_{n-1}(X) \to \cdots.$$

([姜] 第二章, 定理 1.2, 47 页.)

如果希望 K_n 有类似 H_n 的结构，我们便希望对 $n \geqslant 0$ 有 $K_n(R)$，并且对同态 $R \to S$ 有正合序列

$$\cdots \to K_n(R) \to K_n(S) \to ?? \to K_{n-1}(R) \to K_{n-1}(S) \to \cdots.$$

本章对 $n = 0, 1, 2$ 构造正合序列. 当然只要 K 理论足够强便有一个局部化列可以用来推出本章所有的结果. 但是本章对学习计算是有一定的帮助的.

2.1 同态的正合序列

fpMod(R) 为有限生成投射 R 模范畴. 环同态 $\phi : R \to R'$ 决定函子：

$$f : \mathbf{fpMod}(R) \to \mathbf{fpMod}(R') : A \mapsto R' \otimes_{R, \phi} A, A \xrightarrow{\lambda} B \mapsto 1_{R'} \otimes \lambda.$$

f 的纤维范畴 (fibre category) Φf 的对象定义为 (A, B, α)，其中 $A, B \in \mathbf{fpMod}(R)$，$\alpha : R' \otimes_R A \to R' \otimes_R B$ 为 R' 模同构. Φf 的态射为 $(\chi, \mu) : (A, B, \alpha) \to (A', B', \alpha')$，其中 $\chi : A \to A', \mu : B \to B'$ 为 R 模同态，并且下图交换

$$\begin{array}{ccc} R' \otimes_R A & \xrightarrow{id_{R'} \otimes \chi} & R' \otimes_R A' \\ {\scriptstyle \alpha} \downarrow & & \downarrow {\scriptstyle \alpha'} \\ R' \otimes_R B & \xrightarrow{id_{R'} \otimes \mu} & R' \otimes_R B' \end{array}$$

Φf 的正合序列

$$0 \to (A', B', \alpha') \to (A, B, \alpha) \to (A'', B'', \alpha'') \to 0$$

是指 R 模正合序列

$$0 \to A' \to A \to A'' \to 0, \; 0 \to B' \to B \to B'' \to 0.$$

以 $\langle A, B, \alpha \rangle$ 记 (A, B, α) 的同构类.

引入自由交换群 $\mathcal{F}$, 它的生成元是 $\langle A, B, \alpha \rangle$.

在 $\mathcal{F}$ 内取由以下的生成元所生的子群 $\mathcal{R}$:

(1) 对 Φf 的正合序列

$$0 \to (A', B', \alpha') \to (A, B, \alpha) \to (A'', B'', \alpha'') \to 0,$$

取 $\langle A', B', \alpha' \rangle + \langle A'', B'', \alpha'' \rangle - \langle A, B, \alpha \rangle$ 为 $\mathcal{R}$ 的生成元.

(2) $\langle A, C, \alpha \rangle + \langle C, B, \beta \rangle - \langle A, B, \beta\alpha \rangle$ 为生成元.

定义纤维范畴 Φf 的 K 群 $K(\Phi f)$ 为 $\mathcal{F}/\mathcal{R}$. $\langle A, B, \alpha \rangle$ 在 $K(\Phi f)$ 的象记为 $[A, B, \alpha]$.

如果 $[A, A, 1] = 0$, 于是 $[A, B, \alpha] = [B, A, \alpha^{-1}]$. 此外

$$[A, B, \alpha] + [A', B', \alpha'] = [A \oplus A', B \oplus B', \alpha \oplus \alpha'].$$

结论是: 范畴 Φf 的任何元素都可写成一项 $[A, B, \alpha]$.

命题 2.1 (1) 设 $g \in GL_n(R')$ 代表 $x \in GL(R')/E(R') = K_1(R')$. 取 $d'(x) = [R^n, g, R^n] \in K(\Phi f)$, 则 $d': K_1(R') \to K(\Phi f)$ 是确切定义的.

(2) 取 $P \in \mathbf{pMod}(R)$. 若有同构 $\alpha: R' \otimes P \to R' \otimes P$, 则 $d'([R' \otimes P, \alpha]) = [P, P, \alpha]$.

(3) 在 $K(\Phi f)$ 内 $\left[P \oplus Q, P \oplus Q, \begin{pmatrix} 1 & \eta \\ 0 & 1 \end{pmatrix} \right] = 0$.

证明 (1) 考虑 $g \mapsto [R^n, R^n, g] \in K(\Phi f)$, 则

$$\begin{pmatrix} g & 0 \\ 0 & 1 \end{pmatrix} \mapsto \left[R^{n+1}, R^{n+1}, \begin{pmatrix} g & 0 \\ 0 & 1 \end{pmatrix} \right] = [R^n, R^n, g] + [R, R, 1] = [R^n, R^n, g].$$

还有 $[R^n, R^n, gh] = [R^n, R^n, h] + [R^n, R^n, g]$. 于是得到同态 $GL(R') \to K(\Phi f)$. 因为 $K(\Phi f)$ 是交换群, 所以该同态的核包含 $E(R')$. 于是得同态 $d': K_1(R') \to K(\Phi f)$.

(2) 取 Q 使得 $P \oplus Q \cong R^n$. 因 $[R' \otimes Q, 1] = 0$, 于是 $[R' \otimes (P \oplus Q), \alpha \oplus 1] = [R' \otimes P, \alpha]$. 另一方面, $[Q, Q, 1] = 0$. 于是 $[P \oplus Q, P \oplus Q, \alpha \oplus 1] = [P, P, \alpha]$. 因此只需要对 $P = R^n$ 作证明, 此时便是在 (1) 的定义.

(3) 考虑正合序列

$$0 \to (Q, 1) \to \left(P \oplus Q, \begin{pmatrix} 1 & \eta \\ 0 & 1 \end{pmatrix} \right) \to (P, 1) \to 0,$$

2.1 同态的正合序列

在 $K_1(R')$ 内, $[Q,1]=0=[P,1]$, 于是 $\left[P\oplus Q,\begin{pmatrix}1&\eta\\0&1\end{pmatrix}\right]=[Q,1]+[P,1]=0$. 所以

$$\left[P\oplus Q, P\oplus Q, \begin{pmatrix}1&\eta\\0&1\end{pmatrix}\right]=d'\left(\left[P\oplus Q,\begin{pmatrix}1&\eta\\0&1\end{pmatrix}\right]\right)=0. \qquad\square$$

命题 2.2 给出 $\mathcal{F}$ 的元素 $\langle A,B,\alpha\rangle$, $\langle A',B',\alpha'\rangle$. 若有 $C,C'\in\mathbf{pMod}(R)$, R' 模 $R'\otimes_R(B\oplus C)$ 的自同构 θ 使得

1) 在 $K_1(R')$ 内 $[R'\otimes_R(B\oplus C),\theta]=0$.

2) $(A\oplus C, B\oplus C, \theta(\alpha\oplus 1))$ 与 $(A'\oplus C', B'\oplus C', \alpha'\oplus 1)$ 同构, 则记 $\langle A,B,\alpha\rangle\equiv\langle A',B',\alpha'\rangle$.

(1) $\equiv$ 是等价关系.

以 $\lfloor A,B,\alpha\rfloor$ 记 $\langle A,B,\alpha\rangle$ 的 $\equiv$ 等价类. $\mathcal{G}$ 记 $\equiv$ 的等价类集.

(2) 定义 $\lfloor A,B,\alpha\rfloor\oplus\lfloor A',B',\alpha'\rfloor$ 为 $\lfloor A\oplus A', B\oplus B', \alpha\oplus\alpha'\rfloor$, 则 $(\mathcal{G},\oplus)$ 是交换群.

(3) 在 $K(\Phi f)$ 内 $[A,B,\alpha]=[A',B',\alpha']$ 当且仅当 $\lfloor A,B,\alpha\rfloor=\lfloor A',B',\alpha'\rfloor$.

(4) $K(\Phi f)\cong\mathcal{G}$.

证明 留给读者证明 $\mathcal{G}$ 是交换群.

1) 设有 Φf 的正合序列

$$0\to(P',Q',\alpha')\to(P,Q,\alpha)\to(P'',Q'',\alpha'')\to 0,$$

则有投射 R 模正合序列

$$0\to P'\to P\to P''\to 0,\quad 0\to Q'\to Q\to Q''\to 0,$$

即 α 诱导同构

$$R'\otimes(P/P')\cong R'\otimes P''\stackrel{\alpha''}{\cong}R'\otimes Q''\cong R'\otimes(Q/Q').$$

此外又知 $P\cong P'\oplus P''$, $Q\cong Q'\oplus Q''$, 于是可设

$$\lfloor P,Q,\alpha\rfloor=\left\lfloor P'\oplus P'', Q'\oplus Q'', \begin{pmatrix}\alpha'&\eta\\0&\alpha''\end{pmatrix}\right\rfloor.$$

因为

$$\begin{pmatrix}\alpha'&\eta\\0&\alpha''\end{pmatrix}=\begin{pmatrix}\alpha'&0\\0&\alpha''\end{pmatrix}\begin{pmatrix}1&\alpha'^{-1}\eta\\0&1\end{pmatrix}$$

和

$$\left\lfloor P'\oplus P'', P'\oplus P'', \begin{pmatrix} 1 & \alpha'^{-1}\eta \\ 0 & 1 \end{pmatrix}\right\rfloor = 0,$$

所以

$$\lfloor P,Q,\alpha\rfloor = \left\lfloor P'\oplus P'', Q'\oplus Q'', \begin{pmatrix} \alpha' & 0 \\ 0 & \alpha'' \end{pmatrix}\right\rfloor = \lfloor P',Q',\alpha'\rfloor \oplus \lfloor P'',Q'',\alpha''\rfloor.$$

2) 可证 $\lfloor P,Q,\alpha\rfloor \oplus \lfloor Q,M,\beta\rfloor = \lfloor P,M,\beta\alpha\rfloor$.

由 $\lfloor A,A,1\rfloor = 0$ 得 $\lfloor Q,M,\beta\rfloor = \lfloor Q,M,-\beta\rfloor$. 但是 $\begin{pmatrix} \beta\alpha & 0 \\ 0 & 1 \end{pmatrix} = \begin{pmatrix} \beta & 0 \\ 0 & \beta^{-1} \end{pmatrix}\begin{pmatrix} \alpha & 0 \\ 0 & \beta \end{pmatrix}$.

为此只需在 $K_1(R')$ 考虑

$$\begin{pmatrix} \beta & 0 \\ 0 & \beta^{-1} \end{pmatrix} = \begin{pmatrix} 0 & 1 \\ -1 & 0 \end{pmatrix}\begin{pmatrix} 1 & 0 \\ \beta & 1 \end{pmatrix}\begin{pmatrix} 1 & -\beta^{-1} \\ 0 & 1 \end{pmatrix}\begin{pmatrix} 1 & 0 \\ \beta & 1 \end{pmatrix}.$$

留意 $\begin{pmatrix} 0 & 1 \\ -1 & 0 \end{pmatrix} \in E(R')$.

3) 因为 $K(\Phi f)$ 是自由群 mod 条件 $\mathcal{R}$, 从 1) 和 2) 知有同态

$$K(\Phi f) \to \mathcal{G} : [A,B,\alpha] \to \lfloor A,B,\alpha\rfloor.$$

4) 在 $K(\Phi f)$,

$$[A\oplus C, B\oplus C, \theta(\alpha\oplus 1)]$$
$$=[A\oplus C, B\oplus C, (\alpha\oplus 1)] + [B\oplus C, B\oplus C, \theta]$$
$$=[A,B,\alpha] + [B\oplus C, B\oplus C, \theta],$$
$$[A'\oplus C', B'\oplus C', \alpha'\oplus 1] = [A',B',\alpha'].$$

取 Q 使得 $B\oplus C\oplus Q \cong R^n$, 以及有 χ 使 $[B\oplus C\oplus Q, B\oplus C\oplus Q, \theta\oplus 1] = [R^n, R^n, \chi]$. 于是 $[B\oplus C, B\oplus C, \theta] = [R^n, R^n, \chi]$. 按 $\equiv$ 的定义, 在 $K_1(R')$ 有 $[R'\otimes R^n, \chi] = [R'\otimes (B\oplus C\oplus Q), \theta\oplus 1] = [R'\otimes (B\oplus C), \theta] + [R'\otimes Q, 1] = 0 + 0 = 0$, 但是 $d'[R'\otimes R^n, \chi] = [B\oplus C, B\oplus C, \theta]$. 于是在 $K(\Phi f)$ 中有 $[B\oplus C, B\oplus C, \theta] = 0$. 所以, 从 $\mathcal{G}$ 内 $\lfloor A,B,\alpha\rfloor = \lfloor A',B',\alpha'\rfloor$ 可以推出 $[A,B,\alpha] = [A',B',\alpha']$. 这就是说可以定义

$$\mathcal{G} \to K(\Phi f) : \lfloor A,B,\alpha\rfloor \to [A,B,\alpha].$$

5) $\equiv$ 是等价关系. $(A\oplus C, B\oplus C, \theta(\alpha\oplus 1))$ 与 $(A'\oplus C', B'\oplus C', \alpha'\oplus 1)$ 同构是

指有同构 r, s

$$\begin{array}{ccc} R' \otimes (A \oplus C) & \xrightarrow{r} & R' \otimes (A' \oplus C') \\ {\scriptstyle \alpha \otimes 1} \downarrow & & \downarrow {\scriptstyle \alpha' \otimes 1} \\ R' \otimes (B \oplus C) & \xrightarrow{s} & R' \otimes (B' \oplus C') \\ {\scriptstyle \theta} \downarrow & & \\ R' \otimes (B \oplus C) & & \end{array}$$

为证明 $\equiv$ 的自反性只需证明下图右边是交换

$$\begin{array}{ccccc} R' \otimes (A \oplus C) & \xrightarrow{r} & R' \otimes (A' \oplus C') & \xrightarrow{r^{-1}} & R' \otimes (A \oplus C) \\ {\scriptstyle \alpha \otimes 1} \downarrow & & \downarrow {\scriptstyle \alpha' \otimes 1} & & \downarrow {\scriptstyle \alpha \otimes 1} \\ R' \otimes (B \oplus C) & \xrightarrow{s} & R' \otimes (B' \oplus C') & \xrightarrow{s^{-1}} & R' \otimes (B \oplus C) \\ {\scriptstyle \theta} \downarrow & & \downarrow {\scriptstyle \theta'} & & \\ R' \otimes (B \oplus C) & & R' \otimes (B' \oplus C') & & \end{array}$$

取 $\theta' = s\theta^{-1}s^{-1}$. 其余证明留给读者. □

命题 2.3 $d: K(\Phi f) \to K_0(R): [A, B, \alpha] \mapsto [A] - [B]$ 是确切定义的.

证明 (1) 若有正合序列

$$0 \to A' \to A \to A'' \to 0, \; 0 \to B' \to B \to B'' \to 0,$$

则在 $K_0(R)$ 中有

$$[A] - [B] = [A'] - [B'] + [A''] - [B''].$$

(2) 若 $[A, C, \alpha] + [C, B, \beta] = [A, B, \beta\alpha]$, 则 $[A] - [C] + [C] - [B] = [A] - [B]$. □

定理 2.4 环同态 $\phi: R \to R'$ 决定正合序列

$$K_1(R) \xrightarrow{\phi_1} K_1(R') \xrightarrow{d'} K(\Phi f) \xrightarrow{d} K_0(R) \xrightarrow{\phi_0} K_0(R').$$

证明 (1) 在 $K_0(R)$ 正合.

Img $\subset$ Ker. $d[A, B, \alpha] = [A] - [B] \mapsto [R' \otimes A] - [R' \otimes B] = 0$, 因为有同构 $\alpha: R' \otimes A \to R' \otimes B$.

Ker $\subset$ Img. 取 $K_0(R) \ni x \to 0 \in K_0(R')$. 设 $x = [P] - [Q]$, 则 $x \to [R' \otimes P] - [R' \otimes Q] = 0$. 由此可找 R'^n 使 $\alpha: (R' \otimes P) \oplus R'^n \cong (R' \otimes Q) \oplus R'^n$. 这时 $d(P \oplus R^n, Q \oplus R^n, \alpha) = x$.

(2) 在 $K(\Phi f)$ 正合.

Img $\subset$ Ker. 若 $g \in GL_n(R')$ 代表 $y \in K_1(R')$, 则 $dd'(y) = [R^n] - [R^n] = 0$.

Ker $\subset$ Img. 设 $x \in K(\Phi f)$ 和 $dx = 0$. 可设 $x = [A, B, \alpha]$. 于是 $dx = [A] - [B] = 0$. 因此 $A \oplus R^n \cong B \oplus R^n$. 这样 $x = [A \oplus R^n, B \oplus R^n, \alpha \oplus 1]$. 由此, 我们可以假设 $x = [A, B, \alpha]$ 并且 $\beta : B \cong A$. 于是在 $K(\Phi f)$ 内 $[A, B, \alpha] = [A, A, (1_{R'} \otimes \beta)\alpha]$. 这样可以假设 $A = B$ 了. 于是 $x = [A, A, \alpha]$. 已知 $d'(R' \otimes A, \alpha) = [A, A, \alpha] = x$.

(3) 在 $K_1(R')$ 正合.

Img $\subset$ Ker. 考虑

$$g \in GL_n(R) \mapsto \phi(g) \in GL_n(R') \mapsto [R^n, R^n, \phi(g)].$$

$$\begin{array}{ccc} R' \otimes R^n & \xrightarrow{1 \otimes g} & R' \otimes R^n \\ \phi(g) \downarrow & & \downarrow 1 \\ R' \otimes R^n & \xrightarrow{1 \otimes 1} & R' \otimes R^n \end{array}$$

则在纤维范畴 Φf 有 $(R^n, R^n, \phi(g)) \cong (R^n, R^n, 1)$. 于是在 $K(\Phi f)$ 有 $[R^n, R^n, \phi(g)] = [R^n, R^n, 1] = 0$.

Ker $\subset$ Img. 取 $x \in K_1(R')$ 使 $d'x = 0$. 设 $x = [R^n, g]$, 则 $[R^n, R^n, g] = [0, 0, 0]$. 按命题 2.2, 可找 C, C', 同构 $\theta : R' \otimes C \cong R' \otimes C$ 使得 $(C, C, \theta) \cong (R^n \oplus C', R^n \oplus C', g \oplus 1)$ 和 $[R' \otimes C, \theta] = 0$. 取 C'' 使 $C' \oplus C'' \cong R^m$, 则 $(C \oplus C'', C \oplus C'', \theta \oplus 1) \cong (R^n \oplus R^m, R^n \oplus R^m, g \oplus 1)$. 留意在 $K_1(R')$ 中, $g \oplus 1$ 代表 x, $\theta \oplus 1$ 代表 0.

引入记号: $\alpha = g \oplus 1$, $\beta = \theta \oplus 1$, $R^\ell = R^n \oplus R^m$, $D = C \oplus C''$. 则 α 仍然代表 x, β 仍然代表 0 和 $(R^\ell, R^\ell, \alpha) \cong (D, D, \beta) \cong (R^\ell, R^\ell, \beta)$. 这个同构由两个同构 $\mu : R^n \to R^n$, $\nu : R^n \to R^n$ 给出:

$$\begin{array}{ccc} R' \otimes R^\ell & \xrightarrow{1 \otimes \mu} & R' \otimes R^\ell \\ \alpha \downarrow & & \downarrow \beta \\ R' \otimes R^\ell & \xrightarrow{1 \otimes \nu} & R' \otimes R^\ell \end{array}$$

所以 $\alpha = (1 \otimes \nu)^{-1} \beta (1 \otimes \mu)$. 在 $K_1(R')$, β 代表 0, $1 \otimes \nu$ 代表 $\phi_1([R^n, \nu])$, $1 \otimes \mu$ 代表 $\phi_1([R^n, \mu])$. 因此 $x = \phi_1([R^n, \mu] - [R^n, \nu])$. □

2.2 商环的正合序列

设 I 为环 R 的 (双边) 理想. 于是有正合序列 $0 \to I \to R \to R/I \to 0$.

2.2 商环的正合序列

用 $R \to R/I$ 给出同态 $GL_n(R) \to GL_n(R/I)$. 记 $GL_{n,R,I} = \mathrm{Ker}(GL_n(R) \to GL_n(R/I))$. 同样记 $E_{n,R,I} = \mathrm{Ker}(E_n(R) \to E_n(R/I))$.

引理 2.5 若 $a \in GL_n(R), b \in GL_{n,R,I}$, 则

$$\begin{pmatrix} ab & 0 \\ 0 & 1 \end{pmatrix} E_{2n,R,I} = \begin{pmatrix} a & 0 \\ 0 & b \end{pmatrix} E_{2n,R,I} = \begin{pmatrix} ba & 0 \\ 0 & 1 \end{pmatrix} E_{2n,R,I}.$$

证明 $b - I \equiv 0 \mod I$. 即有 $q \in M_n(I)$ 使得 $b = I + q$. 现有

$$\begin{pmatrix} ba & 0 \\ 0 & 1 \end{pmatrix}\begin{pmatrix} 1 & (ba)^{-1}q \\ 0 & 1 \end{pmatrix}\begin{pmatrix} 1 & 0 \\ -a & 1 \end{pmatrix}\begin{pmatrix} 1 & -aq \\ 0 & 1 \end{pmatrix}\begin{pmatrix} 1 & 0 \\ a & 1 \end{pmatrix}\begin{pmatrix} 1 & 0 \\ -b^{-1}qa & 1 \end{pmatrix} = \begin{pmatrix} a & 0 \\ 0 & b \end{pmatrix},$$

但是 $\begin{pmatrix} 1 & (ba)^{-1}q \\ 0 & 1 \end{pmatrix}, \begin{pmatrix} 1 & -aq \\ 0 & 1 \end{pmatrix}, \begin{pmatrix} 1 & 0 \\ -b^{-1}qa & 1 \end{pmatrix}$ 属于 $E_{R,I} \triangleleft E(R)$. $\begin{pmatrix} 1 & 0 \\ -a & 1 \end{pmatrix}, \begin{pmatrix} 1 & 0 \\ a & 1 \end{pmatrix}$ 属于 $E(R)$.

已知若 $c \in GL_{n,R,I}$, 则 $\begin{pmatrix} c & 0 \\ 0 & c^{-1} \end{pmatrix} \in E_{2n,R,I}$, 于是 $\begin{pmatrix} b^{-1} & 0 \\ 0 & b \end{pmatrix} \in E_{2n,R,I}$. 但是

$$\begin{pmatrix} ab & 0 \\ 0 & 1 \end{pmatrix}\begin{pmatrix} b^{-1} & 0 \\ 0 & b \end{pmatrix} = \begin{pmatrix} a & 0 \\ 0 & b \end{pmatrix}. \qquad \Box$$

记 $GL_{R,I} = \mathrm{Ker}(GL(R) \to GL(R/I))$, $E_{R,I} = \mathrm{Ker}(E(R) \to E(R/I))$.

命题 2.6 $E_{R,I} = [GL(R), GL_{R,I}] = [E(R), E_{R,I}], E_{R,I} \supset [GL_{R,I}, GL_{R,I}]$.

证明 若 $k \neq i$ 或 j, 则 $x_{ij}(a) = [x_{ik}(1), x_{kj}(a)]$, 即 $I + ae_{ij} = [x_{ik}(1), I + ae_{kj}]$. 若 $a \in I$, 则 $I + ae_{ij} \in [E(R), E_{R,I}]$. $[E(R), E_{R,I}]$ 是 $E(R)$ 的正规子群. $E_{R,I}$ 是包含 $\{I + ae_{ij} : a \in I\}$ 的 $E(R)$ 的最小正规子群. 所以 $E_{R,I} \subset [E(R), E_{R,I}] \subset [GL(R), GL_{R,I}]$.

反过来, 若 $a \in GL_n(R), b \in GL_{n,R,I}$, 按引理 2.5, 有

$$\begin{pmatrix} b^{-1}a^{-1}ba & 0 \\ 0 & 1 \end{pmatrix} = \begin{pmatrix} ab & 0 \\ 0 & 1 \end{pmatrix}^{-1}\begin{pmatrix} ba & 0 \\ 0 & 1 \end{pmatrix} \in E_{2n,R,I},$$

于是知 $b^{-1}a^{-1}ba \in E_{R,I}$. 可见 $E_{R,I} \supset [GL(R), GL_{R,I}]$. $\qquad \Box$

定义 2.7 记 $St_{R,I} = \mathrm{Ker}(St(R) \to St(R/I))$. $\phi_R : St(R) \to E(R) \subset GL(R)$ 是用来定义 Milnor K 群为 $K_2(R) = \mathrm{Ker}\,\phi_R$ 的. 于是诱导 $\phi_{R,I} : St_{R,I} \to GL_{R,I}$. 定义

$$K_1(R, I) = \mathrm{Cok}(\phi_{R,I}).$$

按定义, $K_1(R,I) = GL_{R,I}/\phi_{R,I}(St_{R,I}) = GL_{R,I}/E_{R,I}$, 但按命题 2.6, 此是 $GL_{R,I}^{ab}$ 的商群, 于是 $K_1(R,I)$ 是交换群.

满映射 $St(R) \to St(R/I)$ 是 $x_{ij}(r) \mapsto x_{ij}(r \mod I)$. 由于 $x_{ij}(r) + x_{ij}(a) = x_{ij}(r+a)$, 所以此映射的核 $St_{R,I}$ 是包含由 $\{x_{ij}(a) : a \in I\}$ 所生成的子群的最小正规子群. $E_{R,I}$ 是由 $\{e_{ij}(a) : a \in I\}$ 所生成 $E(R)$ 的正规子群.

记 $K_{R,I} = \operatorname{Ker}(St_{R,I} \to E_{R,I})$. 则有单射 $K_{R,I} \to K_2(R)$ 使下图交换:

$$\begin{array}{ccccccccc} 0 & \to & K_{R,I} & \to & St_{R,I} & \to & E_{R,I} & \to & 0 \\ & & \downarrow & & \downarrow & & \downarrow & & \\ 0 & \to & K_2(R) & \to & St(R) & \xrightarrow{\phi_R} & E(R) & \to & 0 \end{array}$$

于是知 $K_{R,I}$ 是交换群.

考虑交换图

$$\begin{array}{ccccccc} St_{R,I} & \to & St(R) & \to & St(R/I) & \to & 0 \\ \phi_{R,I} \downarrow & & \phi_R \downarrow & & \phi_{R/I} \downarrow & & \\ 0 \to GL_{R,I} & \to & GL(R) & \to & GL(R/I) & & \end{array}$$

如模论中的蛇引理, 知有同态 $\partial : \operatorname{Ker}\phi_{R/I} \to \operatorname{Cok}\phi_{R,I}$ 使得

$$K_2(R) \to K_2(R/I) \xrightarrow{\partial} K_1(R,I) \to K_1(R) \to K_1(R/I)$$

是正合序列.

以上连同定理 2.4 推出商环的正合序列.

定理 2.8 设 I 为环 R 的 (双边) 理想. 由投射 $\phi : R \to R/I$ 所决定的纤维范畴的 K 群记为 $K_0(R,I)$, 则有正合序列

$$K_2(R) \to K_2(R/I) \xrightarrow{\partial} K_1(R,I) \to K_1(R)$$
$$\to K_1(R/I) \xrightarrow{d'} K_0(R,I) \xrightarrow{d} K_0(R) \to K_0(R/I).$$

2.3 Mayer-Vietoris 列

2.3.1 构造投射模

称环交换图

$$\begin{array}{ccc} R & \xrightarrow{i_2} & R_2 \\ i_1 \downarrow & & \downarrow j_2 \\ R_1 & \xrightarrow{j_1} & S \end{array}$$

2.3 Mayer-Vietoris 列

为卡方 (cartesian square), 若 $(r_1, r_2) \in R_1 \times R_2$ 满足 $j_1 r_1 = j_2 r_2$, 则有唯一的 $r \in R$ 使得 $i_1 r = r_1$, $i_2 r = r_2$.

(1) 设 P_k 是有限生成投射 R_k 模, $k = 1, 2$. 又设有同构 $h : S \otimes_{j_1} P_1 \to S \otimes_{j_2} P_2$. 记 $(P_1, P_2, h) = \{(p_1, p_2) \in P_1 \times P_2 : h(1 \otimes p_1) = 1 \otimes p_2\}$, 则 (P_1, P_2, h) 是有限生成投射 S 模.

(2) 对有限生成投射 R 模 M, 取 $M_k = R_k \otimes_{i_k} M$, $k = 1, 2$; 并以 h_M 记

$$S \otimes_{j_1} M_1 \to S \otimes_{j_1 i_1} M = S \otimes_{j_2 i_2} M \to S \otimes_{j_2} M_2,$$

则 $M \xrightarrow{\approx} (M_1, M_2, h_M)$.

(3) 设 P_k 是有限生成投射 R_k 模, $k = 1, 2$, 则 $R_k \otimes_{i_k} (P_1, P_2, h) \xrightarrow{\approx} P_k$.

(4) 设 P_k, P'_k 是有限生成投射 R_k 模, $k = 1, 2$ 和同构 $h : S \otimes_{j_1} P_1 \to S \otimes_{j_2} P_2$, $h' : S \otimes_{j_1} P'_1 \to S \otimes_{j_2} P'_2$. 又设有同构 $\alpha : M = (P_1, P_2, h) \to N = (P'_1, P'_2, h')$. 则由下图所定义

$$\begin{array}{ccc} R_1 \otimes_{i_1} M \longrightarrow P_1 & \quad & R_2 \otimes_{i_2} M \longrightarrow P_2 \\ {\scriptstyle 1 \otimes \alpha} \downarrow \quad \quad \downarrow {\scriptstyle \beta} & \quad & {\scriptstyle 1 \otimes \alpha} \downarrow \quad \quad \downarrow {\scriptstyle \gamma} \\ R_1 \otimes_{i_1} N \longrightarrow P'_1 & \quad & R_2 \otimes_{i_2} N \longrightarrow P'_2 \end{array}$$

的同态 β, γ 为同构.

2.3.2 正合序列

给出环交换图

$$\begin{array}{ccc} R & \xrightarrow{i_2} & R_2 \\ {\scriptstyle i_1} \downarrow & & \downarrow {\scriptstyle j_2} \\ R_1 & \xrightarrow{j_1} & S \end{array}$$

定义 $\Delta : K_i(R) \to K_i(R) \oplus K_i(R)$ 为对角映射 $[X] \mapsto ([X], [X])$. $\Upsilon : K_i S \oplus K_i S \to K_i S$ 为 $([X], [Y]) \mapsto [X] - [Y]$.

下一步定义 $f_0, f_1, g_0, g_1, \delta$.

(1) $f_0 : K_0 R \to K_0 R \oplus K_0 R$ 是

$$K_0 R \xrightarrow{\Delta} K_0 R \oplus K_0 R \xrightarrow{K_0 i_1 \oplus K_0 i_2} K_0 R \oplus K_0 R.$$

(2) $f_1 : K_1 R \to K_1 R \oplus K_1 R$ 是

$$K_1 R \xrightarrow{\Delta} K_1 R \oplus K_1 R \xrightarrow{K_1 i_1 \oplus K_1 i_2} K_1 R \oplus K_1 R.$$

(3) $g_0 : K_0 R_1 \oplus K_0 R_2 \to K_0 S$ 是

$$K_0 R_1 \oplus K_0 R_2 \xrightarrow{K_0 j_1 \oplus K_0 j_2} K_0 S \oplus K_0 S \xrightarrow{\Upsilon} K_0 S.$$

(4) $g_1 : K_1R_1 \oplus K_1R_2 \to K_1S$ 是
$$K_1R_1 \oplus K_1R_2 \xrightarrow{K_1j_1 \oplus K_1j_2} K_1S \oplus K_1S \xrightarrow{\Upsilon} K_1S.$$

(5) $\delta : K_1S \to K_0R$ 是
$$\delta([S^n, \alpha]) = [R_1^n, R_2^n, \alpha] - [R^n].$$

定理 2.9 设有环卡方
$$\begin{array}{ccc} R & \xrightarrow{i_2} & R_2 \\ {\scriptstyle i_1}\downarrow & & \downarrow{\scriptstyle j_2} \\ R_1 & \xrightarrow{j_1} & S \end{array}$$

其中 j_2 是满射, 则有正合序列
$$K_1R \xrightarrow{f_1} K_1R_1 \oplus K_1R_2 \xrightarrow{g_1} K_1S \xrightarrow{\delta} K_0R \xrightarrow{f_0} K_0R_1 \oplus K_0R_2 \xrightarrow{g_0} K_0S.$$

称定理中的正合序列为 Mayer-Vietoris 列.

证明 (1) 在 $K_0R_1 \oplus K_0R_2$ 中正合.

(i) $\operatorname{Img} f_0 \subseteq \operatorname{Ker} g_0$. 因为 $h : S \otimes_{j_1} P_1 \to S \otimes_{j_2} P_2$ 是同构,
$$g_0 f_0 [P_1, P_2, h] = g_0([P_1], [P_2]) = [S \otimes_{j_1} P_1] - [S \otimes_{j_2} P_2] = 0,$$

于是得 $g_0 f_0 = 0$.

(ii) $\operatorname{Img} f_0 \supseteq \operatorname{Ker} g_0$. 取 $K_0R_1 \oplus K_0R_2$ 的元素 $([P_1] - [R_1^n], [P_2] - [R_2^m])$, 则
$$g_0([P_1] - [R_1^n], [P_2] - [R_2^m]) = [S \otimes_{j_1} P_1] - [S^n] - [S \otimes_{j_2} P_2] + [S^m].$$

若 $([P_1] - [R_1^n], [P_2] - [R_2^m]) \in \operatorname{Ker} g_0$, 则
$$[S \otimes_{j_1} P_1 \oplus S^m] = [S \otimes_{j_2} P_2 \oplus S^n].$$

于是有 r 使得 $S \otimes_{j_1} P_1 \oplus S^{m+r} = S \otimes_{j_2} P_2 \oplus S^{n+r}$. 因此有同构
$$h : S \otimes_{j_1} (P_1 \oplus R_1^{m+r}) \to S \otimes_{j_2} (P_2 \oplus R_2^{n+r}).$$

这样 $[P_1 \oplus R_1^{m+r}, P_2 \oplus R_2^{n+r}] \in K_0R$. 还有
$$\begin{aligned} &([P_1] - [R_1^n], [P_2] - [R_2^m]) \\ &= ([P_1 \oplus R_1^{m+r}], [P_2 \oplus R_2^{n+r}]) - ([R_1^{n+m+r}], [R_2^{n+m+r}]) \\ &= f_0[P_1 \oplus R_1^{m+r}, P_2 \oplus R_2^{n+r}, h] - f_0[R_1^{n+m+r}, R_2^{n+m+r}, 1]. \end{aligned}$$

2.3 Mayer-Vietoris 列

(2) 在 K_0R 正合.

(i) $\operatorname{Img} \delta \subseteq \operatorname{Ker} f_0$.

$$f_0\delta[S^n, A] = f_0([R_1^n, R_2^n, A] - [R^n])$$
$$= f_0[R_1^n, R_2^n, A] - f_0[R_1^n, R_2^n, 1] = ([R_1^n], [R_2^n]) - ([R_1^n], [R_2^n]) = 0.$$

(ii) $\operatorname{Ker} f_0 \subseteq \operatorname{Img} \delta$. $K_0(R)$ 的元素是 $[M] - [R^n]$. 利用 2.3.1 小节 (2) 可设 $[M] = [P_1, P_2, h]$. 这样

$$f_0([M] - [R^n]) = ([P_1], [P_2]) - ([R_1^n], [R_2^n]).$$

若 $[M]-[R^n] \in \operatorname{Ker} f_0$, 则 $[P_1] = [R_1^n]$, $[P_2] = [R_2^n]$. 所以有同构 $\alpha: P_1 \oplus R_1^m \to R_1^{n+m}$, $\beta: P_2 \oplus R_2^r \to R_2^{n+r}$. 可假设 $m = r$. 定义 $h': S^{n+m} \to S^{n+m}$ 使下图交换

$$\begin{array}{ccccccc}
(S \otimes_{j_i} P_1) \oplus S^m & \longrightarrow & S \otimes_{j_1} (P_1 \oplus R_1^m) & \xrightarrow{1\otimes\alpha} & S \otimes_{j_1} R_1^{n+m} & \longrightarrow & S^{n+m} \\
{\scriptstyle h\oplus 1}\downarrow & & & & & & \downarrow {\scriptstyle h'} \\
(S \otimes_{j_2} P_2) \oplus S^m & \longrightarrow & S \otimes_{j_2} (P_2 \oplus R_2^m) & \xrightarrow[1\otimes\beta]{} & S \otimes_{j_2} R_2^{n+m} & \longrightarrow & S^{n+m}
\end{array}$$

因此 $(P_1 \oplus R_1^m, P_2 \oplus R_2^m, h \oplus 1) = (R_1^{n+m}, R_2^{n+m}, h')$. 于是

$$[P_1, P_2, h] - [R^n] = [P_1 \oplus R_1^m, P_2 \oplus R_2^m, h \oplus 1] - [R^{n+m}]$$
$$= [R_1^{n+m}, R_2^{n+m}, h'] - [R^{n+m}] = \delta([S^{n+m}, h']).$$

(3) 在 K_1S 正合.

(i) $\operatorname{Img} g_1 \subseteq \operatorname{Ker} \delta$. $A_1 \in GL_n(R_1)$, $A_2 \in GL_m(R_2)$.

$$\delta g_1([R_1^n, A_1], [R_2^n, A_2]) = \delta[S^n, j_1 A_1] - \delta[S^m, j_2 A_2]$$
$$= [R_1^n, R_2^n, j_1 A_1] - [R^n] - [R_1^m, R_2^m, j_2 A_2] + [R^m].$$

则有同构

$$(A_1, 1) : (R_1^n, R_2^n, j_1 A_1) \to (R_1^n, R_2^n, 1), \quad (1, A_2) : (R_1^m, R_2^m, 1) \to (R_1^m, R_2^m, j_2 A_2).$$

因此 $[R_1^n, R_2^n, j_1 A_1] = [R^n]$, $[R_1^m, R_2^m, j_2 A_2] = [R^m]$. 于是 $\delta g_1([R_1^n, A_1], [R_2^n, A_2]) = 0$.

(ii) $\operatorname{Img} g_1 \supseteq \operatorname{Ker} \delta$. 取 $[S^n, A] \in \operatorname{Ker} \delta$, 其中 $A \in GL_n(S)$. 因此 $[R_1^n, R_2^n, A] = [R^n]$, 于是有 m 和同构

$$\alpha: (R_1^{n+m}, R_2^{n+m}, A \oplus 1) \to (R_1^{n+m}, R_2^{n+m}, 1).$$

按 2.3.1 小节 (4), 存在 $B_1 \in GL_{n+m}(R_1)$, $B_2 \in GL_{n+m}(R_2)$ 使得 $1 \circ j_1 B_1 = j_2 B_2 \circ (A \oplus 1)$. 于是有

$$[S^n, A] = [S^{n+m}, A \oplus 1] = [S^{n+m}, (j_2 B_2)^{-1} j_1 B_1]$$
$$= [S^{n+m}, j_1 B_1] - [S^{n+m}, j_2 B_2] = g_1([R_1^{n+m}, B_1], [R_2^{n+m}, B_2]).$$

(4) 在 $K_1 R_1 \oplus K_1 R_2$ 中正合.

(i) $\operatorname{Img} f_1 \subseteq \operatorname{Ker} g_1$. 因为 $j_1 i_1 = j_2 i_2$, 所以

$$g_1 f_1[R^n, A] = g_1([R_1^n, i_1 A], [R_2^n, i_2 A]) = [S^n, j_1 i_1 A] - [S^n, j_2 i_2 A] = 0.$$

(ii) $\operatorname{Img} f_1 \supseteq \operatorname{Ker} g_1$. 取 $([R_1^n, A_1], [R_2^m, A_2]) \in \operatorname{Ker} g_1$, 其中 $A_1 \in GL_n(R_1)$, $A_2 \in GL_m(R_2)$. 于是有 $[S^n, j_1 A_1] = [S^m, j_2 A_2]$. 在 $GL(S)$ 中 $(j_2 A_2)^{-1} j_1 A_1 \in E(S)$. 因为 j_2 是满射, 所以有 $B \in E(R_2)$ 使得 $j_2 B = (j_2 A_2)^{-1} j_1 A_1$. 选 r 使得 $B \in E_r(R_2)$, $r > n, r > m$. 在 $GL_r(S)$ 有 $j_1(A_1 \oplus 1) = j_2((A_2 \oplus 1)B)$. 这样便得同构

$$(A_1 \oplus 1, (A_2 \oplus 1)B) : (R_1^r, R_2^r, 1) \to (R_1^r, R_2^r, 1).$$

留意: $B \in E_r(R_2) \Rightarrow [R_2^r, B] = 0$. 余下作计算

$$([R_1^n, A_1], [R_2^m, A_2]) = ([R_1^r, A_1 \oplus 1], [R_2^r, A_2 \oplus 1])$$
$$= ([R_1^r, A_1 \oplus 1], [R_2^r, (A_2 \oplus 1)B])$$
$$= f_1[(R_1^r, R_2^r, 1), (A_1 \oplus 1, (A_2 \oplus 1)B)]. \qquad \square$$

2.4 非交换环的局部化

设 S 是环 R 的非空子幺半群. 记 $\operatorname{ass} S = \{r \in R : \text{有 } s \in S \text{ 使得 } rs = 0\}$. 以 S 为分母的右分式环是指环 Q 和同态 $\theta : R \to Q$ 使得:

(1) $s \in S \Rightarrow \theta(s)$ 是 Q 的可逆元;
(2) $q \in Q \Rightarrow \exists r \in R, s \in S$ 使得 $q = \theta(r)\theta(s)^{-1}$;
(3) $\operatorname{Ker} \theta = \operatorname{ass} S$.

我们说环 R 的子幺半群 S 满足右 Ore 条件 (又说 S 是右可置换的 (right permutable)), 若对 $r \in R, s \in S$, 则存在 $r' \in R, s' \in S$ 使得 $rs' = sr'$. 也可以把条件写成: 对 $r \in R, s \in S$ 有 $rS \cap sR \neq \varnothing$.

若对 $a \in R, \exists s' \in S : s'a = 0 \Rightarrow \exists s \in S : as = 0$, 则说 S 满足右可倒换条件 (right reversible condition).

若环 R 的子幺半群 S 满足右 Ore 条件和右可倒换条件, 则称 S 为右分母集 (right denominator set).

2.4 非交换环的局部化

命题 2.10 设 S 是环 R 的非空子幺半群. 若以 S 为分母的 R 的右分式环 (Q,θ) 存在, 则 S 是右分母集.

证明 (1) 取 $\theta(s)^{-1}\theta(r) \in RS^{-1}$. 按定义 $r_1 \in R, s_1 \in S$ 使得 $\theta(s)^{-1}\theta(r) = \theta(r_1)\theta(s_1)^{-1}$. 因此 $\theta(r)\theta(s_1) = \theta(s)\theta(r_1)$, 所以 $rs_1 - sr_1 \in \operatorname{Ker}\theta = \operatorname{ass} S$. 于是有 $s_2 \in S$ 使得 $(rs_1 - sr_1)s_2 = 0$. 取 $s' = s_1 s_2$ 和 $r_1 s_2 = r'$ 得所求.

(2) 若对 $a \in R, \exists s' \in S$ 使得 $s'a = 0$, 则 $0 = (\theta(1)\theta(s')^{-1})(\theta(s'a)\theta(1)^{-1}) = \theta(a)\theta(1)^{-1}$. 所以 $a \in \operatorname{ass} S$, 即有 $s \in S$ 使 $as = 0$. $\square$

例

1. 取环 $R = \begin{pmatrix} \mathbb{Z} & \mathbb{Z} \\ 0 & \mathbb{Z} \end{pmatrix}$, 则 $P = \begin{pmatrix} 0 & \mathbb{Z} \\ 0 & \mathbb{Z} \end{pmatrix}$ 是 R 的素理想. 取 $S = R \setminus P$. 则 $\operatorname{ass} S = P$ 和 $RS^{-1} \cong \mathbb{Q}$.

2. k 为域. 用两个符号 x, y 的不交换乘积在 k 上生成的不交换环记为 A. 对 A 要求条件 $xy - yx = y$ 所得的非交换环记为 R, 则 $yR = Ry$ 为 R 的素理想和 $R/yR \cong k[x]$. 取 $P = xR + yR$, 则 P 为 R 的素理想和 $R/P \cong k$. 设 $S = R \setminus P$. 若 $a, b \in R$ 和 $ya = (x-1)b$, 则 $(x-1)b \in yR$, 于是有 $c \in R$ 使 $b = yc$. 这样 $ya = (x-1)yc = yxc$, 于是 $a = xc \in P$, 即 $a \notin S$. 可见 $y, x-1$ 使 S 不满足 Ore 条件. 所以不像交换环的情形, 在这个例子, 环 R 在素理想 P 的局部化 R_P 是不存在的.

引理 2.11 设 S 为环 R 的右分母集. 在集 $R \times S$ 取 $(a, s), (a', s')$. 若有 $b, b' \in R$ 使得 $sb = s'b' \in S$ 和 $ab = a'b' \in R$, 则 $(a, s) \sim (a', s')$.

(1) $\sim$ 是等价关系.

(2) 若 $a \in R, s \in S, b \in R$ 使得 $sb \in S$, 则 $(ab)(sb)^{-1} \sim as^{-1}$.

(3) 由 $\sim$ 的等价类所组成的集合记为 RS^{-1}. 以 as^{-1} 记 (a, s) 的等价类. 用 $\theta(a) = a\, 1^{-1}$ 来定义映射 $\theta: R \to RS^{-1}$. 设有映射 $f: R \times S \to T$ 满足条件: $a \in R$, $s \in S, b \in R$ 使得 $sb \in S \Rightarrow f((ab)(sb)^{-1}) = f(as^{-1})$. 则有映射 $\overline{f}: RS^{-1} \to T$ 使得 $\overline{f} \circ \theta = f$.

这里 $\sim$ 的定义的意思相当于可取公分母 $sb = s'b'$ 使分子 $ab = a'b'$ 不变. 引理的证明留给读者.

定理 2.12 设 S 是环 R 的非空子幺半群, 则以 S 为分母的 R 的右分式环存在当且仅当 S 为右分母集.

证明 已证 $\Rightarrow$. 现证 $\Leftarrow$.

(RS^{-1}, θ) 的定义如引理 2.11.

取 $a_1 s_1^{-1}, a_2 s_2^{-1}$. 由右 Ore 条件: $s_1 S \cap s_2 R \neq \varnothing$ 得 $r \in R, s \in S$ 使得 $s_2 r = s_1 s \in S$, 于是 $a_1 s_1^{-1} = (a_1 s)(s_1 s)^{-1}, a_2 s_2^{-1} = (a_2 r)(s_2 r)^{-1}$. 然后证明以下定

义与 r, s 的选择无关:

$$a_1 s_1^{-1} + a_2 s_2^{-1} = (a_1 s + a_2 r) t^{-1}, \text{ 其中 } t = s_1 s = s_2 r.$$

接着证明 $(RS^{-1}, +)$ 是交换群, θ 是群同态, 并且 $\operatorname{Ker} \theta = \operatorname{ass} S$.

取 $a_1 s_1^{-1}, a_2 s_2^{-1}$. 由右 Ore 条件: $s_1 R \cap a_2 S \neq \varnothing$ 得 $r \in R, s \in S$ 使得 $s_1 r = a_2 s$, 然后证明以下定义与 r, s 的选择无关:

$$(a_1 s_1^{-1}) \cdot (a_2 s_2^{-1}) = (a_1 r)(s_2 s)^{-1}.$$

接着证明 $(RS^{-1}, +, \cdot)$ 是环.

详细的证明留给读者. (可参考: [Row 88] §3.1, Ring Theory I.) □

命题 2.13 设 S 为环 R 的右分母集. 若有同态 $\phi: R \to R'$ 使得 $\phi(S)$ 的元素在 R' 为可逆, 则存在唯一同态 $\overline{\phi}: RS^{-1} \to R'$ 使得 $\overline{\phi} \theta = \phi$. 并且对 $r \in R, s \in S$, 有

$$\overline{\phi}(\theta(r) \theta(s)^{-1}) = (\phi r)(\phi s)^{-1}$$

和 $\operatorname{Ker} \overline{\phi} = (\operatorname{Ker} \phi) S^{-1}$.

证明 对 $a \in R, s \in S$, 条件

$$\overline{\phi}(\theta(a) \theta(s)^{-1}) = (\phi a)(\phi s)^{-1}$$

唯一决定满足要求 $\overline{\phi} \theta = \phi$ 的 $\overline{\phi}$.

若 $b \in R$ 使得 $sb \in S$, 则 $\phi(s) \phi(b) = \phi(sb)$ 是 R' 的可逆元, 于是 $\phi(b)$ 亦是 R' 的可逆元. 这样

$$\phi(ab) \phi(sb)^{-1} = \phi(a) \phi(b) \phi(b)^{-1} \phi(s)^{-1} = \phi(a) \phi(s)^{-1}.$$

因此 $\overline{\phi}$ 是确切定义的. 余下证明 $\overline{\phi}$ 是环同态留给读者. □

不难证明以下推理.

推论 2.14 (1) 以 S 为分母 R 的右分式环 Q 存在, 则除同构外 Q 是唯一的.

(2) 以 S 为分母 R 的左分式环 Q' 亦存在, 则

$$\{r \in R: \text{有 } s \in S \text{ 使得 } rs = 0\} = \{r \in R: \text{有 } s \in S \text{ 使得 } sr = 0\}$$

及 Q 和 Q' 是同构的.

既然 Q 是唯一的, 我们便称定理 2.12 所构造的 RS^{-1} 是以 S 为分母的 R 的**右分式环**(right ring of fractions), 又称为 R 在 S 的**局部化** (localization of R at S). 并常简写 $\theta(r) \theta(s)^{-1}$ 为 rs^{-1}.

引理 2.15 (通分母)　若 S 是右分母集, $q_1, \cdots, q_n \in RS^{-1}$, 则存在 $r_1, \cdots, r_n \in R$ 和 $s \in S$ 使得 $q_i = r_i s^{-1}, \forall i$.

证明　用归纳证. 对 $1 \leqslant i \leqslant n-1$ 可设 $q_i = r_i s^{-1}$. 记 $q_n = r_n s_n^{-1}$. 选 $r' \in R$, $s' \in S$ 使得 $s_n s' = s r'$, 则 $(r_n s')(s_n s')^{-1} = q_n$ 和 $(r_i r')(s_n s')^{-1} = (r_i r')(s r')^{-1} = q_i$.
$\square$

2.5　局部化列

R 是环, S 是 R 的右分母集. 本节假设 S 的元素都不是零除子.

把 RS^{-1} 看作左 R 模和右 RS^{-1} 模. 若 M 是右 R 模, 则以 MS^{-1} 记张量积 $M \otimes_R RS^{-1}$.

本节构造从局部化同态 $R \to RS^{-1}$ 得出 K 群的正合序列.

2.5.1　映射 ∂

右 R 模 M 是 S 挠模, 若 $MS^{-1} = 0$. 由假设: S 的元素都不是零除子, 得 P 是投射 S 挠模 $\Rightarrow P = 0$.

投射维数为 1 的有限生成 S 挠 R 模所组成的范畴记为 $\mathcal{P}_1$. 在 $K_0(R)$ 的定义中把有限生成的投射 R 模换为 $\mathcal{P}_1$ 的模, 所得的群记为 $K_0(\mathcal{P}_1)$ 或 $K_0(R, RS^{-1})$.

$K_0(\mathcal{P}_1)$ 是用正合序列定义的, 即, 若
$$E: 0 \to M' \to M \to M'' \to 0$$
是 $\mathcal{P}_1$ 内正合序列, 则在 $K_0(\mathcal{P}_1)$ 内有 $[M] = [M'] + [M'']$. 利用正合序列 $0 \to M' \to M' \oplus M'' \to M'' \to 0$ 得 $[M' \oplus M''] = [M'] + [M'']$. 于是 $K_0(\mathcal{P}_1)$ 的任一元素可表达为 $[P] - [Q]$, 其中 $P, Q \in \mathcal{P}_1$. 以下引理我们已给类似的证明.

引理 2.16　设 P, Q 属于 $\mathcal{P}_1$, 则以下等价:

(1) 在 $K_0(\mathcal{P}_1)$ 内有 $[M] = [N]$.

(2) 在 $K_0(\mathcal{P}_1)$ 内存在正合序列 $0 \to U' \to U \to U'' \to 0, 0 \to V' \to V \to V'' \to 0$ 使得 $M \oplus U \oplus V' \oplus V'' \cong N \oplus V \oplus U' \oplus U''$.

(3) 在 $K_0(\mathcal{P}_1)$ 内存在正合序列 $0 \to W' \to X \to W'' \to 0, 0 \to W' \to Y \to W'' \to 0$ 使得 $M \oplus X \cong N \oplus Y$.

证明　$(1) \Rightarrow (2)$　引入交换群 $K_0'(\mathcal{P}_1)$: 它的生成元是 $\mathcal{P}_1$ 的元素 M 的同构类 $[M]'$, 它的关系是 $[M \oplus N]' = [M]' + [N]'$. 投射
$$K_0'(\mathcal{P}_1) \to K_0(\mathcal{P}_1): [M]' \mapsto [M]$$

的核 C 是由 $c_E = [M]' - [M']' - [M'']'$ 生成的, 其中 $E: 0 \to M' \to M \to M'' \to 0$ 走遍所有正合序列. 显然若有正合序列 E_1, E_2, 则 $c_{E_1} + c_{E_2} = c_{E_1 \oplus E_2}$. 于是 C 的任一元素可表达为 $c_E - c_{E'}$.

留意由 $K_0'(\mathcal{P}_1)$ 的定义知 $[M]' = [N]'$ 当且仅当有 $P \in \mathcal{P}_1$ 使得 $M \oplus P \cong N \oplus P$. 现设在 $K_0(\mathcal{P}_1)$ 内有 $[M] = [N]$, 则有正合序列

$$E = (0 \to U' \to U \to U'' \to 0), \quad F = (0 \to V' \to V \to V'' \to 0)$$

使得 $[M]' - [N]' = c_F - c_E$, 即 $[M]' + c_E = [N]' + c_F$. 因此在 $K_0'(\mathcal{P}_1)$ 内 $M \oplus U \oplus V' \oplus V''$ 和 $N \oplus V \oplus U' \oplus U''$ 代表同一元素. 即有 $P \in \mathcal{P}_1$ 使得

$$M \oplus U \oplus V' \oplus V'' \oplus P \cong N \oplus V \oplus U' \oplus U'' \oplus P.$$

取正合序列 $S: 0 \to 0 \to P \xrightarrow{1} P \to 0$. 分别以 $E \oplus S, F \oplus S$ 代替 E, F, 则得 (2) 中所求条件.

(2) $\Rightarrow$ (3)   取 $X = U \oplus V' \oplus V''$, $Y = V \oplus U' \oplus U''$.

(3) $\Rightarrow$ (1)   是显然的. □

引理 2.17   设 $\gamma, \delta \in M_n(R)$ 使得 $\gamma, \delta \in GL_n(R_S)$, 则右 R 模 $R^n / \gamma R^n$, $R^n / \delta R^n$ 属于 $\mathcal{P}_1$, 并且在 $K_0(R, R_S)$ 内有 $[R^n / \gamma \delta R^n] = [R^n / \gamma R^n] + [R^n / \delta R^n]$.

证明   证: $R^n / \gamma R^n$ 是 S 挠 R 模. 取 $u = (u_i) \in R^n$. 按引理 2.15, 有 $s \in S$, $r_i \in R$ 使得 $\gamma^{-1} u = (r_i s^{-1})$. 设 $r = (r_i)$, 则 $us = \gamma r \in \gamma R^n$. 于是 $R^n / \gamma R^n \in \mathcal{P}_1$. 同理 $R^n / \delta R^n \in \mathcal{P}_1$.

因为 $\gamma \delta R^n \subset \gamma R^n$, 便有正合序列

$$0 \to \gamma R^n / \gamma \delta R^n \to R^n / \gamma \delta R^n \to R^n / \gamma R^n \to 0,$$

此外还有同构 $\gamma R^n / \gamma \delta R^n \cong R^n / \delta R^n$. □

引理 2.18   (1) 对 $\alpha \in GL_n(RS^{-1})$ 取 $s \in S$ 使得 $\beta = \alpha s \in M_n(R)$ (在此及以下均简写 sI_n 为 s.), 则可定义 $K_0(R, RS^{-1})$ 的元素

$$d_{n,s}(\alpha) = [R^n / \beta R^n] - [R^n / sR^n].$$

(2) 若另有 $t \in S$ 使 $\alpha t \in M_n(R)$, 则 $d_{n,s}(\alpha) = d_{n,t}(\alpha)$.

(3) 设 $\alpha, \gamma \in GL_n(RS^{-1})$, 取 $s, t \in S$ 使得 $\alpha s \in M_n(R)$, $\alpha \gamma \cdot st \in M_n(R)$, 则 $d_{n,s}(\alpha) = d_{n,st}(\gamma) + d_{n,st}(\alpha \gamma)$.

证明   (1) 因为 S 没有零除子, 存在唯一 $\beta \in M_n(R)$ 使得 $\alpha = \beta s^{-1} \in (M_n(R) \cdot s^{-1}) \cap GL_n(RS^{-1})$.

2.5 局部化列

由于 $R^n/\beta R^n, R^n/sR^n \in \mathcal{P}_1$,因此可以定义 $K_0(\mathcal{P}_1)$ 的元素

$$d_{n,s}(\alpha) := [R^n/\beta R^n] - [R^n/sR^n].$$

(2) 对 $x \in R$ 使 $sx \in S$,以 sx 代替 s。因为 $\beta x = \alpha sx \in M_n(RS^{-1})$ 和 $x^{-1} = (sx)^{-1}s \in RS^{-1}$,所以两次用引理 2.17 得

$$d_{n,sx}(\alpha) = [R^n/\beta xR^n] - [R^n/sxR^n] = d_{n,s}(\alpha).$$

现设 $t \in S$ 使 $\alpha t \in M_n(R)$。取 $x \in R, s' \in S$ 使得 $sx = ts' \in S$。于是

$$d_{n,s}(\alpha) = d_{n,t}(\alpha).$$

(3) 设 $\alpha, \gamma \in GL_n(RS^{-1})$,选 $s \in S$ 使得 $\alpha \cdot s \in M_n(R)$。则选 $t \in S$ 使得 $(s^{-1})\gamma(s)(t) \in M_n(R)$。此外 $\alpha\gamma(st) = (\alpha s)(s^{-1})\gamma(s)(t) \in M_n(R)$。由引理 2.17 得

$$\begin{aligned}&d_{n,s}(\alpha) + d_{n,t}(s^{-1}\gamma s)\\ &= [R^n/\alpha sR^n] - [R^n/sR^n] + [R^n/s^{-1}\gamma s \cdot tR^n] - [R^n/tR^n]\\ &= [R^n/\alpha s \cdot s^{-1}\gamma s \cdot tR^n] - [R^n/stR^n] = d_{n,st}(\alpha\gamma).\end{aligned}$$

当 $\alpha = 1$ 时,则 $d_{n,s}(1) + d_{n,t}(s^{-1}\gamma s) = d_{n,st}(\gamma)$,即对任意 $s \in S$ 满足 $s^{-1}\gamma s \cdot t \in M_n(R)$ 有 $d_{n,t}(s^{-1}\gamma s) = d_{n,st}(\gamma)$。合起来便得所求。 $\square$

按引理 2.18,可定义 $d_n : GL_n(RS^{-1}) \to K_0(R, RS^{-1})$ 为 $d_n(\alpha) = d_{n,s}(\alpha)$,其中 $s \in S$ 满足 $\alpha s \in M_n(R)$。如此对 $\alpha, \gamma \in GL_n(RS^{-1})$,有 $d_n(\alpha) + d_n(\gamma) = d_n(\alpha\gamma)$。

显然 $d_{n+1}(\alpha \oplus 1) = d_n(\alpha)$,于是可扩展 d_n 为 $d : GL(RS^{-1}) \to K_0(R, RS^{-1})$。由于 d 是映入交换群,因此 $d(GL(RS^{-1})^{ab}) = 0$,所以 d 诱导同态

$$\partial : K_1(RS^{-1}) \to K_0(R, RS^{-1}).$$

若 $a \in K_1(RS^{-1})$ 由矩阵 $\alpha \in GL_n(RS^{-1})$ 所代表,取 $s \in S$ 满足 $\beta = \alpha s \in M_n(R)$,则

$$\partial(a) = [R^n/\beta R^n] - [R^n/sR^n].$$

引理 2.19 设 P 是有限秩自由右 R 模并有 RS^{-1} 模同构 $\phi : PS^{-1} \to QS^{-1}$,则有 R 模单态射 $\alpha : P \to Q$ 使得 αS^{-1} 是 ϕ。

证明 QS^{-1} 是有限秩自由模,用通分母,找 QS^{-1} 的 RS^{-1} 基 $q_1, \cdots, q_k$ 使得 $q_i \in Q$。取 P 的 R 基 $p_1, \cdots, p_k$。设 $\alpha p_i = q_i$。 $\square$

引理 2.20 给出有限生成右 R 模正合序列 $0 \to Q \xrightarrow{\gamma} P \to N \to 0$,其中 P 是自由模,N 属于 $\mathcal{P}_1$,则 $\mathcal{P}_1$ 有 $\overline{N}$ 使得

(1) 存在正合序列 $0 \to P \oplus L \to Q \oplus L \to \overline{N} \to 0$, 其中 $P \oplus L, Q \oplus L$ 为投射模, 以及 $P \oplus Q \oplus L \cong R^n$.

(2) 存在正合序列 $0 \to R^m \to R^m \to N \oplus \overline{N} \to 0$.

证明 按假设, N 的投射维数是 $1, Q$ 是投射模. N 是 S 挠模, PS^{-1} 与 QS^{-1} 同构. 由引理 2.19 得单射 $\alpha: P \to Q$. 设 $\overline{N} = Q/\alpha P$, 则有分解
$$0 \to Q \oplus P \xrightarrow{\gamma \oplus \alpha} P \oplus Q \to N \oplus \overline{N} \to 0,$$
取 L 使得 $P \oplus Q \oplus L \cong R^n$. □

引理 2.21 给出 $\mathcal{P}_1$ 内正合序列 $0 \to W' \to W \xrightarrow{\phi} W'' \to 0$ 和正合序列
$$0 \to R^m \xrightarrow{\lambda'} R^m \xrightarrow{\pi'} W' \to 0, \quad 0 \to R^n \xrightarrow{\lambda''} R^n \xrightarrow{\pi''} W'' \to 0.$$

则可构造以下正合交换图:

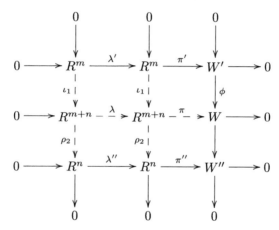

其中 $\iota_1(x) = (x, 0), \rho_2(x, y) = y$.

证明 取 $\xi: R^n \to W$ 使得 $\phi\xi = \pi''$. 定义 $\pi = \pi' \oplus \xi$. 其余直接证明. □

引理 2.22 设有 $\beta, \sigma \in GL_n(R)$ 和同构 $\gamma: R^n/\beta R^n \to R^n/\sigma R^n$, 则可构造正合交换图

$$\begin{array}{ccccccccc} 0 & \longrightarrow & R^{2n} & \xrightarrow{\beta \oplus I} & R^{2n} & \longrightarrow & R^n/\beta R^n & \longrightarrow & 0 \\ & & \downarrow{\gamma_0} & & \downarrow{\gamma_1} & & \downarrow{\gamma} & & \\ 0 & \longrightarrow & R^{2n} & \xrightarrow{\sigma \oplus I} & R^{2n} & \longrightarrow & R^n/\sigma R^n & \longrightarrow & 0 \end{array}$$

其中 γ_0, γ_1 为 R^{2n} 的自同构.

证明 把 β, σ 看作 R^n 的自同态环 $End(R^n)$ 的元素. 用初等矩阵 $e_{ij}(r)$ (见 1.2.2 小节) 来定义 $w_{ij}(r) = e_{ij}(r)e_{ji}(-r^{-1})e_{ij}(r)$. 取
$$\gamma_1 = w_{12}(\gamma)w_{12}(-1) \in GL_2(End(R^n)) = Aut(R^n \oplus R^n).$$

则 $\gamma_1 = \gamma \oplus \gamma^{-1}$ 及下图交换

$$\begin{CD}
R^n \oplus R^n @>>> R^n/\beta R^n \oplus R^n/1 \cdot R^n @>pr_1>> R^n/\beta R^n @>>> 0 \\
@V\gamma_1 VV @VVV @VV\gamma V \\
R^n \oplus R^n @>>> R^n/\sigma R^n \oplus R^n/1 \cdot R^n @>pr_1>> R^n/\sigma R^n @>>> 0
\end{CD}$$

留意 $R^n/1 \cdot R^n = 0$.

取 $X = \mathrm{Ker}(R^n \oplus R^n \to R^n/\beta R^n \oplus R^n/1 \cdot R^n \to R^n/\beta R^n)$, $Y = \mathrm{Ker}(R^n \oplus R^n \to R^n/\sigma R^n \oplus R^n/1 \cdot R^n \to R^n/\sigma R^n)$. 留意 $R^{2n}/(\beta \oplus 1)R^{2n} = R^n/\beta R^n \oplus R^n/1 \cdot R^n$, 则有满射 $\beta \oplus 1 : R^{2n} \to X$, $\sigma \oplus 1 : R^{2n} \to Y$. 重复前段的方法得交换图

$$\begin{CD}
R^{2n} @>\beta \oplus 1>> X @>>> 0 \\
@V\gamma_0 VV @VV\gamma_1 V \\
R^{2n} @>\sigma \oplus 1>> Y @>>> 0
\end{CD}$$

$\square$

2.5.2 正合序列

R 是环. 设 M 是投射维数 $= 1$ 的有限展示 S 挠 R 模. 于是有有限生成的投射 R 模 P_1, P_0 和正合序列 $0 \to P_1 \to P_0 \to M \to 0$. 按 Schanuel 引理知可以定义迁移同态

$$\mathrm{t} : K_0(R, RS^{-1}) \to K_0(R) : [M] \mapsto [P_0] - [P_1].$$

由环 R 的局部化同态 $R \to RS^{-1}$, 按函性得同态

$$f_0 : K_0(R) \to K_0(RS^{-1}), \quad f_1 : K_1(R) \to K_1(RS^{-1}).$$

上小节已构造 $\partial : K_1(RS^{-1}) \to K_0(R, RS^{-1})$.

定理 2.23 R 是环, S 是 R 的右分母集并且 S 的元素都不是零除子, 则

$$K_1(R) \xrightarrow{f_1} K_1(RS^{-1}) \xrightarrow{\partial} K_0(R, RS^{-1}) \xrightarrow{\mathrm{t}} K_0(R) \xrightarrow{f_0} K_0(RS^{-1})$$

是正合序列.

称定理中的正合序列为**局部化列**(localization sequence). 以下证明上列在每点的正合性.

1) 在 $K_0(R)$ 正合.

$\mathrm{Img}\,\mathrm{t} \subseteq \mathrm{Ker}\,f_0$. 对 $M \in \mathcal{P}_1$ 取投射分解 $0 \to P_1 \to P_0 \to M \to 0$. 因为 S^{-1} 是正合函子, 便得正合序列 $0 \to P_1 S^{-1} \to P_0 S^{-1} \to M S^{-1} \to 0$. 按定义, 则

$MS^{-1} = 0$, 于是 $P_1S^{-1} \xrightarrow{\approx} P_0S^{-1}$. 即在 $K_0(RS^{-1})$ 有 $[P_1S^{-1}] = [P_0S^{-1}]$. 按定义, $\mathsf{t}([M]) = [P_0] - [P_1]$. 这样 $f_0\mathsf{t}([M]) = [P_1S^{-1}] - [P_0S^{-1}] = 0$. 证毕 $f_0 \circ \mathsf{t} = 0$.

Img $\mathsf{t} \supseteq \mathrm{Ker}\, f_0$. 取 $[P] - [Q] \in \mathrm{Ker}\, f_0$. 即有 $PS^{-1} \oplus (RS^{-1})^n \cong QS^{-1} \oplus (RS^{-1})^n$. 可取 $m \geqslant n$, 把 P 换作 $P \oplus R^m$, Q 换作 $Q \oplus R^m$, 可假设 $PS^{-1} \cong QS^{-1}$, P 为自由模. 用引理 2.19, 有单态射 $\alpha: P \to Q$ 诱导此同构. 于是 $\mathrm{Cok}(\alpha) \in \mathcal{P}_1$ 及由 $0 \to P \xrightarrow{\alpha} Q \to \mathrm{Cok}\,\alpha \to 0$ 得 $\mathsf{t}(-[\mathrm{Cok}\,\alpha]) = [P] - [Q]$. 得证 $\mathrm{Ker}\, f_0 \subseteq \mathrm{Img}\,\mathsf{t}$.

2) 在 $K_0(R, RS^{-1})$ 正合.

Img $\partial \subseteq \mathrm{Ker}\,\mathsf{t}$. 若 $a \in K_1(RS^{-1})$ 由矩阵 $\alpha \in GL_n(RS^{-1})$ 所代替, 取 $s \in S$ 满足 $\beta = \alpha s \in GL_n(R)$, 则 $\partial(a) = [R^n/\beta R^n] - [R^n/sR^n]$. 由 $0 \to R^n \xrightarrow{\beta} R^n \to R^n/\beta R^n \to 0$ 得 $\mathsf{t}([R^n/\beta R^n]) = [R^n] - [R^n] = 0$, 同样得 $\mathsf{t}([R^n/sR^n]) = 0$. 因此 $\mathsf{t}\partial = 0$.

Img $\partial \supseteq \mathrm{Ker}\,\mathsf{t}$. 反过来在 $\mathcal{P}_1$ 内取 M, N. 于是有正合序列

$$0 \to P_1 \to P_0 \to M \to 0, \quad 0 \to Q_1 \to Q_0 \to N \to 0,$$

其中 P_1, P_0, Q_1, Q_0 为投射模. 若 $\mathsf{t}([M] - [N]) = 0$, 则在 $K_0(R)$ 内有 $[P_0] - [P_1] = [Q_0] - [Q_1]$. 因此 $P_0 \oplus Q_1 \oplus R^m \cong P_1 \oplus Q_0 \oplus R^m$. 把 Q_0 换作 $Q_0 \oplus R^m$, Q_1 换作 $Q_1 \oplus R^m$, 我们仍有正合序列 $0 \to Q_1 \to Q_0 \to N \to 0$, 但现可设有同构 $P_0 \oplus Q_1 \cong P_1 \oplus Q_0$. 于是从原有的两个正合序列得以下正合序列

$$0 \to P_1 \oplus Q_1 \to P_0 \oplus Q_1 \to M \to 0, \quad 0 \to P_1 \oplus Q_1 \to P_1 \oplus Q_0 \to N \to 0.$$

对不等于 M, N 项加上 R^k 使得 $P_0 \oplus Q_1 \oplus R^k \cong P_1 \oplus Q_0 \oplus R^k$ 同构于自由模 Y. 于是有正合序列

$$0 \to X \to Y \to M \to 0, \quad 0 \to X \to Y \to N \to 0.$$

由引理 2.20 得 $\overline{N}$, 使得

$$0 \to R^n \xrightarrow{\gamma} R^n \to M \oplus \overline{N} \to 0, \quad 0 \to R^n \to R^n \to N \oplus \overline{N} \to 0$$

是正合序列. $\gamma \in GL_n(R)$, 于是 $\partial([\gamma]) = [R^n/\gamma R^n] - [R^n/1R^n] = [R^n/\gamma R^n]$. 因此 $[M \oplus \overline{N}]$ 属于 Img ∂. 同理 $[N \oplus \overline{N}] \in \mathrm{Img}\,\partial$. 所以 $[M] - [N] = [M \oplus \overline{N}] - [N \oplus \overline{N}] \in \mathrm{Img}\,\partial$.

3) 在 $K_1(RS^{-1})$ 正合.

设 $\alpha \in GL_n(RS^{-1})$ 代表 $[\alpha] \in K_1(RS^{-1})$. 取 $s \in S$ 满足 $\beta = \alpha s \in M_n(R)$. 如果 s 看作矩阵 sI_n, 则 $\partial([\alpha]) = [R^n/\beta R^n] - [R^n/sR^n]$.

Img $f_1 \subseteq \mathrm{Ker}\,\partial$. 若 $[\alpha] \in f_1 K_1(R)$, 则可选 $\alpha \in GL_n(R)$, 于是选 $s = 1$, 则 $\beta = \alpha$, 所以 $\beta R^n = R^n$. 因此 $\partial([\alpha]) = 0$. 这样证得 $\partial \circ f_1 = 0$.

2.5 局部化列

$\operatorname{Ker}\partial \subseteq \operatorname{Img} f_1$. 取 $[\alpha]) \in \operatorname{Ker}\partial$. 于是 $[R^n/\beta R^n] = [R^n/sR^n]$. 把余下来的证明分成两部分.

第一部分. 假设有同构 $\gamma: R^n/\beta R^n \to R^n/sR^n$. 则按引理 2.22 有 R^{2n} 的自同构 γ_0, γ_1 使得 $\gamma_0(\beta \oplus I) = (s \oplus I)\gamma_1$. 把 α 写成 $\beta \cdot s^{-1}$. 则在 $K_1(RS^{-1})$ 内有

$$[\alpha] = [\beta] - [s] = [\beta \oplus I] - [s \oplus I] = [\gamma_1] - [\gamma_0].$$

但是 $\gamma_0, \gamma_1 \in GL_{2n}(R)$. 所以 $[\alpha] = [\gamma_1] - [\gamma_0]$ 属于 $\operatorname{Img} f_1$. 留意我们证明了: γ 是同构, 则 $[\beta \oplus I] - [s \oplus I] \in \operatorname{Img} f_1$.

第二部分. 回到在 $K_0(\mathcal{H})$ 内有 $[R^n/\beta R^n] = [R^n/sR^n]$. 按引理 2.16 有正合序列 $0 \to W' \to X_i \to W'' \to 0$, $i = 1, 2$ 和同构 $\eta: R^n/\beta R^n \oplus X_1 \to R^n/sR^n \oplus X_2$.

按引理 2.20, $\mathcal{H}$ 有 $\overline{W'}$ 和 $\overline{W''}$ 和正合序列

$$0 \to R^m \to R^m \to W' \oplus \overline{W'} \to 0, \quad 0 \to R^m \to R^m \to W'' \oplus \overline{W''} \to 0, \quad m \geq n,$$

对 W', W'' 和对 X_1, X_2 加适当的 R^k, 我们可设有足够大的 r 使下图的第一和第三行是正合序列. 图中 X_i, $i = 1$ 或 2. 用引理 2.21 可加入其余的同态使得下图交换.

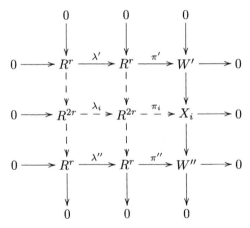

现在的情形是这样

$$\begin{array}{ccccccccc} 0 & \longrightarrow & R^{n+2r} & \xrightarrow{\beta \oplus \lambda_1} & R^{n+2r} & \longrightarrow & R^n/\beta R^n \oplus X_1 & \longrightarrow & 0 \\ & & \downarrow & & \downarrow & & \downarrow \eta & & \\ 0 & \longrightarrow & R^{n+2r} & \xrightarrow{s \oplus \lambda_2} & R^{n+2r} & \longrightarrow & R^n/sR^n \oplus X_2 & \longrightarrow & 0 \end{array}$$

其中 η 是同构. 正如第一部分从 η 是同构可见 $[\beta \oplus \lambda_1] - [s \oplus \lambda_2] \in \operatorname{Img} f_1$. 但在 $K_1(RS^{-1})$ 内有 $[\lambda_1] = [\lambda'] + [\lambda''] = [\lambda_2]$. 于是有 $[\alpha] = [\beta] - [s] \in \operatorname{Img} f_1$. □

第二篇

高次 K 理论

第3章 正合范畴的 K 理论

取环 R, 有限生成投射 R 模范畴记为 **pfMod**(R). 若有 R 模正合序列

$$0 \to P_n \to \cdots \to P_0 \to M \to 0,$$

其 $P_j \in \mathbf{pfMod}(R)$, 则说 R 模 M 有长度 $\leqslant n$ 的 **pfMod**(R) 分解. 由这样的 M 组成的范畴记为 $\mathbf{P}_n(R)$. 设 $\mathbf{P}_\infty(R) = \cup_n \mathbf{P}_n(R)$.

本章将继续第 1, 2 章的讨论. 假设 A 是交换环. 本章将构造高次 K 群 $K_n(A)$, $n = 0, 1, 2, 3, \cdots$. $K_n(A)$ 有以下的性质:

(1) 设 A 的乘积闭子集 S 的元素不是零除子. $\mathbf{P}_\infty(A)$ 内所有 S 挠模组成的范畴记为 $\mathbf{P}_\infty(A)_S$. 则有正合序列

$$\cdots \to K_{n+1}(S^{-1}A) \to K_n(\mathbf{P}_\infty(A)_S) \to K_n(A) \to K_n(S^{-1}A) \to$$
$$\cdots \to K_0(\mathbf{P}_\infty(A)_S) \to K_0(A) \to K_0(S^{-1}A).$$

(2) 设 $K(A) = \bigoplus_{n \geqslant 0} K_n(A)$, 则 $K_0(A)$ 是交换环; $K(A)$ 是交换分级 $K_0(A)$ 代数; $K(A)$ 是 λ 环.

这样我们便看见环 A 的 K 群的比较完整的代数结构 ([Gro 71], [Lod 76], [Sou 85]), 而不是像第 1 章的 K_0, K_1, K_2 有点零碎.

进一步, 概形局部是 Spec A, A 是交换环, 如此, 环 A 的 K 理论是概形的 K 理论的局部资讯. 所以本篇最后讲概形的 K 理论, 这是 Quillen 名著 [Qui 73] 的第 7 节. 最后我们指出 $\mathbb{K}$ 谱是从概形范畴到环谱范畴的函子, $\mathbb{K}$ 有 Grothendieck 相交理论的性质 (15.2.1 小节). (注意: 这里的谱不是代数几何的 Spec, 14.2 节.) 到此便知代数 K 理论的基本结构.

第二篇的目的是帮助读者学会阅读文章, 例如要明白: K 是从概形范畴到谱范畴的函子; 在这里, 谱不是泛函分析的谱, 也不是代数几何的谱, 而是代数拓扑的谱. 我们介绍了构造范畴的 K 群目前的两个主流方法: Quillen 方法和 Waldhausen 方法.

本章讲正合范畴的 K 群. 我们只简略地说明 $K_n, n > 1$. 这些群是用高阶同伦群来定义的, 所以放在同伦论课之后是比较合适的. 在这里我们只能给读者一些方向感: 一方面看到环的 K 群是范畴 K 群的特殊例子, 另一方面往前看: 范畴的高阶 K 群! 留意本章只包含名著 [Qui 73] 的小部分. 建议大家学习一下该名著.

我们还是从 K_0 开始. 这时证明是比较容易学的. 这些都是 Bass 和 Swan 在 Quillen 之前的工作, 是指导日后的发展的.

从本章开始读者要懂一些范畴的语言. 可以看看 [李文威]、[高线] 或 [模曲线].

Daniel Quillen (1940—2011), 美国人, 二十世纪最伟大的拓扑学家之一. *1964* 年获得哈佛大学博士学位, 导师是 *Raoul Bott*, 论文是: *Formal properties of overdetermined systems of linear partial differential equations*. 毕业后在 *D. Kan* 启发下改研究拓扑学. *1968—1969* 年访问巴黎, 深受 *Grothendieck* 的影响. *1978* 年获得 *Fields* 奖. 曾任 *Massachusetts Institute of Technology (MIT)* 和 *Magdalen College, Oxford* 的数学教授. *Quillen* 提出同伦代数的全新想法, 并创造了高次 K 理论. 他还证明了 *Adams* 猜想和 *Serre* 猜想. 本章我们将看见, 在突破每个障碍时他都是提出新的概念, 引入新的方法, 实令人佩服, 这与用老方法不停地计算是大不相同的. 我在二十世纪七十年代与他相遇, 觉得除了博学远见之外, 他还是位温良恭俭让的君子.

3.1 正合范畴

一个**加性范畴**(additive category) 是具有下述性质的范畴 $\mathcal{A}$:

(1) $\mathcal{A}$ 有零对象 $0_{\mathcal{A}}$;

(2) 对于 $\mathcal{A}$ 中的所有对象 L, M 和 N, 集合 $\mathrm{Hom}(L, M)$ 都是 Abel 群, 并且合成映射

$$\mathrm{Hom}(L, M) \times \mathrm{Hom}(M, N) \to \mathrm{Hom}(L, N)$$

都是 $\mathbb{Z}$-双线性的;

(3) 对于 $\mathcal{A}$ 中的任意两个对象 L 和 M, 积 $L \prod M$ 和余积 $L \coprod M$ 都存在.

此时 L 和 M 的积与余积同构, 记为 $L \oplus M$. 加性范畴配上 $\oplus$ 是对称幺半范畴 (7.1 节).

称一个加性范畴 $\mathcal{A}$ 为 **Abel 范畴** (abelian category), 如果它满足以下两个条件:

(1) AB1——$\mathcal{A}$ 中的每一个态射都有核和余核;

(2) AB2——对于 $\mathcal{A}$ 中的任一个态射 $u: L \to Mc$, 典范态射 $\mathrm{Coim}(u) \to \mathrm{Img}(u)$ 是同构.

在 Abel 范畴内每个单态射是个核, 每个满态射是个上核.

在 Abel 范畴内有限极限和有限上极限均存在; 于是 Abel 范畴有拉回和推出.

在 Abel 范畴 $\mathcal{A}$ 中的序列

$$L \xrightarrow{u} M \xrightarrow{v} N$$

3.1 正合范畴

称为**正合序列** (exact sequence), 如果 $vu=0$ 并且典范态射 $\operatorname{Img} u \to \operatorname{Ker} v$ 是同构 (此时我们说 $\operatorname{Ker}(v) = \operatorname{Img}(u)$ (作为 M 的子对象)).

我们称 Abel 范畴 $\mathcal{A}$ 的对象 I 为**内射对象** (injective object), 如果以下条件成立: 对于 $\mathcal{A}$ 内的任一单态射 $0 \to A \xrightarrow{f} B$ 及任一态射 $\alpha: A \to I$, 存在态射 $\beta: B \to I$ 使得 $\alpha = \beta \circ f$. 亦即, 函子 $h(-) := \operatorname{Hom}_{\mathcal{A}}(-, I)$ 把单态射 f 映为满态射 $h(f): \operatorname{Hom}_{\mathcal{A}}(Y, I) \to \operatorname{Hom}_{\mathcal{A}}(X, I)$.

设 $\mathcal{A}$ 和 $\mathcal{B}$ 均为 Abel 范畴. 我们说函子 $F: \mathcal{A} \to \mathcal{B}$ 是**左正合函子** (left exact functor), 如果 F 把任意的正合序列 $0 \to A \to B \to C \to 0$ 映为正合序列 $0 \to FA \to FB \to FC$. 同样, 我们说 F 是**右正合函子** (right exact functor), 如果 F 把上面的正合序列映为正合序列 $FA \to FB \to FC \to 0$. 我们说 F 是**正合函子** (exact functor), 如果 F 同时是左、右正合函子. 我们指出: Abel 范畴必为加性范畴; 正合函子必为加性函子.

我们说 $L: \mathcal{B} \to \mathcal{A}$ 是 $R: \mathcal{A} \to \mathcal{B}$ 的**左伴随函子** (left adjoint functor), $R: \mathcal{A} \to \mathcal{B}$ 是 $L: \mathcal{B} \to \mathcal{A}$ 的**右伴随函子** (right adjoint functor), 如果存在自然同构

$$\rho = \rho_{BA}: \operatorname{Hom}_{\mathcal{A}}(LB, A) \xrightarrow{\approx} \operatorname{Hom}_{\mathcal{B}}(B, RA),$$

我们以 $L \dashv R$ 记此伴随关系.

如果 $\mathcal{A}, \mathcal{B}$ 是 Abel 范畴和 $L \dashv R$, 则

(1) L 是右正合函子和 R 是左正合函子;

(2) 若 L 是左正合函子, I 是 $\mathcal{A}$ 的内射对象, 则 RI 是 $\mathcal{B}$ 的内射对象.

称 Abel 范畴 $\mathcal{A}$ 内的一列态射

$$\cdots \to A \xrightarrow{a} B \xrightarrow{b} C \to \cdots$$

在 B 为正合, 若 $\operatorname{Img}(a) = \operatorname{Ker}(b)$. 若上列处处正合, 则称它为正合序列. 称正合序列 $0 \to A \to B \to C \to 0$ 为**短正合序列** (short exact sequence).

已给短正合序列 $0 \to A \xrightarrow{a} B \xrightarrow{b} C \to 0$, 则存在态射 $c: C \to B$ 使得 $b \circ c = 1_C$ 当且仅当存在态射 $d: B \to A$ 使得 $d \circ a = 1_A$. 若这两个等价条件成立, 则说已给的短正合序列是**分裂的** (split).

称 $\mathcal{A}$ 为**半单范畴** (semi-simple category), 若 $\mathcal{A}$ 的所有短正合序列是分裂的. (注意: 半单范畴的对象不一定是半单.) ([Bas 68] 389 页.)

以下定义的正合范畴是由 D. Quillen [Qui 73] 引入的. 这和范畴教科书的定义是不同的.

定义 3.1 **正合范畴**是指 $(\mathcal{C}, \mathfrak{E}_\mathcal{C})$, 其中 $\mathcal{C}$ 是加性范畴, $\mathfrak{E}_\mathcal{C}$ 是一组 $\mathcal{C}$ 的态射列 $\{A \rightarrowtail B \twoheadrightarrow C\}$. 称 $\mathfrak{E}_\mathcal{C}$ 的元素为正合序列 (又称为可容正合序列). 称 $\mathcal{C}$ 内态射 $i: A \to B$ 为**可容单射** (admissible monomorphism), 如果 $\mathfrak{E}_\mathcal{C}$ 内有态射列

$A \rightarrowtail B \twoheadrightarrow C$. 称 $\mathcal{C}$ 内态射 $j: B \to C$ 为**可容满射** (admissible epimorphism), 如果 $\mathfrak{E}_{\mathcal{C}}$ 内有态射列 $A \rightarrowtail B \xrightarrow{j} C$. 我们要求以下条件成立:

(1) 与正合序列同构的态射列是正合序列; 分裂态射列

$$A \xrightarrow{\begin{bmatrix}1\\0\end{bmatrix}} A \oplus B \xrightarrow{[0,1]} B$$

是正合序列.

(2) 若 $A \rightarrowtail B \twoheadrightarrow C$ 是正合序列, 则 $A \rightarrowtail B$ 是 $B \twoheadrightarrow C$ 的一个核; $B \twoheadrightarrow C$ 是 $A \rightarrowtail B$ 的一个上核.

(3) 若 $i: A_1 \to B$, $i_2: B \to A_2$ 为可容单射, 则 $i_2 \circ i_1$ 为可容单射. 并且可容单射 $A \rightarrowtail B$ 沿任何态射 $A \to C$ 的推出 $C \to B \cup_A C$ 是可容单射.

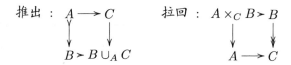

(4) 若 $j: B_1 \to C$, $j_2: C \to B_2$ 为可容满射, 则 $j_2 \circ j_1$ 为可容满射. 并且可容满射 $B \twoheadrightarrow C$ 沿任何态射 $A \to C$ 的拉回 $A \times_C B \to A$ 是可容满射.

(5) 设 $\mathcal{C}$ 的态射 $i: A \to B$ 在 $\mathcal{C}$ 内有上核. 若有态射 $k: B \to D$ 使得 ki 是可容单射, 则 i 是可容单射.

(6) 设 $\mathcal{C}$ 的态射 $j: B \to C$ 在 $\mathcal{C}$ 内有核. 若有态射 $k: E \to B$ 使得 jk 是可容满射, 则 j 是可容满射.

如果正合范畴 $(\mathcal{C}, \mathfrak{E}_\mathcal{C})$ 的每一个可容正合序列同构于一个分裂正合序列, 即 $\mathfrak{E}_\mathcal{C}$ 的任一元同构于 $0 \to A \to A \oplus B \to B \to 0$, 则称 $\mathcal{C}$ 为**分裂正合范畴**(split exact category).

若正合范畴的加性函子 $F: \mathcal{B} \to \mathcal{C}$, 令 $F(\mathfrak{E}_\mathcal{B}) \subseteq \mathfrak{E}_\mathcal{C}$, 则称 F 为**正合函子**. 说正合函子 F **反射正合性** (reflects exactness), 若以下条件成立: $\mathcal{B}$ 的态射列 $A \to B \to C$ 有性质 $FA \to FB \to FC$ 为 $\mathcal{C}$ 的正合序列, 则 $A \to B \to C$ 是 $\mathcal{B}$ 的正合序列.

定理 3.2 (Gabriel-Quillen) 设 $\mathcal{C}$ 是小正合范畴, 则存在 Abel 范畴 $\mathcal{A}$ 和反射正合性的全忠实正合函子 $i: \mathcal{C} \to \mathcal{A}$ 使得, 若有 $\mathcal{A}$ 的正合序列 $0 \to X \to Y \to Z \to 0$, 其中 X, Z 属于 $\mathcal{C}$, 则 Y 同构于 $\mathcal{C}$ 的对象.

([Tho 90] Appendix A.)

此时我们又说 $\mathcal{C}$ 是用 $\mathcal{A}$ 定义的. 显然 $\mathcal{C}$ 的态射列 $A \to B \to C$ 在 $\mathcal{A}$ 为正合序列当且仅当属于 $\mathfrak{E}_\mathcal{C}$. 亦有作者用这个作正合范畴的定义.

例 R 是交换环. 有限生成投射 R 模范畴是用有限生成 R 模 Abel 范畴定义的正合范畴.

3.1 正合范畴

引理 3.3 若正合范畴内交换图

$$\begin{array}{ccc} A & \xrightarrow{i} & B \\ q\downarrow & & \downarrow p \\ C & \xrightarrow{j} & D \end{array}$$

是 $C \to D \leftarrow B$ 的拉回方 (pullback square) 和 p 是可容满射, 则上图亦是 $C \leftarrow A \to B$ 的推出方 (pushout square). 于是上图是拉推方.

设 $\mathcal{P}$ 是 Abel 范畴 $\mathcal{A}$ 的加性子范畴. $C \in \mathcal{A}$. C 的 $\mathcal{P}$ 分解 (resolution) 是指 $\mathcal{A}$ 内的正合序列

$$\cdots \to P_n \to \cdots \to P_1 \to P_0 \to C \to 0,$$

其中所有 $P_n \in \mathcal{P}$. C 的 $\mathcal{P}$ 维数是最小的 n 使得存在 $\mathcal{P}$ 分解 $P_\bullet \to C$, 其中 $P_i = 0$ 对 $i > n$.

若 $\mathcal{C}$ 内态射 $f: B \to C$ 在 $\mathcal{A}$ 内为满射 $\Rightarrow \operatorname{Ker} f$ 属于 $\mathcal{C}$, 则说 $\mathcal{C}$ **具满射核**(closed under kernels of surjections).

引理 3.4 (Grothendieck) 设 $\mathcal{C}$ 和 $\mathcal{P}$ 是用 Abel 范畴 $\mathcal{A}$ 定义的正合范畴, 并且 $\mathcal{P} \subset \mathcal{C}$. 假设

(1) $\mathcal{C}$ 的对象有有限 $\mathcal{P}$ 维数;

(2) $\mathcal{C}$ 具满射核.

若 $f: C' \to C$ 是 $\mathcal{C}$ 的态射, $P_\bullet \to C$ 是有限 $\mathcal{P}$ 分解, 则存在有限 $\mathcal{P}$ 分解 $P'_\bullet \to C'$ 和交换图

$$\begin{array}{ccccccccccc} \cdots & \longrightarrow & P'_n & \longrightarrow & \cdots & \longrightarrow & P'_1 & \longrightarrow & P'_0 & \longrightarrow & C' & \longrightarrow & 0 \\ & & \downarrow & & & & \downarrow & & \downarrow & & \downarrow & & \\ 0 & \longrightarrow & P_n & \longrightarrow & \cdots & \longrightarrow & P_1 & \longrightarrow & P_0 & \longrightarrow & C & \longrightarrow & 0 \end{array}$$

证明 对 C 的 $\mathcal{P}$ 维数 n 作归纳证明. 起步是 $n = 0$.

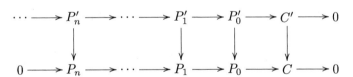

按假设 C' 有 $\mathcal{P}$ 分解, 于是有 $P'_0 \in \mathcal{P}$ 和满射 $g: P'_0 \to C'$. ε 是同构. 取 $f_0 = \varepsilon^{-1} fg$.

$$\begin{array}{ccccc} P'_0 & \dashrightarrow^{g} & C' & \longrightarrow & 0 \\ f_0 \downarrow & & \downarrow f & & \\ P_0 & \xrightarrow{\varepsilon} & C & \longrightarrow & 0 \end{array}$$

假设对 $\mathcal{P}$ 维数 $< n$ 的对象引理成立. 现设有分解 $0 \to P_n \to \cdots \to P_0 \xrightarrow{\varepsilon} C \to 0$. 取 $Z = \operatorname{Ker}\varepsilon$, $B = \operatorname{Ker}((\varepsilon, -f) : P_0 \oplus C' \to C)$. 则按引理假设 (2), $Z, B \in \mathcal{C}$. 按引理假设 (1), B 有 $\mathcal{P}$ 分解, 于是有 $\cdots \to P_0' \to B \to 0$ 和 $P_0' \in \mathcal{P}$. 取 f_0 为 $P_0' \to B \to P_0$, Y 为 $\operatorname{Ker}(P_0' \to B \to C')$. 由于 $Z = \operatorname{Ker}\varepsilon$, 便从核的定义知有 $Y \to Z$.

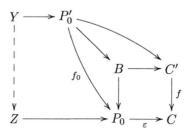

$P_1 \to P_0$ 分解为 $P_1 \to Z \to P_0$, 于是有 $\mathcal{P}$ 分解 $0 \to P_n \to \cdots \to P_1 \to Z$. 对这个分解和 $Y \to Z$ 用归纳假设, 得 Y 的 $\mathcal{P}$ 分解 $P_\bullet'[+1] \to Y$, 映射 $f_i : P_i' \to P_i$ 和交换图

$$\begin{array}{ccccccccc}
\cdots & \longrightarrow & P_2' & \longrightarrow & P_1' & \longrightarrow & Y & \longrightarrow & P_0' & \longrightarrow & C' & \longrightarrow & 0 \\
& & \downarrow & & \downarrow & & \downarrow & & \downarrow {\scriptstyle f_0} & & \downarrow {\scriptstyle f} & & \\
\cdots & \longrightarrow & P_2 & \longrightarrow & P_1 & \longrightarrow & Z & \longrightarrow & P_0 & \longrightarrow & C & \longrightarrow & 0
\end{array}$$

合成 $P_1' \to Y \to P_0'$, $P_1 \to Z \to P_0$ 便得所求. □

引理 3.5 设有正合范畴 $\mathcal{P} \subset \mathcal{C}$. $\mathcal{C}$ 和 $\mathcal{P}$ 是用 Abel 范畴 $\mathcal{A}$ 定义的. 假设 $\mathcal{C}$ 具满射核. 若 $C \in \mathcal{C}$ 有满射 $q : Q \to C$ 使得 $Q \in \mathcal{P}$ 和 C 的每一自同态都可提升为 Q 的自同态, 则有满射 $Q \oplus Q \to C$ 使得 C 的每一自同构都可提升为 $Q \oplus Q$ 的自同构.

证明 "提升"是指: 若有 $\varepsilon : C \to C$, 则有 $e : Q \to Q$ 使得 $qe = \varepsilon q$, 特别是 $q 1_Q = 1_M q$.

取 $e : Q \oplus Q \to C$ 为合成

$$Q \oplus Q \xrightarrow{q \oplus q} C \oplus C \xrightarrow{pr_1} C.$$

现取 $\alpha \in Aut(C)$, 则在 $Aut(Q \oplus Q) = GL_2(End(C))$ 有

$$\alpha \oplus \alpha^{-1} = \begin{pmatrix} 0 & \alpha \\ -\alpha^{-1} & 0 \end{pmatrix} \begin{pmatrix} 0 & -1 \\ 1 & 0 \end{pmatrix}.$$

按假设可取 $a, a' \in End(Q)$ 分别提升 α, α^{-1}, 则在 $GL_2(End(Q))$ 可取

$$\beta = \begin{pmatrix} 1 & a \\ 0 & 1 \end{pmatrix} \begin{pmatrix} 1 & 0 \\ -a' & 1 \end{pmatrix} \begin{pmatrix} 1 & a \\ 0 & 1 \end{pmatrix} \begin{pmatrix} 0 & -1_Q \\ 1_Q & 0 \end{pmatrix} = \begin{pmatrix} 2a - aa'a & a'a - 1 \\ 1 - a'a & a' \end{pmatrix},$$

只要左乘 $q \oplus q$ 便见 β 提升 $\alpha \oplus \alpha^{-1}$, 于是对于 $e: Q \oplus Q \to C$ 有 β 提升 α. □

引理 3.6 设有正合范畴 $\mathcal{P} \subset \mathcal{C}$. $\mathcal{C}$ 和 $\mathcal{P}$ 是用 Abel 范畴 $\mathcal{A}$ 定义的. 设 $\mathcal{C}$ 具满射核. 设 $\mathcal{C}$ 的每一对象 C 有以下性质:

(1) 存在满射 $Q \to C$ 使得 $Q \in \mathcal{P}$ 和 C 的每一自同态都可提升为 Q 的自同态;

(2) 存在整数 $n(C) \geqslant 0$ 使得若有正合序列 $0 \to P_{n(C)} \to \cdots \to P_0 \to C \to 0$, 其中 $P_0, \cdots, P_{n(C)-1} \in \mathcal{P}$, 则 $P_{n(C)} \in \mathcal{P}$,

则 $\mathcal{C}$ 的每一对象 C 拥有有限 $\mathcal{P}$ 分解 $P_\bullet \to C$, 令 C 的每一自同构都可提升为 $P_\bullet$ 的自同构.

证明 从 C 出发, 用引理 3.5 找 $P_0 \in \mathfrak{P}$ 和满射 $e_0: P_0 \to C$ 使得 C 的每一自同构都可提升为 P_0 的自同构. 设 $Z = \mathrm{Ker}(e_0) \in \mathfrak{C}$. 再用引理 3.5 找 $P_1 \in \mathfrak{P}$ 和满射 $P_1 \to Z$ 使得 Z 的每一自同构都可提升为 P_1 的自同构. 取 e_1 为合成 $P_1 \to Z \to P_0$. 现有 $P_1 \xrightarrow{e_1} P_0 \xrightarrow{e_0} C$. 据假设 (2) 到 $P_{n(C)}$ 便可以停下来. □

3.2 正合范畴的 K_0 群

设 $\mathcal{C}$ 是正合范畴. 以 $\mathcal{C}$ 的对象 C 为生成元 $[C]$ 的自由交换群记为 $\mathcal{F}$. 在 $\mathcal{F}$ 内取由以下的生成元所生的子群 $\mathcal{R}$: 每当

$$0 \to C' \to C \to C'' \to 0$$

属于 $\mathcal{E}_\mathcal{C}$, 便取 $[C'] + [C''] - [C]$ 为 $\mathcal{R}$ 生成元. 称商群 $\mathcal{F}/\mathcal{R}$ 为环正合范畴 $\mathfrak{C}$ 的 **Grothenieck 群**, 并记此为 $K_0(\mathcal{C})$.

一般应要求 $\mathcal{C}$ 是小范畴, 即 $\mathrm{Obj}\mathcal{C}$ 是集合以避免逻辑的问题.

例 R 是环. R 模范畴记为 $\mathbf{Mod}(R)$. 这是 Abel 范畴. 有限生成投射 R 模的范畴记为 $\mathbf{pMod}(R)$. 范畴 $\mathbf{pMod}(R)$ 的 Grothenieck 群 $K_0(\mathbf{pMod}(R))$ 就是环 R 的 Grothenieck 群 $K_0(R)$.

$K_0(\mathcal{C})$ 有以下的泛性 (universal property): 设有交换群 G 和映射 $f: \mathrm{Obj}(\mathcal{C}) \to G$ 使得对每个 $\mathcal{C}$ 的正合序列 $C' \rightarrowtail C \twoheadrightarrow C''$ 在 G 内有 $f(C) = f(C') + f(C'')$. 则存在唯一的同态 $\phi: K_0(\mathcal{C}) \to G$ 使得下图交换

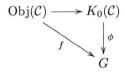

一个范畴 $\mathcal{A}$ 的一个链复形 (complex) 是指 $\mathcal{A}$ 的一组态射 $\cdots \to X_n \xrightarrow{d_n} X_{n-1} \to \cdots$ 使得 $\forall n \in \mathbb{Z}$ 有 $d_n \circ d_{n+1} = 0$.

一个**复形态射** (complex morphism) $f: X_\bullet \to Y_\bullet$ 是 $\mathcal{A}$ 内的一组态射 $f_n: X_n \to Y_n$, 满足条件 $f_{n-1}d_n = d_n f_n$.

我们说复形 $X_\bullet$ 有下界 (bounded below), 如果存在负整数 n_0 使得 $X_n = 0$ ($\forall n \leqslant n_0$). 同样可以定义有上界的复形. 如果一个复形既有上界又有下界我们便称它为有界的.

设 $\mathcal{A}$ 为 Abel 范畴, 定义 $\mathcal{A}$ 的复形 $X_\bullet$ 的 n 次同调群为
$$H_n(X_\bullet) = \mathrm{Cok}(d_{n+1}: X_{n+1} \to \mathrm{Ker}\, d_n).$$

由于在 Abel 范畴 $\mathcal{A}$ "蛇引理" 成立, 我们可证明: 一个复形短正合序列
$$0 \to A'_\bullet \to A_\bullet \to A''_\bullet \to 0$$
决定自然连接同态
$$\partial_n: H_n(A''_\bullet) \to H_{n-1}(A'_\bullet),$$
使获得同调群长正合序列
$$\cdots \to H_{n+1}(A''_\bullet) \xrightarrow{\partial_{n+1}} H_n(A'_\bullet) \to H_n(A_\bullet) \to H_n(A''_\bullet) \xrightarrow{\partial_n} H^{n-1}(A'_\bullet) \to \cdots.$$

令 $X[p]_n = X_{p+n}$, $d^{X[p]} = (-1)^p d^X$. 则 $H_n(X[p]) = H_{n+p}(X)$. 复形态射 $f: X_\bullet \to Y_\bullet$ 的**映射锥** (mapping cone) 是复形 $cone(f) = X[-1] \oplus Y$, 即 $cone(f)_i = X_{i-1} \oplus Y_i$ 和
$$d^{cone(f)} = \begin{pmatrix} -d^X & 0 \\ -f & d^Y \end{pmatrix}.$$

映射 $\iota: y \mapsto (0, y)$, $\eta: (x, y) \mapsto -x$ 给出正合序列
$$0 \to Y_\bullet \xrightarrow{\iota} cone(f)_\bullet \xrightarrow{\eta} X[-1]_\bullet \to 0.$$

由此得锥的长正合序列
$$\to H_{n+1}(cone(f)_\bullet) \xrightarrow{\eta_*} H_n(X_\bullet) \xrightarrow{\partial} H_n(Y_\bullet) \xrightarrow{\iota_*} H_n(cone(f)_\bullet)$$
$$\xrightarrow{\eta_*} H_{n-1}(X_\bullet) \xrightarrow{\partial} \cdots,$$

其中用了 $H_{n+1}(X[-1]) \cong H_n(X)$. 此外直接算出在上列的 $\partial = f_*$.

若复形 $C_\bullet$ 是正合序列, 于是 $H_i(C_\bullet) = 0$. 此时称 $C_\bullet$ 为零调的 (acyclic). 称复形态射 $f: X_\bullet \to Y_\bullet$ 为似同构, 若 $f_*: H_n(X) \to H_n(Y)$ 对所有 n 是同构. 按以上长正合序列, f 是似同构当且仅当 f 的锥是零调的.

定义正合范畴 $\mathcal{C}$ 内有界复形 $C_\bullet$ 的 Euler 示性类为以下在 $K_0(\mathcal{C})$ 的元素
$$\chi(C_\bullet) = \sum (-1)^i [C_i].$$

命题 3.7 设用 Abel 范畴 $\mathcal{A}$ 定义的正合范畴 $\mathcal{C}$ 具满射核.
(1) $C_\bullet$ 是 $\mathcal{C}$ 内有界复形使得同调 $H_i(C_\bullet)$ 属于 $\mathcal{C}$, 则

$$\chi(C_\bullet) = \sum (-1)^i [H_i(C_\bullet)];$$

(2) 零调复形的 Euler 示性类是零;
(3) $\mathcal{C}$ 内有界复形的态射 $f: C'_\bullet \to C_\bullet$ 是似同构, 则在 $\mathcal{A}$ 内 $\chi(C'_\bullet) = \chi(C_\bullet)$.

证明 (1) $C_\bullet$ 是 $\cdots C_i \xrightarrow{d_i} C_{i-1} \to \cdots$. 记 $Z_i = \operatorname{Ker} d_i$, $B_{i-1} = \operatorname{Img} d_i$. 则有正合序列

$$0 \to Z_i \to C_i \to B_{i-1} \to 0, \qquad 0 \to B_i \to Z_i \to H_i(C_\bullet) \to 0.$$

因为 $\mathcal{C}$ 具满射核, 若 $B_{i-1} \in \mathcal{C}$, 则从第一个正合序列得 $Z_i \in \mathcal{C}$. 因为 $H_i(C_\bullet) \in \mathfrak{C}$, 从第二个正合序列得 $B_i \in \mathcal{C}$. 因为对 $i \ll 0$ 有 $B_i = 0$, 于是以上说明 B_i, Z_i 属于 $\mathcal{C}$. 现在在 $K_0(\mathcal{C})$ 里作计算:

$$\begin{aligned}
\sum (-1)^i [H_i(C_\bullet)] &= \sum (-1)^i [Z_i] - \sum (-1)^i [B_i] \\
&= \sum (-1)^i [Z_i] - \sum (-1)^{i-1} [B_{i-1}] \\
&= \sum (-1)^i [Z_i] + \sum (-1)^i [B_{i-1}] \\
&= \sum (-1)^i [C_i] = \chi(C_\bullet).
\end{aligned}$$

(2) 由 (1) 得.
(3) 由 $cone(f)_i = C'_{i-1} \oplus C_i$ 得 $\chi(cone(f)) = \chi(C) - \chi(C')$. 但 $\chi(cone(f)) = 0$.
$\square$

3.2.1 基本定理

本小节的基本定理对高次 K 群亦是对的. 我们只对 K_0 给出证明.

设正合范畴 $\mathcal{C}$ 是用 Abel 范畴 $\mathcal{A}$ 定义的, M 是 $\mathcal{C}$ 的对象, M_i 是 $\mathcal{A}$ 的对象, 使得有以下的子对象关系

$$M = M_0 \supset M_1 \supset \cdots \supset M_n = 0.$$

在 Abel 范畴 $\mathcal{A}$ 内取商对象 M_i/M_{i+1} $(0 \leqslant i \leqslant n)$. 若 $M_i/M_{i+1} \in \mathcal{C}$ 和 $n < \infty$, 则说 M 有有限 $\mathcal{C}$ 过滤. 此时便有 $M_i \in \mathcal{C}$. 原因如下: $\mathcal{C}$ 是正合范畴, $0 \to M_1 \to M_0/M_1 \to 0$ 是正合序列, 于是 $M_1 \in \mathcal{C}$. 余下用归纳法完成.

以下定理的证明如环的 K 理论中的定理 1.5 的证明.

定理 3.8(加性定理)　(1) 设正合范畴 $\mathcal{C}$ 是用 Abel 范畴 $\mathcal{A}$ 定义的. $\mathcal{C}$ 的对象 M 有有限 $\mathcal{C}$ 过滤 $M = M_0 \supset M_1 \supset \cdots \supset M_n = 0, M_i \in \mathcal{C}$, 则在 $K_0(\mathcal{C})$ 内有

$$[M] = \sum_{i=0}^{n-1}[M_i/M_{i-1}].$$

(2) 若 $0 \to M_n \to \cdots \to M_0 \to 0$ 是 $\mathcal{C}$ 内正合序列, 则在 $K_0(\mathcal{C})$ 内有

$$\sum_{i=0}^{n}(-1)^i[M_i] = 0.$$

定理 3.9(化解定理)　设有小正合范畴 $\mathcal{P} \subset \mathcal{C}$. $\mathcal{C}$ 和 $\mathcal{P}$ 是用 Abel 范畴 $\mathcal{A}$ 定义的. 假设

(1) $\mathcal{C}$ 的对象有有限 $\mathcal{P}$ 维数;

(2) $\mathcal{C}$ 具满射核,

则 $\mathcal{P} \subset \mathcal{C}$ 诱导同构 $\phi: K_0(\mathcal{P}) \cong K_0(\mathcal{C})$.

证明　首先, 定义 $\psi: K_0(\mathcal{C}) \to K_0(\mathcal{P})$.

设 $C \in \mathcal{C}$ 有两个有限 $\mathfrak{P}$ 分解 $P_\bullet \to C, Q_\bullet \to C$. 于是有 $\mathcal{P}$ 分解 $P_\bullet \oplus Q_\bullet \to C \oplus C$. 此外取对角映射 $C \to C \oplus C$.

$$\begin{array}{ccc} & & C \\ & & \downarrow \\ P_\bullet \oplus Q_\bullet & \longrightarrow & C \oplus C \end{array}$$

按 Grothendieck 引理有 $\mathfrak{P}$ 分解 $P''_\bullet \to C$ 和交换图

$$\begin{array}{ccc} P''_\bullet & \longrightarrow & C \\ \downarrow & & \downarrow \\ P_\bullet \oplus Q_\bullet & \longrightarrow & C \oplus C \end{array}$$

利用投射得

$$g\left(\begin{array}{ccc} P''_\bullet & \longrightarrow & C \\ \downarrow & & \downarrow \\ P_\bullet \oplus Q_\bullet & \longrightarrow & C \oplus C \\ \downarrow & & \downarrow \\ P_\bullet & \longrightarrow & C \end{array}\right)1_C$$

这样得两个交换图

$$\begin{array}{ccc} P''_\bullet & \longrightarrow & C \\ g \downarrow & & \downarrow 1_C \\ P_\bullet & \longrightarrow & C \end{array} \qquad \begin{array}{ccc} P''_\bullet & \longrightarrow & C \\ g' \downarrow & & \downarrow 1_C \\ Q_\bullet & \longrightarrow & C \end{array}$$

3.2 正合范畴的 K_0 群

得见 g 诱导在同调上映射 $g_*: H(P''_\bullet) \to H(P_\bullet)$ 是等同 1_C. 因此 $g: P''_\bullet \to P_\bullet$ 是似同构, 所以 $\chi(P''_\bullet) = \chi(P_\bullet)$. 同样 $\chi(P''_\bullet) = \chi(Q_\bullet)$. 这说明 $C \mapsto \chi(P_\bullet)$ 确切地定义了映射 $\psi: \mathrm{Obj}\mathcal{C} \to K_0(\mathcal{P})$.

现在假设有 $\mathcal{C}$ 的短正合序列 $C' \overset{h}{\rightarrowtail} C \twoheadrightarrow C''$ 和 $\mathcal{P}$ 分解 $P_\bullet \to C$. 用 Grothendieck 引理得 $\mathfrak{P}$ 分解 $P'_\bullet \to C'$ 和交换图

$$\begin{array}{ccc} P'_\bullet & \longrightarrow & C' \\ f\downarrow & & \downarrow h \\ P_\bullet & \longrightarrow & C \end{array}$$

f 的锥长正合序列是 $\to H_i(P) \to H_i(cone(f)) \to H_{i-1}(P') \to$. 因为 $P_\bullet$ 是分解, 即正合, 于是 $H_i(P) = 0$. 所以当 $i > 0$ 时 $H_i(cone(f)) = 0$. 此外

$$\begin{array}{ccccccccc} 0 & \longrightarrow & H_1(cone(f)_\bullet) & \longrightarrow & H_0(P'_\bullet) & \overset{f_*}{\longrightarrow} & H_0(P_\bullet) & \longrightarrow & H_0(cone(f)_\bullet) & \longrightarrow & 0 \\ & & & & =\downarrow & & \downarrow = & & & & \\ & & & & C' & \overset{h}{\longrightarrow} & C & & & & \end{array}$$

于是 $H_0(cone(f)_\bullet) \cong C''$. 这样 $cone(f)_\bullet \to C''$ 是有限 $\mathfrak{P}$ 分解. 由此得 $\psi(C'') = \chi(cone(f)) = \chi(P_\bullet) + \chi(P'_\bullet[-1]) = \chi(P_\bullet) - \chi(P'_\bullet) = \psi(C) - \psi(C')$. 可见 ψ 是加性映射, 于是诱导群同态 $\psi: K_0(\mathfrak{C}) \to K_0(\mathfrak{P})$. 证毕第一步.

由于 $P_\bullet \to C$ 是分解, 复形 $0 \to P_n \to \cdots \to P_0 \to C \to 0$ 是正合, 于是此复形的 Euler 示性类是零, 即 $\sum(-1)^{-i}[P_i] + (-1)^{-1}[C] = 0$, C 在 -1 位置. 所以 $[C] = \sum(-1)^{-i}[P_i] = \chi(P_\bullet)$. 也就是说 $\phi(\psi([C])) = [C]$.

另一方面, 若 $P \in \mathfrak{P}$, 取 $\mathfrak{P}$ 分解 $0 \to P \overset{1_P}{\to} P \to 0$. 于是 $\psi(\phi([P])) = [P]$. $\square$

命题 3.10 取 $\mathcal{A}$ 的对象 A, B. 若在 $K_0(\mathcal{A})$ 有 $[A] = [B]$, 则存在对象 $C \in \mathcal{A}$ 使得 $A \oplus C = B \oplus C$.

定理 3.11 (析解定理) 设 $\mathcal{A}$ 是 Abel 小范畴, $\mathcal{B}$ 是 $\mathcal{A}$ 的正合 Abel 子范畴.

(1) 若 $A' \in \mathcal{A}$ 是 $A \in \mathcal{B}$ 的子对象, 则 $A' \in \mathcal{B}$; 若 $A', A \in \mathcal{B}$ 是 $A/A' \in \mathcal{A}$, 则 $A/A' \in \mathcal{B}$.

(2) 对任意 $A \in \mathcal{A}$, 存在有限过滤 $0 = A_n \subset \cdots \subset A_0 = A$, 其中对任意 j, $A_j/A_{j-1} \in \mathcal{B}$.

则包含函子诱导同构 $K_0\mathcal{B} \overset{\approx}{\longrightarrow} K_0\mathcal{A}$.

证明 有 $i: \mathcal{B} \subset \mathcal{A}$, $i_*: K_0\mathcal{B} \subset K_0\mathcal{A}$.

i_* 是满射. 取 $A \in \mathcal{A}$ 的 $\mathcal{B}$ 过滤 $0 = A_n \subset \cdots \subset A_0 = A$. 则 $[A] = \sum_i [A_i/A_{i+1}] \in K_0\mathcal{B}$.

构造 i_* 的逆映射. 若 $A \in \mathcal{A}$ 有 $\mathcal{B}$ 过滤 $0 = A_n \subset \cdots \subset A_0 = A$, 则取 $f(A) = \sum_i [A_i/A_{i+1}]$.

需要证明这与过滤的选择无关. 因为环上模的 Zassenhaus 引理、Schreier 加细定理和 Jordan-Hölder 合成列定理 ([高线] §7.5) 对 Abel 范畴的对象亦成立 ([Bas 68] Chap I, (3.6)thm (4.2)prop, (4.3)thm), 于是 A 的两个过滤有等价的加细. 因此只需要证明加细 A 的过滤不会改变 $f(A)$. 用归纳法. 只需考虑增加一项的情形. 比如我们把过滤

$$0 = A_n \subset \cdots \subset A_{i+1} \subset A_i \subset \cdots \subset A_0 = A$$

变为

$$0 = A_n \subset \cdots \subset A_{i+1} \subset A' \subset A_i \subset \cdots \subset A_0 = A.$$

利用正合序列

$$0 \to A'/A_{i+1} \to A_i/A_{i+1} \to A_i/A' \to 0$$

得 $[A_i/A_{i+1}] = [A_i/A'] + [A'/A_{i+1}]$. 于是知用两个过滤得的 $f(A)$ 是一样的.

设有正合序列 $0 \to A' \xrightarrow{\alpha'} A \xrightarrow{\alpha} A'' \to 0$. 取 A' 的过滤 $\{A'_i\}$, 取 A'' 的过滤 $\{A''_j\}_{j \leqslant m+1}$. 则 $\cdots \alpha' A'_0 \subset \alpha^{-1} A''_m \cdots$ 是 A 的过滤. 于是 $f(A) = f(A') + f(A'')$. 因此得群同态 $f: K_0\mathcal{A} \to K_0\mathcal{B}$.

不难验证 f 是 i_* 的逆映射. □

3.3 Q 构造

3.3.1 Q

取环 R 考虑 R 模范畴 $\mathbf{Mod}(R)$. 设 R 模 M 有子模 $N' \subset N$. 称 $Q = N/N'$ 为 M 的**子商**(subquotient). 我们可以用下图表达这种关系

$$Q \twoheadleftarrow N \rightarrowtail M$$

又记此为 $Q \dashrightarrow M$.

如果现有 $Q \dashrightarrow M$ 和 $M \dashrightarrow T$, 则有 $Q \dashrightarrow T$. 这只不过是说: 如果 Q 是 M 的子商, M 是 T 的子商, 则 Q 是 T 的子商. 这样便可以考虑一种新的 "合成":

$$M \dashrightarrow T \circ Q \dashrightarrow M = Q \dashrightarrow T.$$

3.3 Q 构 造

我们说正合范畴 $\mathcal{C}$ 的两个图是同构的,

$$X \xleftarrow{q} Z \xrightarrow{i} Y$$

$$X \xleftarrow{q'} Z' \xrightarrow{i'} Y$$

若其中 i, i' 是可容单射, q, q' 是可容满射, 并有同构 $Z \to Z'$ 使下图交换

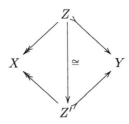

可以证明如此定义的 "同构" 是等价关系.

给出正合范畴 $\mathcal{C}$, 定义新的范畴 $Q\mathcal{C}$ 如下: $Q\mathcal{C}$ 的对象就是 $\mathcal{C}$ 的对象, 在 $Q\mathcal{C}$ 里一个从 X 到 Y 的态射是 $\mathcal{C}$ 内一个图

$$X \xleftarrow{q} Z \xrightarrow{i} Y$$

的同构类, 其中 i 是可容单射, q 是可容满射. 按定义, 有 $\mathcal{C}$ 内正合序列

$$Z \xrightarrow{i} Y \twoheadrightarrow Y', \quad X' \rightarrowtail Z \xrightarrow{q} X.$$

$Q\mathcal{C}$ 的态射的合成是这样定义的: 已给

$$X \twoheadleftarrow Z \rightarrowtail Y, \quad Y \twoheadleftarrow V \rightarrowtail T,$$

设正合范畴 $\mathcal{C}$ 是 Abel 范畴 $\mathcal{A}$ 的子范畴. 在 $\mathcal{A}$ 内造下图

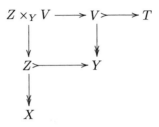

由于 $V \to Y$ 是可容满射, $\mathrm{Ker}(Z \times_Y V \to Z) \cong \mathrm{Ker}(V \to Y) \in \mathcal{C}$. 在 $\mathcal{A}$ 有正合序列

$$0 \to \mathrm{Ker}(Z \times_Y V \to Z) \to Z \times_Y V \to Z \to 0,$$

于是 $Z\times_Y V \in \mathcal{C}$. 正合范畴的性质 (4) (定义 3.1) 说: 可容满射的拉回是可容满射, 即 $Z\times_Y V \to Z$ 是可容满射. 于是合成 $Z\times_Y V \to Z \twoheadrightarrow X$ 是可容满射. 另一方面, $Z\times_Y V$ 是 $\mathrm{Ker}(V \to Y)$. 在 $\mathcal{A}$ 里有正合序列

$$0 \to Z\times_Y V \to V \to Y \to 0.$$

于是 $Z\times_Y V \rightarrowtail V \twoheadrightarrow Y$ 是 $\mathcal{C}$ 的正合序列 (Gabriel-Quillen 定理). 因此 $Z\times_Y V \rightarrowtail V$ 是可容单射. 从而合成 $Z\times_Y V \rightarrowtail V \rightarrowtail T$ 是可容单射. 这样我们得到

$$X \twoheadleftarrow Z\times_Y V \rightarrowtail T.$$

在 $Q\mathcal{C}$ 内定义态射 X 至 T, 我们说这是 $X \twoheadleftarrow Z \rightarrowtail Y$ 和 $Y \twoheadleftarrow V \rightarrowtail T$ 的合成. 可以证明这个合成满足结合律. 还可以证明这个图的同构类只依赖于 $X \twoheadleftarrow Z \rightarrowtail Y$ 的同构类和 $Y \twoheadleftarrow V \rightarrowtail T$ 的同构类.

余下可以证明如此定义的 $Q\mathcal{C}$ 是范畴.

若 $M \in \mathcal{C}$, 则有可容单射 $i_M : 0 \rightarrowtail M$ 和可容满射 $q_M : M \twoheadrightarrow O$.

给出 $\mathcal{C}$ 内的可容单射 $i : M_1 \rightarrowtail M_2$, 则 $Q\mathcal{C}$ 有态射 $i_! : M_1 \to M_2$ 对应于由图 $M_1 \overset{1}{\twoheadleftarrow} M_1 \overset{i}{\rightarrowtail} M_2$ 所决定的同构类. 但我们会简单地把 $i_!$ 说成 $Q\mathcal{C}$ 里的态射 $M_1 \rightarrowtail M_2$.

同样, 给出可容满射 $q : M_1 \twoheadrightarrow M_2$, 图 $M_2 \overset{q}{\twoheadleftarrow} M_1 \overset{1}{\rightarrowtail} M_1$ 的同构类是 $Q\mathcal{C}$ 的态射, 这个态射在 $Q\mathcal{C}$ 内记为 $q^! : M_2 \to M_1$.

显然, 若 $Q\mathcal{C}$ 的态射 $u : M \to N$ 是指图 $M \overset{q}{\twoheadleftarrow} M' \overset{i}{\rightarrowtail} N$ 的同构类, 则 $u = i_! \circ q^!$. 从拉推方 (pullback-pushout square, bicartesian square)

$$\begin{array}{ccc} N & \overset{i}{\rightarrowtail} & M' \\ {}_q\downarrow & & \downarrow_{q'} \\ M & \overset{i'}{\rightarrowtail} & N' \end{array}$$

得 $u = q'^! i'_!$.

命题 3.12 (1) 设 $\mathcal{C}$ 是正合范畴.

(a) 若 i, i' 是可以合成的可容单射, 则 $(i'i)_! = i'_! i_!$; 若 q, q' 是可以合成的可容满射, 则 $(qq')^! = q^! q'^!$, $(id_\mathcal{C})_! = (id_\mathcal{C})^! = id_\mathcal{C}$.

(b) 若在拉推方

$$\begin{array}{ccc} N & \overset{i}{\rightarrowtail} & M' \\ {}_q\downarrow & & \downarrow_{q'} \\ M & \overset{i'}{\rightarrowtail} & N' \end{array}$$

3.3 Q 构 造

中, i 和 i' 是可容单射, 或 q 和 q' 是可容满射, 则 $i_!q^! = q'^!i'_!$.

(2) 设有范畴 $\mathcal{B}$ 和正合范畴 $\mathcal{C}$. 若对 $M \in \mathcal{C}$ 有 $hM \in \mathcal{B}$, 对 $\mathcal{C}$ 的可容单射 $i: M' \rightarrowtail M$ 有 $h_i : hM' \rightarrow hM$, 对 $\mathcal{C}$ 的可容满射 $q: M \twoheadrightarrow M''$ 有 $h^q : hM'' \rightarrow hM$, 使得当我们把 $i_!$ 换为 h_i, $q^!$ 换为 h^q 时以上 (1) 的 (a) 和 (b) 成立, 则存在唯一函子 $Q\mathcal{C} \to \mathcal{B}$ 使得

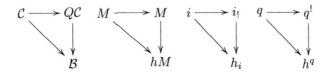

命题的推论是: 由正合范畴的正合函子 $F: \mathcal{C} \to \mathcal{C}'$ 得函子

$$Q\mathcal{C} \to Q\mathcal{C}': M \mapsto FM, \; i_! \mapsto (Fi)_!, \; q^! \mapsto (Fq)^!.$$

3.3.2 Q^n

我们将说明怎样推广 Q 构造至 Q^k. 参考资料是 [Wal 78]§9; [Gil 81] §7.

给出正合范畴 $\mathcal{C}$. 对 $M \in \mathcal{C}$ 的可容子对象 $F_{i_1 \cdots i_k} \rightarrowtail M$, $i_j = 0,1$ 考虑条件:

(1) 若 $\forall j = 1, \cdots, n, i_j < r_j$, 则 $F_{i_1 \cdots i_k} \rightarrowtail F_{r_1 \cdots r_k}$.

(2) 若对 $j = 1, \cdots, k$, $r_j = \min(s_j, t_j)$, 则有以下纤维积, 并选定下图的 $\rightarrowtail$ 的商对象

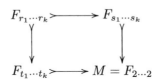

满足 (1) 和 (2) 的 $F_{i_1 \cdots i_k}$ 所组成的集合称为 M 的 k 过滤 (又称为长度 $= 2$ 的 k 折叠可容过滤). 例如, 当 $k = 2$ 时

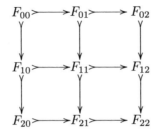

又可以表达这个图为

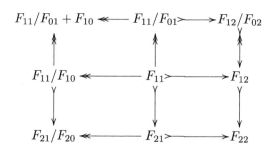

定义新的范畴 $Q^k\mathcal{C}$ 如下: Obj $(Q^k\mathcal{C})$ = Obj $(\mathcal{C})$; $Q^k\mathcal{C}$ 的态射是 $(M, \{F_{i_1\cdots i_k}\})$, 即一个 $\mathcal{C}$ 的对象 M 和一个 M 的 k 过滤.

定理 3.13 有同伦等价 $\Omega BQ^{k+1}\mathcal{A} \simeq BQ^k\mathcal{A}$.

证明见 [Wal 78]§9, prop 9.1; [Gil 81] §7, thm 7.8.

3.4 Quillen K 群

3.4.1 定义

设 $\mathcal{C}$ 是正合范畴, Quillen 建议研究范畴 $Q\mathcal{C}$ 的分类空间 $BQ\mathcal{C}$(参考: 12.1 节) 的同伦群 (见: 定义 9.16). 作为复习可看第 9, 12 章. 可以说以下命题是这个思路的起点.

命题 3.14 设 $\mathcal{C}$ 是正合范畴, 则 $\pi_1(BQ\mathcal{C})$ 是同构于前面 (3.2 节) 用 Grothendieck 群来定义的 $K_0(\mathcal{C})$.

证明 为了方便说明我们以 (Z,p,i) 记 $X \leftarrowtail Z \rightarrowtail Y$. 以 $\{0\}$ 为 $BQ\mathcal{C}$ 的基点. 取 $X \in \mathcal{C}$, 在 $BQ\mathcal{C}$ 有路径 $(X,01)$ 从 0 到 X, 以及路径 $(0,0,0_X)^{-1}$ 从 X 到 0, 于是得在 0 点的回路 $\ell_X = (0,0,0_X)^{-1}(X,01)$. 这样得映射

$$\lambda : K_0(\mathcal{C}) \to \pi_1(BQ\mathcal{C}) : [X] \mapsto [\ell_X].$$

首先证明这是群同态. 对 $\mathcal{C}$ 的每个正合序列 $X \xrightarrow{i} Y \xrightarrow{p} Z$, 在 $K_0(\mathcal{C})$ 有等式 $[Y] = [X][Z]$ (以 "乘法" 记运算). 如果沿 $(X,1,i)$ 从 X 走到 Y 再沿同路走回头便知回路 ℓ_X 同伦于

$$0 \xleftarrow[(X,0,1)]{(0,0,0_X)^{-1}} X \xleftarrow[(X,1,i)]{(X,1,i)^{-1}} Y = 0 \xleftarrow[(X,0,i)]{(0,0,0_Y)^{-1}} Y$$

等式是这样计算的: $(X,0,1)$ 是 $0 \xleftarrow{0} X \xrightarrow{1} X$, $(X,1,i)$ 是 $X \xleftarrow{1} X \xrightarrow{i} Y$.

3.4 Quillen K 群

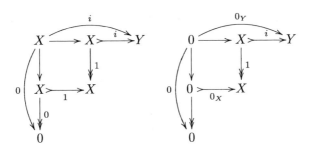

同样回路 ℓ_Z 同伦于

$$0 \xleftarrow[(Z,0,1)]{(0,0,0_Z)^{-1}} Z \xleftarrow[(Y,p,1)]{(Y,p,1)^{-1}} Y = 0 \xleftarrow[(Y,0,1)]{(X,0,i)^{-1}} Y$$

因此 $[\ell_X][\ell_Z] = [(0,0,0_Y)^{-1}(X,0,i)][(X,0,i)^{-1}(Y,0,1)] = [(0,0,0_Y)^{-1}(Y,0,1)] = [\ell_Y]$.

证: λ 是满射.

按胞腔迫近定理 ([Whi 78] Chap II, thm 4.5) CW 复形 $BQ\mathcal{C}$ 内每回路同伦于 $BQ\mathcal{C}$ 的 1 骨架内的回路. $BQ\mathcal{C}$ 的 1 骨架的回路是由 $Q\mathcal{C}$ 的箭 $a^{\pm}$ 合成的, a^+ 是沿 a 的方向走, a^- 是沿 a 的反方向走. 这样 CW 复形 $BQ\mathcal{C}$ 内每回路同伦于 $a_n^{\pm} a_{n-1}^{\pm} \cdots a_2^{\pm} a_1^{\pm}$. 在 $a_{i+1}^{\pm}$ 与 $a_i^{\pm}$ 之间加入平凡回路 $g_{i+1} g_{i+1}^{-1}$. 于是

$$a_n^{\pm} \cdots a_1^{\pm} = \cdots a_{i+1}^{\pm} g_{i+1} g_{i+1}^{-1} a_i^{\pm} g_i g_i^{-1} \cdots.$$

考虑 $Y_i \xrightarrow{a_i} X_i = Y_{i+1} \xrightarrow{a_{i+1}} X_{i+1}$. 取 $g_{i+1}: 0 \to Y_{i+1} = (Y_{i+1}, 0, 1) = (X_i, 0, 1)$. 设 $a_i g_i$ 是 $(U_i, 0, j_i)$, 则 $g_{i+1}^{-1} a_i g_i = [(X_i, 0, 1)^{-1}(U_i, 0, j_i)]$. 以下为同伦

$$(X, 0, 1)^{-1}(U, 0, j) \sim (X, 0, 1)^{-1}(U, 1, j)(U, 0, 1)$$
$$\sim (X, 0, 1)^{-1}(U, 1, j)(0, 0, 0_U)(0, 0, 0_U)^{-1}(U, 0, 1)$$
$$\sim (X, 0, 1)^{-1}(0, 0, 0_X)(0, 0, 0_U)^{-1}(U, 0, 1) = \ell_X^{-1} \ell_U.$$

同样处理 a_i^{-1}. 从这些等式可得 λ 是满射.

证: λ 是单射.

构造 $\rho: \pi_1(BQ\mathcal{C}) \to K_0(\mathcal{C})$ 使得 $\rho\lambda = 1$.

从群 G 可得只有一个对象 $*$ 范畴 $\lceil G \rfloor$, $\text{Hom}_{\lceil G \rfloor}(*, *) = G$. 则分类空间的同伦群 $\pi_i B \lceil G \rfloor = 0$, 若 $i \neq 1$. 并且有同构

$$G \to \pi_1 B \lceil G \rfloor : g \mapsto \ell_g,$$

其中 ℓ_g 是由 $g: * \to *$ 代表的回路.

构造函子 $F: Q\mathcal{C} \to \lceil K_0(\mathcal{C}) \rceil$. 对 $\mathcal{C}$ 的对象 X, 取 $FX = *$. 对 $(Z,p,i): X \to Y \in Q\mathcal{C}$, 取 $F(Z,p,i) = [\operatorname{Ker} p] \in K_0(\mathcal{C})$. 取可合成态射,

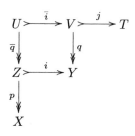

由上图得 $F((V,q,j)(Z,p,i)) = F(U, p\bar{q}, j\bar{i}) = [\operatorname{Ker}(p\bar{q})] = [\operatorname{Ker}(\bar{q})] + [\operatorname{Ker}(p)] = [\operatorname{Ker}(q)] + [\operatorname{Ker}(p)] = F((V,q,j))F((Z,p,i))$, 因为有 $\operatorname{Ker}(\bar{q}) \rightarrowtail \operatorname{Ker}(p\bar{q}) \twoheadrightarrow \operatorname{Ker}(p)$ 和 $\operatorname{Ker}(\bar{q}) = \operatorname{Ker}(q)$.

用函子 F 得映射 $\rho: \pi_1 BQ\mathcal{C} \to \pi_1 B\lceil K_0(\mathcal{C}) \rceil = K_0(\mathcal{C})$. 容易验证 $\rho\lambda = 1$. □ Quillen 给出一个比较抽象的证明.

定义 3.15 ([Wei 13] 350 页.) 小正合范畴 $\mathcal{A}$ 的 K 空间 $K\mathcal{A}$ 是 $\Omega BQ\mathcal{A}$. 定义 $\mathcal{A}$ 的 K 群为
$$K_n(\mathcal{A}) = \pi_n K\mathcal{A}.$$

因为有同伦等价 $\Omega BQ^{n+1}\mathcal{A} \simeq BQ^n\mathcal{A}$(定理 3.13), 所以
$$\mathbb{K}(\mathcal{A}) := \{\Omega BQ\mathcal{A}, BQ\mathcal{A}, BQ^2\mathcal{A}, \cdots, BQ^n\mathcal{A}, \cdots\}$$

是谱 (14.2 节). 称此为 **Quillen K 谱** ([Wei 13] Chap IV, 6.5.1, 352 页).

由 $f: \mathcal{M} \to \mathcal{M}'$ 是正合范畴的正合函子得函子 $Q\mathcal{M} \to Q\mathcal{M}'$, 于是有群同态
$$f_*: K_i\mathcal{M} \to K_i\mathcal{M}',$$

可见 K_i 是从正合范畴、正合函子至交换群范畴的函子.

3.4.2 基本定理

本小节叙述 Quillen 高次 K 群的几个基本定理. 详细的证明见 Quillen 的文章, 不再重复. 在 K_0 时这些定理在第一篇和本章前面几节讲过, 可作参考.

称范畴 $\mathcal{I}$ 为过滤范畴 (filtering or directed category), 若 $\mathcal{I}$ 是非空的并且满足以下条件:

(1) 给出 $i_1, i_2 \in \mathcal{I}$, 存在 $j \in \mathcal{I}$ 和态射 $f_1: i_1 \to j$, $f_2: i_2 \to j$;

(2) 给出 $\mathcal{I}$ 的态射 $f_1: i \to j$, $f_2: i \to j$, 存在 $\mathcal{I}$ 的态射 $g: j \to k$ 使得 $gf_1 = gf_2$.

3.4 Quillen K 群

命题 3.16 设函子 $j \mapsto \mathcal{M}_j$ 是从过滤小范畴 $\mathcal{I}$ 到正合范畴组成的范畴, 则有同构 $K_i(\varinjlim_j \mathcal{M}_j) \cong \varinjlim_j K_i(\mathcal{M}_j)$.

从正合范畴 $\mathcal{M}'$ 到正合范畴 $\mathcal{M}$ 的正合函子列 $F' \to F \to F''$ 称为正合序列, 若对任意 $X \in \mathcal{M}'$, $F'X \to FX \to F''X$ 为 $\mathcal{M}$ 的正合序列.

函子 F 的可容过滤 (admissible filtration) 是指 $0 = F_0 \subset F_1 \subset \cdots \subset F_n = F$, 其中对任意 $X \in \mathcal{M}'$, $F_{i-1}X \subset F_iX$ 是 $\mathcal{M}$ 的可容单射.

定理 3.17 (加性定理) (1) 设从正合范畴 $\mathcal{M}'$ 到正合范畴 $\mathcal{M}$ 的正合函子 F 有可容过滤 $0 = F_0 \subset F_1 \subset \cdots \subset F_n = F$ 使得对 $1 \leqslant p \leqslant n$, F_p/F_{p-1} 是正合函子, 则
$$F_* = \sum_{p=1}^n (F_p/F_{p-1})_* : K_i(\mathcal{M}') \to K_i(\mathcal{M}).$$

(2) 若 $0 \to F_0 \to \cdots \to F_n \to 0$ 是从正合范畴 $\mathcal{M}'$ 到正合范畴 $\mathcal{M}$ 的正合函子的正合序列, 则
$$\sum_{p=0}^n (-1)^p (F_p)_* = 0 : K_i(\mathcal{M}') \to K_i(\mathcal{M}).$$

这是 [Qui 73] §3, thm 2 的 Cor 2 和 Cor 3. 证明是用 Quilen 定理 A (定理 11.34).

定理 3.18 (化解定理) 设正合范畴 $\mathcal{M}$ 的全子范畴 $\mathcal{P}$ 包含零对象并满足以下条件:

(1) 设 $0 \to M' \to M \to M'' \to 0$ 是 $\mathcal{M}$ 的正合序列;

(i) 若 M', M'' 与 $\mathcal{P}$ 的对象同构, 则 M 与 $\mathcal{P}$ 的对象同构;

(ii) 若 $M \in \mathcal{P}$, 则 $M' \in \mathcal{P}$;

(2) 对任意 $M'' \in \mathcal{M}$, 存在 $\mathcal{M}$ 的正合序列 $0 \to M' \to M \to M'' \to 0$, 其中 $M \in \mathcal{P}$,

则有同构 $K_i \mathcal{P} \xrightarrow{\approx} K_i \mathcal{M}$.

这是 [Qui 73] §4, thm 3. 证明是用 Quilen 定理 A (定理 11.34). 化解是指英语的 resolution.

定义 3.19 设 $\mathcal{P}$ 是正合范畴 $\mathcal{M}$ 的含零全子范畴. $C \in \mathcal{M}$. C 的 $\mathcal{P}$ 分解是指 $\mathcal{M}$ 内的正合序列
$$\cdots \to P_n \to \cdots \to P_1 \to P_0 \to C \to 0,$$

其中所有 $P_n \in \mathcal{P}$. C 的 $\mathcal{P}$ 维数是最小的 n 使得存在 $\mathcal{P}$ 分解 $P_\bullet \to C$, 其中 $P_i = 0$ 对 $i > n$. 在 $\mathcal{M}$ 内取 $\mathcal{P}$ 维数 $\leqslant n$ 的对象组成的范畴记为 $\mathcal{P}_n$. 记 $\mathcal{P}_\infty = \cup \mathcal{P}_n$.

推论 3.20 设正合范畴 $\mathcal{M}$ 的全子范畴 $\mathcal{P}$ 包含零对象并满足以下条件:

(1) 设 $0 \to M' \to M \to M'' \to 0$ 是 $\mathcal{M}$ 的正合序列:

(i) 若 M', M'' 与 $\mathcal{P}$ 的对象同构, 则 M 与 $\mathcal{P}$ 的对象同构;

(ii) 若 $M, M'' \in \mathcal{P}$, 则 $M' \in \mathcal{P}$.

(2) 已给 $j: M \twoheadrightarrow P$, 存在 $j': P' \twoheadrightarrow P$ 和 $f: P' \to M$ 使得 $jf = j'$, 则

$$K_i\mathcal{P} \xrightarrow{\approx} K_i\mathcal{P}_1 \xrightarrow{\approx} \cdots \xrightarrow{\approx} K_i\mathcal{P}_\infty.$$

定理 3.21 (析解定理) 设 Abel 范畴 $\mathcal{A}$ 的全子范畴 $\mathcal{B}$ 是 Abel 范畴并满足以下条件:

(1) 若 $M' \in \mathcal{A}$ 是 $M \in \mathcal{B}$ 的子对象, 则 $M' \in \mathcal{B}$; 若 $M', M \in \mathcal{B}$ 是 $M/M' \in \mathcal{A}$, 则 $M/M' \in \mathcal{B}$.

(2) 对任意 $M \in \mathcal{A}$, 存在有限过滤 $0 = M_0 \subset M_1 \subset \cdots \subset M_n = M$, 其中对任意 j, $M_j/M_{j-1} \in \mathcal{B}$.

则有同构 $K_i\mathcal{B} \xrightarrow{\approx} K_i\mathcal{A}$.

这个定理的证明 ([Qui 73] §5, thm 4.) 是用 Quilen 定理 A (定理 11.34). 析解是法语 devissage.

设 $\mathcal{B}$ 是 Abel 范畴 $\mathcal{A}$ 的 Serre 子范畴, 则有商范畴 $\mathcal{A}/\mathcal{B}$ ([高线] 14.9.1).

定理 3.22 (局部化定理) 设 $\mathcal{B}$ 是 Abel 范畴 $\mathcal{A}$ 的 Serre 子范畴, 于是有函子 $e: \mathcal{B} \to \mathcal{A}$, $s: \mathcal{A} \to \mathcal{A}/\mathcal{B}$, 则存在正合序列:

$$\cdots \to K_1(\mathcal{A}/\mathcal{B}) \to K_0(\mathcal{B}) \xrightarrow{e_*} K_0(\mathcal{A}) \xrightarrow{s_*} K_0(\mathcal{A}/\mathcal{B}) \to 0.$$

这个定理的证明 ([Qui 73] §5, thm 5.) 是用 Quilen 定理 B (定理 11.36).

3.4.3 析解定理的证明

作为 Quillen 方法的例子我们证明析解定理 3.21.

由 $f: Q\mathcal{B} \hookrightarrow Q\mathcal{A}$ 是同伦等价推出析解定理. 按定理 11.34, 只需证明对每个 $M \in Q\mathcal{A}$, 包含函子 f 所决定的逗号范畴 (11.91. 小节) f/M 是可缩的.

(1) 改换范畴 f/M. 取 f/M 的对象 (N, u), 其中 $N \in \mathcal{B}$, $u: fN \to M \in Q\mathcal{A}$. 把 fN 写为 N. u 作为 $Q\mathcal{A}$ 的态射是 $N \xleftarrow{q} M_1 \xrightarrow{i} M$, 取 $M_0 = \operatorname{Ker} q$. u 由同构 $N \cong M_1/M_0$ 决定. 定义半序集 $J(M)$ 的元素为 M 的分层 (layer) (M_0, M_1) (即 $0 \subseteq M_0 \subset M_1 \subseteq M$) 使得 $M_1/M_0 \in \mathcal{B}$. 半序为: $(M_0, M_1) \leqslant (M_0', M_1')$ 当且仅当 $M_0' \subset M_0 \subset M_1 \subset M_1'$. 把半序集看作范畴. 这样, 取 f/M 的态射 $w: (N, u) \to (N', u')$, 设 (N, u) 对应于 (M_0, M_1), (N', u') 对应于 (M_0', M_1'), 则 $(M_0, M_1) \leqslant (M_0', M_1')$. 不难验证 f/M 与 $J(M)$ 等价.

(2) 假设: 若 $M' \subset M$ 使得 $M/M' \in \mathcal{B}$, 则包含函子 $i: J(M') \to J(M)$ 是同伦等价.

由于 M 有有限过滤 $0 = M_0 \subset M_1 \subset \cdots \subset M_n = M$ 使得 $M_j/M_{j-1} \in \mathcal{B}$, 按假设有同伦等价 $J(0) \cong \cdots \cong J(M)$, 而 $J(0)$ 是可缩的, 于是得证定理.

(3) 回头证明假设. 取 $(M_0, M_1) \in J(M)$. 因为

$$M_1 \cap M'/M_0 \cap M' \subset M_1/M_0 \cap M' \subset M_1/M_0 \oplus M/M' \in \mathcal{B},$$

所以 $M_1 \cap M'/M_0 \cap M' \in \mathcal{B}$. 于是可以定义函子

$$r: J(M) \to J(M'): (M_0, M_1) \mapsto (M_0 \cap M', M_1 \cap M'),$$
$$s: J(M) \to J(M): (M_0, M_1) \mapsto (M_0 \cap M', M_1).$$

首先 $ri = id_{J(M')}$. 于是有同伦 $Br \circ Bi \simeq 1_{BJM'}$. 从 $J(M)$ 内的不等式

$$(M_0 \cap M', M_1 \cap M') \leqslant (M_0 \cap M', M_1) \geqslant (M_0, M_1)$$

知有自然变换 $ir \to s \leftarrow id_{J(M)}$. 于是按命题 12.6 有同伦 $Bi \circ Br \simeq 1_{BJM}$. □

注 可把半序集 $(J, \leqslant)$ 看作范畴, 取 $\mathrm{Hom}(x, y) = \{(x, y)\}$, 若 $x \leqslant y$, 否则是空集; $(y, z) \circ (x, y) = (x, z)$.

推论 3.23 设 Abel 范畴 $\mathcal{A}$ 的同构类是集合并且每个对象是有限长度. 设 $\{X_j : j \in J\}$ 是 $\mathcal{A}$ 的单对象同构类的代表集, D_j 记除环 $End(X_j)^{op}$, 则有同构

$$K_i \mathcal{A} \cong \bigsqcup_{j \in J} K_i D_j.$$

证明 以 $\mathcal{B}$ 记 $\mathcal{A}$ 的半单对象所组成的子范畴. 按析解定理, $K_i \mathcal{B} = K_i \mathcal{A}$. 因此可假设 $\mathcal{A}$ 所有对象均是半单的. 利用 K_i 函子与积及上极限交换, 便可假设除同构外 $\mathcal{A}$ 只有一个单对象 X. 以 D 记自同态除环 $End(X)^{op}$, 则 $M \mapsto \mathrm{Hom}(X, M)$ 给出范畴等价 $\mathcal{A} \to \mathbf{pfMod}(D)$. □

3.5 环的高次 K 群

设 R 为环.

定义 3.24 定义环 R 的高次 K 群为

$$K_n(R) = \pi_n(\Omega BQ(\mathbf{pfMod}(R))), \quad n \geqslant 0.$$

假设 A 是交换环. 设 A 的乘积闭子集 S 的元素不是零除子. $\mathcal{P}_\infty(A)$ (见定义 3.19) 内所有 S 挠模组成的范畴记为 $\mathcal{P}_\infty(A)_S$, 则有正合序列

$$\cdots \to K_{n+1}(S^{-1}A) \to K_n(\mathcal{P}_\infty(A)_S) \to K_n(A) \to K_n(S^{-1}A) \to$$
$$\cdots \to K_0(\mathcal{P}_\infty(A)_S) \to K_0(A) \to K_0(S^{-1}A).$$

证明见: [Wei 13] chap V, §7, thm 7.1.

不是很容易算出 K 群的. 取我们最熟悉的环——整数环 $\mathbb{Z}$. 我们已谈过 $K_0(\mathbb{Z})$, $K_1(\mathbb{Z})$, $K_2(\mathbb{Z})$. $K_3(\mathbb{Z})$ 见

Lee R, Szczarba R. The group $K_3(\mathbb{Z})$ is cyclic of order 48. *Annals of Math.*, 1976, 104: 31-60.

$K_4(\mathbb{Z})$ 见

Rognes J. $K_4(\mathbb{Z})$ is the trivial group. *Topology*, 2000, 39: 267-281.

现在的想法是: 若 Vandiver 猜想是对的, 则

$n \mod 8$	1	2	3	4	5	6	7	8
$K_n(\mathbb{Z})$	$\mathbb{Z}/2$	$\mathbb{Z}/2c_k$	$\mathbb{Z}/2w_{2k}$	0	$\mathbb{Z}$	$\mathbb{Z}/c_k$	$\mathbb{Z}/w_{2k}$	0

([Wei 13] thm 10.2, 581 页), 其中 $k = \lfloor 1 + \dfrac{n}{4} \rfloor$ (整数部分), 整数 c_k, w_{2k} 分别是 $B_k/4k$ 的分子、分母, 即 $B_k/4k = c_k/w_{2k}$, B_k 是 Bernoulli 数 (这里 ± 是与常不同):

$$\frac{t}{e^t-1} = 1 - \frac{1}{2} + \sum_{k=1}^{\infty}(-1)^{k+1}B_k \frac{t^{2k}}{(2k)!}.$$

对于很多代数整数环 R, 有很多计算 $K_2(R)$ 的工作.

不过看来重点不在计算 K 群而是在于了解 K 群与其他数学结构的关系——过去是在这方面有最深刻的定理, 也许将来这亦会是对的.

3.5.1 +

这样我们不需要第一篇便可以构造环的 K 群和证明环的高次 K 群有局部化列.

但是若想知道在此定义的 $K_n(R)$, $n = 0, 1, 2$ 是和第 1 章的定义是相同的 (见定理 3.26), 那就要看本小节所讲的拓扑学的历史故事了.

1969 年 Quillen 有个想法: 把 K 群定义为一个拓扑空间的同伦群. 作为实验他从 $K_1(R)$ 的正合序列开始:

$$1 \to E(R) \to GL(R) \to K_1(R) \to 1.$$

(见定理 1.9.) 按分类空间的性质 $GL(R) = \pi_1(BGL(R))$, 若有拓扑空间 Y 使得 $\pi_1(Y) = K_1(R)$, 则以上的正合序列便变为

$$1 \to E(R) \to \pi_1(BGL(R)) \to \pi_1(Y) \to 1.$$

所以他要找一个方法消掉基本群的一个子群. 下一个定理便是他做的答案.

定理 3.25 (Quillen) 设 X 是连通的 CW 复形, $*$ 是基点. 记 $\pi = \pi_1(X, *)$. 设 π 的正规子群 η 满足条件 $\eta = [\eta, \eta]$ (交换子).

3.5 环的高次 K 群

(1) 存在包含 X 的 CW 复形 X^+ 满足条件:

(i) 包含映射 $X \hookrightarrow X^+$ 所诱导的同态 $\pi_1(X,*) \to \pi_1(X^+,*)$ 是满同态, 它的核是 η.

(ii) 对任意 π/η 模 M 有 $H_\bullet(X^+, X; M) = 0$.

(2) 若另有 CW 复形 X_1^+ 满足以上条件, 则存在同伦等价 $h: X^+ \to X_1^+$ 使得 h 限制至 X 同伦于 id_X.

(3) 设 X, Y 是连通的 CW 复形, $f: X \to Y$ 是 CW 复形映射, $\pi_1(X,*)$ 的正规子群 η_X 满足条件 $\eta_X = [\eta_X, \eta_X]$, $\pi_1(Y,*)$ 的正规子群 η_Y 满足条件 $\eta_Y = [\eta_Y, \eta_Y]$, $\eta_Y \supseteq f_*(\eta_X)$, 则存在复形映射 $f^+: X^+ \to Y^+$ 使得 $f^+|_X = f$, 并且 $(g \circ f)^+ = g^+ \circ f^+$. 即得函子 $X \to X^+, f \to f^+$.

证明 我们证 (1). 其余留给读者. 取映射 $g_i: (S^1, *) \to (X, *)$ 使得同伦类 $[g_i], i \in I$ 生成 η. $H_1(X)$ 是 (加法) 交换群, $\eta = [\eta, \eta]$, 于是 Hurewicz 同态 $\varphi_1(\eta) = 0$ (见 9.4.1 小节).

以 $g_i: \partial E^2 = S^1 \to X$ 为粘贴映射把 E^2 粘贴在 X 上而得 2 胞腔 $\bar{e}_i^2$. 用全部 $g_i, i \in I$ 来粘贴到 X 得 CW 复形 Y. 留意 S^1 在 E^2 是同伦于 1. 于是包含映射 $X \hookrightarrow Y$ 满足条件 (1)(i). 特别是 $\pi_1(Y, *) = \pi/\eta$. (消掉了 η.)

考虑以 π/η 为覆盖群的覆盖

$$\begin{array}{ccc} \tilde{X} & \hookrightarrow & \tilde{Y} \\ \downarrow & & \downarrow \\ X & \hookrightarrow & Y \end{array}$$

则 $\tilde{Y} \to Y$ 为万有覆盖, $\pi_1(\tilde{X}) = \eta$. 于是 $H_1(\tilde{X}, \mathbb{Z}) = \eta/[\eta, \eta] = 0$. 我们是用粘贴 2 胞腔在 X 上而得 Y, 同样 $\tilde{Y}$ 是以粘贴 2 胞腔从 $\tilde{X}$ 得到的. 于是除 $q = 2$ 外 $H_q(\tilde{Y}, \tilde{X}, \mathbb{Z}) = 0$; 而 $H_2(\tilde{Y}, \tilde{X}, \mathbb{Z})$ 是以 $\langle \bar{e}_i^2 \rangle$ 为生成元的自由 $\mathbb{Z}(\pi/\eta)$ 模. ([姜] 第三章.) 此外还有同调正合序列 ([姜] 第二章, 定理 1.2)

$$0 = H_3(\tilde{Y}, \tilde{X}) \to H_2(\tilde{X}) \to H_2(\tilde{Y}) \to H_2(\tilde{Y}, \tilde{X}) \to H_1(\tilde{X}) = 0,$$

于是 $H_\bullet(\tilde{Y}, \mathbb{Z}) = H_\bullet(\tilde{X}, \mathbb{Z}) \oplus \bigoplus_{i \in I} \mathbb{Z}(\pi/\eta)\langle \bar{e}_i^2 \rangle$. 因为 $\pi_1(\tilde{Y}) = 1$, 所以 $\langle \bar{e}_i^2 \rangle$ 属于 Hurewicz 同构 $\tilde{\varphi}_2: \pi_2(\tilde{Y}) \to H_2(\tilde{Y})$ 的象, 于是亦属于 Hurewicz 同构 $\varphi_2: \pi_2(Y) \to H_2(Y)$ 的象 ([Spa 66] thm 3 (b), 389 页). 即有映射 $f_i: (S^2, *) \to (Y, *)$ 使得 $\varphi_2([f_i]) = \langle \bar{e}_i^2 \rangle$.

对每个 i 以 $f_i: \partial E^3 = S^2 \to Y$ 为粘贴映射在 Y 上粘贴 3 胞腔 $\bar{e}_i^3$ 而得 X^+. 由于 3 胞腔是可缩的, 粘贴不影响基本群, 于是 X^+ 如 Y 满足条件 (1)(i).

取 π/η 模 M, 则 $H_\bullet(Y, M) = H_\bullet(X, M) \oplus \bigoplus_{i \in I} M(\pi/\eta)\langle \bar{e}_i^2 \rangle$. 除 $q = 3$ 外 $H_q(X^+, Y, M) = 0$; 而 $H_3(X^+, Y, M)$ 是 $\bigoplus_{i \in I} M\langle \bar{e}_i^3 \rangle$. 还有 $\partial(\langle \bar{e}_i^3 \rangle 0 = \langle \bar{e}_i^2 \rangle$, 于是

$\partial: H_3(X^+, Y, M) \to H_2(Y, X, M)$ 是满射. 由同调正合序列 ([姜] 第二章, 定理 1.11)

$$H_3(X^+, Y) \xrightarrow{\partial} H_2(Y, X) \to H_2(X^+, X) \to H_2(X^+, Y) = 0$$

得 $H_2(X^+, X, M) = 0$. 于是 X^+ 满足条件 (1)(ii). □

由于正合序列

$$\cdots \to H_{q+1}(X^+, X; M) \to H_q(X; M) \to H_q(X^+; M) \to H_q(X^+, X; M) \to \cdots,$$

于是从定理的 1 (ii) 得 $H_q(X; M) \xrightarrow{\approx} H_q(X^+; M)$.

3.5.2 BGL^+

根据定理 3.25 之前的讨论便得: $K_1(R) = \pi_1(BGL(R)^+)$. 这样 $BGL(R)^+$ 便诞生了.

在 $K_0(R)$ 取离散拓扑. 在空间 $K_0(R) \times BGL(R)^+$ 取基点 $\{0\} \times 1_{GL(R)}$. 则

$$\pi_0(K_0(R) \times BGL(R)^+) = K_0(R),$$

$$\pi_1(K_0(R) \times BGL(R)^+) = \pi_1(BGL(R)^+) = K_1(R).$$

我们继续讨论 BGL^+ 以帮助我们了解 [Bei 85].

R 是环. 把 $GL(R)$ 看作一个对象 $*$ 的范畴 $\lceil GL(R) \rceil$, $\text{Hom}(*, *) = GL(R)$, $N\lceil GL(R) \rceil$ 是这个范畴的神经. $BGL(R)$ 是几何实现 $|N\lceil GL(R) \rceil|$.

1) 若单形集 X 只有一个顶点 (vertex), Bousfield-Kan 的 $\mathbb{Z}$ 完备化 $\mathbb{Z}_\infty X$ 是只有一个顶点的单形集.

设单形映射 $f: X_\bullet \to Y_\bullet$ 诱导约化同调同构 $H_*(|X_\bullet|; \mathbb{Z}) \cong H_*(|Y_\bullet|; \mathbb{Z})$, 则 $\mathbb{Z}_\infty(f): \mathbb{Z}_\infty X_\bullet \to \mathbb{Z}_\infty Y_\bullet$ 是 (同伦) 弱等价.

若 $X_\bullet$ 是 H 空间, 则有态射 $i: X_\bullet \to \mathbb{Z}_\infty X_\bullet$ 是 (同伦) 弱等价.

2) 设单形集 $X_\bullet$ 有映射 $NGL(R) \to X_\bullet$ 满足以下条件:

(1) 自然映射 $GL(R) = \pi_1 BGL(R) \to \pi_1|X_\bullet|$ 是满射, 它的核是 $E(R)$, 于是 $K_1(R) \cong \pi_1|X_\bullet|$.

(2) $H_*(BGL(R); \mathbb{Z}) \cong H_*(|X_\bullet|; \mathbb{Z})$.

又若另有 $Y_\bullet$ 满足同样条件, 则 $X_\bullet$ 与 $Y_\bullet$ 是同伦等价. 以 $NGL(R)^+$ 记 $X_\bullet$. $NGL(R)^+$ 是 H 空间.

3) 考虑 CW 复形 X. 设有映射 $BGL(R) \to X$ 满足以下条件:

(1) 自然映射 $GL(R) = \pi_1 BGL(R) \to \pi_1 X$ 是满射, 它的核是 $E(R)$, 于是 $K_1(R) \cong \pi_1 X$.

(2) $H_*(BGL(R); M) \cong H_*(X; M)$, 其中 M 是 $\pi_1 X$-模.

3.5 环的高次 K 群

若另有 Y 满足同样条件,则 X 与 Y 是同伦等价.

设 $BGL(R)^+ = |NGL(R)^+|$,则 $BGL(R)^+$ 有 CW 复形 X 的性质.

4) $f : NGL(R) \to NGL(R)^+$ 诱导同构 $H_\bullet(NGL(R), \mathbb{Z}) \cong H_\bullet(NGL(R)^+, \mathbb{Z})$, 则 $\mathbb{Z}_\infty(f) : \mathbb{Z}_\infty NGL(R) \to \mathbb{Z}_\infty NGL(R)^+$ 是 (同伦) 弱等价.

$NGL(R)^+$ 是 H 空间,于是 $NGL(R)^+ \to \mathbb{Z}_\infty NGL(R)^+$ 是 (同伦) 弱等价.

因此 $NGL(R)^+ \simeq \mathbb{Z}_\infty NGL(R)$.

我们使用了以下结果:

(1) $f : X_\bullet \to Y_\bullet$ 诱导同构 $H_\bullet(X_\bullet, \mathbb{Z}) \cong H_\bullet(Y_\bullet, \mathbb{Z})$,当且仅当 $|f| : |X_\bullet| \to |Y_\bullet|$ 诱导同构 $H_\bullet(|X_\bullet|, \mathbb{Z}) \cong H_\bullet(|Y_\bullet|, \mathbb{Z})$.

(2) 反过来,CW 复形映射 $\phi : A \to B$ 诱导同构 $H_\bullet(A, \mathbb{Z}) \cong H_\bullet(B, \mathbb{Z})$ 当且仅当 $\text{Sing}\,\phi : \text{Sing}\,A \to \text{Sing}\,B$ 诱导同构 $H_\bullet(\text{Sing}\,A, \mathbb{Z}) \cong H_\bullet(\text{Sing}\,B, \mathbb{Z})$.

3.5.3 $+ = Q$

1) $+ = Q$ 定理是 Quillen 证明的. Quillen 的证明由 Grayson [Gra 76] 记下来, 亦可参考 [Sri 95] Chap 7; [Wei 13] Chap IV, §7. 从本书的观点来看,这个定理的证明是个拓扑学的习题,不大影响其他的讨论.

定理 3.26 ($+ = Q$ 定理) 设 R 为环,$\mathbf{pfMod}(R)$ 是有限生成投射 R 模范畴, 则 $\Omega BQ\mathbf{pfMod}(R)$ 与 $K_0(R) \times BGL(R)^+$ 同伦等价.

BU 记酉群 U 的分类空间,ψ^q 记 Adams 运算,$F\psi^q$ 记 $\psi^q - 1 : BU \to BU$ 的同伦纤维. $\mathbb{F}_q$ 记有 q 个元素的有限域,Quillen 证明 $BGL(\mathbb{F}_q)^+$ 与 $F\psi^q$ 同伦等价, 然后计算 $F\psi^q$ 的同伦群. 于是他算出有限域的 K 群 ([Qui 72]).

定理 3.27 $\mathbb{F}_q$ 记有 q 个元素的有限域,$n > 0$,则

$$K_{2n-1}(\mathbb{F}_q) = \mathbb{Z}/(q^n - 1), \quad K_{2n}(\mathbb{F}_q) = 0.$$

有限域几乎是唯一的结构,我们知道它的所有 K 群!

2) 设范畴 $\mathcal{S}$ 的对象等同 $\mathbf{pfMod}(R)$,$\mathcal{S}$ 的态射是 $\mathbf{pfMod}(R)$ 的同构. $+ = Q$ 定理的证明分为两部分.

(1) 有同伦等价 $K_0(R) \times BGL(R)^+ \to B(\mathcal{S}^{-1}\mathcal{S})$.

(2) 有同伦等价 $\Omega BQ\mathbf{pfMod}(R) \to B(\mathcal{S}^{-1}\mathcal{S})$,

即有同伦等价三角形

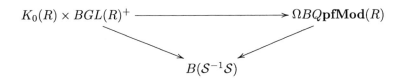

3) 望远镜.

设 R 是环. 有限生成投射 R 模范畴 **fpMod**(R) 是分裂正合范畴. $\mathcal{S} = $ **fpMod**$(R)^{iso}$ 是 **fpMod**(R) 的子范畴使得 $\mathcal{S}$ 的态射是 **fpMod**(R) 的同构. 直和使 $\mathcal{S}$ 为幺半范畴 (7.1 节). 考虑 $\mathcal{S}^{-1}\mathcal{S}$ (12.5.2 小节).

取 $A \in $ **fpMod**(R). 设 $l: 0 \oplus A \to A$ 为自然同构. 对 $u \in Aut(A)$, 设 $u_2 = u \circ l: 0 \oplus A \to A$, $\bar{u} = (l, u_2): (0 \oplus A, 0 \oplus A) \to (A, A)$. 设范畴 $Aut(A)$ 只有一个对象, 它的态射是 $Aut(A)$. 定义函子 $Aut(A) \to \mathcal{S}^{-1}\mathcal{S}$ 为 $A \mapsto (A, A)$, $u: A \xrightarrow{\simeq} A$ 映为 $(0, 0 + (A, A) \xrightarrow{\bar{u}} (A, A))$. $(R, R + (A, A) \to (A \oplus R, A \oplus R))$ 给出自然变换 $Aut(A) \to \mathcal{S}^{-1}\mathcal{S}$ 使得下图同伦交换

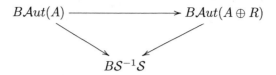

用此得映射从 $BGL(R) = \varinjlim BAut(R^n)$ 至 $B\mathcal{S}^{-1}\mathcal{S}$ 的单位连通分支 $(B\mathcal{S}^{-1}\mathcal{S})_0$.

以 $\mathcal{S}_n$ 记 $\mathcal{S}$ 包含 R^n 的分支, 于是由 $\mathcal{S}$ 的对象 $A \cong R^n$ 组成的全子范畴是 $\mathcal{S}_n$, 则群胚 $\mathcal{S}_n$ 等价于 $Aut(R^n) = GL_n(R)$. 这样 $\mathcal{S} = \sqcup \mathcal{S}_n = \sqcup GL_n(R)$ (看作"古董单筒望远镜"). 以上讨论给出图同伦交换

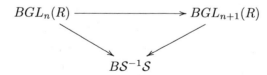

和映射 $BGL(R) \to (B\mathcal{S}^{-1}\mathcal{S})_0$. 不难证明 $\pi_0(B\mathcal{S}^{-1}\mathcal{S}) = K_0(R)$. $\mathcal{S}^{-1}\mathcal{S}$ 有 H 空间乘法

$$\mathcal{S}^{-1}\mathcal{S} \times \mathcal{S}^{-1}\mathcal{S} \to \mathcal{S}^{-1}\mathcal{S}: (A, B), (C, D) \mapsto (A \oplus C, B \oplus D).$$

乘法的同伦逆元运算是 $(A, B) \to (B, A)$. 于是 $B\mathcal{S}^{-1}\mathcal{S}$ 的连通分支均同伦等价. 因此有映射

$$K_0(R) \times BGL(R) \to B\mathcal{S}^{-1}\mathcal{S}$$

使得 $\{0\} \times BGL(R) \to (B\mathcal{S}^{-1}\mathcal{S})_0$. 我们说以上的映射是用望远镜构造法 (telescope construction) 得来的.

4) 范畴 $\mathcal{L}$.

设 $T_0(B) = B$, $T_1(B) = R \oplus B$, $T_m(B) = T_1 \circ T_{m-1}(B)$.

N 记序数范畴 (11.1.1 小节). 定义范畴 $\mathcal{L}$ 的对象为 (n, B), $B \in \mathcal{S}_n$; 它的态射 $(n, B) \to (n+m, C)$ 是指同构 $T_m(B) \to C$.

3.5 环的高次 K 群

引理 3.28 (1) $H_p(\mathcal{L}, \mathbb{Z})$ 与 $H_p(B\mathcal{S}^{-1}\mathcal{S})_0, \mathbb{Z})$ 同构;

(2) $B\mathcal{L}$ 与 $BGL(R)$ 同伦等价.

利用命题 9.21, 由引理立刻得 $+ = Q$ 定理第 (1) 部分: 有同伦等价 $K_0(R) \times BGL(R)^+ \to B(\mathcal{S}^{-1}\mathcal{S})$ 的证明 ([Wei 13] Chap IV, §4, thm 4.9).

余下讨论以上引理的证明.

设 $f : \mathcal{L} \to \mathbf{N}$ 为函子 $f(n, B) = n$, 则 $\mathcal{L}$ 是 $\mathbf{N}$ 的上纤范畴, 上换基函子是 $(n, B) \to (n + m, T_m(B))$ (11.9.2 小节). 此外 $f^{-1}(n) = \mathcal{S}_n$, $f^{-1}(n) \hookrightarrow f/n$ 是同伦等价, 并且 $\mathcal{L} \cong \varinjlim f/n$, 因为 $\underline{\mathrm{Aut}}(R^{\oplus n}) \to \mathcal{S}_n$ 是同伦等价, 于是有同伦等价 $BGL_n(R) \to B(f/n)$ 使得

$$\begin{array}{ccc} BGL_n(R) & \longrightarrow & BGL_{n+1}(R) \\ \downarrow & & \downarrow \\ B(f/n) & \longrightarrow & B(f/n+1) \end{array}$$

是同伦交换. 因此

$$\pi_i(B\mathcal{L}) = \varinjlim \pi_i(B(f/n)) = \varinjlim \pi_i(BGL_n(R)),$$

即 $B\mathcal{L}$ 与 $BGL(R)$ 有相同的同伦类.

把 $R^{\oplus n}$ 看作 $T_n(0)$, 得函子 $g : \mathcal{L} \to \mathcal{S}^{-1}\mathcal{S} : (n, B) \to (R^{\oplus n}, B)$.

断言: $g : B\mathcal{L} \to B(\mathcal{S}^{-1}\mathcal{S})_0$ 诱导同构

$$g_* : H_p(\mathcal{L}, \mathbb{Z}) \xrightarrow{\approx} H_p((\mathcal{S}^{-1}\mathcal{S})_0, \mathbb{Z}).$$

断言的证明. 设包含 R 的分支决定 $e \in \pi_0(B\mathcal{S})$. 因为 **fpMod**$(R)$ 的对象的同构类以直和为运算得幺半群 $\pi_0(B\mathcal{S})$; $P, Q \in \mathbf{fpMod}(R)$ 决定 $K_0(R)$ 的同一个元素当且仅当有 n 和同构 $R^{\oplus n} \oplus P \cong R^{\oplus n} \oplus Q$. 所以

$$\pi_0(B\mathcal{S})[e^{-1}] \cong \pi_0(B\mathcal{S}^{-1}\mathcal{S}) \cong K_0(R).$$

因此

$$H_p(\mathcal{S}^{-1}\mathcal{S}) \cong \pi_0(\mathcal{S}^{-1})H_p(\mathcal{S}) \cong H_p(\mathcal{S})[e^{-1}].$$

现在

$$H_p(\mathcal{S}^{-1}\mathcal{S}) \cong H_p((\mathcal{S}^{-1}\mathcal{S})_0) \times K_0(R),$$

并且

$$H_p(\mathcal{S}) \cong \coprod_{[P] \in \pi_0(B\mathcal{S})} H_p(B\underline{\mathrm{Aut}}(P)) \cong \coprod_{[P] \in \pi_0(B\mathcal{S})} H_p(\mathcal{S}_P),$$

其中 $\mathcal{S}$ 包含 P 的分支记为 $\mathcal{S}_P$. 函子 $\mathcal{S}_n \subset \mathcal{S} \to \mathcal{S}^{-1}\mathcal{S}$, $A \mapsto (0, A)$ 诱导映射

$$H_p(\mathcal{S}_n) \to H_p(\mathcal{S}^{-1}\mathcal{S}).$$

g 所诱导的函子 $\mathcal{S}_n = f^{-1}(n) \subset \mathcal{L} \to (\mathcal{S}^{-1}\mathcal{S})_0 \subset \mathcal{S}^{-1}\mathcal{S}$ 是 $A \mapsto (R^{\oplus n} \oplus A)$. 以 $R^{\oplus n}$ 平移该函子便是

$$A \mapsto (R^{\oplus n}, R^{\oplus n} \oplus A)$$

(在同调群这是对应于乘以 e^n). 但在 $\mathcal{S}^{-1}\mathcal{S}$ 有态射

$$(R^{\oplus n}, R^{\oplus n} \oplus (0, A)) \to (R^{\oplus n}, R^{\oplus n} \oplus A)),$$

于是得自然变换 $\mathcal{S}_n \to \mathcal{S}^{-1}\mathcal{S}$. 因此得交换图

$$\begin{array}{ccccc} H_p(\mathcal{S}_n) & \longrightarrow & H_p(\mathcal{S}) & \longrightarrow & H_p(\mathcal{S}^{-1}\mathcal{S}) \\ \downarrow & & & & \uparrow \cdot e^n \\ H_p(\mathcal{L}) & \xrightarrow{g_*} & H_p((\mathcal{S}^{-1}\mathcal{S})_0) & \longrightarrow & H_p(\mathcal{S}^{-1}\mathcal{S}) \end{array}$$

其中 $\cdot e^n$ 是乘以 e^n. g 所诱导的映射

$$H_p(\mathcal{S}_n) \to H_p((\mathcal{S}^{-1}\mathcal{S})_0) \subset H_p(\mathcal{S}^{-1}\mathcal{S}) \cong H_p(\mathcal{S})[e^{-1}]$$

是 $x \mapsto x \cdot e^n$. 因为

$$H_p(\mathcal{S}) = \coprod_{[P] \in \pi_0(\mathcal{S})} H_p(\mathcal{S}_P)$$

对任一 $y \in H_p((\mathcal{S}^{-1}\mathcal{S})_0)$ 有 $x \in H_p(\mathcal{S})$ 使得 $y = x \cdot e^{-n}$, 并且 $x \in \sum_{[P] \in \pi_0(\mathcal{S})} H_p(\mathcal{S}_P)$, 其中 $[P]$ 在 $K_0(R)$ 里满足条件 $[P] \cdot e^{-n} = 0$, 所以 $[P] \cong [R^{\oplus n}]$. 用 $R^{\oplus m}$ 平移所得的函子 $\mathcal{S} \to \mathcal{S}$ 诱导映射 $x \mapsto x \cdot e^m$. 利用 $x \cdot e^{-n} = (x \cdot e^m) \cdot e^{-(m+n)}$ 便可得 $y = x \cdot e^{-n}$, 其中 $x \in H_p(\mathcal{S}_n)$. 因此

$$H_p((\mathcal{S}^{-1}\mathcal{S})_0) \cong \sum H_p(\mathcal{S}_n) \cdot e^{-n} \subset \left(\coprod_{n \in \mathbf{N}} H_p(\mathcal{S}_n)\right)[e^{-1}].$$

但是以映射 $\cdot e : H_p(\mathcal{S}_n) \to H_p(\mathcal{S}_{n+1})$ 得出的 $\varinjlim H_p(\mathcal{S}_n)$ 是同构于 $\sum H_p(\mathcal{S}_n) \cdot e^{-n}$. 于是从

$$\begin{array}{ccc} H_p(\mathcal{S}_n) & \xrightarrow{\cdot e} & H_p(\mathcal{S}_{n+1}) \\ & \searrow \quad \swarrow & \\ & H_p((\mathcal{S}^{-1}\mathcal{S})_0) & \end{array}$$

3.5 环的高次 K 群

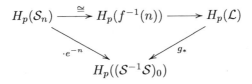

得

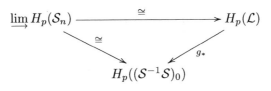

因此得断言所求的自同构 $g_*: H_p(\mathcal{L}, \mathbb{Z}) \cong H_p((\mathcal{S}^{-1}\mathcal{S})_0, \mathbb{Z})$. 因为 $\pi_1((\mathcal{S}^{-1}\mathcal{S})_0)$ 是交换群, 于是同构于 $H_1((\mathcal{S}^{-1}\mathcal{S})_0)$, 此外, $(\mathcal{S}^{-1}\mathcal{S})_0$ 是 H 群, 于是得

$$\pi_1((\mathcal{S}^{-1}\mathcal{S})_0) \cong H_1((\mathcal{S}^{-1}\mathcal{S})_0) \cong H_1(\mathcal{L}) \cong H_1(BGL(R)) \cong GL(R)/E(R)$$

(用定理 9.20). 因为 + 构造法的泛性便得

$$\begin{array}{ccc} BGL(R) & \xrightarrow{h} & BGL(R)^+ \\ & \searrow{\scriptstyle Bg} \quad \swarrow{\scriptstyle Bg^+} & \\ & B(\mathcal{S}^{-1}\mathcal{S})_0 & \end{array}$$

由于 h, Bg 是同调同构, $Bg_*^+ : H_p(BGL(R)^+) \to H_p(B(\mathcal{S}^{-1}\mathcal{S})_0)$ 亦是同构. 但是 $BGL(R)^+, B(\mathcal{S}^{-1}\mathcal{S})_0$ 是 H 空间, 按命题 9.21 得 Bg^+ 是同伦等价. 于是知 $B\mathcal{L}$ 与 $BGL(R)$ 同伦等价.

5) 范畴 $\mathfrak{E}$.

设 $(\mathcal{P}, \mathfrak{E}_\mathcal{P})$ 是正合范畴. 考虑图

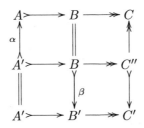

我们说两个这样的图是等价的, 如果它们之间有个同构, 该同构在所有端点除 C'' 以外是恒等态射. 把 $\mathfrak{E}_\mathcal{P}$ 看成范畴: 它的对象是 $\mathfrak{E}_\mathcal{P}$ 的元素, 它的从 $E = A \rightarrowtail B \twoheadrightarrow C$ 到 $E' = A' \rightarrowtail B' \twoheadrightarrow C'$ 的态射定义为以上图的等价类.

上图的第三列 $C \leftarrow C'' \to C'$ 正是在 $Q\mathcal{P}$ 内从 C 至 C' 的态射, 以 ϕ 记此态射. 我们可以定义函子 $f: \mathfrak{E}_\mathcal{P} \to Q\mathcal{P}: E \mapsto C$, 把 $E \to E'$ 态射映至 ϕ. 断言 $f: \mathfrak{E}_\mathcal{P} \to Q\mathcal{P}$ 是纤范畴 (11.9.2 小节).

取 $C \in \mathcal{P}$. 以 $\mathfrak{E}_C$ 记纤维 $f^{-1}(C)$. ϕ 为恒等态射 $C \rightrightarrows C$. $f^{-1}(C)$ 的对象是正合序列 E 使得 $f(E) = C$, 它的态射是同构

$$\begin{array}{ccc} A \rightarrowtail & B \twoheadrightarrow & C \\ \alpha \uparrow \cong & \cong \downarrow \beta & \| \\ A' \rightarrowtail & B' \twoheadrightarrow & C \end{array}$$

接着定义换基映射. 设 $q: C' \twoheadrightarrow C$, 则有 $q^! \in Q\mathcal{P}$ (3.3 节), 定义 $(q^!)^*: \mathfrak{E}_{C'} \to \mathfrak{E}_C$ 为

$$(A \rightarrowtail B \overset{u}{\twoheadrightarrow} C') \mapsto (u^{-1}(\operatorname{Ker} q) \rightarrowtail B \overset{qu}{\twoheadrightarrow} C).$$

设 $i: C \rightarrowtail C'$, 则 $(i_!)^*: \mathfrak{E}_{C'} \to \mathfrak{E}_C$ 为

$$(A \rightarrowtail B \twoheadrightarrow C') \mapsto (A \rightarrowtail B \times_{C'} C \twoheadrightarrow C).$$

设 $\mathcal{S} = \mathcal{P}^{iso}$, 则 $\mathcal{S}$ 在 $\mathfrak{E}_\mathcal{P}$ 的作用是

$$(A') + (A \rightarrowtail B \twoheadrightarrow C) = (A' \oplus A \rightarrowtail A' \oplus B \twoheadrightarrow C).$$

引理 3.29 设 $(\mathcal{P}, \mathfrak{E}_\mathcal{P})$ 是分裂正合范畴, $\mathcal{S} = \mathcal{P}^{iso}$, 则

(1) 对 $C \in \mathcal{P}$, $\langle \mathcal{S}, \mathfrak{E}_C \rangle$ 是可缩的;
(2) 对 $C \in \mathcal{P}$, $\mathcal{S}^{-1}\mathcal{S} \to \mathcal{S}^{-1}\mathfrak{E}_C: (A, B) \mapsto (A, B+C)$ 是同伦等价;
(3) $\mathcal{S}^{-1}\mathcal{S} \to \mathcal{S}^{-1}\mathfrak{E}_\mathcal{P} \overset{\mathcal{S}^{-1}f}{\longrightarrow} Q\mathcal{P}$ 是同伦纤射;
(4) $\mathcal{S}^{-1}\mathfrak{E}_\mathcal{P}$ 是可缩的.

证明 只需要证明纤范畴 $\mathcal{S}^{-1}f: \mathcal{S}^{-1}\mathfrak{E}_\mathcal{P} \to Q\mathcal{P}$ 的换基映射是同伦等价便可以从定理 11.36 得 (3).

$Q\mathcal{P}$ 的态射可分解为 $q^! \circ i_!$, 其中 $i: C \rightarrowtail C'$ 是可容单射, $q: C' \twoheadrightarrow C$ 是可容满射. 取 $i_C: 0 \rightarrowtail C$, $q_C: C \twoheadrightarrow 0$, 则 $i_{C'!} = i_! \circ i_{C!}$, $q_{C'}^! = q^! \circ q_C^!$. 因此只需要考虑 $q_C^!$, $i_{C!}$.

$(q_C^!)^*: \mathcal{S}^{-1}\mathfrak{E}_C \to \mathcal{S}^{-1}\mathfrak{E}_0$ 是

$$(A', (A \rightarrowtail B \twoheadrightarrow C)) \mapsto (A', (B \overset{1_B}{\rightarrowtail} B \twoheadrightarrow 0)),$$

$\mathcal{S} \to \mathfrak{E}_0: A \mapsto (A \overset{1_A}{\rightarrowtail} A \twoheadrightarrow 0)$ 是范畴等价. 于是有

$$(q_C^!)^*: \mathcal{S}^{-1}\mathfrak{E}_C \to \mathcal{S}^{-1}\mathcal{S}: (A', (A \rightarrowtail B \twoheadrightarrow C)) \mapsto (A', B).$$

按本引理的 (2) 知有同伦等价

$$p: \mathcal{S}^{-1}\mathcal{S} \to \mathcal{S}^{-1}\mathfrak{E}_C : (A', A) \mapsto (A', (A \rightarrowtail A \oplus C \twoheadrightarrow C)).$$

但是 $(q_C^!)^* \circ p : \mathcal{S}^{-1}\mathcal{S} \to \mathcal{S}^{-1}\mathcal{S} : (A', A) \mapsto (A', A \oplus C)$ 是 $\mathcal{S}^{-1}\mathcal{S}$ 的平移, 所以是同伦等价, 因为 $\mathcal{S}$ 在 $\mathcal{S}^{-1}\mathcal{S}$ 的作用是可逆的. 因此 $(q_C^!)^*$ 是同伦等价.

$(i_{C!})^* : \mathcal{S}^{-1}\mathfrak{E}_C \to \mathcal{S}^{-1}\mathfrak{E}_0$ 是

$$(A', (A \rightarrowtail B \twoheadrightarrow C)) \mapsto (A', (A \stackrel{1_A}{\rightarrowtail} A \twoheadrightarrow 0)),$$

这是函子

$$\mathcal{S}^{-1}\mathfrak{E}_C \to \mathcal{S}^{-1}\mathcal{S} : (A', (A \rightarrowtail B \twoheadrightarrow C)) \mapsto (A', A),$$

显然 $(i_{C!})^* \circ p = id_{\mathcal{S}^{-1}\mathcal{S}}$. 因此 $(i_{C!})^*$ 是同伦等价. 证毕 (3). □

从引理立刻得 $+ = Q$ 定理第 (2) 部分: 有同伦等价 $\Omega BQ\mathbf{pfMod}(R) \to B(\mathcal{S}^{-1}\mathcal{S})$ 的证明 ([Wei 13] Chap IV, §7, thm 7.1).

3.5.4 乘积

设有环 A, B. 取自由模的张量积 $A^p \otimes B^q$. 任一同构 $\phi : A^p \otimes B^q \cong (A \otimes B)^{pq}$ 可用来构造同态 $GL_p(A) \times GL_q(B) \to GL_{pq}(A \otimes B)$. 由此得连续映射

$$\phi_{pq} : BGL_p(A)^+ \times BGL_q(B)^+ \to BGL_{pq}(A \otimes B)^+ \to BGL(A \otimes B)^+.$$

若换 ϕ 为 ψ, 则 $g \in GL$ 使得 $\psi = g\phi g^{-1}$. 于是 ϕ_{pq} 与 ψ_{pq} 同伦.

可以证明 $\gamma_{pq}(a, b) = \phi_{pq}(a, b) - \phi_{pq}(a, *) - \phi_{pq}(*, b)$ 决定映射

$$\gamma : BGL(A)^+ \wedge BGL(B)^+ \to BGL(A \otimes B)^+.$$

加入映射 $\pi_p(X) \otimes \pi_q(Y) \to \pi_{p+q}(X \wedge Y)$ ([Whi 78] 480 页) 便得

$$K_p(A) \otimes K_q(B) \to K_{p+q}(A \otimes B).$$

最后对交换环 A 用环的乘法 $A \otimes A \to A$ 定义积映射为

$$K_p(A) \otimes K_q(A) \to K_{p+q}(A \otimes A) \to K_{p+q}(A).$$

详情见 [Lod 76].

A 是交换环, P, Q 是有限生成投射模, 则 $P \otimes_A Q$ 是有限生成投射模. 如果 $P \cong P', Q \cong Q'$, 则 $P \otimes_A Q \cong P' \otimes_A Q'$. 记 P 的同构类为 $\langle P \rangle$, 则可以定义乘积 $\langle P \rangle \cdot \langle Q \rangle = \langle P \otimes_A Q \rangle$. 利用 $\oplus$ 与 $\otimes$ 的关系可见以此为积 Grothendieck 群 $K_0(A)$ 成为交换环, 环的单位元为 $[A]$, 因为 $P \otimes_A A \cong P$.

设 $K(A) = \oplus_p K_p(A)$, 则 $K(A)$ 是 $K_0(A)$ 代数.

3.5.5 λ

本小节讨论环的 K 群的 λ 环结构.

A 是有单位元的交换环.

群概形 GL_N 的表示 $\rho\colon GL_N \to GL_M$ 诱导群同态 $GL_N(A) \to GL_M(A)$. 于是得分类空间的映射 $BGL_N(A) \to BGL_M(A)$. 取 $GL(A) = \varinjlim_M GL_M(A)$, 则有映射

$$BGL_M(A) \to BGL(A) \to BGL(A)^+.$$

于是由表示 ρ 得连续映射 $\tilde{\rho}\colon BGL_N(A) \to BGL(A)^+$.

两个从 GL_N 至 GL_M 的表示 ρ, ρ' 是同构当且仅当存在 $a \in GL_M(\mathbb{Z})$ 使得 $\rho' = a\rho a^{-1}$. $BGL(A)^+$ 是 H 空间. 对任意空间 X 和 H 空间 H, $\pi_1(H)$ 在 $[X, H]$ 的作用是平凡的 ([Whi 78] Chap III, 4.18). 于是 $\tilde{\rho}$ 和 $\tilde{\rho}'$ 同伦 ([Lod 76]).

因为 $BGL(A)^+$ 是 H 空间, 映射同伦类集 $[BGL_N(A), BGL(A)^+]$ 是交换群.

利用 $GL_N \hookrightarrow GL_{N+1}$ (1.2.2 小节), 可设 $R_{\mathbb{Z}}(GL) = \varprojlim_N R_{\mathbb{Z}}(GL_N)$.

命题 3.30 (1) *存在群同态* $R_{\mathbb{Z}}(GL_N) \to [BGL_N(A), BGL(A)^+]$;

(2) *存在态射* $R_{\mathbb{Z}}(GL) \to [BGL(A)^+, BGL(A)^+]$.

证明 (1) 若 $0 \to \rho' \to \rho \to \rho'' \to 0$ 是表示的正合序列, 则 $\tilde{\rho}$ 与 $\tilde{\rho}' \oplus \tilde{\rho}''$ 同伦 ([Kra 80]).

(2) 我们有 $[B(\varinjlim_N GL_N(A)), BGL(A)^+] = \varprojlim_N [BGL_N(A), BGL(A)^+]$. 用 + 构造的性质 (定理 3.25) 得

$$[BGL(A), BGL(A)^+] = [BGL(A)^+, BGL(A)^+]. \qquad \square$$

$R_{\mathbb{Z}}(GL_N) = \mathbb{Z}[\lambda_1, \cdots, \lambda_n]$ 是 λ 环. 设 μ 是个 λ 环的运算 (8.1.3 小节). 把 $R_{\mathbb{Z}}(GL_{N+1})$ 的运算 $\mu(id_{GL_{N+1}} - (N+1))$ 限制至 $R_{\mathbb{Z}}(GL_N)$ 便是

$$\mu(id_{GL_N} + 1 - (N+1)) = \mu(id_{GL_N} - (N)).$$

我们便知 $\{\mu(id_{GL_N} - (N))\}_N$ 定义 $R_{\mathbb{Z}}(GL)$ 的运算.

这样每个 λ^k 决定一个 $R_{\mathbb{Z}}(GL)$ 的元素, 于是决定一个在 $[BGL(A)^+, BGL(A)^+]$ 里的映射同伦类, 从这个映射诱导同伦群的映射 $\pi_n(BGL(A)^+) \to \pi_n(BGL(A)^+)$. 让我们用同样符号记这个映射, 即有

$$\lambda^k\colon K_n(A) \to K_n(A),$$

其中 $K_n(A) = \pi_n(BGL(A)^+)$ 是代数 K 群. 所有要求关于 λ^k 的代数等式已经在 $R_{\mathbb{Z}}(GL)$ 内成立. 因此 $\oplus_{n \geqslant 0} K_n(A)$ 是 λ 环. 特别地, 对 $x \in K_n(A)$, $y \in K_m(A)$, $k \neq 0$ 有

$$\psi^k(xy) = \psi^k(x)\psi^k(y).$$

详情见 [Sou 85].

注 1) "小"问题.

在范畴论会出现非常大的集合. 因而可能会引起逻辑的矛盾 (如 Russel's paradox).

一个解决的方法是引入类 (class) 与集 (set). 类的元素可以是集合. 这是 von Neumann-Bernays-Gödel 集合论.

另一个方法是在一个公理集合系统 (如 ZFC) 下引入宇宙 (universe), 这是 Grothendieck-Bourbaki 的方法.

称有以下性质的集合 $\mathfrak{U}$ 为一个宇宙:

(1) $x \in y$ 和 $y \in \mathfrak{U} \Rightarrow x \in \mathfrak{U}$;

(2) $x, y \in \mathfrak{U} \Rightarrow \{x, y\} \in \mathfrak{U}$;

(3) $I \in \mathfrak{U}$ 和 $\forall i \in I$, 有 $x_i \in \mathfrak{U} \Rightarrow \cup_{i \in I} x_i \in \mathfrak{U}$;

(4) $x \in \mathfrak{U} \Rightarrow 2^x \in \mathfrak{U}$;

(5) $\mathbb{Z}_{\geqslant 0} \in \mathfrak{U}$.

公理 对任何集合 X, 存在宇宙 $\mathfrak{U}$ 使得 $X \in \mathfrak{U}$.

若我们选定一个宇宙 $\mathfrak{U}$, 则称 $\mathfrak{U}$ 的元素为集, 称 $\mathfrak{U}$ 的子集为类. 可以证明: 这些集和类构成 von Neumann-Bernays-Gödel 集合论的一个模型.

这里不是详论这些问题的地方, 我认为首先要选定建立一个逻辑公理系统, 然后才好写下公理集合系统.

一个范畴 $(\mathcal{C}, \mathrm{Obj}\,\mathcal{C}, \mathrm{Mor}\,\mathcal{C})$, 其中 $\mathrm{Obj}\,\mathcal{C}$ 的元素是范畴 $\mathcal{C}$ 的对象, $\mathrm{Mor}\,\mathcal{C}$ 的元素是范畴 $\mathcal{C}$ 的态射, 并且

$$\mathrm{Mor}\,\mathcal{C} = \bigcup_{A, B \in \mathrm{Obj}\,\mathcal{C}} \mathrm{Hom}_{\mathcal{C}}(A, B),$$

其中 $\mathrm{Hom}_{\mathcal{C}}(A, B)$ 是全部从对象 A 至对象 B 的所有 $\mathcal{C}$ 的态射.

一般范畴的定义假设 $\mathrm{Obj}\,\mathcal{C}$ 是一个类, 对任意对象 A, B, $\mathrm{Hom}_{\mathcal{C}}(A, B)$ 是一个集. 然后, 当 $\mathrm{Obj}\,\mathcal{C}$ 是一个集时, 便称范畴 $\mathcal{C}$ 为**小范畴**(small category).

2) "大" 和 "小".

(1) 序.

如果集合 X 上的关系 $R \subseteq X \times X$ 是传递的、自反的和反对称的, 则称 R 为 X 上的偏序关系 (partially ordered relation), X 为**偏序集**(partially ordered set). 偏序关系 R 通常记作 $\leqslant$. 当 xRy 时, 便记作 $x \leqslant y$. 设有偏序集 $(X, \leqslant)$ 的子集 A. 称 $u \in X$ 为 A 的上界 (upper bound), 如果对任意 $a \in A$ 必有 $a \leqslant u$.

若集合 X 上的偏序关系 R 满足条件: $x, y \in X \Rightarrow x \leqslant y$ 或 $y \leqslant x$, 则说 X 是**全序集**(totally ordered set), 或线序集 (linearly ordered set). 此时以 $x < y$ 记 $x \leqslant y$

和 $x \neq y$.

若全序集 $(X, \leq)$ 有以下性质: $\emptyset \neq A \subseteq X \Rightarrow \exists a \in A : a \leq x, \forall x \in A$, 则说 $\leq$ 是 X 上的良序关系, 并称 X 为**良序集**(well ordered set).

对类亦可作以上定义.

(2) 数.

若类 X 上有良序关系, 以及 $x \in X \Rightarrow x \subseteq X$, 则称 X 为序数 (ordinal number). 以 ω 空记可数序数 $\{1, 2, 3, \cdots\}$.

若有双射 $f : x \to y$, 则称 x, y 为等幂或等势 (equipollent), 并记此为 $x \approx y$. 显然 $\approx$ 是等价关系. 以 $X \preceq Y$ 记 $(\exists Z)((Z \subseteq Y) \wedge (Z \approx X))$. 以 $X \prec Y$ 记 $X \preceq Y \wedge \neg(X \approx Y)$. ($\neg$ 是 "非", $\wedge$ 是 "和".)

称 x 为基数 (cardinal number), 若 x 是序数, 并且如果 y 是序数和 $y \in x$, 则 $\neg(x \approx y)$.

无穷可数基数 $\aleph_0$ 是序数 ω, $\aleph_{a+1} = \aleph'_a$. $\aleph_1$ 是 $\succ \aleph_0$ 的最小基数, Cantor 定理说: $2^{\aleph_0} \succ \aleph_0$, 所以 $\aleph_1 \preceq 2^{\aleph_0}$. 连续统假设 (continuum hypothesis): $\aleph_1 \approx 2^{\aleph_0}$.

称 λ 为正则基数 (regular cardinal), 若 λ 是无穷并且不可以表达为

$$\lambda = \sum_{i \prec \alpha} \lambda_i,$$

并要求其中 $\lambda_i \prec \lambda$ 和 $\alpha \prec \lambda$.

$\aleph_0, \aleph_1, \aleph_2, \cdots$, 都是正则基数. 但 $\aleph_\omega = \sum_{i \prec \omega} \aleph_i$ 不是正则基数.

如果 κ 是正则基数, 并且若 $\lambda \prec \kappa$, 则 $2^\lambda \prec \kappa$, 我们便称 κ 是强不可达基数 (strongly inaccessible cardinal).

对 "大基数" 有兴趣的可以参考 [Jech 06] parts 2, 3; [Kana 05].

3) 展示.

取正则基数 λ. 若偏序集 Σ 的基数小于 λ 的子集有上界, 则称范畴 $\mathcal{C}$ 的 Σ 型图表的余极限 colim_Σ 为 λ 余极限 ([高线] 14.5.6).

称范畴 $\mathcal{C}$ 的对象 A 为 λ 可展示的 (presentable), 若 $\text{Hom}(A, -)$ 保全 λ 余极限.

称 $\mathcal{C}$ 为局部 λ 可展示范畴 (locally λ presentable category), 若 $\mathcal{C}$ 是余完备范畴 (cocomplete category, [高线] 14.5.6) 和 $\mathcal{C}$ 有集 $\mathscr{A}$ 使得 $\mathscr{A}$ 的元素是 λ 可展示的, 并且 $\mathcal{C}$ 的任一对象是 $\mathscr{A}$ 的元素的 λ 余极限. 称 $\mathcal{C}$ 为局部可展示范畴, 若有正则基数 λ 使得 $\mathcal{C}$ 是局部 λ 可展示范畴 (亦有人简称局部可展示范畴为可展示范畴, 如 [Lur 09] xiv 页).

有兴趣的可以看 [GU 71], [MP 89], [AR 94].

4) 一些问题.

如果取 R 为有很多熟知性质的环, 例如数环, 我们是否可以得到比上述关于 $K_n(R)$ 的一般性质更细致的结果呢? 请阅读 [HS 75], [Ban 92], [HM 03] 登在我国杂志 *Annals of Mathematics* 的文章, 特别是 [HM 03], 他们用的技术是远超本书的. 我们问, 对其他的数域他们的结果是什么呢? 比如不是局部域 ([数论] §3.4) 而是高维局部域 (见加藤和也的著名的硕士论文 [Kat 79] 和 [Vos 78], [FV 01], [LV 07]); 又如不是数环而是各种离散赋值环, 如周期环 ([数论] §10); 再如不是数域而是函数域.

此外又可以取 R 为李代数, Jordan 代数, vertex 代数, 带等式的环, $\cdots$, 这些代数的表示论会给出一些什么的 K 群结果呢? 特别是当 R 是一个群 G 的群环 ([高线] §12.1) 时 K_n 有什么群结果呢? 可否扩充经典的文章 [Swa 60], [Lam 68], [Ser 68], [Qui 72] 的结果呢? 若 G 是域 F 的 Galois 群时又怎样呢?

到此让我们回顾 $K_n(R)$, 准确点应是 $K_n(\mathbf{pfMod}(R))$, 其中 R 为环. 我们可以问: 除 $\mathbf{pfMod}(R)$ 外有没有其他由 R 决定的正合范畴 $\mathcal{E}(R)$ 使得可以研究 $K_n(\mathcal{E}(R))$?

在前面三章我们谈 $K_n(R)$ 时, 实际没有用上多少环 R 的性质. 比如当 R 是非交换半单 Artin 环时, 经典的性质如 Artin-Wedderburn 定理会给出 $K_n(R)$ 的一些什么结果呢? 在 1.1.2 小节的例我们看过 K_0 的情况. 当 $n > 0$ 时是会怎样呢? R 的其他性质呢?

若 R 是一个概形 X 的 $\mathscr{O}_X$ 代数, 什么是一个适当的正合范畴 $\mathcal{E}(R)$ 使得可以考虑 $K_n(\mathcal{E}(R))$? 特别是当 R 是一个概形 X 的微分算子环 D_X 时会有什么的 K 群结果呢?

因为我没有 MathSciNet, 也许上面的问题都已经被解决了我也不知道. 我在这里只是举例说个变一变的想法. 你学习某章某节想到某个问题时, 可到网上查查, 若没有人做过, 你便可试试你的身手了.

第 4 章 Waldhausen 范畴的 K 理论

在学习本章之前请看模型范畴章 (第 10 章). 模型范畴的想法对本章的概念有深入的影响.

4.1 Waldhausen 范畴

4.1.1 上纤射范畴

若范畴的对象 Z 同时为始对象 (initial object) 和终对象 (terminal object), 则称 Z 为零对象 (zero object). 我们称 $\mathcal{C}$ 为带点范畴 (pointed category), 若 $\mathcal{C}$ 内有已选定的零对象 0.

定义**上纤射范畴**(cofibration category) 为 $(\mathcal{C}, co\mathcal{C})$, 其中 $\mathcal{C}$ 为带点范畴, $co\mathcal{C}$ 为满足以下条件 Cof 1 至 Cof 3 的 $\mathcal{C}$ 的子范畴. 我们称 $co\mathcal{C}$ 的态射为上纤射 (cofibration), 并以符号 $\rightarrowtail$ 记上纤射.

Cof 1 $\mathcal{C}$ 的同构是上纤射 (于是 $\mathcal{C}$ 的对象属于 $co\mathcal{C}$).

Cof 2 对 $A \in \mathcal{C}$, 态射 $0 \to A$ 属于 $co\mathcal{C}$.

Cof 3 若 $A \rightarrowtail B$ 是上纤射和 $A \to C$ 是 $\mathcal{C}$ 的态射, 则在 $\mathcal{C}$ 内存在推出 (pushout) $C \cup_A B$, 并且推出决定态射 $C \to C \cup_A B$ 是上纤射. (此时我们说: 上纤射接受上换基 (cobase change).)

$\mathcal{C}$ 有推出, 因此 $\mathcal{C}$ 有有限上积. 若 $A \rightarrowtail B$ 是上纤射, 则把推出 $0 \cup_A B$ 看作商 (quotient), 并以 B/A 记它的任一代表. 称从 B 至 B/A 的典范映射为商射, 并记为 $B \twoheadrightarrow B/A$. 称 $A \rightarrowtail B \twoheadrightarrow B/A$ 为 $\mathcal{C}$ 的上纤列.

$\mathcal{C}$ 的商射的合成不一定是商射. 于是定义**双纤射范畴**(bifibration category) 为 $(\mathcal{C}, co\mathcal{C}, quot\,\mathcal{C})$, 其中 $\mathcal{C}$ 为带点范畴, $co\mathcal{C}$ 为满足以上条件 Cof 1 至 Cof 3 的 $\mathcal{C}$ 的子范畴, $(\mathcal{C}, co\mathcal{C})$ 的商射组成子范畴, 把这个子范畴记为 $quot\,\mathcal{C}$, 并且我们要求:

(1) 有同构 $A \cup B \approx A \times B$;

(2) $(\mathcal{C}^{op}, quot\,(\mathcal{C})^{op})$ 是上纤射范畴, 即 $co(\mathcal{C}^{op}) = quot\,(\mathcal{C})^{op}$;

(3) $A \to B \to C$ 是 $\mathcal{C}$ 的上纤列当且仅当 $A \leftarrow B \leftarrow C$ 是 $\mathcal{C}^{op}$ 的上纤列.

称上纤射范畴之间的函子 F 为正合函子, 若 $F(0) = 0$, $F(A \rightarrowtail B) = FA \rightarrowtail FB$ (F 保存上纤射), F 保存公理 Cof 3 的推出图.

4.1.2 Waldhausen 范畴的定义

定义 **Waldhausen 范畴**为 $(\mathcal{C}, co\mathcal{C}, w\mathcal{C})$, 其中 $(\mathcal{C}, co\mathcal{C})$ 为上纤射范畴, $w\mathcal{C}$ 为满足条件 Weg 1 和 Weg 2 的 $\mathcal{C}$ 的子范畴:

Weq 1 $\mathcal{C}$ 的同构是 $w(\mathcal{C})$ 的态射.

Weq 2 已给 $\mathcal{C}$ 内交换图

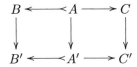

其中 $A \rightarrowtail B$ 和 $A' \rightarrowtail B'$ 是上纤射, 态射 $A \to A'$, $B \to B'$ 和 $C \to C'$ 属于 $w(\mathcal{C})$, 则推出所给态射 $B \cup_A C \to B' \cup_{A'} C'$ 亦属于 $w(\mathcal{C})$ (称此为粘贴条件).

我们说 $w(\mathcal{C})$ 的态射为**弱等价**(weak equivalence), 并以符号 $\xrightarrow{\sim}$ 记弱等价.

例

1. 设 $\mathcal{A}$ 是上纤射范畴. 取 $w(\mathcal{A})$ 的对象为 $\mathcal{A}$ 的对象, $\mathrm{Hom}_{w(\mathcal{A})}(A, B)$ 的元素是 $\mathcal{A}$ 内从 A 到 B 的同构.

2. 考虑单纯集范畴 **sSet**. 取 $co(\mathbf{sSet})$ 为全部包含单纯映射. 取 $w(\mathbf{sSet})$ 为 **sSet** 全部的弱等价, 即单纯映射 $f : X \to Y$ 使得: 几何现相 $|f| : |X| \to |Y|$ 是拓扑空间的弱等价.

称两个 Waldhausen 范畴之间的函子 $F : \mathcal{A} \to \mathcal{B}$ 为**正合函子**, 若 $F(co(\mathcal{A})) \subseteq co(\mathcal{B})$, $F(w(\mathcal{A})) \subseteq w(\mathcal{B})$, 并且: 若 $A \rightarrowtail B \in co(\mathcal{A})$, 则典范映射 $FC \cup_{FA} FB \to F(C \cup_A B)$ 是同构 (此时说, F 保全沿上纤射的推出).

称 $(\mathcal{C}, co(\mathcal{C}), quot(\mathcal{C}), w(\mathcal{C}))$ 为**双 Waldhausen 范畴**, 若 $(\mathcal{C}, co\mathcal{C}, quot\,\mathcal{C})$ 为双纤射范畴, $(\mathcal{C}, co\mathcal{C}, w\mathcal{C})$ 和 $(\mathcal{C}^{op}, quot\,(\mathcal{C})^{op}, w(\mathcal{C})^{op})$ 是 Waldhausen 范畴.

例 设 $\mathcal{A}$ 是正合范畴. 取 $co(\mathcal{A})$ 为 $\mathcal{A}$ 的全部可容单射, $w(\mathcal{A})$ 为 $\mathcal{A}$ 的全部同构. 则 $\mathcal{A}$ 是双 Waldhausen 范畴.

称两个双 Waldhausen 范畴之间的函子 $F : \mathcal{A} \to \mathcal{B}$ 为**正合函子**, 若 $F : (\mathcal{A}, co\mathcal{A}, w\mathcal{A}) \to (\mathcal{B}, co\mathcal{B}, w\mathcal{B})$ 和 $F^{op} : (\mathcal{A}^{op}, quot\,\mathcal{A}^{op}, w\mathcal{A}^{op}) \to (\mathcal{B}^{op}, quot\,\mathcal{B}^{op}, w\mathcal{B}^{op})$ 是 Waldhausen 范畴正合函子.

4.1.3 几个基本条件

说 Waldhausen 范畴 $(\mathcal{C}, co\mathcal{C}, w\mathcal{C})$ 是**饱和**(saturated)Waldhausen 范畴, 若满足饱和公理 (saturation axiom)([Tho 90] 1.2.5; [Wei 13] Chap II, 9.1.1): 给出可合成态射 $A \xrightarrow{a} B \xrightarrow{b} C$, 如果 a, b, ba 三者之二属于 $w\mathcal{C}$, 则余下态射亦属于 $w\mathcal{C}$.

说 Waldhausen 范畴 $(\mathcal{C}, co\mathcal{C}, w\mathcal{C})$ 是**扩性**(extensional)Waldhausen 范畴, 若满足扩张公理 (extension axiom)([Tho 90] 1.2.6; [Wei 13] Chap IV, 8.2.1): 给出行为上纤

列的交换图

$$\begin{array}{ccc} A & \rightarrowtail B \twoheadrightarrow & C \\ {\scriptstyle a}\downarrow & {\scriptstyle b}\downarrow & {\scriptstyle c}\downarrow \\ A' & \rightarrowtail B' \twoheadrightarrow & C' \end{array}$$

如果 $a, c \in w\mathcal{C}$, 则 $b \in w\mathcal{C}$.

给出范畴 $\mathcal{C}$ 定义范畴 $\mathcal{C}/\mathcal{C}$ 的对象为 $\mathcal{C}$ 的态射, 定义 $\mathcal{C}/\mathcal{C}$ 的态射 $(a,b): f \to f'$ 为交换图

$$\begin{array}{ccc} A & \xrightarrow{f} & B \\ {\scriptstyle a}\downarrow & & {\scriptstyle b}\downarrow \\ C & \xrightarrow{f'} & D \end{array}$$

定义函子 $s, t : \mathcal{C}/\mathcal{C} \to \mathcal{C}$ 为 $s(f) = A, t(f) = B$.

$(\mathcal{C}, co\mathcal{C}, w\mathcal{C})$ 是 Waldhausen 范畴. **柱函子**(cylinder functor) 是 (T, j_1, j_2) 包括函子 $T : \mathcal{C}/\mathcal{C} \to \mathcal{C}$, 自然变换 $j_1 : s \to T, j_2 : t \to T, p : T \to t$ 使得对任意 $f : A \to B$ 下图交换

$$A \xrightarrow{j_1} T(f) \xleftarrow{j_2} B$$

(with f, p, $=$ arrows to B)

并且下列条件成立:

(1) 对任意 $A \in \mathcal{C}$, $T(0 \rightarrowtail A) = A$, $p = id = j_2$;

(2) 对任意 $f : A \to B$, $j_1 \sqcup j_2 : A \sqcup B \rightarrowtail T(f)$ 是上纤射;

(3) 给出 $\mathcal{C}/\mathcal{C}$ 的态射 $(a, b) : f \to f'$, 如果 $a, b \in w\mathcal{C}$, 则 $T(f) \to T(f') w\mathcal{C}$;

(4) 给出 $\mathcal{C}/\mathcal{C}$ 的态射 $(a, b) : f \to f'$, 如果 $a, b \in co\mathcal{C}$, 则 $T(f) \to T(f') co\mathcal{C}$, 并且

$$A' \sqcup_A T(f) \sqcup_B B' \to T(f') \in co\mathcal{C}.$$

如果所有 $p : T(f) \to B \in w\mathcal{C}$, 则说 $\mathcal{C}$ 满足柱公理 (cylinder axiom)([Tho 90]; [Wei 13] Chap IV, 8.8.1).

4.2 复纯范畴

4.2.1 复形

1) 在 Abel 范畴 $\mathcal{A}$ 的上链复形 (cochain complex) 是指 $\mathcal{A}$ 内的一列态射 $C^\bullet = \cdots C^k \xrightarrow{\partial^k_C} C^{k+1} \xrightarrow{\partial^{k+1}_C} \cdots$ 使得 $\partial^{k+1}_C \partial^k_C = 0$. 一个复形态射 (complex morphism) $f :$

4.2 复纯范畴

$C^\bullet \to D^\bullet$ 是 $\mathcal{A}$ 内的一组态射 $f^k : C^k \to D^k$, 满足条件 $f^{k+1}\partial_C^k = \partial_D^k f^k$, 即有交换图

$$\begin{array}{ccccccccc}
\cdots & \longrightarrow & C^k & \xrightarrow{\partial_C^k} & C^{k+1} & \xrightarrow{\partial_C^{k+1}} & C^{k+2} & \xrightarrow{\partial_C^{k+2}} & \cdots \\
& & \downarrow{f^k} & & \downarrow{f^{k+1}} & & \downarrow{f^{k+2}} & & \\
\cdots & \longrightarrow & D^k & \xrightarrow{\partial_D^k} & D^{k+1} & \xrightarrow{\partial_D^{k+1}} & D^{k+2} & \xrightarrow{\partial_D^{k+1}} & \cdots
\end{array}$$

Abel 范畴 $\mathcal{A}$ 的复形范畴记为 $\mathbf{Com}(\mathcal{A})$.

说 $C^\bullet$ 是有上界链复形 (bounded above), 若有整数 N 使得 $n \geqslant N \Rightarrow C^n = 0$. 说 $C^\bullet$ 是有下界链复形 (bounded below), 若有整数 M 使得 $n \leqslant M \Rightarrow C^n = 0$. 说 $C^\bullet$ 是有界链复形 (bounded), 若它是同时有上界和有下界. 分别以 $\mathbf{Com}(\mathcal{A})^-$, $\mathbf{Com}(\mathcal{A})^+$, $\mathbf{Com}(\mathcal{A})^b$ 记有上界链复形、有下界链复形、有界链复形所组成的范畴.

2) 设有 Abel 范畴 $\mathcal{A}$ 的复形态射 $h : C^\bullet \to D^\bullet$. 若 $\mathcal{A}$ 有一组态射 $k^n : C^n \to D^{n-1}$ 使得

$$h^n = k^{n+1}\partial_C^n + \partial_D^{n-1}k^n,$$

则称 h 为同伦于零的, 记为 $h \simeq 0$. 我们称复形态射 f, g 为同伦的, 如果 $f - g \simeq 0$, 记 $f \simeq g$. 以 $[f]$ 记 f 的同伦类 (即 $[f] = \{g \in \mathrm{Mor}\, \mathbf{Com}(\mathcal{A}) : g \simeq f\}$).

称复形映射 $f : X^\bullet \to Y^\bullet$ 为同伦等价 (homotopy equivalence), 若有复形映射 $g : Y^\bullet \to X^\bullet$ 使得 $fg \simeq 1_{Y^\bullet}$, $gf \simeq 1_{X^\bullet}$.

我们定义复形同伦范畴为商范畴 $\mathbf{Kom}(\mathcal{A}) := \mathbf{Com}/\simeq$, 即 $\mathrm{Obj}\,\mathbf{Kom}(\mathcal{A}) = \mathrm{Obj}\,\mathbf{Com}(\mathcal{A})$; 定义

$$\mathrm{Hom}_{\mathbf{Kom}(\mathcal{A})}(C^\bullet, D^\bullet) = \{[f] : f \in \mathrm{Hom}_{\mathbf{Com}(\mathcal{A})}(C^\bullet, D^\bullet)\}.$$

从 $\mathbf{Com}(\mathcal{A})^-$, $\mathbf{Com}(\mathcal{A})^+$, $\mathbf{Com}(\mathcal{A})^b$ 出发可以同样定义 $\mathbf{Kom}(\mathcal{A})^-$, $\mathbf{Kom}(\mathcal{A})^+$ 和 $\mathbf{Kom}(\mathcal{A})^b$.

3) 按 Abel 范畴内核 Ker 的定义, 由 $\partial^n \partial^{n-1} = 0$ 知有 $w : C^{n-1} \to \mathrm{Ker}(\partial^n)$ 使下图交换:

$$\begin{array}{ccc}
\mathrm{Ker}(\partial^n) & \longrightarrow & C^n \underset{0}{\overset{\partial^n}{\rightrightarrows}} C^{n+1} \\
{\scriptstyle w} \uparrow & \nearrow {\scriptstyle \partial^{n-1}} & \\
C^{n-1} & &
\end{array}$$

仍然以 ∂^{n-1} 记上图的 w. 定义 $C^\bullet$ 的 n 次上同调为

$$H^n(C^\bullet) = \mathrm{Cok}(C^{n-1} \xrightarrow{\partial^{n-1}} \mathrm{Ker}(\partial^n)).$$

从复形态射 $f : C^\bullet \to D^\bullet$ 易证得同态 $H^n(f) : H^n(C^\bullet) \to H^n(D^\bullet)$. 不难证明 $H^n : \mathbf{Com}(\mathcal{A}) \to \mathcal{A}$ 为加性函子.

说 $C^\bullet$ 是上同调有上界 (cohomologically bounded above), 若有整数 N 使得 $n \geqslant N \Rightarrow H^n(C^\bullet) = 0$. 说 $C^\bullet$ 是零调 (acyclic), 若 $\forall n, H^n(C^\bullet) = 0$.

不难证明: 如果复形态射 $f : C^\bullet \to D^\bullet$ 同伦于零, 则 $H^n(f)$ 为零态射. 这样如果复形态射 f, g 是同伦的, 则 $H^n(f) = H^n(g)$. 因此可以定义 $H^n([f])$ 为 $H^n(f)$.

我们称复形态射 $f : X^\bullet \to Y^\bullet$ 为**拟同构** (quasi-isomorphism), 如果对于所有的 n, $H^n(f)$ 是同构. 如果对于所有的 $i > n$, $H^i(f)$ 是同构并且 $H^n(f)$ 是满同态, 则称 f 为 n 拟同构 (n-quasi-isomorphism) ([Gro 71] SGA 6, I, 1.4.2).

我们又说复形态射同伦类 $[f]$ 是拟同构, 如果对于所有的 n, $H^n([f])$ 是同构. $\mathbf{Kom}(\mathcal{A})$ 中全体拟同构所组成的类常记作 Qis. Qis 为 $\mathbf{Kom}(\mathcal{A})$ 的乘性系. 我们可以对 $\mathbf{Kom}(\mathcal{A})$ 作关于 Qis 的局部化, 得出分式范畴 $[\text{Qis}]^{-1}\mathbf{Kom}(\mathcal{A})$. 记此分式范畴为 $\mathfrak{D}(\mathcal{A})$, 称它为 $\mathcal{A}$ 的**导出范畴**(derived category).

由构造过程得有函子 $Q : \mathbf{Com}(\mathcal{A}) \to \mathfrak{D}(\mathcal{A})$. 可以证明:

(1) 如果复形态射 f 为拟同构, 则 $Q(f)$ 为同构;

(2) 若有函子 $F : \mathbf{Com}(\mathcal{A}) \to \mathcal{E}$ 将拟同构映为同构, 则存在唯一的函子 $G : \mathfrak{D}(\mathcal{A}) \to \mathcal{E}$ 使得 $F = G \circ Q$.

4) 链复形映射 $f : A^\bullet \to F^\bullet$, $g : A^\bullet \to G^\bullet$ 的**同伦推出** $F^\bullet \overset{h}{\cup}_{A^\bullet} G^\bullet$ 是指

$$\left(F^\bullet \overset{h}{\cup}_{A^\bullet} G^\bullet\right)^n = F^n \oplus A^{n+1} \oplus G^n,$$

$$\partial = \begin{pmatrix} \partial_F & f & 0 \\ 0 & -\partial_A & 0 \\ 0 & -g & \partial_G \end{pmatrix}$$

(左乘). 链复形映射 $f : F^\bullet \to A^\bullet$, $g : G^\bullet \to A^\bullet$ 的**同伦拉回** $F^\bullet \overset{h}{\times}_{A^\bullet} G^\bullet$ 是指

$$\left(F^\bullet \overset{h}{\times}_{A^\bullet} G^\bullet\right)^n = F^n \oplus A^{n-1} \oplus G^n,$$

$$\partial = \begin{pmatrix} \partial_F & 0 & 0 \\ f & -\partial_A & -g \\ 0 & 0 & \partial_G \end{pmatrix}$$

(左乘).

4.2.2 复纯 Waldhausen 范畴

称饱和扩性双 Waldhausen 范畴 $(\mathcal{C}, co(\mathcal{C}), quot\ (\mathcal{C}), w(\mathcal{C}))$ 为**复纯双 Waldhausen范畴**(complicial bi-Waldhausen category), 若

(1) 存在 Abel 范畴 $\mathcal{A}$ 使得范畴 $\mathcal{C}$ 是 $\mathcal{A}$ 的链复形范畴 $\mathbf{Com}(\mathcal{A})$ 的加性全子范畴.

(2) 上纤射范畴 $(\mathcal{C}, co(\mathcal{C}))$ 的推出是 $\mathbf{Com}(\mathcal{A})$ 的推出; 上纤射范畴 $(\mathcal{C}^{op}, quot(\mathcal{C})^{op})$ 的推出是 $\mathbf{Com}(\mathcal{A})$ 的拉回.

(3) 若 $C^\bullet \to D^\bullet \in co\mathcal{C}$, 则所有 $C^n \to D^n$ 是 $\mathcal{A}$ 的单态射.

(4) 若 $C^\bullet \to D^\bullet \in \mathcal{C}$ 使得所有 $C^n \to D^n$ 是 $\mathcal{A}$ 的分裂单态射, 并且在 $\mathbf{Com}(\mathcal{A})$ 的商 $C^\bullet/D^\bullet$ 与 $\mathcal{C}$ 的元素同构, 则 $C^\bullet \to D^\bullet \in co\mathcal{C}$.

(5) 若 $C^\bullet \to D^\bullet$ 是 $\mathbf{Com}(\mathcal{A})$ 的拟同构, 则 $C^\bullet \to D^\bullet \in w\mathcal{C}$.

例 设 $\mathcal{E}$ 是正合范畴, 则存在 Abel 范畴 $\mathcal{A}$ 和嵌入 $\mathcal{E} \to \mathcal{A}$. 取复形 $C^\bullet$ 使得 $C^0 \in \mathcal{E}$, $C^k = 0$, 若 $k \neq 0$ 组成 $\mathbf{Com}\mathcal{A}$ 的全子范畴 $\mathcal{C}$. 取上纤射为可容单态射, 弱等价为拟同构, 则 $\mathcal{C}$ 是复纯双 Waldhausen 范畴.

称复纯双 Waldhausen 范畴之间的函子 $F : (\mathcal{C}, \mathcal{A}_C) \to (\mathcal{D}, \mathcal{A}_D)$ 为**复纯正合函子** (其中 $\mathcal{A}_C, \mathcal{A}_D$ 为定义复纯范畴的相关 Abel 范畴), 若有加性函子 $f : \mathcal{A}_C \to \mathcal{A}_D$ 诱导 F, 并且 F 是双 Waldhausen 范畴正合函子. 此时 $F(C^\bullet) = \cdots \to f(C^k) \to f(C^{k+1}) \to \cdots$.

取复纯双 Waldhausen 范畴 $\mathcal{C}$. 设 $\mathcal{C}/\simeq$ 为商范畴, 在其中, 我们把 $\mathcal{C}$ 的两个映射看作等同, 若它们是链复形同伦等价. 于是, 若 $\mathcal{A}$ 是用来定义复纯范畴 $\mathcal{C}$ 的 Abel 范畴 $\mathcal{A}$, 则 $\mathcal{C}/\simeq$ 是 $\mathbf{Kom}\mathcal{A} = \mathbf{Com}\mathcal{A}/\simeq$ 的全子范畴.

$w(\mathcal{C})$ 在 $\mathcal{C}/\simeq$ 的象 $w_\simeq$ 为乘性系. $\mathcal{C}/\simeq$ 在 $w_\simeq$ 的局部化得到的分式范畴 $w_\simeq^{-1}\mathcal{C}/\simeq$ 我们简记为 $w^{-1}\mathcal{C}$, 称此为同伦范畴 ([Tho 90] 1.9.6, 1.9.9; 分式范畴: [高线] 14.9.2).

由构造过程得函子 $Q : \mathcal{C} \to \mathfrak{w}^{-1}\mathcal{C}$, 并且如果态射 f 为弱等价, 则 $Q(f)$ 为同构.

4.3 $S_\bullet$ 构 造

4.3.1 箭范畴

设 $\mathbf{q} = \{0 < 1 < \cdots < q\}$, 其中整数 $q \geqslant 0$. 定义**箭范畴** $Ar\mathbf{q}$ 的对象 (i,j) 为对应于 $\mathbf{q}$ 内的态射 $i \to j$, 其中 $i,j \in \mathbf{q}$ 和 $i \leqslant j$. 当 $i \leqslant i'$ 和 $j \leqslant j'$ 时, $\text{Hom}_{Ar\mathbf{q}}((i,j),(i',j'))$ 的唯一元素是 $\mathbf{q}$ 内的交换图

在其他情形下 $\text{Hom}_{Ar\mathbf{q}}((i,j),(i',j'))$ 是空集. 于是当 $i \leqslant j \leqslant k$ 时便有态射 $(i,j) \to (i,k)$ 和 $(i,k) \to (j,k)$. $Ar\mathbf{q}$ 的任一态射是这些态射的合成.

若 $\alpha: \boldsymbol{p} \to \boldsymbol{q}$ 为序数范畴 $\boldsymbol{\Delta}$ 的态射，则有函子

$$Ar(\alpha): Ar\boldsymbol{p} \to Ar\boldsymbol{q}: (i,j) \mapsto (\alpha(i), \alpha(j)).$$

如此定义函子 $Ar: \boldsymbol{\Delta} \to \mathbf{Cat}$.

我们亦可以把 $Ar\boldsymbol{q}$ 看作函子范畴 $Fun(\mathbf{1}, \boldsymbol{q})$，把对象 (i,j) 对应于函子

$$\mathbf{1} \to \boldsymbol{q}: 0 \mapsto i, 1 \mapsto j.$$

我们把 $\boldsymbol{q}$ 看作 $Ar\boldsymbol{q}$ 的全子范畴，$j \in \boldsymbol{q} \mapsto (0,j) \in Ar\boldsymbol{q}$.

4.3.2 $S_q\mathcal{C}$

取上纤射范畴 $(\mathcal{C}, co\mathcal{C})$. 假设函子

$$X: Ar\boldsymbol{q} \to \mathcal{C}: (i,j) \mapsto X_{i,j}$$

有如下性质：

(1) $\forall j \in \boldsymbol{q}, X_{j,j} = 0$；

(2) $\forall\, i \leqslant j \leqslant k$，映射 $X_{i,j} \to X_{i,k}$ 是上纤射，并且

$$\begin{array}{ccc} X_{i,j} & \longrightarrow & X_{i,k} \\ \downarrow & & \downarrow \\ X_{j,j} & \longrightarrow & X_{j,k} \end{array}$$

是推出图，即，$X_{i,j} \rightarrowtail X_{i,k} \twoheadrightarrow X_{j,k}$ 是上纤列.

态射 $f: X \to Y$ 是指自然变换：对 $\boldsymbol{q}$ 内的任意 $i \leqslant j$，给出 $\mathcal{C}$ 的态射 $f_{i,j}: X_{i,j} \to Y_{i,j}$ 使得对 $Ar\boldsymbol{q}$ 的任意态射 $(i,j) \to (i',j')$ 有交换图

$$\begin{array}{ccc} X_{i,j} & \xrightarrow{f_{i,j}} & Y_{i,j} \\ \downarrow & & \downarrow \\ X_{i',j'} & \xrightarrow{f_{i',j'}} & Y_{i',j'} \end{array}$$

这样的函子 X 和态射 f 组成的范畴记为 $S_q\mathcal{C}$. 这个范畴的基点是 $X_{i,j} = 0$.

设 $X: Ar\boldsymbol{q} \to \mathcal{C}$ 是 $S_q\mathcal{C}$ 的对象，则对 $\boldsymbol{q}$ 内 $i \leqslant j \leqslant k \leqslant l$，

$$\begin{array}{ccc} X_{i,k} & \rightarrowtail & X_{i,l} \\ \downarrow & & \downarrow \\ X_{j,k} & \rightarrowtail & X_{j,l} \end{array}$$

是推出方, 其中水平映射是上纤射, 垂直映射是商射.

$S_3\mathcal{C}$ 的一个对象是 $\mathcal{C}$ 的一个交换图

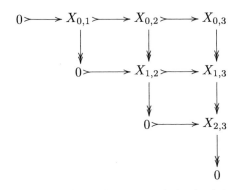

其中水平映射是上纤射, 每个方均是推出方. 我们把它看为 $X_{0,3}$, 带上一个三级过滤 $X_{0,1} \rightarrowtail X_{0,2} \rightarrowtail X_{0,3}$, 以及所有子商的选择.

设 $\mathcal{C}$ 是 Abel 范畴, 在 Q 构造 $\mathcal{C} \to Q\mathcal{C}$ 中我们考虑 $X \xleftarrow{q} Z \xrightarrowtail{i} Y$. 我们把这个图看作 $\mathrm{Ker}\, q \rightarrowtail Z \rightarrowtail Y$ 加上同构 $Z/\mathrm{Ker}\, q \approx X$. 这样我们看见 S_q 是 Q 重复做 $q-2$ 次 $Q \cdots Q$.

4.3.3 $coS_q\mathcal{C}$

设 $(\mathcal{C}, co\mathcal{C})$ 是上纤射范畴. 取 $S_q\mathcal{C}$ 的子范畴 $coS_q\mathcal{C}$ 的态射 $f: X \to Y$ 为自然变换使得对 $1 \leqslant j \leqslant q$, 推出

$$X_{0,j} \cup_{X_{0,j-1}} Y_{0,j-1} \rightarrowtail Y_{0,j}$$

是 $\mathcal{C}$ 的上纤射.

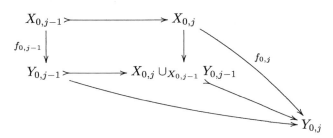

命题 4.1 $(S_q\mathcal{C}, coS_q\mathcal{C})$ 是上纤射范畴.

4.3.4 $wS_q\mathcal{C}$

设在 $\mathcal{C}$ 已给定弱等价范畴 $w\mathcal{C}$, 则 $S_q\mathcal{C}$ 自然有弱等价范畴 $wS_q\mathcal{C}$. 定义 $S_q\mathcal{C}$ 的态射 $X \to X'$ 属于 $wS_q\mathcal{C}$ 当且仅当对任意 $i \leqslant j$, $X_{i,j} \to X'_{i,j}$ 属于 $w\mathcal{C}$.

命题 4.2 $(S_q\mathcal{C}, coS_q\mathcal{C}, wS_q\mathcal{C})$ 是 Waldhausen 范畴.

4.3.5 $S_\bullet\mathcal{C}$

取上纤范畴 $\mathcal{C}$, Δ 的态射 $\alpha : \boldsymbol{p} \to \boldsymbol{q}$. 定义

$$\alpha^*(X) = X \circ Ar(\alpha) : Ar\boldsymbol{p} \to Ar\boldsymbol{q} \to \mathcal{C},$$

即 $\alpha^*(X) : Ar\boldsymbol{p} \to \mathcal{C} : (i,j) \mapsto X_{\alpha(i),\alpha(j)}$. 因为 $\alpha^*(X)_{j,j} = X_{\alpha(j),\alpha(j)} = 0$, 并且对 $i \leqslant j \leqslant k$,

$$\alpha^*(X)_{i,j} \rightarrowtail \alpha^*(X)_{i,k} \twoheadrightarrow \alpha^*(X)_{j,k}$$

等于上纤列 $X_{\alpha(i),\alpha(j)} \rightarrowtail X_{\alpha(i),\alpha(k)} \twoheadrightarrow X_{\alpha(j),\alpha(k)}$. 所以 $\alpha^*(X) \in S_p\mathcal{C}$. 于是得 $\alpha^* : S_q\mathcal{C} \to S_p\mathcal{C}$.

这样得单纯范畴

$$S_\bullet\mathcal{C} : \boldsymbol{q} \mapsto S_q\mathcal{C}.$$

设 $(\mathcal{C}, co\mathcal{C}, w\mathcal{C})$ 是 Waldhausen 范畴, 则 $\alpha^* : S_q\mathcal{C} \to S_p\mathcal{C}$ 是正合函子. $(S_\bullet\mathcal{C}, coS_\bullet\mathcal{C}, wS_\bullet\mathcal{C})$ 是单形 Waldhausen 范畴.

Waldhausen 范畴的正合函子 $F : (\mathcal{C}, co\mathcal{C}, w\mathcal{C}) \to (\mathcal{D}, co\mathcal{D}, w\mathcal{D})$ 诱导单纯正合函子

$$S_\bullet F : (S_\bullet\mathcal{C}, wS_\bullet\mathcal{C}) \to (S_\bullet\mathcal{D}, wS_\bullet\mathcal{D}),$$

于是有单纯函子

$$wS_\bullet F : wS_\bullet\mathcal{C} \to wS_\bullet\mathcal{D}.$$

从而可得函子 $S_\bullet$ 从 Waldhausen 范畴组成的范畴至单纯 Waldhausen 范畴组成的范畴和函子 $wS_\bullet$ 从 Waldhausen 范畴组成的范畴至单纯范畴组成的范畴.

我们可以重复 $S_\bullet$ 构造得 $S_\bullet^{(2)}\mathcal{C} = S_\bullet S_\bullet \mathcal{C}$, 以及多单纯 Waldhausen 范畴 (polysimplicial Waldhausen categories) $S_\bullet^{(n)}\mathcal{C} = S_\bullet \cdots S_\bullet \mathcal{C}$. 范畴 $S_\bullet^{(n)}\mathcal{C}$ 的弱等价子范畴记为 $wS_\bullet^{(n)}\mathcal{C}$.

4.3.6 退回路

把 $N_\bullet wS_\bullet \mathcal{C}$ 看作单形集对象, 即

$$\Delta \to \mathbf{sSet} : \boldsymbol{q} \to N_\bullet wS_q\mathcal{C}.$$

对 $q = 0$, $wS_0\mathcal{C} = S_0\mathcal{C} = 0$ 是只有一个态射的范畴, 于是 $N_\bullet wS_0\mathcal{C} = 0$ 是个单纯点.

对 $q = 1$, $wS_1\mathcal{C} \cong w\mathcal{C}$.

$N_\bullet wS_\bullet \mathcal{C}$ 的 1 骨架是典范映射

$$\coprod N_\bullet wS_q\mathcal{C} \times \triangle_\bullet^q \to N_\bullet wS_\bullet \mathcal{C}$$

4.3 $S_\bullet$ 构造

的象, 等于 (已约) 同纬象

$$N_\bullet w\mathcal{C} \wedge S_\bullet^1 = \frac{N_\bullet w\mathcal{C} \times \triangle_\bullet^1}{\{0\} \times \triangle_\bullet^1 \cup N_\bullet w\mathcal{C} \times \partial \triangle_\bullet^1}.$$

1 骨架的包含映射给出双单纯映射

$$N_\bullet w\mathcal{C} \wedge S_\bullet^1 \to N_\bullet wS_\bullet\mathcal{C},$$

于是有映射

$$\sigma : \Sigma Bw\mathcal{C} \to BwS_\bullet\mathcal{C}.$$

定义函子 $P : \mathbf{\Delta} \to \mathbf{\Delta}$ 为 $\boldsymbol{q} \mapsto P\boldsymbol{q} = \boldsymbol{q}+1$, 对 $\alpha : \boldsymbol{p} \to \boldsymbol{q}$ 取 $P\alpha : \boldsymbol{p}+1 \to \boldsymbol{q}+1$ 为 $P\alpha(0) = 0$ 和对 $i \in \boldsymbol{p}$ 设 $P\alpha(i+1) = \alpha(i) + 1$.

设有范畴 $\mathcal{M}$, 函子 $X : \mathbf{\Delta}^{op} \to \mathcal{M}$. 定义路径对象 $PX_\bullet$ 为函子 $X \circ P^{op} : \mathbf{\Delta}^{op} \to \mathcal{M}$, 于是对 $q \geqslant 0$ 有 $(PX)_q = X_{q+1}$.

0 面算子 $\delta_0^{q+1} : \boldsymbol{q} \to \boldsymbol{q}+1$ 诱导自然变换 $id \to P$. 对 $q \geqslant 0$ 取 $d_0 : PX_q = X_{q+1} \to X_q$ 便得单纯映射 $d_0 : PX_\bullet \to X_\bullet$.

包含映射诱导 $X_1 = PX_0 \to PX_\bullet, X_0 \to X_\bullet$, 以及交换图

$$\begin{array}{ccc} X_1 & \longrightarrow & PX_\bullet \\ {\scriptstyle d_0}\downarrow & & \downarrow{\scriptstyle d_0} \\ X_0 & \longrightarrow & X_\bullet \end{array}$$

引理 4.3 存在单纯同伦等价 $PX \simeq X_0$.

取 $\mathcal{M}$ 为 **Cat**, Waldhausen 范畴 $(\mathcal{C}, co\mathcal{C}, w\mathcal{C})$, $X_\bullet$ 为 $wS_\bullet\mathcal{C}$, 则 $X_0 = wS_0\mathcal{C} = 0$ 和 $X_1 = wS_1\mathcal{C} \cong w\mathcal{C}$, 于是有单形范畴态射

$$w\mathcal{C} \to P(wS_\bullet\mathcal{C}) \xrightarrow{d_0} wS_\bullet\mathcal{C},$$

其合成为常值. 按引理 4.3, $P(wS_\bullet\mathcal{C})$ 是单纯可缩的. 选定 $BP(wS_\bullet\mathcal{C})$ 的一个缩回映射决定映射

$$\iota : Bw\mathcal{C} \to \Omega\|wS_\bullet\mathcal{C}\| = K(\mathcal{C}, w).$$

引理 4.4 可以选择 $P(wS_\bullet\mathcal{C})$ 的缩回映射使得 ι 同伦于 $\sigma : \Sigma Bw\mathcal{C} \to BwS_\bullet\mathcal{C}$ 的右伴随映射.

命题 4.5 设 $(\mathcal{C}, co\mathcal{C}, w\mathcal{C})$ 是 Waldhausen 范畴, 则

$$wS_\bullet\mathcal{C} \to P(wS_\bullet S_\bullet\mathcal{C}) \xrightarrow{d_0} S_\bullet\mathcal{C}$$

同伦于纤射, 并且
$$\iota: \|wS_\bullet\mathcal{C}\| \to \Omega\|wS_\bullet S_\bullet\mathcal{C}\|$$
是同伦等价.

称 $wS_\bullet S_\bullet\mathcal{C}$ 为二次退回路 (delooping).

4.4 Waldhausen 范畴的 K 群

我们有单纯范畴
$$wS_\bullet\mathcal{C}: \boldsymbol{\Delta}^{op} \to \mathbf{Cat}: \boldsymbol{q} \mapsto wS_q\mathcal{C}.$$

范畴 $wS_0\mathcal{C}$ 只有一个对象和一个态射, 因此分类空间 $BwS_0\mathcal{C} = |N_\bullet wS_0\mathcal{C}|$ 是一点空间.

$S_1\mathcal{C}$ 是以下形式的图形的范畴:
$$0 = X_{0,0} \rightarrowtail X_{0,l} \twoheadrightarrow X_{1,1} = 0,$$
因此 $S_1\mathcal{C}$ 与 $\mathcal{C}$ 同构. 于是 $wS_1\mathcal{C}$ 是 $w\mathcal{C}$.

给出 $X \in S_q\mathcal{C}$ 的一个对象等同给出一列 q 个上纤射
$$X_{0,1} \rightarrowtail X_{0,2} \rightarrowtail \cdots \rightarrowtail X_{0,q}$$
带上选定的相容的商 $X_{i,j} = X_{0,j}/X_{0,i}$ 使得 X 可由以下交换图来代表:

$$\begin{array}{ccccccc}
X_{0,1} & \rightarrowtail & X_{0,2} & \rightarrowtail & X_{0,3} & \rightarrowtail \cdots \rightarrowtail & X_{0,n} \\
& & \downarrow\!\!\!\downarrow & & \downarrow\!\!\!\downarrow & & \downarrow\!\!\!\downarrow \\
& & X_{1,2} & \rightarrowtail & X_{1,3} & \rightarrowtail \cdots \rightarrowtail & X_{1,n} \\
& & & & \downarrow\!\!\!\downarrow & & \downarrow\!\!\!\downarrow \\
& & & & X_{2,3} & \rightarrowtail \cdots \rightarrowtail & X_{2,n} \\
& & & & & & \vdots \\
& & & & & & \downarrow \\
& & & & & & X_{n-1,n}
\end{array}$$

对 $n \geqslant 0$, 从上图删去第一行这个行动便是正合函子 $\partial_0: S_n\mathcal{C} \to S_{n-1}\mathcal{C}$. 即 ∂_0 是由公式
$$\partial_0(X_\bullet): 0 = X_{ll} \rightarrowtail X_{12} \rightarrowtail X_{13} \rightarrowtail \cdots \rightarrowtail X_{1n}$$

4.4 Waldhausen 范畴的 K 群

和选择 $\partial_0(X_\bullet)_{ij} = X_{i+1,j+1}$ 得来的. 显然 $\partial_0(X_\bullet) \in S_{n-1}\mathcal{C}$.

对 $0 < i \leqslant n$, 定义函子 $\partial_i : S_n\mathcal{C} \to S_{n-1}\mathcal{C}$ 为删去行 X_{i*} 和删去包含 X_i 的列, 然后按所需重新排好 X_{jk} 的指标. 不难验证 ∂_i 是正合函子.

定义函子 $s_i : S_n\mathcal{C} \to S_{n+1}\mathcal{C}$ 为重复 X_i, 再排好 X_{jk} 的指标, 保证 $X_{i,i+l} = 0$. 然后验证 s_i 是正合函子.

这些 $S_n\mathcal{C}$ 合起来成为一个单纯 Waldhausen 范畴 (simplicial Waldhausen category), 记为 $S_\bullet(\mathcal{C})$.

弱等价子范畴 $wS_n\mathcal{C}$ 合起来成为一个单纯范畴 $wS_\bullet\mathcal{C}$. 分类空间 $B(wS_n\mathcal{C}) = |N_\bullet wS_n\mathcal{C}|$ 合起来成为一个单纯拓扑空间 $BwS_\bullet\mathcal{C}$. 然后取这个单纯拓扑空间的几何现相, 所得的拓扑空间我们记为 $\|wS_\bullet\mathcal{C}\|$. 这也可以看作双单纯集 $N_\bullet wS_\bullet\mathcal{C}$ 的几何现相.

因为 $S_0\mathcal{C}$ 是平凡的, $\|wS_\bullet\mathcal{C}\|$ 是连通空间.

当构造 $BwS_\bullet\mathcal{C}$ 的几何现相时, 我们用面算子把空间 $B(wS_n\mathcal{C}) \times \triangle^n$ 粘贴在一起. 这样 $\|wS_\bullet\mathcal{C}\|$ 的 1 骨架是把 $B(wS_1\mathcal{C}) \times \triangle^1$ 粘贴到 0 骨架上得来的. 于是 1 骨架与同纬象 $S^1 \wedge Bw\mathcal{C}$ 同胚. 我们可以看见 $\Sigma B(w\mathcal{C})$ 是 $\|wS_\bullet\mathcal{C}\|$ 的子空间; 这个包含映射的伴随映射是 $B(w\mathcal{C}) \to \Omega\|wS_\bullet\mathcal{C}\|$. 这样 $\mathcal{C}$ 的每一个对象给出 $\pi_1(\|wS_\bullet\mathcal{C}\|)$ 的一个元素, 并且每一个弱等价 $X \simeq X$ 给出 $\pi_2(\|wS_\bullet\mathcal{C}\|)$ 的一个元素.

定义 4.6 定义小 Waldhausen 范畴 $\mathcal{C}$ 的 K 空间 $K\mathcal{C}$ 为 $\Omega\|wS_\bullet\mathcal{C}\|$. 定义 $\mathcal{C}$ 的 K 群为
$$K_n(\mathcal{C}) = \pi_n K\mathcal{C}.$$

([Wei 13], Chap IV, §8, 368 页.)

因为同伦等价 $\|wS_\bullet^{(n)}\mathcal{C}\| \to \Omega\|wS_\bullet^{(n+1)}\mathcal{C}\|$ (命题 4.5), 所以

$$\mathbb{K}(\mathcal{C}) := \{\Omega\|wS_\bullet\mathcal{C}\|, \|wS_\bullet\mathcal{C}\|, \|wS_\bullet^{(2)}\mathcal{C}\|, \|wS_\bullet^{(3)}\mathcal{C}\|, \cdots\}$$

是谱 (见 14.2 节), 称为小 Waldhausen 范畴 $\mathcal{C}$ 的 K 谱 (见 [Wei 13] Chap IV, 8.5.5, 369 页). Thomason ([Tho 90] 1.5.2) 指出 $\mathbb{K}(\mathcal{C})$ 是无穷回路空间 (见 14.2 节).

因为

$$\pi_n(\Omega\|wS_\bullet\mathcal{C}\|) = \pi_n(\Omega^2\|wS_\bullet^{(2)}\mathcal{C}\|) = \pi_{n+2}(\|wS_\bullet^{(2)}\mathcal{C}\|) = \cdots = \pi_{n+q}(\|wS_\bullet^{(q)}\mathcal{C}\|),$$

所以, 按定义

$$\pi_n\mathbb{K}(\mathcal{C}) := \lim_{q \to \infty} \pi_{n+q}(\|wS_\bullet^{(q)}\mathcal{C}\|) = K_n(\mathcal{C}).$$

首先需要比较: 我们把正合范畴看作双 Waldhausen 范畴 (见 4.1.2 小节).

定理 4.7 正合范畴的 Quillen K 谱同伦等价于它的 Waldhausen K 谱.

([Wal 85] §1.9; [Gil 81] §6.3.)

设 $\mathcal{E}$ 是正合范畴, $\mathcal{A}$ 是 Abel 范畴, $i : \mathcal{E} \to \mathcal{A}$ 是全忠实正合函子, 使得

(1) 若 $0 \to M' \to M \to M'' \to 0$ 是 $\mathcal{A}$ 的正合序列, $M', M'' \in \mathcal{A}$, 则 M 与 $\mathcal{E}$ 的对象同构;

(2) 若 $\mathcal{E}$ 的态射列在 $\mathcal{A}$ 是正合序列, 则此态射列在 $\mathcal{E}$ 是正合序列;

(3) 若 $\mathcal{E}$ 的态射 f 使得 $i(f)$ 是 $\mathcal{A}$ 的满射, 则 f 是 $\mathcal{E}$ 的可容满射.

由 $\mathcal{E}$ 的有界复形所组成 $\mathbf{Com}\mathcal{A}$ 的全子范畴记为 $\mathbf{E}$. 取 $co(\mathbf{E})$ 的元素为复形态射 $C^\bullet \to D^\bullet \in co\mathcal{C}$ 使得所有 $C^n \to D^n$ 是 $\mathcal{A}$ 的单态射和商 $(D^n/C^n)_n \in \mathbf{E}$. 取 $w(\mathbf{E})$ 的元素为 $\mathbf{E}$ 的拟同构态射, 则 $\mathbf{E}$ 是复纯双 Waldhausen 范畴.

定理 4.8 包含函子 $\mathcal{E} \to \mathbf{E}$ 诱导 K 谱同伦等价 $\mathbb{K}(\mathcal{E}) \to \mathbb{K}(\mathbf{E})$.

([Tho 90] thm 1.11.7.)

定理 4.9 (迫近定理) 取小饱和 Waldhausen 范畴 $\mathcal{A}, \mathcal{B}$. 设 $\mathcal{A}$ 有满足柱公理的柱函子 (4.1.3 小节). 设正合函子 $F : \mathcal{A} \to \mathcal{B}$ 满足以下条件:

(1) $\mathcal{A}$ 的态射属于 $w\mathcal{A}$ 当且仅当 $Ff \in w(\mathcal{B})$;

(2) 对 $A \in \mathcal{A}, x : FA \to B \in \mathcal{B}, \mathcal{A}$ 内存在 $A', a : A \to A'$ 和 $x' : FA' \xrightarrow{\sim} B \in w\mathcal{B}$ 使得 $x = x' \circ Fa$, 则 F 诱导同伦等价 $\mathbb{K}F : \mathbb{K}\mathcal{A} \to \mathbb{K}\mathcal{B}$.

([Tho 90] thm 1.9.1; [Wal 85] 1.6.7.)

定理 4.10 设在复纯双 Waldhausen 范畴 $\mathcal{A}, \mathcal{B}$ 内可取同伦推出和同伦拉回. 设复纯正合函子 $F : \mathcal{A} \to \mathcal{B}$ 诱导同伦等价 $w^{-1}F : w^{-1}\mathcal{A} \to w^{-1}\mathcal{B}$, 则 F 诱导谱同伦等价 $\mathbb{K}F : \mathbb{K}\mathcal{A} \to \mathbb{K}\mathcal{B}$.

([Tho 90] thm 1.9.8.) 我们可以这样了解此定理, $\mathbb{K}\mathcal{A}$ 基本上由同伦范畴 $w^{-1}\mathcal{A}$ 所决定. 又称 $w^{-1}\mathcal{A}$ 为导出范畴, 于是便说 Waldhausen K 理论基本上是导出范畴的 K 理论 ([Tho 90] 1.9.9.)

Waldhausen 范畴的代数 K 理论的基本定理包括加性 (addition)、局部化 (localization)、共尾 (cofinal) 等定理. 详细的结果可看 [Tho 90], [Wei 13]. 其他研究复形的 K 理论的文章有 [Hel 65], [HS 85], [Land 91], [Nee 05].

第 5 章 概形的 K 理论

本章谈概形的 K 群, 主要包括: Bloch-Quillen 定理 (定理 5.15), 概形 K 群的 $+ = Q, \lambda$ 环结构.

学习本章的读者需要具备代数几何学的初级知识, 可以参考 [GD 60], [FGI 06], [李克正 04], [Fu 06], [Har 77], [Har 11], [Ful 98]. 从 15.2.1 小节关于代数圈类群的公理便会看到概形的 K 群有类似的结构, 先看这一节会帮助理解本章的定理.

5.1 概形的 K 群

本节假设所有的概形均是已分 Noether 概形.

5.1.1 K 和 G

定义 5.1 X 是概形. X 的向量丛是指有限秩局部自由 $\mathscr{O}_X$ 模. $\mathbf{P}X$ 是 X 的向量丛范畴. 由 Noether 概形 X 的凝聚 $\mathscr{O}_X$ 模层 (coherent $\mathscr{O}_X$ sheaf) 所组成的范畴是 Abel 范畴, 记为 $\mathbf{M}X$.

定义 $K_qX = K_q\mathbf{P}X, G_qX = K_q\mathbf{M}X$.

又记 G_qX 为 K'_qX, 见 [Qui 73] §7.1. 按定义 $G_qX = \pi_{q+1}|NQ\mathbf{M}X|$.

设有 $f: X \to Y$ 和 $\mathscr{O}_Y$ 模 $\mathscr{G}$, 定义 $f^*\mathscr{G} = \mathscr{O}_X \otimes_{f^{-1}\mathscr{O}_Y} f^{-1}\mathscr{G}$, 则 $f^*: \mathbf{P}Y \to \mathbf{P}X$ 是正合函子. 于是得群同态 $f^*: K_qY \to K_qX$. 这样便知 K_q 是从概形范畴至交换群范畴的反变函子.

若 X, Y 是 Noether 概形, $f: X \to Y, \mathscr{G}$ 是凝聚层, 则 $f^*\mathscr{G}$ 是凝聚层 ([Har 77] §II.5, prop 5.8(b)). 从 f^* 和平坦的定义易见: 若 $f: X \to Y$ 是平坦态射, 则 f^* 是从 $\mathscr{O}_Y$ 模范畴至 $\mathscr{O}_X$ 模范畴的正合函子, 因此 $f^*: \mathbf{M}Y \to \mathbf{M}X$ 是正合函子. 于是得群同态 $f^*: G_qY \to G_qX$. 这样便知 G_q 是从 "概形 + 平坦态射" 范畴至交换群范畴的反变函子.

命题 5.2 设 X 是正则概形, 则 $K_qX \cong G_qX$.

证明 $\mathbf{P}X \to \mathbf{M}X$ 是正合函子, 因此有同态 $K_qX \to G_qX$.

X 是 Noether 概形, 则凝聚层是向量丛的商 ([Har 77] 238 页习题 6.8; [Gro 600]: SGA 6, II, 2.2.3—2.2.7.1); X 是正则似紧, 于是凝聚层可用向量丛作有限化解 (SGA 2, Viii, 2.4), 从而可用推理 3.20 获得命题. $\square$

命题 5.3 设 $f: X \to Y$ 是有限 Tor 维态射.

(1) 若 Y 有丰线丛 (ample line bundle), 则有同态 $f^*: G_qY \to G_qX$;

(2) 若 f 是固有态射 (proper morphism), X 有丰线丛, 则有同态 $f_*: G_qX \to G_qY$;

(3) 若以上条件均成立, 则有投射公式 (projection formula): 对 $x \in K_0X$, $y \in G_qY$

$$f_*(x \cdot f^*y) = f_*x \cdot y.$$

([Qui 73] §7.2, prop 2.10.)

5.1.2 顺符号

本节介绍概形的 K_2 群的一些特殊方法.

设 (F,v) 是离散赋值域 ([数论] §3.1), $\mathcal{O}_F$ 是 F 的赋值环, $\mathfrak{p} = \{x: v(x) > 0\}$, κ 为剩余域. 对 $x, y \in F^\times$, 设

$$d_v(x,y) = (-1)^{v(x)v(y)} \frac{x^{v(y)}}{y^{v(x)}} \mod \mathfrak{p}.$$

Matsumoto 定理说 $K_2(F)$ 是由符号 $\{x,y\}$ 所生成的 (证明见 [Mil 71] §12.), 于是可以定义 $T_v: K_2F \to \kappa^\times = K_1(\kappa)$ 为 $T_v\{x,y\} = d_v(x,y)$,

$$\begin{array}{ccc} F^\times \times F^\times & \xrightarrow{\{\,,\,\}} & K_2F \\ & \searrow{d_v} & \downarrow{T_v} \\ & & K_1(\kappa) \end{array}$$

称 T_v 为**顺符号**(tame symbol) ([Mil 71] 98 页).

设 R 是 Dedekind 整环, $F = Frac\, R$, $\mathfrak{p}$ 是 R 的素理想, 局部化 $R_\mathfrak{p}$ 是离散赋值环. 则有正合序列

$$\bigsqcup_\mathfrak{p} K_2(R/\mathfrak{p}) \to K_2(R) \to K_2(F) \xrightarrow{\sqcup T_\mathfrak{p}} \bigsqcup_\mathfrak{p} (R/\mathfrak{p})^\times.$$

([Wei 13] Chap III, §6, thm 6.5; Chap V, §6, (6.6.1).)

C 是代数闭域 k 上的光滑投影曲线. η 是 C 的一般点. $k(C)$ 是 C 的有理函数域. $\mathcal{K}_{2\,C}$ 是 C 的 K_2 群层, 则有层正合序列

$$0 \to \mathcal{K}_{2\,C} \to i_{\eta*}(K_2(k(C))) \to \bigsqcup_{p \in C} i_{p*}\kappa_p^\times \to 0,$$

其中 κ_p 是剩余域, 左边的层在点 p 的茎是 $\kappa_p^\times$ (skyscraper sheaf), 中间的项是取值 $K_2(k(C))$ 的常值层. 取上同调得

$$0 \to K_2(C) \to K_2(k(C)) \xrightarrow{tame} \bigsqcup_{p \in C} \kappa_p^\times \to H^1(C, \mathcal{K}_{2\,C}) \to 0,$$

其中我们已取 $\Gamma(C, \mathscr{K}_{2\,C}) = K_2(C)$ ([Blo 00] Example 5.2.4, 36 页); 顺符号 $tame$ 是指 $\sqcup_p T_p$,

$$T_p\{x,y\} = (-1)^{\mathrm{ord}_p(x)\mathrm{ord}_p(y)} \frac{x^{\mathrm{ord}_p(y)}}{y^{\mathrm{ord}_p(x)}}(p).$$

([Blo 10] 98 页.)

更一般的结果是: ([Blo 81] 47 页注; [Qui 73].) 对 X Noether 概形, 则

$$\bigsqcup_{X_0} K_n(\kappa_x) \to \bigsqcup_{X_1} K_{n-1}(\kappa_x) \to \bigsqcup_{X_2} K_{n-2}(\kappa_x) \to \cdots.$$

5.1.3 支集

设 M 是有限生成 A 模, 取 $\mathrm{ann}\, M = \{a \in A : aM = 0\}$. M 在 $\mathrm{Spec}\, A$ 上决定的层 $\tilde{M}$ 的支集 (support) 是 $\mathrm{Spec}(A/\mathrm{ann}\, M)$. $\tilde{M}$ 在 $\mathfrak{p} \in \mathrm{Spec}\, A$ 的茎是 $M_\mathfrak{p}$. $\tilde{M}$ 的支集是 $\{\mathfrak{p} : M_\mathfrak{p} \neq 0\}$. Noether 概形 X 的凝聚层 $\mathscr{F}$ 的支集定义为 X 的子概形 Z 使得对 X 的任意开仿射子概形 U, 层 $\mathscr{F}|_U = \widetilde{\mathscr{F}(U)}$ 的支集是 $U \cap Z$.

命题 5.4 Z 是 X 的闭子概形, $U = X \setminus Z$, 则有正合序列

$$\to G_{i+1}U \to G_i Z \to G_i X \to G_i U \to.$$

证明 设 $i : Z \to X$ 给出 Z 是 X 的闭子概形, 凝聚理想 $\mathscr{I}$ 定义 Z, 则用 $i_* : \mathbf{M}Z \to \mathbf{M}X$ 把 Z 的凝聚层看作 $\{X$ 的凝聚层 $\mathscr{F} : \mathscr{I}\mathscr{F} = 0\}$. 记开浸入 $j : U = X \setminus Z \to X$, 则 $j^* : \mathbf{M}X \to \mathbf{M}U$ 给出等价 $\mathbf{M}U \equiv \mathbf{M}X/B$, 其中 Serre B 子范畴是支集为 Z 的子集的凝聚层. 由定理 3.18 得 $i_* : \mathbf{M} \to B$ 诱导 K 群同构. 定理 3.21 给出所求正合序列. $\square$

概形 X 的闭子集 Z 的余维数是

$$\mathrm{codim}\, Z = \inf\{\dim \mathscr{O}_{X,z} : z \text{ 是 } Z \text{ 的一般点 }\}.$$

支集余维数 $\geqslant p$ 的凝聚层组成 $\mathbf{M}X$ 的 Serre 子范畴, 记为 $\mathbf{M}_p X$ (Serre 子范畴, 见 [高线] §14.9.1).

Quillen 研究概形的 K 群的一个步骤是用支集余维数构造极限. 下一步讨论正极限 (direct limit) 或称上极限 (colimit) (关于概形的反极限见 [Tho 90] §3.20 和 Appendix C).

设函子 $j \mapsto \mathcal{C}_j$ 是从过滤小范畴 $\mathcal{I}$ 到小范畴组成的范畴. 设 $\mathcal{C} = \varinjlim_j \mathcal{C}_j$. 因为过滤正极限与有限反极限交换, 所以 $\mathrm{Obj}\mathcal{C} = \varinjlim_j \mathrm{Obj}\mathcal{C}_j$, $\mathrm{Mor}\mathcal{C} = \varinjlim_j \mathrm{Mor}\mathcal{C}_j$ 和神经 $N\mathcal{C} = \varinjlim_j N\mathcal{C}_j$. 我们可以这样去想: 在 $\mathcal{C}$ 内的任一有限的图是来自某个 $\mathcal{C}_j$ (只要取充份大的 j). 而 $(\varinjlim_j N\mathcal{C}_j)(\boldsymbol{n}) = \varinjlim_j (N\mathcal{C}_j(\boldsymbol{n}))$. 这样 $N\mathcal{C}$ 的任一个有限子复形是某个 $\mathcal{C}_j$ 的子复形的同构象. 因为 $\pi_n(B\mathcal{C}, X)$ 是 $N\mathcal{C}$ 的所有包含 X 的有限子

复形的 π_n 的正极限, $\pi_n(B\mathcal{C}_i, X_i)$ 亦是同样造出来的, 所以我们可以证明以下命题之 (1).

命题 5.5 (1) 设 $X_i \in \mathcal{C}_i$ 使得对任意 $i \to i' \in \mathcal{I}$, 函子 $\mathcal{C}_i \to \mathcal{C}_{i'}$ 把 X_i 映为 $X_{i'}$. 设 $X = \varinjlim_i X_i$, 则

$$\varinjlim_i \pi_n(B\mathcal{C}_i, X_i) = \pi_n(B\mathcal{C}, X).$$

(2) 若对任意 $i \to i' \in \mathcal{I}$, 由函子 $\mathcal{C}_i \to \mathcal{C}_{i'}$ 得同伦等价 $B\mathcal{C}_i \to B\mathcal{C}_{i'}$, 则所有 $B\mathcal{C}_i \to B\mathcal{C}$ 是同伦等价.

设函子 $j \mapsto \mathcal{M}_j$ 是从过滤小范畴 $\mathcal{I}$ 到正合范畴组成的范畴, 则 $\varinjlim_j \mathcal{M}_j$ 是正合范畴并且 $Q(\varinjlim_j \mathcal{M}_j) = \varinjlim_j Q\mathcal{M}_j$. 于是有同构 $K_i(\varinjlim_j \mathcal{M}_j) \cong \varinjlim_j K_i(\mathcal{M}_j)$.

命题 5.6 设有概形的逆系统 $i \mapsto X_i$.
(1) 若所有 $X_i \to X_j$ 是仿射态射, 则 $K_i(\varprojlim_j X_j) \cong \varinjlim_j K_i(X_j)$;
(2) 若所有 $X_i \to X_j$ 是平坦仿射态射, 则 $G_i(\varprojlim_j X_j) \cong \varinjlim_j G_i(X_j)$;
(3) 若所有 $X_i \to X_j$ 是平坦仿射态射, 则 $K_i(\mathbf{M}_p(\varprojlim_j X_j)) \cong \varinjlim_j K_i(\mathbf{M}_p(X_j))$.
([Qui 73] §7.2, prop 2.2; §5.)

5.2 概形的代数圈

本节假设所有的概形均是已分 Noether 概形. 本节将证明 Bloch-Quillen 公式, 这是高次 K 理论最重要的结果, 该公式显示高次 K 理论与 Grothendieck 原相 (motif) 理论的关系, 以及 K 理论中代数数论的挑战.

Gersten 猜想 设 A 是正则局部环, 则从包含函子 $\mathbf{M}_{p+1} \operatorname{Spec} A \to \mathbf{M}_p \operatorname{Spec} A$ 得的同态 $K_i \mathbf{M}_{p+1} \operatorname{Spec} A \to K_i \mathbf{M}_p \operatorname{Spec} A$ 是零映射 (见 [Qui 73] §7, 5.10).

定理 5.7 (Quillen) 设 X 是域 k 上的有限型的概形, 取任意 $x \in X$, 则对 $\mathscr{O}_{X,x}$ Gersten 猜想是对的.

([Qui 73] §7, thm 5.11.)

fMod(R) 记有限生成 R 模范畴. X_p 记概形 X 的余维数 $= p$ 的点组成的集.

引理 5.8 存在范畴等价 $\mathbf{M}_p X / \mathbf{M}_{p+1} X \equiv \bigsqcup_{x \in X_p} \bigcup_n \mathbf{fMod}(\mathscr{O}_{X,x}/\mathfrak{m}_{X,x}^n)$.

证明 让我们先说说证明的想法. 左边商范畴的对象 M 是支集 $= X_p$ 的凝聚 $\mathscr{O}_X$ 模层, 于是对 $x \in X_p$, M 在点 x 的茎 M_x 是 Noether 局部环 $\mathscr{O}_{X,x}$ 的有限生成模, 而且 M_x 在 $\operatorname{Spec} \mathscr{O}_{X,x}$ 的支集是闭点 $\mathfrak{m}_{X,x}$. 这样, 便由 M_x 是有限生成的得知有 n 使得 $\mathfrak{m}_{X,x}^n M_x = 0$. 即 $M_x \in \mathbf{fMod}(\mathscr{O}_{X,x}/\mathfrak{m}_{X,x}^n)$. (留意: Noether 局部环 $\mathscr{O}_{X,x}/\mathfrak{m}_{X,x}^n$ 是 Artin 局部环, 于是有限生成 $\mathscr{O}_{X,x}/\mathfrak{m}_{X,x}^n$ 模是有有限长度的.)

现在我们来执行证明. 取凝聚模 M, 设 M 的支集的余维数 $\leqslant p$. 因为 X 是 Noether 概形, M 的支集是有限个不可约分支 $Z_1, \cdots, Z_n$ 的并集. 以 x_i 记 Z_i 的一般点 (generic point). 假设 $x_1, \cdots, x_m$ 的余维数 $= p$, 对 $j > m$, x_j 的余维数 $\leqslant p$.

M 在点 x 的茎记为 M_x. 考虑映射 $M \to \prod_x M_x$, 其中 $\prod$ 是走遍所有余维数 $= p$ 的点 x. 若 x 并不是 $x_1, \cdots, x_m$ 之一, 则 M 的支集不包含 x, 于是 $M_x = 0$. 因此 $\prod_x M_x = \prod_{i=1,\cdots,m} M_{x_i}$.

我们现在考虑的映射 $\Lambda: M \to \prod_{i=1,\cdots,m} M_{x_i}$ 是把 M 的截面映入茎 M_{x_i}. 这样, 若 X 是仿射, 这个映射是把模 M 映至有限个 $M_{\mathfrak{p}_i}$ 的积, $\mathfrak{p}_i$ 是素理想. 对一般的 X, 考虑态射 $j_i : \mathrm{Spec}\,\mathscr{O}_{X,x_i} \to X$, 把 $\mathscr{O}_{X,x_i}$ 模 M_{x_i} 看作 $\mathrm{Spec}\,\mathscr{O}_{X,x_i}$ 的层, 然后得 X 上似凝聚模 $(j_i)_* M_{x_i}$. 于是, 在任一开子集 U 上, Λ 把 $\sigma \in M(U)$ 映为 $\prod [\sigma]_i$, 其中 $[\sigma]_i$ 为 σ 在 M_{x_i} 的等价类. Λ 是似凝聚层的态射, 核 $\mathrm{Ker}\,\Lambda$ 是似凝聚层, 但 X 是 Noether, $\mathrm{Ker}\,\Lambda$ 是凝聚层. M 的支集 $\cup Z_i$ 包含 $\mathrm{Ker}\,\Lambda$ 的支集. 因为 $\mathrm{Ker}\,\Lambda$ 的截面在 x_i, $1 \leqslant i \leqslant m$ 是零, 所以 $\mathrm{Ker}\,\Lambda$ 的支集是 $\cup_{m+1,\cdots,n} Z_i$ 的子集. 由此知 $\mathrm{Ker}\,\Lambda$ 的支集余维数是 $> p$.

这样可见函子 $M \to \prod_{x: \mathrm{codim} = p} M_x$ 是在 $\mathbf{M}_p X / \mathbf{M}_{p+1} X$ 上确切定义的. 此外, 设 $f, g: M \to N$ 使得对所有 x, $f|_{M_x} = g|_{N_x}$, 即 $(f-g)|_{M_x} = 0$. 则 N 的子对象 $\mathrm{Img}(f-g)$ 满足 $(\mathrm{Img}(f-g))_x = 0$, 于是 $\mathrm{Img}(f-g) \in \mathbf{M}_{p+1} X$. 还有 $(M/\mathrm{Ker}(f-g))_x = 0$, 因此 $\mathrm{Ker}(f-g) \in \mathbf{M}_{p+1} X$. 结论是在 $\mathbf{M}_p X / \mathbf{M}_{p+1} X$, $f - g = 0$ 即 $f = g$.

我们已有全忠实函子

$$\mathbf{M}_p X / \mathbf{M}_{p+1} X \to \prod_{x \in X_p}{}' \mathbf{fMod}(\mathscr{O}_{X,x}),$$

其中 $\prod'$ 的元素除有限项外是零.

下一步我们证明: 若 x 是 M 的支集的一个分支的一般点, 则 M_x 是有限长度 $\mathscr{O}_{X,x}$ 模, 这等价于: 存在 n, M_x 是 $\mathscr{O}_{X,x}/\mathfrak{m}_{X,x}^n$ 模. 选 x 的仿射开邻域 $U = \mathrm{Spec}\,A$. 以 U 代替 X, $M|_U$ 代 M. 这并不影响茎. 于是 M 是 A 模, M 的支集是 $\mathrm{Spec}\,A/\mathrm{ann}\,M$. 按所选的 x 的性质, x 对应于理想 $\mathrm{ann}\,M$ 的最小素理想 $\mathfrak{p}$. $(\mathrm{ann}\,M A_\mathfrak{p}) M_\mathfrak{p} = 0$ 和 $\mathfrak{p} A_\mathfrak{p}$ 是 $(\mathrm{ann}\,M A_\mathfrak{p})$ 的最小素理想.

现设 R 是局部域, $\mathfrak{m}$ 是 R 的极大理想, 取 R 的理想 J 使得 $\mathfrak{m}$ 是 J 的最小素理想, 则有 n 使得 $\mathfrak{m}^n \subset J$. 于是若有 R 模 N 使得 $JN = 0$, 则 N 是 $R/\mathfrak{m}^n$ 模.

取 $R = A_\mathfrak{p}$, $N = M_\mathfrak{p}$, $J = \mathrm{ann}\,M A_\mathfrak{p}$, 则 M_x 是 $\mathscr{O}_{X,x}/\mathfrak{m}_{X,x}^n$ 模.

余下还需要证明函子是要满的 ([高线] 命题 14.1). 从右边开始, 取有限个点 $x_1, \cdots, x_d \in X_p$ 和支集 $= \{x_i\}$ 的有限生成的 $\mathscr{O}_{X,x_i}$ 模 M_i. 以 S 记 $\mathscr{O}_{X,x_i}$ 的无交并集, 则有态射 $j: \mathrm{Spec}\,S \to X$ 和 $\{M_i\}$ 决定 $\mathrm{Spec}\,S$ 上的层 M. 记 $M' = j_* M$, 则

似凝聚 $\mathscr{O}_X$ 模层的支集是 x_i 的闭包的并集. 按 [Gro 600] EGA I, 9.4.9, 有凝聚层 N_μ 使得 $M' = \cup N_\mu$. 因为 M 是有限生成的, 其中一个 N_{μ_0} 满足条件 $j_* N_{\mu_0} = F$. N_{μ_0} 为所求. □

定理 5.9   有谱序列

$$E_1^{pq}(X) = \coprod_{x \in X_p} K_{-p-q}\kappa(x) \Rightarrow G_{-n}(X),$$

其中 $\kappa(x)$ 是点 x 的剩余域. 若 X 是有限维, 则此谱序列收敛.

在谱序列中, 若 $n < 0$, 取 $K_n = 0$. E^{pq} 的非零区是 $p \geqslant 0, p+q \leqslant 0$.

证明   考虑 $\mathbf{M}X$ 以 Serre 子范畴给出的过滤

$$\mathbf{M}X = \mathbf{M}_0 X \supset \mathbf{M}_1 X \supset \cdots.$$

按引理 5.8 和推论 3.23 得

$$K_i(\mathbf{M}_p X / \mathbf{M}_{p+1} X) \cong \coprod_{x \in X_p} K_i\kappa(x),$$

其中 $\kappa(x)$ 是 x 的剩余域. 用商范畴的局部化定理 3.22, 得正合序列

$$\to K_i(\mathbf{M}_{p+1}X) \to K_i(\mathbf{M}_p X) \to \coprod_{x \in X_p} K_i\kappa(x) \to K_{i-1}(\mathbf{M}_{p+1}X) \to .$$

为了方便套用正合对 (6.5 节), 我们改写 i 为 $-p-q$, 并记 $A^{pq} = K_{-p-q}(\mathbf{M}_p X)$, $E^{pq} = \bigoplus_{x \in X_p} K_{-p-q}\kappa(x)$. 对 $p < 0$, $X^p = X^0$, $\mathbf{M}_p X = \mathbf{M} X$. 对 $n < 0, p \in \mathbb{Z}$, $K_n(\mathbf{M}_p X) = 0$. 若 $p+q \geqslant 0$, 则 $A^{pq} = 0$; 对 $p \leqslant 0 m q \in \mathbb{Z}$, $A^{pq} \cong A^{p-1,q+1} \cong K_{-p-q}(\mathbf{M}X)$. 过滤是

$$F^p K_{-n}(\mathbf{M}X) = F^p A^n = \operatorname{Img}(A^{p,n-p} \to A)$$
$$= \operatorname{Img}(K_{-n}(\mathbf{M}_p X) \to K_{-n}(\mathbf{M}X)).$$

若 X 的 Krull 维数是 d, 则对 $p > d$, $\mathbf{M}_p X = 0$, 于是 $A^{pq} = 0$. 因此对 $q < n-d$ 有 $A^{n-q,q} = 0$. 由此知谱序列收敛 (命题 6.15). □

从以上定理 5.9 的谱序列立刻推出以下命题.

命题 5.10   以下条件是等价的:

(1) 对 $p \geqslant 0$, 包含函子 $\mathbf{M}_{p+1}X \to \mathbf{M}_p X$ 诱导得零同态 $K_i \mathbf{M}_{p+1}X \to K_i \mathbf{M}_p X$.

(2) 对所有 q, 若 $p \neq 0$, 则 $E_2^{pq}(X) = 0$; 边缘同态 $G_{-q} \to E_2^{0q}(X)$ 是同构.

(3) 对所有 n, 有正合序列

$$0 \to G_n X \xrightarrow{e} \coprod_{x \in X_0} K_n \kappa(x) \xrightarrow{d_1} \coprod_{x \in X_1} K_{n-1}\kappa(x) \xrightarrow{d_1} \cdots,$$

其中 d_1 是 E_1 的微分, e 是由 $\operatorname{Spec} \kappa(x) \to X$ 所诱导的.

5.2 概形的代数圈

定义 5.11 设有概形 X, 把预层 $U \mapsto G_n U$ 层化得出的层记为 $\mathscr{G}_n X$. 同样定义 $\mathscr{K}_p$.

(层化: 见 [模曲线] 3.2.2.)

命题 5.12 (Gersten) 设 X 是域 k 上的有限型的概形, 则有同构
$$H^p(X, \mathscr{G}_n) \xrightarrow{\approx} E_2^{p,-n}(X).$$

证明 把命题 5.10 (3) 的列看作 X 的开集上的列, 于是得预层的列. 层化得层的列
$$0 \to \mathscr{G}_n \to \coprod_{x \in X_0} (i_x)_* K_n \kappa(x) \to \coprod_{x \in X_1} (i_x)_* K_{n-1} \kappa(x) \to \cdots, \qquad \diamondsuit$$

其中 $i_x : \operatorname{Spec} \kappa(x) \to X$. 这个层的列在点 x 的茎正是命题 5.10 (3) 在 $X = \operatorname{Spec}(\mathscr{O}_{X,x})$ 的列, 原因是 $\operatorname{Spec}(\mathscr{O}_{X,x}) = \varprojlim U$, U 走遍 x 的所有仿射开邻域, 并且定理 5.9 的谱序列与这个 $\varprojlim U$ 交换. 按假设 $\diamondsuit$ 是正合序列, 于是这是 $\mathscr{G}_n$ 的松层分解. 我们便可以计算

$$H^p(X, \mathscr{G}_n) = H^p\left\{s \mapsto \Gamma\left(X, \coprod_{x \in X_s}\right)(i_x)_* K_{n-s} \kappa(x)\right\}$$
$$= H^p\{s \mapsto E_1^{s,-n}(X)\} = E_2^{p,-n}. \qquad \square$$

引理 5.13 设 A 是 1 维局部整环, F 是 A 的分式域, κ 是 A 的剩余域, F 与 κ 的特征相等, 从闭纤维 $\operatorname{Spec} \kappa \hookrightarrow \operatorname{Spec} A$ 得正合序列
$$\to G_1 A \to K_1 F \xrightarrow{\partial} K_0 \kappa \to G_0 A \to K_0 F \to 0,$$

则 $\partial : K_1 F \to K_0 \kappa$ 同构于 $\operatorname{ord} : F^\times \to \mathbb{Z}$, 其中对 $0 \neq x \in A$, $\operatorname{ord}(x) = \ell(A/xA)$.

证明 若 $x \in A^\times$, 则 x 属于映射 $A^\times = K_1 A \to G_1 A \to K_1 F = F^\times$ 的象, 于是 $\partial(x) = 0 = \operatorname{ord}(x)$.

现设 $x \notin A^\times$. 若 κ 是特征 0, 取 $\kappa_0 = \mathbb{Q}$; 若 κ 是特征 p, 取 $\kappa_0 = \mathbb{F}_p$. 则 A 是 κ_0 代数. 若 x 是 κ_0 上的代数数, 则 $x \in A^\times$. 于是 x 不是 κ_0 上的代数数. 因此 $\kappa_0[t] \to A : t \mapsto x$ 是平坦同态. 于是有 $K_i \kappa_0[t] \to G_i A$ 和交换图 (命题 5.4)

$$\begin{array}{ccccccc}
\longrightarrow & K_1 \kappa_0[t] & \longrightarrow & K_1 \kappa_0[t, t^{-1}] & \xrightarrow{\partial} & K_0 \kappa_0 & \longrightarrow \\
& \downarrow & & \downarrow u & & \downarrow v & \\
\longrightarrow & G_1 A & \longrightarrow & K_1 F & \xrightarrow{\partial} & K_0 \kappa & \longrightarrow
\end{array}$$

利用映射: 将 κ_0 向量空间 V 映至 A 模 $A \otimes_{\kappa_0[t]} V = A/xA \otimes_{\kappa_0} V$, 便可构造 v. 有限长度 A 模范畴的 K 群是有限生成投射 κ 模范畴的 K 群. 此外 $K_0 \kappa_0 = K_0 \kappa = \mathbb{Z}$. 于是映射 v 是乘以 $\ell(A/xA) = \operatorname{ord}(x)$. 直接计算 $\partial : K_1 \kappa_0[t, t^{-1}] \to K_0 \kappa_0$ 得 $\partial(t) = \pm 1$. $\qquad \square$

以 $Z^p(X)$ 记余维数 $= p$ 的圈群, 线性等价于零的圈子群记为 $Z^p_{\sim 0}(X)$. 设 $A^p(X) = Z^p(X)/Z^p_{\sim 0}(X)$ (参考: 15.2.3 小节, 15.4.2 小节).

命题 5.14 设 X 是域 k 上的有限型的概形, 则谱序列微分

$$d_1 : \coprod_{x \in X_{p-1}} K_1 \kappa(x) \to \coprod_{x \in X_p} K_0 \kappa(x) = \coprod_{x \in X_p} \mathbb{Z}$$

的象是线性等价于零的余维数 $= p$ 的圈子群, 并且

$$E_2^{p,-p}(X) \cong A^p(X).$$

证明 因为 $K_1 \kappa(y) = \kappa(y)^\times$ (例 1.12), 则命题 15.3 的 ϕ 是从 $E_1^{p-1,-p}(X)$ 至 $E_1^{p,-p}(X)$ 的映射, 因此只需证明 $\phi = d_1$.

d_1 是由以下的部分组成的

$$(d_1)_{yx} : \kappa(y)^\times = K_1 \kappa(y) \to K_0 \kappa(x) = \mathbb{Z},$$

其中 $y \in X_{p-1}, x \in X_p$. 我们要证明 $(d_1)_{yx} = \mathrm{ord}_{yx}$.

固定 $y \in X_{p-1}$. 以 Y 记 y 的闭包. 闭浸入 $Y \to X$ 把 $\mathbf{M}_j(Y)$ 映入 $\mathbf{M}_{j+p-1}(X)$, 于是把定理 5.9 的谱序列 $E(Y)$ 映入 $E(X)$ (位移 $p-1$), 因此有交换图

$$\begin{array}{ccccccc}
K_1 \kappa(y) & \xrightarrow{=} & E_1^{0,-1}(Y) & \xrightarrow{d_1} & E_1^{1,-1}(Y) & \xrightarrow{=} & Z^1(Y) \\
& & \downarrow & & \downarrow & & \\
& & E_1^{p-1,-p}(X) & \xrightarrow{d_1} & E_1^{p,-p}(X) & \xrightarrow{=} & Z^p(X)
\end{array}$$

从此图得见: 若 $x \notin Y$, 则 $(d_1)_{yx} = 0$.

若 x 在 Y 的余维数 $= 1$, 则平坦映射 $\mathrm{Spec}(\mathscr{O}_{Y,x}) \to Y$ 诱导谱序列映射, 因而得交换图

$$\begin{array}{ccccccc}
K_1 \kappa(y) & \xrightarrow{=} & E_1^{0,-1}(Y) & \xrightarrow{d_1} & E_1^{1,-1}(Y) & \xrightarrow{=} & Z^1(Y) \\
\Big\| & & \downarrow & & \downarrow & & \downarrow \iota \\
K_1 \kappa(y) & \xrightarrow{=} & E_1^{0,-1}(\mathscr{O}_{Y,x}) & \xrightarrow{d_1} & E_1^{1,-1}(\mathscr{O}_{Y,x}) & \xrightarrow{=} & \mathbb{Z}
\end{array}$$

其中 ι 是 x 的重数. 从此图得见 $(d_1)_{yx}$ 是 $\mathscr{O}_{Y,x}$ 的谱序列映射 d_1. 于是从引理 5.13 得所求 $(d_1)_{yx} = \mathrm{ord}_{yx}$. □

从定理 5.7、命题 5.12、命题 5.14 得以下定理.

定理 5.15 (Bloch-Quillen) 设 X 是域 k 上的有限型的正则概形, 则有典范同构

$$A^p(X) \xrightarrow{\approx} H^p(X, \mathscr{K}_p).$$

5.3 概形的 K 群的 λ 环结构

本节假设所有的概形均是已分 Noether 概形.

5.3.1 带支集的 K 群

设 X 为概形, $Y \hookrightarrow X$ 为闭子概形. $\mathbf{P}(X)$ 是 X 的有限秩局部自由 $\mathscr{O}_X$ 模范畴. 由层限制所定义的限制函子 $\mathbf{P}(X) \to \mathbf{P}(X-Y)$ 是正合函子, 并且给出带基点拓扑空间的连续映射 $BQ\mathbf{P}(X) \to BQ\mathbf{P}(X-Y)$.

定义 5.16 对 $n \geqslant 0$, X 的支集在 Y 的 n 次 K 群为

$$K_n^Y(X) = \pi_{n+1}(\text{同伦纤维 }(BQ\mathbf{P}(X) \to BQ\mathbf{P}(X-Y))),$$

$BQ\mathbf{P}(X) \to BQ\mathbf{P}(X-Y)$ 的正合同伦列是

$$\cdots \to K_n^Y(X) \to K_n(X) \to K_n(X-Y) \xrightarrow{\partial} K_{n-1}^Y(X) \to \cdots.$$

X 的凝聚 $\mathscr{O}_X$ 模层范畴记为 $\mathbf{M}(X)$ ([Har 77] §II.5.7). 支集 $\subseteq Y$ 的全部凝聚 $\mathscr{O}_X$ 模组成 Abel 范畴 $\mathbf{M}(X)$ 的 Serre 子范畴 $\mathbf{S}$. 于是可取商范畴 $\mathbf{M}(X)/\mathbf{S}$ ([模曲线] 1.6.3). 由层限制所定义的限制函子 $\mathbf{M}(X) \to \mathbf{M}(X-Y)$ 给出范畴等价 $\mathbf{M}(X)/\mathbf{S} \equiv \mathbf{M}(X-Y)$. 按 Quillen 局部化定理 3.22, 则

$$\text{同伦纤维 } (BQ\mathbf{M}(X) \to BQ(\mathbf{M}(X-Y)))$$
$$= \text{同伦纤维 } (BQ\mathbf{M}(X) \to BQ(\mathbf{M}(X)/\mathbf{S}))$$
$$= BQ\mathbf{S}.$$

按 Quillen 析解定理 (定理 3.21) 函子 $\mathbf{M}(Y) \to \mathbf{S}$ 诱导拓扑空间 $BQ\mathbf{M}(Y) \to BQ\mathbf{S}$ 的同伦等价. 按定义 $G_n Y = \pi_{n+1} BQ\mathbf{M}(Y)$, 于是

$$G_n Y = \pi_{n+1}(\text{同伦纤维 }(BQ\mathbf{M}(X) \to BQ(\mathbf{M}(X-Y)))).$$

这样说明了 $K_n^Y(X)$ 的来源.

5.3.2 概形单纯层

本节使用单纯层, 可参阅 13.3 节. 设 X 为 Noether 概形, X 的 Krull 维数是有限的. $\mathbf{P}(X)$ 是 X 的向量丛范畴.

介绍 K 群与单纯层同调群的关系. 设 X 为 Noether 概形. U 为 X 的开集. U 的凝聚层所组成的范畴记为 $\mathbf{M}U$. 设 $S(U) := Sing BQ\mathbf{M}U$ (11.2.4 小节), 则 $S(U)$ 是连通纤性单纯集, 并且

$$G_i(U) = \pi_{i+1} S(U).$$

若 $i: U \to V$ 是开集的包含映射, 则 $i^*: \mathbf{M}(V) \to \mathbf{M}(U)$ 诱导映射 $S(V) \to S(U)$. 于是 S 是 X 的单纯集预层. 以 $\mathscr{S}$ 记 S 的层化.

定理 5.17 设 X 为 Noether 概形, X 的 Krull 维数是有限的.

$$G_n X \approx H^{-n-1}(X, \mathscr{S}).$$

证明 只需证明 S 是拟松层便从定理 13.18 得所求.

$i^*: \mathbf{M}(V) \to \mathbf{M}(U)$ 是交换范畴的商映射. 从 [Qui 73]§5, thm 5 的证明中知道 $S(V) \to S(U)$ 的同伦纤维等价于 $NQ\mathbf{M}(V,U)$, 其中 $\mathbf{M}(V,U)$ 是在 U 等于零的 V 的凝聚层所组成的范畴.

对开集 U, V, 考虑

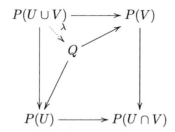

其中 $Q = P(U) \overset{h}{\times}_{P(U \cap V)} P(V)$. λ 限制在纤维上是等价于范畴等价函子 $Q\mathbf{M}(U \cup V, U) \to Q\mathbf{M}(V, U \cap V)$ 的神经. 于是知上图的四方是同伦卡方. □

5.3.3 GL

1) 余下指出概形的 K 群与 BGL 的关系. 定义从交换环范畴至单纯集范畴的函子

$$A \mapsto BGL_N(A)^+ := BGL_N(A) \bigsqcup_{BGL_N(\mathbb{Z})} BGL_N(\mathbb{Z})^+,$$

在 X 上取单纯预层: U 是 X 的开集,

$$U \mapsto BGL_N(\Gamma(U, \mathscr{O}_X))^+.$$

层化此预层而得的 X 上 (带基点的) 单纯层记为 $\mathscr{BGL}_N^+ \in \mathbf{sSh}_X$ (13.3 节). 取 $x \in X$, 层 $\mathscr{BGL}_N^+$ 在 x 的茎是 $BGL_N(\Gamma(U, \mathscr{O}_{X,x}))^+$, 其中 $\mathscr{O}_{X,x}$ 是 $\mathscr{O}_X$ 在 x 的茎. 同样单纯层

$$\mathscr{BGL}^+ = \varinjlim_N \mathscr{BGL}_N^+$$

是预层 $U \mapsto BGL(\Gamma(U, \mathscr{O}_X))^+ = \varinjlim_N BGL_N(\Gamma(U, \mathscr{O}_X))^+$ 的层化.

5.3 概形的 K 群的 λ 环结构

引理 5.18 $\mathscr{L}$ 记常值单纯层. 稳定态射

$$\varinjlim_N H_Y^{-n}(X, \mathscr{L} \times B\mathscr{GL}_N^+) = H_Y^{-n}(X, \mathscr{L} \times B\mathscr{GL}^+)$$

是同构.

([Sou 85] lem 1, 510 页.)

设 S 是概形. 我们将以 $B_\bullet GL_n/S$ 记群概形 GL_n/S 的单纯分类概形 (simplicial classifying scheme).

2) 以下命题是层的 $+ = Q$ 定理 (3.5.3 小节).

命题 5.19 设 X 为有限维 Noether 概形, Y 是 X 的闭子概形, 则有自然同态

$$K_n^Y(X) \to H_Y^{-n}(X, \mathbb{Z} \times \mathbb{Z}_\infty B_\bullet\mathscr{GL}(\mathscr{O}_X)).$$

证明 同态的构造分为三步:

- $K_p^Y(X) \to H_Y^{-p}(X, BQ\mathscr{P})$.
- $H_Y^p(X, B\mathscr{S}^{-1}\mathscr{S}) \xrightarrow{\approx} H_Y^p(X, \Omega BQ\mathscr{P})$.
- $H_Y^p(X, \mathbb{Z}_\infty B_\bullet\mathscr{GL}(\mathscr{O}_X)) \cong H_Y^p(X, B\mathscr{S}^{-1}\mathscr{S})$.

(1) 在局部自由 $\mathscr{O}_U$ 模范畴 $\mathbf{P}(U)$ 中取可容正合序列 ($\mathfrak{E}_{\mathbf{P}(U)}$) 为所有短正合序列, 则 $\mathbf{P}(U)$ 是正合范畴 (3.1 节). (我们可以假设 $\mathrm{Obj}(\mathbf{P}(U))$ 是集合, 选 $\mathbf{P}(U)$ 的骨架子范畴的对象为 $\mathscr{GL}_N(\mathscr{O}_U)$ 上闭链, $0 \leqslant N \leqslant +\infty$.)

我们考虑定义在 X 上取值为正合范畴 (3.1 节) 的预层

$$\underline{\mathscr{P}} : U \mapsto \mathbf{P}(U).$$

以 $\mathscr{P}$ 记 $\underline{\mathscr{P}}$ 的层化. Y 为 X 的闭子概形. 则有交换图

$$\begin{array}{ccc} BQ\mathscr{P}(X) & \longrightarrow & BQ\mathscr{P}(X-Y) \\ \downarrow & & \downarrow \\ R\Gamma(X, BQ\mathscr{P}) & \longrightarrow & R\Gamma(X-Y, BQ\mathscr{P}) \end{array}$$

其中 Q 是 Quillen 的 Q 构造 (3.3 节), $R\Gamma$ 见命题 13.16. 从这交换图得纤维的同伦群映射

$$K_p^Y(X) \to H_Y^{-p}(X, BQ\mathscr{P}).$$

在此我们用了带支集 K 群 $K_p^Y(X)$ (5.3.1 小节) 和单纯层同调群 (13.3 节) 的定义.

(2) 如果在局部自由 $\mathscr{O}_U$ 模范畴中取可容正合序列为所有分裂短正合序列, 这样的正合范畴记作 $\mathbf{P}^s(U)$, 则 $\mathbf{P}^s(U)$ 是分裂正合范畴. 定义预层 $\underline{\mathscr{P}}^s : U \mapsto \mathbf{P}^s(U)$.

以 $\underline{\mathscr{P}}^s$ 的同构为态射的预层记为 $\underline{\mathscr{L}}$. $+ = Q$ 定理 (3.5.3 小节) 证明中所用的构造都是函子, 所以亦适用于预层 $\underline{\mathscr{P}}^s, \underline{\mathscr{L}}$. 于是有范畴预层的态射

$$\underline{\mathscr{L}}^{-1}\underline{\mathscr{L}} \to \underline{\mathscr{L}}^{-1}\underline{\mathscr{E}} \to Q\underline{\mathscr{P}}^s$$

(引理 3.29; 从 $\mathfrak{E}_{\mathcal{P}^s}$ 得来的预层记为 $\underline{\mathscr{E}}$). 这是个纤维序列, 即是说, 对任意开子概形 $U \subseteq X$, 分类空间映射

$$B\underline{\mathscr{L}}(U)^{-1}\underline{\mathscr{E}}(U) \to BQ\underline{\mathscr{P}}^s(U)$$

是以 $\underline{\mathscr{L}}(U)^{-1}\underline{\mathscr{L}}(U)$ 为纤维的纤射 (9.5.3 小节), 并且 $\underline{\mathscr{L}}^{-1}\underline{\mathscr{E}}$ 是可缩单纯集预层.

层化这些预层. 以 $?'$ 记松层分解, 则有

$$B\mathscr{S}^{-1}\mathscr{S}' \to B\mathscr{S}^{-1}\mathscr{E}' \xrightarrow{g} BQ\mathscr{P}^{s'}.$$

$B\mathscr{S}^{-1}\mathscr{E}'$ 的茎是可缩的, 于是 $* \to B\mathscr{S}^{-1}\mathscr{E}'$ 是弱等价. 可选松层分解使得 g 是单纯层纤射 (13.3 节). 因此得

$$\begin{array}{ccc} * & \longrightarrow & B\mathscr{S}^{-1}\mathscr{E}' \\ {\scriptstyle j}\downarrow & {\scriptstyle f}\nearrow & \downarrow{\scriptstyle g} \\ (BQ\mathscr{P}^{s'})^I & \xrightarrow{p} & BQ\mathscr{P}^{s'} \end{array}$$

其中可选路径空间层的松层分解 $(BQ\mathscr{P}^{s'})^I$ 使得 j 是单纯层上纤射和弱等价, g 及 p 是单纯层纤射. 则存在提升 f 诱导 g 及 p 的纤维的弱等价:

$$f_0 : \Omega BQ\mathscr{P}^{s'} \to B\mathscr{S}^{-1}\mathscr{S}'.$$

因此对任意 p 有同构 $f_0^p : H_Y^p(X, B\mathscr{S}^{-1}\mathscr{S}) \to H_Y^p(X, \Omega BQ\mathscr{P}^s)$.

自然正合函子 $\underline{\mathscr{P}}^s \to \underline{\mathscr{P}}$ 诱导函子 $Q\underline{\mathscr{P}}^s \to Q\underline{\mathscr{P}}$. 因为局部环上投射模正合序列分裂, 自然映射 $\phi : Q\underline{\mathscr{P}}^s \to Q\underline{\mathscr{P}}$ 在茎上是同构, 于是有同构 $\phi^* : H_Y^*(X, BQ\mathscr{P}^s) \xrightarrow{\approx} H_Y^*(X, BQ\mathscr{P})$, 便知

$$\phi^* f_0^p : H_Y^p(X, B\mathscr{S}^{-1}\mathscr{S}) \to H_Y^p(X, \Omega BQ\mathscr{P})$$

是同构.

(3) $+ = Q$ 定理 (3.5.3 小节) 证明中所用的望远镜构造 (3.5.3 小节 3)) 是函子. 于是有映射

$$\mathbb{Z} \times B_{\bullet}\mathscr{GL}(\mathscr{O}_X) \to B\mathscr{S}^{-1}\mathscr{S}$$

使得 $\{0\} \times B_\bullet \mathscr{GL}(\mathscr{O}_X) \to B\mathscr{S}^{-1}\mathscr{S}_0$, 在此以 $_0$ 表示基点的连通分支. 用 Bousfield-Kan 完备化 $\mathbb{Z}_\infty$ (见 11.8 节) 则得交换图

$$\begin{array}{ccc} B_\bullet \mathscr{GL}(\mathscr{O}_X) & \longrightarrow & B\mathscr{S}^{-1}\mathscr{S}_0 \\ {\scriptstyle \phi_0}\downarrow & & \downarrow {\scriptstyle \phi_1} \\ \mathbb{Z}_\infty B_\bullet \mathscr{GL}(\mathscr{O}_X) & \longrightarrow & \mathbb{Z}_\infty B\mathscr{S}^{-1}\mathscr{S}_0 \end{array}$$

图中第二行是弱等价, 因为对任意 $x \in X$, $\mathbb{Z}_\infty B_\bullet \mathscr{GL}(\mathscr{O}_{X,x})$ 与 $B_\bullet GL^+(\mathscr{O}_{X,x})$ 同伦等价 (3.5.2 小节), 并且 $B_\bullet GL^+(\mathscr{O}_{X,x})$ 同伦等价 $B\mathscr{S}^{-1}\mathscr{S}(\mathscr{O}_{X,x})_0$ (3.5.3 小节 3)).

因为 $B\mathscr{S}^{-1}\mathscr{S}_0$ 是 H 空间层, 所以 ϕ_1 是弱等价. 于是得弱等价

$$\mathbb{Z}_\infty B_\bullet \mathscr{GL}(\mathscr{O}_X) \to B\mathscr{S}^{-1}\mathscr{S}_0.$$

由于对任意 $x \in X$, $\pi_0(B\mathscr{S}^{-1}\mathscr{S}(\mathscr{O}_{X,x})) = \mathbb{Z}$, 所以得弱等价

$$\mathbb{Z} \times \mathbb{Z}_\infty B_\bullet \mathscr{GL}(\mathscr{O}_X) \to B\mathscr{S}^{-1}\mathscr{S},$$

于是对所有 $p \geqslant 0$ 有同构

$$H_Y^p(X, \mathbb{Z}_\infty B_\bullet \mathscr{GL}(\mathscr{O}_X)) \cong H_Y^p(X, B\mathscr{S}^{-1}\mathscr{S}). \qquad \Box$$

5.3.4 λ

用矩阵直和所给出单形层的偶对

$$\mathscr{BGL}^+ \times \mathscr{BGL}^+ \to \mathscr{BGL}^+$$

是同伦结合和同伦交换的加法. $\mathscr{BGL}^+$ 的纤维是连通 H 空间, 因此有同伦逆运算 $i: \mathscr{BGL}^+ \to \mathscr{BGL}^+$ (命题 9.6). 于是对 $\mathscr{F} \in \mathbf{sSh}_X$, 态射同伦类集合 $[\mathscr{F}, \mathscr{L} \times \mathscr{BGL}^+]$ 有交换群结构, $\mathscr{L}$ 记常值单纯层. 表示 $\rho: GL_N \to GL_M$ 诱导单纯层同态 $\mathscr{BGL}_N \to \mathscr{BGL}_M$. 利用 $\mathscr{BGL}_M \to \mathscr{BGL} \to \mathscr{BGL}^+$ 得同态

$$\boldsymbol{\rho}: \mathscr{BGL}_N \to \mathscr{BGL}^+.$$

两个从 GL_N 至 GL_M 的表示 ρ, ρ' 是同构当且仅当存在 $g \in GL_M(\mathbb{Z})$ 使得 $\rho' := Int(g)\rho = g\rho g^{-1}$. 有交换图

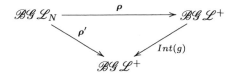

因此 ρ 的同构类决定的 ρ 的同伦类为群 $[\mathscr{BGL}_N, \mathscr{BGL}^+]$ 的元素.

另外还有同态 $R_{\mathbb{Z}}(GL_N) \to \mathbb{Z}$, $\rho \mapsto \operatorname{rank} \rho$ ($R_{\mathbb{Z}}$ 见 8.4 节). 如此得群同态

$$R_{\mathbb{Z}}(GL_N) \to [\mathscr{Z} \times \mathscr{BGL}_N^+, \mathscr{Z} \times \mathscr{BGL}^+].$$

由此得态射

$$R_{\mathbb{Z}}(GL) \to \varprojlim_N Map(H_Y^{-n}(X, \mathscr{Z} \times BGL_N^+) \to K_n^Y(X)).$$

用引理 5.18 便得态射

$$R_{\mathbb{Z}}(GL) \to Map(K_n^Y(X) \to K_n^Y(X)).$$

如 3.5.5 小节, $\{\lambda^k(id_{GL_N} - (N))\}_N$ 为 $R_{\mathbb{Z}}(GL)$ 的元素.

我们假设可选 $\mathscr{Z}$ 使得 $K_n^Y(X) = H_Y^{-n}(X, \mathscr{Z} \times \mathscr{BGL}^+)$ ([Sou 85] 509 页), 所以得映射

$$\lambda^k : K_n^Y(X) \to K_n^Y(X).$$

这样由 $R_{\mathbb{Z}}(GL)$ 是 λ 环得 $K_n^Y(X)$ 是 λ 环 ([Sou 85] 512 页).

另外一个方法是: 假对环 R 已证 $K_n(R)$ 是 λ 环, 如 3.5.5 小节. 然后用 Jouanolou 的引理: 把域上的概形看作仿射丛 ([Jou 73] lem 1.5; [Qui 73] §7, 4.2), 于是由 $K_n(R)$ 推出 $K_n(X)$ 是 λ 环.

定义增广映射

$$\varepsilon : K_n^Y(X) \to H_Y^0(X, \mathscr{Z})$$

为零, 若 $n \neq 0$; 若 $n = 0$, 则 ε 是从投射 $\mathscr{Z} \times \mathscr{BGL}^+ \to \mathcal{B}$ 得出.

用张量积在 $\mathscr{H}o\,\mathbf{sSh}_X$ 定义对偶

$$(\mathscr{Z} \times \mathscr{BGL}^+) \times (\mathscr{Z} \times \mathscr{BGL}^+) \to \mathscr{Z} \times \mathscr{BGL}^+,$$

用此得乘积

$$K_n^Y(X) \times K_m^Y(X) \to K_{n+m}^Y(X),$$

可以验证: $K_n^Y(X)$ 是 $K_0^Y(X)$ 代数. 注意: $K_0^Y(X)$ 是没有单位元的环.

定理 5.20 设 $Y_\bullet$ 是单纯概形, 则 $K_0(Y_\bullet)$ 是增广 $H^0(Y_\bullet, \mathbb{Z})$ λ 代数.

证明见 [Gro 71] SGA 6, exp VI, thm. 3.3.

5.4 概形的 K 谱

5.4.1 完全复形

X 是概形. 称 $\mathscr{O}_X$ 模复形 $E^\bullet$ 为**完全复形**(perfect complex), 若对任意 $x \in X$ 有 x 的邻域 U, U 上向量丛有界复形 $F^\bullet$ 和拟同构 $F^\bullet \to E^\bullet|_U$ (U 上向量丛 = 有限生成局部自由 $\mathscr{O}_U$ 模).

完全复形是一个重要的概念, 源自 [Gro 71] SGA 6, I, §4.2. [Tho 90] §2 有详细的评述. 亦可以参看 [FH 88] I, §8.15; [Fu 15] 565 页作比较.

说 $\mathscr{O}_X$ 模复形 $E^\bullet$ 是有整体有限 Tor 振幅 (global finite Tor amplitude), 若存在整数 $a \leqslant b$ 使得对任意 $\mathscr{O}_X$ 模 $\mathscr{F}$, 若 $k < a$ 或 $b < k$, 则 $H^k(E^\bullet \otimes^L_{\mathscr{O}_X} \mathscr{F}) = 0$.

称 $\mathscr{O}_X$ 模复形 $E^\bullet$ 为**伪凝聚复形**(pseudo coherent complex), 若所有整数 n, 对任意的 $x \in X$ 存在 x 的邻域 U, U 上向量丛有界复形 $F^\bullet$ 和 n 拟同构 $F^\bullet \to E^\bullet|_U$.

5.4.2 谱

说明: 称概形态射 $f: X \to Y$ 为已分态射 (separated morphism), 若由 f 决定的对角态射 $\Delta_{X/Y}: X \to X \times_Y X$ 是闭浸入. 如果 $X \to \operatorname{Spec} \mathbb{Z}$ 是已分态射, 则说 X 是已分概形. 称概形 X 为拟已分概形 (quasi-separated scheme), 若 X 的任何二拟紧开子集的交集是拟紧的. 需要用拟已分概形的原因是拟凝聚层不满足换基引理, 详情见 [Sch 11] 3.4.13.

若拓扑空间 X 的开集满足升链条件, 则称 X 为 Noether 空间. 称拓扑空间 X 为拟紧空间 (quasi-compact space), 若 X 的开覆盖包含有限覆盖 (这是 Bourbaki 的定义; 在英国和美国则称此为紧空间; 在法国则称拟紧 Hausdorff 空间为紧空间). Quillen 只对 Noether 概形范畴建立 G 理论, 并不能证明 G 是函子 ([Qui 73] 7.2.7). Thomason 证明在拟紧概形 + 伪凝聚投射态射范畴 G 是函子 ([Tho 90] 3.14.1, 3.16.1).

Thomason 的局部化定理是一个突破 ([Tho 90] 5.1.5), 用此他证明了概形 K 理论的第一个 Mayer-Vietoris 定理 ([Tho 90] §8).

定义 5.21 X 是概形. 所有 $\mathscr{O}_X$ 模组成 Abel 范畴 $\mathbf{O}X$. $\mathbf{O}X$ 的整体有限 Tor 振幅的完全复形组成复纯双 Waldhausen 范畴. 这个复纯双 Waldhausen 范畴的 K 谱定义为概形 X 的 K 谱 $\mathbb{K}(X)$. 若 Y 是 X 的闭子空间, 由 X 的在 $X - Y$ 为零调的完全复形所组成的复纯双 Waldhausen 范畴的 K 谱定义为 $K(X:Y)$ (或记为 $K(X \text{ on } Y)$).

$\mathbf{O}X$ 的上同调整体有界的伪凝聚复形组成复纯双 Waldhausen 范畴. 这个复纯双 Waldhausen 范畴的 K 谱定义为 $\mathbb{G}(X)$.

若 $\{\mathscr{L}_\alpha\}$ 是概形 X 上的一组线丛. 设

$$\Sigma\{\mathscr{L}_\alpha\} = \bigcup_{\alpha, n \geqslant 1} \Gamma(X, \mathscr{L}_\alpha^{\otimes n}).$$

说概形 X 有丰组线丛 (has ample family of line bundles), 若 X 是拟紧拟已分概形, X 有线丛组 $\{\mathscr{L}_\alpha\}$ 使得 $\{X_f : f \in \Sigma\{\mathscr{L}_\alpha\}\}$ 是 X 的 Zariski 拓扑的基, 其中 $X_f = \{x \in X : f(x) \neq 0\}$.

命题 5.22 (1) 若概形 X 有丰组线丛, 则 $\mathbb{K}(X)$ 与 Quillen 的 $\mathbb{K}(X)$ 是同伦等的.

(2) 若 X 是 Noether 概形, 则 $\mathbb{G}(X)$ 与 Quillen 的 $\mathbb{G}(X)$ 是同伦等的.

(1) 是 [Tho 90] §3.10. (2) 是 [Tho 90] §3.13.

我们加强假设: 换拟已分为已分, 可以把 Thomason 的定理简化一点方便明白.

定理 5.23 设 X 是拟紧已分概形.

(1) 设 U 是 X 的拟紧开子概形, $Z = X - U$, 则有正合序列

$$\cdots \to K_{i+1}(U) \to K_i(X:Z) \to K_i(X) \to K_i(U) \to \cdots.$$

(2) 设 U, V 是 X 的拟紧开子概形使得 $X = U \cup V$, 则有正合序列

$$\cdots \to K_{i+1}(U \cap V) \to K_i(U \cup V) \to K_i(U) \oplus K_i(V) \to K_i(U \cap V) \to \cdots.$$

(1) 是局部化定理, (2) 是 Mayer-Vietoris 定理.

最后让我总结 K 谱的性质. 张量积给予 $\mathbb{K}(X)$ 环谱 (14.2 节) 的结构. ($\mathbb{K}(X)$ 是 E_∞ 环谱 (homotopy everything ring spectrum).) **Sch** 记概形范畴, **RingSptr** 记环谱范畴.

定理 5.24 K 谱是一个函子

$$\mathbb{K} : \mathbf{Sch}^{op} \to \mathbf{RingSptr} : X \mapsto \mathbb{K}(X), \quad (X \xrightarrow{f} Y) \mapsto (\mathbb{K}(Y) \xrightarrow{f^*} \mathbb{K}(X)).$$

并且

(a) 对 $X, Y \in \mathbf{Sch}$, $X/\mathbb{Z}$ 为平坦, 有环谱同态 $\mathbb{K}(X) \wedge \mathbb{K}(Y) \to \mathbb{K}(X \times Y)$.

(b) (1) 在拟紧概形 + 平坦固有态射范畴上 $\mathbb{K}$ 谱是一个函子, 即对拟紧概形的平坦固有态射 $f, g : X \to Y$ 存在环谱同态 $f_* : \mathbb{K}(X) \to \mathbb{K}(Y)$ 使得 $(gf)_* = g_* f_*$, $(id_X)_* = id_{\mathbb{K}(X)}$.

(2) **投射公式** 取拟已分拟紧概形 X, 拟紧概形 Y. 设 $f : X \to Y$ 为平坦固有态射, 则有典范同伦使下图同伦交换

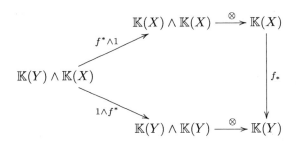

([Tho 90] §3.15, §3.16, §3.17.)

如果我们把这个定理和 15.2.1 小节里 Grothendieck 相交理论公理比较, 就可以看到从 Grothendieck 到 Berthelot, Illusie, Loday, Soulé, Whitehead, Bass, Swan, Milnor, Quillen, Waldhausen, Thomason 等的第一代代数 K 理论家怎样去组织 K 理论以求获得以上定理里的代数 K 群的结构. 正如在同调代数里导出范畴的元素已包含个别同调群 H^n 的资讯, $\mathbb{K}$ 谱已包含个别同伦群 K_n 的资讯了.

当然一切都没有停下来. 我们从 Grothendieck 学会把交换环的基本群看作 Galois 群, 现在 Galois 群是 E_∞ 环谱的基本群. 本书说过好几次同伦范畴. 现在的起点: "稳定同伦理论" 是一个可展示对称幺半稳定 ∞ 范畴. 二十一世纪已是 "brave new algebra" 时代. 年轻人快马加鞭吧!

到此, 我的读者, 我建议你学习一下 [Qui 73], [Tho 85], [Tho 90], [FS 02].

5.5 叠的 K 理论

叠的 K 理论和 Bun_G 的研究有密切的关系, 这是证明 Weil 的函数域上玉河数猜想的工具之一. 当时有两组人研究此问题, Behrend-Dhillon 和 Gaitsgory-Lurie. 最后是 Gaitsgory-Lurie 胜出. 他们用了手性代数 (chiral algeba)([BD 04]), Ran 空间 ([Ran 93, 00]) 和非交换 Poincaré 对偶. 本节的目标只是介绍叠的 K 群. 与本节相关的文献有 [Eke 09], [Jos 02], [Jos 10], [Toe 99], [Toe 991], [Toe 09].

5.5.1 叠

我们复习叠的定义; 参考资料是 [LMB 00], [Gir 71], [Ols 16], [FGI 06] 和网上的 Stack Project.

1) 先说明下降.

设 $p: \mathcal{F} \to \mathcal{C}$ 是纤维范畴 (见定义 14.5). 对 $U \in \mathcal{C}$, 在 U 的纤维 $\mathcal{F}_U$ 的对象是 $u \in \mathcal{F}$ 使得 $pu = U$, 态射是 $f: u' \to u \in \mathcal{F}$ 使得 $pf = 1_U$.

假设 $\mathcal{C}$ 有有限积. 在 $\mathcal{C}$ 内取一组态射 $\{f_i: U_i \to U\}_{i \in I}$. 定义范畴 $\mathcal{F}_{\{U_i \to U\}}$ 如下:

(1) 对象是: $(\{E_i\}_{i\in I}, \{\sigma_{ij}\}_{i,j\in I})$, 其中 $E_i \in \mathcal{F}_{X_i}$, $\sigma_{ij}: pr_1^* E_i \to pr_2^* E_j$ 是同构, 使得下图为交换图 (称此图为上闭链条件 (cocycle condition))

$$\begin{array}{ccccc} pr_{12}^* pr_1^* E_i & \xrightarrow{pr_{12}^* \sigma_{ij}} & pr_{12}^* pr_2^* E_j & \xrightarrow{c} & pr_{23}^* pr_1^* E_j \\ {\scriptstyle c}\downarrow & & & & \downarrow {\scriptstyle pr_{23}^* \sigma_{jk}} \\ pr_{13}^* pr_1^* E_i & \xrightarrow{pr_{13}^* \sigma_{ik}} & pr_{13}^* pr_2^* E_k & \xrightarrow{c} & pr_{23}^* pr_2^* E_k \end{array}$$

其中 c 是典范同构.

(2) 态射是: $(\{E_i'\}, \{\sigma_{ij}'\}) \to (\{E_i\}, \{\sigma_{ij}\})$ 是 $g_i: E_i' \to E_i$ 使得

$$\begin{array}{ccc} pr_1^* E_i' & \xrightarrow{pr_1^* g_i} & pr_1^* E_i \\ {\scriptstyle \sigma_{ij}'}\downarrow & & \downarrow {\scriptstyle \sigma_{ij}} \\ pr_2^* E_j & \xrightarrow{pr_2^* g_j} & pr_2^* E_j \end{array}$$

为交换图.

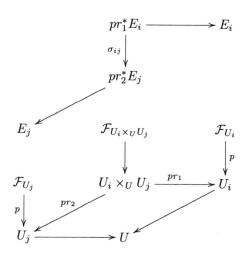

这完成定义范畴 $\mathcal{F}_{\{U_i \to U\}}$. 称此范畴为附于态射组 $\mathcal{U} = \{f_i: U_i \to U\}_{i\in I}$ 的**下降资料范畴**(category of descent data). 称 $\{\sigma_{ij}\}$ 为在 $\{E_i\}$ 的**下降资料**(descent data); 又称 $(\{E_i\}, \{\sigma_{ij}\})$ 为附于态射组 $\{U_i \to U\}$ 的下降资料.

有对象: $E_0 \in \mathcal{F}_U$, $f_i^* E_0 \in \mathcal{F}_{U_i}$. $pr_1^* f_i^* E_0, pr_2^* f_j^* E_0$ 是拉回, 其中

$$U_i \times_U U_j \underset{f_j pr_2}{\overset{f_i pr_1}{\rightrightarrows}} U .$$

5.5 叠的 K 理论

因此, 按纤维范畴的定义, 存在典范同构

$$\sigma_{ij}^{can} : pr_1^* f_i^* E_0 \to pr_2^* f_j^* E_0,$$

称 $(\{f_i^* E_0\}, \{\sigma_{ij}^{can}\})$ 为一组**典范下降资料** (canonical descent data).

于是得自然函子 $\varepsilon : \mathcal{F}_U \to \mathcal{F}_{\{U_i \to U\}} : E_0 \mapsto (\{f_i^* E_0\}, \{\sigma_{ij}^{can}\})$.

若 ε 是范畴等价, 则说称态射组 $\{U_i \to U\}$ 具有**有效下降** (of effective descent).

2) 在未看叠的定义之前请复习 13.2 节, 14.1 节.

定义 5.25 设有位形 $\mathcal{C}$ 和群胚纤维范畴 $p : \mathcal{S} \to \mathcal{C}$. 若对任意 $U \in \mathcal{C}, U$ 的每个覆盖 $\{U_i \to U\} \in \mathrm{Cov}U$ 具有有效下降, 则称 $\mathcal{S}$ 为 $\mathcal{C}$ 上的**叠** (stack).

设 S 是一个概形. S 上的概形的范畴记为 Sch/S. 在 Sch/S 上赋予 étale 拓扑. 称位形 $(\mathrm{Sch}/S)_{et}$ 上的叠为 S 叠.

称一个 S-叠 $\mathscr{X}$ 为**可表的** (representable), 如果存在一个代数 S-空间 X 和一个 S-叠的同构: $X \xrightarrow{\sim} \mathscr{X}$.

一个 S-叠的态射 $F : \mathscr{X} \to \mathscr{Y}$ 称为可表的, 如果对于任一 S 概形 U 和任一 $y : U \to \mathscr{Y}$ 纤维积 $U \times_{\mathscr{Y}, y} \mathscr{X}$ 是代数 S-空间. (代数空间: 见 [模曲线].)

定义 5.26 称 $(\mathrm{Sch}/S)_{et}$ 上的叠 $\mathscr{X}$ 为**代数叠** (algebraic stack), 如果

(1) 对角线态射 $\mathscr{X} \to \mathscr{X} \times_S \mathscr{X}$ 是可表的;

(2) 存在 S 概形 V 和光滑满射 $V \to \mathscr{X}$.

3) 在 14.1 节指出群胚纤维范畴和伪函子之间的对应. 这种观点在处理 "模叠" (modular stack) 时是有用的.

5.5.2 簇范畴的 Grothendieck 群

固定域 k. 以 $\langle X \rangle$ 记 k 上的代数簇 X 的同构类. 以所有这样的同构类为生成元的自由交换群记为 $\mathcal{F}$. $\mathcal{R}$ 为以下元素所生成 $\mathcal{F}$ 的子群:

$$\langle Z \rangle + \langle X \setminus Z \rangle - \langle X \rangle,$$

其中 Z 为 X 的闭子簇. 记商群 $\mathcal{F}/\mathcal{R}$ 为 $K_0(\mathrm{Var}_k)$, 以 $\mathfrak{m}(X)$ 记 $\langle X \rangle$ 在 $K_0(\mathrm{Var}_k)$ 的象.

在交换群 $K_0(\mathrm{Var}_k)$ 定义积为 $\mathfrak{m}(X)\mathfrak{m}(Y) := \mathfrak{m}(X \times Y)$, 则 $K_0(\mathrm{Var}_k)$ 是交换环, 单位元 1 是 $\mathfrak{m}(\mathrm{Spec}\, k)$.

以 $\mathbb{L}$ 记 $\mathfrak{m}(\mathbb{A}^1)$, 其中 $\mathbb{A}^1$ 为仿射线. 对整数 m, 取 $K_0(\mathrm{Var}_k)\left[\dfrac{1}{\mathbb{L}}\right]$ 的元素

$$\left\{\dfrac{\mathfrak{m}(X)}{\mathbb{L}^n} : \dim X \leqslant n - m\right\}$$

生成子群 $F^m\left(K_0(\mathrm{Var}_k)\left[\dfrac{1}{\mathbb{L}}\right]\right)$. 这些子群组成一个过滤. 以 $\hat{K}_0(\mathrm{Var}_k)$ 记 $K_0(\mathrm{Var}_k)\left[\dfrac{1}{\mathbb{L}}\right]$

对这个过滤的完备化 (完备化见 6.4 节).

例 取域 k 上的连通分裂单群 (以下用到的一些线性代数群的性质可参考 [代数群], [Car 72], [Spr 98])).

设 B 为 G 的一个 Borel 子群 ([代数群]§2.1), $T \subset B$ 是极大环面, $U \subset B$ 是幂幺根 (unipotent radical).

因为 T 丛和 U 丛是 Zariski 局部平凡, 所以 $\mathfrak{m}(G) = \mathfrak{m}(G/B)\mathfrak{m}(T)\mathfrak{m}(U)$. 因为 $T = \boldsymbol{G}_m^r$, 所以 $\mathfrak{m}(T) = (\mathbb{L}-1)^r$. 因为 U 是 $\boldsymbol{G}_a$ 的重复扩张, 所以 $\mathfrak{m}(U) = \mathbb{L}^u$, $u = \frac{1}{2}(\dim G - r)$. 从 Bruhat 分解 $G = BWB$ ([Car 72] Chap 8) 知 W 是 Weyl 群. 因为 BwB/B 是 $\ell(w)$ 维仿射空间, $\ell(w)$ 是 w 的长度 ([Car 72] §2.2), 所以 $\mathfrak{m}(G/B) = \sum_{w \in W} \mathbb{L}^{\ell(w)}$. 由于有整数 d_i 使得

$$\sum_{w \in W} t^{\ell(w)} = \prod_{i=1}^r \left(\frac{t^{d_i}-1}{t-1} \right)$$

([Car 72] thm 10.2.3), 所以

$$\left(\sum_{w \in W} \mathbb{L}^{\ell(w)} \right) ((\mathbb{L}-1)^r) = \prod_{i=1}^r (\mathbb{L}^{d_i}-1).$$

因此

$$\mathfrak{m}(G) = \mathbb{L}^{\dim G} \prod_{i=1}^r (1 - \mathbb{L}^{-d_i}).$$

在此用了 Solomon 定理: $u + \sum_{i=1}^r d_i = \dim G$. 第 1 章没有这种计算.

C 是 k 上亏格 $= g$ 的连通光滑射影曲线, $C^{(n)}$ 是 C 的 n 次对称积. G 是 k 上的连通分裂半单群. $\mathrm{Bun}_{G,C}$ 是 C 上 G 挠子的模叠 (参考 [Beh 91]). 则存在带 GL_{n_i} 作用的 k 簇 X_i 使得 $\mathrm{Bun}_{G,C} = \cup_{i=0}^\infty X_i/GL_{n_i}$, 并且在 $\hat{K}_0(\mathrm{Var}_k)$ 内级数 $\sum_{i=0}^\infty \mathfrak{m}(X_i)/\mathfrak{m}(GL_{n_i})$ 收敛. 定义 $\mathfrak{m}(\mathrm{Bun}_{G,C})$ 为此级数 ([BD 07], [Eke 09]).

Behrend-Dhillon 猜想 ([BD 07])

$$\mathfrak{m}(\mathrm{Bun}_{G,C}) = |\pi_1(G)| \mathbb{L}^{(g-1)\dim G} \prod_{i=1}^r \left(\sum_{n=0}^\infty \mathfrak{m}(C^{(n)}) \mathbb{L}^{-nd_i} \right).$$

5.5.3 叠的 K 群

固定概形 S, 在 S 概形范畴 Sch/S 上取平展拓扑 ([模曲线] §3.1). 取代数叠 (algebraic stack) $\mathscr{X}/S$ ([Ols 16] 8.1.4). 定义范畴 $\mathrm{Sch}/\mathscr{X}$ 的对象为 (T,t), 其中 T 为 S 概形, $t: T \to \mathscr{X}$ 为 S 上的叠同态; $\mathrm{Sch}/\mathscr{X}$ 的态射为 $(f, f^\flat): (T', t') \to (T, t)$, 其中 $f: T' \to T$ 是 S 态射, $f^\flat: t' \to t \circ f$ 是函子同构 ([Ols 16] 9.1.1).

5.5 叠的 K 理论

$\mathscr{X}/S$ 的光滑平展位形 (lisse-étale site) Lis-Ét($\mathscr{X}$) 对象为 (T,t), 其中 $t: T \to \mathscr{X}$ 为光滑态射. 设 $\{(f_i, f_i^\flat)_i : (T'_i, t'_i) \to (T,t)\}$ 是 (T,t) 的覆盖, 若 $\{f_i : T'_i \to T\}$ 是平展覆盖. 以 $\mathscr{X}_{\text{Lis-Ét}}$ 记 Lis-Ét($\mathscr{X}$) 的层范畴. 以 $\mathscr{O}_{\mathscr{X}}$ 记 Lis-Ét($\mathscr{X}$) 层: $(T,t) \mapsto \Gamma(T, \mathscr{O}_T)$.

称 $\mathscr{X}_{\text{Lis-Ét}}$ 的环对象 Λ 为 Lis-Ét($\mathscr{X}$) 的环层 (ring of sheaf on Lis-Ét($\mathscr{X}$)). 一个卡氏 (cartesian)Λ 模是指 $\mathscr{X}_{\text{Lis-Ét}}$ 的 Λ 模层 M 满足条件: 每个 $\Lambda_{(T',t')}$ 模态射 $(f, f^\flat) : (T', t') \to (T, t)$ 有同构

$$f^* M_{(T,t)} := f^{-1} M_{(T,t)} \otimes_{f^{-1}\Lambda_{(T,t)}} \Lambda_{(T',t')} \longrightarrow M_{(T',t')}.$$

假设 $\mathscr{X}$ 是局部 Noether.

(1) 称 M 为代数叠 $\mathscr{X}/S$ 的凝聚 $\mathscr{O}_{\mathscr{X}}$ 模层, 若所有的 $M_{(T,t)}$ 是凝聚模层.

(2) 称 M 为代数叠 $\mathscr{X}/S$ 的向量丛, 若所有的 $M_{(T,t)}$ 是局部自由有限秩 $\mathscr{O}_{\mathscr{X}}$ 模层. 凝聚 $\mathscr{O}_{\mathscr{X}}$ 模层范畴记为 Coh($\mathscr{X}$); $\mathscr{O}_{\mathscr{X}}$ 向量丛范畴记为 Vec($\mathscr{X}$).

我们定义叠的 K 群如下.

定义 5.27 设 $\mathscr{X}/S$ 是局部 Noether 代数叠. 定义
$K_q \mathscr{X} = K_q \text{Vec}(\mathscr{X});$
$G_q \mathscr{X} = K_q \text{Coh}(\mathscr{X}).$

用这个定义应该可以把类似 [Qui 73] §7 的结果全证出来, 但是我没有看过这些证明.

以下 (因为我没有找到证明, 只可以) 报导一般的想法. 首先把 Vec($\mathscr{X}$) 作为 Waldhausen 范畴, 于是得 K 谱 $\mathbb{K}(\text{Vec}(\mathscr{X}))$. 然后因为可以证明谱范畴 **Sptr** 是闭模型范畴, 于是有同伦范畴 $\mathcal{H}o\mathbf{Sptr}$; 把谱 $\mathbb{K}(\text{Vec}(\mathscr{X}))$ 在 $\mathcal{H}o\mathbf{Sptr}$ 的象记为 $\mathbb{K}(\mathscr{X})$. 另一方面为代数叠范畴 **AlgStk** 建立闭模型范畴结构, 于是有同伦范畴 $\mathcal{H}o\mathbf{AlgStk}$. 这样代数 K 理论便是一个函子

$$\mathcal{H}o\mathbf{AlgStk} \to \mathcal{H}o\mathbf{Sptr} : [\mathscr{X}] \mapsto \mathbb{K}(\mathscr{X}).$$

取定位形我们可以层化以上函子. 这样的同伦代数几何学已在本书之外了.

后记

1) 代数 K 理论说到这里也就完了. 本应还要讲引起 K 理论的 Riemann-Roch 定理, 但这是个不小的学问, 只能为大家介绍几篇文章: [BS 58], [Hir 66], [Gro 71], [BFM 75], [Gil 81], [OTT 85], [Tho 86], [Fal 92], [Jos 93], [Toe 991], [Jos 03], [CG 07], [Pap 07], [Edi 13], [CPT 15], [DTY 16].

2) Atiyah 的名著 [Ati 57] 早就研究椭圆曲线的拓扑 K 群 (参阅 [Bea 86]). 但是关于椭圆曲线 E 的代数 K 群却没有什么出色的成果. 这是值得我们关注的. 当

然我们连 $K_n(\mathbb{Z})$ 也算不出来, 所以重点不是计算 $K_n(E)$ 而是找这个群与其他算术量的关系 (例如椭圆曲线的等变玉河数). 另外一种问题是比较椭圆曲线与另一个相关代数簇的代数 K 群, 例如 $K_n(E)$ 和 E 的 Jacobian 的代数 K 群 $K_n(\mathrm{Jac}(E))$; 又如, 在一个椭圆曲面上 (见 Kodaira 名著 [Kod 60]) 一组椭圆曲线 E_t 退化为 E_0, 比较 $K_n(E_t)$ 和 $K_n(E_0)$ ([AS 13]).

第三篇

代　　数

第 6 章 模

我们假设大家都学过环 R 的模论, 见 [高线], [陈志杰] 或 [李文威]. 本节是复习模的性质.

6.1 有限生成模

R 模 M 是指左 R 模, 即 $a \in R, x \in M$, 左 R 模的作用是 ax.

设 R, S 为环, 交换群 N 同时为左 R-模及右 S-模, 而且对 $r \in R, s \in S, x \in N$, 以下条件成立

$$(rx)(s) = r(xs),$$

则称 N 为 R-S-双模 (bi-module), 常记 N 为 ${}_R N_S$.

6.1.1 自由模

给定 R-模 M 上的一个子集 X. X 中元素的一个有限**线性组合** (linear combination) 是指 M 中形如

$$r_1 x_1 + r_2 x_2 + \cdots + r_n x_n$$

的元素, 其中 $x_1, x_2, \cdots, x_n \in X$ 和 $r_1, r_2, \cdots, r_n \in R$. 由 X 中的元素的所有线性组合所构成的集合实质上是 M 的一个子模, 记作 $\langle X \rangle$. 称 M 的子集**生成**M, 如果 $M = \langle X \rangle$. 此外, 我们说 M 是**有限生成模** (finitely generated module), 如果集合 X 是有限的. 我们将会研究有限生成挠模的结构.

称 R-模 M 的子集 X 为**线性无关** (linearly independent) 是指如果对任意有限个互不相同的元素 $x_1, x_2, \cdots, x_n \in X$ 构成的集合和 $r_1, r_2, \cdots, r_n \in R$, 有

$$r_1 x_1 + r_2 x_2 + \cdots + r_n x_n = 0 \Rightarrow r_1 = r_2 = \cdots = r_n = 0.$$

如果 M 是由一个线性无关的子集 X 所生成的模, 那么称 M 为**自由** R-模以及 X 是 M 的一组**基底** (basis).

给定 R-模 $= M$. 假设我们有 R-模同构 $\phi : R^n \to M$. 令 $u_j = \phi(e_j) \in M$, 那么称 M 是秩为 n 的**自由 R-模**(rank n free R module), 并称集合 $\{u_1, \cdots, u_n\}$ 为 M 的一组基底. 事实上由于 ϕ 是满射, M 中的任意元素可表为 $\phi((x_1, \cdots, x_n))$ 并且

也可表为 u_j 的一个线性组合:

$$\phi((x_1,\cdots,x_n)) = \phi\left(\sum_{j=1}^n x_j e_j\right) = \sum_{j=1}^n x_j \phi(e_j) = \sum_{j=1}^n x_j u_j.$$

同时, 如果 $\sum_{j=1}^n x_j u_j = 0$, 则可知全部 $x_j = 0$, 这是由于

$$0 = \sum_{j=1}^n x_j u_j = \phi((x_{j=1},\cdots,x_n)),$$

于是得知 $(x_1,\cdots,x_n)$ 在 ϕ 的核中, 因为 ϕ 是单射可知为零.

取环 R 的所有左 R 模及模同态得 Abel 范畴. 若 R 是左 Noether 环 (即有限生成左 R 模的子模是有限生成的), 则有限生成左 R 模组成 Abel 范畴. 若 R 不是 Noether 环, 则有限生成 R 模所组成的范畴不是 Abel 范畴, 因为态射不一定有核. 例: 取 $R = k[X_1, X_2, \cdots]$ 为域 k 上无穷多个变量的多项式环, 则增广映射 $R \to k$ 的核不是有限生成的.

6.1.2 正合

设 $\varphi: M \to N$ 是 R-模同态. 定义 φ 的**核**为

$$\operatorname{Ker}\varphi := \{x \in M : \varphi(x) = 0\}.$$

同时, 我们定义 φ 的**象**为

$$\operatorname{Img}\varphi = \{\varphi(x) : x \in M\}.$$

令 M, N, P 为 R-模. 设 $\lambda: M \to N$ 和 $\pi: N \to P$ 是 R-模同态. 称

$$M \xrightarrow{\lambda} N \xrightarrow{\pi} P$$

为 R-模同态的一个**正合序列**, 如果

$$\operatorname{Img}\lambda = \operatorname{Ker}\pi.$$

我们把一列 R-模同态

$$0 \longrightarrow M_1 \xrightarrow{\varphi_1} M_2 \xrightarrow{\varphi_2} M_3 \longrightarrow 0$$

称为**短正合序列**, 如果 φ_1 是单射, φ_2 为满射和 $\operatorname{Img}\varphi_1 = \operatorname{Ker}\varphi_2$.

设 R 为环. M, N 为 R-模. 以 $\operatorname{Hom}_R(M,N)$ 记所有从 M 到 N 的 R-模同态所组成的交换群. 当 R 是交换环时, $\operatorname{Hom}_R(M,N)$ 是 R-模. 给定一 R-模同态 $\lambda: M \to N$. 定义映射

$$\lambda_*: \operatorname{Hom}_R(P,M) \to \operatorname{Hom}_R(P,N) : f \mapsto \lambda f,$$

容易验证 λ_* 为群同态.

定理 6.1 给定 R-模 P. 如果

$$0 \to M' \xrightarrow{\lambda} M \xrightarrow{\pi} M''$$

为 R-模正合序列, 则

$$O \to \mathrm{Hom}_R(P, M') \xrightarrow{\lambda_*} \mathrm{Hom}_R(P, M) \xrightarrow{\pi_*} \mathrm{Hom}_R(P, M'')$$

为 R-模正合序列.

([高线] 13.2.)

6.1.3 直和

设 $M_1, \cdots, M_n$ 为环 R 上的模. 我们首先不把 M_j 看作模, 而是把它看为一个集合, 这样可以形成集合 M_j 的直积 M, 即 $M = M_1 \times \cdots \times M_n$ 是所有 n-元组 $(x_1, \cdots, x_n)$ 组成的集合, 其中 $x_j \in M_j$. 现在介绍其加法和标量乘法, 通过

$$(x_1, \cdots, x_n) + (y_1, \cdots, y_n) = (x_1 + y_1, \cdots, x_n + y_n),$$

$$a(x_1, \cdots, x_n) = (ax_1, \cdots, ax_n), \quad a \in R$$

容易验证 M 对于这些运算来说, 实质上是一个 R-模, 其中 $(0, \cdots, 0)$ 是加法零元. 我们称 R-模 M 为模 $M_1, \cdots, M_n$ 的**直和**, 并且记 M 为 $M_1 \oplus \cdots \oplus M_n$ 或 $\bigoplus_1^n M_j$.

这个构造的基本例子是对全体指标 j, 取 $M_j = R$. 我们把它成写作为

$$R^n = \underbrace{R \oplus \cdots \oplus R}_{n\text{次}}.$$

记 $e_j = (0, \cdots, 0, 1, 0, \cdots, 0)$, 其中在第 j 位取 1, 其余位取 0. 这样在 R^n 中, 有

$$(x_1, \cdots, x_n) = \sum_{j=1}^n x_j e_j.$$

容易证明下面的命题.

命题 6.2 设 M 为模. 假设 $M_1, \cdots, M_n$ 为满足以下条件的子模:
(1) $M = M_1 + \cdots + M_n$;
(2) $M_i \cap (M_1 + \cdots + M_{i-1} + M_{i+1} + \cdots + M_n) = 0, 1 \leqslant i \leqslant n$,
那么映射

$$\bigoplus_1^n M_j \to M : (x_1,\cdots,x_n) \mapsto \sum_1^n x_i$$

是同构.

命题 6.3 给定有限个模 $M_1,\cdots,M_m$, 则一个模 M 是 $M_1,\cdots,M_m$ 的直积当且仅当存在同态

$$p_j : M \to M_j, \quad i_j : M_j \to M, \quad 1 \leqslant j \leqslant m$$

满足

$$p_j i_j = 1_{M_j}, \quad p_k i_j = 0 \ (j \neq k), \quad \sum_1^m i_j p_j = 1_M.$$

设 $0 \to M_1 \xrightarrow{\lambda_1} M \xrightarrow{\pi_2} M_2 \to 0$ 为 R-模正合序列. 若存在同态 $M \xleftarrow{\lambda_2} M_2$ 使 $\pi_2 \lambda_2 = 1_{M_2}$ 或存在同态 $M_1 \xleftarrow{\pi_1} M$ 使 $\pi_1 \lambda_1 = 1_{M_1}$, 则我们说以上正合序列 $0 \to M_1 \xrightarrow{\lambda_1} M \xrightarrow{\pi_2} M_2 \to 0$ 是**分裂正合序列** (split exact sequence).

引理 6.4 已给 R-模正合序列 $0 \to M_1 \xrightarrow{\lambda_1} M \xrightarrow{\pi_2} M_2 \to 0$.

(1) 存在同态 $M \xleftarrow{\lambda_2} M_2$ 使 $\pi_2 \lambda_2 = 1_{M_2}$ 当且仅当存在同态 $M_1 \xleftarrow{\pi_1} M$ 使 $\pi_1 \lambda_1 = 1_{M_1}$;

(2) $0 \to M_1 \xrightarrow{\lambda_1} M \xrightarrow{\pi_2} M_2 \to 0$ 分裂 $\Rightarrow M \cong M_1 \bigoplus M_2$.

证明 (1) 设有 $M \xleftarrow{\lambda_2} M_2$ 使 $\pi_2 \lambda_2 = 1_{M_2}$. 则 $\pi_2 \lambda_2 = 1_{M_2} \Rightarrow \pi_2(1_M - \lambda_2 \pi_2) = 0$ (因为 $\pi_2 M = M_2$)$\Rightarrow$ 对 $x \in M$, $(1_M - \lambda_2 \pi_2)(x) \in \mathrm{Ker}\,\pi_2 \Rightarrow$ 存在唯一的 $x_1 \in M_1$ 使 $\lambda_1(x_1) = (1_M - \lambda_2 \pi_2)(x)$ (因为 λ_1 为单同态及 $\mathrm{Im}\,\lambda_1 = \mathrm{Ker}\,\pi_2$) $\Rightarrow$ 可以定义同态 $M \xrightarrow{\pi_1} M_1 : x \mapsto x_1$, 其中 x_1 满足条件 $\lambda_1(x_1) = (1_M - \lambda_2 \pi_2)(x) \Rightarrow \lambda_1 \pi_1 + \lambda_2 \pi_2 = 1_M$ $\Rightarrow$ 对 $x_1 \in M_1$, $\lambda_1(\pi_1 \lambda_1(x_1)) = (1_M - \lambda_2 \pi_2) \lambda_1(x_1) = \lambda_1(x_1)$ (因为 $\pi_2 \lambda_1 = 0$) $\Rightarrow$ $\pi_1 \lambda_1 = 1_{M_1}$ (因为 λ_1 是单同态). 另一方面, 把 $1_M = \lambda_1 \pi_1 + \lambda_2 \pi_2$ 乘上 $\lambda_2 \pi_2$ 得 $\lambda_2 \pi_2 = \lambda_1 \pi_1 \lambda_2 \pi_2 + \lambda_2 (\pi_2 \lambda_2) \pi_2$. 利用 $\lambda_2 \pi_2 = 1_{M_2}$ 便知 $\lambda_1(\pi_1 \lambda_2) \pi_2 = 0$, 但 λ_1 是单同态, π_2 是满同态. 故得 $\pi_1 \lambda_2 = 0$. 所以我们有以下的结果: 对 $1 \leqslant k, l \leqslant 2$, $\pi_k \lambda_l = \delta_{kl}$ 及 $\lambda_1 \pi_1 + \lambda_2 \pi_2 = 1_M$, 现设 $e_k = \lambda_k \pi_k (k=1,2)$, 则显然

$$e_1^2 = e_1, \quad e_2^2 = e_2, \quad e_1 e_2 = e_2 e_1 = 0, \quad e_1 + e_2 = 1.$$

由模的直和的性质知 $M \cong M_1 \bigoplus M_2$.

(2) 设有 $M_1 \xleftarrow{\pi_1} M$ 使 $\pi_1 \lambda_1 = 1_{M_1}$, 则 $\pi_1 \lambda_1 = 1_{M_1} \Rightarrow (1_{M_1} - \pi_1 \lambda_1) = 0$ $\Rightarrow \mathrm{Ker}\,\pi_2 = \mathrm{Im}\,\lambda_1 \subseteq \mathrm{Ker}(1_{M_1} - \pi_1 \lambda_1) \Rightarrow$ 可以定义同态 $M_2 \xrightarrow{\lambda_2} M : \pi_2(x) \mapsto (1_{M_1} - \pi_1 \lambda_1)(x)$, 其中 $x \in M$(注意 M_2 的任一个元是可写成 $\pi_2(x), x \in M$). 显然我们立刻得到等式 $\lambda_2 \pi_2 = 1_{M_1} - \pi_1 \lambda_1$, 从此便如 (1) 一样易证 $M \cong M_1 \bigoplus M_2$. $\square$

6.1.4 单模

若 R 模 M 满足条件: N 为 M 的子模 $\Rightarrow N = 0$ 或 $N = M$, 则称 M 为**单模** (simple module). 称 R 模 M 为**半单模** (semi-simple module), 若 M 同构于单模的直和. 若把环 R 看作左 R 模时 R 是半单 R 模, 则称 R 为**半单环**(semi-simple ring).

命题 6.5 以下关于 R 模 M 的性质是等价的:

(1) 若 N 为 M 的子模, 则 M 有子模 Q 使得 M 同构于直和 $N \oplus Q$.

(2) 若 $f: M \to L$ 为满同态, 则有同态 $s: L \to M$ 使得 $fs = 1_L$.

(3) M 为单模的和.

(4) M 为半单模.

证明 (1) $\Leftrightarrow$ (2) 若已给 $M \xrightarrow{f} L \to 0$, 则取 $N = \operatorname{Ker} f$. 反过来已给包含同态 $0 \to N \xrightarrow{g} M$, 则取 $L = \operatorname{Cok} g$. 考虑正合序列 $0 \to N \to M \to L \to 0$. 按引理 6.4 得所求等价.

(2) $\Rightarrow$ (3) $M = 0$ 是空集的直和. 设 $M \neq 0$. M 满足 (2) $\Leftrightarrow$ (1), 于是 M 的子模和商模亦满足 (1), (2).

现证 M 有单子模. 取 $0 \neq x \in M$, 设 $g: R \to M : a \mapsto ax$. 取极大左理想 $\mathfrak{a} \supseteq \operatorname{Ker} g$. 因 (2), $R/\operatorname{Ker} g \to R/\mathfrak{a}$ 分裂. 于是 $Rx \cong R/\operatorname{Ker} g = Q \oplus Q'$, 以及 $Q \cong R/\mathfrak{a}$ 是单子模.

设 N 是 M 的所有单子模的和. 由 (1) 知有子模 M' 使得 $M = N \oplus M'$. 若 $M' \neq 0$, 则 M' 包含单子模 P, $P \not\subseteq N$. 按 N 的定义得 $M = N$.

(3) $\Rightarrow$ (4) 设 $M = \sum_{i \in I} M_i$. 考虑集合 $J \subseteq I$ 使得 $\sum_{j \in J} M_j$ 是直和, 于是对 $i \in J$ 有
$$M_i \cap \sum_{\substack{j \in J \\ j \neq i}} M_j = \{0\}.$$

对 $\{J\}$ 用 Zorn 引理得极大的 J_0. 若 $J_0 = I$, 则证毕. 否则设 $M' = \sum_{j \in J_0} M_j$. 对 $i \in I - J_0$, $M_i \cap M'$ 是 M_i 的子模. 但 M_i 是单模, 于是 $M_i \cap M' = M_i$ 或 0. 若 $M_i \cap M' = 0$, 则 $M' + M_i$ 是直和, 这与 J_0 最大相矛盾. 因此 $M \subseteq M'$, 于是 $M = M'$. M' 是直和.

(4) $\Rightarrow$ (1) 设 $M = \bigoplus_{i \in I} M_i$, M_i 是单模. 设 N 为 M 的子模. 用 Zorn 引理得最大子集 J_0 使得 $M' = N + \sum_{j \in J_0} M_j$ 是直和. 对 $i \in I$, 若 $M_i \cap M' = 0$, 则 $M' + M_i = N + \sum_{j \in J_0} M_j + M_i$ 是直和. 这与 J_0 最大相矛盾. 因此 $M_i \subseteq M'$. 于是 $M = M'$. $\square$

命题 6.6 半单模的子模和商模均是半单模.

证明 用命题 6.5 的 (1) 和 (2). $\square$

6.2 投 射 模

定义 6.7 称 R-模 P 为**投射模** (projective module), 若对任一同态 $P \xrightarrow{\beta} N$ 及任一满同态 $M \xrightarrow{\pi} N$ 必存在同态 $P \xrightarrow{\alpha} M$ 使 $\pi\alpha = \beta$. 这条件又可由以下图表示:

$$\begin{array}{c} & & P \\ & \swarrow^{\alpha} & \downarrow^{\beta} \\ M & \xrightarrow{\pi} & N & \longrightarrow & 0 \end{array}$$

定理 6.8 设 R 为环, 则以下的关于 R 模 P 的条件是互相等价的:

(1) P 为投射 R-模;

(2) 如果
$$0 \to M' \xrightarrow{\lambda} M \xrightarrow{\pi} M'' \to 0$$
为 R-模正合序列, 则
$$O \to \mathrm{Hom}_R(P, M') \xrightarrow{\lambda_*} \mathrm{Hom}_R(P, M) \xrightarrow{\pi_*} \mathrm{Hom}_R(P, M'') \to 0$$
为交换群正合序列;

(3) 任一正合序 $0 \to N \to M \to P \to 0$ 必分裂;

(4) 存在 R-模 Q 使得有同构 $P \oplus Q \cong R^n$ (此时我们说 P 是一自由模的直和项 (direct summand)).

证明 将证明: (1) $\Leftrightarrow$ (2), (1) $\Rightarrow$ (3) $\Rightarrow$ (4) $\Rightarrow$ (1).

首先, 证 (1) $\Rightarrow$ (2): 按定理 6.1 余下要证明 $\mathrm{Hom}_R(P, M) \xrightarrow{\pi_*} \mathrm{Hom}_R(P, M'')$ 是满射. 取 $\beta \in \mathrm{Hom}_R(P, M'')$. 按条件 (1) 知有 $\alpha \in \mathrm{Hom}_R(P, M)$ 使 $\beta = \pi \circ \alpha = \pi_*(\alpha)$.

(2) $\Rightarrow$ (1): 从满射 $M \to M$ 得满射 $\mathrm{Hom}_R(P, M) \xrightarrow{\pi_*} \mathrm{Hom}_R(P, M'')$, 就是说 P 为投射了.

次证 (1) $\Rightarrow$ (3): 考虑以下图:

$$\begin{array}{c} & & & & & & P & & \\ & & & & \swarrow^{\lambda} & & \downarrow^{1_P} & & \\ 0 & \longrightarrow & N & \longrightarrow & M & \xrightarrow{\pi} & P & \longrightarrow & 0 \end{array}$$

其中横行为正合序列, 由条件 (1) 知存在 $P \xrightarrow{\eta} M$ 使 $\pi\eta = 1_P$, 即条件 (3) 中的序列.

进一步我们证 (3) ⇒ (4): 因为任何模为自由模的象. 所以有自由模 F 和正合序列
$$0 \to K \to F \to P \to 0.$$
由条件 (3) 知此序列分裂. 用引理 6.4 便得所求的条件 (4).

最后证 4 ⇒ 1: 据条件 (4) 知存在自由模 F 及 F 的子模 P' 使 $F = P \oplus P'$. 设已给图

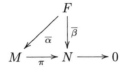

把 β 扩张为 $\overline{\beta}: F \to N$ 如下: 定义 $\overline{\beta}|_P = \beta$ 及 $\overline{\beta}|_{P'} = 0$. 设自由模 F 由子集 Ξ 生成. 对 $x \in \Xi$, 在逆象 $\pi^{-1}(\overline{\beta}(x))$ 中选定一元 $\overline{\alpha}(x) \in M$. 则集合映射 $\Xi \to M: x \mapsto \overline{\alpha}(x)$ 可扩展为模同态 $\overline{\alpha}: F \to M$ 使得图

$$\begin{array}{c} F \\ \overline{\alpha} \swarrow \downarrow \overline{\beta} \\ M \xrightarrow{\pi} N \to 0 \end{array}$$

交换. 现设 $\alpha = \overline{\alpha}|_P$. 便得 $\pi\alpha = \beta$, 于是条件 (1) 得证. □

自由模是投射模. R^n 作为 $n \times n$ 矩阵环 $M_n(R)$ 模是投射模但不是自由模. 若 Dedekind 环的理想 I 不是主理想, 则 I 是投射模但不是自由模. 若 k 是域或主理想环, R 是多项式环 $k[X_1, \cdots, X_n]$, 则 **Quillen-Suslin 定理**说: 投射 R 模是自由 R 模 (这本是 Serre 的问题, 证明见 [Lam 10]).

投射模的子模不一定是投射模. 若环 R 满足条件: 任意左投射 R 模的子模是投射模, 则称 R 为左遗传环 (left hereditary ring). 由环 R 的投射 R 模组成的范畴是正合范畴但不一定是 Abel 范畴: 若环 R 不是半单, 则存在从投射 R 模至投射 R 模的态射 ϕ 使得不存在 Cok ϕ.

命题 6.9 $\bigoplus_{\alpha \in I} P_\alpha$ 是投射模 ⇔ P_α 是投射模;

证明 (⇒) 设已给

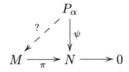

求 $\eta: P_\alpha \to M$ 使 $\pi\eta = \psi$. 由直和定义知有同态 $i_\alpha: P_\alpha \to \bigoplus P_\alpha$ 及同态 $p_\alpha: \bigoplus P_\alpha \to P_\alpha$ 使 $p_\alpha i_\alpha = 1_{P_\alpha}$.

考虑图

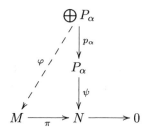

由假设: $\bigoplus P_\alpha$ 是投射, 知存在 $\bigoplus P_\alpha \xrightarrow{\phi} M$ 使 $\pi\varphi = \psi p_\alpha$. 故此 $\pi(\phi i_\alpha) = \psi p_\alpha i_\alpha = \psi$. 所以 $\eta = \phi i_\alpha$ 是所求的同态.

($\Leftarrow$) 设已给 $\bigoplus P_\alpha \xrightarrow{\psi} N$ 及 $M \to N \to 0$. 由假设: P_α 为投射模, 知存在 $P_\alpha \xrightarrow{\varphi_\alpha} M$ 使 $\pi\varphi_\alpha = \psi i_\alpha$. 由直和定义知存在 $\bigoplus P_\alpha \xrightarrow{\varphi} M$ 使 $\varphi i_\alpha = \varphi_\alpha$. 故有 $\pi\varphi i_\alpha = \psi i_\alpha$. 记此同态为 h_α. 考虑态族 $\{h_\alpha: P_\alpha \to M\}$. 现有 $\psi \circ i_\alpha = h_\alpha = (\pi\varphi) \circ i_\alpha$. 由直和的定义中的唯一性知 $\psi = \pi\varphi$. 这样便证明了 $\bigoplus P_\alpha$ 是投射模. □

命题 6.10 R 是半单环当且仅当所有 R 模是投射模.

证明 ($\Rightarrow$) 把模 M 写为 F/P, 其中 F 是自由模. $F = \bigoplus R_i, R_i = R$, 所以 F 是半单, 于是 M 作为商模是半单. 由满射 $F \to M$, 用命题 6.5, 得 $F \cong M \bigoplus Q$. 从定理 6.8 得 M 是投射.

($\Leftarrow$) 因设所有 R 是投射. 按定理 6.8 知任意满射 $R \to P$ 分裂. 用命题 6.5, 得 R 是半单. □

已给左 R 模 M. M 的**左投射分解**(projective resolution) 是指正合序列

$$\cdots \to P_n \to \cdots \to P_1 \to P_0 \to M \to 0,$$

其中所有 P_n 是投射左 R 模. 若有 n 使得 $P_n \neq 0$ 和 $i > n \Rightarrow P_i = 0$, 则称 $P_n \to \cdots \to P_0 \to M \to 0$ 为 M 的长度是 n 的左投射分解. 若 M 没有有限长度的左投射分解, 则说 M 的**左投射维数** (left projective dimension) $lpd(M) = \infty$. 否则取 $lpd(M)$ 为最小整数 $\geqslant 0$ 使得 M 有长度是 $lpd(M)$ 的左投射分解. 显然 $lpd(M) = 0$ 当且仅当 M 是左投射模. 称

$$lgld(R) = \sup_M lpd(M), \text{ 其中取所有 } R \text{ 模 } M$$

为环 R 的**左整体维数**(left global dimension).

同样可定义右投射维数 $rpd(M)$ 和右整体维数 $rgld(R)$. 定理是: 若 R 是 Noether 环, 则 $lgld(R) = rgld(R)$.

6.3 纤 维 积

以下我们定义模的纤维积 (fiber product).

给定两个模同态

$$\begin{array}{ccc} & & N \\ & & \downarrow \beta \\ M & \xrightarrow{\alpha} & S \end{array}$$

我们将称下面的图表

$$\begin{array}{ccc} P & \xrightarrow{\varphi} & N \\ \psi \downarrow & & \\ M & & \end{array}$$

定义了 M 和 N 在 S 上的纤维积或者称 P 是 M 和 N 在 S 上的**纤维积**(或者拉回 (pull back)), 如果

(1) 下面的图是交换的

$$\begin{array}{ccc} P & \xrightarrow{\psi} & N \\ \varphi \downarrow & & \downarrow \beta \\ M & \xrightarrow{\alpha} & S \end{array}$$

(2) 对于任意的交换图

$$\begin{array}{ccc} P' & \xrightarrow{\psi'} & N \\ \varphi' \downarrow & & \downarrow \beta \\ M & \xrightarrow{\alpha} & S \end{array}$$

存在唯一的模同态 $r: P' \to P$ 使得下面的图是交换的

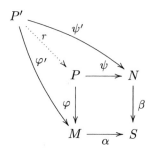

如果纤维积 P 存在, 我们常常记为 $M\underset{S}{\times}N$.

命题 6.11 (1) 对于任意的两个模同态 $\alpha: M \to S$ 和 $\beta: N \to S$, 纤维积 $M\underset{S}{\times}N$ 存在;

(2) $M\underset{S}{\times}N$ 在同构的意义下是唯一的.

([高线]11.3.)

引理 6.12(Schanuel) 设有 R 模正合序列

$$0 \to Z_0 \to P_0 \to M \to 0, \quad 0 \to Z_0' \to P_0' \to M \to 0,$$

其中 P_0, P_0' 为投射模, 则 $Z_0 \bigoplus P_0' \cong Z_0' \bigoplus P_0$.

证明 考虑正合交换图

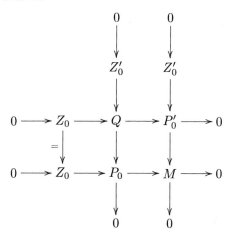

其中 $Q = P_0 \times_M P_0'$. 由于 P_0, P_0' 为投射模, 通过 Q 的行与列均分裂, 于是 $Z_0 \bigoplus P_0' \cong Q \cong Z_0' \bigoplus P_0$. □

6.4 过滤和完备化

A 是交换环. A 模 M 的过滤是 M 的 A 子模列 $M = M_0 \supset M_1 \supset M_2 \supset \cdots$. 以 $\{M_i\}$ 为 0 的邻域基在 M 上决定拓扑, 这样子集 $U \subset M$ 为开集当且仅当对任

意 $x \in U$, 存在 $i \geqslant 0$ 使得 $x + M_i \subset U$. 易证 M 是拓扑 A 模, 并且 M 的拓扑是 Hausdorff 当且仅当 $\bigcap_{i=0}^{\infty} M_i = 0$.

说 M 的序列 (x_n) 收敛至 $a \in M$, 如果对任意正整数 $r > 0$, 存在正整数 $N_r > 0$ 使得由 $n \geqslant N_r$ 得 $x_n - a \in M_r$. 称 (x_n) 为 Cauchy 序列如果对任意正整数 $r > 0$, 存在正整数 $N_r > 0$ 使得由 $n, m \geqslant N_r$ 得 $x_n - x_m \in M_r$. 称 M 为完备的 (complete), 若 M 的任一 Cauchy 序列在 M 内收敛.

定义 6.13 设拓扑 A 模 M 以过滤 $M = M_0 \supset M_1 \supset M_2 \supset \cdots$ 定义拓扑. M 的完备化 (completion) 是指满足以下条件的资料 $(\hat{M}, \{\hat{M}_n\}_{n \geqslant 0}, \phi)$, 其中 $\hat{M}$ 是完备 Hausdorff A 模, $\hat{M}$ 的拓扑由它的过滤 $\{\hat{M}_n\}$ 给出, $\phi : M \to \hat{M}$ 是 A 模同态.

(1) $\phi(M_n) = \phi(M) \cap \hat{M}_n$;
(2) $\phi(M)$ 在 $\hat{M}$ 的拓扑闭包是 $\hat{M}$;
(3) $\operatorname{Ker} \phi = \bigcap_{n=0}^{\infty} M_n$.

命题 6.14 设 A 模 M 有过滤 $M = M_0 \supset M_1 \supset M_2 \supset \cdots$, 则 M 有完备化 $(\hat{M}, \{\hat{M}_n\}_{n \geqslant 0}, \phi)$.

证明 以 $\mathfrak{C}$ 记 M 所有 Cauchy 序列所组成的集合. 所有收敛至 0 的序列所组成的集合记为 $\mathfrak{Z}$. 取商模 $\hat{M} = \mathfrak{C}/\mathfrak{Z}$. 设 $\hat{M}_i$ 为 $\{(x_n) \in \mathfrak{C} : n \gg 0 \Rightarrow x_n \in M_i\}$ 在 $\hat{M}$ 的象. 对 $x \in M$, 定义 $\phi(x)$ 为序列 $(x, x, x, \cdots)$ 的象. 余下证明留给读者 (可参考 [数论] §3.1). □

6.5 谱 序 列

本节介绍从一个 $\mathbb{Z} \times \mathbb{Z}$ 分级对象正合序列得出谱序列的方法.

(1) Abel 范畴 $\mathcal{A}$ 的正合对 (exact couple) 是指正合序列 $E_1 \xrightarrow{a_1} D_1 \xrightarrow{b_1} D_1 \xrightarrow{c_1} E_1 \to D_1$, 这可以表达为在每个角正合的三角形

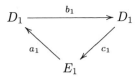

([HS 71] Chap VIII, [Wei 94] §5.9). 下一步设 $d_1 = c_1 a_1$, $E_2 = \operatorname{Ker} d_1 / \operatorname{Img} d_1$, $D_2 = \operatorname{Img} b_1$, $b_2 = b_1|_{D_2}$, a_1 诱导 a_2, 由于 $c_1(\operatorname{Ker} b_1) = c_1(\operatorname{Img} a_1) = \operatorname{Img} d_1$ 和 $D_2 \cong D_1 / \operatorname{Ker} b_1$, c_1 诱导 $c_2 : D_2 \to E_2$. 不难验证如此得正合对

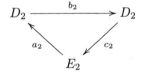

我们把这个构造过程记为

$$\partial(D_1, E_1, a_1, b_1, c_1) = (D_2, E_2, a_2, b_2, c_2).$$

重复便可以定义 $(D_r, E_r, a_r, b_r, c_r)$.

(2) 给出 Abel 范畴对象 $\{A^{m,n} : (m,n) \in \mathbb{Z} \times \mathbb{Z}\}$, $\{E^{m,n} : (m,n) \in \mathbb{Z} \times \mathbb{Z}\}$ 使得对任意 $p \in \mathbb{Z}$ 有正合序列

$$\to A^{p+1,q-1} \xrightarrow{f_{pq}} A^{p,q} \xrightarrow{g_{pq}} E^{p,q} \xrightarrow{h_{pq}} A^{p+1,q} \xrightarrow{f_{p,q+1}} A^{p,q+1} \to .$$

取 $D_1 = \bigoplus_{p,q} A^{p,q}$, $E_1 = \bigoplus_{p,q} E^{p,q}$, $a_1 = \bigoplus h_{p,q}$, $b_1 = \bigoplus f_{p-1,q+1}$, $c_1 = \bigoplus g_{p,q}$, 则 $(D_1, E_1, a_1, b_1, c_1)$ 是正合对. 用 ∂ 得出分级对象 $E_r = \bigoplus E_r^{pq}$. 取 $d_r = c_r \circ a_r$, 则

$$d_r^{p,q} : E_r^{p,q} \to E_r^{p+r, q-r+1}.$$

考虑以 q 为指标的正向系统

$$\cdots \to A^{n-q,q} \xrightarrow{f_{n-q-1,q+1}} A^{n-q-1,q+1} \xrightarrow{f_{n-q-2,q+2}} A^{n-q-2,q+2} \to \cdots$$

设 $H^n = \varinjlim_q A^{n-q,q}$ 和 $F^p H^n = \mathrm{Img}(A^{p,n-p} \to H^n)$, 则 $F^p H^n \supset F^{p+1} H^n$.

不难验证 $\{E_r^{p,q}, H^n\}$ 为谱序列 ([模曲线] 8.1.1).

命题 6.15 若 $\{A^{m,n}\}$ 满足以下条件:

(1) 对每 r, 存在整数 $q_1(r)$ 使得对 $q \geqslant q_1(r)$ 有 $f_{r-q,q} : A^{r-q+1,q-1} \to A^{r-q,q}$ 是同构;

(2) 对每 r, 存在整数 $q_0(r)$ 使得对 $q < q_0(r)$ 有 $A^{r-q,q} = 0$,

则以上谱序列收敛 $E_1^{p,q} \Rightarrow H^n$.

证明 (1) 从

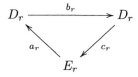

得正合序列

$$\cdots \to D_r^{p-r+2, q+r-2} \to D_r^{p-r+1, q+r-1} \to E_r^{p,q} \to D_r^{p+1,q} \to D_r^{p, q+1} \to \cdots$$

(2) $D_r^{p-r+2, q+r-2} \cong F^{p+1} H^{p+q}$, $D_r^{p-r+1, q+r-1} \cong F^p H^{p+q}$.

(3) 若 $r > q + 1 - q_0(p+q+1)$, 则 $D_1^{p+r, q-r+1} = 0$, 于是 $D_r^{p+1, q} = 0$. 因此当 $r \gg 0$ 时便有

$$F^p H^{p+q} / F^{p+1} H^{p+q} \cong E_r^{p,q}.$$

(4) $E_r^{p-r,q+r-1} \xrightarrow{d_r} E_r^{p,q} \xrightarrow{d_r} E_r^{p+r,q-r+1}$.

(5) 有正合序 $D_1^{p+r,q-r+1} \to E_1^{p-r,q+r-1} \to D_1^{p+r+1,q-r+1}$ 和

$$D_1^{p-r+1,q+r} \xrightarrow{f_{p-r,q+r-1}} D_1^{p-r,q+r-1} \to E_1^{p-r,q+r-1} \to D_1^{p-r+1,q+r-1} \xrightarrow{f_{p-r,q+r}} D_1^{p-r,q+r}$$

(6) 当 $r \gg 0$ 时 $D_1^{p+r,q-r+1} = D_1^{p+r-1,q-r+1} = 0$ 和 $f_{p-r,q+r-1}, f_{p-r,q+r}$ 均是同构. 于是当 $r \gg 0$ 时有 $E_1^{p+r,q-r+1} = 0 = E_1^{p-r,q+r-1}$. 所以给出 p,q, 只要取 r 充分大, 则

$$E_r^{p,q} \cong E_{r+1}^{p,q} \cong \cdots \cong E_\infty^{p,q}. \qquad \square$$

第 7 章 行 列 式

本章参考 [Die 63], [Knu 02], [Del 871], [MTW], [FK 06].

7.1 幺半范畴

一个带单位**幺半范畴**(unital monoidal category) $(\mathcal{C}, \otimes, a, \mathbf{1}, \iota)$ 包括范畴 $\mathcal{C}$, 函子 $\otimes : \mathcal{C} \times \mathcal{C} \to \mathcal{C}$, 自然同构

$$a_{X,Y,Z} : (X \otimes Y) \otimes Z \to X \otimes (Y \otimes Z),$$

范畴 $\mathcal{C}$ 的对象 $\mathbf{1}$ 和同构 $\iota : \mathbf{1} \otimes \mathbf{1} \to \mathbf{1}$. 我们要求满足相贯公理 (coherence axiom):

(1) 五边形公理 (pentagon axiom) 是要求以下

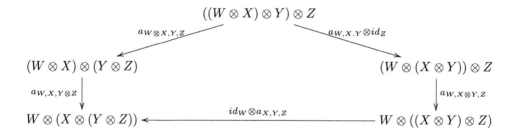

为交换图

(2) 左乘以 $\mathbf{1}$ 给出函子 L_1; 右乘以 $\mathbf{1}$ 给出函子 R_1. 单位公理 (unit axiom) 要求 L_1 和 R_1 是从 $\mathcal{C}$ 至 $\mathcal{C}$ 的等价.

称 $\mathbf{1}$ 为 $\mathcal{C}$ 的单位对象. 可以证明 $(\mathbf{1}, \iota)$ 是由唯一同构唯一决定的. 又称相贯为融贯. 称 $a_{X,Y,Z}$ 为结合律同构. 关于幺半范畴可参考: [李文威] 第 3 章.

如果在以上定义中不包括 $\mathbf{1}$ 及与 $\mathbf{1}$ 有关的条件, 则所得的结构称为幺半范畴 ([Tho 82] 1592 页; [Eps 66]).

例 G 是群. 以表示的张量积为 $\otimes$, 则全部 G 在域 k 上的表示组成带单位幺半范畴.

7.1 幺半范畴

定义同构 $l_X : \mathbf{1} \otimes X \to X$ 为

$$l_X = L_{\mathbf{1}}^{-1}((\iota \otimes Id) \circ a_{\mathbf{1},\mathbf{1},X}^{-1}).$$

定义同构 $r_X : X \otimes \mathbf{1} \to X$ 为

$$r_X = R_{\mathbf{1}}^{-1}((Id \otimes \iota) \circ a_{X,\mathbf{1},\mathbf{1}}).$$

由此得函子同构 $l : L_{\mathbf{1}} \to Id_{\mathcal{C}}$ 和 $r : R_{\mathbf{1}} \to Id_{\mathcal{C}}$。

命题 7.1 对 $\mathcal{C}$ 的任意的对象 X,Y 以下

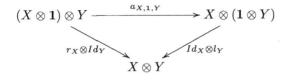

是交换图。于是有 $r_{\mathbf{1}} = l_{\mathbf{1}} = \iota$。并且 $l_{\mathbf{1} \otimes X} = Id \otimes l_X$ 和 $r_{X \otimes \mathbf{1}} = r_X \otimes Id$。

证明

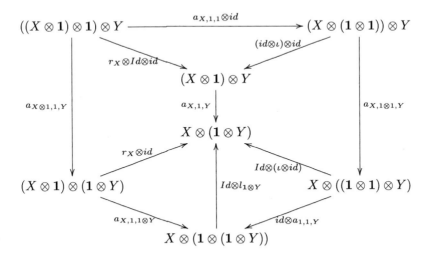

因为 $\mathcal{C}$ 的任何对象同构于 $\mathbf{1} \otimes Y$, 只要证明左下角的三角形是交换的便得命题. 按五边形公理, 图中在外边的五边形是交换的. 于是只需要证明其他部分是交换的.

图中两个四边形是交换的, 因为 $a_{X,Y,Z}$ 是自然同构. 由 r 的定义知顶部的三角形是交换的. 由 l 的定义得右下角的三角形是交换的. □

同样可以证明以下是交换图:

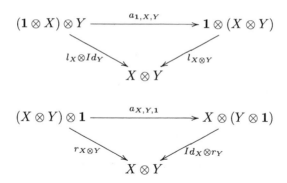

幺半范畴 $\mathcal{C}$ 的**对称** (symmetry) c 是指满足由以下交换图给出的相贯公理的自然同构 $c_{XY}: X \otimes Y \to Y \otimes X$.

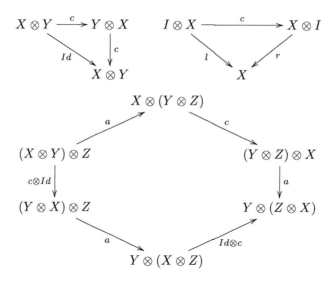

称赋有对称的带单位幺半范畴为带单位**对称幺半范畴**(unital symmetric monoidal category), 亦称为张量范畴 (tensor category). 在一个带单位对称幺半范畴 $\mathcal{C}$ 中要求 $a_{X,Y,Z}$ 和 l_X 是恒等映射, 则称 $\mathcal{C}$ 为**置换范畴**(permutative category). 若要求 $a_{X,Y,Z}$ 和 l_X 是等号, 即有

$$(X \otimes Y) \otimes Z = X \otimes (Y \otimes Z), \quad \mathbf{1} \otimes X = X,$$

则称 $\mathcal{C}$ 为带单位对称严格幺半范畴 (unital symmetric strict monoidal category).

设有带单位幺半范畴 $(\mathcal{C}, \otimes, \mathbf{1}, a, \iota)$ 和 $(\mathcal{C},, \otimes', \mathbf{1}', a', \iota')$. 从 $\mathcal{C}$ 至 $\mathcal{C}'$ 的**宽松幺半函子**(lax monoidal functor) 是 (F, J, I), 其中 $F: \mathcal{C} \to \mathcal{C}'$ 是函子, $J = \{J_{X,Y}: F(X) \otimes' F(Y) \xrightarrow{\approx} F(X \otimes Y): X, Y \in \mathcal{C}\}$ 是自然变换和 $u: \mathbf{1}' \to F\mathbf{1}$ 是态射, 并且满足以下相贯条件: 对 $X, Y, Z \in \mathcal{C}$ 有交换图

7.1 幺半范畴

$$\begin{array}{ccc}
(F(X)\otimes' F(Y))\otimes' F(Z) & \xrightarrow{a'_{F(X),F(Y),F(Z)}} & F(X)\otimes'(F(Y)\otimes' F(Z)) \\
{\scriptstyle J_{X,Y}\otimes' Id_{F(Z)}}\downarrow & & \downarrow{\scriptstyle Id_{F(X)}\otimes' J_{Y,Z}} \\
F(X\otimes Y)\otimes' F(Z) & & F(X)\otimes' F(Y\otimes Z) \\
{\scriptstyle J_{X\otimes Y,Z}}\downarrow & & \downarrow{\scriptstyle J_{X,Y\otimes Z}} \\
F((X\otimes Y)\otimes Z) & \xrightarrow{F(a_{X,Y,Z})} & F(X\otimes(Y\otimes Z))
\end{array}$$

$$\begin{array}{ccc}
F\mathbf{1}\otimes' FX & \xrightarrow{J} & F(\mathbf{1}\otimes X) \\
{\scriptstyle u\otimes 1_{FX}}\uparrow & & \downarrow{\scriptstyle Fl_X} \\
\mathbf{1}'\otimes' FX & \xrightarrow{l_X} & FX
\end{array}$$

我们说此图表达幺半结构性质 (monoidal structure property). 若 J 是自然同构, u 是同构, 则称 (F, J, u) 为幺半函子 (monoidal functor, 这是和一般定义一样. 注意: [Tho 82] 1594 页称此为 strong monoidal functor). 称幺半函子为等价, 若 F 是范畴等价.

若对称幺半范畴之间的幺半函子 F 满足条件: 对任意 X, Y 有交换图

$$\begin{array}{ccc}
FX\otimes' FY & \xrightarrow{J} & F(X\otimes Y) \\
{\scriptstyle c}\downarrow & & \downarrow{\scriptstyle F(c)} \\
FY\otimes' FX & \xrightarrow{J} & F(Y\otimes X)
\end{array}$$

则称 F 为对称幺半函子 (symmetric monoidal functor).

设有带单位幺半范畴 $(\mathcal{C}, \otimes, \mathbf{1}, a, \iota)$ 和 $(\mathcal{C}', \otimes', \mathbf{1}', a', \iota')$. $(F^1, J^1), (F^2, J^2)$ 是从 $\mathcal{C}$ 至 $\mathcal{C}'$ 的幺半函子. 函子态射 $\eta : (F^1, J^1) \to (F^2, J^2)$ 包括自然变换 $\eta : F^1 \to F^2$ 使得 $\eta_\mathbf{1}$ 是同构, 并且对 $X, Y \in \mathcal{C}$,

$$\begin{array}{ccc}
F^1(X)\otimes' F^1(Y) & \xrightarrow{J^1_{X,Y}} & F^1(X\otimes Y) \\
{\scriptstyle \eta_X\otimes'\eta_Y}\downarrow & & \downarrow{\scriptstyle \eta_{X\otimes Y}} \\
F^2(X)\otimes' F^2(Y) & \xrightarrow{J^2_{X,Y}} & F^2(X\otimes Y)
\end{array}$$

是交换图.

我们说明带单位幺半范畴: 定义中 $\otimes : \mathcal{C} \times \mathcal{C} \to \mathcal{C}$ 并不一定是向量空间的张量积. 这样从三个对象 X_1, X_2, X_3 可得 $(X_1 \otimes X_2) \otimes X_3$ 和 $X_1 \otimes (X_2 \otimes X_3)$. 我们需要一个同构 α_{X_1, X_2, X_3} 来告诉我们它们是同构. 在一个群里我们的要求更严格: 我们

要求等式 $(xy)z = x(yz)$. 群的结合律的结论是: 在一个乘积中我们可以随意放括号, 于是有 $((wx)y)z = (wx)(yz)$, $u(((wx)y)z) = (u((wx)y))z$, 等等.

但在范畴里会怎样呢? 对于三个对象, 有同构 α. 对于四个对象: X_1, X_2, X_3, X_4, 加入括号后, 例如我们得到 $P_1 = ((X_1 \otimes X_2) \otimes X_3) \otimes X_4$ 和 $P_2 = X_1 (\otimes X_2 \otimes (X_3 \otimes X_4))$. 五边形公理告诉我们: 用 α 和 id 得到从 P_1 到 P_2 的两个态射:

$$P_1 \to (X_1 \otimes X_2) \otimes (X_3 \otimes X_4) \to P_2,$$

$$P_1 \to (X_1 \otimes (X_2 \otimes X_3)) \otimes X_4 \to X_1 \otimes ((X_2 \otimes X_3) \otimes X_4) \to P_2$$

是相等的.

当 $n > 4$ 怎么办呢? 在对象 $X_1, \cdots, X_n$ 中加入括号取 $\otimes$ 得到两个积 P_1 和 P_2, 设用 α 和 id 得到两串态射, 它们的合成给出两个从 P_1 到 P_2 的态射 f, g. 则 MacLane 相贯定理说 $f = g$. 这是说五边形公理已足够保证: 在一个积内任意加入括号得到的对象是同构的, 不用加入六边形、七边形公理等.

7.2 向量空间的行列式

先看个例子, 然后说明定义.

固定域 F. 由有限维 F 向量空间组成的范畴记为 $\mathscr{V}ec_F$.

范畴 $\mathscr{L}in_F^{\mathbb{Z}}$ 的对象是 (L, n), 其中 L 是 1 维 F 向量空间, n 是整数. $\mathrm{Mor}((L, n), (L', n))$ 是指所有从 L 至 L' 的同构. 若 $n \neq n'$, 则取 $\mathrm{Mor}((L, n), (L', n')) = \varnothing$. 可以验证 $\mathscr{L}in_F^{\mathbb{Z}}$ 是 Picard 范畴.

若 V 是有限维 F 向量空间, 则取 $\det(V) = (\wedge^{\dim V} V, \dim V)$, 其中 $\wedge$ 是指外积 (exterior product). 若 $\phi : V \to V'$ 是 F 同构, 则取 $\det(\phi) = \wedge^{\dim V} \phi : \wedge^{\dim V} V \to \wedge^{\dim V'} V'$. 如此得函子

$$\det : \mathscr{V}ec_F^{iso} \to \mathscr{L}in_F^{\mathbb{Z}}.$$

分别在 V, V' 取基 $e = \{e_i\}$, $e' = \{e_i'\}$, 则

$$\phi(e_j) = \sum_{i=1}^n a_{ij} e_i', \quad n = \dim V.$$

给出矩阵 $(\phi)_{e\,e'} = (a_{ij})$, 则

$$\wedge^{\dim V} \phi(e_1 \wedge \cdots \wedge e_n) = \phi e_1 \wedge \cdots \wedge \phi e_n = \det(a_{ij}) e_1' \wedge \cdots \wedge e_n',$$

这样便见平常的 "矩阵的行列式" 了.

7.3 行列式函子

$\det : \mathscr{V}ec_F^{iso} \to \mathscr{L}in_F^{\mathbb{Z}}$ 是从 $\mathscr{V}ec_F$ 到 $\mathscr{L}in_F^{\mathbb{Z}}$ 的行列式函子.

(1) 在 $\mathscr{V}ec_F$ 内约定 $\wedge^0 0 = F$, 则 $\det 0 = (F, 0) = \mathbf{1}_{\mathscr{L}in}$.

(2) 若有有限维 F 向量空间正合序列 $\Sigma : 0 \to W \xrightarrow{\iota} V \xrightarrow{\pi} V/W \to 0$, 则有 W 的基 $e_1, \cdots, e_m$ 和 V 的向量 $e_{m+1}, \cdots, e_n$ 使得 $\pi e_{m+1}, \cdots, \pi e_n$ 是 V/W 的基, $e_1, \cdots, e_m, e_{m+1}, \cdots, e_n$ 是 V 的基. 则公式

$$\det(\Sigma)(e_1 \wedge \cdots \wedge e_n) = (e_1 \wedge \cdots \wedge e_m) \otimes (\pi e_{m+1} \wedge \cdots \wedge \pi e_n)$$

决定同构 $\det(\Sigma) : \det(V/W) \otimes \det W \xrightarrow{\approx} \det V$. 下图说明 $\Sigma \mapsto [\Sigma]$ 是自然的.

由

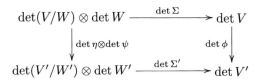

得

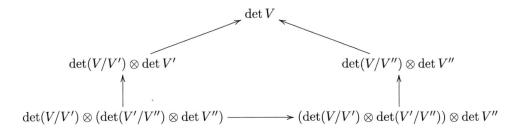

(3) 由 $0 \subseteq V'' \subseteq V' \subseteq V$ 得 $\mathscr{L}in_F^{\mathbb{Z}}$ 内的 "五边" 交换图

```
                          det V
                         ↗     ↖
       det(V/V') ⊗ det V'       det(V/V'') ⊗ det V''
              ↑                          ↑
det(V/V') ⊗ (det(V'/V'') ⊗ det V'') ─→ (det(V/V') ⊗ det(V'/V'')) ⊗ det V''
```

7.3 行列式函子

若范畴 $\mathscr{G}$ 的态射都是同构, 则称 $\mathscr{G}$ 为群胚 (groupoid).

称非空对称幺半范畴 $(\mathscr{P}, \otimes, \mathbf{1}, a)$ 为 **Picard 范畴**, 若

(1) $\mathscr{P}$ 是群胚.

(2) 对 $\mathscr{P}$ 的任意对象 X, 左乘函子 $L_X : \mathscr{P} \to \mathscr{P} : Y \mapsto X \otimes Y, \alpha \mapsto 1_X \otimes \alpha$; 以及右乘函子 $R_X : \mathscr{P} \to \mathscr{P} : Y \mapsto Y \otimes X, \alpha \mapsto \alpha \otimes 1_X$ 均为范畴等价.

注 这个定义和 [Del 871] 不完全一样. 在一些文献中, 称此为 Picard 群胚. 不过这又和 [Del 871] 的 Picard 群胚不完全一样! 以上的定义亦可以使用在不假设 $\mathscr{P}$ 为对称的幺半范畴.

若 $\mathscr{C}$ 为范畴, 则范畴 $\mathscr{C}^{iso}$ 的对象为 $\mathscr{C}$ 的对象; 若 A, B 为 $\mathscr{C}$ 的对象, 则 $\mathrm{Mor}_{\mathscr{C}^{iso}}(A, B)$ 是由 $\mathrm{Mor}_{\mathscr{C}}(A, B)$ 内所有同构组成的.

定义 7.2 一个从正合范畴 $\mathscr{E}$ 到 Picard 范畴 $\mathscr{P}$ 的**行列式函子**(determinant functor) 包括:

(1) 函子 $[\ ] : \mathscr{E}^{iso} \to \mathscr{P}$.

(2) 从 $\mathscr{E}$ 的短正合序列类到 $\mathscr{P}$ 的同构类的映射: 对应于 $\mathscr{E}$ 的短正合序列 $\Sigma : 0 \to E' \to E \to E'' \to 0$ 有 $\mathscr{P}$ 的同构
$$[\Sigma] : [E''] \otimes [E'] \xrightarrow{\approx} [E].$$

并且若有短正合序列同构

$$\begin{array}{ccccccccc}
\Sigma & 0 & \longrightarrow & E' & \longrightarrow & E & \longrightarrow & E'' & \longrightarrow 0 \\
& & & \downarrow \cong & & \downarrow \cong & & \downarrow \cong & \\
\tilde{\Sigma} & 0 & \longrightarrow & \tilde{E}' & \longrightarrow & \tilde{E} & \longrightarrow & \tilde{E}'' & \longrightarrow 0
\end{array}$$

则有

$$\begin{array}{ccc}
[E''] \otimes [E'] & \xrightarrow{[\Sigma]} & [E] \\
\downarrow & & \downarrow \\
[\tilde{E}''] \otimes [\tilde{E}'] & \xrightarrow{[\tilde{\Sigma}]} & [\tilde{E}]
\end{array}$$

(这是说 $\Sigma \mapsto [\Sigma]$ 是自然的).

我们要求以下结合公理成立: 设 $0 \subseteq E'' \xhookrightarrow{f} E' \xhookrightarrow{g} E$ 为 $\mathscr{E}$ 内的子对象, 则有以下短正合序列

$$\Sigma_f : 0 \to E'' \xhookrightarrow{f} E' \to E'/E'' \to 0, \quad \Sigma_g : 0 \to E' \xhookrightarrow{g} E \to E/E' \to 0,$$

$$\Sigma_{gf} : 0 \to E'' \xhookrightarrow{gf} E \to E/E'' \to 0, \quad \tilde{\Sigma} : 0 \to E'/E'' \to E/E'' \to E/E' \to 0.$$

我们要求以下 "五边" 图交换

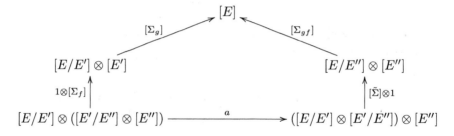

在 [BF 01] 和 [Del 871] 他们还要求以下两个条件:

(3) 若 0 是 $\mathscr{E}$ 的零对象, 则有同构 $\zeta_0 : [0] \xrightarrow{\approx} 1_{\mathscr{P}}$.

(4) 设 $\phi : E \to E'$ 为 $\mathscr{E}$ 的同构, 取 $\Sigma : 0 \to 0 \to E \xrightarrow{\phi} E' \to 0$, 则 $[\phi]$ 是以下态射的合成

$$[E] \xrightarrow{[\Sigma]} [0] \otimes [E'] \xrightarrow{\zeta_0 \otimes id} [E'].$$

取 $\Sigma' : 0 \to E \xrightarrow{\phi} E' \to 0 \to 0$, 则 $[\phi^{-1}]$ 是以下态射的合成

$$[E'] \xrightarrow{[\Sigma']} [E] \otimes [0] \xrightarrow{id \otimes \zeta_0} [E].$$

[Del 871] 把 $\Sigma \to [\Sigma]$ 记为 $\Sigma \to \{\Sigma\}$.

若 $[\ ], [\ ]'$ 是从正合范畴 $\mathscr{E}$ 到 Picard 范畴 $\mathscr{P}$ 的行列式函子. 行列式函子态射是指满足以下条件的自然变换 $T : [\ ] \to [\ ]'$, 对应于 $\mathscr{E}$ 的短正合序列 $\Sigma : 0 \to E' \to E \to E'' \to 0$ 有交换图

$$\begin{array}{ccc} [E''] \otimes [E'] & \xrightarrow{[\Sigma]} & [E] \\ \downarrow & & \downarrow \\ [E'']' \otimes [E']' & \xrightarrow{[\Sigma]'} & [E]' \end{array}$$

这样便得从正合范畴 $\mathscr{E}$ 到 Picard 范畴 $\mathscr{P}$ 的行列式函子范畴 $\mathscr{D}et(\mathscr{E}, \mathscr{P})$. 这是群胚.

7.4 虚 拟 对 象

给出正合范畴 $\mathscr{E}$, 存在 Picard 范畴 $V(\mathscr{E})$ 和从 $\mathscr{E}$ 到 $V(\mathscr{E})$ 的行列式函子 $[\ ]$ 满足以下条件:

(1) 若有从 $\mathscr{E}$ 到 $\mathscr{P}$ 的行列式函子 $[\ ]'$, 则存在幺半函子 f 和自然变换 $\alpha : f \circ [\ ] \to [\ ]'$:

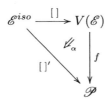

(2) 若另有

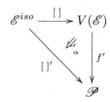

则存在唯一幺半自然变换 $\beta: f \Rightarrow f'$ 使得在 2 范畴内

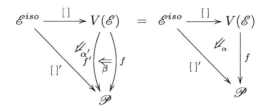

从 $\mathscr{A}$ 到 $\mathscr{B}$ 的幺半函子组成范畴记为 $\mathrm{Hom}^{\otimes}(\mathscr{A},\mathscr{B})$. 则以上是说: 存在行列式函子 $[\,]: \mathscr{E} \to V(\mathscr{E})$ 诱导自然等价

$$\mathrm{Hom}^{\otimes}(V(\mathscr{E}),-) \to \mathscr{D}et(\mathscr{E},-).$$

亦可说 2 函子 $\mathscr{D}et(\mathscr{E},-): \mathbf{PicCat} \to \mathbf{Grd}$ 是可表函子. 此乃 Deligne 的定理. 称 $V(\mathscr{E})$ 为 $\mathscr{E}$ 的**虚拟对象范畴**(category of virtual objects).

我们从正合范畴 $\mathscr{E}$ 出发, 对态射除去定义行列式函子的关系, 得商范畴 $V(\mathscr{E})$, 投射 $\mathscr{E} \to V(\mathscr{E})$ 便是所求的泛对象. 不过 Deligne [Del 871] 还指出: 存在双射 $\mathrm{Obj}(V(\mathscr{E}))/Isom \leftrightarrow K_0(\mathscr{E})$ 和对任意 $X \in \mathrm{Obj}(V(\mathscr{E}))$, 有 $Aut X \leftrightarrow K_1(\mathscr{E})$.

7.5 环的行列式

A 是环 (不一定是交换的). $\mathbf{fpMod}(A)$ 为有限生成投射 A 模范畴. 第 1 章谈环 A 的 K 群 $K_*(A)$, 然后说明 $K_*(A)$ 是正合范畴 $\mathbf{fpMod}(A)$ 的 K 群. 同样, 本书构造正合范畴 $\mathbf{fpMod}(A)$ 的行列式, 并称它为环 A 的行列式, 记为 Det_A.

设 P, Q, P', Q' 是有限生成投射 A 模使得在 $K_0(A)$ 内 $[P] - [Q] = [P'] - [Q']$. 此时有有限生成投射 A 模 M 使得 $P \oplus Q' \oplus M \cong P' \oplus Q \oplus M$. 记 $G_M = Aut(P' \oplus Q \oplus M)$, $I_M = Isom(P \oplus Q' \oplus M, P' \oplus Q \oplus M)$. 若另有 M' 使得 $P \oplus Q' \oplus M' \cong P' \oplus Q \oplus M'$, 则有同构

$$K_1(A) \times^{G_M} I_M \cong K_1(A) \times^{G_{M'}} I_{M'}.$$

7.5 环的行列式

定义范畴 $Vir(A)$ 的对象为 (P,Q), 其中 P,Q 是有限生成投射 A 模. 定义态射

$$\text{Mor}((P,Q),(P',Q')) = \begin{cases} K_1(A) \times^{G_M} I_M, & [P]-[Q]=[P']-[Q'], \\ \varnothing, & \text{其他}, \end{cases}$$

在 $Vir(A)$ 上定义积为 $(P,Q) \cdot (P',Q') = (P \oplus P', Q \oplus Q')$, 则 $(0,0)$ 为此积的单位对象. 对 $P \in \mathbf{fpMod}(A)^{iso}$ 定义

$$\text{Det}_A(P) = (P,0) \in Vir(A).$$

定理 7.3 设 A 是环.
(1) $Vir(A)$ 是 Picard 范畴;
(2) Det_A 给出一个从正合范畴 $\mathbf{fpMod}(A)$ 到 $Vir(A)$ 的行列式函子;
(3) $Vir(A)$ 是 $\mathbf{fpMod}(A)$ 的虚拟对象范畴.

证明见 [FK 06]. 我们简称 $Vir(A)$ 是 A 的虚拟对象范畴, Det_A 是 A 的行列式.

命题 7.4 (1) $(P,Q)^{-1} = (Q,P)$.
(2) $(P,Q) = \text{Det}_A(P)\text{Det}_A(Q)^{-1}$.
(3) $\text{Hom}_{Vir(A)}(\text{Det}_A(0), \text{Det}_A(0)) = K_1(A)$.
(4) 设 A 是交换环, $\beta = \{b_1, \cdots, b_r\}$ 是 P 的基, 则用 β 得同构 $[\beta]: \text{Det}_A(A^r) \cong \text{Det}_A(P)$; 设 $\phi \in AutP$ 使得 $\beta' = \phi\beta$ 是 P 的基, 则 $[\beta'] = \det\phi[\beta]$.

命题 7.5 设 $\mathbb{Z}_p$ 模 H 是有限群, 则
(1) 存在自由 $\mathbb{Z}_p$ 模 P,Q, P,Q 的秩相同和正合序列 $0 \to P \xrightarrow{\psi} Q \to H \to 0$ 使得

$$id_{\mathbb{Q}_p} \otimes \psi : \text{Det}_{\mathbb{Q}_p}(0) \cong \text{Det}_{\mathbb{Q}_p}(Q_{\mathbb{Q}_p})\text{Det}_{\mathbb{Q}_p}(P_{\mathbb{Q}_p})^{-1}.$$

(2) 设 P 有基 $\{p_1, \cdots, p_r\}$, Q 有基 $\{q_1, \cdots, q_r\}$. 取同构 $P \to Q: p_i \mapsto q_i$. 则

$$\rho : \text{Det}_{\mathbb{Z}_p}(0) \cong \text{Det}_{\mathbb{Z}_p}(Q)\text{Det}_{\mathbb{Z}_p}(P)^{-1}.$$

(3) $\rho_{\mathbb{Q}_p} = 1/|H| id_{\mathbb{Q}_p} \otimes \psi$.

若 $C^\bullet$ 是 $\mathbf{fpMod}(A)$ 的有界复形, 取 $C^{even} = \bigoplus_j C^{2j}$, $C^{odd} = \bigoplus_j C^{2j+1}$. 定义

$$\text{Det}_A(C^\bullet) = (C^{even}, C^{odd}).$$

若有界复形 $C^\bullet$ 是零调的 (acyclic), 则 $\text{Det}_A(C^\bullet) = \text{Det}_A(0)$. 于是若 $C_1^\bullet$ 与 $C_2^\bullet$ 是拟同构, 则 $\text{Det}_A(C_1^\bullet) = \text{Det}_A(C_2^\bullet)$ (因为 Cone 是零调的). 因此若复形 $\hat{C}^\bullet$ 是拟同构于有界复形 $C^\bullet$, 定义 $\text{Det}_A(\hat{C}^\bullet)$ 为 $\text{Det}_A(C^\bullet)$.

第 8 章 λ 环结构

1957 年,Grothendieck 在研究陈类时,模仿向量空间外代数 ([高线] §3.5) 在幂级数环 $1+tR[[t]]$ 引入了 λ 环的概念 (文章没有发表). 自此有一系列的资料讨论 λ 环: [Gro 581]; [AT 69]; [Ber 71]; [Kra 80]; [Hil 81]; [Sou 85]; [Sch 88]; [Gra 95]; [Lec 98]; [RSS 88]; [Wei 13]; [FL 85]; [Knu 73].

在未开始之前,我们复习对称函数.

集合 $\{1, 2, \cdots, n\}$ 上的一个置换(permutation)是指一个双射 $\pi = \{1, 2, \cdots, n\} \to \{1, 2, \cdots, n\}$. 由所有这些置换组成的群称为 n 个元素的**对称群** (symmetric group),并以 $\mathscr{S}_n$ 记这个群.

固定域 F. 以 $\xi_1, \cdots, \xi_n$ 为变元系数取自 F 的多项式组成的环记为 $F[\xi_1, \cdots, \xi_n]$. 这是个 F-代数.

取对称群 $\mathscr{S}_n$ 的元素 σ. 设

$$\sigma\left(\sum c_{k_1 \cdots k_n} \xi_1^{k_1} \cdots \xi_n^{k_n}\right) = \sum c_{k_1 \cdots k_n} \xi_{\sigma 1}^{k_1} \cdots \xi_{\sigma n}^{k_n},$$

即 $^\sigma f(\xi_1, \cdots, \xi_n) = f(\xi_{\sigma 1}, \cdots, \xi_{\sigma n})$. 这样对称群 $\mathscr{S}_n$ 作用在 $F[\xi_1, \cdots, \xi_n]$ 上. 如果 $^\sigma f = f$,则称 f 为**对称多项式** (symmetric polynomial).

展开 $\phi(\xi) = (\xi - \xi_1) \cdots (\xi - \xi_n)$ 得

$$\phi(\xi) = \xi^n - s_1 \xi^{n-1} + s_2 \xi^{n-2} - \cdots + (-1)^n s_n,$$

则

$$s_1 = \xi_1 + \cdots + \xi_n,$$
$$s_2 = \xi_1 \xi_2 + \xi_1 \xi_3 + \cdots + \xi_{n-1} \xi_n,$$
$$\cdots \cdots$$
$$s_n = \xi_1 \xi_2 \cdots \xi_n.$$

又可写为

$$s_r = \sum_{i_1 < i_2 < \cdots < i_r} \xi_{i_1} \xi_{i_2} \cdots \xi_{i_r}.$$

称 s_r 为**初等对称函数** (elementary symmetric function). 类似以上 $\phi(\xi)$ 的展开我们可得以下等式

$$\sum_{r=0}^{n} s_r t^r = \prod_{i=1}^{n} (1 + \xi_i t).$$

第 8 章 λ 环结构

从此得形式无穷级数

$$E(t) = \sum_{r \geqslant 0} s_r t^r = \prod_{i \geqslant 1}(1 + \xi_i t),$$

称 $E(t)$ 为 **生成函数** (generating function).

对称多项式组成 $F[\xi_1, \cdots, \xi_n]$ 的子环

$$\Lambda_n = F[\xi_1, \cdots, \xi_n]^{\mathscr{S}_n}.$$

Λ_n 是分级环 (graded ring)

$$\Lambda_n = \bigoplus_k \Lambda_n^k,$$

其中 Λ_n^k 由 0 和齐性对称 k 次多项式所组成.

定理 8.1

$$\Lambda_n = F[s_1, \cdots, s_n].$$

证明 设 $f \in \Lambda_n$ 的次数是 ν. 将证明 $f \in F[s_1, \cdots, s_n]$. 证法是对 (n, ν) 作归纳. 以 $T(n, \nu)$ 记所需要证明的结果.

(1) $n = 1$ 时 $s_1 = \xi_1$. 于是 $T(1, \nu)$ 对所有 ν 成立.

(2) 由于 n 个变元的 1 次对称多项式必为 $a + bs_1$, 所以 $T(n, 1)$ 对所有 n 成立.

(3) 余下证明: 如果 $T(n-1, \nu') \Rightarrow T(n, \nu')$ 对所有 $\nu' < \nu$, 则 $T(n-1, \nu) \Rightarrow T(n, \nu)$.

设 $f(\xi_1, \cdots, \xi_n) \in \Lambda_n$ 的次数是 ν, 则 $f(\xi_1, \cdots, \xi_{n-1}, 0) \in \Lambda_{n-1}$ 的次数是 $\nu^* \leqslant \nu$. 由假设 $T(n-1, \nu^*)$ 知有系数在 F 的多项式 g^* 使

$$f(\xi_1, \cdots, \xi_{n-1}, 0) = g^*(s_1^*, \cdots, s_{n-1}^*),$$

其中

$$s_1^* = \xi_1 + \cdots + \xi_{n-1}, \cdots, s_{n-1}^* = \xi_1 \cdots \xi_{n-1}.$$

设

$$g(\xi_1, \cdots, \xi_n) = f(\xi_1, \cdots, \xi_n) - g^*(s_1^*, \cdots, s_{n-1}^*),$$

则 $g \in \Lambda_n$, g 的次数是 $\nu' \leqslant \nu$ 或 $g = 0$. 此外 $g(\xi_1, \cdots, \xi_{n-1}, 0) = 0$, 所以 g 的每一项都包含 ξ_n 为因子. 由于 g 是对称多项式, 所以 g 的每一项都包含 $\xi_1, \cdots, \xi_{n-1}$ 为因子. 这样便可抽出因子

$$g(\xi_1, \cdots, \xi_n) = s_n g^\dagger(\xi_1, \cdots, \xi_n),$$

$g^\dagger$ 的次数是 $\nu' - n < \nu$ 或 $g^\dagger = 0$. 由假设 $T(n, \nu' - n)$ 知有系数在 F 的多项式 h,

$$g^\dagger(\xi_1, \cdots, \xi_n) = h(s_1, \cdots, s_n),$$

所以
$$f(\xi_1,\cdots,\xi_n) = s_n h(s_1,\cdots,s_n) + g^*(s_1,\cdots,s_{n-1}).\quad\Box$$

引理 8.2 *初等对称函数 $\{s_1,\cdots,s_n\}$ 是代数无关.*

证明 否则有非零多项式 $f(x_1,\cdots,x_n)$ 使得 $f(s_1,\cdots,s_n)=0$. 取 $a_1,\cdots,a_n$ 使得 $f(a_1,\cdots,a_n)\neq 0$. 设 $r_1,\cdots,r_n$ 为 $x^n-a_1x^{n-1}+\cdots+(-1)^n a_n=0$ 的根, 则 $a_1,\cdots,a_n$ 是以 $r_1,\cdots,r_n$ 为变元的初等对称函数. 因此 $f(a_1,\cdots,a_n)=0$. 于是有矛盾. $\Box$

牛顿多项式(Newton polynomial) 是满足条件
$$\nu_n(s_1,\cdots,s_r) = \xi_1^n + \cdots + \xi_r^n$$
的整数系数多项式 ν_n. 例: $\nu_1=s_1$, $\nu_2=s_1^2-2s_2$. 设
$$\phi(\xi) = (\xi-\xi_1)\cdots(\xi-\xi_n),$$
则
$$\begin{aligned}\phi(\xi) &= \phi(\xi) - \phi(\xi_i) \\ &= (\xi^n-\xi_i^n) - s_1(\xi^{n-1}-\xi_i^{n-1}) + \cdots + (-1)^{n-1}s_{n-1}(\xi-\xi_i).\end{aligned}$$
于是
$$\begin{aligned}\frac{\phi(\xi)}{\xi-\xi_i} &= \xi^{n-1} + (\xi_i-s_1)\xi^{n-2} + (\xi_i^2-s_1\xi_i+s_2)\xi^{n-3}+\cdots \\ &\quad + (\xi_i^{n-1}-s_1\xi_i^{n-2}+\cdots+(-1)^{n-1}s_{n-1}).\end{aligned}$$
从而
$$\begin{aligned}\sum_{i=1}^n \frac{\phi(\xi)}{\xi-\xi_i} &= n\xi^{n-1} + (\nu_1-ns_1)\xi^{n-2} + (\nu_2-s_1\nu_1+ns_2)\xi^{n-3}+\cdots \\ &\quad + (\nu_{n-1}-s_1\nu_{n-2}+\cdots+(-1)^{n-1}s_{n-1}).\end{aligned}$$
另外
$$\sum_{i=1}^n \frac{\phi(\xi)}{\xi-\xi_i} = \phi'(\xi) = n\xi^{n-1} - (n-1)s_1\xi^{n-2} + \cdots + (-1)^{n-1}1 s_{n-1}.$$
比较系数得
$$\nu_1 - s_1 = 0,$$
$$\nu_2 - s_1\nu_1 + 2s_2 = 0,$$
$$\cdots\cdots$$
$$\nu_{n-1} - s_1\nu_{n-2} + \cdots + (-1)^{n-1}(n-1)s_{n-1} = 0.$$

逐步解这些式子便得牛顿多项式 $\nu_n(s_1,\cdots,s_r)$.

把这些式子加起来, 并设 $s_{n+i}=0$ 对 $i>0$, 则得牛顿公式
$$\nu_k - s_1\nu_{k-1} + \cdots + (-1)^{k-1}s_{k-1}\nu_1 + (-1)^k k\nu_k = 0, \ \forall\, k.$$

8.1 λ 环

8.1.1 λ 结构

定义 8.3 带单位 1 的交换环 R 的 λ 结构是指对 $n \geqslant 0$, 有映射 $\lambda^n : R \to R$ 使得对 $x, y \in R$ 以下条件成立:

(1) $\lambda^0(x) = 1$;
(2) $\lambda^1(x) = x$;
(3) $\lambda^n(x+y) = \sum_{r=0}^n \lambda^r(x)\lambda^{n-r}(y)$,

称 (R, λ^n) 为带 λ 结构的环, 或称为预 λ 环 (pre λ ring).

设另有带 λ 结构的环 $(\overline{R}, \overline{\lambda}^n)$ 和环同态 $f : R \to \overline{R}$ 使得 $\overline{\lambda}^n \circ f = f \circ \lambda^n$, 则称 f 为 λ 同态.

若有 n 使得 $\lambda^n(x) \neq 0$ 和 $m > n \Rightarrow \lambda^m(x) = 0$, 则说 x 的维数是 n; 又称 1 维的 x 为线元 (line element).

以 t 记幂级数环 $R[[t]]$ 的变元. 设 $W_R = 1 + tR[[t]]$. 定义
$$\lambda_t(x) = \sum_{n \geqslant 0} \lambda^n(x)t^n, \quad x \in R,$$

则 $\lambda_t : R \to W_R$ 是同态, 即
$$\lambda_t(x+y) = \lambda_t(x)\lambda_t(y).$$

例 取整数环 $\mathbb{Z}$. 设 $\lambda_t(1) = 1 + t$. 用以上等式作归纳得 $\lambda_t(m) = (1+t)^m$, 于是 $\lambda^n(m) = \begin{pmatrix} m \\ n \end{pmatrix}$. 如此可见 $\mathbb{Z}$ 是带 λ 结构的环.

以 $\xi_1, \cdots, \xi_q$ 为变元的初等对称函数 ([高线] 3.2.4) 记为 s_i, 即 $s_1 = \xi_1 + \cdots + \xi_q$, $s_2 = \xi_1\xi_2 + \cdots + \xi_{q-1}\xi_q$, 等等. 以 $\eta_1, \cdots, \eta_q$ 为变元的初等对称函数则记为 σ_i. 用以下等式决定整数系数多项式 $P_n, P_{n,m}$:
$$\prod_{i,j}(1+\xi_i\eta_j t) = \sum_{n \geqslant 0} P_n(s_1,\cdots,s_n;\sigma_1,\cdots,\sigma_n)t^n,$$
$$\prod_{i_1<\cdots<i_m}(1+\xi_{i_1}\cdots\xi_{i_m}t) = \sum_{n \geqslant 0} P_{n,m}(s_1,\cdots,s_{mn})t^n.$$

定义 8.4 称带 λ 结构的环 R 为 **λ 环**, 若

(4) $\lambda^n(xy) = P_n(\lambda^1(x),\cdots,\lambda^n(x);\lambda^1(y),\cdots,\lambda^n(y))$;

(5) $\lambda^m(\lambda^n(x)) = P_{m,n}(\lambda^1(x),\cdots,\lambda^{mn}(x))$.

在 (5) 中取 $n=0$, 得 $\lambda_t(1) = 1+t$ 或在 $m>1$ 时 $\lambda^m(1) = 0$.

文献中有两套名词: 称带 λ 结构的环 (预 λ 环) 为 λ 环; 然后称 λ 环为特殊 λ 环 (special λ ring).

显然从定义得以下命题.

命题 8.5 带 λ 结构的环 R 为 λ 环当且仅当 $\lambda_t : R \to W_R$ 是 λ 同态.

8.1.2 W, U, Ω

引理 8.6 A 是带单位 1 的交换环. 在 $W_A = 1 + tA[[t]]$ 内以幂级数乘法为 "加法". 定义 "乘法" 为

$$\left(1+\sum a_n t^n\right) \circ \left(1+\sum b_n t^n\right) = 1 + \sum P_n(a_1,\cdots,a_n;b_1,\cdots,b_n)t^n,$$

定义 $\lambda^m(1+\sum a_n t^n) = 1 + \sum P_{n,m}(a_1,\cdots,a_{mn})t^n$, 则 (W_A, λ^m) 是带 λ 结构的环.

证明 该引理的要求可以表达为关于多项式 $P_n, P_{m,n}$ 的恒等式. 作为例子我们考虑 "乘法" $\circ$ 的结合律. 以 $\xi_1,\cdots,\xi_q$ 为变元的初等对称函数记为 s_j, 以 $\eta_1,\cdots,\eta_r$ 为变元的初等对称函数则记为 e_j, 以 $\zeta_1,\cdots,\zeta_p$ 为变元的初等对称函数则记为 z_j. 设 $q,r,s \geqslant n$, 则 $s_1,\cdots,s_n, e_1,\cdots,e_n, z_1,\cdots,z_n$ 是代数无关的. 比较 t^n 在以下等式的系数,

$$\prod(1+\xi_i\eta_j t) \circ \prod(1+\zeta_k t) = \prod(1+\xi_i\eta_j\zeta_k t) = \prod(1+\xi_i t) \circ \prod(1+\eta_j\zeta_k t),$$

则

$$P_n(P_1(a_1,b_1),\cdots,P_n(a_1,\cdots,a_n;b_1,\cdots,b_n);c_1,\cdots,c_n)$$
$$=P_n(a_1,\cdots,a_n;P_1(b_1,c_1),\cdots,P_n(b_1,\cdots,b_n;c_1,\cdots,c_n)).$$

这个恒等式告诉我们 $\circ$ 满足结合律. $\square$

注意: 环 W_A 的 "零" 是级数 1, "单位元" 是级数 $1+t$.

定理 8.7 (Grothendieck) A 是带单位 1 的交换环, 则 W_A 是 λ 环.

证明 我们需要证明 λ 环的定义中的条件 (4), (5). 考虑 (4). 按 W_A 的定义 (引理 8.6), 左边的 $\lambda^n(xy)$ 在 W_A 内可以表达为一个用 $P_n, P_{m,n}$ 写成的式子, 因此 (4) 是一个关于 $P_n, P_{m,n}$ 的恒等式, 暂以 ‡ 记这恒等式. 这样我们只需知道对某些元素恒等式 ‡ 成立.

首先有 $\lambda^m(1+at) = 1$, 注意 1 是 W_A 的零元. 即 $1+t$ 是线元.

若带 λ 结构的环 R 有如下性质: 线元的积是线元. 设 $x = \sum x_i, y = \sum y_j$, x_i, y_j 为 R 的线元, 则

$$\lambda_t(xy) = \lambda_t\left(\sum x_i y_j\right) = \prod(1 + x_i y_j t) = \lambda_t(x) \circ \lambda_t(y),$$

因此 x, y 满足 (4).

在带 λ 结构的环 $1 + t\mathbb{Z}[\xi_1, \cdots, \xi_q, \eta_1, \cdots, \eta_r][[t]]$ 里, 线元的积是线元, $(1+at) \circ (1+bt) = 1+abt$. 按前所说, (4) 对 $x = \prod(1+\xi_i t), y = \prod(1+\eta_j t)$ 成立. 于是, 如引理 8.6 的证明, 恒等式 ‡ 一般成立. □

取 $r \geqslant 0, \Omega_r = \mathbb{Z}[\xi_1, \cdots, \xi_r], \lambda_t(\xi_n) = 1 + \xi_n t$,

$$\phi_s^r(\xi_n) = \begin{cases} \xi_n, & n \leqslant s, \\ 0, & s < n \leqslant r, \end{cases}$$

用 $\phi_s^r(\xi_n)$ 取反极限得 $\Omega = \varprojlim \Omega_r$, 则 Ω 是 λ 环.

命题 8.8 设 U 为 Ω 里包含初等对称函数 s_1 的最小 λ 子环, 则

(1) $s_n = \lambda^n(s_1)$;

(2) $U = \mathbb{Z}[s_1, \cdots, s_n, \cdots]$ 是 λ 环;

(3) 若 R 是 λ 环, 则有 λ 同态 $u_x : U \to R$ 使得 $u_x(s_n) = \lambda^n(x)$.

证明 把 U 看作由一个元素 s_1 所生成的带 λ 结构的环, 使得 $\{\lambda^n(s_1)\}_{n \geqslant 1}$ 代数无关.

把 Ω 看作以 $\{\xi_i\}$ 为变元的幂级数环, 使得它的元素, 当取 $\xi_r = 0, r > n$ 时, 成为以 $\{\xi_1, \cdots, \xi_n\}$ 为变元的多项式. 这定义了 $\phi_n : \Omega \to \Omega_n$. 这样显然对 $m \geqslant n$ 有 $\phi_n^m \phi_m = \phi_n$. 以 $s_n(\xi_1, \cdots, \xi_r)$ 记以 $\xi_1, \cdots, \xi_r$ 为变元的第 n 个初等对称函数, 设 $s_n = \varprojlim s_n(\xi_1, \cdots, \xi_r) \in \Omega$, 则 $\lambda^n(s_1) = s_n$. 若有多项式 f 使得 $f(s_1, \cdots, s_n) = 0$, 则 $\phi_n(f(s_1, \cdots, s_n)) = f(s_1(\xi_1, \cdots, \xi_n), \cdots, s_n(\xi_1, \cdots, \xi_n)) = 0$. 从此知 f 是零多项式. 所以 $\{s_n\}$ 是代数无关的.

作为包含初等对称函数 s_1 的最小 λ 子环, U 包含 $s_n = \lambda^n(s_1)$, 于是 U 包含 $\mathbb{Z}[s_1, \cdots, s_n, \cdots]$. 从定义 λ 环的条件得知可以在 $\mathbb{Z}[s_1, \cdots, s_n, \cdots]$ 上定义 λ 结构. 因此 $U = \mathbb{Z}[s_1, \cdots, s_n, \cdots]$.

若 R 是 λ 环, 以 $u_x(s_n) = \lambda^n(x)$ 定义映射 $u_x : U \to R$. 利用多项式 $P_n, P_{n,m}$ 可验证 u_x 为 λ 同态. u_x 的象是由 x 所生成的 λ 子环. □

8.1.3 λ 环的运算

假设对每个 λ 环 A, 给出映射 $\mu_A : A \to A$, 使得若 $\phi : A \to B$ 是 λ 同态, 则 $\phi \mu_A = \mu_B \phi$. 称 $\mu = \{\mu_A\}$ 为 λ 环运算 (operation). 以 $\mathfrak{L}$ 记 λ 环范畴, $Op\, \mathfrak{L}$ 记

全部 λ 环运算所组成的集合. 对 $\mu,\nu \in Op\,\mathfrak{L}$, 取 $(\mu_A + \nu_A)(a) = \mu_A(a) + \nu_A(a)$, $(\mu_A\nu_A)(a) = \mu_A(\nu_A(a))$, 则 $Op\,\mathfrak{L}$ 是环.

如果我们记 $\mathfrak{L}$ 的对象为 (R,λ_R^n), 则 $\lambda^n \in Op\,\mathfrak{L}$. 令

$$\alpha(f(\lambda^1,\cdots,\lambda^n))(x) = f(\lambda^1(x),\cdots,\lambda^n(x)),$$

其中 x 是某 λ 环的元素. 留意: 取变元 X, $\mathbb{Z}[\lambda^1(X),\lambda^2(X),\cdots]$ 是由 X 生成的环. 定义同态 $\alpha: \mathbb{Z}[\lambda^1,\lambda^2,\cdots] \to Op\,\mathfrak{L}$.

命题 8.9 α 是同构.

证明 $U \in \mathfrak{L}$. 于是若 $\alpha(f(\lambda^1,\cdots,\lambda^n)) = 0$, 则 $\alpha(f(\lambda^1,\cdots,\lambda^n))(s_1) = f(s_1,\cdots,s_n) = 0$, 但是 $s_1,\cdots,s_n$ 是代数无关的, 因此 f 是零多项式. 证得 α 是单态射.

若 $\mu \in Op\,\mathfrak{L}$, 则 $\mu(s_1) \in U$, 以及有多项式 f 使得 $\mu(s_1) = f(s_1,\cdots,s_n)$. 若 $R \in \mathfrak{L}, x \in R$, 则有 λ 同态 $u_x : U \to R$ 使得 $u_x(s_n) = \lambda^n(x)$, 由命题 8.8. 因为 μ 是 λ 环运算, μ 与 u_x 交换, 于是

$$\mu(x) = \mu u_x(s_1) = u_x\mu(s_1) = u_x f(s_1,\cdots,s_n)$$
$$= f(\lambda^1(x),\cdots,\lambda^n(x)) = \alpha(f(\lambda^1,\cdots,\lambda^n))(x).$$

这样得 $\alpha(f(\lambda^1,\cdots,\lambda^n)) = \mu$. 证得 α 是满态射. □

称以下定理为验证原理 (verification principle).

定理 8.10 假设有多项式 f 和 $\mu \in Op\,\mathfrak{L}$, 则 $\mu = f(\lambda^1,\cdots,\lambda^n)$ 当且仅当 $\mu(x) = f(\lambda^1,\cdots,\lambda^n)(x)$, 其中 x 走遍线元的和 $\xi_1 + \cdots + \xi_r, r \geqslant 0$.

证明 取 $\mu \in Op\,\mathfrak{L}$, 若有多项式 f 使得 $\mu(s_1) = f(s_1,\cdots,s_n)$, 则 $\mu = f(\lambda^1,\cdots,\lambda^n)$.

我们可以在 Ω 检验 $\mu(s_1) = f(s_1,\cdots,s_n)$. 利用反极限 $\Omega = \varprojlim \Omega_r$ 的性质, λ 环运算与 λ 同态交换 $\phi_r : \Omega \to \Omega_r$, 只需要在 Ω_r 内证明

$$\mu(\xi_1 + \cdots + \xi_r) = f(s_1(\xi_1,\cdots,\xi_r),\cdots,s_n(\xi_1,\cdots,\xi_r)).$$ □

8.2 Adams 运算

取 λ 环 R. 用左边的函数的幂级数展开来定义映射 $\psi^n : R \to R$

$$-t\frac{d}{dt}\log\lambda_{-t}(x) = \sum_{n\geqslant 1}\psi^n(x)t^n,$$

8.2 Adams 运算

称 ψ^n 为 **Adams 运算**. 记 $\psi_t(x) = \sum_{n\geqslant 1} \psi^n(x) t^n$. 直接计算

$$-t\frac{d}{dt}\log \lambda_{-t}(x) = -t\frac{\lambda'_{-t}(x)}{\lambda_{-t}(x)} = -t\frac{\sum_{k\geqslant 1}(-1)^k k\lambda^k(x)t^{k-1}}{\sum_{k\geqslant 0}(-1)^k \lambda^k(x)t^k},$$

因此

$$\left(\sum_{k\geqslant 1}\psi^k(x)t^k\right)\left(\sum_{k\geqslant 0}(-1)^k\lambda^k(x)t^k\right) = \sum_{k\geqslant 1}(-1)^{k+1}k\lambda^k(x)t^k.$$

比较 t^k 的系数, 可以一步步地解出 ψ^k 的公式, 例如, $\psi^3(x) = x^3 - 3(x\lambda^2(x) - \lambda^3(x))$.

以 $\xi_1, \cdots, \xi_r$ 为变元的第 i 个初等对称函数记为 s_i. 牛顿多项式是满足条件

$$\nu_n(s_1, \cdots, s_r) = \xi_1^n + \cdots + \xi_r^n$$

的整数系数多项式 ν_n.

命题 8.11 (1) $\psi^n(x) = \nu_n(\lambda^1(x), \cdots, \lambda^n(x))$;
(2) 如果 $a_1, \cdots, a_m$ 是线元, 则 $\psi^n(a_1 + \cdots + a_m) = a_1^n + \cdots + a_m^n$;
(3) ψ^n 是 λ 同态;
(4) $\psi^m\psi^n = \psi^{mn} = \psi^n\psi^m$, $\psi^{p^r}(x) \equiv x^{p^r} \mod p$, p 是素数.

证明 (1) 设 x 为线元, 则

$$\psi_t(x) = -t\frac{d}{dt}\log(1-xt) = -t\frac{-x}{1-xt} = \frac{xt}{1-xt} = \sum_{n\geqslant 1}x^n t^n,$$

因此 $\psi^n(x) = x^n$. 由此按验证原理得 (1).

(3) 按验证原理我们只需要为线元证明以下公式:

$$\psi^n\left(\sum \xi_i + \sum \eta_i\right) = \sum \xi_i^n + \sum \eta_i^n = \psi^n\left(\sum \xi_i\right) + \psi^n\left(\sum \eta_i\right),$$

$$\psi^n\left(\sum \xi_i \sum \eta_i\right) = \psi^n\left(\sum \xi_i\eta_i\right) = \sum(\xi_i\eta_i)^n = \sum \xi_i^n\eta_i^n$$
$$= \psi^n\left(\sum \xi_i\right)\psi^n\left(\sum \eta_i\right),$$

$$\psi^n\left(\lambda^m\left(\sum \xi_i\right)\right) = \psi^n(s_m(\xi_1, \cdots, \xi_r)) = s_m(\xi_1^n, \cdots, \xi_r^n)$$
$$= \lambda^m\left(\sum \xi_i^n\right) = \lambda^m\left(\psi^n\left(\sum \xi_i\right)\right).$$

(4) 按验证原理

$$\psi^m\left(\psi^n\left(\sum \xi_i\right)\right) = \psi^m\left(\sum \xi_i^n\right) = \sum \xi_i^{mn} = \psi^{mn}\left(\sum \xi_i\right). \qquad \square$$

John Frank Adams(1930—1989), 英国代数拓扑学家, 开始读研究生时师从 *A. S. Besicovitch*, 后来改随 *S. Wylie*, *1956 年获得剑桥大学博士学位*, *1964—1970 为曼彻斯特大学教授*, *1970—1989 为剑桥大学 Lowndean 教授*. 他在名著 [Ada 62] 引入了 *Adams* 运算. 此外以他命名的还有 *Adams* 谱序列和 *Adams* 猜想.

8.3 γ 过 滤

8.3.1 增广 λ 环

称带 λ 结构的环 R 为二项 λ 环 (binomial λ ring), 若
(1) R 的加法群是无挠的;
(2) 对 $x \in R, n \in \mathbb{N}$, $\binom{x}{n} \in R$ 和 $\lambda^n(x) = \binom{x}{n}$.

称 λ 环 R 为增广 λ 环 (augmented λ ring), 若
(1) R 有二项 λ 子环 S;
(2) 存在 λ 同态 $\varepsilon : R \to S$.

称 ε 为增广同态 (augmentation), $I = \mathrm{Ker}\,\varepsilon$ 为增广理想 (augmentation ideal).

$\mathbb{Z}$ 是二项 λ 环. 任何 λ 环 R 必有 λ 子环和 $\mathbb{Z}$ 同构. 事实上, 若在 R 内有 $m \cdot 1 = 0$, 则
$$1 = \lambda_t(0) = \lambda_t(m \cdot 1) = (1+t)^m.$$

比较 t^m 的系数便得矛盾. 此外若 λ 环 R 有增广同态 $\varepsilon : R \to \mathbb{Z}$, 则 R 的任一元素 x 可以唯一地表达为 $x = \varepsilon(x) + (x - \varepsilon(x))$. 因此便有交换群分解 $R = \mathbb{Z} \bigoplus I$. 反过来亦可证明若 R 有 λ 理想 I 使得 $R \cong \mathbb{Z} \bigoplus I$, 则 R 有增广同态 $\varepsilon : R \to \mathbb{Z}$, $I = \mathrm{Ker}\,\varepsilon$.

8.3.2 γ 运算

在 λ 环上 Grothendieck 定义 γ 运算为
$$\gamma^n(x) = \lambda^n(x + n - 1),$$
则
(1) $\gamma^0(x) = 1, \gamma^1(x) = x$;
(2) $\gamma^n(x+y) = \sum_{r=0}^n \gamma^r(x) \gamma^{n-r}(y)$;
(3) 存在多项式 $Q_n, Q_{m,n}$ 使得
$$\gamma^n(xy) = Q_n(\gamma^1(x), \cdots, \gamma^n(x); \gamma^1(y), \cdots, \gamma^n(y)),$$
$$\gamma^m(\gamma^n(x)) = Q_{m,n}(\gamma^1(x), \cdots, \gamma^{mn}(x)).$$

引理 8.12 设 $\gamma_t(x) = 1 + \sum_{n>0} \gamma^n(x) t^n$, 则
(1) $\gamma_t(x) = \lambda_{\frac{t}{1-t}}(x)$, $\lambda_s(x) = \gamma_{\frac{s}{1+s}}(x)$;
(2) $\gamma_t(x+y) = \gamma_t(x)\gamma_t(y)$.

8.3.3 过滤

设 λ 环 R 有增广同态 $\varepsilon: R \to S$, $I = \operatorname{Ker}\varepsilon$. 以 R_n 记由以下集合所生成的 S 模

$$\left\{\gamma^{n_1}(a_1) \cdots \gamma^{n_r}(a_r) : a_j \in I, \sum n_j \geqslant n\right\}.$$

若 λ 环 R 的增广同态是 $\varepsilon: R \to \mathbb{Z}$, 则可以取 R_n 为以上集合所生成的子群, 然后证明 R_n 是 λ 理想.

命题 8.13 (1) $R_m \cdot R_n \subset R_{m+n}$;
(2) $R_0 = R$, $R_1 = I$;
(3) 对 $n \geqslant 1$, R_n 是 λ 理想.

证明 证 (3). 由 $R = \mathbb{Z} \bigoplus R_1$ 得 R_n 是理想. 余下证若 $x \in I$, 则 $\lambda^r(\gamma^m(x)) \in R_m$.

$$\lambda^r(\gamma^m(x)) = \lambda^r(\lambda^m(x+m-1)) = P_{r,m}(\lambda^1(x+m-1), \cdots, \lambda^{rm}(x+m-1)).$$

以 s_i 记 ξ_j 的第 i 个初等对称函数, 多项式 $\prod(1 + \xi_{i_1} \cdots \xi_{i_m} t)$ 中 t^r 的系数是 $P_{r,m}(s_1, \cdots, s_{rm})$. 对 $i \geqslant m$ 取 $\xi_i = 0$, 则 $P_{r,m}(s_1, \cdots, s_{m-1}, 0, 0, \cdots, 0) = 0$, 因此 $P_{r,m}(s_1, \cdots, s_{rm})$ 是单项式的和, 其中每一项包含 $s_i, i \geqslant m$. 于是 $\lambda^r(\gamma^m(x))$ 是单项式的和, 其中每一项是 $\lambda^i(x+m-1)$ 乘一个因子, $i \geqslant m$.

下一步证: 对 $i \geqslant m$, $\lambda^i(x+m-1) \in R_m$. 取 $s = i - m$, 则

$$\lambda^i(x+m-1) = \lambda^{m+s}(x+m-1) = \gamma^{m+s}(x+m-1-m-s+1).$$

因为若 $r > s \geqslant 0$, 则 $\gamma^r(-s) = 0$, 于是

$$\lambda^i(x+m-1) = \sum_{r=0}^{s} \gamma^{m+s-r}(x)\gamma^r(-s) \in R_m. \qquad \square$$

称 $R = R_0 \supseteq R_1 \supseteq \cdots$ 为 γ 过滤 (γ filtration).

8.3.4 分级环

从 γ 过滤得关联分级 S 代数 (associated graded algebra)

$$gr\, R = \bigoplus_{n \geqslant 0} gr_n\, R, \quad gr_n\, R = R_n / R_{n+1}.$$

命题 8.14 设 R 是增广 λ 环. Adams 运算 ψ^k 在 R_n/R_{n+1} 诱导映射 $z \mapsto k^n z$.

证明 ψ^k 是 λ 同态, 因此 ψ^k 与 γ 运算交换; 又因为 $R_n R_m \subset R_{n+m}$, 只需对 $x \in \operatorname{Ker}\varepsilon$ 证

$$\psi^k(\gamma^n(x)) - k^n \gamma^n(x) \in R_{n+1}.$$

类似 λ 的验证原理, 同样亦可以证明 γ 的验证原理. 于是在以下的证明只需考虑 γ 线性元. 取 $x = \sum x_i$ 满足条件 $\gamma_t(x_i) = 1 + x_i t$, 则 $1 + x_i$ 是 λ 线性元. 于是 $\psi^k(x_i) = (1+x_i)^k - 1$, 并且

$$\begin{aligned}
&\psi^k\left(\gamma^n\left(\sum x_i\right)\right) - k^n \gamma^n\left(\sum x_i\right) \\
=&\psi^k(s_n(x_1, \cdots, x_r)) - k^n s_n(x_1, \cdots, x_r) \\
=&s_n(\psi^k(x_1), \cdots, \psi^k(x_r)) - k^n s_n(x_1, \cdots, x_r) \\
=&k^n s_n(x_1, \cdots, x_r) + \text{高次项} - k^n s_n(x_1, \cdots, x_r).
\end{aligned}$$
$\square$

说增广 λ 环 R 的 γ 过滤是局部幂零的 (locally nilpotent), 若每个 $x \in \operatorname{Ker}\varepsilon$ 有非负整数 n_x 使得 $\sum n_j > n_x \Rightarrow \gamma^{n_1}(x) \cdots \gamma^{n_r}(x) = 0$.

命题 8.15 设增广 λ 环 (R, ε) 的 γ 过滤是局部幂零的. 对 $k > 0$, 取 $V^{(j)} = \{z \in \operatorname{Ker}\varepsilon \otimes \mathbb{Q} : (\psi^k \otimes 1)(z) = k^j z\}$, 则

$$\operatorname{Ker}\varepsilon \otimes_{\mathbb{Z}} \mathbb{Q} = \bigoplus_{j \geqslant 1} V^{(j)},$$

并且 $V(j)$ 与 k 无关.

证明 设 $Z_n = \operatorname{Ker}((\psi^k - k^n) \cdots (\psi^k - k) : \operatorname{Ker}\varepsilon \to \operatorname{Ker}\varepsilon)$. 则 $\operatorname{Ker}\varepsilon = \cup Z_n$. 我们证明:

$$q_n = \bigoplus p_i : Z_n \otimes \mathbb{Q} \cong \bigoplus_{i=1}^n V^{(i)}, \quad p_i := \prod_{j \neq i} \frac{\psi^k - k^i}{k^i - k^j},$$

p_i 是投射. $\mathbb{Q}$ 是无挠的, 自然得 $k = 1$ 的情形. 因为 $\prod_{i=1}^n (\psi^k - k^i)$ 在 Z_n 上为零, 所以 p_n 的核是 Z_{n-1}.

$$\begin{array}{ccccccccc}
0 & \longrightarrow & Z_{n-1} \otimes \mathbb{Q} & \longrightarrow & Z_n \otimes \mathbb{Q} & \longrightarrow & Z_n/Z_{n-1} \otimes \mathbb{Q} & \longrightarrow & 0 \\
& & \downarrow{q_{n-1}} & & \downarrow & & \downarrow{p_n} & & \\
0 & \longrightarrow & \bigoplus_{i=1}^{n-1} V^{(i)} & \longrightarrow & \bigoplus_{i=1}^n V^{(i)} & \longrightarrow & V^{(n)} & \longrightarrow & 0
\end{array}$$

按归纳假设 q_{n-1} 是同构. 设 $V_n = \operatorname{Ker}(\psi^k - k^n : \operatorname{Ker}\varepsilon \to \operatorname{Ker}\varepsilon) \subset Z_n$. 以下映射

$$V^{(n)} \cong V_n \otimes \mathbb{Q} \to Z_n \otimes \mathbb{Q} \to Z_n/Z_{n-1} \otimes \mathbb{Q}$$

的合成是 p_n 的逆映射, 于是 p_n 是同构. 用 5 引理得 q_n 是同构.

最后

$$\operatorname{Ker} \varepsilon \otimes \mathbb{Q} \cong (\varinjlim Z_n) \otimes \mathbb{Q} \cong \varinjlim (Z_n \otimes \mathbb{Q}) \cong \varinjlim \bigoplus_{j \geqslant 1}^{n} V^{(j)} \cong \bigoplus_{j \geqslant 1}^{\infty} V^{(j)}. \qquad \Box$$

8.3.5 陈类

设 R 是增广 λ 环. 称映射

$$c_n : R \to R_n/R_{n+1} : x \mapsto \gamma^n(x - \varepsilon(x)) \mod R_{n+1}$$

为 n 陈类 (n th Chern class). 于是 $\nu_n(c_1(x), \cdots, c_n(x)) \in R_n/R_{n+1}$, ν_n 是牛顿多项式. 可以证明

$$c_n(x) \equiv (-1)^{n-1}(n-1)! x \mod R^{n+1}.$$

称映射

$$ch : R \to \prod_{n \geqslant 0} (R_n/R_{n+1} \otimes_{\mathbb{Z}} \mathbb{Q}) : x \mapsto \varepsilon(x) + \sum_{n \geqslant 1} \frac{1}{n!} \nu_n(c_1(x), \cdots, c_n(x))$$

为陈特征标 (Chern character). 把 $ch(x)$ 看作 $\prod_{n \geqslant 0}(R_n/R_{n+1} \otimes_{\mathbb{Z}} \mathbb{Q})$ 的元素.

定理 8.16 设增广 λ 环 R 的 γ 过滤是局部幂零的, 则

$$ch : R \otimes \mathbb{Q} = \bigoplus_{n \geqslant 0} V^{(n)} \to gr\, R \otimes \mathbb{Q} = \bigoplus_{n \geqslant 0} R_n/R_{n+1} \otimes \mathbb{Q}$$

是分级 $S \otimes \mathbb{Q}$ 代数同构. 若 $x \in V^{(n)}$, 则

$$ch(x) \equiv x \mod R_{n+1} \otimes \mathbb{Q}.$$

8.4 群表示环

设有群 G. 有 G 在 F 向量空间的表示等同于 V 是 $F[G]$ 模.

为了容易明白, 我们从 G 的有限维复表示开始, 即有群同态 $\pi : G \to Aut_{\mathbb{C}}V$, 其中 V 是复数域 $\mathbb{C}$ 上的有限维向量空间. 由表示 $\pi : G \to Aut_{\mathbb{C}}V$ 至表示 $\pi' : G \to Aut_{\mathbb{C}}V'$ 的态射是指向量空间同态 $T : V \to V'$ 使得对 $g \in G$ 有 $T\pi(g) = \pi'(g)T$, 又称 T 为缠结算子. 当 T 为同构时称表示 π 和 π' 等价. 以 $\langle \pi \rangle$ 记表示 π 的等价类.

在向量空间的直和 $V \oplus V'$ 上定义 G 的作用为

$$(\pi \oplus \pi')(g)(v, v') = (\pi(g)v, \pi'(g)v'),$$

则有表示正合序列

$$0 \to V \xrightarrow{\iota_1} V \oplus V' \xrightarrow{\rho_2} V' \to 0,$$

其中 $\iota_1(v) = (v, 0)$, $\rho_2(v, w) = w$.

以 $\langle \pi \rangle$ 为生成元的自由交换群 mod 以 $\langle \pi \rangle + \langle \pi' \rangle - \langle \pi \oplus \pi' \rangle$ 为生成元的子群得出的商群便是 Grothendieck 群, 记为 $R_{\mathbb{C}}(G)$. π 在 $R_{\mathbb{C}}(G)$ 内的象记为 $[\pi]$.

我们在向量空间的张量积 $V \otimes V'$ 上定义 G 的作用为

$$(\pi \otimes \pi')(g)(v \otimes v') = (\pi(g)v \otimes \pi'(g)v').$$

可以证明若 $[\pi] = [\tau]$, $[\pi'] = [\tau']$, 则 $[\pi \otimes \pi'] = [\tau \otimes \tau']$. 于是可以在 $R_{\mathbb{C}}(G)$ 引入乘法 $[\pi] \cdot [\pi'] = [\pi \otimes \pi']$, 然后利用向量空间的 $\oplus$ 与 $\otimes$ 的关系证明 $R_{\mathbb{C}}(G)$ 是环. 称它为 G 的表示的 Grothendieck 环.

向量空间还可以取外积 ([高线] §3.5). 在外积 $\wedge^i V$ 上定义 G 的作用为

$$\bigwedge^i \pi(g)(v_1 \wedge \cdots \wedge v_i) = \pi(g)(v_1) \wedge \cdots \wedge \pi(g)(v_i),$$

则

$$\bigwedge^n (V \oplus W) = \sum_{i=0}^{n} \bigwedge^i (V) \otimes \bigwedge^{n-i} (W),$$

以 ι 记平凡一维表示. 定义 $\lambda^1[\pi] = [\pi]$, $\lambda^0[\pi] = [\iota]$, $\lambda^i[\pi] = [\wedge^i \pi]$, 则环 $R_{\mathbb{C}}(G)$ 是带 λ 结构的环 (见 8.1.1 小节).

现在把以上的讨论推广到一般的交换环. 设有群 G 和交换环 A, 则可以构造群环 $A[G]$, 则群 G 在左 A 模 V 上有表示 $G \to \text{Aut}_A V$ 等同于 V 同时是右 $A[G]$ 模和左 A 模, 即对 $v \in V$, $a \in A$, $\sigma \in A[G]$, $\sigma(va) = (\sigma v)a$ 成立 ([高线] §12.1). 我们称 V 为 $A[G] - A$ 模. 说 $\phi : V \to W$ 是 $A[G] - A$ 模同态是指 ϕ 是右 $A[G]$ 模同态和左 A 模同态. 于是给出表示 $G \to \text{Aut}_A V$ 的等价类等同于给出 V 的 $A[G] - A$ 模同构类. 由右 $A[G]$ 模和有限生成投影左 A 模所组成的范畴记为 $_{A[G]}\text{Mod}\mathscr{P}_A$. 这个范畴的 Grothendieck 群我们记为 $R_A(G)$.

以 1_G 记群 G 的单位元, 把 $a \in A$ 看作 $a1_G \in A[G]$, 则 $A[G] - A$ 模同时是 $A - A$ 模. 于是若 V, W 是 $A[G] - A$ 模, 可取张量积 $V \otimes_A W$. 但是, 对 $\sigma \in A[G]$ 定义

$$\sigma(v \otimes v') = (\sigma v \otimes \sigma v').$$

8.4 群表示环

此外定义
$$\sigma(v_1 \wedge \cdots \wedge v_i) = \sigma(v_1) \wedge \cdots \wedge \sigma(v_i).$$

则 $R_A(G)$ 是带 λ 结构的环.

下一步当然是问 $R_A(G)$ 是 λ 环吗? 但是却不容易验证定义 8.4 中的条件. 现在有以下的结果.

(1) 当 G 是有限群时, 我们利用 G 的表示对应于表示的特征标, 然后把特征标看作 G 的中心函数, 比较容易对中心函数验证条件, 便得: 若 G 是有限群, $R_{\mathbb{Z}}(G)$ 是 λ 环. 参考: [Knu 73] Chap I, §4, 54 页, Chap II, §3, Cor 88 页; [AT 69] thm 1.5 (ii).

(2) 对任意的群 G, $R_{\mathbb{C}}(G)$ 是 λ 环. 参考: [Wei 13] ex 4.2 (a), 111 页; [FL 85] 5 页.

(3) 对任意的群 G 和交换环 A, $R_A(G)$ 是 λ 环. 有两个证明:

(i) Berthelot [Ber 71] exp VI, thm 3.3, 28 页.

(ii) [Swa 71] Example 2, 156 页.

Serre 证明了 Grothendieck 的猜想: 设 G 是 $\mathbb{Z}$ 上的分裂简约群概形, 则 $R_{\mathbb{Z}}(G)$ 与 $R_{\mathbb{Q}}(G)$ 同构 ([Ser 68] §3.7, thm 5; 关于群概形可参考 [代数群]).

例 GL_n 的极大代数环面 T 是由对角矩阵所组成的子群, 由 T 的特征标群所生成的群环记作 $\mathbb{Z}[X_1, \cdots, X_n]$ ([代数群] §2.1). 以 $X_1, \cdots, X_n$ 为变元的第 i 个初等对称函数记为 λ_i, 则

$$R_{\mathbb{Z}}(GL_n) = \mathbb{Z}[\lambda_1, \cdots, \lambda_n]$$

([Ser 68] §3.8). 由命题 8.8 知 $\mathbb{Z}[\lambda_1, \cdots, \lambda_n]$ 是 λ 环, 因此 $R_{\mathbb{Z}}(GL_n)$ 是 λ 环.

第四篇

同伦代数

第 9 章 拓　　扑

在 Dold, Puppe, Kan ([Dol 58], [DP 61], [Kan 581]) 的工作的基础上, Quillen 在 1967 年 ([Qui 67], [Qui 69]) 建立了同伦代数 (homotopical algebra), 把同调代数推广为非线性同调代数 (non linear homological algebra), 以 Abel 范畴上的单纯对象 (simplicial objects) 代替链复形 (chain complex), 为闭模型范畴构造了导函子. 本书是国内首次讲述同伦代数.

本篇的内容是代数拓扑学的标准技术. 我们为学了代数还未学同伦的读者给出定义以方便学习. 我们不一定按逻辑顺序介绍. 本篇并不代替常规的拓扑学课程. 虽然所选的材料只是为了说明代数 K 理论, 但是还是有很多东西要告诉大家的. 不过还是有个中心的: 就是在不同的范畴选定纤射, 由它得到同伦长正合序列, 以及构造导函子.

本章的目的是在最后一节为大家说明同伦论的三类基本的映射: 弱等价、纤射和上纤射, 它们将会在不同的范畴以不同的定义出现. 从拓扑空间的定义开始, 沿途介绍同伦. 假设大家学过一点拓扑学 (如 [尤]). 我们建议参考: [姜], [廖刘], [ES] 和 [Whi 78]. 其中, 两本英语书是出版年代比较早的, 但你会从中看到一些原来的想法. 最近出版了很多代数拓扑学的教科书大家都可以参考.

9.1　拓扑空间

首先复习拓扑空间的基本术语. 假设读者学过拓扑.

9.1.1　构造

1. 集 X 的所有子集组成 2^X. 称 $\tau_X \subset 2^X$ 为 X 的拓扑 (topology), 若以下条件成立:

1) $X, \varnothing \in \tau_X$.

2) 对 $\iota \in I, U_\iota \in \tau_X \Rightarrow \bigcup_{\iota \in I} U_\iota \in \tau_X$.

3) 设有有限个 $U_1, \cdots, U_n \in \tau_X$, 则 $U_1 \cap \cdots \cap U_n \in \tau_X$.

称 (X, τ_X) 为拓扑空间.

已给 f 为从拓扑空间 (X, τ_X) 至拓扑空间 (Y, τ_Y) 的映射. 若对任意的 $U \in \tau_Y$ 有 $f^{-1}(U) \in \tau_X$, 则称 f 为连续映射.

设 X, Y 为拓扑空间. 若双射 $f: X \to Y$ 及其逆映射 $f^{-1}: Y \to X$ 均为连续, 则称 f 为**同胚** (homeomorphism).

2. 设 $f: X \to Y$ 为映射, 已给拓扑空间 (Y, τ_Y), 定义
$$f^*\tau_Y = \{f^{-1}V : V \in \tau_Y\},$$
则

(1) $(X, f^*\tau_Y)$ 是拓扑空间. 称 $f^*\tau_Y$ 为**拉回拓扑**(pullback topology).

(2) $f: (X, f^*\tau_Y) \to (Y, \tau_Y)$ 是连续映射.

(3) 若 $f: (X, \eta) \to (Y, \tau_Y)$ 是连续映射, 则 $f^*\tau_Y \subset \eta$. 即 "拉回拓扑" 是 X 的最小拓扑使得 f 成为连续映射.

称子集 $S \subset X$ 为 X 的**子空间** (subspace), 若在 S 取拓扑 $i^*\tau_X$, 其中 $i: S \to X$ 是包含映射.

3. 设 $f: X \to Y$ 为映射, 已给拓扑空间 (X, τ_X), 定义
$$f_*\tau_X = \{V \subseteq Y : f^{-1}V \in \tau_X\},$$
则

(1) $(Y, f_*\tau_X)$ 是拓扑空间. 称 $f_*\tau_X$ 为**推出拓扑**(pushout topology).

(2) $f: (X, \tau_X) \to (Y, f_*\tau_X)$ 是连续映射.

(3) 若 $f: (X, \tau_X) \to (Y, \sigma)$ 是连续映射, 则 $\sigma \subset f_*\tau_X$. 即 "推出拓扑" 是 X 的最大拓扑使得 f 成为连续映射.

命题 9.1 (1) 已给映射 $f: X \to Y, h: Y \to Z, g: X \to Z$ 使得 $h \circ f = g$. 设 X, Z 是拓扑空间, 并在 Y 上取拓扑 $f_*\tau_X$, 则 g 为连续当且仅当 h 是连续.

(2) 设 $f: (X, \tau_X) \to (Y, \tau_Y)$ 是连续开满射, 则 $f_*\tau_X = \tau_Y$.

注 (1) 若 $f: X \to Y$ 是满射, 则又称 "推出拓扑" 为**商拓扑**(quotient topology) 或粘合拓扑 (identification topology).

(2) 若 $f: (X, \tau_X) \to (Y, \tau_Y)$ 是连续开满射, 则 $\tau_Y = f_*\tau_X$ (即, 此时 Y 的拓扑是商拓扑).

(3) 不过, 反过来是不对的, 即使 $f: X \to Y$ 是满射, $f: (X, \tau_X) \to (Y, f_*\tau_X)$ 不一定是开射. 但是, 若 $f: (X, \tau_X) \to Y$ 所有的纤维是开集, 则 $f: (X, \tau_X) \to (Y, f_*\tau_X)$ 是开射.

4. 已给拓扑空间 (X_ι, τ_ι) 和映射 $f_\iota: X_\iota \to Y, \iota \in I$. 定义
$$(f_I)_*\tau_I = \{V \subseteq Y : f_\iota^{-1}V \in \tau_\iota, \forall \iota\},$$
则

(1) $(f_I)_*\tau_I$ 是 Y 的拓扑.

(2) $f_\iota : (X_\iota, \tau_\iota) \to (Y, (f_I)_*\tau_I)$ 是连续映射.

(3) 若 $f_\iota : (X_\iota, \tau_\iota) \to (Y, \sigma)$ 是连续映射, 则 $\sigma \subset (f_I)_*\tau_I$. 即 $(f_I)_*\tau_I$ 是 Y 的最大拓扑使得所有 f_ι 为连续映射.

若 $\iota \neq \iota' \Rightarrow f_\iota(X_\iota) \cap f_{\iota'}(X_{\iota'}) = \varnothing$ 及 $Y = \cup f_\iota(X_\iota)$, 则称 Y 为 X_ι 的拓扑和 (topological sum). 称 $(f_I)_*\tau_I$ 为由 $(f_\iota, (X_\iota, \tau_\iota))$ 给出的**弱拓扑**(weak topology).

5. 设 $\sim$ 是集合 X 上的等价关系. 由 $\sim$ 的所有等价类所组成的集合记为 $X/\sim$. 于是有无交并集

$$X = \bigsqcup_{A \in X/\sim} A,$$

亦称此为 X 的分割 (partition). 反过来若有 X 的分割 $X = \bigsqcup_{\iota \in I} A_\iota$, 则 X 有等价关系 $\sim$ 使得 $\{A_\iota\}$ 就是这个 $\sim$ 的所有等价类. 对 $x \in X$ 以 $[x]$ 记 x 的等价类. 得投射 $\pi : X \to X/\sim : x \mapsto [x]$.

现设 (X, τ) 是拓扑空间, 则投射 $\pi : (X, \tau) \to (X/\sim, \pi_*\tau)$ 是连续映射. 我们说商空间 $X/\sim$ 带商拓扑 $\pi_*\tau$.

例 把拓扑空间 (X, τ) 的子空间 A **坍塌**为一点 (collapsing a subspace A to a point).

在 X 取分割为

$$X = A \sqcup \bigsqcup_{x \in X \setminus A} x.$$

由此分割所决定的 X 的等价关系记为 $\sim$, 以 X/A 记等价类所组成的集合. 把拓扑空间 (X, τ) 的子空间 A 坍塌为一点便是商空间 $(X/A, \pi_*\tau)$.

6. 连续映射 $Z \xrightarrow{g} X \xrightarrow{f} Y$ 的**推出**(pushout) 包括拓扑空间 P 和连续映射 $Z \xrightarrow{v} P \xleftarrow{u} Y$ 使得 $uf = vg$, 并且: 若 $r : Y \to T$, $s : Z \to T$ 满足条件 $rf = sg$, 则存在唯一的连续映射 $t : P \to T$ 使得 $tu = r$ 和 $tv = s$

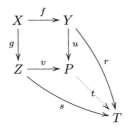

以 $Y \cup_f Z$ 记 P. 称 $Z - Y - X - P$ 为**推出方**(pushout square)

7. 连续映射 $X \xrightarrow{f} Y \xleftarrow{g} Z$ 的**拉回**(pullback) 包括拓扑空间 Q 和连续映射 $u : Q \to X$, $v : Q \to Z$ 使得 $fu = gv$, 并且: 若 $r : T \to X$, $s : T \to Z$ 满足条件

$fr = gs$, 则存在唯一的连续映射 $t: T \to Q$ 使得 $ut = r$ 和 $vt = s$.

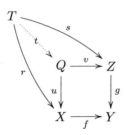

常记 Q 为 $X \times_Y Z$ 或 $X \times_{f,g} Z$. 又称 $Q - Z - Y - X$ 为**拉回方**(pullback square)或拓扑空间范畴 **Top** 的纤维积.

引理 9.2 已给交换图

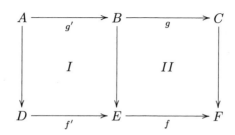

(1) 若 I 和 II 为拉回方, 则 $I + II$ (即 $A - C - F - D$) 为拉回方;

(2) 若 $I + II$ 和 II 为拉回方, 则 I 为拉回方.

证明 直接用定义不难证明引理. 证 (1): 因为 II 是拉回方, 得下面第一个图; 因为 I 是拉回方, 得下面第二个图; 合并第一、二个图得第三个图, 它用来解释 $I + II$ 为拉回方.

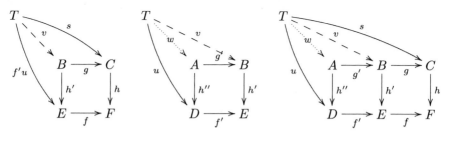

□

8. 函数空间.

设 X, Y 是拓扑空间, 以 Y^X 记由所有从 X 到 Y 的连续映射所组成的集合. 对 X 的紧子集 K, Y 的开子集 U, 设

$$V_{K,U} = \{f \in Y^X : f(K) \subseteq U\}.$$

以所有的 $V_{K,U}$ 为开集生成 Y^X 的拓扑称为**紧开拓扑**(compact-open topology); 也就是说 $\{V_{K,U}\}$ 组成这个拓扑的子基.

取拓扑空间 X,Y,Z. 在 $X \times Y$ 取**积拓扑**(product topology). 考虑连续映射 $\alpha: X \times Y \to Z$. 对 $x \in X$, 定义 $\hat{\alpha}(x): Y \to Z$ 为 $\hat{\alpha}(x)(y) = \alpha(x,y)$, 则

(1) $\hat{\alpha}(x) \in Z^Y$;

(2) $\hat{\alpha}: X \to Z^Y$ 是连续的.

于是 $\alpha \mapsto \hat{\alpha}$ 给出映射 $Z^{X \times Y} \to (Z^Y)^X$.

再者, 若 Y 是局部紧拓扑空间, 则有拓扑同构

$$Z^{X \times Y} \to (Z^Y)^X : \alpha \mapsto \hat{\alpha}.$$

称此为**指数律**(exponential law).

9. 称 X 为**紧生成拓扑空间**(compactly generated topological space), 如果 X 是 Hausdorff 拓扑空间, 并且 X 的子集 A 是闭子集当且仅当对任意紧子集 $C \subset X$, $A \cap C$ 是闭子集 (又称紧生成拓扑空间为 Kelly 空间).

设 (X, τ) 是 Hausdorff 拓扑空间, 由 X 的全部紧子集所组成的集合记为 κ. 定义

$$\tau_\kappa = \{U \subset X : \forall C \in \kappa, U \bigcap C \text{ 是 } C \text{ 的开子集}\},$$

则 (X, τ_κ) 是紧生成空间, 记此为 $k(X)$.

若 X, Y, Z 是紧生成空间, 在 $X \times Y$ 取积拓扑, 然后取 $k(X \times Y)$, 则

$$Z^{X \times Y} \to (Z^Y)^X : \alpha \mapsto \hat{\alpha}$$

是拓扑同构, 其中 $\hat{\alpha}(x)(y) = \alpha(x,y)$([Gra 75] thm 8.17).

9.1.2 CW 复形

一般的拓扑空间没有足够的几何结构. 本节把多个 "球" 粘贴起来做出一种用作标准 "参考" 拓扑空间, 我们把它称为 CW 复形.

取拓扑空间 X, Y, W 是 Y 的子空间, $\phi: W \to X$ 是连续映射. 在无交并集 $X \sqcup Y$ 取弱拓扑, 即 $U \subseteq X \sqcup Y$ 是开集当且仅当 $U \cap X$ 和 $U \cap Y$ 是开集. 在 $X \sqcup Y$ 定义关系 $w \sim \phi(w), \forall w \in W$. 记商空间 $X \sqcup Y / \sim$ 为 $X \cup_\phi Y$, 称此为贴空间. 并有连续映射 $\Phi: Y \to X \bigcup_\phi Y$.

n 维实心球 $E^n = \{x \in \mathbb{R}^n : |x| \leqslant 1\}$ 的边缘是 $S^{n-1} = \{x \in \mathbb{R}^n : |x| = 1\}$, $n \geqslant 1$.

设有连续映射 $\phi: S^{n-1} \to X$. 我们说从 X 粘贴一个 n **胞腔** (attach a n cell) 得 $X \bigcup_\phi E^n$. 称 ϕ 为粘贴映射 (attaching map), Φ 为特征映射 (characteristic map).

记 $\bar{e}^n = \Phi(E^n)$, $e^n = \Phi(E^n - S^{n-1})$. 分别称 $\bar{e}^n$, e^n 为闭 n 胞腔、开 n 胞腔; 留意: $\bar{e}^n$ 不一定是 X 的闭集, e^n 不一定是 X 的开集.

设非空 Hausdorff 空间 X 有子空间列

$$X^0 \subseteq X^1 \subseteq \cdots \subseteq X^n \subseteq X^{n+1} \subseteq \cdots$$

使得 $X = \cup_{n \geqslant 0} X^n = \operatorname{colim}_{n \geqslant 0} X^n$. 称 X^n 为 X 的 n **骨架** (skeleton). 称 X 为 **CW 复形**(CW complex), 若以下条件成立.

条件 (1). X^n 是在 X^{n-1} 上粘贴若干 n 胞腔而成. 准确地说, X^0 是非空离散点集. 假设已造好 X^{n-1}, $n \geqslant 1$, 并假设有指标集 B. 对 $\beta \in B$, 设 S_β^{n-1} 是 S^{n-1}; E_β^n 是 E^n. 设有连续映射 $\phi_\beta : S_\beta^{n-1} \to X^{n-1}$. 则有定义在无交并上的连续映射 $\phi : \bigsqcup_{\beta \in B} S_\beta^{n-1} \to X^{n-1}$. 假设

$$X^n = X^{n-1} \bigcup_\phi \bigsqcup_{\beta \in B} E_\beta^n.$$

我们要求 $E_\beta^n \to X^{n-1} \bigsqcup \bigsqcup_\beta E_\beta^n \to X^n$ 给出连续映射 $\Phi_\beta : (E_\beta^n, S_\beta^{n-1}) \to (X^n, X^{n-1})$. 记 $\Phi = \bigsqcup_\beta \Phi_\beta$. 这样我们有推出方

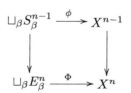

条件 (2). 在 X 上取由 $\bar{e}_\beta^n = \Phi_\beta(E_\beta^n)$ 所决定的弱拓扑, 即 $U \subseteq X$ 是开集当且仅当 $\Phi_\beta^{-1}(U)$ 是 $E_\beta^n = E^n$ 的开集.

例 (1) 把两个 1 胞腔粘贴到一点得 8 字. 在方形 (= 2 胞腔) 粘贴到 8 字上得环面.

(2) n 球面 S^n 是一个开 n 胞腔粘贴到一个 0 胞腔, $S^n = e^0 \cup e^n$.

从 S^n 上半球 $E_+^n = \{x \in S^n : x_{n+1} \geqslant 0\} \subseteq \mathbb{R}^{n+1}$ 开始, 取 $p = (p_1, \cdots, p_n, p_{n+1}) \in E_+^n$. 设从原点 $(0, \cdots, 0)$ 到 $(p_1, \cdots, p_n, 0)$ 的射线与 E_+^n 的边缘交于 $(x_1, \cdots, x_n, 0)$, 则 $p_i = x_i \sqrt{1 - p_{n+1}^2}$.

取 $q_i = x_i \sqrt{1 - (2p_{n+1} - 1)^2}$. 定义 $k : E_+^n \to S^n$ 为 $k(p) = (q_1, \cdots, q_n, 2p_{n+1} - 1)$, 记南极 $s = (0, \cdots, 0, 1)$, 则 $k(S^{n-1}) = \{s\}$, 并且 k 决定从 $E_+^n - S^{n-1}$ 到 $S^n - \{s\}$ 的拓扑同构. 想象把 E_+^n 的中心贴到北极, 然后把边缘 S^{n-1} 全拉到南极, 像包饺子一样.

最后用旋转 $r(t_1,\cdots,t_{n+1}) = (-t_{n+1}, t_2, \cdots, t_n)$ 把南极移到基点 $* = (1, 0, \cdots, 0)$. 于是 $h = r \circ k$ 便是所求的特征映射, 它把开 n 胞腔 $E_+^n - S^{n-1}$ 粘贴到基点而得 S^n.

参考资料: 一般代数拓扑学课本都有 CW 复形, 例如姜伯驹 [姜] 第三章, §1; 专门一点的有 [LW 69], [CF 15], [FP 90].

9.2 同 伦

记 $I = [0, 1] = \{s \in \mathbb{R} : 0 \leqslant s \leqslant 1\}$. 拓扑空间 Y 的路径 (path) 是指连续映射 $f : I \to Y$. 现设另有路径 $g : I \to Y$ 与路径 f 有相同起点和端点. 问: 可否在 Y 内在起点和端点不动的条件下把路径 f 连续地变为路径 g?

让我们用数学来表达这个问题. 我们问: 是否存在连续函数 $F : I \times I \to Y$ 使得

(1) $F(s, 0) = f(s),\ 0 \leqslant s \leqslant 1$;

(2) $F(s, 1) = g(s),\ 0 \leqslant s \leqslant 1$;

(3) $F(0, t) = f(0),\ F(1, t) = f(1),\ 0 \leqslant t \leqslant 1$.

路径 f 同伦于路径 g

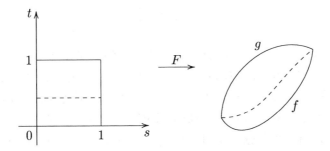

这是我们所谓 "同伦" 这一种现象的最标准例子.

带基点空间是 $(X, *_X)$, 其中 X 是拓扑空间, $*_X$ 是在 X 内选定的一点. 以后常简写 $*_X$ 为 $*$. 带基点空间映射 $f : (X, *_X) \to (Y, *_Y)$ 是指连续映射 $f : X \to Y$ 并且 $f(*_X) = *_Y$.

以后, I 总表示实直线上的闭区间 $[0, 1]$.

定义 9.3 已给连续映射 $f, g : X \to Y$. 如果存在连续映射 $F : X \times I \to Y$ 使得

$$F(x, 0) = f(x),\quad F(x, 1) = g(x),\quad F(*, t) = *,\quad \forall\, x \in X,\quad t \in I,$$

则称 f 与 g 是同伦的 (homotopic)，又称 F 为从 f 到 g 的**同伦**(homotopy)，并记作 $F: f \simeq g$ 或 $f \simeq_F g$。

命题 9.4 在集合 $(X, *)^{(Y,*)}$ 中，同伦是等价关系

证明 (1) (自反性) 由 $f \simeq f$ 得自同伦 $F(x, t) = f(x)$；

(2) (对称性) 若 $f \simeq_F g$，则 $g \simeq_G f$，其中取同伦 $G(x, t) = F(x, 1 - t)$；

(3) (传递性) 若 $f \simeq_F g, g \simeq_G h$，取

$$H(x, t) = \begin{cases} F(x, 2t), & 0 \leqslant t \leqslant \dfrac{1}{2}, \\ G(x, 2t - 1), & \dfrac{1}{2} \leqslant t \leqslant 1, \end{cases}$$

则 $f \simeq_H h$。 □

以 $[f]$ 记 $f: X \to Y$ 的同伦等价类。由所有 $[f]$ 组成的集合记为 $[X, Y]$。

称 $f: X \to Y$ 为**同伦等价**(homotopy equivalence)，若有 $g: Y \to X$ 使得 $fg \simeq id_Y, gf \simeq id_X$。此时说 X 和 Y 有相同的**同伦型** (homotopy type)。

称拓扑空间连续映射 $f: A \to B$ 为**上纤射** (cofibration 或 cofibre map)，若对任意拓扑空间 Z 和连续映射的交换图

$$\begin{array}{ccc} A & \xrightarrow{g} & Z^I \\ f \downarrow & \swarrow h & \downarrow p_0 \\ B & \xrightarrow{h_0} & Z \end{array}$$

存在连续映射 $h: B \to Z^I$ 保持图交换；在此 I 是闭区间 $[0, 1]$，$p_0(\xi) = \xi(0)$。

按函数空间指数律，给出同伦 $A \times I \to Z$ 等同于给出映射 $A \to Z^I$。这样以上交换图是说：给出映射 $h_0: B \to Z$，$g_0 = p_0 g: A \to Z$ 使得 $h_0 f = g_0$，又给出同伦 $g: A \to Z^I$ 使得 $g_0(a) = (g(a))(0)$，则存在同伦 $h: B \to Z^I$ 使得 $hf = g$。我们又说映射 $f: A \to B$ 有**同伦扩张性质** (homotopy extension property, HEP)。

设 $i: A \to X$ 是拓扑空间 X 的子空间 A 的包含映射。若有映射 $r: X \to A$ 使得 $ri = id_A$，则称 A 为 X 的**缩回核**(retract)，r 为**缩回映射**(retraction)。若同时有 $ri = id_A$ 和同伦 $ir \simeq id_X$，则称 A 为 X 的**形变缩回核**(deformation retract)。以下是一个有用的命题。

命题 9.5 设 $i: A \to X$ 是拓扑空间 X 的子空间 A 的包含映射；

(1) 若 $X \times \{0\} \cup A \times I$ 是 $X \times I$ 的收缩核，A 是闭子空间，则 $i: A \to X$ 有同伦扩张性质；

(2) 若 $i: A \to X$ 有同伦扩张性质，则 $X \times \{0\} \cup A \times I$ 是 $X \times I$ 的收缩核。([Ark 11] prop 1.5.13.)

9.3 Ω 和 Σ

9.3.1 回路空间

让我们写下群的定义. 称 $(G, *, m, i)$ 为群 (group), 其中 $* \in G$, $m: G \times G \to G$ 和 $i: G \to G$ 满足以下条件:

(1)

$$\begin{array}{ccc} G \times G \times G & \xrightarrow{m \times id} & G \times G \\ {\scriptstyle id \times m} \downarrow & & \downarrow {\scriptstyle m} \\ G \times G & \xrightarrow{m} & G \end{array}$$

是交换图, 即 $m(m \times id) = m(id \times m)$. 取 $x, y, z \in G$, 得 $(xy)z = m(m \times id)(x, y, z) = m(id \times m)(x, y, z) = x(yz)$, 这是结合律.

(2) 利用 $*$ 定义 $j_1: G \to G \times G: x \mapsto (x, *)$, 以及 $j_2: G \to G \times G: x \mapsto (*, x)$.

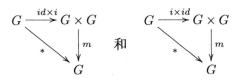

是交换图, 即 $mj_1 = id = mj_2$. 取 $x \in G$, 得 $x* = x = *x$, 这是说 $*$ 是单位元.

(3)

$$\begin{array}{ccc} G \xrightarrow{id \times i} G \times G & & G \xrightarrow{i \times id} G \times G \\ {\scriptstyle *} \searrow \downarrow {\scriptstyle m} & 和 & {\scriptstyle *} \searrow \downarrow {\scriptstyle m} \\ \quad G & & \quad G \end{array}$$

是交换图, 即 $m(id \times i) = * = m(i \times id)$. 取 $x \in G$, 得 $xi(x) = * = i(x)x$, 这是说, 每个 x 有逆元 $i(x)$.

我们称只满足条件 (1) 和 (2) 的结构 $(G, *, m)$ 为幺半群 (monoid).

如果把群的定义中的等号 $=$ 换作同伦 $\simeq$, 即把群的定义中的交换图换作同伦交换图, 我们便得到一种新的结构.

设 $(G, *)$ 是带基点拓扑空间, 给出连续映射 $m: G \times G \to G$ 和 $i: G \to G$, 并定义 j_1, j_2 如上. 若以下条件成立:

(1) $m(m \times id) \simeq m(id \times m)$;

(2) $mj_1 \simeq id \simeq mj_2$;

(3) $m(id, i) \simeq * \simeq m(i \times id)$,

则称 $(G,*,m,i)$ 为 H **群**(H group 或 group like H space). 我们又称条件 (1) 为同伦结合律 (associative up to homotopy).

设带基点拓扑空间 $(G,*)$ 有连续映射 $m: G \times G \to G$ 满足条件 (2)，则称 $(G,*,m)$ 为 H **空间**(H space). 定义 $t: G \times G \to G \times G : (x,y) \mapsto (y,x)$. 若 H 空间 G 满足 (1) 和存在同伦 $mt \simeq m$，则称 G 为交换 H 幺半群.

命题 9.6 (1) 满足同伦结合律的 H 空间 (X,m) 是 H 群当且仅当映射

$$X \times X \to X \times X : (x,y) \mapsto (x, m(x,y))$$

是同伦等价.

(2) 若连通 H 空间 X 满足同伦结合律和 X 同伦等价于 CW 复形，则 X 是 H 群.

让我们回答：在哪里找到 H 空间呢?

在拓扑空间 $(B,*_B)$ 的路径空间 B^I 取紧开拓扑. 由所有满足条件 $l(0) = *_B = l(1)$ 的 $l \in B^I$ 所组成的 B^I 的子空间 (取子空间拓扑) 称为 B 的**回路空间**(loop space), 并记为 ΩB.

定义 $m: \Omega B \times \Omega B \to \Omega B$ 如下：取 $l, l' \in \Omega B$,

$$m(l,l')(s) = \begin{cases} l(2s), & 0 \leqslant s \leqslant \frac{1}{2}, \\ l'(2s-1), & \frac{1}{2} \leqslant s \leqslant 1. \end{cases}$$

定义 $i: \Omega B \to \Omega B$ 为 $i(l)(s) = l(1-s)$. 定义回路 $*$ 为 $*(s) = *_B$.

命题 9.7 ΩB 是 H 群.

证明 取回路 $l, l', l'' \in \Omega B$. 把 $m(l,l')$ 简写为 ll'. 这样我们要证明的如下:
(1) $(ll')l'' \simeq_F l(l'l'')$; (2) $l \simeq_G l*$; (3) $* \simeq_H li(l)$.

证 (1).

$$(ll')l''(s) = \begin{cases} ll'(2s), & 0 \leqslant s \leqslant \frac{1}{2}, \\ l''(2s-1), & \frac{1}{2} \leqslant s \leqslant 1 \end{cases}$$

$$= \begin{cases} l(4s), & 0 \leqslant s \leqslant \frac{1}{4}, \\ l'(4s-1), & \frac{1}{4} \leqslant s \leqslant \frac{1}{2}, \\ l''(2s-1), & \frac{1}{2} \leqslant s \leqslant 1. \end{cases}$$

同样

$$l(l'l'')(s) = \begin{cases} l(2s), & 0 \leqslant s \leqslant \dfrac{1}{2}, \\ l'(4s-2), & \dfrac{1}{2} \leqslant s \leqslant \dfrac{3}{4}, \\ l''(4s-3), & \dfrac{3}{4} \leqslant s \leqslant 1. \end{cases}$$

ΩB 是 H 群

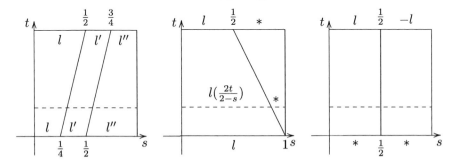

按图造出所求同伦

$$F(s,t) = \begin{cases} l\left(\dfrac{4s}{t+1}\right), & 0 \leqslant s \leqslant \dfrac{t+1}{4}, \\ l'(4s-t-1), & \dfrac{t+1}{4} \leqslant s \leqslant \dfrac{t+2}{4}, \\ l''\left(\dfrac{4s-t-2}{2-t}\right), & \dfrac{t+2}{4} \leqslant s \leqslant 1. \end{cases}$$

证 (2).

$$G(s,t) = \begin{cases} l\left(\dfrac{2s}{2-t}\right), & 0 \leqslant s \leqslant \dfrac{2-t}{2}, \\ *, & \dfrac{2-t}{2} \leqslant s \leqslant 1. \end{cases}$$

证 (3).

$$H(s,t) = \begin{cases} l(2st), & 0 \leqslant s \leqslant \dfrac{1}{2}, \\ l(2t(1-s)), & \dfrac{1}{2} \leqslant s \leqslant 1. \end{cases}$$

□

类似群同态我们有以下的定义.

定义 9.8 设有 H 群 $(Y,m), (Y',m')$. 称连续映射 $h: Y \to Y'$ 为 H 映射, 若下图同伦交换

$$\begin{array}{ccc} Y \times Y & \xrightarrow{h \times h} & Y' \times Y' \\ m \downarrow & & \downarrow m' \\ Y & \xrightarrow{h} & Y' \end{array}$$

即 $m' \circ h \times h \simeq h \circ m$.

命题 9.9 若 $f: B \to B'$ 是连续映射, 则

$$\Omega f: \Omega B \to \Omega B' : l \mapsto f \circ l$$

是 H 映射.

9.3.2 同纬象

设有带基点空间 $(X, *_X), (Y, *_Y)$. 在无交并集 $X \sqcup Y$ 取弱拓扑, 即 $U \subseteq X \sqcup Y$ 是开集当且仅当 $U \cap X$ 和 $U \cap Y$ 是开集. 称商空间 $X \sqcup Y / \{*_X, *_Y\}$ 为**楔积**(wedge product), 并记为 $X \vee Y$. $x \in X$ 在 $X \vee Y$ 的象记为 $\langle x \rangle$, 则得映射 $i_1: X \to X \vee Y : x \mapsto \langle x \rangle$. 同样定义 $i_2: Y \to X \vee Y: y \mapsto \langle y \rangle$. 以 $*$ 记 $X \vee Y$ 的基点 $\langle *_X \rangle = \langle *_Y \rangle$.

此外对 $x \in X, y \in Y$, 取 $j\langle x \rangle = (x, *_Y)$, $j\langle y \rangle = (*_X, y)$, 则 $j: X \vee Y \to X \times Y$ 是从 $X \vee Y$ 到 $X \times *_Y \cup *_X \times Y$ 的拓扑同构. 用此常把 $X \vee Y$ 看成 $X \times Y$ 的子空间.

若有映射 $f: X' \to X$, $g: Y' \to Y$, 设 $x \in X'$, 则取 $f \vee g(x) = \langle f(x) \rangle$, 设 $y \in Y'$, 则取 $f \vee g(y) = \langle g(y) \rangle$. 于是得映射 $f \vee g: X' \vee Y' \to X \vee Y$.

定义 9.10 I 是闭区间 $[0,1]$. 设 $(Z, *_Z)$ 为拓扑空间. 定义 Z 的**同纬象**(suspension, 或准确地应叫 reduced suspension) 为

$$\Sigma Z = Z \times I / (Z \times \{0\} \bigcup Z \times \{1\} \bigcup \{*_Z\} \times I).$$

以 $[z, s]$ 记 $(z, s) \in Z \times I$ 在 ΣZ 的象. 以 $*$ 记 ΣZ 的基点, 这是来自 $\{*_Z\} \times I$ 的象.

若 $f: Z \to Z'$, 则 $\Sigma f: \Sigma Z \to \Sigma Z'$ 是由 $\Sigma f[z, s] = [f(z), s]$ 定义的.

拓扑空间 $(Z, *)$ 上的**锥**(cone) 是

$$C_1 Z = Z \times I / Z \times \{1\} \bigcup \{*\} \times I.$$

同样 $C_0 Z = Z \times I / Z \times \{0\} \cup \{*\} \times I$. 设 $i_0: Z \to C_1 Z: z \mapsto \langle z, 0 \rangle$, $i_1: Z \to C_0 Z : z \mapsto \langle z, 1 \rangle$. 于是得同纬象 $\Sigma Z = C_1 Z \vee C_0 Z / \sim$, 其中 $i_1(z) \sim i_0(z), \forall z \in Z$. 我们又记此为

$$\Sigma Z = C_1 Z \bigcup_Z C_0 Z.$$

9.3 Ω 和 Σ

引入记号: 实心 n 球 $E^n = \{x = (x_1, \cdots, x_n) \in \mathbb{R}^n : \sum x_i^2 \leqslant 1\}$, $n-1$ 球面 $S^{n-1} = \{x \in E^n : \sum x_i^2 = 1\}$, 基点 $* = (1, 0, \cdots, 0)$. 上半球是指 $E_+^n = \{x \in S^n : x_{n+1} \geqslant 0\}$, 下半球是指 $E_-^n = \{x \in S^n : x_{n+1} \leqslant 0\}$. 则 $S^n = E_+^n \cup E_-^n$, $S^{n-1} = E_+^n \cap E_-^n$. 有拓扑同构 $h_+ : E^n \to E_+^n$, $h_- : E^n \to E_-^n$, 其中

$$h_+(x) = (x, \sqrt{1-|x|^2}), \quad h_-(x) = (x, -\sqrt{1-|x|^2}).$$

命题 9.11 (1) 锥 $C_1 S^{n-1}$ 和实心 n 球 E^n 拓扑同构;

(2) 对 $n \geqslant 1$, S^n 和 ΣS^{n-1} 拓扑同构.

证明 (1) 定义连续映射 $g_+ : S^{n-1} \times I \to E^n$ 为 $g_+(x, t) = t*+(1-t)x$, 则 $g_+(S^{n-1} \times \{1\} \cup \{*\} \times I) = *$. 因此得 $\tilde{g}_+ : C_1 S^{n-1} \to E^n$.

(2) 同样, 由 $g_- : S^{n-1} \times I \to E^n : (x, t) \mapsto (1-t)*+tx$ 得拓扑同构 $\tilde{g}_- : C_0 S^{n-1} \to E^n$. 设 $\lambda_\pm = h_\pm \circ \tilde{g}_\pm$. 则得拓扑同构 $C_1 S^{n-1} \to E_+^n$, $C_0 S^{n-1} \to E_-^n$. 于是

$$\Sigma S^{n-1} = C_1 S^{n-1} \bigcup_{S^{n-1}} C_0 S^{n-1} = E_+^n \bigcup_{S^{n-1}} E_-^n = S^n. \qquad \square$$

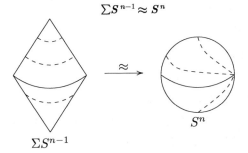

$\Sigma S^{n-1} \approx S^n$

9.3.3 同伦群

首先如果你相信宇宙是对称的, 那从范畴学的观点很自然地会把群定义里出现的箭的方向倒过来而得到一种新的叫 "上群" 的结构. 让我们写下定义.

称 $(G, *, c, i)$ 为上群 (cogroup), 其中 $* \in G$, $c : G \times G \leftarrow G$, 上积 (coproduct) 和 $k : G \leftarrow G$ 满足以下条件:

(1)

$$\begin{array}{ccc} G \times G \times G & \xleftarrow{id \times c} & G \times G \\ {\scriptstyle c \times id} \uparrow & & \uparrow {\scriptstyle c} \\ G \times G & \xleftarrow{c} & G \end{array}$$

是交换图, 即 $(c \times id)c = (id \times c)c$.

(2) 定义 $p_1: G \to G \times G: (x,y) \mapsto x$, 以及 $p_2: G \to G \times G: (x,y) \mapsto y$.

是交换图, 即 $p_1 c = id = p_2 c$.

(3)

是交换图, 即 $(id \times k)c = * = (k \times id)c$.

同样, 如果把上群定义中的等号 $=$ 换作同伦 $\simeq$, 即是说把上群的定义中的交换图换作同伦交换图, 我们便得到一种新的结构. 但是在这里我们得把直积 $G \times G$ 换作楔积.

设 $(X,*)$ 是带基点拓扑空间, 给出连续映射 $c: X \to X \vee X$ 和 $k: X \to X$, 并定义 $q_1 = p_1 | X \vee X$, $q_2 = p_2 | X \vee X$. 若以下条件成立:

(1) $(c \vee id)c \simeq (id \vee c)c$;

(2) $q_1 c \simeq id \simeq q_2 c$;

(3) $(id \vee k)c \simeq * \simeq (k \vee id)c$,

则称 $(X,*,c,k)$ 为 H **上群**(H cogroup).

类似群同态我们有以下的定义. 设有 H 上群 $(X,c), (X',c')$. 称连续映射 $g: X \to X'$ 为 H 上群映射, 若下图同伦交换

$$\begin{array}{ccc} X & \xrightarrow{g} & X' \\ {\scriptstyle c}\downarrow & & \downarrow{\scriptstyle c'} \\ X \vee X & \xrightarrow{g \vee g} & X' \vee X' \end{array}$$

命题 9.12 设 $(Z,*)$ 为拓扑空间. 定义 $c: \Sigma Z \to \Sigma Z \vee \Sigma Z$ 如下:

$$c[z,t] = \begin{cases} \langle [z, 2t], * \rangle, & 0 \leqslant t \leqslant \dfrac{1}{2}, \\ \langle *, [z, 2t-1] \rangle, & \dfrac{1}{2} \leqslant t \leqslant 1. \end{cases}$$

又定义 $k: \Sigma Z \to \Sigma Z: [z,t] \mapsto [z, 1-t]$, 则 $(\Sigma Z, *, c, k)$ 是 H 上群. 设有连续映射 $f: X \to X'$, 则 $\Sigma f: \Sigma X \to \Sigma X'$ 是 H 上群映射.

9.3 Ω 和 Σ

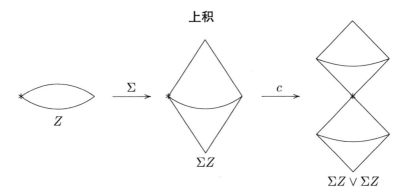

上积

$Z \xrightarrow{\Sigma} \Sigma Z \xrightarrow{c} \Sigma Z \vee \Sigma Z$

证明 (1) 上结合律: 要求下图同伦交换

$$\begin{array}{ccc} \Sigma Z \vee \Sigma Z \vee \Sigma Z & \xleftarrow{id \vee c} & \Sigma Z \vee \Sigma Z \\ {\scriptstyle c \vee id} \uparrow & & \uparrow {\scriptstyle c} \\ \Sigma Z \vee \Sigma Z & \xleftarrow{c} & \Sigma Z \end{array}$$

即需要构造同伦 $F : (c \vee id)c \simeq (id \vee c)c,$

把

$$\begin{cases} \langle [z, 4s], *, * \rangle, & 0 \leqslant s \leqslant \dfrac{1}{4}, \\ \langle *, [z, 4s - 1], * \rangle, & \dfrac{1}{4} \leqslant s \leqslant \dfrac{1}{2}, \\ \langle *, *, [z, 2s - 1] \rangle, & \dfrac{1}{2} \leqslant s \leqslant 1 \end{cases}$$

变为

$$\begin{cases} \langle [z, 2s], *, * \rangle, & 0 \leqslant s \leqslant \dfrac{1}{2}, \\ \langle *, [z, 4s - 2], * \rangle, & \dfrac{1}{2} \leqslant s \leqslant \dfrac{3}{4}, \\ \langle *, *, [z, 4s - 3] \rangle, & \dfrac{3}{4} \leqslant s \leqslant 1. \end{cases}$$

所求同伦 $F : \Sigma Z \times I \to \Sigma Z \vee \Sigma Z \vee \Sigma Z$ 是

$$F([z, s], t) = \begin{cases} \left\langle \left[z, \dfrac{4s}{t + 1}\right], *, * \right\rangle, & 0 \leqslant s \leqslant \dfrac{t + 1}{4}, \\ \langle *, [z, 4s - t - 1], * \rangle, & \dfrac{t + 1}{4} \leqslant s \leqslant \dfrac{t + 2}{4}, \\ \left\langle *, *, \left[z, \dfrac{4s - t - 2}{2 - t}\right] \right\rangle, & \dfrac{t + 2}{4} \leqslant s \leqslant 1. \end{cases}$$

(2) $G: q_1c \simeq id$ 是

$$G([z,s],t) = \begin{cases} \left\langle \left[z, \dfrac{2s}{2-t}\right], * \right\rangle, & 0 \leqslant s \leqslant \dfrac{2-t}{2}, \\ *, & \dfrac{2-t}{2} \leqslant s \leqslant 1. \end{cases}$$

(3) $H: (id \vee k)c \simeq *$ 是

$$H([z,s],t) = \begin{cases} \langle [z, 2st], * \rangle, & 0 \leqslant s \leqslant \dfrac{1}{2}, \\ \langle *, [z, 2t(1-s)] \rangle, & \dfrac{1}{2} \leqslant s \leqslant 1. \end{cases} \qquad \square$$

命题 9.13 设 (Y,m) 是 H 群, X 是任意拓扑空间, **对角映射**(diagonal map) 是 $\delta: X \to X \times X : x \mapsto (x,x)$. 对 $f, g: X \to Y$, 定义

$$f + g = m(f \times g)\delta.$$

若 $\alpha = [f], \beta = [g]$ 属于 $[X,Y]$, 定义 $\alpha + \beta = [f+g]$, 则 $([X,Y], +)$ 是群.

命题 9.14 设 (X, c) 是 H 上群, Y 是任意拓扑空间, **折叠映射**(folding map) 是 $\nabla: Y \vee Y \to Y$ 是这样定义的: 取 $y \in Y$, 则 $\nabla(y, *) = y, \nabla(*, y) = y$. 定义

$$f + g = \nabla(f \vee g)c.$$

若 $\alpha = [f], \beta = [g]$ 属于 $[X, Y]$, 定义 $\alpha + \beta = [f+g]$, 则 $([X,Y], +)$ 是群.

A, B 是任意拓扑空间. 取 $f: \Sigma A \to B$. 定义 $\kappa(f): A \to \Omega B$ 为

$$\kappa(f)(a)(s) = f[a, s], \quad a \in A, \quad 0 \leqslant s \leqslant 1,$$

则 $\kappa(f)$ 是确切定义的, $\kappa(f)$ 是连续的.

由图

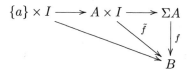

可见, 由于 f 是连续的, 所以 $\tilde{f}$ 是连续的和对每个 $a, \kappa(f)(a): I \to B$ 是连续的.

在函数空间 B^I 取紧开拓扑. 在 $\Omega B \subset B^I$ 取诱导拓扑. 已知 $\tilde{f}: A \times I \to B$ 是连续的, 于是 $\kappa(f): A \to \Omega B \subset B^I$ 是连续的.

9.3 Ω 和 Σ

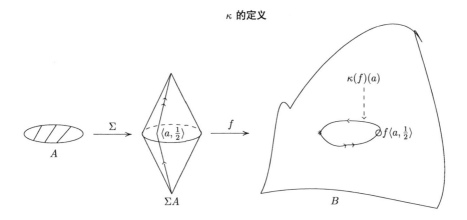

κ 的定义

若有从 $f: \Sigma A \to B$ 到 $f': \Sigma A \to B$ 的同伦 f_s, 则 $\kappa(f_s)$ 是 $\kappa(f)$ 到 $\kappa(f')$ 的同伦. 所以 κ 决定映射 $\kappa_*: [\Sigma A, B] \cong [A, \Omega B]$.

命题 9.15 A, B 是任意拓扑空间, 则 $\kappa_*: [\Sigma A, B] \cong [A, \Omega B]$ 是群同构.

证明 设 $f, g: \Sigma A \to B$. 将证明 $\kappa(f + g) = \kappa(f) + \kappa(g)$. 首先 $\kappa(f + g) = \kappa(\nabla(f \vee g)c): A \to \Omega B$. 则对 $a \in A, t \in I$,

$$(\kappa(\nabla(f \vee g)c)(a))(t) = \nabla(f \vee g)c\langle a, t\rangle,$$

$$= \begin{cases} \nabla(f \vee g)(\langle a, 2t\rangle, *), & 0 \leqslant t \leqslant \frac{1}{2}, \\ \nabla(f \vee g)(*, \langle a, 2t - 1\rangle), & \frac{1}{2} \leqslant t \leqslant 1 \end{cases}$$

$$= \begin{cases} f\langle a, 2t\rangle, & 0 \leqslant t \leqslant \frac{1}{2}, \\ g\langle a, 2t - 1\rangle, & \frac{1}{2} \leqslant t \leqslant 1. \end{cases}$$

另一方面, $\kappa(f) + \kappa(g) = m(\kappa(f) \times \kappa(g))\Delta: A \to \Omega B$, 则

$$(m(\kappa(f) \times \kappa(g))\Delta(a))(t) = m(\kappa(f)(a), \kappa(g)(a))(t)$$

$$= \begin{cases} (\kappa(f)(a))(2t), & 0 \leqslant t \leqslant \frac{1}{2}, \\ (\kappa(g)(a))(2t - 1), & \frac{1}{2} \leqslant t \leqslant 1 \end{cases}$$

$$= \begin{cases} f\langle a, 2t\rangle, & 0 \leqslant t \leqslant \frac{1}{2}, \\ g\langle a, 2t - 1\rangle, & \frac{1}{2} \leqslant t \leqslant 1. \end{cases} \qquad \square$$

Σ 是 Ω 的左伴随函子 (left adjoint functor), Ω 是 Σ 的右伴随函子 (right adjoint functor).

定义 9.16　X 是任意拓扑空间. $n \geqslant 0$. X 的 n 次同伦集定义为

$$\pi_n(X) = [S^n, X].$$

$\pi_0(X)$ 是带基点集合. 若 $n \geqslant 1$, 按命题 9.14, 从 $\pi_n(X) = [S^n, X] = [\Sigma S^{n-1}, X]$ 知 $\pi_n(X)$ 是群. 称 $\pi_1(X)$ 为 X 的**基本群** (fundamental group). 对 $n \geqslant 2, \pi_n(X)$ 是交换群. 若带基点拓扑空间 X 的 $\pi_0(X) = 0 = \pi_1(X)$, 则说 X 是可缩的 (contractible).

例　$\pi_1(\text{环面}) = \mathbb{Z} \times \mathbb{Z}$, $\pi_1(\text{实射影面}) = \mathbb{Z}/2$, $\pi_1(\text{Klein 瓶}) = \langle a, b \rangle / aba^{-1}b = 1$,

$$\pi_1(S^1) = \mathbb{Z}, \quad n \geqslant 1, \quad i < n, \quad \pi_i(S^n) = 0, \quad \pi_n(S^n) = \mathbb{Z}.$$

设有连续映射 $p: X \to Y$, 则有同态

$$p_*: \pi_n(X) \to \pi_n(Y): [\phi] \mapsto [p \circ \phi].$$

基本群在同伦群的运算

我们将构造基本群 $\pi_1(Y)$ 在同伦集 $[X, Y]$ 的运算. 取映射 $g: X \to Y$ 和 $\omega: (I, \partial I) \to (Y, \{*\})$. 定义 $g \cup \omega: X \times \{0\} \cup \{*\} \times I \to Y$ 为在 $X \times \{0\}$ 上等于 g, 在 $\{*\} \times I$ 上等于 ω.

我们现在加入一个假设: $*$ 是 X 的**非退化基点**(nondegenrate base point), 这里定义为: $X \times \{0\} \cup \{*\} \times I$ 是 $X \times I$ 的缩回核. (当 X 是 CW 复形时这是对的: 子复形 $\{*\} \subset X$ 是上纤射). 用该假设得知 $(X, *)$ 有同伦扩张性质 (HEP), 即是说可以扩张 $g \cup \omega$ 为映射 $G: X \times I \to Y$, 即 $G(x, 0) = g(x), G(*, t) = \omega(t)$. 现定义 $g_\omega: X \to Y$ 为 $g_\omega(x) = G(x, 1)$.

引理 9.17　若有同伦 $g \simeq g', \omega \simeq \omega'$, 则有同伦 $g_\omega \simeq g'_{\omega'}$.

于是可以定义基本群 $\pi_1(Y)$ 在同伦集 $[X, Y]$ 的运算为: 对 $[\omega] \in \pi_1(Y), [g] \in [X, Y]$, 设 $[\omega] * [g] = [g_\omega]$. 容易证明:

$$[1] * [g] = [g], \quad [\omega_1] * ([\omega_2] * [g]) = ([\omega_1 \omega_2]) * [g].$$

取 $X = S^n$ 便得 $\pi_1(Y)$ 在 $\pi_n(Y)$ 的运算 ([Whi 78], Chap 3; [Ark 11] §5.5, 172 页; [Spa 66] §7.3, 381 页).

引理 9.18　若 $(X, *)$ 是 H 空间, 则 $\pi_1(X, *)$ 在 $\pi_n(X, *)$ 的作用是平凡的.

说群 π 作用在群 G 上, 若有同态 $\alpha: \pi \to \mathrm{Aut}\, G$. 称此为**零幂作用**(nilpotent action), 若 G 内存在有限个子群 G_j:

$$G = G_1 \supset \cdots \supset G_j \supset \cdots \supset G_n = \{1\}$$

使得对所有 j,

(i) $\pi G_j \subset G_j$;

(ii) G_{j+l} 是 G_j 的正规子群, 并且 G_j/G_{j+l} 是交换群;

(iii) 对 $x \in G_j$, $\pi x G_{j+l} = x G_{j+l}$.

当我们取 $\alpha : G \to Aut\, G$ 为内自同构, $(\alpha x)g = xgx^{-l}$, $x, g \in G$ 时, 说 α 是零幂作用是等同说 G 是零幂群.

我们说拓扑空间 X 是**零幂空间**(nilpotent space), 若 $\pi_1(X)$ 在 $\pi_n(X)$ 的运算是零幂作用.

设 A_α 是带基点拓扑空间 $(X, *)$ 的开路径连通子集, $X = \bigcup_\alpha A_\alpha$, $* \in A_\alpha$, 以及 $A_\alpha \cap A_\beta$ 是路径连通的. 以 $\times_\alpha \pi_1(A_\alpha)$ 记 $\{\pi_1(A_\alpha)\}_\alpha$ 的自由积. 则有满同态 $\Phi : \times_\alpha \pi_1(A_\alpha) \to \pi_1(X)$.

设 $A_\alpha \cap A_\beta \cap A_\gamma$ 是路径连通的. 记 $\iota_{\alpha\beta} : \pi_1(A_\alpha \cap A_\beta) \to \pi_1(A_\alpha)$. 则 $\mathrm{Ker}\,\Phi$ 是由 $\iota_{\alpha\beta}(\omega)\iota_{\beta\alpha}(\omega)^{-1}$ 所生成的正规子群. 于是得 $\pi_1(X) \approx \times_\alpha \pi_1(A_\alpha) / \mathrm{Ker}\,\Phi$ (van Kampen 定理).

9.4 同 调

9.4.1 Hurewicz-Whitehead

X 是拓扑空间. 整数 $n \geqslant 1$. 取 $\alpha = [f] \in \pi_n(X)$, $f : S^n \to X$. 于是有同态 $f_* : H_n(S^n) \to H_n(X)$. 对每个 n 选定生成元 $\gamma_n \in H_n(S^n) \cong \mathbb{Z}$. 设 $\varphi_n(\alpha) = f_*(\gamma_n) \in H_n(X)$. 可以证明 $\varphi_n : \pi_n(X) \to H_n(X)$ 是同态, 并且若 $g : X \to X'$ 是连续映射, 则

$$\begin{array}{ccc} \pi_n(X) & \xrightarrow{\varphi_n} & H_n(X) \\ {\scriptstyle g_*}\downarrow & & \downarrow{\scriptstyle g_*} \\ \pi_n(X') & \xrightarrow{\varphi_n'} & H_n(X') \end{array}$$

是交换图. 称 φ_n 为 Hurewicz 同态.

定理 9.19 (Hurewicz) X 是拓扑空间.

(1) 若存在 $n \geqslant 1$ 使得对 $q < n$ 有 $\pi_q(X, *_X) = 0$, 则对 $q < n$ 有 $H_q(X, *_X) = 0$ 和有满同态 $\pi_n(X, *_X) \twoheadrightarrow H_n(X, *_X)$.

(2) 若 $\pi_0(X, *_X) = 0 = \pi_1(X, *_X)$ 和存在 $n \geqslant 2$ 使得对 $q < n$ 有 $H_q(X, *_X) = 0$, 则对 $q < n$ 有 $\pi_q(X, *_X) = 0$ 和有同构 $\varphi_n : \pi_n(X, *_X) \approx H_n(X, *_X)$.

([Spa 66] Chap 7, §5, thm 2, 398 页, 390 页; §4, thm 3, Cor 4.)

Witold Hurewicz (1904—1956), 波兰数学家, 1926 年获得维也纳大学博士学位, 1945—1956 年任 MIT 教授.

定理 9.20 (Whitehead) X, Y 是路径连通拓扑空间. $f: X \to Y$ 是连续映射. 引入记号

$$f_q^\pi : \pi_q(X, *_X) \to \pi_q(Y, *_Y), \quad f_q^H : H_q(X, *_X) \to H_q(Y, *_Y).$$

(1) 若有 $n \geqslant 1$ 使得 f_n^π 是满同态和对 $q < n$, f_q^π 是同构, 则 f_n^H 是满同态和对 $q < n$, f_q^H 是同构.

(2) 若 $\pi_0(X, *_X) = 0 = \pi_1(X, *_X)$, $\pi_0(Y, *_Y) = 0 = \pi_1(Y, *_Y)$, 并且 f_n^H 是满同态, 以及对 $q < n$, f_q^H 是同构, 则 f_n^π 是满同态和对 $q < n$, f_q^π 是同构.

([Spa 66] Chap 7, §5, thm 9, 399 页; [WhiJ 49].)

命题 9.21   设连通 H 空间 X, Y 同伦等价于 CW 复形. 若映射 $f: X \to Y$ 诱导同构 $H_*(X, \mathbb{Z}) \cong H_*(Y, \mathbb{Z})$, 则 f 是同伦等价.

($\pi(Y)$ 在同伦纤维 F 的作用是平凡的 ([Whi 78] Chap IV,3.6); $\pi_*(F) = 0$([Whi 78] Chap IV, 7.2); [Sri 95] Cor A.54.)

9.4.2 Moore

定理 9.22 G 是交换群, 整数 $n \geqslant 2$. 存在 CW 复形 $M(G, n)$ 使得

(1) $\pi_0(M(G,n), *) = 0 = \pi_1(M(G,n), *)$ 和

$$H_i(M(G,n)) = \begin{cases} G, & i = n, \\ 0, & i \neq n; \end{cases}$$

(2) 若 $\phi: G \to H$ 为群同态, 则存在连续映射 $f: M(G, n) \to M(H, n)$ 使得 $\phi = f_* : H_n(M(G,n)) \to H_n(M(H,n))$;

(3) 对任意的空间 X 有 $\pi_n(X) = [M(\mathbb{Z}, n), X]$.

称任何与 $M(G, n)$ 同胚的空间为 Moore(G, n) 空间. 我们定义

$$\pi_n(X, G) = [M(G, n), X].$$

([Ark 11] 61 页.)

John Coleman Moore (1923—2016), 美国代数拓扑学家, 1952 年获得布朗大学博士学位, 然后直到退休在普林斯顿大学任教.

9.4.3 Eilenberg-Mac Lane

定理 9.23 G 是交换群, 整数 $n \geqslant 1$. 存在 CW 复形 $K(G, n)$ 使得

(1)
$$\pi_i(K(G,n)) = \begin{cases} G, & i = n, \\ 0, & i \neq n; \end{cases}$$

(2) 若 $\phi: G \to H$ 为群同态, 则存在连续映射 $k: K(G,n) \to K(H,n)$ 使得 $\phi = k_*: \pi_n(K(G,n)) \to \pi_n(K(H,n))$;

(3) 对任意的空间 X 有 $H_n(X) = [X, K(\mathbb{Z},n)]$.

称任何与 $K(G,n)$ 同伦的空间为 Eilenberg-Mac Lane(G,n) 空间. 我们定义

$$H_n(X, G) = [X, K(G,n)].$$

([Whi 78] Chap V, §7; [Spa 66] Chap 8, §1; [DK 01] §7.7; [Ark 11] 63 页.)

Samuel Eilenberg (1913—1998), 波兰代数拓扑学家, *1936* 年获得华沙大学博士学位, 曾任哥伦比亚大学教授.

Saunders Mac Lane (1909—2005), 美国数学家, *1934* 年获得哥廷根大学博士学位, 自 *1947* 年任教于芝加哥大学.

9.4.4 Dold-Thom

Dold-Thom 定理的重要性在于提供一个把代数拓扑翻译为代数几何的想法. Voevodsky 用这个方法研究域的 Milnor K 群, 因而得 Fields 奖. 故此要为学习 K 理论的读者介绍这个定理.

对称群 S_n 作用在带基点的拓扑空间 $(X, *_X)$ 的 n 次自乘 X^n: 对 $\sigma \in S_n$, 取 $\sigma(x_1, \cdots, x_n) = (x_{\sigma 1}, \cdots, x_{\sigma n})$. 以 $SP_n X$ 记商空间 X^n/S_n. 映射 $X^n \to X^{n+1}$: $(x_1, \cdots, x_n) \mapsto (*_X, x_1, \cdots, x_n)$ 决定嵌入 $SP_n X \to SP_{n+1} X$. 定义 $SP(X) = \varinjlim_n SP_n X$, 基点为 $(*_X, *_X, \cdots)$. 设 $f: X \to Y$ 为连续映射, 则 $(x_1, \cdots, x_n) \mapsto (fx_1, \cdots, fx_n)$ 给出连续映射 $SP(f): SP(X) \to SP(Y)$. 不难验证 SP 为带基点拓扑空间的范畴的函子, 称 SP 为对称幂函子 (symmetric power functor).

定理 9.24 (Dold-Thom) $H_i(X) \cong \pi_i SP(X)$.

原证明见 [DT 58]; 可参考 [Hat 02], [AGP 02].

Albrecht Dold (1928—2011), 德国代数拓扑学家, *1954* 年获得海德堡大学博士学位, 自 *1963* 年任教于海德堡大学.

René Frédéric Thom (1923—2002), 法国拓扑学家, *1951* 年获得巴黎大学博士学位, *1958* 年获得 Fields 奖, Institut des Hautes Études Scientifiques 教授.

9.5 纤 维

闭模型范畴是用三组态射来定义的. 每一组态射的定义在不同的范畴是不同的. 这样当看到 "纤射" 这个名称的时候是需要知道我们是在哪一个范畴的, 因为不同范畴的纤射是不同的.

先来复习拓扑空间的三种连续映射的性质. 虽然这三种连续映射不会出现在我们将讨论的闭模型范畴中, 但是先认识它们是会帮助我们学习闭模型范畴的.

9.5.1 弱等价

称拓扑空间连续映射 $f: X \to Y$ 为**弱等价**(weak equivalence), 若对所有 $n \geqslant 0$, $f_*: \pi_n(X) \to \pi_n(Y)$ 是同构.

称 $f: X \to Y$ 为同伦等价, 若有 $g: Y \to X$ 使得 $fg \simeq id_Y$, $gf \simeq id_X$. 于是 $f_* g_* = 1 = g_* f_*$. 因此同伦等价是弱等价.

Whitehead 定理 若 $f: X \to Y$ 是 CW 复形映射, 则 f 是弱等价当且仅当 f 是同伦等价 ([Spa 66] Chap 7, §6, Cor 24; [Ark 11] thm 2.4.7).

命题 9.25 设有拓扑空间连续映射 $f: X \to Y$, $g: Y \to Z$. 若 f, g, gf 其中两个是弱等价, 则余下一个亦是.

证明 我们将证明: 若 f, gf 是弱等价, 则 g 是弱等价. 其余两个情形显然的. 考虑以下交换图

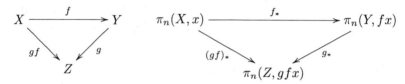

从 $f_*, (gf)_*$ 为同构, 得上图的 g_* 为同构.

不过不是每点 $y \in Y$ 属于 $f(X)$. 但是 $f_*: \pi_0(X) \to \pi_0(Y)$ 是同构, 于是有 $x \in X$ 和路径 $\sigma: I \to Y$ 使得 $\sigma(0) = fx$, $\sigma(1) = y$. 则有交换图

$$\begin{array}{ccc} \pi_n(Y,y) & \xrightarrow{1} & \pi_n(Z,gy) \\ {\scriptstyle 2}\downarrow & & \downarrow{\scriptstyle 4} \\ \pi_n(Y,fx) & \xrightarrow{3} & \pi_n(Z,gfx) \end{array}$$

其中已知映射 3 为同构. 映射 2 以 σ 为共轭, 映射 4 以 $g \circ \sigma$ 为共轭, 于是映射 2, 4 为同构. 因此映射 1 为同构. $\square$

9.5.2 上纤射

称拓扑空间连续映射 $f: A \to B$ 为**上纤射**(cofibration 或 cofibre map), 若对任意拓扑空间 Z 和连续映射的交换图

$$\begin{array}{ccc} A & \xrightarrow{g} & Z^I \\ {\scriptstyle f}\downarrow & {\scriptstyle h}\nearrow & \downarrow{\scriptstyle p_0} \\ B & \xrightarrow{h_0} & Z \end{array}$$

9.5 纤维

存在连续映射 $h: B \to Z^I$ 保持图交换; 在此 I 是闭区间 $[0,1]$, $p_0(\xi) = \xi(0)$ ([Spa 66] 29 页; [Ark 11] 76 页).

按函数空间指数律, 给出同伦 $A \times I \to Z$ 等同于给出映射 $A \to Z^I$. 这样以上交换图是说: 给出映射 $h_0: B \to Z$, $g_0 = p_0 g: A \to Z$ 使得 $h_0 f = g_0$, 又给出同伦 $g: A \to Z^I$ 使得 $g_0(a) = (g(a))(0)$, 则存在同伦 $h: B \to Z^I$ 使得 $hf = g$ ([Ark 11] prop 1.3.4). 我们又说对任意拓扑空间 Z, 映射 $f: A \to B$ 有**同伦扩张性质** (homotopy extension property, HEP).

上纤射 $j: A \to B$ 是嵌入, 即 $j: A \to f(A)$ 是同胚 ([Ark 11] prop 3.2.6).

设 $Q = B/f(A)$. 称序列
$$A \xrightarrow{j} B \xrightarrow{q} Q$$
为**上纤列**(cofibre sequence).

A 的锥是指
$$CA = A \times I/(A \times \{1\} \bigcup \{*\} \times I),$$

A 的同纬象是
$$\Sigma A = A \times I/(A \times \{1\} \bigcup \{*\} \times I \bigcup A \times \{0\}).$$

称序列
$$A \xrightarrow{j} CA \twoheadrightarrow \Sigma A$$
为标准上纤列 (standard cofibre sequence), 其中 $j(a) = \langle a, 0 \rangle$.

给出连续映射 $f: X \to Y$, 称 $CX \leftarrow X \xrightarrow{f} Y$ 的推出为 f 的**映射锥**(mapping cone), 并记为 C_f.

$$\begin{array}{ccc} X & \xrightarrow{f} & Y \\ \downarrow & & \downarrow k \\ CX & \longrightarrow & C_f \\ \downarrow & & \downarrow \\ \Sigma X & \xrightarrow{\approx} & C_f/Y \end{array}$$

从上图可以看见标准上纤列 $X \to CX \twoheadrightarrow \Sigma X$ 沿 f 的推出便是上纤列
$$Y \xrightarrow{k} C_f \xrightarrow{p} \Sigma X$$

([Ark 11] 79 页). 从上纤列 $A \xrightarrow{j} B \xrightarrow{q} Q$ 得交换图

$$\begin{array}{ccccccccc} A & \xrightarrow{j} & B & \xrightarrow{k} & C_j & \xrightarrow{p} & \Sigma A & \longrightarrow & \Sigma B \\ \| & & \| & & \downarrow \alpha & & \| & & \| \\ A & \xrightarrow{j} & B & \xrightarrow{q} & Q & \xrightarrow{\partial} & \Sigma A & \longrightarrow & \Sigma B \end{array}$$

其中 α 是同伦等价, $\partial = p\alpha^{-1}$ ([Ark 11] 120 页).

命题 9.26 设有上纤列 $A \xrightarrow{j} B \xrightarrow{q} Q$. 对任意空间 Z 有正合序列

$$\cdots \longrightarrow [\Sigma^n Q, Z] \xrightarrow{(\Sigma^n q)^*} [\Sigma^n B, Z] \xrightarrow{(\Sigma^n j)^*} [\Sigma^n A, Z] \xrightarrow{(\Sigma^{n-1}\partial)^*} [\Sigma^{n-1} Q, Z] \longrightarrow$$

$$\cdots \xrightarrow{(\partial)^*} [Q, Z] \xrightarrow{q^*} [B, Z] \xrightarrow{j^*} [A, Z]$$

称此正合序列为上纤射正合序列 ([Ark 11] 121 页).

9.5.3 纤射

称带基点拓扑空间的保基点连续映射 $p: X \to Y$ 为**纤射**(fibration 或 fibre map 或 Hurewicz fibration), 若对任意拓扑空间 W 和连续映射的交换图

$$\begin{array}{ccc} W \times \{0\} & \xrightarrow{h_0} & X \\ {\scriptstyle i}\downarrow & {\scriptstyle h}\nearrow & \downarrow{\scriptstyle p} \\ W \times I & \xrightarrow{g} & Y \end{array}$$

存在连续映射 $h: W \times I \to X$ 保持图为交换; 图中 I 是闭区间 $[0,1]$, i 是包含映射 ([Spa 66] 66 页; [Ark 11] 83 页).

以上交换图是说: 给出映射 $h_0: W \to X$, $g_0: W \to Y$ 使得 $ph_0 = g_0$ 和给出同伦 $g: W \times I \to Y$ 使得 $g_0 = g|_{W \times \{0\}}$, 则存在同伦 $h: W \times I \to X$ 使得 $ph = g$. 我们也说对所有拓扑空间 W, 映射 $p: X \to Y$ 有**同伦提升性质**(homotopy lifting property, HLP).

定义 p 的**纤维** (fibre) 为 $F = p^{-1}(*_Y)$, 以 $i: F \to X$ 为包含映射, 并称

$$F \xhookrightarrow{i} X \xrightarrow{p} Y$$

为**纤列**或**纤维列** (fibre sequence).

在 Y 内以基点 $*$ 为终点的路径组成的路径空间记为 EY. 在 Y 内以基点 $*$ 为起点和终点的回路径组成的空间记为 ΩY. 定义 $b: EY \to Y$ 为 $b(\ell) = \ell(0)$, 则称

$$\Omega Y \hookrightarrow EY \xrightarrow{b} Y$$

为**标准纤列** (standard fibre sequence).

设有映射 $f: X \to Y$, 称 $X \xrightarrow{f} Y \leftarrow EY$ 的拉回 $X \xleftarrow{u} I_f \xrightarrow{v} EY$ 为 f 的**同伦纤维**(homotopy fibre). I_f 的元素是 (x, ℓ), 其中 $x \in X, \ell \in EY$ 是 Y 内连接 $f(x)$ 与

9.5 纤维

$* \in Y$ 的路径.

$$\begin{array}{ccc} F & \xrightarrow{\approx} & \Omega Y \\ \downarrow h & & \downarrow \\ I_f & \xrightarrow{v} & EY \\ \downarrow u & & \downarrow p \\ X & \xrightarrow{f} & Y \end{array}$$

从上图可以看出标准纤列 $\Omega Y \hookrightarrow EY \xrightarrow{p} Y$ 沿 f 的拉回便是纤列

$$\Omega Y \xrightarrow{w} I_f \to X$$

([Ark 11] 91 页).

命题 9.27 若 $f: X \to Y$ 是纤射, 则 $h: F \to I_f$ 是同伦等价.

([Ark 11] prop 3.5.10, 109 页).

定理 9.28 设 $f: X \to Y$ 为映射, I_f 是 f 的同伦纤维, 则有正合序列

$$\cdots \pi_{n+1}(Y) \xrightarrow{\partial_{n+1}} \pi_n(I_f) \longrightarrow \pi_n(X) \longrightarrow \pi_n(Y) \xrightarrow{\partial_n} \cdots$$

$$\cdots \longrightarrow \pi_1(I_f) \longrightarrow \pi_1(X) \longrightarrow \pi_1(Y) \xrightarrow{\partial_1} \pi_0(I_f) \longrightarrow \pi_0(X) \longrightarrow \pi_0(Y).$$

([Ark 11] 4.2.17, 122 页).

推论 9.29 (Mayer-Vietoris 同伦列) 设 U, V 是 X 的 (包含基点的) 开集, 则有正合序列

$$\pi_{n+1}(U \cap V) \xrightarrow{\partial} \pi_n(U \cup V) \to \pi_n(U) \times \pi_n(V) \to \pi_n(U \cap V).$$

证明 取定理的 f 为投射

$$U \times V \to U \times V / U \bigcup V = U \bigcap V.$$

此投射的同伦纤维是 $U \cup V$. □

命题 9.30 设有纤列 $F \xrightarrow{i} E \xrightarrow{p} B$, 则有纤列 $\Omega B \xrightarrow{w} I_p \to E$ 和同伦等价 $\beta: F \to I_p$, 并且对任意空间 A 有正合序列

$$\cdots \to [A, \Omega^{n+1}B] \xrightarrow{(\Omega^n \partial)_*} [A, \Omega^n F] \xrightarrow{(\Omega^n i)_*} [A, \Omega^n E] \xrightarrow{(\Omega^n p)_*} [A, \Omega^n B] \to$$

$$\cdots \to [A, \Omega B] \xrightarrow{\partial_*} [A, F] \xrightarrow{i_*} [A, E] \xrightarrow{p_*} [A, B],$$

其中 $\partial = \beta^{-1} w : \Omega B \to F$.

称此正合序列为纤射正合序列

定理 9.31 若 $F \xrightarrow{i} X \xrightarrow{p} Y$ 为纤列, 则有正合序列

$$\cdots \xrightarrow{\partial_{n+1}} \pi_n(F) \xrightarrow{i_*} \pi_n(X) \xrightarrow{p_*} \pi_n(Y) \xrightarrow{\partial_n} \cdots$$

$$\cdots \longrightarrow \pi_1(F) \xrightarrow{i_*} \pi_1(X) \xrightarrow{p_*} \pi_1(Y) \xrightarrow{\partial_1} \pi_0(F) \xrightarrow{i_*} \pi_0(X) \xrightarrow{p_*} \pi_0(Y),$$

其中对 $n \geqslant 1$, $\partial_{n+1}: \pi_{n+1}(Y) \to \pi_n(F)$ 是同态, $\partial_1: \pi_1(Y) \to \pi_0(F)$ 是带基点集映射.

([Ark 11] 4.2.19, 123 页; [Spa 66] Chap 7, sec 2, thm 10, 377 页.)

9.5.4 映射分解

1) 给出 $f: X \to Y$. 在无交并集 $X \times I \sqcup Y$ 上取等价关系 $(x, 0) \sim f(x), \forall x \in X$ 及 $(*_X, t) \sim *_Y, \forall t \in I$. 称商空间 Cyl_f 为 f 的**映射柱** (mapping cylinder).

定义 $j: X \to Cyl_f$ 为 $j(x) = \langle x, 1 \rangle$, 以及 $q: Cyl_f \to Y$ 为 $q\langle x, t \rangle = f(x)$. 于是 $f = qj$. 可以证明 j 是上纤射, 以及 q 是纤射和同伦等价 ([Ark 11] prop 3.5.2).

此外按构造 $C_f = Cyl_f/\langle x, 1 \rangle$ ([Ark 11] prop 3.2.9, 80, 104,106 页), 于是有上纤列

$$X \xrightarrow{j} Cyl_f \xrightarrow{c} C_f.$$

称下列映射为 f 的**柱锥列** (cylinder-cone sequence)

$$X \xrightarrow{j} Cyl_f \xrightarrow{c} C_f \xrightarrow{s} \Sigma X.$$

2) 给出 $f: X \to Y$, 设 $E_f \subseteq X \times Y^I$ 为

$$E_f = \{(x, \ell) : x \in X, \ell \in Y^I, f(x) = \ell(0)\}.$$

称 E_f 为 f 的**映射路径** (mapping path). 定义映射 $i: X \to E_f$ 和 $p: E_f \to Y$ 为 $i(x) = (x, \ell_{f(x)})$, 其中 $\ell_{f(x)}$ 是 Y 内取常值 $f(x)$ 的路径; $p(x, \ell) = \ell(1)$. 显然 $f = pi$. 可以证明 p 是纤射, 以及 i 是上纤射和同伦等价.

3)

命题 9.32 任何态射 $f: X \to Y$ 有分解

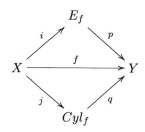

其中 p 是纤射, i 是上纤射和同伦等价; 另一方面 q 是纤射和同伦等价, j 是上纤射.

9.5 纤　　维

我们用以下的交换图作为总结.

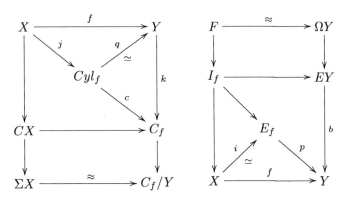

9.5.5 同伦拉回

I 是闭区间 $[0,1]$.

给出带基点拓扑空间映射 $f: X \to A, g: Y \to A$. 定义

$$Q = \{(x, \ell, y) \in X \times A^I \times Y : \ell(0) = f(x), \ell(10 = g(y)\},$$

$$u: Q \to X : (x, \ell, y) \mapsto x, \quad v: Q \to Y : (x, \ell, y) \mapsto y,$$

则 $fu \simeq gv$. 称

$$\begin{array}{ccc} Q & \xrightarrow{v} & Y \\ {\scriptstyle u}\downarrow & & \downarrow{\scriptstyle g} \\ X & \xrightarrow{f} & A \end{array}$$

为 $X \xrightarrow{f} A \xleftarrow{g} Y$ 的**同伦纤维积**(homotopy fibre product) (或同伦拉回, homotopy pullback), 并以 $X \times_A A^I \times_A Y$ 或 $X \stackrel{h}{\times}_A Y$ 记 Q.

给出左下图是同伦交换. 取 $X \xrightarrow{f} A \xleftarrow{g} Y$ 的同伦拉回 $X \xleftarrow{u} Q \xrightarrow{v} Y$. 设有同伦等价 $\lambda: R \to Q$ 使右下图是同伦交换. (特别地, 有同伦 $u\lambda \simeq r$, $v\lambda \simeq s$.) 则称左下图为**同伦拉回方** (homotopy pullback square). 若要求 λ 是弱等价, 则说左下图为**同伦卡方**(homotopy cartesian square). (注意: 在固有闭模型范畴时定义是有点不同的.)

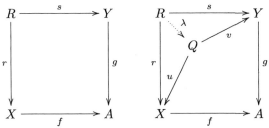

命题 9.33 设下图中的四方是同伦拉回方，并且 $fa \simeq gb$，则存在 $c: W \to R$ 使得 $rc \simeq a, sc \simeq b$.

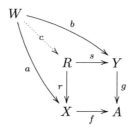

命题 9.34 取 $X \xrightarrow{f} A \xleftarrow{g} Y$ 的拉回 $X \xleftarrow{r} P \xrightarrow{s} Y$. 若 f 或 g 是纤射，则

$$\begin{array}{ccc} P & \xrightarrow{s} & Y \\ {\scriptstyle r}\downarrow & & \downarrow{\scriptstyle g} \\ X & \xrightarrow{f} & A \end{array}$$

是同伦拉回方.

命题 9.35 若

$$\begin{array}{ccc} P & \xrightarrow{s} & Y \\ {\scriptstyle r}\downarrow & & \downarrow{\scriptstyle g} \\ X & \xrightarrow{f} & A \end{array}$$

是同伦拉回方, 则同伦纤维 I_g 与 I_u 是同伦等价.

9.5.6 同伦推出

A 是带基点拓扑空间, I 是闭区间 $[0,1]$. **简约柱**(reduced cylinder) 是 $A \ltimes I := A \times I / \{(*, t) : t \in I\}$.

我们把 $X \vee Y \vee Z$ 看作 $X \times Y \times Z$ 的子集 $\{(x, *, *)\} \cup \{(*, y, *)\} \cup \{(*, *, z)\}$.

给出带基点拓扑空间映射 $f: A \to X, g: A \to Y$. 定义

$$O = (X \vee (A \ltimes I) \vee Y) / \sim,$$

其中 $(*, \langle a, 0 \rangle, *) \sim (f(a), *, *), (*, \langle a, 1 \rangle, *) \sim (*, *, g(a)), a \in A$. 设

$$u: X \to O : x \mapsto \langle x, *, * \rangle, \quad v: Y \to O : y \mapsto \langle *, *, y \rangle.$$

显然映射定义 $F: A \times I \to O : (a, t) \mapsto \langle *, \langle a, t \rangle, * \rangle$. 同伦 $uf \simeq_F vg$. 称

9.5 纤　　维

$$\begin{array}{ccc} A & \xrightarrow{f} & X \\ g\downarrow & & \downarrow u \\ Y & \xrightarrow{v} & O \end{array}$$

为 $Y \xleftarrow{g} A \xrightarrow{f} X$ 的**同伦推出** (homotopy pushout 或 double mapping cylinder).

给出左下图是同伦交换, 即 $rf \simeq sg$. 取 $Y \xleftarrow{g} A \xrightarrow{f} X$ 的同伦推出 $Y \xrightarrow{v} O \xleftarrow{u} X$. 设有同伦等价 $\theta : O \to P$ 使右下图是同伦交换 (特别地, 有同伦 $\theta u \simeq r$, $\theta v \simeq s$), 则称左下图为**同伦推出方** (homotopy pushout square).

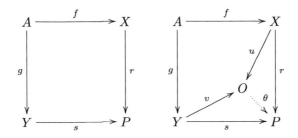

命题 9.36　设下图中的四方是同伦推出方, 并且 $af \simeq bg$, 则存在 $c : P \to Z$ 使得 $cr \simeq a$, $cs \simeq b$.

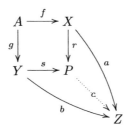

命题 9.37　取 $Y \xleftarrow{g} A \xrightarrow{f} X$ 的推出 $Y \xrightarrow{s} P \xleftarrow{r} X$. 若 f 或 g 是上纤射, 则

$$\begin{array}{ccc} A & \xrightarrow{f} & X \\ g\downarrow & & \downarrow r \\ Y & \xrightarrow{s} & P \end{array}$$

是同伦推出方.

命题 9.38　若

$$\begin{array}{ccc} A & \xrightarrow{f} & X \\ g\downarrow & & \downarrow r \\ Y & \xrightarrow{s} & P \end{array}$$

是同伦推出方, 则映射锥 C_g 与 C_r 是同伦等价.

定理 9.39 (Mather)　　给出同伦交换图

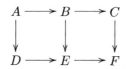

(1) 若右方是同伦拉回方, 则左方是同伦拉回方当且仅当长方 $A-C-F-D$ 是同伦拉回方;

(2) 若左方是同伦推出方, 则右方是同伦推出方当且仅当长方 $A-C-F-D$ 是同伦推出方.

(见 [Mat 76], [Ark 11] Appendix E.)

第10章 模型范畴

前面讲 K 理论的几章没有直接使用本章的知识. 但是在设计上深受本章影响. 定义闭模型范畴的公理系统在同伦论的重要性几乎等于定义拓扑的公理系统在拓扑空间的. 正如淡中范畴帮助我们了解线性代数的深层结构, 闭模型范畴在同伦论中亦扮演同样角色. 从近来出版的多本教科书中可以看见闭模型范畴的研究是非常活跃的, 是不容忽视的. 可以参考: [DHKS 04], [EKM 96], [Hirs 03], [GJ 09], [Hov 99], [Lur 09], [Rie 14], [Voe 07].

本章的主要参考资料是 [Qui 67]. 闭模型范畴是 Quillen 设计的 "同伦代数" (homotopical algebra) 的中心概念. 从一个闭模型范畴 Quillen 构造出它的同伦范畴. 这样就解决了范畴同伦论的基本问题. 因此闭模型范畴理论是 "带多层次结构" 代数理论的底层结构. 了解闭模型范畴对学习代数 (如 Lurie [Lur 09], [Lur 15]) 是有用的.

10.1 闭 模 型

设 A 是拓扑空间 X 的子空间, $i : A \to X$ 是包含映射. 若有映射 $r : X \to A$ 使得 $ri = id_A$ 则称 A 为 X 的收缩核 (retract), r 为收缩映射 (retraction). 若同时有 $ri = id_A$ 和同伦 $ir \simeq id_X$, 则称 A 为 X 的形变收缩核 (deformation retract).

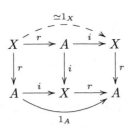

我们推广这个概念. 在范畴内我们说态射 f 是态射 g 的收缩核当且仅当存在以下的交换图

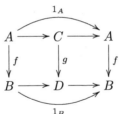

设 $\mathcal{C}$ 为闭模型范畴. 以 $\varnothing$ 记 $\mathcal{C}$ 的始对象, e 记 $\mathcal{C}$ 的终对象. 如果 $\varnothing$ 与 e 同构, 则以 $*$ 记始终对象, 称它为零对象. 称有零对象的范畴为**带点范畴**(pointed category).

设有范畴 $\mathscr{C}$ 的态射 $i: A \to B$ 和 $p: X \to Y$. 说 i 相关于 p 有**左提升性质**(left lifting property, LLP) 和说 p 相关于 i 有**右提升性质**(right lifting property, RLP), 若对任意交换图 (实线)

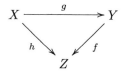

存在提升态射 $h: B \dashrightarrow X$ 使得 $hi = f$ 和 $ph = g$.

10.1.1 定义

假设范畴 $\mathcal{C}$ 有三类分别称为**弱等价**(weak equivalence)、**纤射**(fibration) 及**上纤射**(cofibration) 的态射. 如果纤射 f 同时是弱等价, 则说 f 是平凡纤射 (trivial fibration). 如果上纤射 f 同时是弱等价, 则说 f 是平凡上纤射 (trivial cofibration). 如果 $X \to e$ 是 $\mathcal{C}$ 的纤射, 则说 X 是纤性的 (fibrant). 如果 $\varnothing \to X$ 是 $\mathcal{C}$ 的上纤射, 则说 X 是上纤性的 (cofibrant).

若范畴 $\mathcal{C}$ 有三类分别称为弱等价、纤射及上纤射的态射满足以下条件 CM 1 至 CM 5, 则称 $\mathcal{C}$ 为**闭模型范畴**(closed model category).

CM1 在 $\mathcal{C}$ 内可取有限极限和有限上极限.

CM2 设有 $\mathcal{C}$ 内态射交换图

若 f, g, h 之中两个是弱等价, 则余下的态射亦是弱等价.

CM3 若 f 是 g 的收缩核, g 是弱等价、纤射、上纤射, 则 f 亦是.

CM4 设在交换图

中 i 是上纤射, p 是纤射. 若 (i) i 是平凡上纤射或 (ii) p 是平凡纤射, 则存在提升态射 $B \to X$ 使上图仍然是交换图.

10.1 闭模型

CM5 $\mathcal{C}$ 的任何态射 $f: X \to Y$ 有分解

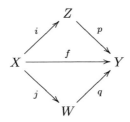

其中 p 是纤射, i 是平凡上纤射; 另一方面 q 是平凡纤射, j 是上纤射.

这个公理系统见 [Qui 69] (这里的是 [Qui 67] 的修订版.)

引理 10.1 设 $\mathcal{C}$ 为闭模型范畴.

(1) 态射 $i: U \to V$ 是上纤射当且仅当相关于任意平凡纤射 i 有左提升性质;

(2) 态射 $i: U \to V$ 是平凡上纤射当且仅当相关于任意纤射 i 有左提升性质;

(3) $p: X \to Y$ 是纤射当且仅当相关于任意平凡上纤射 p 有右提升性质;

(4) $p: X \to Y$ 是平凡纤射当且仅当相关于任意上纤射 p 有右提升性质.

证明 假设 $i: U \to V$ 是上纤射, $p: X \to Y$ 是平凡纤射并有交换图

$$\begin{array}{ccc} U & \xrightarrow{\alpha} & X \\ i \downarrow & \overset{\beta}{\nearrow} & \downarrow p \\ V & \xrightarrow{\beta} & Y \end{array}$$

则按 CM 4 存在态射 $\theta: V \to X$ 使得 $p\theta = \beta$ 和 $\theta i = \alpha$.

反过来, 设给出的态射 i 相关于任意平凡纤射有左提升性质. 用 CM 5 把 $i: U \to V$ 分解:

$$\begin{array}{ccc} U & \xrightarrow{j} & W \\ & i \searrow & \downarrow q \\ & & V \end{array}$$

左提升性质给出交换图

$$\begin{array}{ccc} U & \xrightarrow{j} & W \\ i \downarrow & \overset{\phi}{\nearrow} & \downarrow q \\ V & \xrightarrow{=} & V \end{array}$$

于是 i 是 j 的收缩核:

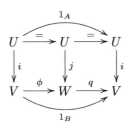

用 CM 3 得 i 是上纤射.   □

推论 10.2 (M3)   设 $\mathcal{C}$ 为闭模型范畴.

(1) 上纤射的推出是上纤射. $i: U \to V, j: V \to W$ 是上纤射, 则 $j \circ i$ 是上纤射. 平凡上纤射的推出是平凡上纤射. 平凡上纤射的合成是平凡上纤射. 同构是上纤射.

(2) 纤射的拉回是纤射. $p: X \to Y, q: Y \to Z$ 是纤射, 则 $q \circ p$ 是纤射. 平凡纤射的拉回是平凡纤射. 平凡纤射的合成是平凡纤射. 同构是纤射.

例   在适当定义弱等价、纤射及上纤射之后, 以下的范畴是闭模型范畴. 详情在以下各节.

(1) 紧生成拓扑空间范畴 **cgTop** (10.1.2 节).

(2) 单纯集范畴 **sSet** (定理 11.17).

(3) 单纯层范畴 $\mathbf{sSh}_X$ (定理 13.11).

(4) 设 Abel 范畴 $\mathcal{A}$ 有足够投射对象 (enough projectives), $\mathcal{A}$ 的有下界链复形所组成的范畴 ([Qui 67], Chap I, 1.2, ex B, 5.2 页).

例 10.3 R 为交换环. R 模链复形范畴.

R 模链复形是指 R 模态射列

$$\cdots \to M_2 \xrightarrow{d_1} M_1 \xrightarrow{d_0} M_0$$

使得 $d_i d_{i+1} = 0$. 以 $C_* R$ 记 R 模链复形范畴.

称链复形态射 $f: M_* \to N_*$

(1) 为弱等价, 若由 f 诱导在同调群上的 $H_* f$ 是同构;

(2) 为纤射, 若对 $n \geqslant 1$ 有满射 $M_n \to N_n$;

(3) 为上纤射, 若对 $n \geqslant 0$, 映射 $M_n \to N_n$ 是单射和 N_n/M_n 是投射模.

如此选定弱等价、纤射及上纤射之后, $C_* R$ 是闭模型范畴 ([GS 04] thm 1.5).

10.1.2 紧生成空间

记紧生成拓扑空间范畴为 **cgTop** (见 9.1.1 小节).

定义 **cgTop** 的弱等价为 **cgTop** 的连续映射 $f: X \to Y$ 使得: 对所有 $n \geqslant 0$, $f_*: \pi_n(X) \to \pi_n(Y)$ 是同构 (此即拓扑空间的弱等价).

定义 **cgTop** 的纤射为 **cgTop** 的连续映射 $f: X \to Y$ 满足以下条件: 对任意映射交换方 (实线)

$$\begin{array}{ccc} |\Lambda_k^n| & \longrightarrow & X \\ \downarrow & \overset{h}{\nearrow} & \downarrow f \\ |\Delta^n| & \longrightarrow & Y \end{array}$$

10.1 闭 模 型

(其中 Λ_k^n 是标准 n 单形集 Δ^n 的第 k 个角 (定义在 11.1.4 小节)), 存在映射 $h:$ $|\Delta^n| \dashrightarrow X$ 使得全图交换. (在这里定义的纤射称为 Serre 纤射; 不过各书的 Serre 纤射是不一定相同的.)

定义 **cgTop** 的上纤射为 **cgTop** 的连续映射 $i: A \to B$ 满足以下条件: 对任意同时是纤射和弱等价的映射 $p: X \to Y$ 及映射交换方 (实线)

$$\begin{array}{ccc} A & \xrightarrow{k} & X \\ i\downarrow & {}^{h}\nearrow & \downarrow p \\ B & \xrightarrow{g} & Y \end{array}$$

存在映射 $h: B \dashrightarrow X$ 使得 $hi = k$ 和 $ph = g$.

引理 10.4 **cgTop** 的上纤射 $i: A \to B$ 的推出是上纤射.

证明 取 $i: A \to B$ 沿 $f: A \to Z$ 的推出

$$\begin{array}{ccc} A & \xrightarrow{f} & Z \\ i\downarrow & & \downarrow u \\ B & \xrightarrow{v} & P \end{array}$$

和任意交换方

$$\begin{array}{ccc} Z & \xrightarrow{k} & X \\ u\downarrow & & \downarrow p \\ P & \xrightarrow{g} & Y \end{array}$$

其中映射 p 同时是纤射和弱等价. 因为 i 是上纤射, 存在映射 $h: B \dashrightarrow X$ 使得 $hi = (kf)$ 和 $ph = (gv)$. 因为 P 是推出, 所以存在 $t: P \dashrightarrow X$ 使得下图交换

$$\begin{array}{ccc} A & \xrightarrow{f} & Z \\ i\downarrow & & \downarrow u \searrow^{k} \\ B & \xrightarrow{v} & P \dashrightarrow^{t} X \\ & \searrow_{h} & \end{array}$$

此外

$$\begin{array}{ccc} A & \xrightarrow{f} & Z \\ i\downarrow & & \downarrow u \searrow^{r} \\ B & \xrightarrow{v} & P \dashrightarrow^{w} Y \\ & \searrow_{s} & \end{array}$$

是交换, 若取

$$r = gu$$
$$s = gv$$
$$w = g$$

或取

$$r = ptu$$
$$s = ptv$$
$$w = pt$$

利用在推出图中 w 的唯一性得 $g = pt$. 于是得所求交换图

$$\begin{array}{ccc} Z & \xrightarrow{k} & X \\ {\scriptstyle u}\downarrow & {\scriptstyle t}\nearrow & \downarrow{\scriptstyle p} \\ P & \xrightarrow{g} & Y \end{array}$$

$\square$

命题 10.5 **cgTop** 是闭模型范畴.

证明 我们证明 CM 5: 为映射 $f: X \to Y$ 找分解 $f = pi$ 满足所求条件. 考虑所有交换图

$$\begin{array}{ccc} |\Lambda_{k_d}^{n_d}| & \xrightarrow{\alpha_d} & X \\ \cap\downarrow & & \downarrow{f} \\ |\Delta^{n_d}| & \xrightarrow{\beta_d} & Y \end{array}$$

记 $X_0 = X$, $f_0 = f$. 构造推出图

$$\begin{array}{ccc} \bigsqcup_d |\Lambda_{k_d}^{n_d}| & \longrightarrow & X_0 \\ \cap\downarrow & & {\scriptstyle i_1}\downarrow \searrow{\scriptstyle f_0} \\ \bigsqcup_d |\Delta^{n_d}| & \longrightarrow & X_1 \xrightarrow{f_1} Y \end{array}$$

则有分解 $f = f_0 = f_1 \circ i_1$. 因为包含映射 $|\Lambda_k^n| \hookrightarrow |\Delta^n|$ 是上纤射, 于是推出之后所得的 i_1 是上纤射. 因为 $|\Lambda_k^n|$ 是 $|\Delta^n|$ 的强形变收缩核, 所以推出之后所得的 i_1 是弱等价.

下一步重复以上的构造: 考虑所有交换图

$$\begin{array}{ccc} |\Lambda_{k_d}^{n_d}| & \xrightarrow{\alpha_d} & X_1 \\ \cap\downarrow & & \downarrow{f_1} \\ |\Delta^{n_d}| & \xrightarrow{\beta_d} & Y \end{array}$$

10.1 闭模型

不断重复. 我们便有交换图

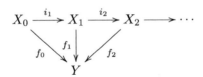

其中所有 $i_k: X_{k-1} \to X_k$ 是弱等价. 由此便得交换图

$$X_0 \xrightarrow{\tau} \varinjlim X_i$$

并且 τ 是 **cgTop** 的上纤射和弱等价. 余下只要证得 f_∞ 是 **cgTop** 的纤射, $f = f_0 = f_\infty \circ \tau$ 便是所求的分解.

现设有交换图

$$\begin{array}{ccc} |\Lambda_k^n| & \xrightarrow{\alpha} & \varinjlim X_i \\ \downarrow & & \downarrow f_\infty \\ |\Delta^n| & \xrightarrow{\beta} & Y \end{array}$$

存在 i 及映射 α_i 使得以下是交换图

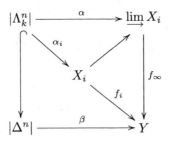

但是

$$\begin{array}{ccc} |\Lambda_k^n| & \xrightarrow{\alpha} & X_i \\ \downarrow & & \downarrow f_i \\ |\Delta^n| & \xrightarrow{\beta} & Y \end{array}$$

已经是用来构造 f_{i+1} 的交换图之一, 并且从 X_{i+1} 的构造知有交换图

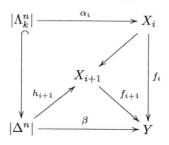

设 $h = \varinjlim h_i$, 则

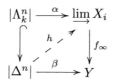

便是所求. 其余证明留给读者. □

称以上证法为**小对象辩证**(small object argument) ([Qui 67] Chap II, §3, 3.4 页; [GZ 67] Chap VI, §5.5; [GJ 09] Chap I, §9, 45 页; [Hov 99] §2.1). 我们用了 $\mathrm{Hom}(|\Lambda_k^n|, \varinjlim_i X_i) = \varinjlim_i \mathrm{Hom}(|\Lambda_k^n|, X_i)$. 这里 "小" 是指: Hom 与 $\varinjlim_i$ 交换.

以上命题亦见 [Qui 67] Chap I, 1.2, Example A, 5.2 页; [Hov 99] §2.4.

10.1.3 模型

Quillen 开始的时候是分开 "模型范畴" 和 "闭模型范畴" 的. 在前一节我们是跟随 Quillen 后来的做法, 只讲闭模型范畴. 近来人们又把闭模型范畴称为模型范畴. 像 [Hov 99], [Hirs 03], [DHKS 04] 又更改了 Quillen 的定义:

(1) 把 "CM1: 在 $\mathcal{C}$ 内可取有限极限和有限上极限" 改为: "在 $\mathcal{C}$ 内可取小极限和小上极限".

(2) 赋予 CM5 的态射分解函子性质. 意思是: 已给范畴 $\mathcal{C}$, 假设存在一对从 $\mathrm{Mor}\,\mathcal{C}$ 到 $\mathrm{Mor}\,\mathcal{C}$ 的函子 (α, β) 使得任意 $f \in \mathrm{Mor}\,\mathcal{C}$ 满足条件 $f = \beta(f) \circ \alpha(f)$.

这样阅读过去五十年文献时读者是需要知道所用的定义的.

10.2 同 伦

10.2.1 纤维积

设 $\mathcal{C}$ 为闭模型范畴. 用 CM 1, 从 $B \xrightarrow{\delta} Y \xleftarrow{\gamma} X$ 可造纤维积 (fibre product) $B \times_Y X$. 于是从态射等式 $\delta\alpha = \gamma\beta$ (以下第一图) 得唯一态射 $A \to B \times_Y X$ 使以下

10.2 同伦

第二图交换, 记此态射为 (α, β).

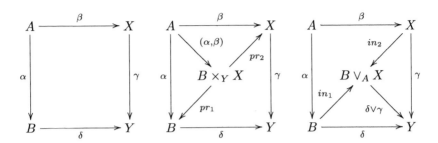

同理, 从 $B \xleftarrow{\alpha} A \xrightarrow{\beta} X$ 可造上纤维积 (cofibre product) $B \vee_A X$. 于是从态射等式 $\delta\alpha = \gamma\beta$ 得唯一态射 $B \vee_A X \to Y$ 使以上第三图交换, 记此态射为 $\delta \vee \gamma$ ([Qui 67] 记此态射为 $\delta + \gamma$).

给出态射 $f : X \to Y$, 便有 $X \xrightarrow{f} Y \xleftarrow{f} X$, 于是有对角映射 (diagonal map) $\Delta_f = (id_X, id_X) : X \to X \times_Y X$. 又从 $Y \xleftarrow{f} X \xrightarrow{f} Y$ 得上对角态射 (codiagonal map) $\nabla_f = (id_Y \vee id_Y) : Y \vee_X Y \to Y$. 若 $Y = e$, 则记 Δ_f 为 Δ_X; 若 $X = \varnothing$, 则记 ∇_f 为 ∇_Y.

若 $f : X \to Y$ 为带点范畴 $\mathcal{C}$ 的态射, 则称 $* \times_Y X$ 为 f 的纤维 (fibre); 称 $* \vee_X Y$ 为 f 的上纤维 (cofibre).

10.2.2 柱和路

柱

在拓扑空间范畴 **Top** 我们用区间 $I = [0, 1]$ 来定义柱 $X \times I$ 和路径空间 X^I, 然后定义同伦. 我们要在一般的范畴找合适的结构代替柱和路.

先考虑 **Top**. 拓扑空间的无交并集 $X \sqcup Y$ 的子集 U 定义为开集, 若 $U \cap X$ 为 X 的开集, $U \cap Y$ 为 Y 的开集.

在 **Top** 内有 $I = [0, 1]$. 称 $A \times I$ 为拓扑空间 A 上的柱. 在交换图中

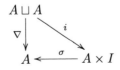

i 把无交并集 $A \sqcup A$ 里的第一份 A 映为柱内的 $A \times \{0\}$, 把另一份 A 映为 $A \times \{1\}$; σ 把柱坍塌回 A 是同伦等价; ∇ 是上对角映射.

现取闭模型范畴 $\mathcal{C}$ 的对象 A. 若上对角映射 ∇_A 有分解

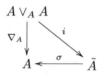

其中 $i = \partial_0 \vee \partial_1$ 为上纤射, σ 为弱等价, 则称 $\tilde{A}$ 为 A 的**柱对象**(cylinder object), 并常记 $\tilde{A}$ 为 $A \times I$

注意: (1) 这只是记号, 不是直积, $\mathcal{C}$ 不一定有 I.

(2) 从 A 至 $A \times I$ 不是函子.

路

回到 **Top**. 拓扑空间 B 内的路径是指连续映射 $I \to B$. B 的全部路径组成集合 B^I, 在此取紧开拓扑. 按函数空间指数律, 给出连续映射 $A \times I \to B$ 是等同于给出连续映射 $A \to B^I$. 因此把 B^I "看作" $A \times I$ 的一种对偶结构.

对 $b \in B$, 设 $s(b) = b$, 即 $s \in B^I$ 为在 b 点的不动回路. 取 $p(\ell) = (\ell(0), \ell(1))$, $\ell \in B^I$. Δ 是对角映射. 则有交换图

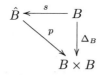

现取闭模型范畴 $\mathcal{C}$ 的对象 B. 若对角映射 Δ_B 有分解

$$\begin{array}{ccc} \hat{B} & \xleftarrow{s} & B \\ & \searrow{p} & \downarrow{\Delta_B} \\ & & B \times B \end{array}$$

其中 $p = (d_0, d_1)$ 为纤射, s 为弱等价, 则称 $\hat{B}$ 为 B 的**路径对象**(path object), 并常记 $\hat{B}$ 为 B^I (注意: 这只是记号, $\mathcal{C}$ 不一定有 I).

注意: (1) B^I 只是记号, $\mathcal{C}$ 不一定有 I.

(2) 从 B 至 B^I 不是函子.

10.2.3 左右同伦

引理 10.6 设有闭模型范畴 $\mathcal{C}$ 的态射 $f, g : A \to B$.

10.2 同伦

若

$$\begin{array}{ccc} A\vee A & \xrightarrow{f\vee g} & B \\ \nabla_A \downarrow & \searrow^{\partial_0'\vee\partial_1'} & \uparrow h' \\ A & \xleftarrow[\text{弱等价}]{\sigma'} & A' \end{array}$$

是交换, 则有交换图

$$\begin{array}{ccc} A\vee A & \xrightarrow{f\vee g} & B \\ \nabla_A \downarrow & \searrow^{\partial_0\vee\partial_1} & \uparrow h \\ A & \xleftarrow{\sigma} & A\times I \end{array}$$

其中 $\partial_0\vee\partial_1$ 为上纤射, σ 为弱等价, $A\times I$ 为 A 的柱对象.

证明 用 CM 5 分解 $i'=\partial_0'\vee\partial_1'$ 为 $\rho\circ i$, $i=\partial_0\vee\partial_1:A\vee A\to\tilde A$ 是上纤射, $\rho:\tilde A\to A'$ 是平凡纤射.

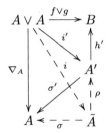

则按 CM 2, $\sigma=\sigma'\rho$ 是弱等价. 于是 $\tilde A$ 是 A 的柱对象. □

在 **Top** 中, 已给连续映射 $f,g:A\to B$. 称 f 与 g 是同伦的, 如果存在连续映射 $h:A\times I\to B$ 使得 $h(a,0)=f(a)$, $h(a,1)=g(a), \forall a\in A$.

这个条件等价于存在连续映射 $k:A\to B^I$ 使得 $k(a)(0)=f(a)$ 且 $k(a)(1)=g(a), \forall a\in A$ ([Ark 11] prop 1.3.4, 6 页).

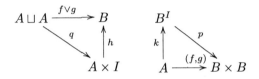

其中 q 把无交并集 $A\sqcup A$ 里的第一份 A 映为柱内的 $A\times\{0\}$, 把另一份 A 映为 $A\times\{1\}$ 和 $(f,g)(a)=(f(a),g(a))$, 对 $\ell\in B^I$ 有 $p(\ell)=(\ell(0),\ell(1))$.

现设有闭模型范畴 $\mathcal{C}$ 的态射 $f,g:A\to B$ 及交换图

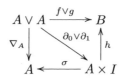

其中 $\partial_0 \vee \partial_1$ 为上纤射, σ 为弱等价, $A \times I$ 为 A 的柱对象. 则我们说 $h: A \times I \to B$ 是从 f 到 g 的**左同伦**(left homotopy). 记此为 $f \simeq_l g$ ([Qui 67] Chap I, 1.6 页; [GJ 09] 69 页).

若有交换图

$$\begin{array}{ccc} B^I & \xleftarrow{s} & B \\ {\scriptstyle k}\uparrow & {\scriptstyle p}\searrow & \downarrow{\scriptstyle \Delta_B} \\ A & \xrightarrow[(f,g)]{} & B \times B \end{array}$$

其中 $p = (d_0, d_1)$ 为纤射, s 为弱等价, B^I 为 B 的路径对象, 则说 $k: A \to B^I$ 是从 f 到 g 的**右同伦**(right homotopy). 记此为 $f \simeq_r g$ ([Qui 67] Chap I, 1.6 页; [GJ 09] 71 页).

命题 10.7 设 A, B 为闭模型范畴 $\mathcal{C}$ 的对象.

(1) 如果 A 是上纤性的, 则左同伦 $\simeq_l$ 是 $\mathrm{Hom}(A, B)$ 的等价关系.

(2) 如果 B 是纤性的, 则右同伦 $\simeq_r$ 是 $\mathrm{Hom}(A, B)$ 的等价关系.

([Qui 67] Chap I, lem 4, 1.8 页; [GJ 09] lem 1.5, 74 页; [GJ 09] lem 1.7, 77 页.)

命题 10.8 设 $f, g: A \to B$ 为闭模型范畴 $\mathcal{C}$ 的态射. 如果 A 是上纤性的和 B 是纤性的, 则存在 f 到 g 的左同伦当且仅当存在 f 到 g 的右同伦.

([Qui 67] Chap I, 1.10 页; [GJ 09] Cor 1.9, 78 页.)

如果 A 是上纤性的, 则以 $\pi^l(A, B)$ 记 $\mathrm{Hom}(A, B)$ 的左同伦等价类集合. 如果 B 是纤性的, 则以 $\pi^r(A, B)$ 记 $\mathrm{Hom}(A, B)$ 的右同伦等价类集合. 如果 A 是上纤性的和 B 是纤性的, 则以 $\pi(A, B)$ 记 $\mathrm{Hom}(A, B)$ 的同伦等价类集合.

引理 10.9 设 A 是上纤性的, $f, g \in \mathrm{Hom}(A, B)$, 则

(1) $f \simeq_l g \Rightarrow f \simeq_r g$;

(2) 若 $f \simeq_r g$, 则有从 f 到 g 的右同伦 $k: A \to B^I$ 使得 $s: B \to B^I$ 是平凡上纤射;

(3) 对 $u: B \to C$ 有 $f \simeq_r g \Rightarrow uf \simeq_r ug$.

引理 10.10 设 A 是上纤性的.

(1) $p: X \to Y$ 是平凡纤射, 则 $p_*: \pi^l(A, X) \to \pi^l(A, Y)$ 是双射.

(2) $i: X \to Y$ 是平凡上纤射, 则 $i_*: \pi^l(A, X) \to \pi^l(A, Y)$ 是双射.

定理 10.11 (Whitehead) 设 $f: X \to Y$ 闭模型范畴 $\mathcal{C}$ 的弱等价, 其中 X,Y 同时是纤性的和上纤性的, 则 f 是同伦等价.

([GJ 09] thm 1.10, 79 页.)

10.3 同伦范畴

10.3.1 Q 和 R

设 $\mathcal{C}$ 是闭模型范畴, 由 $\mathcal{C}$ 的上纤性对象组成的全子范畴记为 $\mathcal{C}_c$.

取 $f,g \in \mathrm{Hom}(A,B)$, $u \in \mathrm{Hom}(B,C)$. 在引理 10.9 已证: 若 $f \simeq_r g$, 则 $uf \simeq_r ug$. 此外 $u,v \in \mathrm{Hom}(B,C)$ 满足条件 $u \simeq_r v$, $f \in \mathrm{Hom}(A,B)$, 则 $uf \simeq_r vf$. 于是可得结论: $\mathcal{C}$ 内态射的合成诱导

$$\pi^r(A,B) \times \pi^r(B,C) \to \pi^r(A,C),$$

从而可以定义范畴 $\pi\mathcal{C}_c$: $\mathrm{Obj}\,\pi\mathcal{C}_c = \mathrm{Obj}\,\mathcal{C}_c$, $\mathrm{Hom}_{\pi\mathcal{C}_c}(A,B) = \pi^r(A,B)$.

由 $\mathcal{C}$ 的纤性对象组成的全子范畴记为 $\mathcal{C}_f$. 类似地, 可以定义范畴 $\pi\mathcal{C}_f$: $\mathrm{Obj}\,\pi\mathcal{C}_f = \mathrm{Obj}\,\mathcal{C}_f$, $\mathrm{Hom}_{\pi\mathcal{C}_f}(A,B) = \pi^l(A,B)$.

由 $\mathcal{C}$ 的上纤性–纤性对象组成的全子范畴记为 $\mathcal{C}_{cf}$. 定义范畴 $\pi\mathcal{C}_{cf}$: $\mathrm{Obj}\,\pi\mathcal{C}_{cf} = \mathrm{Obj}\,\mathcal{C}_{cf}$, $\mathrm{Hom}_{\pi\mathcal{C}_{cf}}(A,B) = \pi(A,B)$. 以 $\overline{f}$ 记 f 的同伦类.

这样便有函子 $\mathcal{C}_{cf} \to \pi\mathcal{C}_{cf}: X \mapsto X, f \mapsto \overline{f}$.

引理 10.12 (1) 若 $p \in \mathcal{C}_{cf}$ 是平凡纤射, 或是平凡上纤射, 则 $\overline{p} \in \pi\mathcal{C}_{cf}$ 是同构;

(2) 若 $f \in \mathcal{C}_{cf}$ 是弱等价, 则 $\overline{f} \in \pi\mathcal{C}_{cf}$ 是同构.

证明 (1) 若 $p: X \to Y$ 是平凡纤射, 则 $p_*: \pi(Y,X) \to \pi(Y,Y)$ 是双射 (引理 10.10). 于是有 $[q] \in \pi(Y,X)$ 使得 $\overline{pq} = \overline{1_Y}$. 其余证明留给读者.

(2) 取弱等价 $f: X \to Y$. 用 CM5 分解 $f = pi$, 其中 p 是纤射, i 是上纤射和弱等价. 由 CM2 得 p 是弱等价. 由前一步 (1) 知 p,i 是 $\pi\mathcal{C}_{cf}$ 的同构, 因此 f 是 $\pi\mathcal{C}_{cf}$ 的同构. □

引理 10.13 (1) 取 $\mathcal{C}$ 是闭模型范畴. 设函子 $F: \mathcal{C} \to \mathcal{B}$ 把弱等价映为同构. 若 $f \simeq_r g$ 或 $f \simeq_l g$, 则 $F(f) = F(g)$.

(2) 设函子 $F: \mathcal{C}_c \to \mathcal{B}$ 把 $\mathcal{C}_c$ 的弱等价映为同构. 若 $f \simeq_r g$, 则 $F(f) = F(g)$.

以 $\varnothing$ 记 $\mathcal{C}$ 的始对象, e 记 $\mathcal{C}$ 的终对象. 取 $X \in \mathcal{C}$, 按 CM5 可分解 $\varnothing \to X$ 为

$$\varnothing \xrightarrow{j_X} QX \xrightarrow{p_X} X,$$

其中 j_X 是上纤射, p_X 是平凡纤射. 同理可分解 $X \to e$ 为

$$X \xrightarrow{i_X} RX \xrightarrow{q_X} e,$$

其中 i_X 是平凡上纤射, q_X 是纤射. 若 X 是上纤性的, 我们假设 $QX = X$, $p_X = id_X$. 若 X 是纤性的, 我们假设 $RX = X$, $i_X = id_X$.

从 $f: X \to Y$, 由 CM4 得 $Qf: QX \to QY$ 使得右图交换

$$\begin{array}{ccc} \varnothing & \longrightarrow & QY \\ {\scriptstyle j_X}\downarrow & {\scriptstyle Qf}\nearrow & \downarrow{\scriptstyle p_Y} \\ QX & \xrightarrow{f \circ p_X} & Y \end{array}$$

此时有

$$\begin{array}{ccc} QX & \xrightarrow{Qf} & QY \\ {\scriptstyle p_X}\downarrow & & \downarrow{\scriptstyle p_Y} \\ X & \xrightarrow{f} & Y \end{array}$$

若 g 满足 Qf 满足的条件, 则 $Qf \simeq_l g$ (用引理 10.10). 因此 $Q(gf) \simeq_l Q(g)Q(f)$, $Q(id_X) \simeq_l id_{QX}$. 于是 $Q(gf) \simeq_r Q(g)Q(f)$, $Q(id_X) \simeq_r id_{QX}$ (用引理 10.9 (1)). 所以得函子

$$\overline{Q} : \mathcal{C} \to \pi\mathcal{C}_c : X \mapsto QX,\ f \mapsto \overline{Qf},$$

其中 $\overline{Qf}$ 是指 Qf 的同伦类.

同样由 R 和图

$$\begin{array}{ccc} X & \xrightarrow{i_Y \circ f} & RY \\ {\scriptstyle i_X}\downarrow & {\scriptstyle Rf}\nearrow & \downarrow{\scriptstyle q_Y} \\ RX & \longrightarrow & e \end{array}$$

得函子 $\overline{R} : \mathcal{C} \to \pi\mathcal{C}_f$.

若 X 是上纤性的 $f, g \in \mathrm{Hom}(X, Y)$, $f \simeq_r g$, 则 $i_Y f \simeq_r i_Y g$ (引理 10.9(3)). 于是 $Rf = Rg$(引理 10.10). 因此可以限制 $\overline{R}$ 至 $\mathcal{C}_c$ 而得函子 $\pi\mathcal{C}_c \to \pi\mathcal{C}_{cf}$. 这样我们便得函子

$$\overline{RQ} : \mathcal{C} \to \pi\mathcal{C}_{cf} : X \mapsto RQX,\ f \mapsto \overline{RQf}.$$

10.3.2 $\mathcal{H}o\mathcal{C}$

定义 10.14 设 $\mathcal{C}$ 是闭模型范畴. 定义范畴 $\mathcal{H}o\mathcal{C}$:

$$\mathrm{Obj}\,\mathcal{H}o\mathcal{C} = \mathrm{Obj}\,\mathcal{C}, \quad \mathrm{Hom}_{\mathcal{H}o\mathcal{C}}(X, Y) = \pi(RQX, RQY).$$

定义函子 $\gamma : \mathcal{C} \to \mathcal{H}o\mathcal{C} : X \mapsto X,\ f \mapsto \overline{RQf}.$

10.3 同伦范畴

称 $\mathcal{H}o\mathcal{C}$ 为 $\mathcal{C}$ 的**同伦范畴** (homotopy category), γ 为**局部化函子**(localization functor).

命题 10.15 以 $\overline{\gamma}: \pi\mathcal{C}_{cf} \to \mathcal{H}o\mathcal{C}$ 记 γ 所诱导的函子:

$$\begin{array}{ccc} & & \pi\mathcal{C}_{cf} \\ & \overline{RQ} \nearrow & \downarrow \overline{\gamma} \\ \mathcal{C} & \xrightarrow{\gamma} & \mathcal{H}o\mathcal{C} \end{array}$$

则 $\overline{\gamma}$ 是范畴等价.

证明 注意: $\mathrm{Hom}_{\mathcal{H}o\mathcal{C}}(X,Y) = \mathrm{Hom}_{\pi\mathcal{C}_{cf}}(RQX, RQY)$; 若 $X \in \mathcal{C}_{cf}$, 则 $RQX = X$. 按定义 $\overline{\gamma}$ 是全忠实函子. 余下只需证明 $\overline{\gamma}$ 是要满函子 ([高线] 14.1.2, 命题 14.1).

设 $f: X \to Y$ 是 $\mathcal{C}$ 的弱等价, 则 fp_X 是弱等价. 由 Qf 的构造知 $fp_X = p_Y Q(f)$. 由 CM2 知 $Q(f)$ 是 $\mathcal{C}_c$ 的弱等价. 同理 $RQ(f)$ 是 $\mathcal{C}_{cf}$ 的弱等价. 于是 $\overline{RQ(f)}$ 是 $\pi\mathcal{C}_{cf}$ 的同构 (引理 10.12). 同法证 $\overline{p_X}$ 是 $\pi\mathcal{C}_{cf}$ 的同构.

取 $X \in \mathrm{Obj}\,\mathcal{H}o\mathcal{C} = \mathrm{Obj}\,\mathcal{C}$, 则 $X \xleftarrow{p_X} QX \xrightarrow{i_{QX}} RQX$ 在 $\mathcal{H}o\mathcal{C}$ 成为同构 $RQX \to X$. □

定理 10.16 设 $\mathcal{C}$ 是闭模型范畴, $\mathcal{H}o\mathcal{C}$ 为 $\mathcal{C}$ 的同伦范畴, $\gamma: \mathcal{C} \to \mathcal{H}o\mathcal{C}$ 是局部化函子.

(1) 若 $f: X \to Y$ 是 $\mathcal{C}$ 的弱等价, 则 $\gamma(f)$ 是 $\mathcal{H}o\mathcal{C}$ 的同构;

(2) 若函子 $F: \mathcal{C} \to \mathcal{B}$ 把 $\mathcal{C}$ 的弱等价映为 $\mathcal{B}$ 的同构, 则存在唯一的函子 $\theta: \mathcal{H}o\mathcal{C} \to \mathcal{B}$ 使得 $\theta \circ \gamma = F$.

证明 (1) 在命题 10.15 的证明中见: 若 $f: X \to Y$ 是 $\mathcal{C}$ 的弱等价, 则 $\gamma(f) = \overline{RQ(f)}$ 是 $\mathcal{H}o\mathcal{C}$ 的同构.

(2) 已给 F. 定义 θ 为: $\theta(X) = F(X)$, 对 $\alpha \in \mathrm{Hom}_{\mathcal{H}o\mathcal{C}}(X,Y)$, 选取 $\phi: RQX \to RQY$ 代表 α, 然后用以下左交换图定义 $\theta(\alpha)$:

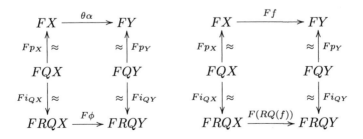

若取 $\alpha = \gamma(f) = \overline{RQ(f)}$, 则可取 $\phi = RQ(f)$, 于是得以上右交换图, 因此知 $\theta \circ \gamma = F$. 由引理 10.13 知 $\theta(\alpha)$ 与 f 的选取无关. 余下留给读者证明 θ 是函子且是唯一的. □

以 S 记范畴 $\mathcal{C}$ 的全部弱等价所组成的类. 定理说: $\mathcal{H}o\mathcal{C}$ 是分式范畴 $\mathcal{C}[S]^{-1}$ ([高线] 14.9.2). Quillen 避开了构造分式范畴时会产生的 "宇宙" 外的类. 这样 Quillen 解决了当时 Adams, Boardman 等遇到的困难.

10.4 Ω 和 Σ

10.4.1 回路和同纬函子

对带点范畴 $\mathcal{C}$ 的上纤性对象 A 取柱对象 $A \times I$, 定义 $\nu: A \times I \to \Sigma A$ 为 $\partial_0 \vee \partial_1: A \vee A \to A \times I$ 的上纤维:

$$A \vee A \xrightarrow{\partial_0 \vee \partial_1} A \times I \xrightarrow{\nu} \Sigma A$$

按 **M3**, ΣA 是上纤性的.

对偶地做, 对带点范畴 $\mathcal{C}$ 的纤性对象 B 取路径对象 B^I, 定义 $j: \Omega B \to B^I$ 为 $(d_0, d_1): B^I \to B \times B$ 的纤维:

$$\Omega B \xrightarrow{j} B^I \xrightarrow{(d_0, d_1)} B \times B.$$

按 **M3**, ΩB 是纤性的.

定理 10.17 设 $\mathcal{C}$ 是带点范畴.

(1) 则存在函子

$$(\mathcal{H}o\mathcal{C})^{op} \times \mathcal{H}o\mathcal{C} \to \mathbf{Grp}: A, B \mapsto [A, B]_1$$

使得若 A 是上纤性对象, B 是纤性对象, 则 $[A, B]_1 = \pi_1(A, B)$. 除典范同构外这个函子是唯一确定的.

(2) 存在回路函子 $\Omega: \mathcal{H}o\mathcal{C} \to \mathcal{H}o\mathcal{C}$ 和同纬函子 $\Sigma: \mathcal{H}o\mathcal{C} \to \mathcal{H}o\mathcal{C}$, 以及存在函子 $(\mathcal{H}o\mathcal{C})^{op} \times \mathcal{H}o\mathcal{C} \to \mathbf{Set}$ 的典范同构

$$\mathrm{Hom}_{\mathcal{H}o\mathcal{C}}(\Sigma A, B) \cong [A, B]_1 \cong \mathrm{Hom}_{\mathcal{H}o\mathcal{C}}(A, \Omega B).$$

([Qui 67] Chap I, §2, thm 2.)

10.4.2 纤射列

设 $\alpha: X \to Y$ 是单射, $\beta: Z \to Y$ 是映射, 若有唯一的映射 $\gamma: Z \to X$ 使得 $\alpha \circ \gamma = \beta$, 则以 $\alpha^{-1}\beta$ 记 γ.

以下命题说明: 设 $p: E \to B$ 是带点范畴 $\mathcal{C}$ 的纤射, B 为纤性对象, 则回路群 ΩB 作用在 p 的纤维上.

10.4 Ω 和 Σ

命题 10.18 从设有带点范畴 $\mathcal{C}$ 的纤性对象 B, 选定对角映射 Δ^B 的分解

$$B \xrightarrow{\Delta^B} B \times B$$
$$B \xrightarrow{s^B} B^I \xrightarrow{d^B} B \times B$$

为弱等价 s^B 和纤射 d^B. 设 $d_i^B = pr_i \circ d^B : B^I \to B$, $i = 0, 1$. 然后取 d^B 的纤维 ΩB, 得

$$\Omega B \xrightarrow{j} B^I \xrightarrow{(d_0, d_1)} B \times B.$$

设有 $F \xrightarrow{i} E \xrightarrow{p} B$, 其中 p 为纤射, F 为 p 的纤维, i 为包含映射.

(1) 可选 E^I, $p^I : E^I \to B^I$, 以及分解 $(id_E, s^B p, id_E) = (d_0^E, p^I, d_1^E) \circ s^E$, 即有

$$E \xrightarrow{\Delta^E} E \times E$$
$$(id_E, s^B p, id_E) \downarrow \qquad s^E \qquad \uparrow d^E$$
$$E \times_{B, d_0^B} B^I \times_{B, d_1^B} E \xleftarrow{(d_0^E, p^I, d_1^E)} E^I$$

(2) 考虑映射

$$F \times \Omega B \xleftarrow{\pi} F \times_{E, d_0^E} E^I \times_{E, d_1^E} F \xrightarrow{pr_3} F,$$

其中 $\pi = (pr_1, j^{-1} p^I pr_2)$. 则在同伦范畴 $\mathcal{H}o\mathcal{C}$ 可取映射

$$m : F \times \Omega B \to F$$

为 $\gamma(pr_3) \circ \gamma(\pi)^{-1}$, 其中 $\gamma : \mathcal{C} \to \mathcal{H}o\mathcal{C}$.

(3) 对上纤性对象 A, 用映射 m 定义的映射 $m_* : [A, F] \times [A, \Omega B] \to [A, F]$ 记为 $\alpha, \lambda \mapsto \alpha \cdot \lambda$. 设 $\alpha \in [A, F]$ 由 $u : A \to F$ 代表, $\lambda \in [A, \Omega B] = [A, B]_1 = [\Sigma A, B]$ 由 $h : A \times I \to B$ 代表, 其中 $h(\partial_0 \vee \partial_1) = 0$, $h' : A \times I \dashrightarrow E$,

$$\begin{array}{ccc} A & \xrightarrow{iu} & E \\ \partial_0 \downarrow & \nearrow h' & \downarrow p \\ A \times I & \xrightarrow{h} & B \end{array}$$

则 $\alpha \cdot \lambda$ 由 $i^{-1} h' \partial_1 : A \to F$ 代表.

(4) m 与 $p^I : E^I \to B^I$ 的选择无关. 在 $\mathcal{H}o\mathcal{C}$ 内 m 给出 ΩB 在 F 上的左作用.

(5) 设 ∂ 是 $\Omega B \xrightarrow{(0,id)} F \times \Omega B \xrightarrow{m} F$, 则有

$$\Omega B \xrightarrow{\partial} F \xrightarrow{i} E,$$

其中 E 是纤性对象, i 为纤射, ΩB 为 i 的纤维, ∂ 为包含映射, 并且存在映射 $m': \Omega B \times \Omega E \to \Omega B$ 使得

$$m'_* : [A, \Omega B] \times [A, \Omega E] \to [A, \Omega B]$$

是由 $\lambda, \mu \mapsto ((\Omega p)_* \mu)^{-1} \cdot \lambda$ 给出的.

([Qui 67] Chap I, §3.)

定义 10.19 称 $\mathcal{H}o\mathcal{C}$ 内的映射图

$$X \to Y \to Z, \quad X \times \Omega Z \to X$$

为纤射列 (fibration sequence), 若此图同构于

$$F \xrightarrow{i} E \xrightarrow{p} B, \quad F \times \Omega B \xrightarrow{m} F,$$

其中 B 为纤性的, p 为纤射, F 为 p 的纤维, i 为包含映射, m 是 ΩB 在 F 上的作用.

命题 10.20 设有 $\mathcal{H}o\mathcal{C}$ 内的纤射列 $F \xrightarrow{i} E \xrightarrow{p} B$. 取 ∂ 为 $\Omega B \xrightarrow{(0,id)} F \times \Omega B \xrightarrow{m} F$, 则对 $\mathcal{H}o\mathcal{C}$ 的任意对象 A 有正合序列

$$\cdots \to [A, \Omega^{n+1} B] \xrightarrow{(\Omega^n \partial)_*} [A, \Omega^n F] \xrightarrow{(\Omega^n i)_*} [A, \Omega^n E] \xrightarrow{(\Omega^n p)_*} [A, \Omega^n B] \to$$

$$\cdots \to [A, \Omega B] \xrightarrow{\partial_*} [A, F] \xrightarrow{i_*} [A, E] \xrightarrow{p_*} [A, B].$$

在此正合是指

(i) $(p_*)^{-1}(0) = \operatorname{Img} i_*$;

(ii) $i_* \partial_*$ 和 $i_* \alpha_1 = i_* \alpha_2$ 当且仅当 $\exists \lambda \in [A, \Omega B]$ 使得 $\alpha_2 = \alpha_1 \cdot \lambda$;

(iii) $\partial_*(\Omega i)_* = 0$ 和 $\partial_* \lambda_1 = \partial_* \lambda_2$ 当且仅当 $\exists \mu \in [A, \Omega E]$ 使得 $\lambda_2 = ((\Omega p)_* \mu \cdot \lambda_1$;

(iv) 在其他位置正合如常定义.

([Qui 67] Chap I, §3.) (与命题 9.30 比较.)

命题 10.21 带点范畴 $\mathcal{C}$ 的同伦 $\mathcal{H}o\mathcal{C}$ 内的纤射列所组成的集合有以下性质:

(1) 对任意态射 $f: X \to Y$ 有纤射列

$$F \to X \xrightarrow{f} Y, \quad F \times \Omega Y \to F.$$

10.4 Ω 和 Σ

(2) 给出下图 (不包括 $\dashrightarrow$), 其中行为纤射列

$$\begin{array}{ccccc} F & \xrightarrow{i} & E & \xrightarrow{p} & B \\ \downarrow \gamma & & \downarrow \beta & & \downarrow \alpha \\ F' & \xrightarrow{i'} & E' & \xrightarrow{p'} & B' \end{array} \qquad \begin{array}{ccc} F \times \Omega B & \xrightarrow{m} & F \\ \downarrow \gamma \times \Omega \alpha & & \downarrow \gamma \\ F' \times \Omega B' & \xrightarrow{m'} & F' \end{array}$$

则图中 γ 存在; 并且若 α 和 β 是同构, 则 γ 是同构.

(3) 若 $F \xrightarrow{i} E \xrightarrow{p} B$ 是纤射列. 取 $\partial = m \circ (0, id)$, 则

$$\Omega B \xrightarrow{\partial} F \xrightarrow{i} E, \qquad \Omega B \times \Omega E \xrightarrow{m'} \Omega B$$

是纤射列, 其中映射 $m' : \Omega B \times \Omega E \to \Omega B$ 使得

$$m'_* : [A, \Omega B] \times [A, \Omega E] \to [A, \Omega B]$$

是由 $\lambda, \mu \mapsto ((\Omega p)_* \mu)^{-1} \cdot \lambda$ 给出的.

([Qui 67] Chap I, §3, prop 5.)

10.4.3 上纤射列

设有带点范畴 $\mathcal{C}$ 的上纤性对象 A, 选定上对角映射 ∇_A 的分解

$$\begin{array}{ccc} A & \xleftarrow{\nabla_A} & A \vee A \\ & \nwarrow{\sigma^A} & \downarrow \partial^A \\ & & A \times I \end{array}$$

为弱等价 σ^A 和上纤射 ∂^A. 设 $\partial_i^A = \partial^A \circ in_i : A \to A \times I, i = 0, 1$. 然后取 ∂^A 的上纤维 ΣA, 于是有

$$A \vee A \xrightarrow{\partial_0 \vee \partial_1} A \times I \xrightarrow{\nu} \Sigma A.$$

设有 $A \xrightarrow{j} B \xrightarrow{q} Q$, 其中 j 为上纤射, Q 为 j 的上纤维. 则可选 $B \times I, j \times I : A \times I \to B \times I$ 和分解 $(id_B, j\sigma^A, id_B) = \sigma^B \circ (\partial_0^B, j \times I, \partial_1^B)$, 即有

$$\begin{array}{ccc} B & \xleftarrow{\nabla_B} & B \vee B \\ \uparrow (id_B, j\sigma^A, id_B) & \nwarrow{\sigma^B} & \downarrow \partial^B \\ B \times (A \times I) \times B & \xrightarrow[(\partial_0^B \vee j \times I \vee \partial_1^B)]{} & B \times I \end{array}$$

考虑映射

$$Q \xrightarrow{in_1} Q \vee_B (B \times I) \vee_B Q \xleftarrow{\xi} Q \vee \Sigma A,$$

其中 $\xi = (in_1 \vee in_2(j \times I)\nu^{-1})$. 则在同伦范畴 $\mathcal{H}o\mathcal{C}$ 可取映射

$$n : Q \to Q \vee \Sigma A$$

为 $\gamma(\xi)^{-1} \circ \gamma(in_1)$, 其中 $\gamma : \mathcal{C} \to \mathcal{H}o\mathcal{C}$; 并且证明 n 与 $j \times I : A \times I \to B \times I$ 的选择无关, n 是上群 ΣA 在 Q 的左上作用.

定义 10.22 称 $\mathcal{H}o\mathcal{C}$ 内的映射图

$$U \to V \to W, \quad W \to W \vee \Sigma U$$

为**上纤射列** (cofibration sequence), 若此图同构于

$$A \xrightarrow{j} B \xrightarrow{q} Q, \quad Q \xrightarrow{n} Q \vee \Sigma A,$$

其中 j 为上纤射, Q 为 j 的上纤维, n 是 ΣA 在 Q 的上作用.

命题 10.23 设有 $\mathcal{H}o\mathcal{C}$ 内上纤列 $A \xrightarrow{j} B \xrightarrow{q} Q$. 定义 $\partial : Q \to \Sigma A$ 为 $(id_Q \vee 0) \circ n$. 对任意对象 Z 有正合序列

$$\cdots \longrightarrow [\Sigma^n Q, Z] \xrightarrow{(\Sigma^n q)^*} [\Sigma^n B, Z] \xrightarrow{(\Sigma^n j)^*} [\Sigma^n A, Z] \xrightarrow{(\Sigma^{n-1}\partial)^*} [\Sigma^{n-1} Q, Z] \longrightarrow$$
$$\cdots \xrightarrow{(\partial)^*} [Q, Z] \xrightarrow{q^*} [B, Z] \xrightarrow{j^*} [A, Z]$$

(与命题 9.26 比较.)

10.5 导 函 子

定义 10.24 设有函子 $\gamma : \mathcal{A} \to \mathcal{A}'$, $F : \mathcal{A} \to \mathcal{B}$. F 相对于 γ 的**右导函子**(right derived functor) 是指满足以下条件的函子 $R^\gamma F : \mathcal{A}' \to \mathcal{B}$:

(1) 有函子态射 $\varepsilon_F : F \to R^\gamma F \circ \gamma$;

(2) 若有函子 $G : \mathcal{A}' \to \mathcal{B}$ 和函子态射 $\varepsilon : F \to G \circ \gamma$, 则有唯一函子态射 $\eta : R^\gamma F \to G$ 使得 $\varepsilon = (\eta * \gamma) \circ \varepsilon_F$.

我们用以下交换图表达定义.

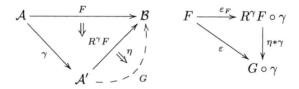

10.5 导函子

定义 10.25 设有函子 $\gamma: \mathcal{A} \to \mathcal{A}'$, $F: \mathcal{A} \to \mathcal{B}$. F 相对于 γ 的**左导函子**(left derived functor) 是指满足以下条件的函子 $L^\gamma F: \mathcal{A}' \to \mathcal{B}$:

(1) 有函子态射 $\varepsilon_F: L^\gamma F \circ \gamma \to F$;

(2) 若有函子 $G: \mathcal{A}' \to \mathcal{B}$ 和函子态射 $\varepsilon: G \circ \gamma \to F$, 则有唯一函子态射 $\theta: G \to L^\gamma F$ 使得 $\varepsilon = \varepsilon_F \circ (\theta * \gamma)$.

我们用以下交换图表达定义.

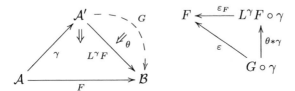

定义 10.26 设有闭模型范畴的函子 $F: \mathcal{C} \to \mathcal{C}'$, $\gamma: \mathcal{C} \to \mathcal{H}o\mathcal{C}$, $\gamma': \mathcal{C}' \to \mathcal{H}o\mathcal{C}'$ 是局部化函子. F 的**全左导函子** (total left derived functor) 是指 $\mathbf{L}F = L^\gamma(\gamma' \circ F): \mathcal{H}o\mathcal{C} \to \mathcal{H}o\mathcal{C}'$.

命题 10.27 取闭模型范畴 $\mathcal{C}$. 设有函子 $F: \mathcal{C} \to \mathcal{B}$ 使得 F 把 $\mathcal{C}_c$ 的弱等价映为 $\mathcal{B}$ 的同构, 则 $LF: \mathcal{H}o\mathcal{C} \to \mathcal{B}$ 存在. 而且若 X 是上纤性对象, 则 $\varepsilon_X: LF(X) \to F(X)$ 是同构.

证明 在 10.3.1 小节定义函子 $\overline{Q}: \mathcal{C} \to \pi\mathcal{C}_c$. 按引理 10.13(2), F 决定函子 $\pi\mathcal{C}_c \to \mathcal{B}$. 于是函子 $F\overline{Q}: \mathcal{C} \to \mathcal{B}$ 映弱等价为同构, 因此得分解

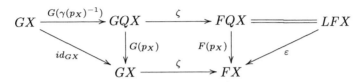

定义 $\varepsilon_X = F(p_X): FQX \to FX$. 设有 $\zeta: G \circ \gamma \to F$, 其中 $G: \mathcal{H}o\mathcal{C} \to \mathcal{B}$. 定义 $\theta_X = \zeta \circ G(\gamma(p_X)^{-1}): G(X) \to FQX = LF(X)$, 则 θ 是 $G \circ \gamma = LF \circ \gamma$ 的自然变换; 由于 $\mathcal{H}o\mathcal{C}$ 的映射是有限个 $\gamma(f)$ 或 $\gamma(s)^{-1}$ 的合成, 所以得自然变换 $\theta: G \to LF$. 考虑下图

$$GX \xrightarrow{G(\gamma(p_X)^{-1})} GQX \xrightarrow{\zeta} FQX = LFX$$

（图：id_{GX}, $G(p_X)$, $F(p_X)$, ε；底部 $GX \xrightarrow{\zeta} FX$）

得 $\varepsilon(\theta * \gamma) = \zeta$. 从 $\mathcal{H}o\mathcal{C}_c = \mathcal{H}o\mathcal{C}$ 及定义 θ 的公式得 θ 的唯一性.

若 X 是上纤性对象, 则 $LFX = FQX = FX$, $\varepsilon_X = id_{FX}$. □

推论 10.28 取闭模型范畴 $\mathcal{C}, \mathcal{C}'$. 设有函子 $T: \mathcal{C} \to \mathcal{C}'$ 使得 T 把 $\mathcal{C}_c$ 的弱等价映为 $\mathcal{C}'$ 的弱等价, 则 $\mathbf{L}F: \mathcal{H}o\mathcal{C} \to \mathcal{H}o\mathcal{C}'$ 存在.

命题 10.29 设 $\mathcal{C}, \mathcal{C}'$ 是带点闭模型范畴; Σ, Σ' 分别是 $\mathcal{H}o\mathcal{C}, \mathcal{H}o\mathcal{C}'$ 的同纬函子. 称 $F: \mathcal{C} \to \mathcal{C}'$ 为**右正合函子**, 若 F 与有限上极限交换. 假设

(i) F 是右正合函子;

(ii) F 把 $\mathcal{C}$ 的上纤射映为 $\mathcal{C}'$ 的上纤射;

(iii) F 把 $\mathcal{C}_c$ 的弱等价映为 $\mathcal{C}'$ 的弱等价;

则

(a) 全左导函子 $\mathbf{L}F$ 与有限上和交换;

(b) 存出典范同构 $\mathbf{L}F \circ \Sigma \cong \Sigma' \circ \mathbf{L}F$;

(c) $\mathbf{L}F$ 把 $\mathcal{H}o\mathcal{C}$ 的上纤列为 $\mathcal{H}o\mathcal{C}'$ 的上纤列.

证明 (a) 由命题 10.27 知存在 $\mathbf{L}F$. 对上纤性的 A 可取 $\mathbf{L}F(A) = F(A)$. 若 $A_1, A_2 \in \mathcal{C}_c$, 则 $A_1 \vee A_2$ 是 A_1, A_2 在 $\mathcal{C}_c$ 的直和, 因此是 A_1, A_2 在 $\mathcal{H}o\mathcal{C}_c$ 的直和. 按假设 $F(\mathcal{C}_c) \subseteq \mathcal{C}'_c$, 于是

$$\mathbf{L}F(A_1 \vee A_2) = F(A_1 \vee A_2) = F(A_1) \vee F(A_2) = \mathbf{L}F(A_1) \vee \mathbf{L}F(A_2).$$

(b) 对上纤性的 A 取 $A \times I$, 则有 $A \vee A \xrightarrow{\partial_0 \vee \partial_1} A \times I \xrightarrow{\nu} \Sigma A$, 于是 $\nabla_{F(A)}$ 分解为

$$F(A) \vee F(A) \xrightarrow{F(\partial_0) \vee F(\partial_1)} F(A \times I) \xrightarrow{F(\nu)} F(\Sigma A),$$

其中 $F(\partial_0) \vee F(\partial_1) = F(\partial_0 \vee \partial_1)$ 是上纤射, $F(\nu)$ 是弱等价. 因为 F 与上纤积交换, $F(\Sigma A) = \Sigma' F(A)$. 于是 $F(A \times I)$ 是 $FA \times I$. 因为 $F(A)$ 是上纤性的, 在 $\mathcal{H}o\mathcal{C}'_c$ 内 $\Sigma' F(A)$ 代表 $\Sigma' \mathbf{L}F(A)$.

(c) 设有 $\mathcal{C}_c$ 的上纤射 $j: A \to B$, 取 j 的上纤维 Q, 即 $A \xrightarrow{j} B \xrightarrow{q} Q$. 可选 $j \times I: A \times I \to B \times I$ 使得 $F(j \times I): F(A) \times I \to F(B) \times I$. 于是 F 把上纤射列

$$A \xrightarrow{j} B \xrightarrow{q} Q, \quad Q \xrightarrow{n} Q \vee \Sigma A$$

映为上纤射列. □

定理 10.30 取闭模型范畴 $\mathcal{C}, \mathcal{C}'$ 和函子

$$\mathcal{C} \underset{\mathfrak{R}}{\overset{\mathfrak{L}}{\rightleftarrows}} \mathcal{C}'$$

其中 $\mathfrak{L}$ 为 $\mathfrak{R}$ 的左伴随函子, $\mathfrak{R}$ 为 $\mathfrak{L}$ 的右伴随函子. 假设 $\mathfrak{L}$ 把上纤射映为上纤射, $\mathfrak{R}$ 把纤射映为纤射, 同时 $\mathfrak{L}$ 和 $\mathfrak{R}$ 均把弱等价映为弱等价. 则全导函子

$$\mathcal{H}o\mathcal{C} \underset{\mathbf{R}\mathfrak{R}}{\overset{\mathbf{L}\mathfrak{L}}{\rightleftarrows}} \mathcal{H}o\mathcal{C}'$$

为伴随函子对.

证明 引入一些记号: 记 $L\mathfrak{L}$ 为 $\mathbf{L}$. 在 $\mathfrak{L} \dashv \mathfrak{R}$ 下, $u^\flat : LX \to Y$ 对应于 $u : X \to RY$; $v^\sharp : X \to RY$ 对应于 $v : LX \to Y$.

若 $X \in \mathcal{C}_c$, $Y \in \mathcal{C}_f$, 则 $L(X \times I) = LX \times I$. 因此, 若有从 f 到 g 的左同伦 $h : X \times I \to RY$ 对应于 $h^\flat : LX \times I \to Y$, 这是从 $f^\flat$ 到 $g^\flat$ 的左同伦. 于是 $[X, RY] = [LX, Y]$. 在 $\mathcal{C}$ 里有 $X \to QX$, 在 $\mathcal{C}'$ 里有 $Y \to R'Y$. 因此有自然同构

$$\mathrm{Hom}_{\mathcal{H}o\mathcal{C}}(LX, Y) \cong [LQX, R'Y] \cong [QX, RR'Y] \cong \mathrm{Hom}_{\mathcal{H}o\mathcal{C}'}(X, RY). \qquad \Box$$

10.6 固有闭模型范畴

称闭模型范畴 $\mathcal{C}$ 为**固有闭模型范畴**(proper closed model category), 若 $\mathcal{C}$ 满足以下两个条件.

(P1) 设

$$\begin{array}{ccc} A & \xrightarrow{g^*} & E \\ \downarrow & & \downarrow p \\ X & \xrightarrow{g} & B \end{array}$$

是范畴 $\mathcal{C}$ 的纤维积 ([高线] 14.5.4), p 是纤射, g 是弱等价, 则 g^* 是弱等价.

(P2) 设

$$\begin{array}{ccc} A & \xrightarrow{f} & E \\ i \downarrow & & \downarrow \\ X & \xrightarrow{f^*} & B \end{array}$$

是范畴 $\mathcal{C}$ 的上纤维积, i 是上纤射, f 是弱等价, 则 f^* 是弱等价.

在固有闭模型范畴 $\mathcal{C}$ 内我们可以设计一个类似 "同伦拉回方" (9.5.5 小节) 的构造.

称范畴 $\mathcal{C}$ 的交换图 (下左图) 为**同伦卡方**(homotopy cartesian square), 若对 $f : A \to Z$ 的分解 $f = A \xrightarrow{i} X \xrightarrow{p} Z$, 其中 i 是平凡上纤射, p 是纤射. 纤维积 $W = Y \times_Z X$ 所诱导的态射 $i_* : B \to W$ 是弱等价 (见下右图).

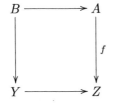
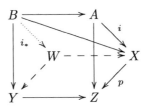

引理 10.31 设

$$\begin{array}{ccc} B & \xrightarrow{\alpha} & A \\ \downarrow & & \downarrow f \\ Y & \xrightarrow{\beta} & Z \end{array}$$

为固有闭模型范畴 $\mathcal{C}$ 的交换图.

(1) 若有分解 $f = A \xrightarrow{i_j} X_j \xrightarrow{p_j} Z$, 其中 i_j 是平凡上纤射, p_j 是纤射, $j = 1, 2$, 则 $(i_1)_*$ 是弱等价当且仅当 $(i_2)_*$ 是弱等价;

(2) 若上图中 α, β 是弱等价, 则此图是同伦卡方.

([GJ 09] II.8, lem 8.16; lem 8.22.)

引理 10.32 已给固有闭模型范畴 $\mathcal{C}$ 的交换图

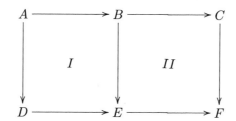

(1) 若 I 和 II 为同伦卡方, 则 $I + II$ (即 $A - C - F - D$) 为同伦卡方;

(2) 若 $I + II$ 和 II 为同伦卡方, 则 I 为同伦卡方.

学习完本章后我们会发现本章和上一章"拓扑"是平行进行的. 我们会了解 Quillen 的伟大贡献: 他告诉我们怎样把范畴"拓扑化", 也就是在一个范畴里已经可以做拓扑学了. Quillen 称他的理论为同伦代数, 或为非线性同调代数. 例如命题 10.21 指出纤射列的性质如同 Verdier 的同调代数里剖分范畴的三角形 ([Qui 67] Chap I, §3, 3.10 页). 与多算几个微分求一个公式作比较, Quillen 的是更深刻的工作.

本篇余下几章是用单纯拓扑学的方法从一个范畴得出同伦群, 这是在本章的理论之内了. 当然我们是需要这些同伦群作为 L 函数的数值资料的.

第 11 章 单 纯 同 伦

为方便引用, 我们在本章写下一些在 K 理论需要的关于单纯同伦论 (simplicial homotopy theory) 的定义和定理.

关于单纯同伦的标准参考书有 [GZ 67], [May 67], [Lamo 68], [BK 87], [GJ 09].

注意: 一些学者称单纯集为空间 (如 [BK 87], 8 页). 自学拓扑学是不容易的, 基本概念的定义没有共识, 同一个词可以有不同的定义. 未发表证明也只是公布而已, 证明未必是对的. 可以说 Quillen 是例外.

11.1 单 纯 集

11.1.1 序数范畴

$n+1$ 个元素的全有序集 $\boldsymbol{n}$ 可以表达为

$$0 \to 1 \to 2 \to \cdots \to n.$$

序数范畴(ordinal number category) Δ (或记为 $\mathbf{N}$, ord) 的对象是 $\boldsymbol{n}, n \geqslant 0$. 态射是**保序函数**(order preserving functions) $\alpha : \boldsymbol{m} \to \boldsymbol{n}$.

两个重要的保序函数是: 对 $0 \leqslant i \leqslant n, n \geqslant 1$, 定义 $\delta_i : \boldsymbol{n-1} \to \boldsymbol{n}$ 为

$$\delta_i(k) = \begin{cases} k, & k < i, \\ k+1, & k \geqslant i. \end{cases}$$

δ_i 是从 $\boldsymbol{n-1}$ 至 $\boldsymbol{n}$ 的唯一保序单函数, 使得 $\delta_i^{-1}(i)$ 是空集.

对 $0 \leqslant j \leqslant n, n \geqslant 1$, 定义 $\sigma_j : \boldsymbol{n+1} \to \boldsymbol{n}$ 为

$$\sigma_j(k) = \begin{cases} k, & k \leqslant j, \\ k-1, & k > j. \end{cases}$$

σ_j 是从 $\boldsymbol{n+1}$ 至 $\boldsymbol{n}$ 的唯一保序满函数, 使得 $\sigma_j^{-1}(j) = \{j, j+1\}$.

引理 11.1 $\alpha : \boldsymbol{m} \to \boldsymbol{n} \in \Delta$ 可以唯一地表达为

$$\alpha = \delta_{i_r} \cdots \delta_{i_1} \sigma_{j_1} \cdots \sigma_{j_s},$$

其中 $0 \leqslant i_1 < \cdots < i_r \leqslant n$ 和 $0 \leqslant j_1 < \cdots < j_s < m$.

证明 我们把 m 看作 $\{0 < 1 < \cdots < m\}$. 把 $\alpha(m)$ 的元素写作

$$\mu(0) < \cdots < \mu(p).$$

这定义了 $\mu : p \to n$. 则条件 $\alpha = \mu\rho$ 唯一决定满函数 $\rho : m \to p$. 假设

$$n \setminus \mu(p) = \{i_1 < \cdots < i_r\},$$

则单函数 $\delta_{i_r} \cdots \delta_{i_1} : p \to n$ 与 μ 的象是相等的, 因此 $\mu = \delta_{i_r} \cdots \delta_{i_1}$. 假设

$$\{j : 0 \leqslant j < m, \rho(j) = \rho(j+1)\} = \{j_1 < \cdots < j_s\},$$

则满函数 $\sigma := \sigma_{j_1} \cdots \sigma_{j_s} : m \to p$ 有性质: 对 $0 \leqslant j < m$,

$$\sigma(j) = \sigma(j+1) \Leftrightarrow \rho(j) = \rho(j+1).$$

因此 $\sigma = \rho$. □

11.1.2 单纯集

$\mathrm{Hom}(\mathbf{A}, \mathbf{B})$ 记从范畴 $\mathbf{A}$ 到范畴 $\mathbf{B}$ 的全部函子所组成的范畴.

Δ^{op} 是指范畴 Δ 的反向范畴, 即

$$\mathrm{Obj}(\Delta^{op}) = \mathrm{Obj}(\Delta); \quad \mathrm{Mor}_{\Delta^{op}}(m, n) = \mathrm{Mor}_\Delta(n, m).$$

记集合范畴为 **Set**. 称函子 $X : \Delta^{op} \to \mathbf{Set}$ 为**单纯集**(simplicial set). **单纯映射**(simplicial map) $f : X \to Y$ 是从单纯集 X 至单纯集 Y 的自然变换. 由单纯集和单纯映射组成的范畴记为 **sSet**, 即 $\mathbf{sSet} = \mathrm{Hom}(\Delta^{op}, \mathbf{Set})$.

注意: 又称单纯集为单纯复形集. simplicial set 又叫做 semi-simplicial complex, 甚至叫做 complex (如 [May 67] Chap 1, §1.6, 3 页). 而 simplicial complex 又指别的东西, 如 [Spa 66] Chap 3, §1.

取 Δ 的对象 n, 记 $X_n := X(n)$. 称集合 X_n 的元素 x 为 n **单形**(simplex), 称 n 为 x 的单纯次数 (simplicial degree), 称集合 X_n 为单纯集 X 的 n 单形集合. 这样又常以 $X_\bullet$ 记单纯集 X. 按函子的定义, 对 Δ 的态射 $\alpha : m \to n$, 有集合映射

$$\alpha^* = X(\alpha) : X_n \to X_m.$$

这样单纯映射 $f_\bullet : X_\bullet \to Y_\bullet$ 是一列映射 $f_n : X_n \to Y_n$, 而 $f_\bullet$ 作为自然变换的条件便是要求 $\alpha : m \to n$, 有交换图

$$\begin{array}{ccc} X_n & \xrightarrow{f_n} & Y_n \\ {\scriptstyle \alpha^*}\downarrow & & \downarrow{\scriptstyle \alpha^*} \\ X_m & \xrightarrow{f_m} & Y_m \end{array}$$

11.1 单纯集

作为 α^* 的特别例子有 i **面算子**(face operator)

$$d_i = \delta_i^* : X_n \to X_{n-1}$$

和 j **退化算子**(degeneracy operator)

$$s_j = \sigma_j^* : X_n \to X_{n+1}.$$

不难验证以下**单纯恒等式**(simplicial identities)

$$d_i d_j = d_{j-1} d_i, \quad i < j,$$
$$d_i s_j = s_{j-1} d_i, \quad i < j,$$
$$d_j s_j = 1 = d_{j+1} s_j,$$
$$d_i s_j = s_j d_{i-1}, \quad i > j+1,$$
$$s_i s_j = s_{j+1} s_i, \quad i \leqslant j.$$

反过来, 若有集合列 $X_n, n \geqslant 0$ 和映射

$$d_i : X_n \to X_{n-1}, 0 \leqslant i \leqslant n (\text{面算子}),$$
$$s_j : X_n \to X_{n+1}, 0 \leqslant j \leqslant n (\text{退化算子}),$$

满足以上单纯恒等式, 则这是一个单纯集 X. 同时一列映射 $f_n : X_n \to Y_n$ 是单纯映射的条件是

$$d_i f_n = f_{n-1} d_i, \ 0 \leqslant i \leqslant n \geqslant 1; \quad s_j f_n = f_{n+1} s_j, \ 0 \leqslant j \leqslant n.$$

单纯集的资料: [EZ 50], [Kan 57], [Kan 58], [May 67], [GZ 67], [Lamo 68], [Cur 71], [GJ 09].

11.1.3 积

带基点集的范畴记为 $\mathbf{Set}_*$, 带基点单纯集的范畴记为 $\mathbf{sSet}_*$. 因为 $\mathbf{Set}$ 和 $\mathbf{Set}_*$ 是完备和上完备范畴, 所以 $\mathbf{sSet}$ 和 $\mathbf{sSet}_*$ 亦是.

设 $j : Y \to X$ 是 $\mathbf{sSet}$ 的单态射, 于是可以定义商 X/Y 为推出

$$\begin{array}{ccc} Y & \xrightarrow{j} & X \\ \downarrow & & \downarrow \\ * & \to & X/Y \end{array}$$

按如此构造 X/Y 为 $\mathbf{sSet}_*$ 的对象. 记 $X/\varnothing = X \sqcup *$ 为 X_+. 则得函子

$$\mathbf{sSet} \to \mathbf{sSet}_* : X \mapsto X_+.$$

这是忘记函子 $\mathbf{sSet}_* \to \mathbf{sSet}$ 的左伴随函子.

取 $X, Y \in \mathbf{sSet}$, 定义 $(X \times Y)_n := X_n \times Y_n$.

取 $X, Y \in \mathbf{sSet}_*$, 定义**砸积**(smash product)

$$X \wedge Y := (X \times Y)/((X \times *) \cup (* \times Y)).$$

取 $X \in \mathbf{sSet}_*$, $Y \in \mathbf{sSet}$, 定义**半砸积** (half smash product)

$$X \ltimes Y := (X \times Y)/(* \times Y) = X \wedge Y_+.$$

11.1.4 标准单纯集

作为单纯集的一个重要的例子我们定义标准 n 单纯集 (standard n simplicial set, 或 simplicial n simplex) 为函子

$$\Delta^n = \mathrm{Hom}_\Delta(\ , \boldsymbol{n}) : \Delta^{op} \to \mathbf{Set}.$$

(这在范畴学用的符号是 $h_{\boldsymbol{n}}$. 我们又用 $\Delta^n_\bullet$ 记这个函子.) 即是说, 对每个 $\boldsymbol{p}$, 有集合

$$\Delta^n_p = \Delta^n(\boldsymbol{p}) = \mathrm{Hom}_\Delta(\boldsymbol{p}, \boldsymbol{n}),$$

并且有 i 面算子 $d_i : \Delta^n_p \to \Delta^n_{p-1}$ 和 j 退化算子 $s_j : \Delta^n_p \to \Delta^n_{p+1}$.

更一般地, 对每个态射 $\beta : \boldsymbol{q} \to \boldsymbol{p}$ 有态射

$$\beta^* = \Delta^n(\beta) : \Delta^n_p \to \Delta^n_q : \gamma \mapsto \gamma \circ \beta.$$

以 ι_n 记 $\Delta^n(\boldsymbol{n})$ 的恒等映射. 据 Yoneda 引理 ([高线] §14.3), 对任意单纯集 X, 有双射

$$\mathrm{Hom}_{\mathbf{sSet}}(\Delta^n, X) \leftrightarrow X(\boldsymbol{n}) : \phi \mapsto \phi(\iota_n).$$

定义 Δ^n 的**边缘** $\partial \Delta^n$ $(\dot{\Delta}^n)$ 为包含 $d_j(\iota_n), \forall\, 0 \leq j \leq n$ 的 Δ^n 的最小单纯子集.

定义 Δ^n 的第 k 个**角**(kth horn)Λ^n_k 为包含 $d_j(\iota_n)$ 的 Δ^n 的最小单纯子集, 其中取 $\forall\, 0 \leq j \leq n$ 和 $j \neq k$.

为了增加对单纯集的认识, 我们详细地看看 Δ^2. 首先

$$\Delta^2_0 = \{0 \to 0, 0 \to 1, 0 \to 2\},$$

$$\Delta^2_1 = \{(01) \to (00), (01) \to (01), (01) \to (11),$$
$$(01) \to (12), (01) \to (22), (01) \to (02)\}.$$

现在考虑退化算子. 只有一个 $\sigma_0 : \boldsymbol{1} \to \boldsymbol{0} : (01) \mapsto (00)$. 于是算出

$$s_0 : \Delta^2_0 \to \Delta^2_1 : \gamma \mapsto \gamma \circ \sigma_0$$

11.1 单纯集

是 $s_0(0 \to 0) = (01) \to (00)$, $s_0(0 \to 1) = (01) \to (11)$, $s_0(0 \to 2) = (01) \to (22)$.

有两个退化算子

$$s_j : \Delta_1^2 \to \Delta_2^2 : \gamma \mapsto \gamma \circ \sigma_j, \quad \sigma_j : \mathbf{2} \to \mathbf{1}, j = 0, 1,$$

其中 $\sigma_0 : (012) \to (001)$, $\sigma_0 : (012) \to (011)$. 例如：

$$s_0((01) \to (01)) = (012) \to (001), \quad s_1((01) \to (11)) = (012) \to (111).$$

下图表示了 Δ_1^1 的所有元素，其中 $a \bullet\!\!-\!\!\bullet b$ 是指映射 $0 \to a, 1 \to b$.

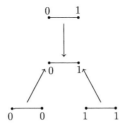

下图表示了 Δ_1^2 的所有元素，其中 $(0,1) \to (0,0)$, $(0,1) \to (1,1)$, $(0,1) \to (2,2)$ 是退化的.

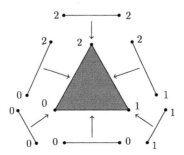

用 $\underset{a\ \ b}{\overset{c}{\triangle}}$ 表示映射, 其中 $(0, 1, 2) \to (a, b, c)$, 下图表示了 Δ_2^2 的退化元素。

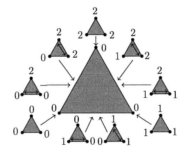

利用 Yoneda 引理可以到 X_n 以下的描述.

引理 11.2 设 $X_\bullet$ 为单纯集, 则有自然双射

$$\mathrm{Hom}_{\mathbf{sSet}}(\Delta_\bullet^n, X_\bullet) \to X_n : f \mapsto f_n(id_{\boldsymbol{n}}),$$

其中 $id_{\boldsymbol{n}} \in \Delta_{\boldsymbol{n}}^n$. 该双射的逆映射 $X_n \to \mathrm{Hom}_{\mathbf{sSet}}(\Delta_\bullet^n, X_\bullet)$ 把 $x \in X_n$ 映为

$$x_\bullet : \Delta_\bullet^n \to X_\bullet.$$

在此 $x_\bullet$ 的定义是: 对 Δ_p^n 里的 $\zeta: \boldsymbol{p} \to \boldsymbol{n}$ 取 $x_p(\zeta) = \zeta^*(x)$.

引理 11.3 设 $X_\bullet$ 为单纯集. 对 $\alpha: \boldsymbol{m} \to \boldsymbol{n}$, $x \in X_n$, $\zeta \in \Delta_\bullet^m$ 定义关系 $(x, \alpha_\bullet(\zeta)) \sim (\alpha^*(x), \zeta)$, 则有自然同构

$$\coprod_{n \geqslant 0} X_n \times \Delta_\bullet^n / \sim \xrightarrow{\approx} X_\bullet.$$

证明 可推单纯映射

$$\psi_\bullet : X_n \times \Delta_\bullet^n \to X_\bullet : (x, \zeta) \mapsto \zeta^*(x)$$

至 $\sim$ 等价类. 余下验证如此得的映射在每个单纯次数 p 为双射. 取映射 ϕ 为: 把 $y \in X_p$ 映为 $(y, id_{\boldsymbol{p}}) \in X_p \times \Delta_\bullet^p$ 的等价类. 留意: $(\zeta^*(x), id_{\boldsymbol{p}}) \sim (x, \zeta_\bullet(id_{\boldsymbol{p}})) = (x, \zeta)$, 则不难证明 ψ, ϕ 互为逆映射. $\square$

11.1.5 函数空间

定义单形集为 $(X \times Y)_n = X_n \times Y_n$.

设 X 和 Y 是单纯集. 定义**函数单纯集**或**函数复形** (function complex) $\mathbf{hom}(X, Y)$ 为

$$\mathbf{hom}(X, Y)_n = \mathrm{Hom}_{\mathbf{sSet}}(\Delta^n \times X, Y)$$

及面算子, 退化算子为

$$\Delta^{n-1} \times X \xrightarrow{d^i \times 1} \Delta^n \times X \to Y,$$
$$\Delta^{n+1} \times X \xrightarrow{s^i \times 1} \Delta^n \times X \to Y.$$

若有保序函数 $\alpha: \boldsymbol{m} \to \boldsymbol{n}$, 则定义

$$\alpha^* : \mathbf{hom}(X, Y)_n \to \mathbf{hom}(X, Y)_m$$

为

$$(X \times \Delta^n \xrightarrow{f} Y) \mapsto (X \times \Delta^m \xrightarrow{1 \times \alpha} X \times \Delta^n \xrightarrow{f} Y).$$

取值映射(evaluation map)

$$ev : X \times \hom(X, Y) \to Y$$

定义为 $(x, f) \mapsto f(\iota_n, x)$, 其中 ι_n 记 $\Delta^n(\boldsymbol{n})$ 的恒等映射. ev 是单纯映射.

使用取值映射定义映射

$$ev_* : \mathrm{Hom}_{\mathbf{sSet}}(K, \hom(X, Y)) \to \mathrm{Hom}_{\mathbf{sSet}}(X \times K, Y)$$

为 $ev \circ (1_X \times g)$, 其中 $g : K \to \hom(X, Y)$,

$$X \times K \xrightarrow{1 \times g} X \times \hom(X, Y) \xrightarrow{ev} Y.$$

命题 11.4(指数律) ev_* 是自然双射.

([GJ 09] prop 5.1, 20 页.)

取 $X, Y \in \mathbf{sSet}_*$, 定义 $\hom_*(X, Y)$ 为

$$\hom_*(X, Y)_n = \mathrm{Hom}_{\mathbf{sSet}_*}(\Delta^n \ltimes X, Y).$$

S^1 记单纯圆 (simplicial circle)$\Delta^1/\partial\Delta^1$. 定义回路单纯集为

$$\Omega Y := \hom_*(S^1, Y)$$

([Jar 97] 5 页).

11.2　几何现相

11.2.1　标准单形

标准拓扑 n 单形 (standard topological n simplex) 是 $\mathbb{R}^{n+1}$ 的子空间

$$\Delta^n = \left\{ (t_0, t_1, \cdots, t_n) \in \mathbb{R}^{n+1} : t_i \geqslant 0, \sum_{i=0}^{n} t_i = 1 \right\}.$$

若 $\alpha : \boldsymbol{m} \to \boldsymbol{n}$ 是保序函数, 取 $t_i = \sum_{j \in \alpha^{-1}(i)} u_j$, 则 α 定义

$$\alpha_* : \Delta^m \to \Delta^n : (u_0, \cdots, u_m) \mapsto (t_0, \cdots, t_n).$$

若 $\{e_j\}$ 是 $\mathbb{R}^{n+1}$ 的标准基, 则 $\alpha_*(\sum_{j=0}^{m} u_j e_j) = \sum_{j=0}^{m} u_j e_{\alpha(j)}$.

例如, 对 $0 \leqslant i \leqslant n, n \geqslant 1$, 保序函数 δ_i 定义 $\delta_{i*} : \Delta^{n-1} \to \Delta^n$ 为

$$\delta_{i*}(u_0, u_1, \cdots, u_{n-1}) = (u_0, \cdots, u_{i-1}, 0, u_i, u_{n-1}).$$

对 $0 \leqslant j \leqslant n, n \geqslant 1$, 保序函数 σ_j 定义 $\sigma_{j*}: \Delta^{n+1} \to \Delta^n$ 为

$$\sigma_{j*}(u_0, \cdots, u_{n+1}) = (u_0, \cdots, u_{j-1}, u_j + u_{j+1}, u_{j+1}, \cdots, u_{n+1}).$$

定义 Δ^n 的边缘 (boundary) 为

$$\partial \Delta^n = \bigcup_{i=0}^{n} \delta_{i*}(\Delta^{n-1}).$$

11.2.2 单纯集的几何现相

单纯集 $X_\bullet$ 的**几何现相** (geometric realization) (又称拓扑现相或几何实现) 是指拓扑空间

$$|X_\bullet| = \bigsqcup_{n \geqslant 0} X_n \times \Delta^n / \sim,$$

其中 X_n 取离散拓扑, $\sim$ 是取所有的 $\alpha: \boldsymbol{m} \to \boldsymbol{n} \in \Delta, x \in X_n, \xi \in \Delta^m$ 来生成

$$(x, \alpha_*(\xi)) \sim (\alpha^*(x), \xi)$$

的等价关系. 显然 $\sim$ 是可以由以下关系生成的:

$$(x, \delta_{i*}(\xi)) \sim (d_i(x), \xi), \quad \forall 0 \leqslant i \leqslant n \geqslant 1, \quad x \in X_n, \quad \xi \in \Delta^{n-1},$$

$$(x, \sigma_{j*}(\xi)) \sim (s_j(x), \xi), \quad \forall 0 \leqslant j \leqslant n \geqslant 1, \quad x \in X_n, \quad \xi \in \Delta^{n+1}.$$

设有单纯映射 $f_\bullet: X_\bullet \to Y_\bullet$, 即有交换图

$$\begin{array}{ccc} X_n & \xrightarrow{f_n} & Y_n \\ \alpha^* \downarrow & & \downarrow \alpha^* \\ X_m & \xrightarrow{f_m} & Y_m \end{array}$$

由 $X_\bullet$ 的 $(x, \alpha_*(\xi)) \sim (\alpha^*(x), \xi)$ 得 $Y_\bullet$ 里的关系

$$(f_n(x), \alpha_*(\xi)) \sim (\alpha^*(f_n(x)), \xi) = (f_m(\alpha^*(x)), \xi).$$

于是

$$\begin{array}{ccc} \bigsqcup_{n \geqslant 0} X_n \times \Delta^n & \xrightarrow{\sqcup_{n \geqslant 0} f_n \times id} & \bigsqcup_{n \geqslant 0} Y_n \times \Delta^n \\ \downarrow & & \downarrow \\ |X_\bullet| & \xrightarrow{|f_\bullet|} & |Y_\bullet| \end{array}$$

显然这样由 $\sqcup f_n \times id$ 得连续映射 $|f_\bullet|: |X_\bullet| \to |Y_\bullet|$.

设 **Top** 是拓扑空间范畴. $X_\bullet \to |X_\bullet|, f_\bullet \to |f_\bullet|$ 决定几何现相函子 $|\ |:$ **sSet** $\to$ **Top**.

注 把 X_n 的元素 x 看作 "抽象" 的 n 单形. 把对应于 x 的 "几何" n 单形 $\{x\} \times \Delta^n$ 引入 $\bigsqcup_{n \geqslant 0} X_n \times \times \Delta^n$, 然后再映进 $|X_\bullet|$.

几何 n 单形 Δ^n 的边缘 $\partial \Delta^n$ 的每一点属于某一个面, 比如说在第 i 个面 $\delta_{i*}(\xi)$, 其中 $\xi \in \Delta^{n-1}$.

在 "几何现相" 的定义中出现的关系 $(x, \delta_{i*}(\xi)) \sim (d_i(x), \xi)$ 告诉我们第 x 个几何 n 单形的边缘点 $\delta_{i*}(\xi)$ 是等同于第 $d_i(x)$ 个几何 $n-1$ 单形 $\{d_i(x)\} \times \Delta^{n-1}$ 的点 ξ. 如此面算子 $d_i: X_n \to X_{n-1}$ 指定每个 n 单形的边缘面是怎样粘贴起来的.

部分抽象的 n 单形是 $s_j(x)$, 其中 $0 \leqslant j \leqslant n, x \in X_{n-1}, n \geqslant 1$. 对应的几何 n 单形 $\{s_j(x)\} \times \Delta^n$ 和几何 $n-1$ 单形 $\{x\} \times \Delta^{n-1}$ 等同. 这是用映射 $\sigma_{j*}: \Delta^n \to \Delta^{n-1}$ 来执行的; 该映射把从 e_j 到 e_{j+1} 的边压缩为一点. 于是得见这些几何 n 单形 $\{s_j(x)\} \times \Delta^n$ 并没有为 $|X_\bullet|$ 提供新的点.

对 $n \geqslant 0, \Delta_p^n \times \Delta^p \to \Delta^n: (\gamma, \xi) \mapsto \gamma_*(\xi)$ 决定拓扑同构 $|\Delta^n| \approx \Delta^n$.

最后指出以下重要结果.

定理 11.5 几何现相函子 $|\ |:$ **sSet** $\to$ **cgTop** 与上极限和有限极限交换.

([GZ 67] Chap III, §3 称此结果为几何现相函子正合性.) 由这个定理便知 $|X \times Y|$ 与 $k(|X| \times |Y|)$ 同构 ($k(\ )$ 是指在 **cgTop** 内的直积, 见 9.1.1 小节).

11.2.3 上极限

先复习极限的定义.

我们可以把一个小范畴 Σ 看作一个箭图, 这个箭图的顶点集合便是 Σ 的对象集合 Obj(Σ), 箭集合则是 Σ 的态射集合 Mor(Σ). 这样一个从 Σ 到范畴 $\mathcal{C}$ 的函子 T 便是范畴 $\mathcal{C}$ 中的 Σ-型图. 于是便可以考虑上极限 (colimit) $\text{colim}_\Sigma T$. (我们又称上极限为余极限.)([高线]§14.5.)

设 $\mathcal{C}$ 是小范畴. 考虑函子 $P: \mathcal{C}^{op} \to$ **Set** (亦称 P 为预层). P 是范畴 **Set**$^{\mathcal{C}^{op}}$ 的对象. 定义 P 的 Grothendieck 建筑 (construction) (或称元素范畴 (category of elements)) $\mathcal{C} \wr P$ 的

对象: (C, x), 其中 $C \in \mathcal{C}, x \in PC$;

态射: $(C, x) \to (D, y)$ 是指 $\mathcal{C}$ 的态射 $\alpha: C \to D$ 使得 $P(\alpha)(y) = x$.

范畴 $\mathcal{C}$ 的对象 C 决定函子:

$$h_C: \mathcal{C}^{op} \to \textbf{Set}: A \mapsto \text{Hom}_\mathcal{C}(A, C).$$

Yoneda 引理说: 设有函子 $P: \mathcal{C}^{op} \to$ **Set**, 则有双射 $[h_C, P] \to PC$ ([高

线]§14.3). 由此得 Yoneda 嵌入

$$\mathscr{Y} : \mathcal{C} \to \mathbf{Set}^{\mathcal{C}^{op}} : C \mapsto h_C.$$

以下命题是说: 预层是可表函子的上极限; 亦说: Yoneda 嵌入是稠密函子 (dense functor).

命题 11.6 设有函子 $P : \mathcal{C}^{op} \to \mathbf{Set}$. $(C, x) \mapsto C$ 给出函子 $\pi_\mathcal{C} : \mathcal{C} \wr P \to \mathcal{C}$. 利用 Yoneda 嵌入 $\mathscr{Y}$ 定义函子

$$T : \mathcal{C} \wr P \xrightarrow{\pi_\mathcal{C}} \mathcal{C} \xrightarrow{\mathscr{Y}} \mathbf{Set}^{\mathcal{C}^{op}} : (C, x) \mapsto h_C,$$

则 $P \cong \mathrm{colim}_{\mathcal{C} \wr P} T$.

证明 对 $(C, x) \in \mathcal{C} \wr P$ 用 Yoneda 引理取自然变换 $\lambda(C, x) : h_C \to P$ 对应于 $x \in PC$, 即

$$PC \leftrightarrow [h_C, P] : x \leftrightarrow \lambda(C, x).$$

从 $\mathcal{C}$ 的态射 $\alpha : C \to D$ 得 $\alpha_* : h_C \to h_D$ 和

$$\alpha^* : [h_D, P] \to [h_C, P] : \eta \mapsto \eta \circ \alpha_*.$$

若 α 给出 $\mathcal{C} \wr P$ 的态射 $(C, x) \to (D, y)$, 即 $P\alpha(y) = x$, 则

$$\begin{array}{ccccc} PC & \longleftrightarrow & [h_C, P] : x & \longleftrightarrow & \lambda(C, x) \\ {\scriptstyle P\alpha}\uparrow & & {\scriptstyle \alpha^*}\uparrow & & \\ PD & \longleftrightarrow & [h_D, P] : y & \longleftrightarrow & \lambda(D, y) \end{array}$$

于是有交换图

$$\begin{array}{c} \xrightarrow{\lambda(C,x)} h_C = T(C, x) \\ P \downarrow {\scriptstyle \alpha_*} \\ \xrightarrow{\lambda(D,y)} h_D = T(D, y) \end{array}$$

现另取函子 $Q : \mathcal{C}^{op} \to \mathbf{Set}$ 和自然变换 $\mu(C, x) : h_C \to Q$ 使

$$\begin{array}{c} \xrightarrow{\mu(C,x)} h_C = T(C, x) \\ Q \downarrow {\scriptstyle \alpha_*} \\ \xrightarrow{\mu(D,y)} h_D = T(D, y) \end{array}$$

11.2 几何现相

是交换图. 在 Yoneda 引理的对应下 $\mu(C,x)$ 对应于 $x' \in QC$. 于是定义自然变换 $\xi: P \to Q$ 为 $\xi_C: PC \to QC: x \mapsto x'$. 如此便得交换图

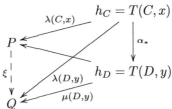

留意单纯集范畴 $\mathbf{sSet} = \mathbf{Set}^{\Delta^{op}}$. 而标准 n 单纯集 $\{\Delta^n\}_n$ 实际上表示了由 Yoneda 引理所给出的 Yoneda 嵌入

$$\mathscr{Y}: \Delta \to \mathbf{sSet}: \boldsymbol{n} \mapsto \Delta^n, \alpha \mapsto \alpha_*,$$

其中 $\alpha: \boldsymbol{m} \to \boldsymbol{n}$, $\alpha_*: \Delta^m \to \Delta^n$. 留意 Δ^n 是 $h_{\boldsymbol{n}}$.

设有单纯集 $X \in \mathbf{sSet}$. 按命题 11.6,

$$X \cong \mathrm{colim}_{\Delta \wr X} T,$$

其中 T 是 $\Delta \wr X \xrightarrow{\pi_\Delta} \Delta \xrightarrow{\mathscr{Y}} \mathbf{sSet}$. 按前面的说法 X 是可表函子 Δ^n 的上极限, 于是有简写 $X \cong \mathrm{colim}_{\Delta \wr X} \Delta^n$.

加上几何实现便有 $|T|: \Delta \wr P \xrightarrow{\pi_\Delta} \Delta \xrightarrow{\mathscr{Y}} \mathbf{sSet} \xrightarrow{|\ |} \mathbf{Top}$. 于是单纯集 X 的几何现相亦可表达为

$$|X| \cong \mathrm{colim}_{\Delta \wr X} |T|,$$

亦有写此为

$$|X| \cong \varinjlim_{\Delta^n \to X} |\Delta^n|.$$

这样写你当然看不见背后的内容了.

引理 11.7 设 $\mathcal{C}$ 是小范畴, $X_\bullet \to \mathbf{sSet}$ 是函子, 则上极限 $Y_\bullet = \varinjlim_\mathcal{C} X_\bullet$ 存在, 其中 $Y_n = \varinjlim_\mathcal{C} X_n$. 同样极限 $\varprojlim_\mathcal{C} X_\bullet$ 存在.

证明 取 Δ 内 $\alpha: \boldsymbol{m} \to \boldsymbol{n}$, $c \in \mathcal{C}$, 则有 $\alpha_c^*: X_n(c) \to X_m(c)$ 决定从 $\mathcal{C}$ 至 $\mathbf{Set}$ 的函子的自然变换 $\alpha^*: X_n \to X_m$. 该诱导映射

$$\alpha^*: Y_n = \varinjlim_{c \in \mathcal{C}} X_n(c) \to \varinjlim_{c \in \mathcal{C}} X_m(c) = Y_m.$$ □

11.2.4 奇异单纯集

Top 是拓扑空间范畴, $\mathrm{Hom}_{\mathbf{Top}}(X,Y)$ 是从 X 到 Y 连续映射集合. 设 Y 是拓扑空间. 取序数范畴 Δ 的对象 $\boldsymbol{n}$. 设

$$Sing(Y)(\boldsymbol{n}) = \mathrm{Hom}_{\mathbf{Top}}(\Delta^n, Y).$$

若有 Δ 的态射 $\alpha : \boldsymbol{m} \to \boldsymbol{n}$, 则有 $\alpha_* : \Delta^m \to \Delta^n$. 于是可以定义

$$\alpha^* : Sing(Y)(\boldsymbol{n}) \to Sing(Y)(\boldsymbol{m}) : \tau \mapsto \tau \circ \alpha_*.$$

不难验证函子 $Sing(Y) : \Delta^{op} \to \mathbf{Set}$. 称 $Sing(Y)$ 为拓扑空间 Y 的**奇异单纯集**(singular simplicial set).

设有拓扑空间连续映射 $f : X \to Y$, 则

$$f_n : Sing(X)_n \to Sing(Y)_n : \tau \mapsto f \circ \tau,$$

定义单纯映射 $Sing(f) : Sing(X) \to Sing(Y)$. 易证以下命题.

命题 11.8 $Sing : \mathbf{Top} \to \mathbf{sSet}$ 是函子.

命题 11.9 设有单纯集 $X_\bullet$ 和拓扑空间 Y, 则存在自然双射

$$\mathrm{Hom}_{\mathbf{Top}}(|X_\bullet|, Y) \leftrightarrow \mathrm{Hom}_{\mathbf{sSet}}(X_\bullet, Sing(Y)).$$

这就是说, 几何现相 $|-|$ 是 $Sing$ 的左伴随函子, $Sing$ 是 $|-|$ 的右伴随函子.

证明 映射 $f : |X_\bullet| \to Y$ 对应于映射 $f_n : X_n \times \Delta^n \to Y, n \geq 0$. $\{f_n\}$ 对应于映射 $g_n : X_n \to \mathrm{Hom}_{\mathbf{Top}}(\Delta^n, Y) = Sing(Y)_n$. 于是有单纯集映射 $g_\bullet : X_\bullet \to Sing(Y)_\bullet$. □

由此按伴随函子性质得以下推理.

推论 11.10 几何现相函子 $|\ | : \mathbf{sSet} \to \mathbf{Top}$ 与小上极限交换:

$$\varinjlim_{c \in \mathcal{C}} |X_\bullet| \cong |\varinjlim_{c \in \mathcal{C}} X_\bullet|.$$

11.2.5 胞腔结构

取单纯集 $X_\bullet$. 称 $x \in X_n$ 为退化的, 若有 $y \in X_{n-1}$, 以及退化算子 $s_j : X_{n-1} \to X_n$(其中 $0 \leq j < n$) 使得 $x = s_j(y)$, 则退化 n 单形组成集合

$$sX_n = \bigcup_{0 \leq j < n} s_j(X_{n-1}).$$

非退化 n 单形组成的集合记为 $X_n^\sharp = X_n \setminus sX_n$.

我们说 $Y_\bullet$ 是 $X_\bullet$ 的单纯子集, 若 Y_n 是 X_n 的子集, 并且包含映射 $Y_\bullet \subseteq X_\bullet$ 是单纯映射.

11.2 几何现相

设有集合 $S \subset \cup_n X_n$. 取

$$\langle S \rangle_m = \{\alpha^*(y) : \alpha \in \mathrm{Hom}_\Delta(\boldsymbol{m},\boldsymbol{n}), y \in S \cap X_n\}.$$

则 $\langle S \rangle_\bullet$ 是包含 S 的 $X_\bullet$ 的最小单纯子集. 称此为由 S 生成的单纯子集.

定义 11.11 单纯集 $X_\bullet$ 的单纯 n **骨架**(n skeleton) 定义为由集合 $\cup_{p \leqslant n} X_p$ 生成的 $X_\bullet$ 的单纯子集, 记为 $X_\bullet^{(n)}$. 设 $X_\bullet^{(-1)}$ 为空集. 于是得

$$X_\bullet^{(-1)} \subseteq X_\bullet^{(0)} \subseteq \cdots \subseteq X_\bullet^{(n)} \subseteq \cdots X_\bullet = \bigcup_n X_\bullet^{(n)}.$$

例 标准 n 单纯集 Δ^n 的 $n-1$ 骨架 $(\Delta^n)^{(n-1)}$ 就是它的边缘 $\partial \Delta^n$.

引理 11.12 单纯集 $X_\bullet$ 的单纯 n 骨架 $X_\bullet^{(n)}$ 有分解

$$X_\bullet^{(n)} \cong \coprod_{0 \leqslant p \leqslant n} X_n^\sharp \times (\Delta_m^p \setminus \partial \Delta_m^p),$$

以上同构把 $x \in X_m^{(n)}$ 映为 (y, ρ), 其中满射 $\rho: \boldsymbol{m} \to \boldsymbol{p}$, 非退化 $y \in X_p^\sharp$, $0 \leqslant p \leqslant n$, $x = \rho^*(y)$.

证明 $X_m^{(n)}$ 的单形是 $x = \alpha^*(y)$, $\alpha: \boldsymbol{m} \to \boldsymbol{q}$, $y \in X_q$, $q \leqslant n$. 分解 $\alpha = \mu\rho$, 其中满射 $\rho: \boldsymbol{m} \to \boldsymbol{p}$, 单射 $\mu: \boldsymbol{p} \to \boldsymbol{q}$. 则 $x = \rho^* \mu^*(y)$, $\mu^* y \in X_p$. 我们可以找满射 $\tau: \boldsymbol{p} \to \boldsymbol{r}$ 和非退化 $z \in X_r^\sharp$ 使得 $\mu^* y = \tau^* z$, 于是 $x = (\tau\rho)^*(z)$, $\tau\rho: \boldsymbol{m} \to \boldsymbol{r}$ 是满射, $r \leqslant p \leqslant q \leqslant n$. 这样便得

$$\begin{array}{ccccc}
 & & y \in X_q & & \\
 & \swarrow{\alpha^*} & \downarrow{\mu^*} & & \\
x \in X_m & \xleftarrow{\rho^*} & X_p & \xleftarrow{\tau^*} & X_r \ni z
\end{array}$$

反方向是, 若 $\rho: \boldsymbol{m} \to \boldsymbol{p}$ 是满射, $p \leqslant n$, $y \in X_p^\sharp$, 则 y 的维数不大于 n, $\rho^*(y)$ 属于 $X_\bullet^{(n)}$. □

引理 11.13 设有单纯集 $X_\bullet$. 把对应 $x \in X_n$ 的 $x_\bullet: \Delta_\bullet^n \to X_\bullet$ (见引理 11.2) 合并起来得

$$\psi_\bullet: X_n \times \Delta_\bullet^n \to X_\bullet^{(n)}.$$

则在 **sSet** 内, 对 $n \geqslant 0$, 有推出图

$$\begin{array}{ccc}
X_n \times \partial\Delta_\bullet^n \cup sX_n \times \Delta_\bullet^n & \longrightarrow & X_\bullet^{(n-1)} \\
\downarrow & & \downarrow \\
X_n \times \Delta_\bullet^n & \xrightarrow{\psi_\bullet} & X_\bullet^{(n)}
\end{array}$$

图中 $X_n \times \partial\Delta_\bullet^n \cup sX_n$ 是指在 $X_n \times \Delta_\bullet^n$ 内 $X_n \times \partial\Delta_\bullet^n$ 与 $sX_n \times \Delta_\bullet^n$ 的并集.

证明 在此把 X_n 看作"常值"单纯集以恒等映射为面算子与退化算子. 于是单纯集的积 $X_n \times \Delta_\bullet^n$ 的 m 单形集合是 $X_n \times \Delta_m^n$, 而且对 $(x,\zeta) \in X_n \times \Delta_m^n$, 有 $\psi_\bullet(x,\zeta) = \zeta^*(x) \in X_m^{(n)}$.

断言: $\psi_\bullet(X_n \times \partial\Delta_\bullet^n \cup sX_n \times \Delta_\bullet^n) \subseteq X_\bullet^{(n-1)}$.

若 $\zeta \in \partial\Delta_m^n \subseteq \Delta_m^n$, 则可分解 $\zeta: \boldsymbol{m} \to \boldsymbol{n}$ 为 $\zeta = \delta_i\beta$, 其中 $\delta_i: \boldsymbol{n-1} \to \boldsymbol{n}$. 又因 $\delta_i(x) = d_i(x)$ 是 $n-1$ 维的, $\zeta^*(x) = \beta^*(\delta_i^*(x)) \in X_\bullet^{(n-1)}$. 在其他的情况下, $x \in sX_n \subseteq X_n$. 这样 $x = s_j(y) = \sigma_j^*(y)$, 其中 $\sigma_j: \boldsymbol{n} \to \boldsymbol{n-1}$. 由于 y 是 $n-1$ 维的, $\zeta^*(x) = \zeta^*(\sigma_j^*(y)) = (\sigma_j\zeta)^*(y) \in X_\bullet^{(n-1)}$.

断言: 引理的图是推出图.

因为单纯集的推出 (上极限) 是按单纯集次数 m 构造的, 所以只需要对任一单纯集次数 m 证明断言. 为此证明 ψ_m 是从

$$X_n \times \Delta_m^n \setminus (X_n \times \partial\Delta_m^n \cup sX_n \times \Delta_m^n) = (X_n \setminus sX_n) \times (\Delta_m^n \setminus \partial\Delta_m^n)$$

至 $X_m^{(n)} \setminus X_m^{(n-1)} \cong X_n^\sharp \times (\Delta_m^p \setminus \partial\Delta_m^p)$ 的双射. 由 $x \in X_n \setminus sX_n = X_n^\sharp$, $\zeta \in \Delta_m^n \setminus \partial\Delta_m^n$ 知

$$\psi_m: (x,\zeta) \mapsto \zeta^*(x),$$

反过来, 由于 x 是非退化, $\zeta^*(x) \in X_m^{(n)} \setminus X_m^{(n-1)}$ 是对应于 (x,ζ) 的. □

引理 11.14 设有单纯集 $X_\bullet$. 在 **sSet** 内有推出图

$$\begin{array}{ccc} X_n \times \partial\Delta_\bullet^n & \hookrightarrow & X_n \times \partial\Delta_\bullet^n \cup sX_n \times \Delta_\bullet^n \\ \downarrow & & \downarrow \\ X_n^\sharp \times \Delta_\bullet^n & \hookrightarrow & X_n \times \Delta_\bullet^n \end{array}$$

证明 这是由于有双射把

$$X_n^\sharp \times \Delta_m^n \setminus X_n^\sharp \times \partial\Delta_m^n \cong X_n^\sharp \times (\Delta_m^n \setminus \partial\Delta_m^n)$$

映为 $(X_n \setminus sX_n) \times (\Delta_m^n \setminus \partial\Delta_m^n)$. □

定理 11.15 (Milnor) 单纯集 $X_\bullet$ 的单纯骨架的几何实现给出 $|X_\bullet|$ 的子空间列

$$|X_\bullet^{(0)}| \subseteq \cdots \subseteq |X_\bullet^{(n)}| \subseteq \cdots |X_\bullet| = \bigcup_{n \geqslant 0} |X_\bullet^{(n)}|$$

使得 $|X_\bullet|$ 为 CW 复形.

推出方

$$\begin{array}{ccc}
\bigsqcup_{X_n^\sharp} \partial\Delta^n \cong |X_n^\sharp \times \partial\Delta^n| & \xrightarrow{\phi} & |X_\bullet^{(n-1)}| \\
\downarrow & & \downarrow \\
\bigsqcup_{X_n^\sharp} \Delta^n \cong |X_n^\sharp \times \Delta^n| & \xrightarrow{\Phi} & |X_\bullet^{(n)}|
\end{array}$$

显示 n 骨架 $|X_\bullet^{(n)}|$ 是在 $n-1$ 骨架 $|X_\bullet^{(n-1)}|$ 上粘贴 n 胞腔而成.

证明 几何现相与上极限交换, 于是 $|X_\bullet| \cong \varinjlim_n |X_\bullet^{(n)}|$. 由引理 11.13, 引理 11.14 得推出方

$$\begin{array}{ccc}
X_n^\sharp \times \partial\Delta_\bullet^n & \longrightarrow & X_\bullet^{(n-1)} \\
\downarrow & & \downarrow \\
X_n^\sharp \times \Delta_\bullet^n & \longrightarrow & X_\bullet^{(n)}
\end{array}$$

然后取几何现相. $\square$

命题 11.16 设有单纯集 $X_\bullet, Y_\bullet$, 则单纯集投射

$$X_\bullet \xleftarrow{pr_1} X_\bullet \times Y_\bullet \xrightarrow{pr_2} Y_\bullet.$$

给出拓扑同构 $(|pr_1|, |pr_2|): |X_\bullet \times Y_\bullet| \to |X_\bullet| \times |Y_\bullet|$ (CW 复形直积).

例 单形 n 球面 $\mathscr{S}^n$ 是只有两个非退化单形的单纯集: 一个 0 单形 x, 一个 1 单形 y, y 的面是

$$d_i y = s_{n-1} \cdots s_0 x, \quad \forall\, i.$$

单形 n 球面 $\mathscr{S}^n$ 的几何实现就是平常的 n 球面 S^n 作为 CW 复形.

原创文章是 [Mil 57].

11.3 单纯集范畴

$\mathrm{Hom}(\mathbf{A}, \mathbf{B})$ 记从范畴 $\mathbf{A}$ 到范畴 $\mathbf{B}$ 的全部函子所组成的范畴.

Δ 是序数范畴. 记集合范畴为 $\mathbf{Set}$. $\mathrm{Hom}(\Delta op, \mathbf{Set})$ 记为 $\mathbf{sSet}$. 单纯集为范畴 $\mathbf{sSet}$ 的对象.

定义 $\mathbf{sSet}$ 的弱等价为单形映射 $f: X \to Y$ 使得几何实现 $|f|: |X| \to |Y|$ 是拓扑空间的弱等价.

定义 $\mathbf{sSet}$ 的纤射为单纯映射 $f: X \to Y$ 满足以下条件: 对任意映射交换方 (实线)

$$\begin{array}{ccc} \Lambda_k^n & \longrightarrow & X \\ \downarrow & {}^h\nearrow & \downarrow f \\ \Delta^n & \longrightarrow & Y \end{array}$$

(其中 Λ_k^n 是标准 n 单纯集 Δ^n 的第 k 个角, 定义在 11.1.4 小节), 存在单纯映射 $h: \Delta^n \dashrightarrow X$ 使得全图交换. (在这里定义的纤射亦称为 **Kan 纤射**. 又称纤性单纯集 (fibrant simplicial set) 为 Kan 复形 (Kan complex).)

定义 **sSet** 的上纤射为包含单纯映射 $i: A \hookrightarrow B$.

定理 11.17 用以上定义的弱等价、纤射和上纤射, **sSet** 是固有闭模型范畴.

见 [Qui 67]Chap I, §1.3, 5.2 页, exp C; [GJ 09] Chap I, §11, thm 11.3, 62 页, 122 页. 这个命题的证明使用了以下技术性定理.

命题 11.18 设 $g: X \to Y$ 是单纯集的单纯映射, 则 g 是 Kan 纤射及弱等价当且仅当相关于所有包含映射 $\partial\Delta^n \subset \Delta^n$ 单纯映射 g 有右提升性质.

([GJ 09] Chap I, §11, thm 11.2, §7, thm 7.10; [Qui 67] II, p.2.3, prop 3). 此外还需要利用几何现相函子 $|\ |$ 和奇异函子 $Sing$ 联系单纯集和拓扑空间的性质.

称单纯集纤射 $f: X \to Y$ 为最少纤射 (minimal fibration), 若从图

$$\begin{array}{ccc} \partial\Delta^n \times \Delta^1 & \xrightarrow{pr} & \partial\Delta^n \\ \downarrow & & \downarrow \\ \Delta^n \times \Delta^1 & \xrightarrow{h} & X \\ {}_{pr}\downarrow & & \downarrow f \\ \Delta^n & \longrightarrow & Y \end{array}$$

得 $\Delta^n \underset{d^1}{\overset{d^0}{\rightrightarrows}} \Delta^n \times \Delta^1 \xrightarrow{h} X$ 满足条件 $hd^0 = hd^1$ ([GJ 09]§I.10; [GZ 67]§VI.5).

称拓扑空间连续映射 $f: T \to S$ 为 Serre 纤射, 对任意连续映射交换图 (实线)

$$\begin{array}{ccc} |\Lambda_k^n| & \longrightarrow & T \\ \downarrow & {}^h\nearrow & \downarrow f \\ |\Delta^n| & \longrightarrow & S \end{array}$$

存在连续映射 $h: |\Delta^n| \dashrightarrow T$ 使得全图交换 ([GZ 67] Chap VII, §1.4; [GJ 09] Chap I, §3).

命题 11.19 若 $f: X \to Y$ 为单纯集最少纤射, 则几何现相 $|f|: |X| \to |Y|$ 是 Serre 纤射.

11.5 同　　伦

([GZ 67] Chap VI, §5.4, Chap VII, §1.4; [GJ 09] Chap I, thm 10.9.)

命题 11.20 (Quillen)　若 $f: X \to Y$ 为单纯集纤射, 则几何现相 $|f|: |X| \to |Y|$ 是 Serre 纤射.

([GJ 09] Chap I, thm 10.10.)

命题 11.21　若拓扑空间连续映射 $f: T \to S$ 为 Serre 纤射, 则奇异单纯集映射 $Sing\, f: Sing\, T \to Sing\, S$ 是单纯集纤射.

([GZ 67] Chap VII, §1.5; [Cur 71]prop 1.33, 120 页.)

命题 11.22　(1) 若 T 是拓扑空间, 则 $\varepsilon_T : |Sing\,(T)| \to T$ 是弱等价;
(2) 设 X 是单纯集, 则 $\eta_X : X \to Sing|X|$ 是弱等价.

([GJ 09] Chap I, prop 11.1, 以及 64, 65 页.)

11.4 同　　调

已给单纯集 $X_\bullet$. 以 $\mathbb{Z}X_n$ 记由 X_n 所生成的自由交换群. 把 d_i, s_j 扩展为 $\mathbb{Z}X_n$ 的群同态. 这样得来的自由交换单纯群 (free abelian simplicial group) 记为 $\mathbb{Z}X_\bullet$.

用 d_i 定义群同态 $\partial_n = \sum_{i=0}^n (-1)^i d_i$. 显然 $\partial_n \circ \partial_{n+1} = 0$. 于是可把 $\mathbb{Z}X_\bullet$ 看成链复形

$$\cdots \to \mathbb{Z}X_{n+1} \xrightarrow{\partial_{n+1}} \mathbb{Z}X_n \xrightarrow{\partial_n} \mathbb{Z}X_{n-1} \to \cdots,$$

以 $H_n(X_\bullet)$ 记这个链复形的 n 同调群 ([姜] 第一章, §2).

命题 11.23　单纯集 $X_\bullet$ 的 n 同调群同构于它的几何现相 $|X_\bullet|$ 的 n 奇异同调群, 即

$$H_n(X_\bullet) \xrightarrow{\approx} H_n(|X_\bullet|).$$

11.5 同　　伦

11.5.1　单纯同伦

设 $f^0, f^1 : X \to Y$ 为单纯集映射. 称 $F : f^0 \xrightarrow{\sim} f^1$ 为从 f^0 到 f^1 的**单纯同伦**(simplicial homotopy), 若有单纯集映射 (= 自然变换) 交换图

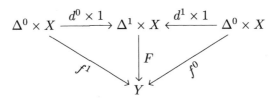

让我们来看看这个图的内容 (如 [DP 61]). 取 $\Delta_n^1 = \mathrm{Hom}_\mathbf{N}(\boldsymbol{n},\boldsymbol{1})$ 的元素 $\sigma : \boldsymbol{n} \to \boldsymbol{1}$ 和映射 $\alpha : \boldsymbol{m} \to \boldsymbol{n}$, 则元素 $\tau = \Delta^1(\alpha)\sigma = \tau$ 是由以下交换图给出

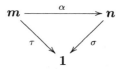

如此给出 F 就是对每个 $\sigma : \boldsymbol{n} \to \boldsymbol{1}$ 给映射 $F(\sigma) : X_n \to Y_n$ 使得对每个 $\alpha : \boldsymbol{m} \to \boldsymbol{n}$ 有交换图

$$\begin{array}{ccc} X_n & \xrightarrow{F(\sigma)} & Y_n \\ X_\alpha \downarrow & & \downarrow Y_\alpha \\ X_m & \xrightarrow{F(\tau)} & Y_m \end{array}$$

把 $\Delta^0 \times X$ 等同为 X. 取 $d^i : \Delta^0 \to \Delta^1 (i = 0, 1)$, 则

$$F \circ d^i : X = \Delta^0 \times X \to Y.$$

于是定义单形同伦的交换图是要求 $f^i = F \circ d^i$.

注意: 以上定义的单纯同伦不一定给出等价关系; 不过若 X 是纤性的, 则从 Y 至 X 的映射的同伦是等价关系 ([GJ] Cor 6.2, 24 页).

设 $i : B \to Y$ 是包含映射, f 与 g 在 B 上相等. 从 f 至 g (rel. B) 的单纯同伦是指 f 与 g 同伦, 并且下图交换

$$\begin{array}{ccc} Y \times \Delta^1 & \xrightarrow{h} & X \\ i \times 1 \uparrow & & \uparrow \alpha \\ B \times \Delta^1 & \xrightarrow{pr_L} & B \end{array}$$

其中 $\alpha = f|_B = g|_B$ 和 pr_L 是对左边因子的投射.

若 L 是纤性单纯集 (Kan 复形) 和 K 是单纯集, 从 K 至 L 的映射的同伦类组成的集合记为 $[K, L]$. 若 X, Y 是拓扑空间, 从 X 至 Y 的映射的同伦类组成的集合记为 $[X, Y]$.

定理 11.24 (1) 设 K 是单纯集, L 是纤性单纯集, 则几何现相 $|\ |$ 诱导 $1-1$ 对应

$$[K, L] \to [|K|, |L|].$$

(2) 设 Y 是拓扑空间, X 是 CW 空间, 则 $Sing$ 诱导 $1-1$ 对应

$$[X, Y] \to [Sing\, X, Sing\, Y].$$

定理 11.25 设 K 是单形集, L 是纤性单纯集, $p:|K| \to |L|$ 是连续映射, 则存在单纯态射 $g: K \to L$ 使得 $|g| \simeq p$.

11.5.2 单纯同伦群

单纯集 X 的基点是指 X 的一个端点 $*$ 及这个点的所有退化.

设 $X = (X_n)_{n \geqslant 0}$ 是纤性单纯集, 选定端点 $v \in X_0$.

定义 $\pi_n(X, v), n \geqslant 1$ 为由令下图交换的映射 $\alpha: \Delta^n \to X$ (rel.$\partial \Delta^n$) 的同伦类组成的集合

$$\begin{array}{ccc} \Delta^n & \xrightarrow{\alpha} & X \\ \uparrow & & \uparrow v \\ \partial \Delta^n & \longrightarrow & \Delta^0 \end{array}$$

定义 $\pi_0(X)$ 为 X 的端点 $v: \Delta^0 \to X$ 的同伦类 ([GJ 09] 1.7, 25 页).

设 X, Y 为纤性单纯集, 称态射 $F: X \to Y$ 为弱等价 (weak equivalence), 若对 X 的每个端点, $f_*: \pi_0(X) \to \pi_0(Y)$ 是双射. 对 X 的每个端点 x, 对 $n \geqslant 1$, $f_*: \pi_n(X, x) \to \pi_n(Y, f(x))$ 是同构.

([GJ 09]32 页.)

定理 11.26 若 K, L 是连通纤性单纯集, 则映射 $f: K \to L$ 是弱等价当且仅当 $|f|$ 是同伦等价.

([Cur 71] (2.19), (2.20).)

命题 11.27 $f: X \to Y$ 是 CW 复形映射, 则 f 是弱等价当且仅当 f 是同伦等价.

([Ark 11] 2.4.7, 53 页; [Spa 66] Chap 7, §6, Cor 24.)

11.6 胞腔和上胞腔

本节我们了解以下一对拓扑结构.

假设 $\mathscr{J}$ 是一组带基点的拓扑空间, 并且 $*$ 在 $\mathscr{J}$ 里, 若 $J \in \mathscr{J}$, 则 $\Sigma J \in \mathscr{J}$.

一个 $\mathscr{J}$- 胞腔复形 (cell complex) 是指带基点的拓扑空间 X 和一列保基点映射 $j_n: J_n \to X_n, n \geqslant 0$, 使得

(i) $X_0 = *$;

(ii) J_n 是 $\mathscr{J}$ 内的空间的楔积;

(iii) $X_n + 1$ 是 j_n 的同伦上纤维;

(iv) $X = \varinjlim X_n$.

例如, $\mathscr{J} = \{S^n : n \geqslant 1\}$, 限制 j_n 至 J 的楔积里的空间时, 便称其为粘贴映射 (attaching map). 取 J 的锥 CJ 称 $CJ_{n-1} \to X_n \to X$ 为 n 胞腔.

称 $\mathscr{J}$- 胞腔复形 X 的子空间 A 为子复形, 若 A 是 $\mathscr{J}$-胞腔复形使得 $A_n \subset X_n$ 和 n 胞腔 $CJ \to A_n \subset A$ 及包含映射 $i: A \to X$ 的合成为 X 的 n 胞腔.

(Whitehead) 给出 $\mathscr{J}$- 胞腔复形映射 $\xi: X \to Y$, 使得对所有 $J \in \mathscr{J}$, $\xi_*: [J, X] \to [J, Y]$ 是双射. 若 Z 是 $\mathscr{J}$- 胞腔复形, 则 $\xi_*: [Z, X] \to [Z, Y]$ 是双射.

假设 $\mathscr{K}$ 是一组拓扑空间, 并且 $*$ 在 $\mathscr{K}$ 里, 若 $K \in \mathscr{K}$, 则 $\Omega K \in \mathscr{K}$.

一个 $\mathscr{K}$- 塔 (tower) 是指带基点的拓扑空间 X 和一列保基点映射 $k_n: X_n \to K_n$, $n \geqslant 0$, 使得

(i) $X_0 = *$;

(ii) K_n 是 $\mathscr{K}$ 内的空间的积;

(iii) X_{n+1} 是 k_n 的同伦纤维;

(iv) $X = \varprojlim X_n$.

取 K 的路径空间 PK. 把 k_n 与 K_n 至它的因子之一的投影合成得出的映射称为上粘贴映射 (coattaching map). 把 $X \to X_{n+1} \to PK_n$ 与 PK_n 至它的因子之一的投影合成得出的映射称为上胞腔 (cocell).

我们定义与子复形对偶的概念. 称映射 $p: Z \to B$ 为至商塔的投射, 若 Z 和 B 是 $\mathscr{K}$-塔, p 是一列映射 $Z_n \to B_n$ 的极限, 以及 p 与 B 的每个 n 上胞腔 $B \to PK_n^m$ 的合成是 Z 的 n 上胞腔.

设 $\mathcal{A}$ 是一组交换群, 并且 $0 \in \mathcal{A}$. 一个 $\mathcal{A}$- 塔是一个 $\mathscr{K}$- 塔, 其中 $\mathscr{K}$ 是一组 Eilenberg-MacLane 空间 $K(A, m)$ 使得 $A \in \mathcal{A}$ 和 $m \geqslant 0$.

(对偶 Whitehead) 给出连通空间映射 $\xi: X \to Y$ 使得对所有 $A \in \mathcal{A}$, $\xi^*: H^*(Y; A) \to H^*(X; A)$ 是同构. 若 Z 是 $\mathcal{A}$, 则 $\xi^*: [Y, Z] \to [X, Z]$ 是双射 [MP 12]).

11.7 上单纯对象

设 $\mathcal{C}$ 为范畴, 定义 $\mathcal{C}$ 上的上单纯对象范畴 $c\mathcal{C}$ 如下: $c\mathcal{C}$ 的对象 X 是指

(i) 对每一整数 $n \geqslant 0$, 有 $X^n \in \mathcal{C}$;

(ii) 对每对整数 (i, n), 其中 $0 \leqslant i \leqslant n$, 有 "上面算子" (coface operator) 和 "上退化算子" (codegeneracy operator)

$$d^i: X^{n-1} \to X^n, \quad s^i: X^{n+1} \to X^n \in \mathcal{C}$$

11.7 上单纯对象

满足上单纯等式 (cosimplicial identities)

$$\begin{aligned}
d^j d^i &= d^i d^{j-1}, \quad i < j,\\
s^j d^i &= d^i s^{j-1}, \quad i < j,\\
&= id, \qquad\quad i = j, j+1,\\
&= d^{i-1} s^j, \quad i > j+1,\\
s^j s^i &= s^{i-1} s^j, \quad i > j.
\end{aligned}$$

上单纯映射 $f : X \to Y$ 是指与上面算子和上退化算子交换的态射 $f : X^n \to Y^n \in \mathcal{C}$.

这样来看一个 $\mathcal{C}$ 上的上单纯对象是从序数范畴 Δ 到范畴 $\mathcal{C}$ 的函子, 于是对应于一个从 Δ^{op} 到 $\mathcal{C}^{op}$ 的函子, 因此是 $\mathcal{C}^{op}$ 上的单纯对象.

从标准 n 单纯集 $\Delta^n = \mathrm{Hom}_\Delta(\ , \boldsymbol{n}) : \Delta^{op} \to \mathbf{Set}$ 得函子

$$\Delta : \Delta \to \mathbf{sSet} : \boldsymbol{n} \mapsto \Delta^n.$$

还得建立 "上面算子" $d^i : \Delta^{n-1} \to \Delta^n$. 在这里 d^i 是从函子 Δ^{n-1} 到函子 Δ^n 的自然变换, 于是对序数范畴 Δ 的每个对象 $\boldsymbol{p}$, 用 $\mathbf{N}$ 的保序函数 $\delta_i : \boldsymbol{n-1} \to \boldsymbol{n}$ 定义

$$d^i_{\boldsymbol{p}} : \Delta^{n-1}_{\boldsymbol{p}} \to \Delta^n_{\boldsymbol{p}} : x \mapsto \delta_i \circ x.$$

取序数范畴 Δ 的态射 $\beta : \boldsymbol{q} \to \boldsymbol{p}$ 有态射

$$\beta^* = \Delta^n(\beta) : \Delta^n_{\boldsymbol{p}} \to \Delta^n_{\boldsymbol{q}} : \gamma \mapsto \gamma \circ \beta.$$

显然 $q \to (p \xrightarrow{x} n-1 \xrightarrow{d^i} n) = (q \to p \xrightarrow{x} n-1) \xrightarrow{d^i_q} n)$, 从 • 记共同值, 则以下是交换图

$$\begin{array}{ccc}
\Delta^{n-1}_p & \xrightarrow{d^i_p} & \Delta^n_p \\
{\scriptstyle \beta^*}\downarrow & & \downarrow{\scriptstyle \beta^*} \\
\Delta^{n-1}_q & \longrightarrow & \Delta^n_q
\end{array} \quad : \quad \begin{array}{ccc}
p \xrightarrow{x} n-1 & \xrightarrow{d^i_q} & p \xrightarrow{x} n-1 \xrightarrow{d^i_p} n \\
\downarrow & & \downarrow \\
q \to p \xrightarrow{x} n-1 & \longrightarrow & \bullet
\end{array}$$

同样可以建立 "上退化算子" $s^i : \Delta^{n+1} \to \Delta^n$. 于是知 $(\Delta, d^i, s^j) \in c\mathbf{sSet}$.

注意: 范畴 $c\mathbf{sSet}$ 的对象 $X = \{X^n\}$, 而 X^n 是单纯集, 即 X^n 是函子.

对 $X, Y \in c\mathbf{sSet}$, 定义函数空间 $\mathrm{hom}(X, Y)$ 为单纯集

$$\mathrm{hom}(X, Y)_n = \mathrm{Hom}_{c\mathbf{sSet}}(\Delta^n \times X, Y).$$

它的面算子和退化算子是

$$\Delta^{n-1} \times X \xrightarrow{d^i \times 1} \Delta^n \times X \to Y,$$

$$\Delta^{n+1} \times X \xrightarrow{s^i \times 1} \Delta^n \times X \to Y.$$

这是和单纯集时一样的.

对 $X \in c\mathbf{sSet}$, 定义它的全空间 $TotX \in \mathbf{sSet}$ 为

$$TotX = \hom(\Delta, X).$$

用标准 n 单纯集 Δ^n 的 s 骨架 $(\Delta^n)^{(s)}$ 定义函数空间为单纯集 $Tot_s X = \hom((\Delta^n)^{(s)}, X) \in \mathbf{sSet}$. 由 $(\Delta^n)^{(s-1)} \subset (\Delta^n)^{(s)}$ 得单纯映射

$$Tot_s X \to Tot_{s-1} X.$$

注意: $Tot_{-1} X = *, Tot_0 X = X^0$. 全空间可写为反极限

$$TotX = \varprojlim Tot_s X.$$

11.8 R 完 备 化

在这里只考虑交换 R 是 $\mathbb{Z}/p\mathbb{Z}$ (p 是素数), 或是有理数域 $\mathbb{Q}$ 的子环, 例如 $\mathbb{Z}$.

设已给单纯集 X. 由 X_n 所生成的自由 R 模记为 $(R \otimes X)_n$. 这样便得单纯 R 模 $R \otimes X$.

定义单纯集 $[R]X$ 为 $\{\sum r_i x_i \in R \otimes X : \sum r_i = 1\}$.

当然从 $RX \in \mathbf{sSet}$ 出发可以重复以上构造得 $[R][R]X$. 现引入记号

$$(RX)^k = [R](RX)^{k-1}, \quad k \geqslant 0, \quad (RX)^{-1} = X.$$

设

$$\phi : X \to R \otimes X : x \mapsto 1x, \quad \psi : R \otimes (R \otimes X) \to R \otimes X : 1y \mapsto y.$$

于是有自然变换 $\phi : Id \to [R]$ 和 $\psi : [R]^2 \to [R]$. 我们定义 $d^i : (RX)^{k-1} \to (RX)^k$ 为

$$[R]^k X = [R]^i [R]^{k-i} X \xrightarrow{\phi} [R]^i [R][R]^{k-i} X = [R]^{k+1} X.$$

又定义 $s^i : (RX)^{k+1} \to (RX)^k$ 为

$$[R]^{k+2} X = [R]^i [R]^2 [R]^{k-i} X \xrightarrow{\psi} [R]^i [R][R]^{k-i} X = [R]^{k+1} X.$$

如此我们从交换 R 和单纯集 X 得到 csSet 的对象 $((RX)^i, d^i, s^i)$. 称它为 X 的**上单纯分解**(cosimplicial resolution).

于是可取 (RX) 的全空间 $Tot\,(RX)$. 称此全空间为 X 的 R **完备化**(R completion), 并记为 $R_\infty X$ ([BK 87]). 利用

$$X = (RX)^{-1} \xrightarrow{d^0} (RX)^0 \xrightarrow{d^1} (RX)^1$$

知

$$\begin{array}{ccc} X & \longrightarrow & Tot_s\,(RX) \\ & \searrow & \downarrow \\ & & Tot_{s-1}\,(RX) \end{array}$$

于是有自然单纯映射 $\phi: X \to R_\infty X$.

命题 11.28 映射 $f: X \to Y \in $ sSet 诱导同构

$$f_*: \tilde{H}_*(X, R) \xrightarrow{\approx} \tilde{H}_*(Y, R)$$

当且仅当 f 诱导同伦等价

$$R_\infty: R_\infty X \simeq R_\infty Y.$$

因为从同伦等价可推得弱等价, 于是, 若 $f: X \to Y$ 诱导已约整同调同构, 则 $\mathbb{Z}_\infty f: \mathbb{Z}_\infty X \to \mathbb{Z}_\infty Y$ 是弱等价.

若 X 是 H 空间, 则 $\pi_1(X)$ 在 $\pi_n(X)$ 的作用是平凡的 ([Ark 11] §5.5, 175 页). 因为对 $n \geqslant 2$, $\pi_n(X)$ 是交换群, 此外 $\pi_1(X)/[\pi_1(X), \pi_1(X)]$ 是交换群, 所以 H 空间是幂零的.

若 X 是幂零的, 映射 $X \to \mathbb{Z}_\infty X$ 是 $\mathbb{Z}$-局部化, 于是 $\pi_* X \to \pi_* \mathbb{Z}_\infty X$ 是同构. 从定义得 $X \to \mathbb{Z}_\infty X$ 是弱等价.

我们的结论是: 若 X 是 H 空间, 则 $\phi: X \to R_\infty X$ 是弱同伦等价.

11.9 逗号范畴和纤范畴

11.9.1 逗号范畴

设 $\mathcal{I}$ 是小范畴. 常称函子 $\mathcal{I} \to \mathcal{C}$ 为 $\mathcal{C}$ 上 $\mathcal{I}$ 图 ($\mathcal{I}$ diagram).

设有函子 $f: \mathcal{C} \to \mathcal{D}$, Y 是 $\mathcal{D}$ 的对象. 我们定义范畴 $Y\backslash f$: 它的对象是 (X, v), 其中 $X \in \mathcal{C}$, $v: Y \to fX \in \mathcal{D}$; 它的态射是 $w: (X, v) \to (X', v')$, 其中 $\mathcal{C}$ 的态射 $w: X \to X'$ 满足条件 $(fw)v = v'$.

我们定义范畴 f/Y: 它的对象是 (X,u), 其中 $X \in \mathcal{C}$, $u: fX \to Y \in \mathcal{D}$; 它的态射是 $w: (X,u) \to (X',u')$, 其中 $\mathcal{C}$ 的态射 $w: X \to X'$ 满足条件 $u = u'(fw)$.

显然 $Y\backslash f = (f^{op}/Y)^{op}$.

设 $j: f/Y \to \mathcal{C}: (X,u) \mapsto X$ 是忘却函子. c_Y 是常函子 $(X,u) \mapsto Y$, $w \mapsto id_Y$. 则

$$\begin{array}{ccc} fX & \xrightarrow{u} & Y \\ {\scriptstyle fw}\downarrow & & \downarrow{\scriptstyle id_Y} \\ fX' & \xrightarrow{u'} & D \end{array}$$

是

$$\begin{array}{ccc} f\circ j(X,u) & \xrightarrow{\eta_{(X,u)}} & c_Y(X,u) \\ \downarrow & & \downarrow \\ f\circ j(X',u') & \xrightarrow{\eta_{(X',u')}} & c_Y(X',u') \end{array}$$

也就是说: $\eta_{(X,u)} = u$ 定义自然变换 $\eta: f \circ j \to c_Y$. 因此 $B(f \circ j)$ 是可缩映射. 于是有自然连续映射从 $B(f/Y)$ 到 $B(\mathcal{C}) \to B(\mathcal{D})$ 的同伦纤维.

当 $\mathcal{D} = \mathcal{C}$, f 是恒等函子 $id_\mathcal{C}$ 时以 $Y\backslash\mathcal{C}$ 记 $Y\backslash f$, 以 $\mathcal{C}/Y$ 记 f/Y. ([BK 87] 以 $\mathcal{C}\backslash Y$ 记 $Y\backslash \mathcal{C}$. 又有作者以 $Y \downarrow f$ 记 $Y\backslash f$.)

称 $Y\backslash f$, f/Y 为逗号范畴 (comma category); 称 $\mathcal{C}/Y$ 为上范畴 (over category), $Y\backslash\mathcal{C}$ 为下范畴 (under category).

设有态射 $\phi: Y' \to Y$, 则有单形集映射 $N_\bullet\mathcal{C}/Y' \to N_\bullet\mathcal{C}/Y$. 于是从范畴 $\mathcal{C}$ 得单形集 $\mathcal{C}$ 图

$$\mathcal{C}/-: \mathcal{C} \to \mathbf{sSet}: Y \mapsto N_\bullet(\mathcal{C}/Y)$$

([BK 87] Chap XI, §2.2).

我们还可以把范畴 $Y\backslash f$ 并起来. 定义范畴 $\mathcal{D}\backslash f$ 的对象为 $\mathrm{Obj}(Y\backslash f)$, 其中 Y 走遍 $\mathrm{Obj}\mathcal{D}$. 一个由 $(x, v: y \to fx)$ 到 $(x', v': y' \to fx')$ 的态射是指一对映射 $(w: x \to x', u: y \to y')$ 满足条件: $v' \circ u = fw \circ v$.

当 $\mathcal{D} = \mathcal{C}$, f 是恒等函子, 便有范畴 $\mathcal{D}\backslash\mathcal{D}$.

11.9.2 纤范畴

设有函子 $f: \mathcal{C} \to \mathcal{D}$ 和 $\mathcal{D}$ 的对象 Y. 定义 f 在 Y 的纤维 $f^{-1}(Y)$ 为 $\mathcal{C}$ 的子范畴: 对象是 $X \in \mathcal{C}$ 使得 $fX = Y$; 态射是 $u \in \mathcal{C}$ 使得 $fu = id_Y$. $f^{-1}(Y)$ 是纤维积 $\mathcal{C} \times_\mathcal{D} \{Y\}$, 其中 $\{Y\}$ 是一元范畴: 只有一个对象 Y, 只有一个态射 id_Y. 常记 $f^{-1}(Y)$ 为 $\mathcal{C}_Y$.

取 $\mathcal{D}$ 的态射 $\phi: Y' \to Y$, $X \in f^{-1}(Y)$, $X' \in f^{-1}(Y')$. 考虑 $\alpha: X' \to X \in \mathcal{C}$ 使得 $f\alpha = \phi$. 全部这样的 α 组成 $\mathrm{Hom}_\phi(X', X)$. 取 $X^\sharp \in f^{-1}(Y')$, 则得映射

$$\mathrm{Hom}_\phi(X', X) \times \mathrm{Hom}_{f^{-1}(Y')}(X^\sharp, X') \to \mathrm{Hom}_\phi(X^\sharp, X) : (\alpha, u) \mapsto \alpha u.$$

我们亦可以从 $\mathcal{C}$ 的态射 $\alpha: X' \to X$ 开始, 设 $Y = fX$, $Y' = fX'$. 取 $X^\sharp \in f^{-1}(Y')$, 则得映射

$$\mathrm{Hom}_{f^{-1}(Y')}(X^\sharp, X') \to \mathrm{Hom}_{f\alpha}(X^\sharp, X) : u \mapsto \alpha u.$$

如果对每个 $X^\sharp \in f^{-1}(Y')$, 以上这个映射是双射, 则称 α 为 f 卡氏态射 (Cartesian morphism, [高线] §14.6). 我们又可以考虑函子 $\mathrm{Hom}_{f\alpha}(-, X) : f^{-1}(Y')^{op} \to \mathbf{Set}$. 说 α 是 f 卡氏态射等价于说 $\mathrm{Hom}_{f\alpha}(-, X)$ 是可表函子, 并且有表示: $\mathrm{Hom}_{f^{-1}(Y')}(-, X') \to \mathrm{Hom}_{f\alpha}(-, X)$ ([Gro 600] SGA 1, Chap VI, §5, 161 页; [高线] §14.3).

现取 $\mathcal{D}$ 的态射 $\phi: Y' \to Y$ 和 $X \in f^{-1}(Y)$. 若有 f 卡氏态射 $\alpha: X' \to X \in \mathcal{C}$ 使得 $f\alpha = \phi$, 则称 $X' \xrightarrow{\alpha} X$ 为在 ϕ 上 X 的逆象 (inverse image, [Gro 600] SGA 1, Chap VI, §5, 162 页).

$$\begin{array}{ccc} X' & \xrightarrow{\alpha} & X \\ | & & | \\ | & \phi & | \\ Y' & \xrightarrow{} & Y \end{array}$$

若所有 $X \in f^{-1}(Y)$ 均有在 ϕ 上的逆象, 则有逆象函子 (inverse image functor) $\phi^* : f^{-1}(Y) \to f^{-1}(Y')$. 又称 ϕ^* 为换基函子 (base change functor).

设有函子 $f: \mathcal{C} \to \mathcal{D}$. 称 $\mathcal{C}$ 为 $\mathcal{D}$ 上的预纤范畴 (prefibred category, [Gro 600] SGA 1, Chap VI, §6, 165 页), 若对任意 $\phi: Y' \to Y \in \mathcal{D}$ 有逆象函子 $\phi^* : f^{-1}(Y) \to f^{-1}(Y')$. 于是, 若取 $X \in f^{-1}(Y)$, 则有 $\phi^* X$ 和 $\alpha: \phi^* X \to X$ 使得对任意 $X^\sharp \in f^{-1}(Y')$ 有双射

$$\mathrm{Hom}_{f^{-1}(Y')}(X^\sharp, \phi^* X) \to \mathrm{Hom}_\phi(X^\sharp, X) : u \mapsto \alpha u.$$

我们定义函子 $\Phi : f^{-1}(Y') \to Y' \backslash f : X' \mapsto (X', id_{Y'})$. 因为 $\mathrm{Hom}_\phi(X^\sharp, X) = \mathrm{Hom}_{Y' \backslash f}(\Phi X^\sharp, X)$, 所以有双射

$$\mathrm{Hom}_{Y' \backslash f}(\Phi X^\sharp, X) \leftrightarrow \mathrm{Hom}_{f^{-1}(Y')}(X^\sharp, \phi^* X).$$

由此可见 f 使 $\mathcal{C}$ 为 $\mathcal{D}$ 上的预纤范畴当且仅当函子 Φ 有右伴随函子 ([Qui 73] §1, 85 页).

称预纤范畴 $f: \mathcal{C} \to \mathcal{D}$ 为**纤范畴**(fibred category, [Qui 73] §1, 85 页; [Wei 13] Chap IV, §3, 320 页), 若 $\mathcal{D}$ 的态射 ϕ, ψ 有 $\psi \circ \phi$, 则有典范同构 $\phi^* \psi^* \to (\psi\phi)^*$.

我们可以定义对偶的概念. 设有函子 $f: \mathcal{C} \to \mathcal{D}$. 称 $\mathcal{C}$ 为 $\mathcal{D}$ 上的预上纤范畴 (precofibred category, [Qui 73] §1, 85 页), 若函子 $\Phi: f^{-1}(Y) \to f/Y$ 有左伴随函子 $\phi_*: f^{-1}(Y') \to f^{-1}(Y)$:

$$\mathrm{Hom}_{f^{-1}(Y)}(\phi_* X', X^\natural) \leftrightarrow \mathrm{Hom}_{f/Y}((X', \phi), \Phi X^\natural).$$

称预上纤范畴 $f: \mathcal{C} \to \mathcal{D}$ 为上纤范畴 (cofibred category), 若 $\mathcal{D}$ 的态射 ϕ, ψ 有 $\psi \circ \phi$, 则有典范同构 $(\psi\phi)_* \to \psi_* \phi_*$.

11.10 同 伦 极 限

K 理论常用的同伦极限理论可以参考 [Vog 73], [Tho 79], [Tho 82], [BK 87].

11.10.1 同伦上极限

范畴学有称为极限 (limit) 和上极限 (colimit) 的概念 ([高线] §14.5). 在集合范畴里极限是 "反极限" $\varprojlim$ 而上极限是 "正极限" $\varinjlim$!

我们讨论一个特殊的上极限.

设有函子 $S: \mathcal{C}^{op} \times \mathcal{C} \to \mathcal{B}$ 和对象 $b \in \mathcal{B}$. 若对 $c \in \mathcal{C}$ 有态射 $\beta_c: S(c,c) \to b$ 使得对 $f: c \to c' \in \mathcal{C}$ 有交换图

$$\begin{array}{ccc}
& S(c',c') & \\
S(c',c) \nearrow^{S(1,f)} & & \searrow^{\beta_{c'}} \\
\searrow_{S(f,1)} & & \nearrow_{\beta_c} b \\
& S(c,c) &
\end{array}$$

则说有 S 的楔 (wedge) 或二自然变换 (dinatural transformation) $\alpha: S \to b$ (这里要与 2 自然变换及 binatural 区分开).

设有函子 $S: \mathcal{C}^{op} \times \mathcal{C} \to \mathcal{B}$. 如果 S 的楔 $\beta: S \to b$ 有性质: 对 S 的楔 $\xi: S \to x$ 有唯一的态射 $\varphi: b \to x$ 使得对所有 $c \in \mathcal{C}$ 有 $\xi_c = \varphi \cdot \beta_c$, 即有以下交换图

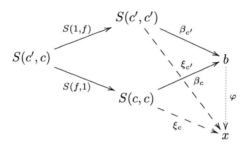

则称 $\beta: S \to b$ 为 S 的**上端**(coend), 并作记号 $b = \displaystyle\int^c S(c,c)$.

11.10 同伦极限

(1) 每个上端均可以表达为上极限.

(2) 设有函子 $S:\mathcal{P}^{op}\times\mathcal{P}\times\mathcal{C}^{op}\times\mathcal{C}\to\mathcal{B}$ 使得对任意 $p,q\in P$, 上端 $\int^c S(p,q,c,c)$ 存在. 把 S 看作函子 $(\mathcal{P}\times\mathcal{C})^{op}\times(\mathcal{P}\times\mathcal{C})\to\mathcal{B}$, 则有同构

$$\int^{p,c} S(p,c,p,c) \cong \int^p \left(\int^c S(p,p,c,c)\right).$$

称此为上端 Fubini 同构.

以上见 [Mac 78] §IX 5,6.

在讨论极限时常把函子 $F:\mathcal{I}\to\mathcal{C}$ 看作 $\mathcal{I}$ 图 ($\mathcal{I}$ diagram). 我们把 $\boldsymbol{n}\in\Delta$ 看作范畴. 以下我们考虑三个情形: (1), (2), (3), 分别定义了在不同范畴的同伦上极限 (homotopy colimit)hocolim.

(1) 设有函子 $F:\mathcal{I}\to\mathbf{Cat}$. 则存在范畴 $\mathrm{hocolim}^{\mathbf{Cat}}F$ 使得

(a) 对函子 $u:\boldsymbol{n}\to\mathcal{I}$ 存在态射

$$j(u): F(u(0))\times\boldsymbol{n}\to \mathrm{hocolim}^{\mathbf{Cat}}F.$$

(b) 对 Δ 的态射 $\alpha:\boldsymbol{k}\to\boldsymbol{n}$, 设 u 把 $\boldsymbol{n}$ 的态射 $0\to\alpha(0)$ 映为 $\mathcal{I}$ 的态射 $i_{k,n}$, 则

$$j(u)\cdot(1\times\alpha) = j(u\alpha)\cdot(Fi_{k,n}\times 1).$$

(c) 若有范畴 X 满足同样条件 (a): 有 $f(u):F(u(0))\times\boldsymbol{n}\to X$ 和 (b): $fu\cdot(1\times\alpha) = f(u\alpha)\cdot(Fi_{k,n}\times 1)$, 则存在唯一映射 $\varphi:\mathrm{hocolim}^{\mathbf{Cat}}F\to X$ 使得 $f(u)=\varphi\cdot j(u)$. 即有以下交换图

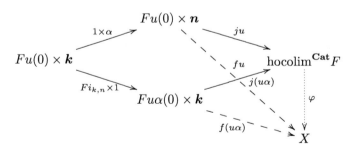

(2) 设有函子 $F:\mathcal{I}\to\mathbf{sSet}$, 则存在单形集 $\mathrm{hocolim}^{\mathbf{sSet}}F$ 使得

(a) 对函子 $u:\boldsymbol{n}\to\mathcal{I}$ 存在映射

$$j(u): F(u(0))\times\Delta^{\boldsymbol{n}}\to \mathrm{hocolim}^{\mathbf{sSet}}F.$$

(b) 对 Δ 的态射 $\alpha:\boldsymbol{k}\to\boldsymbol{n}$, 设 u 把 $\boldsymbol{n}$ 的态射 $0\to\alpha(0)$ 映为 $\mathcal{I}$ 的态射 $i_{k,n}$, 则

$$j(u)\cdot(1\times\Delta(\alpha)) = j(u\alpha)\cdot(Fi_{k,n}\times 1).$$

(c) 若有单形集 X 满足同样条件 (a): 有 $f(u) : F(u(0)) \times \Delta^n \to X$ 和 (b): $fu \cdot (1 \times \Delta(\alpha)) = f(u\alpha) \cdot (Fi_{k,n} \times 1)$, 则存在唯一映射 $\varphi : \text{hocolim}^{\mathbf{sSet}} F \to X$ 使得 $f(u) = \varphi \cdot j(u)$. 即有以下交换图

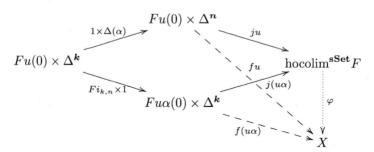

(3) 设有函子 $F : \mathcal{I} \to \mathbf{Top}$, 则存在拓扑空间 $\text{hocolim}^{\mathbf{Top}} F$ 使得

(a) 对函子 $u : \boldsymbol{n} \to \mathcal{I}$ 存在映射

$$j(u) : F(u(0)) \times \Delta^n \to \text{hocolim}^{\mathbf{Top}} F.$$

(b) 对 Δ 的态射 $\alpha : \boldsymbol{k} \to \boldsymbol{n}$, 设 u 把 $\boldsymbol{n}$ 的态射 $0 \to \alpha(0)$ 映为 $\mathcal{I}$ 的态射 $i_{k,n}$, 则

$$j(u) \cdot (1 \times \Delta(\alpha)) = j(u\alpha) \cdot (Fi_{k,n} \times 1).$$

(c) 若有拓扑空间 X 满足同样条件 (a): 有 $f(u) : F(u(0)) \times \Delta^n \to X$ 和 (b): $fu \cdot (1 \times \Delta(\alpha)) = f(u\alpha) \cdot (Fi_{k,n} \times 1)$, 则存在唯一映射 $\varphi : \text{hocolim}^{\mathbf{Top}} F \to X$ 使得 $f(u) = \varphi \cdot j(u)$. 即有以下交换图

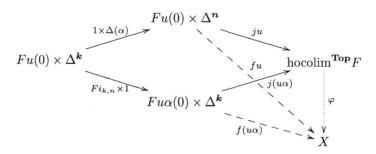

说明

1. 同伦上极限是上端. 映射锥、几何实现 $\cdots$ 是同伦上极限.

2. $\boldsymbol{n}$ 的神经 $N_\bullet \boldsymbol{n} = \Delta^n$, 另外几何实现 $|\Delta^n| = \Delta^n$. 我们可以说对 (1) 用神经函子 $N_\bullet$ 得 (2), 对 (2) 用几何实现函子 $|\cdot|$ 得 (3), 对 (1) 用分类空间函子 B 得 (3).

3. $\text{hocolim}^{\mathbf{Cat}} F$ 是 Grothendieck 构造 $\mathcal{I} \int F$ ([Tho 79], 1.3.2; [Tho 82] 1623 页).

11.10 同伦极限

4. 当 I 是拓扑空间, X 是带基点拓扑空间, 设 $X \ltimes I = X \times I / *_X \times I$.

若下一步使用谱函子 Spt, 我们便要在带基点拓扑空间范畴内取同伦上极限. 在 (3) 中以 $\ltimes$ 代替 $\times$ 便得 hocolim$^{\mathbf{Top}_*}$ ([Tho 82] 1610, 1613 页).

5. 预谱范畴记为 **pSptr**. 设有函子 $F: \mathcal{I} \to \mathbf{pSptr}$. 定义 $F_n : \mathcal{I} \to \mathbf{Top}_*$ 为 $F_n(i) = F(i)_n$, 则 $n \mapsto $ hocolim$^{\mathbf{Top}_*} F_n$ 是预谱, 并记它为 hocolim$^{\mathbf{pSptr}} F$.

6. 考虑带基点的单形集. 在 (2) 中以 $\ltimes$ 代替 $\times$ 便得 hocolim$^{\mathbf{sSet}_*}$.

设有小范畴 $\mathcal{I}$ 和函子 $F: \mathcal{I} \to \mathbf{sSet}_*$. 以 $\underline{\mathrm{holim}}_{\mathcal{I}} F$ 记下图的上均衡子

$$\bigsqcup_{\alpha: i \to j} F(i) \ltimes N_\bullet(j\backslash \mathcal{I}) \xrightarrow[1\times \alpha_*]{\alpha^* \times 1} \bigsqcup_i F(i) \ltimes N_\bullet(i\backslash \mathcal{I}),$$

其中 $\sqcup_\alpha$ 走遍 $\mathcal{I}$ 的全部态射 α (上均衡子或余均衡子 (coequilizer), 见 [高线]14.5.6).

则 hocolim$^{\mathbf{sSet}_*} F$ 是 $\underline{\mathrm{holim}}_{\mathcal{I}} F$.

7. 取单形集 A, 则得函子

$$\mathcal{I}^{op} \to \mathbf{sSet}: i \mapsto \mathbf{hom}(F(i), A),$$

以 $\mathbf{hom}(F, A)$ 记这个函子. 取这个函子在 $\mathcal{I}^{op}$ 上的同伦反极限 $\underleftarrow{\mathrm{holim}}_{\mathcal{I}^{op}} \mathbf{hom}(F, A)$. 可以证明

$$\underleftarrow{\mathrm{holim}}_{\mathcal{I}^{op}} \mathbf{hom}(F, A) \cong \mathbf{hom}(\underline{\mathrm{holim}}_{\mathcal{I}} F, A).$$

把这个定义和 [BK 87] 328 页的定义作比较. $\mathcal{I}$ 是小范畴, $F: \mathcal{I} \to \mathbf{sSet}_*$ 是函子. 则

$$\bigsqcup_{\alpha: i \to j} F(i) \ltimes N_\bullet(j\backslash \mathcal{I})^{op} \xrightarrow[1\times \alpha_*]{\alpha^* \times 1} \bigsqcup_i F(i) \ltimes N_\bullet(i\backslash \mathcal{I})^{op} \to \underline{\mathrm{holim}}_{\mathcal{I}} F$$

是上均衡子. 在 [BK 87] Chap XII, §2.1 用带基点的单形集 (即在范畴 $\mathbf{sSet}_*$), 所以他们取 reduced mapping cylinder(即用 $\ltimes$).

11.10.2 同伦极限

设有小范畴 I 和函子 $X: I \to \mathbf{sSet}$. 定义 X 在 I 上的**同伦极限**(homotopy limit) 为单形集

$$\underleftarrow{\mathrm{holim}}_I X = \mathbf{hom}(N_\bullet(I/-), X).$$

([BK 87] Chap XI.)

自然变换 $f: X \to X'$ 诱导单形集映射 $\underleftarrow{\mathrm{holim}} f: \underleftarrow{\mathrm{holim}} X \to \underleftarrow{\mathrm{holim}} X'$. 若有函子 $g: J \to I$, 则从函子 $X: I \to \mathbf{sSet}$ 得函子 $g^*X: J \to \mathbf{sSet}$ 和自然映射

$$\underleftarrow{\mathrm{holim}} g: \underleftarrow{\mathrm{holim}} X \to \underleftarrow{\mathrm{holim}} g^*X.$$

11.11 双单纯集

N 是序数范畴. 称函子 $X: \mathbf{N}^{op} \times \mathbf{N}^{op} \to \mathbf{Set}$ 为**双单纯集**(bisimplicial set). 有

$$\mathrm{Hom}(\mathbf{N}^{op} \times \mathbf{N}^{op}, \ \mathbf{Set}) \cong \mathrm{Hom}(\mathbf{N}^{op}, \mathrm{Hom}(\mathbf{N}^{op}, \ \mathbf{Set})),$$

即可以把 X 看作函子 $\mathbf{N}^{op} \to \mathbf{sSet}$. 注意 $\mathbf{N}^{op} \times \mathbf{N}^{op} = (\mathbf{N} \times \mathbf{N})^{op}$.

双单纯集之间的态射是自然变换. 双单纯集范畴记为 $\mathbf{s^2Set}$.

如单纯集一样我们引入记号 $X_{m,n} = X(\boldsymbol{m}, \boldsymbol{n})$, 并说 $X_{m,n}$ 的元素是 (m,n) 次双单形 (bisimplex).

定义标准 p, q 双单纯集为 $\mathbf{N} \times \mathbf{N}$ 上的反变函子

$$\Delta^{p,q} = \mathrm{Hom}_{\mathbf{N} \times \mathbf{N}}(\ , (\boldsymbol{p}, \boldsymbol{q})).$$

若固定 m, 得水平次数 m 的垂直单形集:

$$\Delta^{p,q}_{m,*} = \mathrm{Hom}_{\mathbf{N} \times \mathbf{N}}((\boldsymbol{m}, *), (\boldsymbol{p}, \boldsymbol{q})) = \bigsqcup_{\boldsymbol{m} \to \boldsymbol{p}} \Delta^q,$$

在以上的无交并集 $\sqcup$ 是对所有保序函数 $\boldsymbol{m} \to \boldsymbol{p}$ 取的.

X 是双单纯集. 固定 m, 我们得水平次数 m 的垂直单纯集 (vertical simplicial set in horizontal degree m), $X_{m,*}: n \mapsto X_{m,n} \in \mathbf{sSet}$. 我们用 X_m 记这个单纯集. 取序数范畴 $\mathbf{N}$ 的态射 $\alpha: \boldsymbol{m} \to \boldsymbol{n}$, 则有两组态射

$$X_m \times \Delta^m \xleftarrow{\alpha^* \times 1} X_n \times \Delta^m \xrightarrow{1 \times \alpha_*} X_n \times \Delta^n.$$

走遍全部 $\alpha: \boldsymbol{m} \to \boldsymbol{n}$ 得两个映射

$$\bigsqcup_{\boldsymbol{m} \to \boldsymbol{n}} X_n \times \Delta^m \xrightarrow[1 \times \alpha_*]{\alpha^* \times 1} \bigsqcup_n X_n \times \Delta^n.$$

另一方面从双单纯集 X 可定义对角单纯集 $d(X)$ 为 $d(X)_n := X(n,n)$.

在 X 的垂直单纯集上 $\boldsymbol{r} \xrightarrow{\beta} \boldsymbol{m}$ 决定单纯集映射 $\beta^*: X_m \to X_r$. 设 x 为 X_m 的 r 单形, 即 $x \in (X_m)_r = X(m,r)$, 则 $\beta^*(x) \in (X_r)_r = X(r,r) \subseteq d(X)$. 于是可以定义单纯集映射

$$\gamma_m: X_m \times \Delta^m \to d(X): (x, \boldsymbol{r} \xrightarrow{\beta} \boldsymbol{m}) \mapsto \beta^*(x).$$

γ_m 合起来给出单纯集映射 $\gamma: \bigsqcup_n X_n \times \Delta^n \to d(X)$.

11.11 双单纯集

命题 11.29 设 X 是双单纯集, 则

$$\bigsqcup_{\boldsymbol{m}\to\boldsymbol{n}} X_n \times \Delta^m \underset{1\times\alpha_*}{\overset{\alpha^*\times 1}{\rightrightarrows}} \bigsqcup_n X_n \times \Delta^n \xrightarrow{\gamma} d(X)$$

是范畴 sSet 内的上均衡子.

把双单纯集 X 看作函子 $X: \mathbf{N}^{op} \to \mathbf{sSet}$. 于是可以取同伦上极限 $\varinjlim\text{holim}_{\mathbf{N}^{op}} X$. 按定义先取两组态射

$$X_m \times N_\bullet(\boldsymbol{m}\backslash\mathbf{N}^{op}) \overset{\alpha^*\times 1}{\longleftarrow} X_n \times N_\bullet(\boldsymbol{m}\backslash\mathbf{N}^{op}) \overset{1\times\alpha_*}{\longrightarrow} X_n \times N_\bullet(\boldsymbol{n}\backslash\mathbf{N}^{op}).$$

走遍全部 $\alpha: \boldsymbol{m} \to \boldsymbol{n}$ 合起来得

$$\bigsqcup_{\boldsymbol{m}\to\boldsymbol{n}} X_n \times N_\bullet(\boldsymbol{m}\backslash\mathbf{N}^{op}) \underset{1\times\alpha_*}{\overset{\alpha^*\times 1}{\rightrightarrows}} \bigsqcup_n X_n \times N_\bullet(\boldsymbol{n}\backslash\mathbf{N}^{op}),$$

可以用 $N_\bullet(\mathbf{N}/\boldsymbol{m})$ 代替 $N_\bullet(\boldsymbol{m}\backslash\mathbf{N}^{op})$. 设

$$h: \mathbf{N}/\boldsymbol{m} \to \boldsymbol{m}: r \overset{\beta}{\to} \boldsymbol{m} \mapsto \beta(r).$$

于是有映射

$$1 \times h: X_n \times N_\bullet(\mathbf{N}/\boldsymbol{m}) \to X_n \times \Delta^m.$$

这样我们得映射

$$h_*: \varinjlim\text{holim}_{\mathbf{N}^{op}} X \to d(X),$$

可以证明 h_* 是弱等价.

引理 11.30 设有小范畴 I 和函子 $X: I \to \mathbf{sSet}$. 定义双单纯集

$$X_{m,n} := \bigsqcup_{i_0 \to i_1 \to \cdots \to i_m} X(i_0)_n,$$

其中 ⊔ 走遍神经 $N_\bullet I$ 全部的 m 单形 $i_0 \to i_1 \to \cdots \to i_m$, 则

$$\varinjlim\text{holim}_I X = d(X_{\bullet,\bullet}).$$

设有双单纯集 $X_{p,q}$. 首先有对角单纯集 $p \mapsto X_{p,p}$. 固定 p, 有单纯集 $q \mapsto X_{p,q}$. 取几何现相得单形拓扑空间 $p \mapsto |q \mapsto X_{p,q}|$. 再取几何现相得 $|p \mapsto |q \mapsto X_{p,q}||$.

命题 11.31 存在自然同胚

$$|p \mapsto X_{p,p}| \overset{\approx}{\to} |p \mapsto |q \mapsto X_{p,q}|| \overset{\approx}{\to} |q \mapsto |p \mapsto X_{p,q}||$$

([Qui 73] §1, 86 页). 由该命题我们便可以设几何现相 $|X|$ 为 $|dX|$.

定理 11.32 设 $f: X \to Y$ 是双单纯集映射.

(1) 若 f 诱导单纯映射 $X_n \to Y_n$ 是单纯集弱等价, 则 $f: d(X) \to d(Y)$ 是单纯集弱等价.

(2) 若在几何现相上 f 诱导 $|X_n| \to |Y_n|$ 同伦等价, 则 $BF: BX \to BY$ 是同伦等价.

(3) 设有范畴 $\mathcal{I}$ 使得 $Y_{m,n} = N_m \mathcal{I}$ (即在第二坐标为常值). 若对任意 $i \to j \in \mathcal{I}$, $f^{-1}(i, \bullet) \to f^{-1}(j, \bullet)$ 是同伦等价, 则有纤列 (9.5.3 小节)

$$B(f^{-1}(i, \bullet)) \to BX \to B\mathcal{I}.$$

([Wal 78] 164, 165 页; [Qui 73] 98 页; [GJ 09] 199 页; [Wei 13] 318 页.)

11.12 定理 A 和 B

11.12.1 定理 A

引理 11.33 设有函子 $F: \mathcal{C} \to \mathcal{D}$. 定义双单形集为

$$F_{p,q} = \{(y_q \to \cdots \to y_0 \to F(x_0), x_0 \to \cdots \to x_p)\},$$

水平与垂直面算子来自神经 $N_\bullet \mathcal{C}$ 与 $N_\bullet \mathcal{D}$, 则有同伦等价 $B(\mathcal{D} \backslash F) \to |F_{\bullet,\bullet}| \to B\mathcal{C}$.

证明 考虑投射 $\rho: F_{\bullet, \bullet} \to N_\bullet \mathcal{C}$. 取 $N_p \mathcal{C}$ 的元素 $x_0 \to \cdots \to x_p$, 则 $\rho^{-1}(x_0 \to \cdots \to x_p)$ 同构于 $N_{q+1}(F(x_0) \backslash \mathcal{D})$. 范畴 $F(x_0) \backslash \mathcal{D}$ 有终对象, 因此它是可缩的. 所以有同伦等价 $|F_{\bullet, \bullet}| \to B\mathcal{C}$. 对角单形集 $dF_{\bullet, \bullet}$ 等于 $N_\bullet \mathcal{D} \backslash F$, 而合成 $B(\mathcal{D} \backslash F) \to |F_{\bullet, \bullet}| \to B\mathcal{C}$ 等于来自投射 $\mathcal{D} \backslash F \to \mathcal{C}$ 的映射 $B(\mathcal{D} \backslash F) \to B\mathcal{C}$. □

定理 11.34 设有函子 $F: \mathcal{C} \to \mathcal{D}$, 若对 $\mathcal{D}$ 的任意对象 y, $y \backslash F$ 是可缩范畴, 则 $BF: B\mathcal{C} \to B\mathcal{D}$ 为同伦等价.

证明 有函子 $\mathcal{C} \leftarrow \mathcal{D} \backslash F \to \mathcal{D}^{op}$, 其中 $B\mathcal{C} \leftarrow B(\mathcal{D} \backslash F)$ 是同伦等价. 定义函子 $\mathcal{D} \backslash F \to \mathcal{D} \backslash \mathcal{D}$ 是映 $(x, y \to Fx)$ 为 $(Fx, y \to Fx)$, 有交换图

$$\begin{array}{ccccc} \mathcal{C} & \xleftarrow{\simeq} & \mathcal{D} \backslash F & \longrightarrow & \mathcal{D}^{op} \\ {\scriptstyle F}\downarrow & & \downarrow & & \| \\ \mathcal{D} & \xleftarrow{\simeq} & \mathcal{D} \backslash \mathcal{D} & \longrightarrow & \mathcal{D}^{op} \end{array}$$

因此只需证明 $B(\mathcal{D} \backslash F) \to B\mathcal{D}^{op}$ 是同伦等价. 如引理 11.33, 此映射分解为 $B(\mathcal{D} \backslash F) \simeq |F_{\bullet, \bullet}| \xrightarrow{\pi} B\mathcal{D}^{op}$, 其中 π 是投射. 考虑单形映射 $\pi_{\bullet, q}: F_{\bullet, q} \to N_q \mathcal{D}^{op}$, 则 $\pi_{\bullet, q}^{-1}(y_q \to \cdots \to y_0)$ 是 $N_\bullet(y_0 \backslash F)$. 按定理假设: $y_0 \backslash F$ 是可缩范畴, 用定理 11.32, 得知 $B(\mathcal{D} \backslash F) \simeq |F_{\bullet, \bullet}| \to B\mathcal{D}$ 是同伦等价. □

([Qui 73] §1, 85 页; [Sri 95] Chap6, 96 页; [Wei 13] 319 页.)

11.12.2 定理 B

引理 11.35 设有小范畴 I 和函子 $X: I \to \mathbf{sSet}$ 使得对任意 $\alpha: i \to j \in I$, $X(\alpha): X(i) \to X(j)$ 是单形集弱等价, 则沿 $j \in I$ 的拉回

$$\begin{array}{ccc} X(j) & \longrightarrow & \underrightarrow{\mathrm{holim}}X \\ \downarrow & & \downarrow \pi \\ * & \xrightarrow{j} & N_\bullet I \end{array}$$

是同伦卡方.

([GJ 09] 237 页.)

定理 11.36 设有函子 $F: \mathcal{C} \to \mathcal{D}$ 使得 $\mathcal{D}$ 的任意态射 $y \to y'$ 在神经所诱导的单形映射 $N_\bullet y' \backslash F \to N_\bullet y \backslash F$ 是弱等价, 则对 $\mathcal{D}$ 的任意对象 Y 交换图

$$\begin{array}{ccc} N_\bullet y \backslash F & \xrightarrow{j} & N_\bullet \mathcal{C} \\ F' \downarrow & & \downarrow F \\ N_\bullet y \backslash \mathcal{D} & \xrightarrow{j'} & N_\bullet \mathcal{D} \end{array}$$

是同伦卡方, 于是对任意 $x \in F^{-1}(y)$ 有正合序列

$$\to \pi_{i+1}(\mathcal{D}, y) \to \pi_i(y \backslash F, (x, id_y)) \xrightarrow{j_*} \pi_i(\mathcal{C}, x) \xrightarrow{F_*} \pi_i(\mathcal{D}, y) \to .$$

证明 $y \mapsto N_\bullet y \backslash F$ 给出函子 $X: \mathcal{D}^{op} \to \mathbf{sSet}$. 于是有双单形集

$$X_{n,m} = \bigsqcup_{y_n \to \cdots \to y_0} N_m y_0 \backslash F.$$

逗号范畴 $y \backslash F$ 的 m 神经 $N_m y \backslash F$ 的元素是 $(\tau_0, x_0) \to \cdots \to (\tau_m, x_m)$, 其中 $x_0 \xrightarrow{\alpha_1} \cdots \xrightarrow{\alpha_m} x_m$ 是 $\mathcal{C}$ 的态射, 而 $\mathcal{D}$ 的态射满足 $F(\alpha_i) \circ \tau_{i-1} = \tau_i$. 这样可以把这个集合看作

$$y_n \to \cdots \to y_0 \to F(x_0) \to \cdots \to F(x_m)$$

所组成的集合. 留意逗号范畴 $y_0 \backslash \mathcal{D}$ 是 $y_0 \backslash \mathcal{D} \xrightarrow{1} \mathcal{D}$. 若设 $y_j = y, 0 \leqslant j \leqslant n$, 取单形 $y \xrightarrow{1} y \xrightarrow{1} \cdots \xrightarrow{1} y$. 则可造交换图 $\star$

$$\begin{array}{ccccccc} N_m y \backslash F & \longrightarrow & \bigsqcup_{y_n \to \cdots \to y_0} N_m y_0 \backslash F & \xrightarrow{Q_*} & N_m \mathcal{C} \\ \downarrow & I & \downarrow & II & \downarrow F_* \\ N_m y \backslash \mathcal{D} & \longrightarrow & \bigsqcup_{y_n \to \cdots \to y_0} N_m y_0 \backslash \mathcal{D} & \xrightarrow{R_*} & N_m \mathcal{D} \\ a \downarrow & III & \downarrow b & & \\ * & \longrightarrow & \bigsqcup_{y_n \to \cdots \to y_0} * & & \end{array}$$

双单形映射 $\bigsqcup_{y_n\to\cdots\to y_0} N_m y_0\backslash F \xrightarrow{Q_*} N_m\mathcal{C}$ 等于由函子 F 所决定的忘却函子

$$\bigsqcup_{y_n\to\cdots\to y_0\to F(x_0)\to\cdots\to F(x_m)} * \to \bigsqcup_{x_0\to\cdots\to x_m} *.$$

这又等于映射

$$\bigsqcup_{x_0\to\cdots\to x_m} N_\bullet(F(x_0)\backslash\mathcal{D})^{op} \to \bigsqcup_{x_0\to\cdots\to x_m} *.$$

范畴 $(F(x_0)\backslash\mathcal{D})^{op}$ 有终对象, 按定理 11.32, 得对象单形集的弱等价

$$dQ_* : d\bigsqcup_{y_n\to\cdots\to y_0} N_m y_0\backslash F \to dN_m\mathcal{C}.$$

同样可以考虑双单形集

$$Y_{n,m} = \bigsqcup_{y_n\to\cdots\to y_0} N_m y_0\backslash\mathcal{D}.$$

此时 F 为 $\mathcal{D} \xrightarrow{1} \mathcal{D}$ 得另外一个弱等价 dR_*. 由引理 10.31(2), 在图 $\star$ 中对方形 II 用对角单形函子后得同伦卡方. 范畴 $y\backslash\mathcal{D}$, $y_0\backslash\mathcal{D}$ 有始对象, 同理在图 $\star$ 中对方形 III 用对角单形函子后得同伦卡方. 用引理 11.30, 取对角函子后我们得交换图

$$\begin{array}{ccccc} N_\bullet y\backslash F & \longrightarrow & \underrightarrow{\mathrm{holim}}_{\mathcal{D}^{op}} X & \longrightarrow & N_\bullet\mathcal{C} \\ \downarrow & I & \downarrow & II & \downarrow \\ N_\bullet y\backslash\mathcal{D} & \longrightarrow & dY_{\bullet,\bullet} & \longrightarrow & N_\bullet\mathcal{D} \\ \downarrow & III & \downarrow & & \\ * & \longrightarrow & N_\bullet\mathcal{D}^{op} & & \end{array}$$

前一段已证明 III 是同伦卡方, 引理 11.35 说 $I + III$ 是同伦卡方, 所以按引理 10.32, I 是同伦卡方. 已证明 II 是同伦卡方, 再用引理 10.32, $I + II$ 是同伦卡方. 这便是所求.

至于同伦群正合序列, 只要留意弱等价空间有相同同伦群, 于是从定理 9.31 便得所求. □

([Qui 73] §1, 89 页; [Sri 95] Chap 6, 104 页; [Tho 82] 1615 页, thm 3.19, 1625 页; [Wei 13] 320 页; [GJ 09] 237 页.)

第12章 分类空间

范畴的高次 K 群是用拓扑空间的高次同伦群定义的. 为此第一步便是把范畴化为拓扑空间. 称此过程为范畴的拓扑化.

12.1 范畴的拓扑化

前面说明了怎样从一个单形集得到一个拓扑空间, 现在说明怎样从一个范畴得到一个单形集; 如此合起来便知道怎样从一个范畴 $\mathcal{C}$ 得到一个拓扑空间 $B\mathcal{C}$, 并且我们要知道这个拓扑空间 $B\mathcal{C}$ 的什么性质会反映范畴 $\mathcal{C}$ 的什么性质?

12.1.1 神经

让我们从 $n+1$ 个元素的全有序集 $\boldsymbol{n}$ 开始. 一方面它是序数范畴 Δ 的对象. 另一方面可以把 $\boldsymbol{n}$ 看作一个范畴! 这个范畴的对象是 0 到 n 之中的任一整数 i. 若 $i > j$, 则设 $\mathrm{Hom}_{\boldsymbol{n}}(i,j)$ 为空集; 若 $i \leqslant j$, 则假设有唯一的态射 $i \to j$, 并且这个态射可以分解为 $(j-i)$ 个态射的合成

$$i \to i+1 \to \cdots \to k \to k+1 \to \cdots \to j-1 \to j.$$

Cat 记由小范畴组成的范畴.

定义 12.1 取小范畴 $\mathcal{C}$ 定义函子 $N_\bullet \mathcal{C} : \Delta^{op} \to \mathbf{Set}$ 如下: 取 Δ 的对象 $\boldsymbol{n}$, 设

$$N_n \mathcal{C} = N_\bullet \mathcal{C}(\boldsymbol{n}) = \mathrm{Hom}_{\mathbf{Cat}}(\boldsymbol{n}, \mathcal{C}).$$

对 $\alpha : \boldsymbol{m} \to \boldsymbol{n}$, 设

$$\alpha^* = N_\bullet \mathcal{C}(\alpha) : N_n \mathcal{C} \to N_m \mathcal{C} : \boldsymbol{n} \xrightarrow{x} \mathcal{C} \mapsto \boldsymbol{m} \xrightarrow{x \circ \alpha} \mathcal{C}.$$

不难验证 $N_\bullet \mathcal{C}$ 是单纯集.

称单纯集 $N_\bullet \mathcal{C}$ 为范畴 $\mathcal{C}$ 的**神经**(nerve).
称几何现相 $|N_\bullet \mathcal{C}|$ 为范畴 $\mathcal{C}$ 的**分类空间**(classifying space), 并记为 $B\mathcal{C}$.
若 $F : \mathcal{C} \to \mathcal{D}$ 是小范畴函, 则 $BF = |N_\bullet F| : B\mathcal{C} \to B\mathcal{D}$ 是 CW 复形态射.
于是有分类空间函子 $B : \mathbf{Cat} \to \mathbf{CW} \to \mathbf{Top}$.

称范畴的四方图为同伦拉回, 若此四方图的分类空间是同伦拉回.

听说这种想法是源自 Grothendieck [Gro 582], [Gro 60]. 常见引用的参考文献是 [Seg 68], [Seg 74], 不过还是有点简略的.

让我们回头看看定义. 单纯集 $N_\bullet\mathcal{C}$ 的 0 单纯集 $N_0\mathcal{C}$ 是 $\mathcal{C}$ 的对象集合 $\mathrm{Obj}(\mathcal{C})$, $N_1\mathcal{C}$ 是 $\mathcal{C}$ 的态射集合 $\mathrm{Mor}(\mathcal{C})$, 若把 $\boldsymbol{n}$ 看作 $\{0 \to 1 \to \cdots \to n\}$, 则 $N_n\mathcal{C}$ 是由 $\mathcal{C}$ 内 n 个可合成的态射

$$X_0 \to X_1 \to \cdots \to X_n$$

所组成的集合. 取 $0 \leqslant i \leqslant n \geqslant 1$. $d_i : N_n\mathcal{C} \to N_{n-1}\mathcal{C}$ 是

$$d_i(X_0 \xrightarrow{f_1} X_1 \xrightarrow{f_2} \cdots \xrightarrow{f_n} X_n)$$
$$= \begin{cases} X_1 \to \cdots \to X_n, & i = 0, \\ X_0 \to \cdots \to X_{n-1}, & i = n, \\ X_0 \xrightarrow{f_1} \cdots \to X_{i-1} \xrightarrow{f_{i+1}f_i} X_{i+1} \to \cdots \xrightarrow{f_n} X_n, & 0 < i < n. \end{cases}$$

当 $0 \leqslant j \leqslant n$ 时, 退化算子 $s_j : N_n\mathcal{C} \to N_{n+1}\mathcal{C}$ 是把 $X_0 \xrightarrow{f_1} X_1 \xrightarrow{f_2} \cdots \xrightarrow{f_n} X_n$ 映至

$$X_0 \xrightarrow{f_1} \cdots \xrightarrow{f_j} X_j \xrightarrow{id_{X_j}} X_j \xrightarrow{f_{j+1}} \cdots \xrightarrow{f_n} X_n.$$

这里的定义是和 [Qui 73]81 页一致的. 有人把神经 $N_\bullet\mathcal{C}$ 称为 $\mathcal{C}$ 的单形分类空间 (simplicial classifying space), 甚至记此为 $B\mathcal{C}$, 如 [GJ 09]. 我们不用该术语. 除此之外, 如 [BK 87]Chap XI, §2.1, 291 页, 他们把 $N_\bullet\mathcal{C}^{op}$ 称为范畴 $\mathcal{C}$ 的 underlying space; 因此在 [BK 87] 中 n 单形是

$$u = (X_0 \xleftarrow{\alpha_1} \cdots X_{n-1} \xleftarrow{\alpha_n} X_n).$$

这和我们这里箭的方向是相反的. 它们的面算子和退化算子是

$$d_0 u = (X_1 \xleftarrow{\alpha_2} \cdots \xleftarrow{\alpha_n} X_n),$$
$$d_j u = (X_0 \xleftarrow{\alpha_1} \cdots \xleftarrow{\alpha_j \alpha_{j+1}} \cdots \xleftarrow{\alpha_n} X_n), \quad 0 < j < n,$$
$$d_n u = (X_0 \xleftarrow{\alpha_1} \cdots \xleftarrow{\alpha_{n-1}} X_{n-1}),$$
$$s_j u = (X_0 \xleftarrow{\alpha_1} \cdots \xleftarrow{\alpha_j} X_j \xleftarrow{id} X_j \xleftarrow{\alpha_{j+1}} \cdots \xleftarrow{\alpha_n} X_n), \quad 0 \leqslant j \leqslant n.$$

设有小范畴的函子 $F : \mathcal{C} \to \mathcal{D}$, 则定义

$$N_n F : N_n \mathcal{D} \to N_n \mathcal{D} : \boldsymbol{n} \xrightarrow{x} \mathcal{C} \mapsto F \circ x.$$

即是说, $N_n F$ 把 $\mathcal{C}$ 内的可合成态射列 $X_0 \xrightarrow{f_1} X_1 \xrightarrow{f_2} \cdots \xrightarrow{f_n} X_n$ 映为

$$F(X_0) \xrightarrow{F(f_1)} F(X_1) \xrightarrow{F(f_2)} \cdots \xrightarrow{F(f_n)} F(X_n).$$

12.1 范畴的拓扑化

如此由 $F: \mathcal{C} \to \mathcal{D}$ 得 $N_\bullet F: N_\bullet \mathcal{C} \to N_\bullet \mathcal{D}$.

命题 12.2 $N_\bullet: \mathbf{Cat} \to \mathbf{sSet}$ 是全忠实函子.

证明 全忠实是指, 对小范畴 $\mathcal{C}, \mathcal{D}$,

$$N_\bullet: \mathrm{Hom}_{\mathbf{Cat}}(\mathcal{C}, \mathcal{D}) \to \mathrm{Hom}_{\mathbf{sSet}}(N_\bullet \mathcal{C}, N_\bullet \mathcal{D})$$

是双射. □

设 $X_\bullet$ 为单纯集. 以 $X_n \times \boldsymbol{n}$ 记 $\bigsqcup_{X_n} \boldsymbol{n}$,
$s: X_n \times \boldsymbol{m} \to X_m \times \boldsymbol{m}$ 是 $\alpha^* \times id$, $\quad t: X_n \times \boldsymbol{m} \to X_n \times \boldsymbol{n}$ 是 $id \times \alpha_*$.
定义小范畴 $\mathscr{L}(X_\bullet)$ 为上均衡子 (或称为余均衡子):

$$\bigsqcup_{\boldsymbol{m} \xrightarrow{\alpha} \boldsymbol{n}} X_n \times \boldsymbol{m} \underset{t}{\overset{s}{\rightrightarrows}} \bigsqcup_{n \geqslant 0} X_n \times \boldsymbol{n} \longrightarrow \mathscr{L}(X_\bullet).$$

命题 12.3 $\mathscr{L}: \mathbf{sSet} \to \mathbf{Cat}$ 是 $N_\bullet: \mathbf{Cat} \to \mathbf{sSet}$ 的左伴随函子.

12.1.2 colim

我们把序数范畴 (ordinal number category) Δ 的对象是 $\boldsymbol{n}$ 看成有 $n+1$ 个对象 $\{0, 1, \cdots, n\}$ 的范畴; 每当 $i \leqslant j$ 时取 $\mathrm{Hom}_{\boldsymbol{n}}(i, j) = \{i \to j\}$, 只有一个元素.

设 $\mathcal{C}$ 是小范畴. 定义范畴 $\Delta \wr \mathcal{C}$ 如下:

对象: 函子 $(\boldsymbol{n} \to \mathcal{C})$;

态射: $(\boldsymbol{i} \to \mathcal{C}) \to (\boldsymbol{n} \to \mathcal{C})$ 是指函子 $\phi: \boldsymbol{i} \to \boldsymbol{n}$ 使得

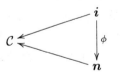

定义函子 $T(\boldsymbol{i} \to \mathcal{C}) = \Delta^i$. 若上极限 $\mathrm{colim}_{\Delta \wr \mathcal{C}} T$ 存在, 则以 $\mathrm{colim}_{\Delta \wr \mathcal{C}} \Delta^i$ 记这个上极限.

命题 12.4 设 $\mathcal{C}$ 是小范畴. $B\mathcal{C}$ 是满足以下性质的 CW 复形:

(1) 若有函子 $F: \mathcal{C} \to \mathcal{D}$, 则有胞腔映射 $BF: B\mathcal{C} \to B\mathcal{D}$; 若有函子 F, G, 则 $B(FG) = BF \circ BG$, $B(id_\mathcal{C}) = id_{B\mathcal{C}}$.

(2) $B\boldsymbol{n}$ 是 Δ^n. 从函子 $\phi: \boldsymbol{i} \to \boldsymbol{n}$ 得 $B\phi: \Delta^i \to \Delta^n$, 若 j 是端点, 则 $B\phi(j)$ 是端点 ϕj.

(3) $B\mathcal{C} = \mathrm{colim}_{\Delta \wr \mathcal{C}} \Delta^i$.

若另有 CW 复形 $L\mathcal{C}$ 有同样性质, 则有拓扑同构 $B\mathcal{C} \approx L\mathcal{C}$.

12.1.3 1

设有范畴 $\mathcal{C}, \mathcal{D}$ 之间的两个函子 $F, G: \mathcal{C} \to \mathcal{D}$ 和自然变换 $\phi: F \to G$. 即对 $X \in \mathcal{C}$ 有 $\phi_X: F(X) \to G(X)$ 使得对 $f: X \to Y \in \mathcal{C}$ 有 $\phi_Y F(f) = G(f)\phi_X$.

把序数 $\mathbf{1} = \{0 < 1\}$ 看作范畴时, 分类空间 $B(\mathbf{1})$ 是闭区间 $[0,1]$. 对 $t \in \{0,1\}$ 设函 $i_t: \mathcal{C} \to \mathcal{C} \times \mathbf{1}$ 为 $X \mapsto (X, t)$, $X \xrightarrow{f} Y \mapsto (f, id_t)$.

引理 12.5 已给函子 $F, G: \mathcal{C} \to \mathcal{D}$.

(1) 自然变换 $\phi: F \to G$ 与以下函子

(2) $\Phi: \mathcal{C} \times \mathbf{1} \to \mathcal{D}$ 满足 $\Phi \circ i_0 = F, \Phi \circ i_1 = G$

成 $1-1$ 对应.

证明 (1) 从自然变换 ϕ 出发, 在对象上设 $\Phi(X, 0) = F(X), \Phi(X, 1) = G(X)$. 对于态射, 则取 $\Phi(f, id_0) = F(f), \Phi(f, id_1) = G(f)$ 和 $\Phi(id_X, 0 \to 1) = \phi_X$. 为了证明如此构造的 Φ 是积范畴 $\mathcal{C} \times \mathbf{1}$ 的函子只需证明从积范畴的等式

$$(id_Y, 0 \to 1) \circ (f, id_0) = (f, 0 \to 1) = (f, id_1) \circ (id_X, 0 \to 1),$$

$\Phi(id_Y, 0 \to 1) \circ \Phi(f, id_0) = (f, 0 \to 1) = \Phi(f, id_1) \circ \Phi(id_X, 0 \to 1)$. 即 $\phi_Y F(f) = G(f)\phi_X$, 但这是 $\{\phi_X\}$ 是自然变换的性质.

(2) 反过来, 已给 Φ, 则取 $\phi_X = \Phi(id_X, 0 \to 1)$. □

命题 12.6 (1) 小范畴函子 $F, G: \mathcal{C} \to \mathcal{D}$ 的自然变换 $\phi: F \to G$ 诱导拓扑空间的同伦

$$B\Phi: B\mathcal{C} \times I \to B\mathcal{D}.$$

(2) 若函子 F 有伴随函子, 则 BF 是同伦等价.

(3) 若范畴 $\mathcal{C}$ 有始对象或终对象, 则 $B\mathcal{C}$ 是可缩的.

证明 (1) 已给小范畴函子 $F, G: \mathcal{C} \to \mathcal{D}$ 的自然变换 $\phi: F \to G$. $\Phi: \mathcal{C} \times \mathbf{1} \to \mathcal{D}$ 是与 ϕ 对应的函子. 用神经 $N_\bullet$ 得出从 $N_\bullet F$ 到 $N_\bullet G$ 的单形同伦

$$N_\bullet \Phi: N_\bullet \mathcal{C} \times \Delta^1_\bullet \to N_\bullet \mathcal{D}.$$

再取几何实现得从 BF 到 BG 的 CW 复形同伦

$$B\Phi: B\mathcal{C} \times I \to B\mathcal{D}.$$

(2) 设 F' 是 F 的左伴随函子, 则有自然变换 $1 \to FF'$ (单位), $F'F \to 1$ (余单位). 于是 $id \simeq BFBF'$, $BF'BF \simeq id$.

(3) 以 $*$ 记一元范畴, 则从假设推出 $\mathcal{C} \to *$ 有伴随函子. □

称函子 F 为同伦等价, 若 BF 是同伦等价. 称范畴 $\mathcal{C}$ 为可缩的, 若 $B\mathcal{C}$ 是可缩的.

12.1.4 π_0

为了增加我们对范畴的拓扑结构的认识让我们从另一个角度来看 $\pi_0(B\mathcal{C})$.

设 X 是拓扑空间. 对 X 的点引入关系 $x_0 \sim x_1$, 若有连续映射 $\sigma: [0,1] \to X$(路径) 使得 $\sigma(0) = x_0$, $\sigma(1) = x_1$. 易证 $\sim$ 是等价关系. 称点 x_0 的等价类为包含 x_0 的路径连通分支 (path component). 所有 $\sim$ 等价类组成集合记为 $\pi_0(X)$. 称 $\pi_0(X)$ 为 X 的路径连通分支集. 若有拓扑空间的连续映射 $f: X \to Y$, 则 $f \circ \sigma: [0,1] \to Y$ 是从 $f(x_0)$ 到 $f(x_1)$ 的路径. 于是得映射 $\pi_0(f): \pi_0(X) \to \pi_0(Y)$. 易验证 π_0 是从拓扑空间范畴到集合范畴的函子.

以下对小范畴 $\mathcal{C}$ 作类似的构造. 对 $\mathcal{C}$ 的对象引入关系 $\sim$: 若 $\mathcal{C}$ 的态射 $f: X \to Y$, 则设 $X \sim Y$. 易证 $\sim$ 是自反传递关系.

$\sim$ 不是对称关系. 把 $\mathrm{Obj}(\mathcal{C})$ 上的等价关系看作 $\mathrm{Obj}(\mathcal{C}) \times \mathrm{Obj}(\mathcal{C})$ 的子集. 包含 $\sim$ 的最小等价关系记为 $\simeq$; 称 $\simeq$ 为由 $\sim$ 生成的等价关系. 如此对 $X, Y \in \mathcal{C}$, 有 $X \simeq Y$ 当且仅当 $\mathcal{C}$ 内存在有限个对象

$$X = Z_0, Z_1, \cdots, Z_{m-1}, \quad Z_m = Y, \quad m \geqslant 1,$$

其中对 $1 \leqslant i \leqslant m$, $Z_{i-1} \sim Z_i$ 或 $Z_i \sim Z_{i-1}$ (或同时) 成立.

所有 $\simeq$ 等价类组成集合 $\mathrm{Obj}(\mathcal{C})/\simeq$ 记为 $\pi_0(\mathcal{C})$. 称 $\pi_0(\mathcal{C})$ 为范畴 $\mathcal{C}$ 的路径连通分支集.

$X \in \mathrm{Obj}(\mathcal{C})$ 所决定的 $\pi_0(\mathcal{C})$ 的元素暂记为 $[X]$. 设有函子 $F: \mathcal{C} \to \mathcal{D}$, 其中 $\mathcal{C}, \mathcal{D}$ 为小范畴. 若 $X = Z_0, \cdots, Z_m = Y$ 和 $Z_{i-1} \sim Z_i$ 或 $Z_i \sim Z_{i-1}$, 则 $FX = FZ_0, \cdots, FZ_m = Y$ 和 $FZ_{i-1} \sim FZ_i$ 或 $FZ_i \sim FZ_{i-1}$. 于是由 $X \simeq Y$ 得 $F(X) \simeq F(Y)$. 这样便可以定义映射

$$\pi_0(F): \pi_0(\mathcal{C}) \to \pi_0(\mathcal{D}): [X] \mapsto [F(X)].$$

命题 12.7 (1) 设 $F: \mathcal{C} \to \mathcal{D}$ 为小范畴等价, 则 $\pi_0(F): \pi_0(\mathcal{C}) \to \pi_0(\mathcal{D})$ 为双射.

(2) 设 $F, G: \mathcal{C} \to \mathcal{D}$ 为小范畴函子. 若有自然变换 $\phi: F \to G$, 则 $\pi_0(F) = \pi_0(G)$.

命题 12.8 设 $\mathcal{C}$ 是小范畴, 则有自然双射 $\pi_0(\mathcal{C}) \leftrightarrow \pi_0(B\mathcal{C})$.

证明 首先定义 $\pi_0(\mathcal{C}) \to \pi_0(B\mathcal{C})$. 把对象 $X \in \mathcal{C}$ 看成 $N_\bullet \mathcal{C}$ 的 0 单形, 这个 0 单形对应于几何实现 $B\mathcal{C}$ 的 0 胞腔 (X). 设有 $\mathcal{C}$ 的态射 $f: X \to Y$, 即 $X \sim Y$, 则 $N_\bullet \mathcal{C}$ 的 1 单形 $[X \xrightarrow{f} Y] \in N_1\mathcal{C}$ 映为 $B\mathcal{C}$ 的从 (X) 到 (Y) 的路径 (f). 用归纳法便可证明若 $X \simeq Y$, 则 (X) 和 (Y) 属于拓扑空间 $B\mathcal{C}$ 的同一个路径连通分支. 于是可以定义 $\pi_0(\mathcal{C}) \to \pi_0(B\mathcal{C})$ 为把 $[X]$ 映至 (X) 的路径连通分支.

反过来构造 $\pi_0(B\mathcal{C}) \to \pi_0(\mathcal{C})$. 从 $B\mathcal{C} = \sqcup \mathrm{Hom}_{\mathbf{Cat}}(\boldsymbol{n},\mathcal{C}) \times \Delta^n/\sim$ 看见 $B\mathcal{C}$ 的一点 (X) 是单形 $\{x\} \times \Delta^n$ 的象, 其中 $x: \boldsymbol{n} \to \mathcal{C}$. 这一点与 0 胞腔 (X_0) 属于同一个路径连通分支. 取 $X,Y \in \mathrm{Obj}\mathcal{C}$. 若 $B\mathcal{C}$ 内有路径 σ 从 (X) 到 (Y), 则这路径同伦于 $B\mathcal{C}$ 的 1 骨架内的路径. 这就是说路径 σ 同伦于路径和 $\sum \tau$, 其中 τ 是 (f) 或 $-\tau$ 是 (f), f 是 $\mathcal{C}$ 的态射. 这样便知 $X \simeq Y$. 于是从 $B\mathcal{C}$ 的一个路径连通分支得 $\pi_0(\mathcal{C})$ 的一个元素. □

从 (X) 到 (Y) 的路径 σ 同伦于 $B\mathcal{C}$ 的 1 骨架内的路径

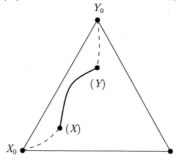

12.2 基 本 群

若 X 是拓扑空间, 则 $\pi_n(X) = \pi_1(\Omega^{n-1}X)$. 这样我们看见 π_1 的重要性. 另一方面对我们来说 $B\mathcal{C}$ 是个新的东西, 值得我们多观察以熟悉它. 我们将看 $\pi_1 B\mathcal{C}$.

12.2.1 覆盖

拓扑覆盖

在拓扑空间范畴 **Top** 内我们定义拓扑空间连续映射 $p: E \to X$ 为纤维丛 (fibre bundle) 或局部平凡映射 (locally trivial map), 若存在拓扑空间 F 使得对每点 $x \in X$ 有 X 的开集 U, $x \in U$ 和有同胚 $U \times F \xrightarrow{\approx} p^{-1}(U)$ 满足以下交换图

$$\begin{array}{ccc} U \times F & \xrightarrow{\approx} & p^{-1}(U) \\ {\scriptstyle pr_1} \searrow & & \swarrow {\scriptstyle p} \\ & U & \end{array}$$

([Ark 11] 88 页), 称 F 为 p 的纤维.

称纤维丛 $p: E \to X$ 为 X 的覆盖 (covering), 若纤维 F 为离散空间. 说 $p: E \to X$ 是覆盖等价于说 X 有开覆盖 $\{U_\alpha\}$ 使得 $p^{-1}(U_\alpha)$ 等于无交并集 $\sqcup_{y \in F} V_{y\alpha}$, 其中 $V_{y\alpha}$ 是 E 的开集, 并且 $p: V_{y\alpha} \to U_\alpha$ 是同胚 ([Ark 11] 93 页).

12.2 基本群

设 $f: X' \to X$ 为连续映射, $p: E \to X$ 为 X 的覆盖, 取 $X' \xrightarrow{f} X \xleftarrow{p} E$ 的拉回

$$\begin{array}{ccc} X' \times_X E & \longrightarrow & E \\ {\scriptstyle p'}\downarrow & & \downarrow{\scriptstyle p} \\ X' & \xrightarrow{f} & X \end{array}$$

则 $p': X' \times_X E \to X'$ 为 X' 的覆盖. 常记 p' 为 $f^{-1}(p)$.

取拓扑空间 X. 用 X 的全部覆盖 $E \to X$ 为对象得到 $\mathbf{Top}/X$ 的全子范畴记为 $\mathbf{R}/X$. (法语 recouvrement = 覆盖). 若 $f: X' \to X$ 为连续映射, 则 $p \mapsto f^{-1}(p)$ 定义换基函子 (base change functor)

$$\mathbf{R}/f: \mathbf{R}/X \to \mathbf{R}/X'.$$

单形集的覆盖

标准 n 单形集是函子 $\Delta^n = \mathrm{Hom}_\Delta(\ , \boldsymbol{n})$.

称单形集态射 $p: E \to X$ 为平凡, 若存在单形集 F 和同构 $\alpha: X \times F \xrightarrow{\approx} Y$ 使得 $f\alpha = pr_1$. 用对应于 $x \in X_0$ 的奇异映射 $\tilde{x}: \Delta^0 \to X$ 拉回 p 得纤维 $p^{-1}(x) = \Delta^0 \times_X E$. 显然 F 与 $p^{-1}(x)$ 同构:

$$\begin{array}{ccc} p^{-1}(x) \rightarrowtail E & & F \rightarrowtail X \times F \\ \downarrow \quad \downarrow{\scriptstyle p} & & \downarrow \quad \downarrow{\scriptstyle f\alpha} \\ \Delta^n \xrightarrow{\tilde{x}} X & & \Delta^n \xrightarrow{\tilde{x}} X \end{array}$$

称单形集态射 $p: E \to X$ 为局部平凡, 若以对应于任一 $\sigma \in X_n$ 的奇异映射 $\tilde{\sigma}: \Delta^n \to X$ 作拉回 $\Delta^n \times_{\tilde{\sigma}, p} E$, 则投射 $pr_1: \Delta^n \times_{\tilde{\sigma}, p} E \to \Delta^n$ 是平凡的. 即有单形集 F_σ 使得 $\Delta^n \times F_\sigma \xrightarrow{\approx} \Delta^n \times_{\tilde{\sigma}, p} E$. 若所有 F_σ 与单形集 F 同胚, 则称 F 为局部平凡态射 p 的纤维.

定理 12.9 若局部平凡单形集态射 $p: E \to X$ 有纤维 F, 则几何实现 $|p|: |E| \to |X|$ 是以 $|F|$ 为纤维的局部平凡映射.

([GZ 67] Chap III, §4.2.)

在单纯集范畴 $\mathbf{sSet}$ 内我们定义单纯集态射 $p: E \to X$ 为单纯集 X 的覆盖, 若对每个交换图

$$\begin{array}{ccc} \Delta^0 & \xrightarrow{u} & E \\ {\scriptstyle i}\downarrow & & \downarrow{\scriptstyle p} \\ \Delta^n & \xrightarrow{v} & X \end{array}$$

存在唯一态射 $s: \Delta^n \to E$ 使得 $ps = v$, $si = u$ ([GZ 67] Appendix I, §2.1, 141 页).

设 $f: X' \to X$ 为单纯集态射, $p: E \to X$ 为 X 的覆盖, 取 $X' \xrightarrow{f} X \xleftarrow{p} E$ 的拉回

$$\begin{array}{ccc} X' \times_X E & \longrightarrow & E \\ {\scriptstyle p'} \downarrow & & \downarrow {\scriptstyle p} \\ X' & \xrightarrow{f} & X \end{array}$$

则 $p': X' \times_X E \to X'$ 为 X' 的覆盖. 常记 p' 为 $f^{-1}(p)$.

取单纯集 X. 用 X 的全部覆盖 $E \to X$ 为对象得到 sSet/X 的全子范畴记为 **R**/X. 若 $f: X' \to X$ 为单形集态射, 则 $p \mapsto f^{-1}(p)$ 定义换基函子

$$\mathbf{R}/f: \mathbf{R}/X \to \mathbf{R}/X'.$$

定理 12.10 若 $p: E \to X$ 为范畴 **Top** 内的覆盖, 则 $Sing\, p: Sing\, E \to Sing\, X$ 为范畴 **sSet** 内的覆盖. 反过来, 若 $p: E \to X$ 为范畴 **sSet** 内的覆盖, 则几何实现 $|p|: |E| \to |X|$ 为范畴 **Top** 内的覆盖.

([GZ 67] Appen I, §3.2.)

命题 12.11 给出范畴 $\mathcal{C}$. 考虑函子 $F: \mathcal{C} \to \mathbf{Set}$ 的条件 $\star: u$ 是 $\mathcal{C}$ 的态射, 则 Fu 是双射. 全部满足条件 $\star$ 的函子 F 组成的范畴记为 $I_\mathcal{C}$, 则分类空间 $B\mathcal{C}$ 的覆盖范畴 $\mathbf{R}/B\mathcal{C}$ 与 $I_\mathcal{C}$ 等价.

([Qui 73] §1, prop 1.)

12.2.2 群胚

设 $\mathcal{C}$ 是小范畴, f, g, h 是 $\mathcal{C}$ 的态射使得 $gf = h$. 我们用下图的第一个三角形表达这个关系. 若引入新的符号 f^{-1}, g^{-1}, h^{-1}, 这就是说我们形式地增加了逆元, 便有下图所表达的六个关系.

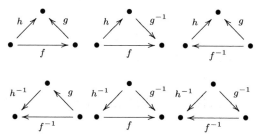

我们又可以把以上六个关系表达为

$$\star\ (g^{+1}, f^{+1}) \sim (gf)^{+1}, \quad (g^{-1}, (gf)^{+1}) \sim f^{+1}, \quad ((gf)^{+1}, f^{-1}) \sim g^{+1},$$
$$((gf)^{-1}, g^{+1}) \sim f^{-1}, \quad (f^{+1}, (gf)^{-1}) \sim g^{-1}, \quad (f^{-1}, g^{-1}) \sim (gf)^{-1}.$$

12.2 基 本 群

由 $((gf)^{+1}, f^{-1}) \sim g^{+1}$ 和 $(f^{+1}, (gf)^{-1}) \sim g^{-1}$ 得 $id_X^{+1} \sim (id_X^{+1}, id_X^{-1}) \sim id_X^{-1}$ 和 $(f^{+1}, f^{-1}) \sim id_X^{+1}$. 由 $((gf)^{-1}, g^{+1}) \sim f^{-1}$ 得 $(g^{-1}, g^{+1}) \sim id_X^{-1} \sim id_X^{+1}$.

用范畴的有限个态射 f 和符号 f^{-1} 的形式乘积造成字 (word). 称字 $f_m^{\varepsilon_m}, \cdots, f_1^{\varepsilon_1}$, $\varepsilon_j = +1, -1$ 为可合成的, 若有 $Z_0, \cdots, Z_m \in \mathcal{C}$ 使得: 若 $\varepsilon_j = +1$, 则 $f_j \in \mathrm{Hom}_\mathcal{C}(Z_{j-1}, Z_j)$, 若 $\varepsilon_j = -1$, 则 $f_j \in \mathrm{Hom}_\mathcal{C}(Z_j, Z_{j-1})$. 称此为从 Z_0 到 Z_m 的字.

在可合成字的集合里对字符用 $\star$ 定义关系 $\sim$; 然后定义两个字 axb, ayb 满足条件 $axb \sim ayb$ 当且仅当 $x \sim y$.

引入范畴 $\mathcal{C}[\mathcal{C}^{-1}]$, 对象集 $\mathrm{Obj}\mathcal{C}[\mathcal{C}^{-1}] = \mathrm{Obj}\mathcal{C}$. 若有 $X, Y \in \mathrm{Obj}\mathcal{C}$, 在范畴 $\mathcal{C}[\mathcal{C}^{-1}]$ 内一个从 X 到 Y 的态射是一个从 X 到 Y 的可合成字的 $\sim$ 等价类.

两个可合成字 $\langle f_m^\pm, \cdots, f_1^\pm \rangle \in \mathrm{Hom}_{\mathcal{C}[\mathcal{C}^{-1}]}(X, Y)$, $\langle g_n^\pm, \cdots, g_1^\pm \rangle \in \mathrm{Hom}_{\mathcal{C}[\mathcal{C}^{-1}]}(Y, Z)$ 的合成是

$$\langle f_m^\pm, \cdots, f_1^\pm g_n^\pm, \cdots, g_1^\pm \rangle,$$

恒等映射是 $\langle id_X^{+1} \rangle$.

设 $\mathcal{C}$ 是小范畴, 则有函子 $\eta : \mathcal{C} \to \mathcal{C}[\mathcal{C}^{-1}]$ 使得对 $X \in \mathrm{Obj}, \mathcal{C}$, $\eta X = X$, $\eta f = \langle f^{+1} \rangle$.

设 $\mathcal{C}$ 是小范畴, 选定 $\mathcal{C}$ 的对象 X.

(1) 设有 $\mathcal{C}$ 的态射 $X \xrightarrow{f} Y$, $Y \xrightarrow{g} Z$, $X \xrightarrow{h} Z$ 使得 $h = gf$. 则: 在 $B\mathcal{C}$ 内 X, Y, Z 是三角形 2 胞腔的端点; f, g, h 是 $B\mathcal{C}$ 的 1 胞腔; 路径 gf 与 h 在在 $B\mathcal{C}$ 内同伦; 回路 $h^{-1} \cdot (gf)$ 同伦于常回路 X.

(2) 从 van Kampen 定理得 $\pi_1(B\mathcal{C}, X)$ 是由 $C\mathcal{C}$ 的 1 胞腔 f_i^{+1}, f_i^- 生成的, 其中 $f_i \in \mathrm{Mor}\mathcal{C}$, 而且生成元之间的关系正是构造范畴 $\mathcal{C}[\mathcal{C}^{-1}]$ 时用的 $\star$.

命题 12.12 设 $\mathcal{C}$ 是小范畴. 选定 $\mathcal{C}$ 的对象 X, 则有自然群同构

$$\mathrm{Hom}_{\mathcal{C}[\mathcal{C}^{-1}]}(X, X) \cong \pi_1(B\mathcal{C}, X).$$

设集合 T 的元素是范畴 $\mathcal{C}$ 的态射. 若 $f : X \to Y$, 则 $B\mathcal{C}$ 有 1 单形 $[f] : \{X\} \text{———} \{Y\}$. 称 $B\mathcal{C}$ 的 1 维子复形 $\Gamma_T = \{[f] : f \in T\}$ 为 T 的图形. 如果 Γ_T 是可缩图形, 则称 T 为树. 称 T 为 $\mathcal{C}$ 的最大树, 若 $Z \in \mathrm{Obj}(\mathcal{C}) \Rightarrow \exists Z \to Y \in T$ 或 $X \to Z \in T$. 如果 $\mathcal{C}$ 是非空连通的, 则用 Zorn 引理得知 $\mathcal{C}$ 有最大树.

命题 12.13 设小范畴 $\mathcal{C}$ 有最大树 T. 由 $\mathcal{C}$ 的态射生成的自由群记为 $\mathfrak{F}$. $\mathcal{C}$ 的态射 f 看作 $\mathfrak{F}$ 的元 $[f]$. 考虑以下关系

(1) 若 $t \in T$, 则 $[t] \sim 1$; 若 $X \in \mathrm{Obj}(\mathcal{C})$, 则 $[id_X] \sim 1$.

(2) 若 f, g 为 $\mathcal{C}$ 的可合成的态射, 则 $[f \circ g] \sim [f] \cdot [g]$.

则 $\pi_1(B\mathcal{C}, X)$ 是 $\mathfrak{F}/\sim$.

设 G 是群. 定义 $\lceil G \rceil$ 为只有一个对象 $*$ 的范畴, 并且定义 $\mathrm{Hom}(*,*) = G$. 记 $\lceil G \rceil$ 的神经的几何实现为 BG, 称它为 G 的分类空间, 即 $BG = |N\lceil G \rceil|$.

因为 BG 只有一个端点, BG 是连通的. 由命题 12.13 得 $\pi_1(BG) = G$.

12.3 BG

12.3.1 Brown 表示

$\mathbf{CW}_*$ 记带基点 CW 复形范畴. 定义基点 CW 复形同伦范畴 $\mathbf{CW}_*^h$ 的对象为 $\mathbf{CW}_*$ 的对象, 若 X, Y 为带基点 CW 复形, 则

$$\mathrm{Hom}_{\mathbf{CW}_*^h}(X, Y) = \mathrm{Hom}_{\mathbf{CW}_*}(X, Y)/\simeq,$$

其中 $f \simeq g$ 是指 f 与 g 同伦. 常记 $\mathrm{Hom}_{\mathbf{CW}_*^h}(X, Y)$ 为 $[X, Y]$. 留意: $\mathbf{CW}_*$ 上的函子 F 若有性质: 由 $f \simeq g$ 得 $F(f) = F(g)$, 则 F 决定 $\mathbf{CW}_*^h$ 上的函子. 此外, 设有反变函子 $F: \mathbf{CW}_*^h \to \mathbf{Set}$, 则由 $i: A \subset B$ 得态射 $F(i): F(B) \to F(A)$, 若 $u \in F(B)$, 则记 $F(i)(u) = u|A$.

定理 12.14 (Brown 表示定理)   设反变函子 $F: \mathbf{CW}_*^h \to \mathbf{Set}$ 满足以下条件:

(1) (楔积条件) 若 $X_\alpha \in \mathbf{CW}_*$, $i_\alpha: X_\alpha \hookrightarrow \bigvee_\alpha X_\alpha$ 是包含入楔积的映射, 则有集合双射

$$F((i_\alpha)): F\left(\bigvee_\alpha X_\alpha\right) \to \prod_\alpha F(X_\alpha).$$

(2) (Mayer-Vietoris 条件) 设 $X \in \mathbf{CW}_*$ 有子复形 $A, B \in \mathbf{CW}_*$ 使得 $X = A \cup B$, 并且对任意 $u \in F(A)$ 和 $v \in F(B)$, 若 $u|A \cap B = v|A \cap B$, 则有 $z \in F(X)$ 满足条件: $z|A = u, z|B = v$.

则 F 为可表函子.

这是说: 存在 $X \in \mathbf{CW}_*^h$ 使得对任意 $Y \in \mathbf{CW}_*^h$ 有自然双射

$$[Y, X] \leftrightarrow F(Y).$$

按范畴的语言便说: X 代表 F. 用拓扑学的语言便说: X 是 F 的分类空间.

原证明见 [BrE 62]. 可参考: [AGP 02] Chap 12; [Spa 66] §7.7; [Swi 75] thm 9.12. 关于可表函子见 [模曲线]1.2.1; [高线] 14.3.2.

12.3.2 向量丛

取正整数 n. 设有拓扑空间连续映射 $p: E \to X$ 使得

(1) 存在 X 的开子集 $U_i, i \in I$, 使得 $X = \cup_{i \in I} U_i$, 并对每个 $i \in I$ 存在同胚

$$\tau_i: p^{-1}(U_i) \to U_i \times \mathbb{R}^n$$

使得有以下交换图

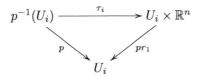

其中 $\mathbb{R}^n$ 取其自然拓扑,

$$pr_1 : U_i \times \mathbb{R}^n \to U_i : (x, v) \mapsto x$$

为第一因子投射.

(2) 对任一 $x \in X$, $p^{-1}(x)$ 为 n 维实向量空间. 还有, 对任一 $x \in U_i$, 合成以下映射

$$p^{-1}(x) \subset p^{-1}(U_i) \xrightarrow{\tau_i} U_i \times \mathbb{R}^n \xrightarrow{pr_2} \mathbb{R}^n,$$

所得的映射

$$\tilde{\tau}_i(x) : p^{-1}(x) \to \mathbb{R}^n$$

为同胚线性双射, 其中 pr_2 为第二因子投射.

(3) 对 $x \in U_i \cap U_j \neq \varnothing$, 设 $g_{ij}(x) = \tilde{\tau}_j(x)\tilde{\tau}_i(x)^{-1}$, 则

$$g_{ij} : U_i \cap U_j \to GL(n, \mathbb{R})$$

为连续函数, 这里 $GL(n, \mathbb{R})$ 是由 $n \times n$ 可逆 $\mathbb{R}$ 矩阵所组成的拓扑群.

当以上所有条件都成立时便称 E 或 $p : E \to X$ 为 X 上的 n 维向量丛 (n dimensional vector bundle over X, 或 n plane bundle). 常以 E_x 记 $p^{-1}(x)$ 并称它为 E 在点 x 的纤维 (fiber). 称 $\{\tau_i\}$ 为平凡化映射, $\{g_{ij}\}$ 为向量丛 E 的**过渡函数族** (family of transition functions), 参看 [Ati 69] §1.1. 向量丛是纤维丛的特例. 关于纤维丛的经典名著是 [Ste 51]. 如果 X 是微分流形, 则可要求向量丛有微分结构, 可参看 [CC 83].

反过来. 设拓扑空间 X 有开覆盖 $\{U_i : i \in I\}$, 又对每一对指标 $i, j \in I$, 在 $U_i \cap U_j \neq \varnothing$ 时, 都给定了一个连续映射 $g_{ij} : U_i \cap U_j \to GL(n, \mathbb{R})$ 使得以下相容条件成立:

(1) 对于 $x \in U_i$, $g_{ii}(x) = id_{\mathbb{R}^n}$ ($\mathbb{R}^n$ 恒等映射).

(2) 若 $x \in U_i \cap U_j \cap U_k \neq \varnothing$, 则 $g_{jk}(x)g_{ij}(x) = g_{ik}(x)$, 此称为上闭链条件 (cocycle condition).

取

$$E = \bigcup_i U_i \times \mathbb{R}^n / \sim,$$

其中若 $x \in U_i \cap U_j$，则 $(x,v) \sim (x, vg_{ij}(x))$. 可以证明第一因子投射 $E \to X$ 为 X 上的向量丛，它以所给定的 $\{g_{ij}\}$ 为过渡函数族. (见 [CC 83] §3.1, thm1.1; [Ati 69] 20—23 页.) 甚至可以证明 X 上的向量丛是由上同调群 $H^1(X, GL(n))$ 分类 ([Hir 66] §3, thm 3.2.1).

称第一因子投射 $pr_1 : X \times \mathbb{R}^n \to X$ 为平凡向量丛 (trivial vector bundle).

设有向量丛 $p : E \to X$. 称连续映射 $s : X \to E$ 为向量丛 E 的截面 (section), 如果对 $x \in X$ 有 $ps(x) = x$, 即是 $x(x) \in E_x$ ([Ati 69] 1 页). 以 $\Gamma(E)$ 记 E 的截面所组成的集合.

一个从 n 维向量丛 $p : E \to X$ 到 m 维向量丛 $p' : E' \to X$ 的同态是指连续映射 $\phi : E \to E'$ 使得 (1) $q\phi = p$, (2) 对任一 $x \in X$, 限制 ϕ 所得 $\phi_x : E_x \to E'_x$ 为线性映射. 若 ϕ 为同胚，则称 ϕ 为同构. 由所有从 E 到 E' 的同态所组成的集合记为 $\mathrm{Hom}(E, E')$. 取 $\phi, \psi \in \mathrm{Hom}(E, E')$. 以

$$(\phi + \psi)_x = \phi_x + \psi_x : v \mapsto \phi_x(v) + \psi_x(v)$$

定义 $\phi + \psi$. 则易见 $\mathrm{Hom}(E, E')$ 为交换群.

以 $\mathbb{R}^{m \times n}$ 记 $m \times n$ 实矩阵所组成的 mn 维实向量空间. 取 $g \in GL(n, \mathbb{R})$, $g' \in GL(m, \mathbb{R})$, $A \in \mathbb{R}^{m \times n}$, 则 $A \mapsto g'^{-1}Ag$ 属于 $GL(mn, \mathbb{R})$, 以 (g, g') 记这个自同构.

用 n 维向量丛 $p : E \to X$ 和 m 维向量丛 $p' : E' \to X$ 可以构造 X 上的 mn 维向量丛

$$H = \bigcup_{x \in X} \mathrm{Hom}(E_x, E'_x)$$

使得 (1) $H_x = \mathrm{Hom}(E_x, E'_x)$, (2) 截面 $\Gamma(H) = \mathrm{Hom}(E, E')$ ([Ati 69] 8 页). 我们可以这样看：设 E 用开覆盖 $\{U\}$ 和平凡化映射 $\tau_U : p^{-1}(U) \to U \times \mathbb{R}^n$ 来定义，E' 用开覆盖 $\{U'\}$ 和平凡化映射 $\tau_{U'} : p^{-1}(U') \to U' \times \mathbb{R}^m$ 来定义. 取 $\{U\}$ 和 $\{U'\}$ 的共同加细 $\{V_i\}$ 便可假设 E 和 E' 是用同一开覆盖上的平凡化映射定义的. 于是 E 有过渡函数 $g_{ij} : V_i \cap V_j \to GL(n, \mathbb{R})$, E' 有过渡函数 $g'_{ij} : V_i \cap V_j \to GL(m, \mathbb{R})$. 这样

$$(g_{ij}, g'_{ij}) : V_i \cap V_j \to GL(mn, \mathbb{R})$$

便给出 H 的过渡函数. 我们记向量丛 H 为 $\mathcal{H}om(E, E')$.

12.3.3 主丛

设有拓扑群 G 和连续映射 $X \times G \to X : x, g \mapsto xg$ 定义群作用 ([拓扑群] 第 5 章, 153 页), 则称 X 为右 G 空间. 若 $xg = x$, 则称此为平凡作用. 若 G 空间的连

续映射 $\phi: X \to Y$ 满足 $\phi(xg) = \phi(x)g$ $(g \in G, x \in X)$, 则称 ϕ 为 G 映射; 若 ϕ 为同胚, 则称 ϕ 为 G 同胚.

设有 G 映射 $\pi: P \to X$ 使得 (1) G 在 X 上取平凡作用, (2) X 有开覆盖 $\{U\}$ 和 G 同胚 $\tau_U: \pi^{-1}U \to U \times G$ 满足 $pr_1 \circ \tau_U = \pi$, 其中 pr_1 是指对第一坐标投射. 则称 (P, π) 为 X 上的**主 G 丛**(principal G bundle over X). X 上的主 G 丛的 G 映射 $f: P \to P'$ 是主 G 丛态射. 以 $\mathcal{P}_G X$ 记 X 上的主 G 丛同构类所组成的集合. 如向量丛一样, 主 G 丛决定满足上闭链条件的过渡函数 $g_{ij}: U_i \cap U_j \to G$.

可以证明函子 $\mathcal{P}_G-$ 满足 Brown 表示定理 (定理 12.14) 的条件 ([Swi 75] Chap 11, prop 11.32), 于是有分类空间, 记为 BG. 即是说对任意 Y 有自然双射

$$[Y, BG] \leftrightarrow \mathcal{P}_G(Y).$$

例

1. $\mathbb{R}$ 的加法决定拓扑群, $B\mathbb{R}$ 是个一点集.
2. S^1 是一维单位元, $BS^1 = \mathbb{C}P^\infty$.
3. 由整数群 $\mathbb{Z}$ 得离散群, $B\mathbb{Z}^n = (S^1)^n$.

以 G^n 记 n 次直积 $G \times \cdots \times G$. Δ^n 是标准拓扑 n 单形. $\delta_i(t_0, t_1, \cdots, t_{n-1}) = (t_0, t_1, \cdots, t_{i-1}, 0, t_i, \cdots, t_{n-1})$ 定义映射 $\delta_i: \Delta^{n-1} \to \Delta^n$. 设

$$EG = \bigsqcup_{n \geqslant 0} \Delta^n \times G^{n+1} / \sim,$$

其中 $(\delta_i t, (g_0, \cdots, g_n)) \sim (t, (g_0, \cdots, g_{i-1}, g_{i+1}, \cdots, g_n))$, $t \in \Delta^{n-1}$, $g_0, \cdots, g_n \in G$, $i = 0, \cdots, n$. 定义 G 在 EG 的作用为

$$(t, (g_0, \cdots, g_n))g = (t, (g_0 g, \cdots, g_n g)).$$

可以证明: 投射 $EG \to EG/G$ 是主 G 丛 ([Dup 78]Chap 5, prop 5.3) 和 $BG = EG/G$ (参考 [Mil 56]).

在 K 理论里还需要使用 BG, 其中 G 是单形群 (simplicial group) 或群层 (sheaf of groups). 我们将在以后两章介绍.

12.3.4 BGL_n

$\text{Vect}_n^{\mathbb{R}} X$ 记 X 上的 n 维向量丛同构类所组成的集合.

现设主 $GL(n, \mathbb{R})$ 丛 $\pi: P \to X$ 有过渡函数 $g_{ij}: U_i \cap U_j \to GL(n, \mathbb{R})$, 则可用 g_{ij} 构造 X 上的 n 维向量丛 ξ_P. 反过来, 若 X 上的 n 维向量丛 ξ 有过渡函数 $g_{ij}: U_i \cap U_j \to GL(n, \mathbb{R})$, 则得主 $GL(n, \mathbb{R})$ 丛

$$P_\xi = \bigcup_i U_i \times GL(n, \mathbb{R})/ \sim,$$

$(x,g) \sim (x, gg_{ij}(x))$, 若 $x \in U_i \cap U_j$. 不难证明, 以上 $P \mapsto \xi_P$ 和 $\xi \mapsto P_\xi$ 给出双射

$$\mathcal{P}_G X \leftrightarrow Vect_n^{\mathbb{R}} X.$$

称 ξ_P 为 P 的**相伴向量丛**, P_ξ 为 ξ 的**相伴主丛**(associated principal bundle).

称 $\mathbb{R}^{n+k}$ 的 n 个线性无关向量 $\{a_1, \cdots, a_n\}$ 为 n **标架** (n frame). 以标架的向量为列得秩为 n 的矩阵 $A = (a_1 \cdots a_n) \in \mathbb{R}^{(n+k)n}$. 考虑连续函数 $\varphi: A \mapsto \det(A^{\mathrm{T}} A)$. 由 $\mathbb{R}^{n+k}$ 的所有 n 标架所组成的集合 $V_n(\mathbb{R}^{n+k}) = \varphi^{-1}(\mathbb{R} \setminus \{0\})$. 因此 $V_n(\mathbb{R}^{n+k})$ 是 $\mathbb{R}^{(n+k)n}$ 的开子集. 在 $V_n(\mathbb{R}^{n+k})$ 上取 $\mathbb{R}^{(n+k)n}$ 所诱导的拓扑. 如果 $A^{\mathrm{T}} A = I$ (单位矩阵), 则称 $\{a_1, \cdots, a_n\}$ 为**法正交标架** (orthonormal frame). 由 $\mathbb{R}^{n+k}$ 的所有 n 法正交标架所组成的集合 $V_n^O(\mathbb{R}^{n+k}) = \varphi^{-1}(\{I\})$. 因此 $V_n^O(\mathbb{R}^{n+k})$ 是 $\mathbb{R}^{(n+k)n}$ 的闭子集, 并且是有界集 ($A \in V_n^O(\mathbb{R}^{n+k}) \Rightarrow \|A\| = \sqrt{\mathrm{Tr}(A^{\mathrm{T}} A)} \leqslant \sqrt{n}$). 于是 $V_n^O(\mathbb{R}^{n+k})$ 是紧集. Gram-Schmidt 正交化过程决定连续映射

$$GS: V_n(\mathbb{R}^{n+k}) \to V_n^O(\mathbb{R}^{n+k}).$$

$\mathbb{R}^{n+k}$ 的所有 n 维子空间所组成的集合记为 $Grass_n(\mathbb{R}^{n+k})$. 取 $q(\{a_1, \cdots, a_n\})$ 为 $\{a_1, \cdots, a_n\}$ 所生成的向量空间, 则得满射

$$q: V_n(\mathbb{R}^{n+k}) \to Grass_n(\mathbb{R}^{n+k}),$$

在 $Grass_n(\mathbb{R}^{n+k})$ 上取 q 所定的商拓扑. 从下图知 $Grass_n(\mathbb{R}^{n+k})$ 是拓扑空间.

$$\begin{array}{ccccc} V_n^O(\mathbb{R}^{n+k}) & \hookrightarrow & V_n(\mathbb{R}^{n+k}) & \xrightarrow{GS} & V_n^O(\mathbb{R}^{n+k}) \\ & \searrow_{q_O} & \downarrow q & \swarrow_{q_O} & \\ & & Grass_n(\mathbb{R}^{n+k}) & & \end{array}$$

q_O 是从 q 限制得的. 可以证明 $Grass_n(\mathbb{R}^{n+k})$ 是 nk 维拓扑流形 ([MS 74] §5, lem 5.1). 称此流形为 Grassmann 流形.

关于 Grassmann 流形可以看 [MS 74] §5, 6; [GH 78] Chap 1, §5; [Whi 78] 11, 204, 362 页; [Por 81] Chap 12; [HP 47] vol I, Chap VII, vol II, Chap XIV; [Ste 51] §7.7—§7.9; [PS 88] Chap 7, 8; [Muk 12] Chap 8; [LB 15].

Hermann Günther Grassmann (1809—1877), 德国数学家, 一生任中学老师, *1847 年 Kummer 给当地教育部的信说他没有达到当大学老师的水平!*

由全部 (X, x), 其中 $x \in X \in Grass_n(\mathbb{R}^{n+k})$ 所组成的集合记为 E^n, π 记投射 $(X, x) \mapsto X$, 则 $\pi: E^n \to Grass_n(\mathbb{R}^{n+k})$ 是向量丛 ([MS 74] §5, lem 5.2). 记这个向量丛为 $\gamma^n(\mathbb{R}^{n+k})$, 并称它为**典范丛** (canonical bundle).

设 $\mathbb{R}^\infty$ 的元素为 $(x_1, x_2, \cdots)$, $x_i \in \mathbb{R}$, 其中除有限个 i 外 $x_i = 0$. 固定 k 由 $\mathbb{R}^\infty$ 的元素 $(x_1, x_2, \cdots, x_k, 0, 0, \cdots)$ (即若 $i > k$, 则 $x_i = 0$) 所组成的集合记为 $\mathbb{R}^k$. 则有 $\mathbb{R}^1 \subset \mathbb{R}^2 \subset \mathbb{R}^3 \subset \cdots$,

$$\mathbb{R}^\infty = \bigcup_k \mathbb{R}^k = \varinjlim_k \mathbb{R}^k.$$

在 $\mathbb{R}^\infty$ 上取直极限拓扑, $U \subset \mathbb{R}^\infty$ 是开集当且仅当全部 $U \cap \mathbb{R}^k$ 是开集.

显然由 $\mathbb{R}^n \subset \mathbb{R}^{n+1} \subset \mathbb{R}^{n+2} \subset \cdots$ 得

$$Grass_n(\mathbb{R}^n) \subset Grass_n(\mathbb{R}^{n+1}) \subset Grass_n(\mathbb{R}^{n+2}) \subset \cdots.$$

定义无穷 Grassmann 流形为

$$Grass_n(\mathbb{R}^\infty) = \varinjlim_k Grass_n(\mathbb{R}^{n+k})$$

(取直极限拓扑).

从 $Grass_n(\mathbb{R}^\infty) \times \mathbb{R}^\infty$ 取全部 (X, x), 其中 X 是 $\mathbb{R}^\infty$ 的 n 维子空间, $x \in X$. 这样得到的集合记为 E^∞. $Grass_n(\mathbb{R}^\infty) \times \mathbb{R}^\infty$ 的积拓扑诱导 E^∞ 的拓扑. π 记投射 $(X, x) \mapsto X$. 则 $\pi : E^n \to Grass_n(\mathbb{R}^{n+k})$ 是向量丛 ([MS 74] §5, lem 5.4). 记这个向量丛为 γ^n, 并称它为泛丛 (universal bundle). 显然

$$\gamma^n(\mathbb{R}^n) \subset \gamma^n(\mathbb{R}^{n+1}) \subset \cdots,$$

于是 $\gamma^n = \varinjlim_k \gamma^n(\mathbb{R}^{n+k})$.

定理 12.15 设 Y 是仿紧 (paracompact) 拓扑空间, ξ 是 Y 上的 n 维向量丛, 则存在连续映射 $\varphi_\xi : Y \to Grass_n(\mathbb{R}^\infty)$ 使得 $\xi \cong \varphi_\xi^* \gamma^n$. 如此得自然双射

$$Vect_n^\mathbb{R} Y \leftrightarrow [Y, Grass_n(\mathbb{R}^\infty)],$$

于是有自然双射

$$[Y, Grass_n(\mathbb{R}^\infty)] \leftrightarrow \mathcal{P}_{GL_n}(Y).$$

(见 [MS 74] §5, thm 5.6, thm 5.7; [Hat 09] §1.2, thm 1.16.)

由该定理我们得

$$BGL_n = Grass_n(\mathbb{R}^\infty).$$

12.4 $\mathbf{B}_\mathcal{C}$

$\mathcal{C}$ 是范畴, **Set** 是集合范畴, $S : \mathcal{C}^{op} \to \mathbf{Set}$ 是函子. 这样对应于 $\mathcal{C}$ 的对象 x 有集合 Sx, 对应于 $\mathcal{C}$ 的态射 $\alpha : x \to y$ 有映射 $S\alpha : Sy \to Sx$. 取 $s \in Sy$ 记 $S\alpha(s)$ 为

$s \cdot \alpha$. S 的函子性质便是

$$s \cdot 1 = s, \quad (s \cdot \alpha) \cdot \beta = s \cdot (\alpha\beta).$$

函子态射 $\phi: S \to T$ 是指映射 $\phi_x: Sx \to Tx$ 使得

$$\phi_x(s \cdot \alpha) = \phi_y(s) \cdot \alpha.$$

把群 G 看作只有一个对象的范畴 $[G]$, 这个范畴的态射是 G 的元素, 态射合成为 G 的元素的相乘. 那么上面的公式告诉我们: 给出函子 $S: [G]^{op} \to \mathbf{Set}$ 等价于说 SG 是 G 集合, 即是带 G 作用的集合. 函子态射便是 G 等变映射 (equivariant map) $\phi: SG \to TG$.

由所有函子 $\mathcal{C}^{op} \to \mathbf{Set}$ 所组成的范畴记为 $\mathbf{B}_\mathcal{C}$. 我们把 $\mathbf{B}_{[G]}$ 简记为 $\mathbf{B}_G$. 范畴 $\mathbf{B}_\mathcal{C}$ 有一个非常特别的性质: $\mathbf{B}_\mathcal{C}$ 是一个 topos ([Moe 95] 11 页). 我们不定义 topos. 我们可以说: 一个 topos 是一个范畴等价于一个小位形的全部层组成的范畴 (Giraud 定理 [Sch 72] 20.6.4), 关于小位形的层见: [模曲线] 54, 58 页.

$\mathcal{C}$ 是范畴, X 是拓扑空间, X 的全部层组成的范畴记为 $\mathcal{S}h(X)$. 若函子 $E: \mathcal{C} \to \mathcal{S}h(X)$ 有以下三个性质, 则称 E 为 X 上主 $\mathcal{C}$ 丛.

(1) 存在最少一个 $c \in \mathcal{C}$ 使得层 $E(c)$ 在点 x 的茎 $E(c)_x$ 不是空集.

(2) 若有 $u \in E(c)_x, v \in E(d)_x$, 则 $\mathcal{C}$ 有态射 $\alpha: b \to c, \beta: b \to d$ 和有 $w \in E(b)_x$ 使得 $\alpha \cdot w = u$ 和 $\beta \cdot w = v$.

(3) 若有 $\alpha, \beta: c \rightrightarrows d$ 和 $u \in E(c)_x$ 使得 $\alpha \cdot u = \beta \cdot u$, 则有 $\gamma: b \to c$ 和 $v \in E(b)_x$ 使得 $\alpha\gamma = \beta\gamma$ 和 $\gamma \cdot v = u$.

X 上所有主 $\mathcal{C}$ 丛组成范畴记为 $Prin(X, \mathcal{C})$.

定理 12.16 $\mathcal{C}$ 是范畴, X 是拓扑空间. 存在范畴自然等价

$$\mathrm{Hom}(\mathcal{S}h(X), \mathbf{B}_\mathcal{C}) \equiv Prin(X, \mathcal{C}).$$

证明见 [Moe 95] Chap II, §2, thm 2.2. 这告诉我们 $\mathbf{B}_\mathcal{C}$ 是分类主 $\mathcal{C}$ 丛的, 所以称它为 $\mathcal{C}$ 的分类范畴或分类拓扑层 (classifying topos)([Gro 682] §0.6, 221 页). 留意: $\mathbf{B}_\mathcal{C}$ 是范畴, 12.1.1 节定义的 $B\mathcal{C}$ 是拓扑空间.

12.5 $B\mathcal{S}^{-1}\mathcal{S}$

12.5.1 群化

幺半群同态 $f: M \to N$ 是要求 $f(m + m') = f(m) + f(m')$ 和 $f(0) = 0$.

设有交换幺半群 $(M,+,0)$. 称 $\kappa: M \to C$ 为 M 的**群化**(group completion), 若 C 是交换群, κ 是幺半群同态, 并且: 若有交换群 A 及幺半群同态 $\alpha: M \to A$, 则存在唯一的群同态 $\tilde{\alpha}$ 使得 $\alpha = \tilde{\alpha} \circ \kappa$. 常记 C 为 $M^{-1}M$.

对 $m \in M$ 引入符号 $\langle m \rangle$. 以 F 记由集 $\{\langle m \rangle : m \in M\}$ 所生成的自由交换群. 由 $\langle m+n \rangle - \langle m \rangle - \langle m \rangle$ 所生成 F 的子群记为 R. $\langle m \rangle$ 在商群 F/R 的象记为 $[m]$. 定义 $\kappa(m) = [m]$. 容易证明 $(F/R, \kappa)$ 是 M 的群化.

类似的现象在同伦论的定义是这样的.

设 X, Y 是胞腔复形, 则胞腔链复形 $C_*(X \times Y) = C_*(X) \otimes C_*(Y)$. 另外双线性映射

$$C_p(X) \times C_q(Y) \xrightarrow{\otimes} (C_*(X) \otimes C_*(Y))_{p+q} : (a,b) \mapsto a \otimes b$$

有边缘映射

$$\partial(a \otimes b) = (\partial a) \otimes b + (-1)^p a \otimes (\partial b), \quad a \in C_p(X).$$

于是得同调叉积 (homology cross product)

$$H_p(X) \times H_q(Y) \xrightarrow{\times} H_{p+q}(X \times Y)$$

([姜] 第四章 |S 1.7, 152 页; [Whi 78]64 页).

设 X 是 H 空间, 合成 $m: X \times X \to X$ 诱导映射 $m_*: H_n(X \times X) \to H_n(X)$. 与同调叉积合成得 H 空间同调积

$$H_p(X) \times H_q(X) \to H_{p+q}(X).$$

若 X 是交换 H 幺半群, 则 $H_*(X, \mathbb{Z})$ 是分级交换环 ([Whi 78]Chap III, §7, thm 7.2).

设 X 是交换 H 幺半群. 则 X 的连通分支集 $\pi_0(X)$ 是交换幺半群, 并且 $H_0(X, \mathbb{Z})$ 是幺半环 $\mathbb{Z}[\pi_0(X)]$. $H_0(X, \mathbb{Z})$ 作用在 $H_*(X, \mathbb{Z})$ 上. $\pi_0(X)$ 是乘性闭子集. 于是可取局部化 $\pi_0(X)^{-1}H_*(X, R)$.

定义 12.17 设 X 是交换 H 幺半群. 称 H 空间映射 $X \to Y$ 为 X 的群化 (group completion), 若

(1) $\pi_0(Y)$ 是交换幺半群 $\pi_0(X)$ 的群化;

(2) 对任意交换环 R 有同构 $H_*(Y, R) \cong \pi_0(X)^{-1}H_*(X, R)$.

12.5.2 作用

在本小节以 $(\mathcal{S}, +, 0)$ 记对称带单位幺半范畴. 用这个记号, 比如, 讨 $A \in \mathcal{S}$ 有 $0 + A \cong A \cong A + 0$.

我们说 $\mathcal{S}$ 作用在范畴 $\mathcal{X}$ 上, 若有函子 $+: \mathcal{S} \times \mathcal{X} \to \mathcal{X}$ 和对 $A, B \in \mathcal{S}, F \in \mathcal{X}$ 有自然变换 $A + (B + F) \cong (A + B) + F$, $0 + F \cong F$, 并且相贯公理成立, 例如在五

边形公理中把 W, X, Y, Z 换为 A, B, C, F. 若对 $A \in \mathcal{S}$, 平移 $\mathcal{X} \to \mathcal{X}: F \mapsto A + F$ 是同伦等价, 则说 $\mathcal{S}$ 在 $\mathcal{X}$ 上有可逆作用.

取环 R 的乘性子集 S, 可作 R 模 M 在 S 的局部化 $S^{-1}M$. 我们在此作个类似的构造.

考虑 $\mathcal{X}$ 的态射 $A + F \to G$, 其中 $A \in \mathcal{S}, F, G \in \mathcal{X}$. 称 $(A, A + F \to G)$ 等价于 $(A', A' + F \to G)$, 若 $\mathcal{S}$ 有同构 $u: A \to A'$ 使得有交换图

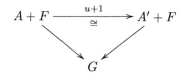

定义范畴 $\langle \mathcal{S}, \mathcal{X} \rangle$ 的对象为 $\mathcal{X}$ 的对象, 一个从 F 至 G 的态射定义为 $(A, A + F \to G)$ 等价类.

现取 $\mathcal{S}$ 在 $\mathcal{S} \times \mathcal{X}$ 的作用为 $A, (B, F) \mapsto (A + B, A + F)$. 然后定义 $\mathcal{S}^{-1}\mathcal{X}$ 为 $\langle \mathcal{S}, \mathcal{S} \times \mathcal{X} \rangle$, 即 $\mathcal{S}^{-1}\mathcal{X}$ 的对象是 (B, F). 一个从 (B, F) 至 (C, G) 的态射是 $(D, (D + B, D + F) \to (C, G))$ 的等价类. 看以下例子: $\mathcal{S}^{-1}\mathcal{S}$

定义 $\mathcal{S}$ 在 $\mathcal{S}^{-1}\mathcal{X}$ 的作用为: $A + (B, F) = (B, A + F)$, 这样便要把 $\mathcal{S}^{-1}\mathcal{X}$ 的态射 $(B, F) \to (C, G)$ 映为 $A + (B, F) = (B, A + F) \to A + (C, G) = (C, A + G)$. 设 $(D, (D+B, D+F) \to (C, G))$ 是 $(B, F) \to (C, G)$ 的代表. 即 $(D+B, D+F) \to (C, G)$ 是 $\mathcal{S} \times \mathcal{X}$ 的态射, $D + F \to G$ 是 $\mathcal{X}$ 的态射. $\mathcal{S}$ 作用 $\mathcal{X}$ 上, 于是有态射 $A + (D + F) \to A + G$. 但 $\mathcal{S}$ 是对称的, 因此 $A + (D + F) \cong (A + D) + F \cong (D + A) + F \cong D + (A+)$. 于是得态射 $(D, (D + B, D + (A + F)) \to (C, A + G))$. 它的同构类便是所求态射 $A + (B, F) \to A + (C, G)$.

断言: $\mathcal{S}$ 在 $\mathcal{S}^{-1}\mathcal{X}$ 的作用是可逆的. 取 $A \in \mathcal{S}$. 函子 $(B, F) \to (B, A + F)$ 与函子 $(B, F) \to (A+B, F)$ 的两个合成均等于 $(B, F) \to (A+B, A+F)$. 由 $(A, A+(B,F) \stackrel{\cong}{\to} (A+B, A+F))$ 所给 $\mathcal{S}^{-1}\mathcal{X}$ 的态射定义从恒等函子至函子 $(B, F) \to (A+B, A+F)$ 的自然变换. 于是知函子 $(B, F) \to (B, A+F)$ 有同伦逆元 $(B, F) \to (A+B, F)$.

命题 12.18 设带单位对称幺半范畴 $\mathcal{S}$ 满足以下条件:

1) $\mathcal{S}$ 的任何态射是同构;

2) 任意 $A \in \mathcal{S}$ 所决定的平移函子 $\mathcal{S} \to \mathcal{S}: B \mapsto A + B$ 是忠实函子.

设 $\mathcal{S}$ 作用在范畴 $\mathcal{X}$ 上, 则 $\mathcal{S}$ 在 $\mathcal{X}$ 上是可逆作用当且仅当 $\mathcal{X} \to \mathcal{S}^{-1}\mathcal{X}$ 是同伦等价.

以上命题的假设下, 交换幺半群 $\pi_0(\mathcal{S}) = \pi_0(B\mathcal{S})$ 作用在 $H_p(\mathcal{X}, \mathbb{Z}) = H_p(B\mathcal{X}, \mathbb{Z})$ 上. 因为 $\mathcal{S}$ 在 $\mathcal{S}^{-1}\mathcal{X}$ 上的作用可逆, $\pi_0(\mathcal{S})$ 在 $H_p(\mathcal{S}^{-1}\mathcal{X}, \mathbb{Z})$ 上有可逆作用. 由自然映射 $H_p(\mathcal{X}, \mathbb{Z}) \to H_p(\mathcal{S}^{-1}\mathcal{X}, \mathbb{Z})$ 得映射 $\pi_0(\mathcal{S})^{-1} H_p(\mathcal{X}, \mathbb{Z}) \to H_p(\mathcal{S}^{-1}\mathcal{X}, \mathbb{Z})$.

定理 12.19 设带单位对称幺半范畴 $\mathcal{S}$ 满足命题 12.18 的条件并且在范畴 $\mathcal{X}$

上有作用, 则对 $p \geqslant 0$ 有同构

$$\pi_0(\mathcal{S})^{-1} H_p(\mathcal{X}, \mathbb{Z}) \to H_p(\mathcal{S}^{-1}\mathcal{X}, \mathbb{Z}).$$

证明 定义函子 $\rho : \mathcal{S}^{-1}\mathcal{X} \to \langle \mathcal{S}, \mathcal{S} \rangle$ 为 $\rho((B, F)) = B$ 和

$$\rho((A, (A+B, A+F) \xrightarrow{(f,g)} (B', F'))) = (A, A+B \xrightarrow{f} B'),$$

则 $\mathcal{S}^{-1}\mathcal{X}$ 是在 $\langle \mathcal{S}, \mathcal{S} \rangle$ 之上的上纤范畴. 以 $N_\bullet \mathcal{C}$ 记范畴 $\mathcal{C}$ 的神经. 双复形

$$E_{pq}^0 = \coprod_{\{B_0 \to \cdots \to B_p\} \in N_p\langle \mathcal{S}, \mathcal{S}\rangle} \coprod_{N_q(\rho/B_0)} \mathbb{Z}$$

亦可表达为

$$E_{pq}^0 = \coprod_{\{F_0 \to \cdots \to F_q\} \in N_q(\mathcal{S}^{-1}\mathcal{X})} \coprod_{N_p(\rho(F_q)/\langle \mathcal{S}, \mathcal{S}\rangle)} \mathbb{Z}.$$

p 方向的同调群 (即谱序列的 E^1 项) 是 $H_p(\rho(F_q) \backslash \langle \mathcal{S}, \mathcal{S}\rangle, \mathbb{Z})$ 的直和. 但是 $\rho(F_q)$ 是 $\rho(F_q) \backslash \langle \mathcal{S}, \mathcal{S}\rangle$ 的始对象, 于是 $\rho(F_q) \backslash \langle \mathcal{S}, \mathcal{S}\rangle$ 是可缩, 因此

$$E_{pq}^1 = \begin{cases} \coprod_{N_q(\mathcal{S}^{-1}\mathcal{X})} \mathbb{Z}, & p = 0, \\ 0, & p > 0, \end{cases}$$

于是知谱序列在 E^2 退化, 并且

$$E_{0q}^2 = E_{0q}^\infty = H_q(\mathcal{S}^{-1}\mathcal{X}, \mathbb{Z})$$

和 $E_{pq}^\infty = 0$, 若 $p > 0$.

计算 E_{pq}^0 的 q 方向的同调群得

$$E_{pq}^1 = \coprod_{B_0 \to \cdots \to B_p} H_q(\rho/B_0, \mathbb{Z})$$

$$\cong \coprod_{B_0 \to \cdots \to B_p} H_q(\rho^{-1}(B_0), \mathbb{Z}) \cong \coprod_{B_0 \to \cdots \to B_p} H_q(\mathcal{X}, \mathbb{Z}).$$

以

$$\overline{H_q(\mathcal{X})} : \langle \mathcal{S}, \mathcal{S}\rangle \to \text{Ab}$$

记函子 $B \mapsto H_q(\mathcal{X}, \mathbb{Z})$, $(A, A+B \to B') \to (H_q(\mathcal{X}, \mathbb{Z})$ 的自同态). 若有函子 $F : \mathcal{C} \to \text{Ab}$, 则以 $H_q(\mathcal{C}, F)$ 记复形

$$C_p(\mathcal{C}, F) = \coprod_{\{A_0 \to \cdots \to A_p\} \in N_p \mathcal{C}} F(A_0)$$

的同调群. 则谱序列的 E^2 项是

$$E_{pq}^2 = H_p(\langle \mathcal{S}, \mathcal{S}\rangle, \overline{H_q(\mathcal{X})}) \Rightarrow H_{p+q}(\mathcal{S}^{-1}\mathcal{X}, \mathbb{Z}).$$

因为交换环上的模的局部化是正合函子, 所以可从以上 $\pi_0(\mathcal{S})$ 模的谱序列得 $\pi_0(\mathcal{S})^{-1}\pi_0(\mathcal{S})$ 模的谱序列

$$E_{pq}^1 = \coprod_{N_p\langle \mathcal{S},\mathcal{S}\rangle} \pi_0(\mathcal{S})^{-1} H_q(\mathcal{X}, \mathbb{Z}) \Rightarrow \pi_0(\mathcal{S})^{-1} H_{p+q}(\mathcal{S}^{-1}\mathcal{X}, \mathbb{Z})$$

$$= H_{p+q}(\mathcal{S}^{-1}\mathcal{X}, \mathbb{Z}).$$

$0 \in \langle \mathcal{S}, \mathcal{S}\rangle$ 是始对象, 于是 $(B, B + 0 \cong B)$ 决定 $\langle \mathcal{S}, \mathcal{S}\rangle$ 的唯一态射 $0 \to B$. 所以有同构 $\pi_0(\mathcal{S})^{-1} H_q(\rho^{-1}(0), \mathbb{Z}) \cong \pi_0(\mathcal{S})^{-1} H_q(\rho^{-1}(B), \mathbb{Z})$. 因此得

$$E_{pq}^1 = \left(\coprod_{N_p\langle \mathcal{S},\mathcal{S}\rangle} \mathbb{Z}\right) \otimes_{\mathbb{Z}} \pi_0(\mathcal{S})^{-1} H_q(\rho^{-1}(0), \mathbb{Z}).$$

因为 $\langle \mathcal{S}, \mathcal{S}\rangle$ 是可缩, 复形

$$C_p(\langle \mathcal{S}, \mathcal{S}\rangle, \mathbb{Z}) = \coprod_{N_p \langle \mathcal{S},\mathcal{S}\rangle} \mathbb{Z}$$

的同调群 $H_p(\langle \mathcal{S}, \mathcal{S}\rangle, \mathbb{Z}) = 0$ 当 $p \neq 0$; $H_0(\langle \mathcal{S}, \mathcal{S}\rangle, \mathbb{Z}) = \mathbb{Z}$. 因此 $E_{pq}^2 = 0$ 当 $p \neq 0$; $E_{0q}^2 = \pi_0(\mathcal{S})^{-1} H_q(\mathcal{X}, \mathbb{Z})$. 于是知谱序列在 E^2 退化, 所以有同构

$$\pi_0(\mathcal{S})^{-1} H_q(\mathcal{X}, \mathbb{Z}) \cong H_q(\mathcal{S}^{-1}\mathcal{X}, \mathbb{Z}).$$

我们从函子 $\mathcal{X} \to \{0\}$ 出发重复以上的计算得平凡谱序列

$$E_{pq}^1 = \begin{cases} H_p(\mathcal{X}, \mathbb{Z}), & q = 0, \\ 0, & q > 0, \end{cases}$$

$$E_{pq}^1 \Rightarrow H_{p+q}(\mathcal{X}, \mathbb{Z}).$$

利用下图

$$\begin{array}{ccc} \mathcal{X} & \longrightarrow & \mathcal{S}^{-1}\mathcal{X} \\ \downarrow & & \downarrow \\ \{0\} & \longrightarrow & \langle \mathcal{S}, \mathcal{S}\rangle \end{array}$$

比较两个谱序列便知道同构 $\pi_0(\mathcal{S})^{-1} H_q(\mathcal{X}, \mathbb{Z}) \cong H_q(\mathcal{S}^{-1}\mathcal{X}, \mathbb{Z})$ 是把态射 $H_q(\mathcal{X}, \mathbb{Z}) \to H_q(\mathcal{S}^{-1}\mathcal{X}, \mathbb{Z})$ 局部化得来的. $\square$

12.5 $B\mathcal{S}^{-1}\mathcal{S}$

引理 12.20 设 $\mathcal{S}$ 是带单位对称幺半范畴, 则分类空间 $B\mathcal{S}$ 是交换 H 幺半群.

证明 由 $\otimes: \mathcal{S} \times \mathcal{S} \to \mathcal{S}$ 得合成律 $B\mathcal{S} \times B\mathcal{S} \cong B(\mathcal{S} \times \mathcal{S}) \to B\mathcal{S}$. 由于自然同构 $1 \otimes X \cong X \cong X \otimes 1$ 得见端点 1 是同伦单位, $B\mathcal{S}$ 是 H 空间. 其余是显然的. □

取 $S \in \mathcal{S}$. 称从 $\mathcal{S}$ 至 $\mathcal{S}$ 的函子 $S \otimes \bullet : X \mapsto S \otimes X$ 为平移函子 (translation functor). 若有态射 $\alpha : S \to T$, 则 $\alpha_X := \alpha \otimes id_X : S \otimes X \to T \otimes X$ 给出自然变换 $\alpha_\bullet : S \otimes \bullet \to T \otimes \bullet$.

取 $S, T \in \mathcal{S}$, 态射 $f : S \otimes X \to X'$, $g : S \otimes Y \to Y'$, $f' : T \otimes X \to X'$, $g' : T \otimes Y \to Y'$. 称态射

$$(X,Y) \xrightarrow{S \otimes \bullet} (S \otimes X, S \otimes Y) \xrightarrow{(f,g)} (X', Y')$$

等价于态射

$$(X,Y) \xrightarrow{T \otimes \bullet} (T \otimes X, T \otimes Y) \xrightarrow{(f',g')} (X', Y'),$$

若有同构 $\alpha : S \to T$ 使得 $f' \circ \alpha_X = f$, $g' \circ \alpha_X = g$.

定义 12.21 设 $\mathcal{S}$ 是带单位对称幺半范畴. 定义范畴 $\mathcal{S}^{-1}\mathcal{S}$ 的对象为偶对 (X, Y), $X, Y \in \mathcal{S}$. 定义从 (X, Y) 至 (X', Y') 的态射为

$$(X,Y) \xrightarrow{S \otimes \bullet} (S \otimes X, S \otimes Y) \xrightarrow{(f,g)} (X', Y')$$

的等价类.

由定理 12.19 可得如下结论.

定理 12.22 (Quillen) 假设带单位对称幺半范畴 $\mathcal{S}$ 的态射是同构和所有平移 $\mathrm{Aut}\,(X) \to \mathrm{Aut}\,(S \otimes X)$ 是单射, 则 $B(\mathcal{S}^{-1}\mathcal{S})$ 是交换 H 幺半群 $B(\mathcal{S})$ 的群化.

([Gra 76] 221 页; [Wei 13] Chap IV, §4, thm 4.8.)

例 **pfMod**(R) 记有限生成投射 R 模范畴. 取 $\otimes$ 为直和, 1 为 0 模. 则 **pfMod**(R) 是带单位对称幺半范畴. 因为 0 模是始对象, B**pfMod**(R) 是可缩空间. 考虑 **pfMod**(R) 的子范畴 $\mathcal{S}$: 它的对象等同 **pfMod**(R), $\mathcal{S}$ 的态射是 **pfMod**(R) 的同构. 则有同胚 $B(\mathcal{S}) \approx \bigsqcup_P B\mathrm{Aut}\,P$, 其中无交并集里 P 走遍所有有限生成投射 R 模同构类. 可求 $B(\mathcal{S})$ 的群化.

第13章 单纯对象

Hom($\mathcal{A}, \mathcal{B}$) 记从范畴 $\mathcal{A}$ 到范畴 $\mathcal{B}$ 的全部函子所组成的范畴.

Δ 是序数范畴. 取范畴 $\mathcal{C}$. 称函子 $\Delta^{op} \to \mathcal{C}$ 为单纯 $\mathcal{C}$ 对象 (simplicial $\mathcal{C}$ object). 并以 **s$\mathcal{C}$** 记范畴 Hom($\Delta^{op}, \mathcal{C}$). **Set** 记集合范畴. 简称函子 $\Delta^{op} \to$ **Set** 为单纯集 (simplicial set). **Top** 是拓扑空间范畴. 简称函子 $\Delta^{op} \to$ **Top** 为单纯拓扑空间 (simplicial topological space). **Ab** 是交换群范畴. 简称函子 $\Delta^{op} \to$ **Ab** 为单纯交换群 (simplicial abelian group). 全部范畴组成范畴 **Cat**. 按这里的原则应该称函子 $\Delta^{op} \to$ **Cat** 为单纯范畴. 不过 "Quillen 单纯范畴" 是指他定义的结构.

13.1 Dold-Kan 对应

设 $A = (A_n, d_n, s_n)$ 是单纯交换群 (simplicial abelian group). 定义

$$NA_n = \bigcap_{i=0}^{n-1} \operatorname{Ker} d_i \subset A_n.$$

取映射 $(-1)^n d_n : NA_n \to NA_{n-1}$. 由于 $d_{n-1}d_n = d_{n-1}d_{n-1}$ 和 $NA_n \subseteq \operatorname{Ker} d_{n-1}$, 便知 NA 是链复形. 称 NA 为 A 的正规化链复形 (normalized chain complex).

若 C 是链复形, 定义

$$\Gamma(C)_n = \bigoplus_{n \twoheadrightarrow k} C_k,$$

则 $\Gamma(C)$ 是单纯交换群.

sAb 是单纯交换群范畴. **Ch**$_+$ 非负链复形范畴.

定理 13.1 (Dold-Kan 对应) 函子

$$N : \mathbf{sAb} \to \mathbf{Ch}_+, \quad \Gamma : \mathbf{Ch}_+ \to \mathbf{sAb}$$

决定范畴等价.

定理是说: 存在自然同构 $\Gamma N(A) \cong A$, $N\Gamma(C) \cong C$. 原定理见: [Kan 582]. 以下给出证明.

定义单纯交换群 $A = (A_n, d_i, s_j)$ 的 Moore 复形的 n 链群为 A_n; 定义此复形的边缘映射 $\partial : A_n \to A_{n-1}$ 为 $\partial := \sum_{i=0}^{n}(-1)^i d_i$. 从单纯恒等式推得 $\partial^2 = 0$.

13.1 Dold-Kan 对应

在 A_{n-1} 上有退化算子 $s_j : A_{n-1} \to A_n$. 由 $s_j(A_{n-1})$, $0 \leqslant j \leqslant n-1$ 所生成 A_n 的子群记为 DA_n, 则 ∂ 诱导同态

$$\partial : A_n/DA_n \to A_{n-1}/DA_{n-1},$$

用此得链复形记为 A/DA.

命题 13.2 设 $i : NA \to A$ 为包含链映射, $p : A \to A/DA$ 为投影链映射, 则 $p \circ i$ 为链复形同构.

证明 由 $s_i(A_{n-1})$, $i \leqslant j$ 所生成 A_n 的子群记为 $D_j A_n$. 设

$$N_j A_n = \bigcap_{i=0}^{j} \operatorname{Ker} d_i \subset A_n.$$

考虑合成 $\phi : N_j A_n \hookrightarrow A_n \xrightarrow{p} A_n/D_j A_n$. 以下用归纳法证明: 对所有 n 和 $j < n$, ϕ 是同构.

$j = 0$. 取 $[x] \in A_n/D_0 A_n = A_n/s_0 A_{n-1}$. 从单纯恒等式 $d_0 s_0 = 1$ 推得 $d_0(x - s_0 d_0 x) = 0$, 于是 $x - s_0 d_0 x \in N_0 A_n$. 由于 $[x] = [x - s_0 d_0 x]$, 因此知 ϕ 为满射. 另一方面, 若有 $x \in N_0 A_n$ 和 $px = 0$, 则 $d_0 x = 0$ 和 $x = s_0 y$, 于是 $0 = d_0 x = d_0 s_0 y = y$, 因此 $x = s_0 y = 0$. 这样证得 ϕ 为单射.

下一步假设: 对 $k < j$ 已有同构 $\phi : N_k A_m \to A_m/D_k A_m$. 考虑 $\phi : N_j A_n \to A_n/D_j A_n$. 引入交换图

$$\begin{array}{ccc} N_{j-1} A_n & \xrightarrow[\cong]{\phi} & A_n/D_{j-1} A_n \\ \cup \uparrow & & \downarrow \\ N_j A_n & \xrightarrow{\phi} & A_n/D_j A_n \end{array}$$

在图中取 $[y] \in A_n/D_j A_n$, 则有 $x \in N_{j-1} A_n$ 使得 $[x] = [y]$. 因为 $d_j(x - s_j d_j x) = 0$, 所以 $x - s_j d_j x \in N_j A_n$, 并且 $[x] = [x - s_j d_j x]$. 于是知 $\phi : N_j A_n \to A_n/D_j A_n$ 为满射.

从单纯恒等式知退化算子 $s_j : A_{n-1} \to A_n$ 有性质: $s_j(N_{j-1} A_{n-1}) \subseteq N_{j-1} A_n$, $s_j(D_{j-1} A_{n-1}) \subseteq D_{j-1} A_n$. 于是可作交换图

$$\begin{array}{ccc} N_{j-1} A_{n-1} & \xrightarrow[\cong]{\phi} & A_{n-1}/D_{j-1} A_{n-1} \\ s_j \downarrow & & \downarrow s_j \\ N_{j-1} A_n & \xrightarrow[\cong]{\phi} & A_n/D_{j-1} A_n \end{array}$$

此外还有正合序列

$$0 \to A_{n-1}/D_{j-1}A_{n-1} \xrightarrow{s_j} A_n/D_{j-1}A_n \to A_n/D_j A_n \to 0.$$

于是, 若有 $x \in N_j A_n$ 使得 $\phi x = 0$, 则有 $y \in N_{j-1} A_n$ 使得 $x = s_j y$. 但是 $d_j x = 0$, 因此 $0 = d_j x = d_j s_j y = y$, 所以 $x = 0$. 这样证得 $\phi : N_j A_n \to A_n/D_j A_n$ 为单射. □

因为 A 是单纯的, 对应于序数范畴的保序单射 $\alpha : \boldsymbol{m} \to \boldsymbol{n}$ 是同态 $\alpha^* : A_n \to A_m$. 由此得同态 $\alpha^* : NA_n \to NA_m$. 按定义

$$\Gamma(NA)_n = \bigoplus_{\boldsymbol{n} \twoheadrightarrow \boldsymbol{k}} NA_k.$$

为了定义 $\alpha^* : \Gamma(NA)_n \to \Gamma(NA)_m$, 我们只需要在对应于 $\sigma : \boldsymbol{n} \twoheadrightarrow \boldsymbol{k}$ 的分支 NA_k 上定义 α^*. 从 σ 得 $\sigma \circ \alpha : \boldsymbol{m} \to \boldsymbol{k}$; 把 $\sigma\alpha$ 作满单分解

$$\boldsymbol{m} \xrightarrow{\mu} \boldsymbol{j} \xhookrightarrow{\nu} \boldsymbol{k},$$

然后定义 α^* 为以下态同的合成

$$NA_k \xrightarrow{\nu^*} NA_j \xrightarrow{\iota_\mu} \bigoplus_{\boldsymbol{m} \twoheadrightarrow \boldsymbol{r}} NA_r = \Gamma(NA)_m,$$

其中 ι_μ 是由 μ 决定的包含映射. 不难验证 $\Gamma(NA)_\bullet$ 是单纯交换群.

对应于 $\sigma : \boldsymbol{n} \twoheadrightarrow \boldsymbol{k}$ 取合成

$$NA_k \hookrightarrow A_k \xrightarrow{\sigma^*} A_n,$$

用此定义映射 $\Gamma(NA)_n = \bigoplus_{\boldsymbol{n} \twoheadrightarrow \boldsymbol{k}} NA_k \to A_n$. 这些映射组成 $\psi : \Gamma(NA)_\bullet \to A_\bullet$.

命题 13.3 ψ 为单纯交换群同构.

证明 对 n 作归纳证明.

因为 $NA_0 = A_0$ 和只有一个映射 $\boldsymbol{0} \to \boldsymbol{0}$, 于是可证 $n = 0$. 现假设对 $m < n$ 有同构 $\psi : \Gamma(NA)_m \to A_m$.

取 $u \in A_{n-1}$, 按假设有 $v \in \Gamma(NA)_{n-1}$ 使得 $u = \psi v$. 于是 $s_j u = \psi s_j v$. 这样便知 $DA_n \subseteq \mathrm{Img}\,\psi$ (ψ 的象). 取 $x \in A_n$. 按命题 13.2 有同构 $pi : NA_n \to A_n/DA_n$. 于是有 $y \in NA_n$ 使得 $piy = [x]$. 此时 $piy = \psi y$. 这样便有 $\psi w \in DA_n$ 使得 $\psi y + \psi w = x$. 因此知 ψ 为满射.

设 $\psi((x_\sigma)) = 0$, 其中

$$(x_\sigma) \in \bigoplus_{\boldsymbol{n} \xrightarrow{\sigma} \boldsymbol{k}} NA_k = \Gamma(NA)_n.$$

13.1 Dold-Kan 对应

若 $k < n$, 则有 $\eta : \boldsymbol{k} \to \boldsymbol{n}$ 使得 $\sigma\eta = id_{\boldsymbol{k}}$. 考虑 $\eta^* : \Gamma(NA)_n \to \Gamma(NA)_k$. 设 $\eta^*(x_\sigma) = (y_\mu)$. 当 $\mu = \sigma\eta$ 时, $y_\mu = x_\sigma$. 但是 $\psi\eta^*(x_\sigma) = 0$, 于是用归纳假设得 $\eta^*(x_\sigma) = 0$, 因此在 NA_k 有 $x_\sigma = 0$. 我们已证: 若 $\sigma : \boldsymbol{n} \twoheadrightarrow \boldsymbol{k}$ 和 $k < n$, 则 $x_\sigma = 0$. 只余下分支 $x_{1_n} \in NA_n$. 但 $\psi|_{NA_n} = NA_n \hookrightarrow A_n$. 因此 $x_{1_n} = 0$. 这样我们证完 ψ 是单射. □

命题 13.4 若 $C_\bullet \in \mathbf{Ch}_+$, 则
$$\Gamma(C_\bullet)_\bullet / D\Gamma(C_\bullet) \cong C_\bullet.$$

证明 以 $\Gamma(C_\bullet)_\bullet$ 记 $\Gamma(C_\bullet)$ 的 Moore 复形. $\alpha : \boldsymbol{m} \to \boldsymbol{n}$ 决定包含映射 $\iota_\alpha : C_n \to \Gamma(C_\bullet)_m$ 把 C_n 映为直和
$$\Gamma(C_\bullet)_m = \bigoplus_{\boldsymbol{m} \xrightarrow{\sigma} \boldsymbol{k}} C_k$$

的第 α 坐标. 由定义
$$D\Gamma(C_\bullet)_n = \sum_{i=0}^{n-1} \mathrm{Img}(s_i) = \sum_{i=0}^{n-1} (\langle \iota_{\sigma s^i} \rangle_{\sigma : \boldsymbol{n-1} \twoheadrightarrow \boldsymbol{n}}),$$

因为保序满射可以分解为退化映射的积, 对 $m \neq n$, 给出满射 $\sigma : \boldsymbol{n} \twoheadrightarrow \boldsymbol{m}$, 存在 $\sigma_0 : \boldsymbol{n-1} \twoheadrightarrow \boldsymbol{m}$ 和 $i \in \{0, \cdots, m\}$ 使得 $\sigma = \sigma_0 s^i$. 因此 $\bigoplus_{\sigma : \boldsymbol{n} \twoheadrightarrow \boldsymbol{m}, m \neq n} C_m \subseteq D\Gamma(C_\bullet)_n$. 由于, 若 $\sigma : \boldsymbol{n-1} \twoheadrightarrow \boldsymbol{m}$ 和 $i \in \{0, \cdots, m\}$, 则 $\sigma s^i \neq id$, 于是 $D\Gamma(C_\bullet)_n \subseteq \bigoplus_{\sigma : \boldsymbol{n} \twoheadrightarrow \boldsymbol{m}, m \neq n} C_m$. 所以
$$\Gamma(C_\bullet)_n / D\Gamma(C_\bullet)_n = \frac{\bigoplus_{\sigma : \boldsymbol{n} \twoheadrightarrow \boldsymbol{m}} C_m}{\bigoplus_{\sigma : \boldsymbol{n} \twoheadrightarrow \boldsymbol{m}, m \neq n} C_m} \cong C_n.$$

余下只需证明以下是交换图
$$\begin{array}{ccc} \Gamma(C_\bullet)_n / D\Gamma(C_\bullet)_n & \xrightarrow{\partial} & \Gamma(C_\bullet)_{n-1} / D\Gamma(C_\bullet)_{n-1} \\ \cong \downarrow & & \downarrow \cong \\ C_n & \xrightarrow{\partial} & C_{n-1} \end{array}$$

在 Moore 复形 $\Gamma(C_\bullet)_\bullet$ 上 ∂ 是 $\sum_{i=0}^{n}(-1)^i d_i : \Gamma(C_\bullet)_n \to \Gamma(C_\bullet)_{n-1}$. 取 $x \in C_n$, 设 $\tilde{x} \in \Gamma(C_\bullet)_n$ 在坐标对应于 id 是 x, 在其他坐标是 0, 则
$$\sum_{i=0}^{n}(-1)^i d_i(\tilde{x}) = (-1)^n (-1)^n \iota_{id} \partial(x),$$

于是知上图是交换的. □

定理 13.1 的证明. $\Gamma N(A) \cong A$ 是命题 13.3. 从命题 13.2, 命题 13.4 可得
$$N\Gamma(C_\bullet) \cong \Gamma(C_\bullet)_\bullet/D\Gamma(C_\bullet) \cong C_\bullet.$$

可以推广 Dold-Kan 对应为 Abel 范畴上的 Dold-Puppe 对应: 设 $\mathcal{A}$ 是 Abel 范畴. $\mathbf{Ch}_+(\mathcal{A})$ 是 $\mathbf{A}$ 的链复形范畴. 函子
$$N: \mathbf{sA} \to \mathbf{Ch}_+(\mathcal{A}), \quad \Gamma: \mathbf{Ch}_+(\mathcal{A}) \to \mathbf{sA}$$
决定范畴等价. 证明详情见 [DP 61].

13.2 层

我们写下层的定义和一些性质, 并建立一些记号以方便参考.

定义 13.5 取范畴 $\mathcal{C}$. $\mathcal{C}$ 的 Grothendieck 拓扑是指对 $\mathcal{C}$ 每个对象 U 有资料 $\mathrm{Cov}\, U$ 使得

(0) $\mathrm{Cov}\, U$ 的元素是 $\mathcal{C}$ 的一组态射 $\{U_i \xrightarrow{\varphi_i} U\}_{i \in I}$.

(1) 若 φ 是 $\mathcal{C}$ 的同构, 则 $\{\varphi\} \in \mathrm{Cov}\, U$.

(2) 若 $\{U_i \xrightarrow{\varphi_i} U\} \in \mathrm{Cov}\, U$ 和 $\{V_{ij} \xrightarrow{\varphi_{ij}} U_i\} \in \mathrm{Cov}\, U_i$, 则
$$\{V_{ij} \xrightarrow{\varphi_i \varphi_{ij}} U\} \in \mathrm{Cov}\, U.$$

(3) 若 $\{U_i \to U\} \in \mathrm{Cov}\, U$, $V \to U$ 是 $\mathcal{C}$ 的态射, 则纤维积 $U_i \times_U V$ 存在, 以及 $\{U_i \times_U V \to V\} \in \mathrm{Cov}\, V$.

称 $\mathrm{Cov}\, U$ 的元素为 U 的覆盖. 称带 Grothendieck 拓扑的范畴为**位形**(site).

设有位形 $\mathcal{C}$. 称函子 $F: \mathcal{C}^{op} \to \mathbf{Set}$ 为 $\mathcal{C}$ 的集**预层**(presheaf of sets).

已给集预层 $\mathscr{F}: \mathcal{C}^{op} \to \mathbf{Set}$ 和态射 $\{U_i \xrightarrow{\varphi_i} U\}$, 由积的定义 $\prod_i \mathscr{F}(U_i) \xrightarrow{pr_i} \mathscr{F}(U_i)$ 知有唯一的态射
$$\mathscr{F}(U) \xrightarrow{p} \prod_i \mathscr{F}(U_i),$$
使得 $pr_i \circ p = \mathscr{F}(\varphi_i)$.

$$\begin{array}{ccc} \mathscr{F}(U) & & \\ \downarrow & \searrow^{\mathscr{F}(\varphi_i)} & \\ \prod_i \mathscr{F}(U_i) & \xrightarrow{pr_i} & \mathscr{F}(U_i) \end{array}$$

对 (i,j) 有纤维积

$$\begin{array}{ccc} U_i \times_U U_j & \xrightarrow{p_1^{ij}} & U_i \\ \downarrow{p_2^{ij}} & & \downarrow \\ U_j & \longrightarrow & U \end{array}$$

13.2 层

从 $\mathscr{F}(U_i) \xrightarrow{\mathscr{F}(p_1^{ij})} \mathscr{F}(U_i \times_U U_j)$ 得 $\mathscr{F}(U_i) \xrightarrow{\rho_1^i} \prod_j \mathscr{F}(U_i \times_U U_j)$:

$$\begin{array}{c}
\mathscr{F}(U_i) \\
p_1^i \downarrow \quad \searrow^{\mathscr{F}(p_1^{ij})} \\
\prod_j \mathscr{F}(U_i \times_U U_j) \xrightarrow[pr_i]{} \mathscr{F}(U_i \times_U U_j)
\end{array}$$

因此得

$$\begin{array}{c}
\prod_i \mathscr{F}(U_i) \xrightarrow{pr_i} \mathscr{F}(U_i) \\
\prod p_1^i \downarrow \qquad \searrow \qquad \downarrow p_1^i \\
\prod_i \left(\prod_j \mathscr{F}(U_i \times_U U_j)\right) \xrightarrow[pr_i]{} \prod_j \mathscr{F}(U_i \times_U U_j)
\end{array}$$

于是

$$\prod_i \mathscr{F}(U_i) \xrightarrow{\prod_i \rho_1^i} \prod_{i,j} \mathscr{F}(U_i \times_U U_j),$$

这是 p_1.

由 p_2^{ij} 得

$$p_2 : \prod_i \mathscr{F}(U_i) \xrightarrow{\prod_i \rho_2^i} \prod_{i,j} \mathscr{F}(U_i \times_U U_j).$$

定义 13.6 设 $\mathcal{C}$ 是位形, $F : \mathcal{C}^{op} \to Set$ 是预层. 称预层 F 为层, 如果对任意的覆盖 $\{U_i \xrightarrow{\varphi_i} U\} \in \operatorname{Cov} U$,

$$\mathscr{F}(U) \xrightarrow{p} \prod_i \mathscr{F}(U_i)$$

是下图的均衡子 ([高线]14.5.3)

$$\prod_i \mathscr{F}(U_i) \underset{p_2}{\overset{p_1}{\rightrightarrows}} \prod_{i,j} \mathscr{F}(U_i \times_U U_j) \,.$$

([模曲线]3.2.1; [Fu 15] 179 页.)

在这里我们常遇到的是一个拓扑空间 X 的层 F ([模曲线]52 页, 例 3.1, 54 页). 这样拓扑空间 X 上取值于交换群范畴的预层 F 是 $\{F(U), \rho_{UV}\}$, 其中对 X 的任意开子集 U, $F(U)$ 是交换群, 对开集的包含映射 $V \hookrightarrow U$ 有群同态 $\rho_{UV} : F(U) \to F(V)$ 使得

(i) $\rho_{UU} = id_{F(U)}$;
(ii) 若开集 $W \subset V \subset U$, 则 $\rho_{UW} = \rho_{VW} \circ \rho_{UV}$.

我们常把 $F(U)$ 记为 $\Gamma(U, F)$, 并称此为 F 在 U 的截面群. 关于拓扑空间的层论可参考 [KS 90], [Ive 86], [Fu 06], [李克正 04].

设 $f: X \to Y$ 是连续映射.

若 F 是 X 的层, 对开集 $W \subseteq Y$, 设 $(f_*F)(W) = F(f^{-1}W)$. 则 f_*F 是 Y 的层, 称为 F 的直象 (direct image).

若 G 是 Y 的层, 对开集 $U \subseteq X$, 设 $(f^{\flat}G)(W) = \varinjlim_W G(W)$, 其中 W 走遍 Y 的所有包含 $f(U)$ 的开集. 则 $f^{\flat}G$ 是 X 的预层, 层化此预层得到的层称为 F 的逆象 (inverse image), 并记为 $f^{-1}G$(层化: [Fu 06] prop 1.1.5; [模曲线] 3.2.2).

称拓扑空间 X 的层 F 为软层 (soft; 法: mou), 若对闭集 $B \subseteq C$, $F(C) \to F(B)$ 是满射.

称拓扑空间 X 的层 F 为松层 (flabby; 法: flasque), 若对开集 $U \subseteq V$, $F(V) \to F(U)$ 是满射, 我们可以说: 可以扩张 $F(U)$ 的元素至 V.

例 赋环空间 $(X, \mathscr{O}_X)$ 的 $\mathscr{O}_X$ 模范畴 $\mathscr{M}od_{\mathscr{O}_X}$ 是有足够的内射对象的 Abel 范畴 ([Fu 06] prop 2.1.6, 133 页; [模曲线]§3.5, 定理 3.8). 赋环空间 $(X, \mathscr{O}_X)$ 的内射 $\mathscr{O}_X$ 模是松层.

命题 13.7 (1) 若 F 是松层, 则 f_*F 是松层.

(2) 若 $0 \to F \to G \to H \to 0$ 是交换群层正合序列并且 F 是松层, 则 G 是松层当且仅当 H 是松层.

设 X 是拓扑空间. 把 X 看作集合, 然后在这个集合上取离散拓扑, 这样得来的拓扑空间记为 X^{δ}. 集合的恒等映射是连续映射 $\iota: X^{\delta} \to X$. 设 $\mathscr{A}$ 为 X 上的交换群层, 定义 $\mathscr{C}_{\mathscr{A}}^0 := \iota_*\iota^{-1}\mathscr{A}$, 则 $\mathscr{C}_{\mathscr{A}}^0$ 是松层. 于是有自然包含态射 $\eta^{\mathscr{A}}: \mathscr{A} \to \mathscr{C}_{\mathscr{A}}^0$. 定义 $\mathscr{Z}_{\mathscr{A}}^1 := \mathrm{Cok}(\eta^{\mathscr{A}})$, 则有正合序列

$$0 \to \mathscr{A} \xrightarrow{\eta^{\mathscr{A}}} \mathscr{C}_{\mathscr{A}}^0 \xrightarrow{\pi} \mathscr{Z}_{\mathscr{A}}^1 \to 0.$$

定义 $\mathscr{C}_{\mathscr{A}}^1 := \mathscr{C}_{\mathscr{Z}_{\mathscr{A}}^1}^0$, $\mathscr{Z}_{\mathscr{A}}^2 := \mathrm{Cok}(\eta: \mathscr{Z}_{\mathscr{A}}^1 \to \mathscr{C}_{\mathscr{A}}^1)$ $\delta^0 := \eta \circ \pi: \mathscr{C}_{\mathscr{A}}^0 \to \mathscr{C}_{\mathscr{A}}^1$, 则有正合序列

$$0 \to \mathscr{A} \xrightarrow{\eta^{\mathscr{A}}} \mathscr{C}_{\mathscr{A}}^0 \xrightarrow{\delta^0} \mathscr{C}_{\mathscr{A}}^1, \quad 0 \to \mathscr{Z}_{\mathscr{A}}^1 \to \mathscr{C}_{\mathscr{A}}^1 \to \mathscr{Z}_{\mathscr{A}}^2 \to 0.$$

显然可以继续, 即, 若已有

$$0 \to \mathscr{A} \xrightarrow{\eta^{\mathscr{A}}} \mathscr{C}_{\mathscr{A}}^0 \xrightarrow{\delta^0} \mathscr{C}_{\mathscr{A}}^1 \xrightarrow{\delta^1} \ldots \xrightarrow{\delta^{n-1}} \mathscr{C}_{\mathscr{A}}^n,$$

$$0 \to \mathscr{Z}_{\mathscr{A}}^n \to \mathscr{C}_{\mathscr{A}}^n \to \mathscr{Z}_{\mathscr{A}}^{n+1} \to 0,$$

下一步定义 $\mathscr{C}_{\mathscr{A}}^{n+1} := \mathscr{C}_{\mathscr{Z}_{\mathscr{A}}^{n+1}}^0$, $\mathscr{Z}_{\mathscr{A}}^{n+2} := \mathrm{Cok}(\eta: \mathscr{Z}_{\mathscr{A}}^{n+1} \to \mathscr{C}_{\mathscr{A}}^{n+1})$.

定义 13.8 设 $\mathscr{A}$ 为 X 上的交换群层. 称以上构造的松层正合序列

$$0 \to \mathscr{A} \xrightarrow{\eta^{\mathscr{A}}} \mathscr{C}_{\mathscr{A}}^0 \xrightarrow{\delta^0} \mathscr{C}_{\mathscr{A}}^1 \xrightarrow{\delta^1} \ldots$$

为 $\mathscr{A}$ 的 Godement 化解 (Godement resolution)

([God 73]; [Fu 06] §2.1, 139 页; [Fu 15] §5.6, 219 页).

注 取 X 的开集 U, 则 $\mathscr{C}_{\mathscr{A}}^0(U) = \prod_{x \in U} \mathscr{A}_x$. 常称 $\mathscr{C}_{\mathscr{A}}^0$ 为 $\mathscr{A}$ 的不连续截面层 (sheaf of discontinuous sections).

设 $\mathscr{A}$ 为 X 上的交换群层. 取 Godement 化解 $0 \to \mathscr{A} \to \mathscr{C}_{\mathscr{A}}^\bullet$, 则有复形

$$0 \to \Gamma(X, \mathscr{A}) \to \Gamma(X, \mathscr{C}_{\mathscr{A}}^0) \to \Gamma(X, \mathscr{C}_{\mathscr{A}}^1) \to \Gamma(X, \mathscr{C}_{\mathscr{A}}^2) \to \cdots.$$

定义 $H^\bullet(X, \mathscr{A})$ 为以上复形的上同调群.

命题 13.9 若 $\mathscr{F}$ 是松层, 则 $H^i(X, \mathscr{F}) = 0, i > 0$.

证明 由假设 $\mathscr{F}$ 是松层和正合序列 $0 \to \mathscr{F} \to \mathscr{C}_{\mathscr{F}}^0 \to \mathscr{L}_{\mathscr{F}}^1 \to 0$ 得 $\mathscr{L}_{\mathscr{F}}^1$ 是松层 (命题 13.7(2)). 如此继续得所有 $\mathscr{L}_{\mathscr{F}}^i$ 是松层. 在以下交换图中有 $\dashrightarrow$ 的是正合序列.

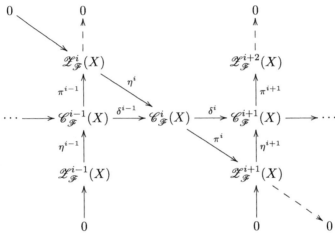

只需要证明: $\operatorname{Ker} \delta^i \subseteq \operatorname{Img} \delta^{i-1}$. 取 $c \in \operatorname{Ker} \delta^i$. 因为 $\delta^i = \eta^{i+1} \pi^i$ 和 η^{i+1} 是单射, 所以 $\pi^i(c) = 0$. 于是有唯一的 $b \in \mathscr{L}_{\mathscr{F}}^i(X)$ 使得 $c = \eta^i(b)$. 因为 π^{i-1} 是满射, 有 $a \in \mathscr{L}_{\mathscr{F}}^{i-1}(X)$ 使得 $\pi^{i-1}(a) = b$. 另一方面 $\delta^{i-1}(a) = \eta^i \pi^{i-1}(a) = \eta^i(b) = c$. □

13.3 单纯层

拓扑空间 X 上全部层组成范畴 $\mathbf{Sh}_X$. 称范畴 $\mathbf{sSh}_X = \operatorname{Hom}(\Delta^{op}, \mathbf{Sh}_X)$ 的对象为 X 上**单纯层**(simplicial sheaf). 我们亦可以把单纯层 F 看作 X 上取值在范畴 $\mathbf{sSet}$ 的层. 这样 F 在 $x \in X$ 的茎 F_x 便是单纯集. 我们把用在单纯集的定义 (11.3 节) 推广至单纯层如下.

定义 13.10 我们定义单纯层映射 $f : A \to B$ 为弱等价, 若对所有 $x \in X$, $n \geq 0$, $|f_{x*}| : \pi_n(|A_x|) \to \pi_n(|B_{f(x)}|)$ 是同构, $|\cdot|$ 是几何实现.

我们定义单纯层映射 $f : A \to B$ 为纤射, 若对所有开集 $U \subset V$, 单纯集映射

$$A(V) \xrightarrow{f_V, res} B(V) \times_{B(U)} A(U)$$

是单纯集纤射 (即 Kan 纤射, 11.3 节). 按单纯集纤射的定义, 单纯层映射 $f: A \to B$ 是单纯层纤射的充要条件是: 对任意映射交换方 (实线)

$$\begin{array}{ccc} \Lambda_k^n & \longrightarrow & A(V) \\ \downarrow & \nearrow{\scriptstyle h} & \downarrow \\ \Delta^n & \longrightarrow & B(V) \times_{B(U)} A(U) \end{array}$$

存在提升 h. 若 S 是单纯集, W 是 X 的开子集, 设 $\underline{S}_W$ 为单纯层, 使得若 $x \in W$, 则茎 $(\underline{S}_W)_x = S$, 若 $x \notin W$, 则 $(\underline{S}_W)_x = 0$. 在 $\mathbf{sSh}_X$ 内把以上交换方写为

$$\begin{array}{ccc} (\underline{\Lambda}_k^n)_V \cup_{(\underline{\Lambda}_k^n)_U} \underline{\Delta}_U^n & \longrightarrow & A \\ \downarrow & & \downarrow f \\ \underline{\Delta}_V^n & \longrightarrow & B \end{array}$$

于是 $f: A \to B$ 是纤射的充要条件是上图有提升.

定义单纯层映射 $f: A \to B$ 为上纤射, 若以下条件成立: 对任意同时是纤射和弱等价的单形层映射 $p: E \to F$ 及映射交换方 (实线)

$$\begin{array}{ccc} A & \xrightarrow{k} & E \\ i \downarrow & {\scriptstyle h}\nearrow & \downarrow p \\ B & \xrightarrow{g} & F \end{array}$$

存在单纯层映射 $h: B \dashrightarrow E$ 使得 $hi = k$ 和 $ph = g$.

定理 13.11 假设拓扑空间 X 的开集满足升链条件, 并且 X 的不可约闭集亦满足升链条件, 则由以上定义的弱等价、纤射和上纤射, $\mathbf{sSh}_X$ 是闭模型范畴.

证明 我们用命题 10.5 的小对象辩证来证明闭模型范畴的条件 CM5: 映射 $f: X \to Y$ 有分解 $f = pi$, i 是上纤射和弱等价, p 是纤射.

Δ^n 是标准 n 单纯集, Λ_k^n 是 Δ^n 的第 k 个角 (见 11.1.4 小节). 第一步构造推出图

$$\begin{array}{ccc} \bigsqcup_d (\underline{\Lambda}_{k_d}^{n_d})_V \cup_{(\underline{\Lambda}_{k_d}^{n_d})_U} \underline{\Delta}_U^{n_d} & \longrightarrow & X \\ \downarrow & & {\scriptstyle i_1}\downarrow \searrow{\scriptstyle f} \\ \bigsqcup_d \underline{\Delta}_V^{n_d} & \longrightarrow & X_1 \xrightarrow{f_1} Y \end{array}$$

则有分解 $f = f_1 \circ i_i$. 考虑包含映射

$$(\underline{\Lambda}_{k_d}^{n_d})_V \cup_{(\underline{\Lambda}_{k_d}^{n_d})_U} \underline{\Delta}_U^{n_d} \hookrightarrow \underline{\Delta}_V^{n_d}$$

13.3 单纯层

的茎的几何现相便可证推出 i_1 是弱等价. 另一方面包含映射是上纤射, 于是推出之后所得的 i_1 是上纤射. 不断重复便得交换图

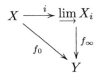

并且 $i = \cdots \circ i_3 \circ i_2 \circ i_1$ 是单纯层上纤射和弱等价. 余下只要证得 f_∞ 是单纯层纤射, $f = f_\infty \circ i$ 便是所求的分解.

由命题 13.15 我们可以用前面的方法构造另外一个分解: $f = qj$, j 是上纤射, q 是纤射和弱等价. 其余条件 CM1 至 CM4 的验证留给读者. □

引理 13.12 假设拓扑空间 X 的开集满足升链条件, 并且 X 的不可约闭集亦满足升链条件. 设有一组 $\{T_q\}$ 取值为带基点集的预层满足以下条件:

(1) 有 "自然" 映射 $\partial : T_{q+1}(U \cap V) \to T_q(U \cup V)$, 即是说, 若 $V' \subseteq V$, 则有交换图

$$\begin{array}{ccc} T_{q+1}(U \cap V) & \xrightarrow{\partial} & T_q(U \cup V) \\ {\scriptstyle res}\downarrow & & \downarrow{\scriptstyle res} \\ T_{q+1}(U \cap V') & \xrightarrow{\partial} & T_q(U \cup V') \end{array}$$

(2) 有正合序列 $T_{q+1}(U \cap V) \xrightarrow{\partial} T_q(U \cup V) \to T_q(U) \times T_q(V)$;

(3) $T_q(\varnothing) = *$;

(4) 对所有 q 和 x, 茎 $(T_q)_x = *$,

则对所有 U, $T_q(U) = *$.

证明 取 X 的开子集 Y, $y \in T_q(Y)$. 设 U 是 Y 的最大开子集使得 $y|U = *$. 让我们说 X 的不可约闭集 C 坏了, 若有 Y, y, q, U 使得 $C \cap Y \neq \varnothing$, $C \cap U = \varnothing$.

如果没有坏了的不可约闭集, 则 $T_q(Y) = *$, 因为, 若 $U \neq Y$, 则取 C 为 $Y - U$ 的一个不可约分支的闭包.

如果有坏了的不可约闭集, 则取 C 为最大的坏了的不可约闭集, 然后取 C 所定的 Y, y, q, U. 因为对 $x \in C \cap Y$, 茎 $(T_q)_x = *$, 所以有开集 $V \subset Y$ 使得 $C \cap V \neq \varnothing$ 和 $y|V = *$. 这样按假设条件 (2) 知有 $z \in T_{q+1}(U \cap V)$, 令 $y|U \cup V = \partial z$.

现取 $U \cap V$ 的最大开子集 W 使得 $z|W = *$. 断言: C 为 $X - W$ 的不可约分支, 若有不可约闭集 $D \subset X - W$ 满足 $C \subsetneq D$. 由于 C 最大的坏了的不可约闭集, D 不是坏了的, 因此 $D \cap U \neq \varnothing$. 另一方面从 $C \cap V \neq \varnothing$ 得 $D \cap V \neq \varnothing$. 因为 D 是不可约, $D \cap (U \cap V) \neq \varnothing$. 以 $U \cap V, z, q+1, W$ 作考量, 便知 D 是坏了的或 $D \cap W \neq \varnothing$. 证毕断言.

不是 C 的所有 $X-W$ 的不可约分支的并集记为 F. 设 $V' = V - F$, 则 $C \cap V' \neq \varnothing$ 和 $u \cap V' \subset W$, 因为 $U \cap V' \cap (X - W) \subset U \cap C = \varnothing$. 于是 $z|U \cap V' = *$. 因此 $y|U \cup V' = \partial(z|U \cap V') = *$. 这与 U 是最大相矛盾. □

定义 13.13 以 $*$ 记单纯层: $\Gamma(U, *) = *$. 若 $K \to *$ 是单纯层纤射, 则称 K 为松单纯层 (flasque simplicial sheaf). 若 $i: F \to K$ 是上纤射和弱等价, K 为松单纯层, 则称 i 为 F 的松单纯层分解.

如果所有限制映射 $K(V) \to K(U)$ 是纤射, 则 K 是松单纯层. 取 $U = \varnothing$, 便见 $K(V)$ 是纤性单纯集 (11.3 节). 按闭模型范畴的态射 $F \to *$ 的分解知存在松单纯层分解.

引理 13.14 假设拓扑空间 X 的开集满足升链条件, 并且 X 的不可约闭集亦满足升链条件. 若 X 的单纯松层 K 满足 $K \to *$ 是弱等价, 则对任意的开集 U, $KU \neq \varnothing$, $\pi_* KU = 0$, KU 是可缩的.

证明 断言: 若条件: "$K(U) \neq \varnothing \Rightarrow \pi_* K(U) = 0$" 是对的, 则引理是对的.

因为 X 的开集满足升链条件, 存在最大的开集使得 $K(U) \neq \varnothing$. 若 $U = X$, 则证完. 否则从 K 的假设知 K 的茎不是空集. 于是有开集 $V \not\subset U$ 满足 $K(V) \neq \varnothing$. 考虑推出图

$$\begin{array}{ccc} K(U \cup V) & \longrightarrow & K(U) \\ \downarrow & & \downarrow \\ K(V) & \longrightarrow & K(U \cap V) \end{array}$$

图中所有映射是满射. 于是 $K(U \cup V) \neq \varnothing$. 这 U 是最大相矛盾. 证毕断言.

余下证明断言里的条件. 在 $K(X)$ 选定基点. 用限制映射得所有 $K(U)$ 的基点. 取 X 的开集 U, V. 有 Mayer-Vietoris 同伦正合序列 (推论 9.29)

$$\to \pi_{q+1}(U \cap V) \xrightarrow{\partial} \pi_q(U \cup V) \to \pi_q(U) \times T_q(V) \to$$

取 $T_q(-) = \pi_q K(-)$. 则由引理 13.12 推出所求. □

命题 13.15 单纯层范畴 **sSh** 的态射 $p: E \to B$ 是单纯层纤射和弱等价当且仅当所有图

$$\begin{array}{ccc} \partial \underline{\Delta}^n_V \cup_{\partial \underline{\Delta}^n_U} \underline{\Delta}^n_U & \longrightarrow & E \\ \downarrow & & \downarrow p \\ \underline{\Delta}^n_V & \longrightarrow & B \end{array}$$

有提升 $\underline{\Delta}^n_V \to E$ 使图交换.

证明 命题的条件里的交换图可写为单纯集范畴 **sSet** 内的图

13.3 单纯层

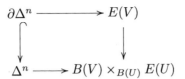

而且此图有提升的充要条件是 $\rho_{V,U}: E(V) \to B(V) \times_{B(U)} E(U)$ 是纤射和弱等价 ([Qui 67] Chap II, §2.3). 因此我们便要证明: p 是单纯层纤射和弱等价当且仅当对任意的开集包含映射 $U \subset V$, $\rho_{V,U}$ 是纤射和弱等价.

假设 p 是单纯层纤射和弱等价, 则 $\rho_{V,U}$ 是纤射. 余下证 $\rho_{V,U}$ 是弱等价. 在 $B(V) \times_{B(U)} E(U)$ 取基点 $* = (*_1, *_2)$. $*_1$ 是 $B(V)$ 的基点. 对 $W \subset V$, $*_1$ 是 $B(W)$ 的基点. 定义 V 的层 F 为: $F(W)$ 是 $E(W) \to B(W)$ 的纤维. 由假设: 纤射 $E(W) \to B(W)$ 是弱等价, 而且 $p_x: E_x \to B_x$ 是 $E(W) \to B(W)$ 的直极限, 所以 p_x 是弱等价. 茎 F_x 是 $p_x: E_x \to B_x$ 的纤维. 因此 F_x 是可缩的. 把 $*_2$ 看作 $F(U)$ 的基点. $i: F \to E$ 记包含映射. 考虑推出方

$$\begin{array}{ccc} F(V) & \xrightarrow{i} & E(V) \\ {\scriptstyle res}\downarrow & & \downarrow \\ F(U) & \xrightarrow{(*,i)} & B(V) \times_{B(U)} E(U) \end{array}$$

按引理 13.14, $F(V), F(U)$ 是可缩的, 于是 $F(V) \to F(U)$ 的纤维是可缩的. $\rho_{V,U}$ 的纤维是 $F(V) \to F(U)$ 的纤维, 因此是可缩的. 于是得 $\rho_{V,U}$ 是弱等价.

另一个方向, 假设 $\rho_{V,U}$ 是纤射和弱等价. 则 p 是单纯层纤射. 取 $U = \varnothing$, 得 $E(V) \to B(V)$ 是弱等价. 对 x 的开邻域取直极限便知 p_x 是弱等价. 于是得 p 是弱等价. $\square$

因为有定理 13.11, 我们可以根据 10.3.2 小节引入拓扑空间 X 的单纯层范畴 $\mathbf{sSh}_X$ 的同伦范畴 $\mathcal{H}o\, \mathbf{sSh}_X$.

命题 13.16 设拓扑空间 X 的开集满足升链条件, 并且 X 的不可约闭集亦满足升链条件. U 是 X 的开集. 则存在函子

$$R\Gamma(U, \cdot): \mathcal{H}o\, \mathbf{sSh}_X \to \mathcal{H}o\, \mathbf{sSet}$$

使得若 $K \to *$ 为单纯层纤射, 则有自然同构 $R\Gamma(U, K) \approx \Gamma(U, K)$.

证明 按 $\mathbf{sSh}_X$ 的泛性, 只需构造一个保全弱等价的函子 $\mathbf{sSh}_X \to \mathbf{sSet}$.

若有 $f: K \to L \in \mathbf{sSh}_X$ 及松单纯层分解 $i: K \to K'$, $j: L \to L'$, 则存在 $g: K' \to L'$ 使得 $jf = gi$. 设有 g_0, g_1 满足 g 的条件. 取 c 为 jf 的常值同伦, p 是

端点取值映射. 图

$$\begin{array}{ccc} K & \xrightarrow{c} & L'^I \\ i \downarrow & & \downarrow p \\ K' & \xrightarrow{(g_0,g_1)} & L' \times L' \end{array}$$

的提升给出 g_0 与 g_1 的同伦. 因此知 g 的同伦类是唯一的. 这样对 K 选松单纯层分解 $i: K \to K'$. 便可定义 $R\Gamma(U, K)$ 为 $\Gamma(U, K')$.

取弱等价 $f: K \to L$, K, L 是松单纯层. 因为可以分解态射, 所以可以假设 f 是单纯层纤射或上纤射.

假如 f 是单纯层上纤射, 则图

$$\begin{array}{ccc} K & \xrightarrow{id} & K \\ f \downarrow & & \downarrow \\ L & \longrightarrow & * \end{array}$$

的提升 $r: L \to K$ 是 f 的同伦逆元, 因为图

$$\begin{array}{ccc} K & \xrightarrow{c} & L^I \\ f \downarrow & & \downarrow \\ L & \xrightarrow{(fr,id)} & L \times L \end{array}$$

的提升是同伦 $fr \simeq id_L$, 其中 c 是 f 的常值同伦. 因此得见 $\Gamma(U, r)$ 与 $\Gamma(U, f)$ 是同伦互逆, 于是 $\Gamma(U, f)$ 是同伦等价.

假如 f 是单纯层纤射. 把 f 看作命题 13.15 的证明中 $p: E \to B$, 知 $\Gamma(U, p) : \Gamma(U, E) \to \Gamma(U, B)$ 是纤射, 它的纤维 $\Gamma(U, F)$ 是可缩的. 于是 $\Gamma(U, f)$ 是弱等价.

这样便证明了: $\Gamma(U, -)$ 保全松单纯层的弱等价, 知 $R\Gamma(U, -)$ 保全弱等价. □

定义 13.17 设拓扑空间 X 的开集满足升链条件, 并且 X 的不可约闭集亦满足升链条件. 设 A 为 X 上带基点的单形层. 定义上同调群为

$$H^n(X, A) = \pi_{-n} R\Gamma(X, A).$$

设 Y 为 X 的闭子空间. 定义

$$H^n_Y(X, A) = \pi_{-n}(\text{同伦纤维 } (R\Gamma(X, A) \to R\Gamma(X - Y, A))).$$

设 S 为带基点的单纯层, 把预层 $U \mapsto \pi_n \Gamma(U, A)$ 层化所得的层记为 $\pi_n S$, 称为 S 的**同伦层**(homotopy sheaf).

称单纯预层 P 为拟松层, 若

- 所有 $P(U)$ 是纤性单纯集 (11.3 节).
- $P(\varnothing)$ 是可缩的.
- 对任意 U, V,

$$\begin{array}{ccc} P(U \cup V) & \longrightarrow & P(V) \\ \downarrow & & \downarrow \\ P(U) & \longrightarrow & P(U \cap V) \end{array}$$

是同伦卡方 (9.5.5 小节).

以下定理是 Gillet-Brown-Gersten 表达式.

定理 13.18 设拓扑空间 X 的开集满足升链条件, 并且 X 的不可约闭集亦满足升链条件. P 为拟松层. K 是 P 的层化. 则自然映射

$$\pi_i P(X) \to H^{-i}(X, K)$$

是同构.

证明 取松层分解 $i : K \to K'$. 因为 $P(X)$ 和 $K'(X)$ 是纤性单纯集, 映射 $f : P(X) \to K(X) \to K'(X)$ 在基点 $* \in K'(X)$ 的同伦纤维是

$$F(X) = P(X) \times_{K'(X)} K'(X)^I \times_{K'(X)} *.$$

对任何开集 U 可以同样定义 $F(U)$. 于是 F 是 X 的预层.

断言: F 为拟松层. 取开集 U_1, U_2, 则 $F(U_1) \overset{h}{\times}_{F(U_1 \cap U_2)} F(U_2)$ 同构于

$$P(U_1) \overset{h}{\times}_{P(U_1 \cap U_2)} P(U_2) \to K'(U_1) \overset{h}{\times}_{K'(U_1 \cap U_2)} K'(U_2)$$

的同伦纤维, 这又同伦等价于 $P(U_1 \cap U_2) \to K'(U_1 \cap U_2)$ 的同伦纤维 $= F(U_1 \cap U_2)$. 证毕断言.

关于松层的引理 13.14 的证明亦可用于拟松层. 于是 $F(X)$ 是可缩的, f 是弱等价. □

定义 13.19 X 是拓扑空间, F 是 X 上的交换群层. 把 F 看作交换群层链复形 $C_\bullet$, 其中 $C_0 = F$, $C_n = 0$, 若 $n \neq 0$. 以 $F[n]$ 记 $C_{\bullet + n}$. 在 Dold-Kan 对应下, 与链复形 $F[n]$ 对应的单形交换群记为 $\mathcal{K}(F, n)$, 称为 **Eilenberg-MacLane 层**.

命题 13.20 若 $q < n$, 则 $H^q(X, F) \approx H^{q-n}(X, \mathcal{K}(F, n))$.

([BG 73] prop 2, 16 页.)

13.4 单纯拓扑空间的层

$\mathrm{Hom}(\mathcal{A}, \mathcal{B})$ 记从范畴 $\mathcal{A}$ 到范畴 $\mathcal{B}$ 的全部函子所组成的范畴.

Δ 是序数范畴. 取范畴 $\mathcal{C}$. 称函子 $\Delta^{op} \to \mathcal{C}$ 为单纯 $\mathcal{C}$ 对象. **Top** 是拓扑空间范畴. 简称函子 $\Delta^{op} \to$ **Top** 为单纯拓扑空间.

单纯拓扑空间 $X_\bullet$ 的层 $F^\bullet$ 是指

a) 在 X_n 上有层 F^n;

b) 对保序函数 $f: \boldsymbol{m} \to \boldsymbol{n}$ 有态射 $F^\bullet(f): F^m \to F^n$ 使得 $F^\bullet(f \circ g) = F^\bullet(f) \circ F^\bullet(g)$.

$X_\bullet$ 是单纯拓扑空间 $X_\bullet$, 故有连续映射 $X_\bullet(f): X_n \to X_m$. 层态射 $F^\bullet(f)$ 是指 $F^\bullet(f): F^m \to X_\bullet(f)_* F^n$, 即对 X_m 的每个开集 U 有映射 $F^m(U) \to F^n(X_\bullet(f)^{-1}(U))$. 若有开集 $V \subset X_n$ 使得 $X_\bullet(f)(V) \subset U$, 则有映射

$$F^m(U) \to F^n(X_\bullet(f)^{-1}(U)) \to F^n(V).$$

对 X_m 的开集 U, 设 $F^\bullet(U) = F^n(U)$. 对 $f: \boldsymbol{m} \to \boldsymbol{n}$, 开集 $U \subset X_m, V \subset X_n$ 使得 $X_\bullet(f)(V) \subset U$, 设 $F^\bullet(f, V, U): F^\bullet(U) \to F^\bullet(V)$ 为 $F^\bullet(f)$ 所诱导的映射. 可以证明 $\{F^\bullet(U), F^\bullet(f, V, U)\}$,

1) 唯一地决定 $F^\bullet$.

2) 是来自 $X_\bullet$ 的层当且仅当:

(a) $F^\bullet(fg, W, U) = F^\bullet(f, V, U) F^\bullet(g, W, V)$;

(b) 对每个 n, $\{F^\bullet(U) :$ 开集 $U \subset X_n\}$ 是 X_n 的层.

这样我们常把全部 $X_\bullet$ 上的层组成范畴 $(X_\bullet)^\sim$ 看作一个位形的层范畴.

单形拓扑空间态射 $u: X_\bullet \to Y_\bullet$ 是由连续映射 $u_n: X_n \to Y_n$ 给出的. 设 $X_\bullet$ 有层 F, 以 $u_* F$ 记 $Y_\bullet$ 的层 $((u_n)_* F^n)_{n \geqslant 0}$; 设 $Y_\bullet$ 有层 G, 以 $u^* G$ 记 $X_\bullet$ 的层 $((u_n)^* G^n)_{n \geqslant 0}$. 如此得互相伴随函子 u_*, u^*.

以 $D^+(X_\bullet)$ 记 $X_\bullet$ 上的交换层范畴的有下界复形给出的导出范畴, 则有函子 $Ru_*: D^+(X_\bullet) \to D^+(Y_\bullet)$.

$Y_\bullet$ 的两个常见的情形是

(1) 取拓扑空间 S, 定义 $S_n = S$, 对保序函数 f 取 $S_\bullet(f) = id_S$. 称 $S_\bullet$ 为常值单形拓扑空间 (constant simplicial space);

(2) 在 (1) 中取 S 为单点空间 $*$.

以上取自 [Del 741] §5.

可以定义单纯拓扑空间 $X_\bullet$ 的层 $F^\bullet$ 的上同调群 $H^i(X_\bullet, F^\bullet)$ 为整体截面函子的导函子:

$$\Gamma: X_\bullet \text{ 的层} \to \text{交换群}: F^\bullet \mapsto \text{Ker}(\Gamma(X_0, F^0) \rightrightarrows \Gamma(X_1, F^1))$$

([Gil 83] §1).

13.5 单纯概形

Δ 是序数范畴, Δ^{op} 是指范畴 **N** 的反向范畴. $\mathfrak{Sch}$ 是概形范畴. 称函子 $X: \Delta^{op} \to \mathfrak{Sch}$ 为单纯概形 (simplicial scheme). 记 $X_n := X(\boldsymbol{n})$, 又以 $X_\bullet$ 记函子 X.

设 X 为概形, $T_\bullet$ 是单纯集. 定义

$$(X \otimes T_\bullet)_n = \bigsqcup_{t \in T_n} X \times \{t\}$$

(应把此集看作 $X_t, t \in T_n$ 的无交并集, 其中每个 X_t 是 X). 若 $\alpha : \boldsymbol{m} \to \boldsymbol{n}$ 是保序函数, 则

$$\alpha^* : (X \otimes T_\bullet)_n \to (X \otimes T_\bullet)_m : x \times t \mapsto x \times \alpha^* t.$$

显然 $(X \otimes T_\bullet)_\bullet$ 是单纯概形.

标准 n 单纯集为函子 $\Delta^n = \mathrm{Hom}_\Delta(\ , \boldsymbol{n})$. 于是 $(X \otimes \Delta^0)_\bullet$ 是单纯概形, 对所有 $n \geqslant 0$, $(X \otimes \Delta^0)_n = X$. 常记此单纯概形为 X.

取概形 S 和群概形 $G \to S$ ([代数群]§1.2), $\mu : G \times_S G \to G$ 为乘法, $\varepsilon : S \to G$ 为单位. 对 $n \geqslant 0$, 设 $BG_n = G \times_S G \times_S \cdots \times_S G$, n 个 G 的在 S 上的纤维积. 这样便定义了单纯概形 $BG_\bullet$.

设 S 群概形 G 作用在 S 概形 X, $\alpha: G \times_S X \to X$. 取 $B(G, X)_n = G \times_S G \times_S \cdots \times_S G \times_S X$.

设 $X_\bullet$ 为单纯概形, $T_\bullet$ 是单纯集. 定义

$$(X_\bullet \otimes T_\bullet)_n = \bigsqcup_{t \in T_n} X_n \times \{t\},$$

则 $(X_\bullet \otimes T_\bullet)_\bullet$ 是单纯概形.

单纯概形 $X_\bullet$ 的向量丛 $V_\bullet$ 是指: 对 $k \geqslant 0$, 给出 X_k 的向量丛 V_k, 对 Δ 的态射 $\tau : \boldsymbol{m} \to \boldsymbol{n}$, 给出同构 $\tau^* V_m \to V_n$. 如此, 向量丛 $V_\bullet / X_\bullet$ 是由以下决定的:

(1) 向量丛 V_0 / X_0;
(2) 同构 $\alpha : d_0^* V_0 \cong d_1^* V_1$ 使得 $d_2^* \alpha \circ d_0^* \alpha = d_1^* \alpha$.

([Gil 83] ex 1.1.)

13.6 Quillen 单纯模型范畴

定义 13.21 称范畴 $\mathcal{C}$ 为 **Quillen 单纯范畴**(simplicial category), 若
(i) *存在函子* $\mathrm{Hom}_\mathcal{C} : \mathcal{C}^{op} \times \mathcal{C} \to \mathbf{sSet}$.

(ii) *存在从 $\mathcal{C}^{op} \times \mathcal{C}$ 到 Set 的函子的自然同构*

$$\mathrm{Hom}_{\mathcal{C}}(X, Y) \to \mathbf{Hom}_{\mathcal{C}}(X, Y)_0 : u \mapsto \tilde{u}.$$

(iii) *对 $X, Y, Z \in \mathcal{C}$ 在 sSet 内有映射*

$$\mathbf{Hom}_{\mathcal{C}}(X, Y) \times \mathbf{Hom}_{\mathcal{C}}(Y, Z) \to \mathbf{Hom}_{\mathcal{C}}(X, Z) : f, g \mapsto g \circ f$$

使得以下条件成立:

(1) 若 $f \in \mathbf{Hom}_{\mathcal{C}}(X, Y)_n, g \in \mathbf{Hom}_{\mathcal{C}}(Y, Z)_n, h \in \mathbf{Hom}_{\mathcal{C}}(Z, W)_n$, 则 $(h \circ g) \circ f = h \circ (g \circ f)$.

(2) 退化算子 s_0 的 n 次合成给出 $(s_0)^n : \mathbf{Hom}_{\mathcal{C}}(X, Y)_0 \to \mathbf{Hom}_{\mathcal{C}}(X, Y)_n$, 若 $u \in \mathrm{Hom}_{\mathcal{C}}(X, Y), f \in \mathbf{Hom}_{\mathcal{C}}(Y, Z)_n$, 则 $f \circ ((s_0)^n(\tilde{u})) \in \mathbf{Hom}_{\mathcal{C}}(X, Z)_n$. 另一方面 $\mathbf{Hom}_{\mathcal{C}}$ 决定函子 $\mathbf{Hom}_{\mathcal{C}}(\cdot, Z)_n : \mathcal{C}^{op} \to \mathbf{Set}$, 于是有 $\mathbf{Hom}_{\mathcal{C}}(u, Z)_n : \mathbf{Hom}_{\mathcal{C}}(Y, Z)_n \to \mathbf{Hom}_{\mathcal{C}}(X, Z)_n$. 我们的条件是

$$f \circ ((s_0)^n(\tilde{u})) = \mathbf{Hom}_{\mathcal{C}}(u, Z)_n(f).$$

同样: 我们要求, 若 $g \in \mathbf{Hom}_{\mathcal{C}}(W, X)_n$, 则 $(s_0^n \tilde{u}) \circ g = \mathbf{Hom}_{\mathcal{C}}(W, u)_n(g)$.

注意: 单形范畴 $\mathcal{C}$ 有两个 Hom: $\mathrm{Hom}_{\mathcal{C}}(X, Y)$ 的元素为范畴 $\mathcal{C}$ 的态射. 这是和上面定义的 $\mathbf{Hom}_{\mathcal{C}}$ 不同的.

设 $\mathcal{C}_1, \mathcal{C}_2$ 是单纯范畴, 一个从 $\mathcal{C}_1$ 到 $\mathcal{C}_2$ 的单纯函子是指一个函子 $F : \mathcal{C}_1 \to \mathcal{C}_2$, 加上映射

$$\mathbf{Hom}_{\mathcal{C}_1}(X, Y) \to \mathbf{Hom}_{\mathcal{C}_2}(FX, FY) : f \mapsto F(f)$$

使得 $F(f \circ g) = F(f) \circ F(g)$, $F(\tilde{u}) = \widetilde{F(u)}$.

例 考虑单纯集范畴 sSet.

(i) 对单纯集 X, Y 我们有函数复形 $\mathrm{hom}(X, Y)$, 见 11.1.5 小节. 于是有函子

$$\mathrm{hom} : \mathbf{sSet}^{op} \times \mathbf{sSet} \to \mathbf{sSet}.$$

(ii) 指数律 (命题 11.4) 给双射 $ev_* : \mathrm{Hom}_{\mathbf{sSet}}(\Delta^0, \mathrm{hom}(X, Y)) \to \mathrm{Hom}_{\mathbf{sSet}}(X \times \Delta^0, Y)$, 此即

$$\mathrm{hom}(X, Y)_0 \xrightarrow{\approx} \mathrm{Hom}_{\mathbf{sSet}}(X, Y).$$

(iii) 取 $f \in \mathrm{hom}(X, Y)$, $g \in \mathrm{hom}(Y, Z)$ 求 $g \circ f \in \mathrm{hom}(X, Z)$. 我们需要对 (x, f, g) 求 $g \circ f(x) \in Z$. 利用以下映射

$$X \times \mathrm{hom}(X, Y) \times \mathrm{hom}(Y, Z) \xrightarrow{ev \times id} Y \times \mathrm{hom}(Y, Z) \xrightarrow{ev} Z$$

13.6 Quillen 单纯模型范畴

得映射
$$\hom(X,Y) \times \hom(Y,Z) \to \hom(X,Z),$$

余下不难验证 (sSet, hom) 是单纯范畴.

设 $\mathcal{C}$ 是单形范畴, $X \in \mathcal{C}$. 若函子 $\mathrm{Hom}_\mathcal{C}(X, \cdot) : \mathcal{C} \to \mathrm{sSet}$ 有左伴随函子, 则以 $X \otimes \cdot : \mathrm{sSet} \to \mathcal{C}$ 记此左伴随函子. 这是说: 对任意 $K \in \mathrm{sSet}$, 存在自然双射

$$\varphi_{K,Y} : \mathrm{Hom}_\mathcal{C}(X \otimes K, Y) \to \hom(K, \mathrm{Hom}_\mathcal{C}(X,Y)).$$

换个说法, 对 $X \in \mathcal{C}$, $K \in \mathrm{sSet}$ 存在 $X \otimes K \in \mathcal{C}$ 和 $\alpha : K \to \mathrm{Hom}_\mathcal{C}(X, X \otimes K)$ 使得以下映射

$$K \times \mathrm{Hom}_\mathcal{C}(X \otimes K, Y) \xrightarrow{\alpha \times id} \mathrm{Hom}_\mathcal{C}(X, X \otimes K) \times \mathrm{Hom}_\mathcal{C}(X \otimes K, Y) \xrightarrow{\circ} \mathrm{Hom}_\mathcal{C}(X, Y)$$

是 $ev_*(\varphi)$.

设 $\mathcal{C}$ 是单纯范畴, $X \in \mathcal{C}$. 若函子 $\mathrm{Hom}_\mathcal{C}(\cdot, X) : \mathcal{C}^{op} \to \mathrm{sSet}$ 有右伴随函子, 则以 $X^cdot : \mathrm{sSet} \to \mathcal{C}^{op}$ 记此右伴随函子. 这是说: 对任意 $K \in \mathrm{sSet}$, 存在自然双射

$$\psi_{K,Y} : \mathrm{Hom}_\mathcal{C}(Y, X^K) \to \hom(K, \mathrm{Hom}_\mathcal{C}(Y,X)).$$

(留意: $\mathcal{C}^{op}$.) 换个说法, 对 $X \in \mathcal{C}$, $K \in \mathrm{sSet}$ 存在 $X^K \in \mathbf{C}$ 和 $\beta : K \to \mathrm{Hom}_\mathcal{C}(X^K, X)$ 使得以下映射

$$K \times \mathrm{Hom}_\mathcal{C}(Y, X^K) \xrightarrow{(pr_2, \beta pr_1)} \mathrm{Hom}_\mathcal{C}(Y, X^K) \times \mathrm{Hom}_\mathcal{C}(X^K, X) \xrightarrow{\circ} \mathrm{Hom}_\mathcal{C}(Y, X)$$

是 $ev_*(\psi)$.

定义 13.22 称范畴 $\mathcal{C}$ 为**单纯模型范畴**(simplicial model category), 若 $\mathcal{C}$ 同时为闭模型范畴和 Quillen 单纯范畴, 并且以下条件成立:

(1) SM0: 对 $X \in \mathcal{C}$, $\mathrm{Hom}_\mathcal{C}(X, \cdot)$ 有左伴随函子 $X \otimes \cdot$ 和 $\mathrm{Hom}_\mathcal{C}(\cdot, X)$ 有左伴随函子 $X^\cdot$.

(2) SM7: 若 $i : A \to B$ 是上纤射, $p : X \to Y$ 是纤射, 则

$$(i^*, p_*) : \mathrm{Hom}_\mathcal{C}(B, X) \to \mathrm{Hom}_\mathcal{C}(A, X) \times_{\mathrm{Hom}_\mathcal{C}(A,Y)} \mathrm{Hom}_\mathcal{C}(B, Y)$$

是单纯集的纤射. 若 i 是平凡上纤射, 或 p 是平凡纤射, 则 (i^*, p_*) 是平凡纤射.

单纯集的纤射: 11.3 节.

例 Top 是拓扑空间范畴. 定义: 弱等价、纤射和上纤射如在紧生成拓扑空间, 见 10.1.2 小节. 对拓扑空间 X, Y 单形集 $\hom(X, Y)$ 定义为

$$\hom(X, Y)_n = \mathrm{Hom}_{\mathbf{Top}}(|\Delta^n| \times X, Y)$$

(参考: 11.1.5 小节). 若 $f \in \mathrm{hom}(X,Y)_n$, $g \in \mathrm{hom}(Y,Z)_n$, 则定义 $g \circ f$ 为

$$|\Delta^n| \times X \xrightarrow{\Delta \times id} |\Delta^n \times \Delta^n| \times X \xrightarrow{id \times f} |\Delta^n| \times Y \xrightarrow{g} Z.$$

取 $X \otimes K$ 为 $X \times K$, X^K 为 $X^{|K|}$, 则 (**Top**, **hom**) 是单纯模型范畴. 见 [Qui 67] Chap II, §3, thm 1.

例 (**sSet**, **hom**) 是 Quillen 单纯模型范畴. 见 [Qui 67] Chap II, §3, thm 3.

13.6.1 $s\mathcal{C}$

设有范畴 $\mathcal{C}$. 单纯 $\mathcal{C}$ 对象是指函子 $\Delta^{op} \to \mathcal{C}$. 以 $s\mathcal{C}$ 记全部单纯 $\mathcal{C}$ 对象所组成的范畴.

1) 假设(1) 有函子 $G: s\mathcal{C} \to \mathbf{sSet}$, $F: \mathbf{sSet} \to s\mathcal{C}$ 和 G 是 F 的右伴随函子, G 与过滤上极限交换.

设有 $\mathcal{C}$ 的态射 $f: A \to B$.

a) 定义 f 为弱等价, 若 Gf 是 **sSet** 的弱等价;

b) 定义 f 为纤射, 若 Gf 是 **sSet** 的纤射;

c) 定义 f 为上纤射, 若 f 相关于任何平凡纤射有左提升性质 (10.1.1 小节).

假设(2) 若上纤射 f 相关于任何纤射有左提升性质, 则 f 是弱等价.

2) 假设(3) $\mathcal{C}$ 有极限和上极限.

定义 $\otimes: \mathscr{C} \times \mathbf{S} \to \mathscr{C}$ 如下. 对 $K \in \mathbf{sSet}$ 和 $A \in \mathscr{C}$ 定义 $A \otimes K$ 为

$$(A \otimes K)_n = \bigsqcup_{k \in K_n} A_n,$$

其中 $\sqcup$ 是指 $\mathcal{C}$ 内上积. 对保序映射 $\phi: \boldsymbol{n} \to \boldsymbol{m}$ 定义 $\phi^*: (A \otimes K)_m \to (A \otimes K)_n$ 为

$$\bigsqcup_{k \in K_m} A_m \xrightarrow{(\sqcup \phi^8)} \bigsqcup_{k \in K_m} A_n \to \bigsqcup_{k \in K_n} A_n,$$

其中第一个映射是由 $\phi^*: A_m \to A_n$ 诱导, 第一个映射是由 $\phi^*: K_m \to K_n$ 诱导.

定义 $\mathbf{Hom}_{s\mathcal{C}}$ 为

$$\mathbf{Hom}_{s\mathscr{C}}(A,B)_n = \mathrm{hom}_{\mathcal{C}}(A \otimes \Delta^n, B).$$

3) 在假设 (1), (2), (3) 下 $s\mathcal{C}$ 是 Quillen 单纯模型范畴. 见 [GJ 09] §2.2, thm 2.5, p.85,§2.4, thm 4.1 p. 97, thm 4.4, p.100.

13.7 单纯预层

位形 $\mathcal{C}$ 的集预层所组成的范畴记为 $\mathbf{pSh}_{\mathcal{C}}$. 称函子 $\Delta^{op} \to \mathbf{pSh}_{\mathcal{C}}$ 为 $\mathcal{C}$ 的单纯预层 (simplicial pre-sheaf). 这些预层所组成的范畴记为 $\mathbf{spSh}_{\mathcal{C}}$.

取 $U \in \mathcal{C}$, 把 $\mathcal{C}$ 限制至 U 得位形 $\mathcal{C}|_U$. 若 $F \in \mathbf{spSh}_{\mathcal{C}}$, $V \in \mathcal{C}|_U$, 则有单纯集 $F|_U(V)$, 于是可取它的几何现相. 取 $x \in F(U)$, 便得 $\mathcal{C}|_U$ 的预层

$$V \mapsto \pi_n(|F|_U(V)|, x)$$

此预层的层化记为 $\pi_n(|F|_U|, x)^{++}$.

称单纯预层态射 $f: A \to B$ 为弱等价, 若对所有 $U \in \mathcal{C}, x \in A(U)$, f 诱导层同构

$$f_*: \pi_n(|A|_U|, x)^{++} \xrightarrow{\approx} \pi_n(|B|_U|, fx)^{++}, \quad n \geqslant 0.$$

称单纯预层态射 $i: X \to Y$ 为上纤射, 若对所有 $U \in \mathcal{C}, i(U): X(U) \to Y(U)$ 为单态射.

称态射 $p: E \to F$ 为纤射, 若相关于任意同时是弱等价和上纤射的 $i: A \to B$, p 有右提升性质, 即对任意映射交换方 (实线)

$$\begin{array}{ccc} A & \longrightarrow & E \\ {\scriptstyle i}\downarrow & {\scriptstyle h}\nearrow & \downarrow{\scriptstyle p} \\ B & \longrightarrow & F \end{array}$$

存在提升态射 $h: B \to E$ 使得图交换.

命题 13.23 用以上定义的弱等价、纤射和上纤射, $\mathbf{spSh}_{\mathcal{C}}$ 是 Quillen 单纯模型范畴.

(见 [Jar 871], [Jar 872].)

第14章 谱

谱 (spectrum) 的使用来自物理学和化学. 在数学有三个不同的用法. 一是泛函分析的算子谱, 二是代数几何里交换环的谱, 三是代数拓扑的谱. 特别是要区别代数几何的环的谱 (spectrum of a ring) 与代数拓扑的环谱 (ring spectrum).

拓扑学家对谱的定义没有共识. 事实上从二十世纪六十年代 Boardman 的没有公开的笔记 ([SS 02]) 到九十年代的 [EKM 96], [HSS 99], 大家都尝试构造谱范畴; 但 [Lew 91] 证明不可能有满足所有好条件的谱范畴. 我认为只要选定一组定义, 看文章时便容易比较了. 这里只介绍最简单的部分. 我们用 [Tho 82], 只是一个选择而已.

14.1 伪 函 子

我们复习以下需要的几个相关的概念: 反宽松函子、伪函子与纤维范畴.

14.1.1 宽松函子

设 $\mathfrak{C}, \mathfrak{D}$ 是两个范畴, 由 $\mathfrak{C}$ 到 $\mathfrak{D}$ 的一个 **函子** (functor) F 是指:

(1) 对于 $\mathfrak{C}$ 的任一对象 X, F 规定了 $\mathfrak{D}$ 中的相应的对象 $F(X)$;

(2) 设 X, Y 为 $\mathfrak{C}$ 的任意二对象. 对于任一 $f \in \mathrm{Hom}_{\mathfrak{C}}(X, Y)$, F 规定了 $\mathrm{Hom}_{\mathfrak{D}}(F(X), F(Y))$ 中的一个元素 $F(f)$, 满足:

(3) $F(g \circ f) = F(g) \circ F(f), \forall f \in \mathrm{Hom}_{\mathfrak{C}}(X, Y), g \in \mathrm{Hom}_{\mathfrak{C}}(Y, Z)$;

(4) $F(1_X) = 1_{F(X)}$.

正如我们把定义群的公式 (比如结合律) 中的等号 $=$ 改为同伦 $\simeq$ 而得 H 群. 同样我们可以把以上函子的定义中的等号 $=$ 改为自然变换, 但是我们需要对这些自然变换加入一些条件, 这些条件是相贯公理 (coherence axiom). 在以下定义中我们考虑的情形是: 把范畴 $\mathfrak{D}$ 换为 2 范畴 ([模曲线] §4.1). 可以把一个范畴看作只有一个对象的 2 范畴.

定义 14.1 已给范畴 $\mathfrak{C}$ 及 2 范畴 $\mathfrak{D}$, 若

(1) 对于 $\mathfrak{C}$ 的任一对象 X, 规定了 $\mathfrak{D}$ 中的相应的对象 $F(X)$;

(2) 设 X, Y 为 $\mathfrak{C}$ 的任意二对象, 对于任一态射 $f \in \mathrm{Hom}_{\mathfrak{C}}(X, Y)$, 规定了一个 1 胞腔 $F(f) : F(X) \to F(Y)$;

14.1 伪函子

(3) 对 $\mathfrak{C}$ 的态射 $X_2 \xrightarrow{f_2} X_1 \xrightarrow{f_1} X_0$ 给出 2 胞腔

$$\phi_{f_1,f_2} : F(f_1) \circ F(f_2) \to F(f_1 \circ f_2);$$

(4) 对 $\mathfrak{C}$ 的对象 X 给出自然变换 $\phi_X : 1_{F(X)} \to F(1_X)$.

并且这些资料满足以下条件: 对 $X_3 \xrightarrow{f_3} X_2 \xrightarrow{f_2} X_1 \xrightarrow{f_1} X_0$, 有

$$\phi_{f_1,f_2f_3} \cdot (F(f_1)\phi_{f_2,f_3}) = \phi_{f_1f_2,f_3} \cdot \phi_{f_1,f_2}(F(f_3))$$

和对 $f : X \to Y$, 有

$$\phi_{1,f} \cdot (\phi_Y F(f)) = 1_{F(f)} = \phi_{f,1} \cdot (F(f)\phi_X).$$

则称 $F : \mathfrak{C} \to s\mathcal{D}$ 为**宽松函子** (lax functor).

我们可以把以上定义中的条件的箭的方向反过来.

定义 14.2 已给范畴 $\mathfrak{C}$ 及 2 范畴 $\mathscr{D}$, 若

(1) 对于 $\mathfrak{C}$ 的任一对象 X, 规定了 $\mathscr{D}$ 中的相应的对象 $F(X)$;

(2) 设 X, Y 为 $\mathfrak{C}$ 的任意二对象, 对于任一态射 $f \in \text{Hom}_{\mathfrak{C}}(X, Y)$, 规定了一个 1 胞腔 $F(f) : F(X) \to F(Y)$;

(3) 对 $\mathfrak{C}$ 的态射 $X_2 \xrightarrow{f_2} X_1 \xrightarrow{f_1} X_0$ 给出 2 胞腔

$$\phi_{f_1,f_2} : F(f_1 \circ f_2) \to F(f_1) \circ F(f_2).$$

(4) 对 $\mathfrak{C}$ 的对象 X 给出自然变换 $\phi_X : F(1_X) \to 1_{F(X)}$.

并且这些资料满足以下条件: 对 $X_3 \xrightarrow{f_3} X_2 \xrightarrow{f_2} X_1 \xrightarrow{f_1} X_0$, 有

$$(F(f_1)\phi_{f_2,f_3}) \cdot \phi_{f_1,f_2f_3} = \phi_{f_1,f_2}(F(f_3)) \cdot \phi_{f_1f_2,f_3}$$

和对 $f : X \to Y$, 有

$$(\phi_Y F(f)) \cdot \phi_{1,f} = 1_{F(f)} = (F(f)\phi_X) \cdot \phi_{f,1}.$$

则称 $F : \mathfrak{C} \to \mathscr{D}$ 为**反宽松函子** (oplax functor).

利用 2 胞腔的粘连 ([模曲线] 115 页), 我们把以上等式表达为以下图:

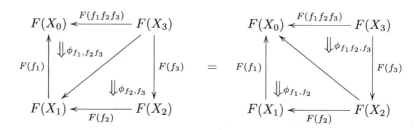

若我们加强宽松函子的条件: 要求 ϕ_{f_1,f_2} 和 ϕ_X 为同构, 则得一个新的结构, 称为**伪函子**, 见 [Gro 600] SGA 1, VI, §8.

定义 14.3 假定范畴 $\mathcal{C}$ 有纤维积. 取 2 范畴 $\mathcal{D}$. 设对每个 $S \in \mathrm{Obj}\,\mathcal{C}$, 给出 $\mathcal{D}$ 的对象 $F(S)$ (我们又记这个范畴为 $\mathcal{C}_S$); 对 $\varphi: S' \to S \in \mathrm{Mor}\,\mathcal{C}$, 给出函子 $F(\varphi): F(S) \to F(S')$ (又记为 $\varphi^*: \mathcal{C}_S \to \mathcal{C}_{S'}$.) 我们要求以下条件成立:

(1) 对 $\mathcal{C}$ 的态射 $S'' \xrightarrow{\psi} S' \xrightarrow{\varphi} S$, 存在自然同构
$$\psi^* \circ \varphi^* \xrightarrow{\sim} (\varphi \circ \psi)^*;$$

(2) 对 $\mathcal{C}$ 的态射 $S'''' \xrightarrow{\varphi_3} S'' \xrightarrow{\varphi_2} S' \xrightarrow{\varphi_1} S$, 下图是交换的

$$\begin{array}{ccc} \varphi_3^* \circ \varphi_2^* \circ \varphi_1^* & \xrightarrow{\cong} & (\varphi_2 \circ \varphi_3)^* \circ \varphi_1^* \\ \cong \downarrow & & \downarrow \cong \\ \varphi_3^* \circ (\varphi_1 \circ \varphi_2)^* & \xrightarrow{\cong} & (\varphi_1 \circ \varphi_2 \circ \varphi_3)^* \end{array}$$

(3) $(Id)^* = Id$;

(4) 以下同构

$$(Id)^* \circ \varphi^* \xrightarrow{\cong} (\varphi \circ Id)^*, \text{且} \psi^* \circ (Id)^* \xrightarrow{\cong} (Id \circ \psi)^*$$

是 Id.

则我们说以上资料是一个**伪函子**(pseudo functor) 并记它为 $F: \mathcal{C}^{op} \to \mathcal{D}$.

14.1.2 纤维范畴

定义 14.4 设有函子 $p: \mathcal{S} \to \mathcal{C}$. 一个 **强卡氏态射** (strongly cartesian morphism) 是指 $\mathcal{S}$ 的态射 $\phi: y \to x$, 使得对于 $z \in \mathrm{Obj}(\mathcal{S})$, $\psi: z \to x$ 和 $p(\psi)$ 的分解

$$p(z) \xrightarrow{c} p(y) \xrightarrow{p(\phi)} p(x)$$

存在唯一态射 $\chi: z \to y$ 使得 $\phi \circ \chi = \psi$ 和 $p(\chi) = c$.

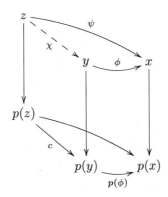

如果存在强卡氏态射 $\phi: y \to x$ 满足 $p(\phi) = f$, 则 (y, ϕ) 除唯一同构外是唯一的. 常记 ϕ 为 $\phi: f^*x \to x$.

定义 14.5 设有函子 $p: \mathcal{S} \to \mathcal{C}$. 我们称 $\mathcal{S}$ 是 $\mathcal{C}$ 上的 **纤维范畴** (fibred category), 如果对于任一给定的位于 $U \in \mathrm{Obj}(\mathcal{C})$ 之上的 $x \in \mathrm{Obj}(\mathcal{S})$ 和 $\mathcal{C}$ 的任一态射 $f: V \to U$, 存在位于 f 之上的强卡氏态射 $f^*x \to x$.

设有函子 $p: \mathcal{S} \to \mathcal{C}$. 对 $U \in \mathcal{C}$, 定义 **fiber** $\mathcal{S}(U)$ (or $\mathcal{S}_U$) 为 $\mathcal{S}$ 的子范畴: 对象是 $\xi \in \mathscr{S}$ 使得 $p(\xi) = U$; 在 $\mathcal{S}$ 中态射是 $\phi: \xi' \to \xi$ 使得 $p(\phi) = id_U$.

若一个范畴内的任一态射均为同构, 则称此范畴为一个 **群胚** (groupoid) (见 [代数群]1.9.4). 由所有群胚所组成的范畴记为 **Gpd**.

若纤维范畴 $p: \mathcal{S} \to \mathcal{C}$ 之所有纤维 $\mathfrak{S}_U$, $U \in \mathrm{Obj}\,\mathcal{C}$ 均为群胚, 则称 $\mathcal{S}$ 为 $\mathcal{C}$ 上之 **群胚纤维范畴** (category fibred in groupoids).

域 k 上的仿射概形的范畴记为 **Aff**/k. 在 **Aff**/k 上赋予 étale 拓扑.

现设有伪函子 $\mathfrak{X}: (\mathbf{Aff}/k)^{op} \to \mathbf{Gpd}$. 定义范畴 $\mathcal{X}$ 的对象为

$$\coprod_{U \in \mathbf{Aff}/k} \mathrm{Obj}\mathfrak{X}(U),$$

从 $x \in \mathrm{Obj}\mathfrak{X}(U)$ 至 $y \in \mathrm{Obj}\mathfrak{X}(V)$ 的态射为 (α, f), 其中 $f: U \to V$ 在 **Aff**/k 内,

$\alpha : x \to f^*y$ 在 $\mathfrak{X}(U)$ 内. 我们用以下的记号记 (α, f):

$$x -\!\!\stackrel{\alpha}{-}\!\!- f*y \cdots y.$$

这样态射的合成记为

$$x -\!\!\stackrel{\alpha}{-}\!\!- f*y \cdots y -\!\!\stackrel{\beta}{-}\!\!- g^*z \cdots z,$$

是指

$$x -\!\!\stackrel{\alpha}{-}\!\!- f*y -\!\!\stackrel{f^*\beta}{-}\!\!- f^*g^*z -\!\!\stackrel{\approx}{-}\!\!- (gf)^*z \cdots z.$$

定义函子 $p : \mathcal{X} \to \mathbf{Aff}/k$ 为: 在对象上 $\mathfrak{X}(U) \mapsto U$, 在态射上 $(\alpha, f) \mapsto f$. 不难证明 $p : \mathcal{X} \to \mathbf{Aff}/k$ 是群胚纤维范畴 (亦称此为 k 群胚.)

从另一个方向来看. 设有 k 群胚 $p : \mathcal{X} \to \mathbf{Aff}/k$ 定义伪函子 $\mathfrak{X} : (\mathbf{Aff}/k)^{op} \to \mathbf{Gpd}$ 如下. 对 $U \in \mathbf{Aff}/k$, 设 $\mathfrak{X}(U)$ 为 p 的纤维 $\mathcal{X}_U$, 它的对象是 $\mathcal{X}$ 的对象 x 使得 $p(x) = U$; 它的态射是 $\mathcal{X}$ 的态射 f 使得 $p(f) = id_U$. 若有 $\mathbf{Aff}/k$ 的 $f : U' \to U$ 和 $x \in \mathcal{X}_U$, 则由群胚纤维范畴的性质知, 有 $\mathcal{X}$ 的态射 $u : y \to x$, 使得 $u : y \to x$ 是除同构外唯一的. 现在我们对每个 f 和 x 均选定如此态射 $u : y \to x$, 并记此为 $f^x \xrightarrow{u} x$. 进一步对每个态射 $x' \xrightarrow{v} x$, 我们以 $f^*(v)$ 记唯一的态射使下图交换

$$\begin{array}{ccc} f^*x' & \longrightarrow & x' \\ {\scriptstyle f^*(v)}\downarrow & & \downarrow {\scriptstyle v} \\ f^*x & \longrightarrow & x \end{array}$$

如此得函子 $f^* : \mathfrak{X}(U) \to \mathfrak{X}(U')$ 并且对 $U'' \xrightarrow{g} U' \xrightarrow{f} U$ 有函子同构 $g^* \circ f^* \xrightarrow{\approx} (fg)^*$ 满足定义伪函子的条件.

在以上我们看见纤维范畴 $p : \mathcal{X} \to \mathbf{Aff}/k$ 和伪函子 $\mathfrak{X} : (\mathbf{Aff}/k)^{op} \to \mathbf{Gpd}$ 的关系.

此外常称函子 $\mathcal{C}^{op} \to \mathcal{D}$ 为预层. 例如, 说伪函子 $\mathfrak{X} : (\mathbf{Aff}/k)^{op} \to \mathbf{Gpd}$ 是预层. 于是上面的讨论告诉我们纤维范畴与预层的关系.

14.2 拓扑空间谱

设 X, Y 是带基点拓扑空间. 若空间取 CGH 拓扑, 则有同构

$$Map_*(\Sigma X, Y) \cong Map_*(X, \Omega Y).$$

14.2 拓扑空间谱

定义 14.6 (i) **预谱**(pre-spectrum) $T_\bullet$ 是指带基点拓扑空间列 $\{T_q\}_{q \geqslant 0}$ 和映射 $\sigma_q : T_q \to \Omega T_{q+1}$.

(ii) 称预谱 $T_\bullet$ 为**谱**(spectrum), 若 σ_q 是弱同伦等价.

([Tho 82] 1600 页.) 称 $f_q : T_q \to T'_q$ 为谱映射, 若下图交换

$$\begin{array}{ccc} T_q & \xrightarrow{\sigma_q} & \Omega T_{q+1} \\ f_q \downarrow & & \downarrow \Omega f_{q+1} \\ T'_q & \xrightarrow{\sigma'_q} & \Omega T'_{q+1} \end{array}$$

谱范畴记为 **Sptr**; 预谱范畴记为 **pSptr**.

(很多学者把我们称为预谱的结构称为谱, 如 [Ada 74] part III, §2. 这又与 [Swi 75] Chap 8 的 CW 谱不同. 我们的谱又称为 Ω- 预谱; 又称 σ_q 是拓扑同构的预谱为谱. 这一切我都不用.)

若路径连通拓扑空间 X 满足条件: $\forall i \leqslant n \Rightarrow \pi_i(X) = 0$, 则称 X 为 n 连通的 (n connected)([Ark 11] 52 页). 称谱 $T_\bullet$ 为连通性谱 (connective spectrum), 若对所有 q, T_q 是 $q-1$ 连通的. 又称连通性谱为无穷回路空间 (infinite loop space).

称预谱 $T_\bullet$ 为包含预谱, 若所有 σ_q 是包含映射.

我们可以取带基点拓扑空间列 $T_{q_0}, T_{q_0+1}, T_{q_0+2}, \cdots$ 从任何整数 $q_0 \in \mathbb{Z}$ 开始. 设谱 $T_\bullet$ 是从 q_0 开始, 则我们可以对所有整数 q 定义

$$T_q = \Omega^{q_0 - q} T_{q_0}, \quad q < q_0.$$

这样每个 T_q, 特别是 T_0,

$$T_0 \simeq \Omega T_1 \simeq \Omega^2 T_2 \simeq \cdots.$$

例 设 X 是带基点拓扑空间. 定义 X 的**同纬预谱**(suspension prespectrum) 为 $T_q = \Sigma^q X$, $q \leqslant 0$, 设 σ_q 为恒等映射. 若取 $X = S^0$ 便得球预谱: $T_q = S^q$.

谱与上极限

设

$$X_1 \xrightarrow{f_1} X_2 \xrightarrow{f_2} X_3 \xrightarrow{f_3} \cdots$$

是拓扑空间包含映射列. 定义**上极限**(colimit)

$$X = \mathrm{colim}_{q \to \infty} X_q = \coprod_{q=1}^{\infty} X_q / \sim,$$

其中等价关系 $\sim$ 是由以下关系生成: 对 $l \geqslant k$, $x_k \in X_k \sim (f_l \circ \cdots \circ f_k)(x_k)$. 在 X 上取商拓扑, 即最强拓扑使得包含映射 $g_q : X_q \hookrightarrow X$ 为连续映射.

从预谱 $T_\bullet$ 我们可以构造它的**谱化**(spectrification) $LT_\bullet$.

当结构映射 $\sigma_q : T_q \to \Omega T_{q+1}$ 是包含映射时, 则集合 $(LT)_q$ 是下列的上极限

$$T_q \xrightarrow{\sigma_q} \Omega T_{q+1} \xrightarrow{\Omega \sigma_{q+1}} \Omega^2 T_{q+2} \xrightarrow{\Omega \sigma_{q+2}} \cdots.$$

([LMS 86] 3 页.)

带基点拓扑空间 X 的同纬谱的 0 空间是

$$(LT)_0 = \mathrm{colim}_{q \to \infty} \Omega^q \Sigma^q X.$$

定义预谱 $T_\bullet$ 的同伦群为

$$\pi_n(T_\bullet) = \mathrm{colim}_{q \to \infty} \pi_{n+q} T_q,$$

其中上极限是用下列映射来计算的

$$\pi_{n+q} T_q \xrightarrow{\pi_{n+q} \sigma_q} \pi_{n+q} \Omega T_{q+1} \xrightarrow{\text{伴随}} \pi_{n+q+1} T_{q+1}.$$

关于谱的同伦理论可以看 [Kan 63]; [KW 65]Appendix; [BD 67].

称预谱映射 $f : T \to R$ 为弱等价, 若 $\forall n$, $f_* : \pi_n T \to \pi_n R$ 是同构.

定义同调群为

$$H_n(T) = \mathrm{colim}_{q \to \infty} \tilde{H}_{n+q} T_q,$$

其中 $\tilde{H}$ 是约化同调群. 同伦和同调与上极限交换, 但上同调不与上极限交换.

当 I 是拓扑空间, X 是带基点拓扑空间, 设 $X \ltimes I = X \times I / *_X \times I$.

若 $X_\bullet$ 是预谱. 设 $(X_\bullet \ltimes I)_n = X_n \ltimes I$ 和

$$\Sigma(X_n \ltimes I) \cong \Sigma X_n \ltimes I \to X_{n+1} \ltimes I,$$

则得预谱 $X_\bullet \ltimes I$.

若 $X_\bullet$ 是带非退化基点的谱和 I 是可缩的, 则 $X_\bullet \ltimes I$ 是谱.

现设 I 是闭区间 $[0,1]$, $f, g : X_\bullet \to Y_\bullet$ 是谱映射, 则称谱映射 $H : X_\bullet \ltimes I \to Y_\bullet$ 为从 f 到 g 的同伦 (homotopy between spectra maps), 若 $f = H|_{X_\bullet \ltimes \{0\}}, g = H|_{X_\bullet \ltimes \{1\}}$. 记 $f \simeq g$.

称谱映射 $f : X_\bullet \to Y_\bullet$ 为同伦等价, 若有谱映射 $g : Y_\bullet \to X_\bullet$ 使得 $fg \simeq 1_{Y_\bullet}$, $gf \simeq 1_{X_\bullet}$.

14.3 无穷回路机

无穷回路机 (infinite loop machine, 或 infinite loop space machine) 是指代数学家研究的一种过程, 它的输入是对称幺半范畴, 输出是拓扑空间谱. 例如, [Seg 74], [May 74], [SS 79], [Tho 79], [Tho 82]. 这些过程不完全一样. 但可以证明在某些条件下无穷回路机是唯一的 ([MT 78]). 在此我们介绍 Thomason 的工作.

设 $\mathcal{C}$ 是对称幺半范畴 (见 7.1 节), 在 $\mathcal{C}$ 加入新的对象 **1** 使它成为单元, 这样得来的带单位对称幺半范畴记为 $\mathcal{C}^+$.

SymMon 记由对称幺半小范畴和宽松对称幺半函子组成的范畴 ([Tho 82] 1595 页). (**SymMon** 是 2 范畴.) **Sptr** 记由拓扑空间谱组成的范畴.

定理 14.7 *存在函子 $Spt:$ **SymMon** $\to$ **Sptr** 满足以下条件:*

(1) *设 $\mathcal{S}$ 是对称幺半范畴, 则 $Spt(\mathcal{C})$ 为连通性谱.*

(2) *包含函子 $\mathcal{C} \to \mathcal{C}^+$ 诱导弱同伦等价.*

(3) *存在自然映射 ι 从分类空间 $B\mathcal{C}$ 至谱 $Spt(\mathcal{C})$ 的 0 空间 $Spt_0(\mathcal{C})$ 使得 ι 诱导同构*

$$(\pi_0 B\mathcal{C})^{-1} H_*(B\mathcal{C}) \xrightarrow{\approx} H_*(Spt_0(\mathcal{C})).$$

*若另有函子 $Spt':$ **SymMon** $\to$ **Sptr** 满足同样条件, 则 Spt 与 Spt' 自然同伦等价.*

存在部分见: [Tho 82] Appendix; [Tho 79] prop 4.2.1. 唯一性见: [Tho 82] 1603, 1646 页; [Tho 791]; [MT 78]; [May 80]. 证明不太详细. 构造引用 Γ 空间理论.

注 有积或上积的范畴均是对称幺半范畴. 因此加性范畴和正合范畴是对称幺半范畴. 如果 $\mathcal{E}$ 是正合范畴, 则 $Q\mathcal{E}$ 是对称幺半范畴.

14.4 Γ 空 间

想法是这样: 单形拓扑空间是从序数范畴 Δ 至拓扑空间范畴 **Top** 的反变函子. Δ 的元素为全有序有限集. 若我们想得到更多内容可以放宽条件: 放弃 "序" 而只考虑有限集. 引入范畴 Γ: 对象是有限集 $[n] = \{1, 2, \cdots, n\}$. 有限集 S 的全部子集组成的集合记为 2^S. $\mathrm{Hom}_\Gamma(S, T)$ 的元素是满足以下条件的映射 $\phi: 2^S \to 2^T$:

$$\phi(\bigcup_i S_i) = \bigcup_i \phi(S_i), \quad \phi(S \setminus T) = \phi(S) \setminus \phi(T).$$

(希腊字母 Γ 是在 Δ 之前.) 设另有 $\psi: 2^T \to 2^U$. 取 $\alpha \in S$, 记 $\phi(\{\alpha\})$ 为 $\phi\alpha$. 若 $\phi\alpha = \bigcup_{\beta \in \phi\alpha}\{\beta\}$, 则从以上第一个条件得 $(\psi\phi)(\alpha) = \bigcup_{\beta \in \phi\alpha} \psi(\beta)$. 见 [Seg 74] def 1.1.

可以定义函子 $\Delta \to \Gamma: \boldsymbol{m} \mapsto [m]$; 把 $f: \boldsymbol{m} \to \boldsymbol{n}$ 映为 $\phi(\{i\}) = \{j \in [n] : f(i-1) < j \leqslant f(i)\}$.

称函子 $A: \Gamma^{op} \to \mathbf{Top}$ 为 Γ 拓扑空间 (这是还未要求满足 [Seg 74] 298 页 Definition 2.1 的条件的). 设 X 为带基点拓扑空间. 定义 Γ 拓扑空间 $X \odot A$ 为 $\bigsqcup_{n \geqslant 0} X^n \times A([n])/\sim$, 在此 $\sim$ 是指由 $(\phi_*(x_1, \cdots, x_m), a) \sim (x_1, \cdots, x_m, A(\phi)a)$ 生成, 其中 $\phi: 2^{[m]} \to 2^{[n]}$, $a \in A([n])$, $x_j \in X$, $\phi_*(x_1, \cdots, x_m) = (x'_1, \cdots, x'_n)$, $x'_j = x_i$, 若 $j \in \phi(\{i\})$, 否则取 $x'_j = *_X$ (这里 $X \odot A$ 是 [Seg 74] 301 页的 $X \otimes A$).

设 $\mathcal{C}$ 带单位对称幺半小范畴 (7.1 节).

(1) 对 Γ^{op} 的对象 $[n]$ 我们构造一个范畴 $C(n)$ 如下: $C(n)$ 的对象是

$$\langle a_S; \alpha_{S,T} \rangle,$$

其中对 $S \subseteq [n]$, $a_S \in \mathcal{C}$; 对 $S, T \subseteq [n]$ 使得 $S \cap T = \varnothing$, 映射 $\alpha_{S,T}: a_{S \sqcup T} \to a_S \otimes a_T$ 是同构, 并且 (a) $a_\varnothing = \mathbf{1}$, (b) 有交换图

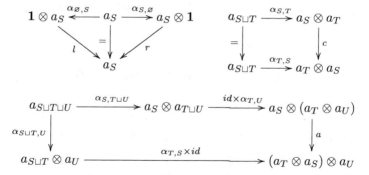

$C(n)$ 的态射是 $\langle f_S \rangle: \langle a_S; \alpha_{S,T} \rangle \to \langle b_S; \beta_{S,T} \rangle$, 其中 $f_S: a_S \to b_S$ 是 $\mathcal{C}$ 的态射 ($f_\varnothing = id_\mathbf{1}$) 使得对 $S, T \subseteq [n]$, $S \cap T = \varnothing$ 有交换图

$$\begin{array}{ccc} a_{S \sqcup T} & \xrightarrow{\alpha_{S,T}} & a_S \otimes a_T \\ {\scriptstyle f_{S \sqcup T}} \downarrow & & \downarrow {\scriptstyle f_S \otimes f_T} \\ b_{S \sqcup T} & \xrightarrow{\beta_{T,S}} & b_T \otimes b_S \end{array}$$

(2) 从 $\mathcal{C}$ 我们构造一个反宽松函子 $C: \Gamma^{op} \to \mathbf{Cat}$. 对 $[n] \in \Gamma$ 我们已定义了范畴 $C(n)$. 取 $\mathrm{Hom}_{\Gamma^{op}}([n], [m])$ 的元素, 即映射 $\phi: 2^{[m]} \to 2^{[n]}$, 我们定义函子 $C(\phi): C(n) \to C(m)$ 为

$$C(\phi)\langle a_S; \alpha_{S,T} \rangle = \langle a_{\phi U}; \alpha_{\phi U, \phi V} \rangle, \quad U, V \subseteq [m], \quad U \cap V = \varnothing,$$

$$C(\phi)\langle f_S \rangle = \langle f_{\phi U} \rangle, \quad U \subseteq [m].$$

需要使用相贯理论证明存在自然变换 $\hat{C}(\phi\psi) \to \hat{C}(\phi)\hat{C}(\psi)$([Tho 79] 4.1.2; [Tho 82] 1660 页).

(3) 我们写下定理 14.7 的证明的主要步骤:

1) 从一个带单位对称幺半小范畴 $\mathcal{C}$ 开始构造一个反宽松函子 $C : \Gamma^{op} \to \mathbf{Cat}$.

2) 对 C 用 Kleisli 矫正得函子 $\tilde{C} : \Gamma^{op} \to \mathbf{Cat}$([Tho 79] 3.2.3). 于是有 Γ 空间 $B\tilde{C} : \Gamma^{op} \to \mathbf{Top}$.

3) 取 $B\tilde{C}$ 的群化 (12.5 节) 得 $B\tilde{C}^{\wedge}$ ([Seg 74] §4).

4) 构造 $B\tilde{C}^{\wedge}$ 的谱 $Sp(\mathcal{C})$ ([Seg 74] §3).

5) 若 $\mathcal{C}$ 对称幺半小范畴, 则定义 $\mathcal{C}$ 的谱 $Spt(\mathcal{C})$ 为 $Sp(\mathcal{C}^+)$.

14.5 算 元

May 造 operad 这个字, 他说: operad 来自 operations+monad, 即运算 + 单元, 我便从中取两个字, 把 operad 译为算元.

算元是一种同时处理多种代数运算及其各种组合排列的架构, 可以把我们平常的代数如李代数看作一个 "算元" 的现相. 这样也可以说: "算元" 理论可看作范畴学里面的 "泛代数". 显然这种有非常一般性的理论有广泛的应用, 如拓扑学、理论物理、计算科学. 有专门的书介绍, 如 [LB 12], [Lei 04]. 以下简单说说 May 的版本.

定义 14.8 一个**算元**(operad) 包括一组拓扑空间 $\mathfrak{O}(j), j \geqslant 0$, 其中 $\mathfrak{O}(0)$ 是只有一点, 单位元 $1 \in \mathfrak{O}(j)$, 连续映射

$$\gamma : \mathfrak{O}(k) \times \mathfrak{O}(j_1) \times \cdots \times \mathfrak{O}(j_k) \to \mathfrak{O}(j_1 + \cdots + j_k)$$

和对称群 Σ_j 在 $\mathfrak{O}(j)$ 的右作用满足以下条件:

(a) 对 $c \in \mathfrak{O}(k), d_s \in \mathfrak{O}(j_s), 1 \leqslant s \leqslant k, e_t \in \mathfrak{O}(i_t), 1 \leqslant t \leqslant j_1 + \cdots + j_k$, 则

$$\gamma(\gamma(c; d_1, \cdots, d_k); e_1, \cdots, e_{j_1+\cdots+j_k}) = \gamma(c; f_1, \cdots, f_k),$$

其中 $f_s = \gamma(d_s; e_{j_1+\cdots+j_{s-1}+1}, \cdots, e_{j_1+\cdots+j_s}), f_s = *$, 若 $j_s = 0$.

(b) 若 $d \in \mathfrak{O}(j), \gamma(1;d) = d$; 若 $c \in \mathfrak{O}(k), 1^k = (1, \cdots, 1) \in \mathfrak{O}(i)^k$.

(c) 对 $c \in \mathfrak{O}(k), \sigma \in \Sigma_k, \tau_s \in \Sigma_{j_s}$, 有

$$\gamma(c\sigma; d_1, \cdots, d_k) = \gamma(c; d_{\sigma^{-1}(1)}, \cdots, d_{\sigma^{-1}(k)})\sigma(j_1, \cdots, j_k)$$

$$\gamma(c; d_1\tau_1, \cdots, d_k\tau_k) = \gamma(c; d_1, \cdots, d_k)(\tau_1 \oplus \cdots \oplus \tau_k),$$

其中 $\sigma(j_1, \cdots, j_k) \in \Sigma_{j_1+\cdots+j_k}$ 由 σ 决定; 包含映射 $\Sigma_{j_1} \times \cdots \times \Sigma_{j_k} \hookrightarrow \Sigma_{j_1+\cdots+j_k}$ 映 $(\tau_1, \cdots, \tau_k)$ 为 $\tau_1 \oplus \cdots \oplus \tau_k$.

([May 72] §1; [May 771]Chap VI, §1.)

取可数维实内积空间 V, W. 从 V 至 W 的线性等距映射组成空间 $\mathscr{I}(V, W)$, 取紧开拓扑.

选定可数维实内积空间 U. 定义线性等距算元 $\mathscr{L}$ 为 $\mathscr{L}(j) = \mathscr{I}((U)^{\oplus j}, U)$, 并且取

(a) $\gamma(f; g_1, \cdots, g_k) = f \circ (g_1 \oplus \cdots \oplus g_k)$, $f \in \mathfrak{L}(k)$, $g_i \in \mathscr{L}(j_i)$.

(b) $1 \in \mathscr{L}(j)$ 为恒等映射.

(c) 对 $f \in \mathscr{L}(j)$, $\sigma \in \Sigma_j$, $y \in (U)^{\oplus j}$ 有 $f\sigma(y) = f(\sigma y)$.

例 取 U 为 $\mathbb{R}^\infty = \text{colim}_n \mathbb{R}^n$, 其中 colim 是对 $\mathbb{R}^n = (\mathbb{R}^n \oplus 0) \subset \mathbb{R}^{n+1}$ 取弱拓扑.

([May 771]Chap I, §1.)

14.6 环 谱

定义拓扑空间 X, Y 的**砸积**(smashed product) 为 $X \wedge Y = X \times Y / X \vee Y$.

以 S 记球谱. 环谱 (ring spectrum) 是指 E, μ, η, 其中 E 是谱, $\mu: E \wedge E \to E$ 是乘法映射, $\eta: S \to E$ 是单位映射. 我们要求: 在所有定义环的等式中把等号 $=$ 换为同伦 $\simeq$ 后成立. 即有 $\mu(id \wedge \mu) \simeq \mu(\mu \wedge id)$, $\mu(id \wedge \eta) \simeq id \simeq \mu(\eta \wedge id)$. 在这个定义里我们用同伦, 因此我们必须要先给出一个同伦范畴, 然后才可以说 E 是属于这个已给出的同伦范畴. 同时, 我们还需要在这个给定的同伦范畴里验证所有在定义环谱时用到的同伦关系式. 另一个困难是定义 $\wedge$ 积时怎样记录在各个坐标的因子的乘积. 以下将介绍 May 怎样解决这些问题. 我们将以 [May 771], [May 09], [LMS 86], [EKM 96] 为参考资料.

1) 无坐标谱.

定义 14.9 设 U 为 $\mathbb{R}$ 上内积空间, U 有可数基. U 的有限维子空间和包含映射组成范畴记为 $\mathcal{F}(U)$. $Cont_*$ 指保存基点的连续映射. 对 $V \in \mathcal{F}(U)$, 以 S^V 记 V 的一点紧化 (one point compactification), 取

$$\Sigma^V X := X \wedge S^V, \quad \Omega^V X = Cont_*(S^V, X).$$

一个预谱 E 包括对每个 $V \in \mathcal{F}(U)$ 给出带基点拓扑空间 EV, 对 $V \to W \in \mathcal{F}(U)$ 给出连续映射

$$\sigma_{VW}: \Sigma^{W-V} EV \to EW,$$

14.6 环 谱

其中 $W-V$ 是 W 的子空间与 V 垂直使得若 $V \perp W \perp Z$, 则有交换图

$$\begin{array}{ccc} EV & =\!=\!= & \Sigma^0 EV \\ {\scriptstyle 1}\downarrow & & \downarrow {\scriptstyle \sigma} \\ EV & =\!=\!= & E(V+\{0\}) \end{array}$$

和

$$\begin{array}{ccc} \Sigma^Z \Sigma^W EV & =\!=\!= & \Sigma^{W+Z} EV \\ {\scriptstyle \Sigma^Z \sigma}\downarrow & & \downarrow {\scriptstyle \sigma} \\ \Sigma^Z E(V+W) & \longrightarrow & E(V+W+Z) \end{array}$$

([EKM 96] 9 页; [May 771] Chap II, §1.)

若对所有 V, W, σ_{VW} 的伴随映射 $\tilde\sigma_{VW} : EV \to \Omega^{W-V} EW$ 是同胚, 则称预谱 E 为谱.

预谱或谱的映射 $f : E, \sigma \to E', \sigma'$ 是 $\{f_V\}$, $f_V \in Cont_*(EV, E'V)$ 使得 $f_W \circ \sigma_{VW} = \sigma'_{VW} \circ \Sigma^{W-V}(f_V)$.

分别以 $\mathcal{P}(U), \mathcal{S}(U)$ 记以上定义的预谱、谱范畴.

常称以上定义谱为无坐标谱 (coordinate free spectrum). 又说 $\mathcal{S}(U)$ 的元素是以 $\mathcal{F}(U)$ 为坐标的谱.

忘记函子 $\mathcal{S}(U) \to \mathcal{P}(U)$ 有左伴随函子 $L : \mathcal{P}(U) \to \mathcal{S}(U)$, 称为谱化 ([LMS 86]).

例 取带基点拓扑空间 X, 定义预谱 $\Sigma^\infty X \in \mathcal{P}(U)$ 为 $\Sigma^\infty X(V) = \Sigma^V X$. 我们仍然以 $\Sigma^\infty X$ 记谱 $L(\Sigma^\infty X)$.

球谱是指 $\Sigma^\infty S^0$ (S^0 是一点).

定义 $(E \wedge I)(V) := E(V) \wedge I$. 设有谱映射 $f_0, f_1 : E \to F$, 称谱映射 $f : E \wedge I \to F$ 为从 f_0 至 f_1 的同伦, 若 $f|E \wedge \{0\} = f_1, f|E \wedge \{1\} = f_1$.

称谱映射 $f : E \to F$ 为上纤射, 若对所有谱 f 有同伦扩张性质.

称谱映射 $f : E \to F$ 为纤射若对所有谱 f 有同伦提升性质.

称谱映射 $f = (f_V) : E \to F$ 为弱等价, 若对所有 V, f_V 为拓扑空间弱等价.

2) $\mathbb{L}$ 谱.

若 E 是谱, X 是带基点拓扑空间, 定义 $E \wedge X$ 为

$$(E \wedge X)(V) = E(V) \wedge X.$$

对 $E \in \mathcal{S}(U), E' \in \mathcal{S}(U')$, 定义外砸积 (external smashed product) $E \wedge E' \in \mathcal{S}(U \oplus U')$ 为

$$(E \wedge E')(V \oplus V') = E(V) \wedge E'(V').$$

命题 14.10 对连续映射 $\alpha: A \to \mathscr{I}(U, U')$ 存在函子

$$A \ltimes (-): \mathcal{S}(U) \to \mathcal{S}(U')$$

满足以下条件:

(1) 从包含映射 $\{id_U\} \hookrightarrow \mathscr{I}(U, U)$ 得自然同构 $\{id_U\} \ltimes E \cong E$.

(2) 对连续映射 $\alpha: A \to \mathscr{I}(U, U')$, $\beta: B \to \mathscr{I}(U', U'')$ 定义合成为 $B \times A \to \mathscr{I}(U', U'') \times \mathscr{I}(U, U') \to \mathscr{I}(U, U'')$, 则

$$(B \times A) \ltimes E \cong B \ltimes (A \ltimes E).$$

(3) 对连续映射 $\alpha: A \to \mathscr{I}(U_1, U_1')$, $\beta: B \to \mathscr{I}(U_2, U_2')$ 定义合成为

$$A \times B \to \mathscr{I}(U_1, U_1') \times \mathscr{I}(U_2, U_2') \to \mathscr{I}(U_1 \oplus U_2, U_1' \oplus U_2'),$$

则对 $E_1 \in \mathcal{S}(U_1), E_2 \in \mathcal{S}(U_2)$ 有

$$(A \times B) \ltimes (E_1 \wedge E_2) \cong (A \ltimes E_1) \wedge (B \ltimes E_2).$$

(4) 对带基点拓扑空间 X 有自然同构

$$A \ltimes (E \wedge X) \cong (A \ltimes E) \wedge X.$$

(5) 对带基点拓扑空间 X 有自然同构

$$A \ltimes \Sigma^\infty X \cong \Sigma^\infty (A \wedge X).$$

([EKM 96] Chap I, prop 2.1, prop2.2.)

定义 14.11 E 是谱. 定义 $\mathbb{L}E = \mathscr{L}(1) \ltimes E$. 乘积 $\gamma: \mathscr{L}(1) \times \mathscr{L}(1) \to \mathscr{L}(1)$ 诱导

$$\mu: \mathbb{L}\mathbb{L}E \cong (\mathscr{L}(1) \times \mathscr{L}(1)) \ltimes E \to \mathscr{L}(1) \ltimes E = \mathbb{L}E.$$

单位包含映射 $\{1\} \hookrightarrow \mathscr{L}(1)$ 诱导

$$\eta: E \cong \{1\} \ltimes E \to \mathscr{L}(1) \ltimes E = \mathbb{L}E.$$

一个 $\mathbb{L}$ 谱包括一个谱 E 和映射 $\xi: \mathbb{L}E \to E$ 使得

$$\begin{array}{ccc} \mathbb{L}\mathbb{L}E & \xrightarrow{\mu} & \mathbb{L}E \\ {\scriptstyle \mathbb{L}\xi} \downarrow & & \downarrow {\scriptstyle \xi} \\ \mathbb{L}E & \xrightarrow{\xi} & E \end{array} \qquad \begin{array}{ccc} E & \xrightarrow{\eta} & \mathbb{L}E \\ & \searrow_{=} & \downarrow {\scriptstyle \xi} \\ & & E \end{array}$$

为交换图.

14.6 环　谱

(又称 $\mathbb{L}$ 谱为 $\mathbb{L}$ 代数.)([EKM 96] Chap I, §4, def 4.2.)

称谱映射 $f: E \to F$ 为 $\mathbb{L}$ 谱映射, 若有交换图

$$\begin{array}{ccc} \mathbb{L}E & \xrightarrow{\mathbb{L}f} & \mathbb{L}F \\ \xi_E \downarrow & & \downarrow \xi_F \\ E & \xrightarrow{f} & F \end{array}$$

以 $\mathcal{F}(U)$ 为坐标的 $\mathbb{L}$ 谱范畴记为 $\mathcal{S}(U)[\mathbb{L}]$. $\mathbb{L}$ 谱范畴是完备和余完备 ([EKM 96] Chap I, prop 4.4).

例　E 是谱, 则 $\mathbb{L}E$ 是 $\mathbb{L}$ 谱.

X 是带基点拓扑空间, 则 $\Sigma^\infty X$ 是 $\mathbb{L}$ 谱 ([EKM 96] Chap I, lem 4.5).

球谱 S 是 $\mathbb{L}$ 谱.

3) 谱砸积.

对 $E, E' \in \mathcal{S}(U)$ 外砸积 $E \wedge E' \in \mathcal{S}(U \oplus U)$. 若取线性等距同构 $f: U \oplus U \xrightarrow{\approx} U$, 然后用外砸积定义 $(E \wedge_f E')(V) = (E \wedge E')(f^{-1}(V))$, 便从 $E, E' \in \mathcal{S}(U)$ 得 $E \wedge_f E' \in \mathcal{S}(U)$. 不过这便与 f 的选择相关了. 一个解决的办法便是取所有的 $E \wedge_f E'$ 使用 $\mathbb{L}$ 谱.

留意: 可把 $f: U \oplus U \xrightarrow{\approx} U \in \mathscr{L}(2)$ 看为映射 $\{*\} \to \mathscr{L}(2)$.

对 $E, E' \in \mathcal{S}(U)[\mathbb{L}]$ 用以下余均衡子图 ([高线]14.5.6) 定义 $E \wedge_{\mathscr{L}} E'$,

$$(\mathscr{L}(2) \times \mathscr{L}(1) \times \mathscr{L}(1)) \ltimes (E \wedge E') \underset{id \ltimes (\xi \times \xi)}{\overset{\gamma \ltimes id}{\rightrightarrows}} \mathscr{L}(2) \ltimes (E \wedge E') \longrightarrow E \wedge_{\mathscr{L}} E',$$

有自然同构

(1) $\tau: E \wedge_{\mathscr{L}} E' \xrightarrow{\approx} E' \wedge_{\mathscr{L}} E$;

(2) $(E_1 \wedge_{\mathscr{L}} E_2) \wedge_{\mathscr{L}} E_3 \xrightarrow{\approx} E_1 \wedge_{\mathscr{L}} (E_2 \wedge_{\mathscr{L}} E_3)$.

4) E_∞ 环谱.

取可数维实内积空间 U 定义线性等距算元 $\mathscr{L}$.

命题 14.12　$\mathbb{L}$ 谱 E 必有自然同构 $\lambda: S \wedge_{\mathscr{L}} E \to E$ 满足以下条件:

(1) 有交换图

$$\begin{array}{ccc} E \wedge_{\mathscr{L}} S \wedge_{\mathscr{L}} E' & \xrightarrow{\tau \wedge id} & S \wedge_{\mathscr{L}} E \wedge_{\mathscr{L}} E' \\ \tau \wedge id \downarrow & \searrow^{id \wedge \lambda_{E'}} & \downarrow \lambda_E \wedge id \\ S \wedge_{\mathscr{L}} E \wedge_{\mathscr{L}} E' & \xrightarrow{\lambda_E \wedge id} & E \wedge_{\mathscr{L}} E' \end{array}$$

(2) λ 是 $\mathbb{L}$ 谱映射和谱弱等价.

(3) $\lambda: S \wedge_{\mathscr{L}} S \to S$ 是 $\mathbb{L}$ 谱自然同构.

称 $\mathbb{L}$ 谱 E 为 S 模, 若有 $\mathbb{L}$ 谱同构

$$\lambda : S \wedge_{\mathscr{L}} E \to E.$$

称 S 模 R 为 A_∞ 环谱 (或称为 S 代数), 若有单位映射 $\eta : S \to R$, 积映射 $\mu : R \wedge_{\mathscr{L}} R \to R$ 使得以下是交换图

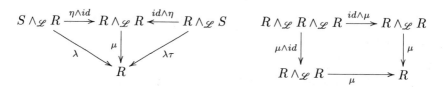

若还有以下交换图, 则称 R 为 E_∞**环谱**(E_∞ ring spectrum)(或称为交换 S 代数)

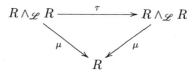

([EKM 96] Chap II, §3, 38 页.)

14.7 单纯谱

单纯预谱 (simplicial pre-spectrum) 是指 (X^*, σ), 其中 X^n 是带基点单纯集,

$$\sigma : S^1 \wedge X^n \to X^{n+1}, \quad n \geqslant 0.$$

单纯预谱态射是带基点单纯集态射 $f^n : X^n \to Y^n$ 使得

$$\begin{array}{ccc} S^1 \wedge X^n & \longrightarrow & X^{n+1} \\ {\scriptstyle S^1 \wedge f^n} \downarrow & & \downarrow {\scriptstyle f^{n+1}} \\ S^1 \wedge Y^n & \longrightarrow & Y^{n+1} \end{array}$$

为交换图. 单纯预谱范畴记为 **spSptr**.

n 单纯预谱是指带基点单纯集 $X^{i_1,i_2,\cdots,i_n}$, $i_j \geqslant 0$ 和带基点单纯集映射

$$\sigma_j : S^1 \wedge X^{i_1,\cdots,i_j,\cdots,i_n} \to X^{i_1,\cdots,i_j+1,\cdots,i_n}, \quad 1 \leqslant j \leqslant n$$

使得以下条件成立. 对 $1 \leqslant k < j \leqslant n$ 我们暂时以 $X^{k,j}$ 记 $X^{i_1,\cdots,i_k,\cdots,i_j,\cdots,i_n}$. 则我

们要求以下两图为交换图.

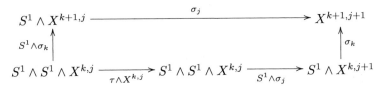

其中映射 $\tau \wedge X^{k,j}$ 交换 S^1 因子并在 $X^{k,j}$ 为恒等映射.

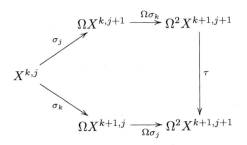

其中映射 τ 交换 Ω 因子.

n 单纯预谱范畴记为 **spSptr**^{n} ([Jar 97] 32 页).

考虑 n 单纯预谱态射 $f: X \to Y$. 若

$$f^{i_1,\cdots,i_n}: X^{i_1,\cdots,i_n} \to Y^{i_1,\cdots,i_n}$$

是单纯集弱等价, 则称 f 为弱等价, 若 $f^{i_1,\cdots,i_n}$ 是单纯集纤射, 则称 f 为纤射. 称态射 f 为上纤射, 若相关于任意同时是弱等价和纤射的 $p: U \to V$, f 有左提升性质, 即存在提升态射 h 使得有交换图

$$\begin{array}{ccc} X & \longrightarrow & U \\ f \downarrow & \swarrow h & \downarrow p \\ Y & \longrightarrow & V \end{array}$$

命题 14.13 用以上定义的弱等价、纤射和上纤射, **spSptr**^{n} 是闭模型范畴. ([Jar 97]§2, prop 2.4, 34 页.)

14.8 单纯谱预层

位形 $\mathcal{C}$ 的一个单纯谱预层 (pre-sheaf of pre-spectra) X 是指单纯预层 X^n 和态射 $\sigma: S^1 \wedge X^n \to X^{n+1}$. 我们也可以把 X 看作单纯预层范畴 **spSh**$_\mathcal{C}$ 的一个预谱对象. 单纯谱预层所组成的范畴记为 **spSptrpSh**$_\mathcal{C}$.

对 $U \in \mathcal{C}$, 预层
$$U \mapsto \varinjlim_{q} \pi_{n+q}|X^q(U)|$$
的层化记为 $\tilde{\pi}_n^s(X)$.

称 **spSptrpSh**$_\mathcal{C}$ 的态射 $f: A \to B$ 为弱等价, 若对所有 $n \geqslant 0$, $f_*: \tilde{\pi}_n^s(A) \to \tilde{\pi}_n^s(B)$ 是同构.

称单纯预谱预层态射 $i: X \to Y$ 为上纤射, 若对所有 $U \in \mathcal{C}$, $i(U): X(U) \to Y(U)$ 为 **spSptr** 的上纤射.

称态射 $p: E \to F$ 为纤射, 若相关于任意同时是弱等价和上纤射的 $i: A \to B$, p 有右提升性质.

命题 14.14 用以上定义的弱等价、纤射和上纤射, **spSptrpSh**$_\mathcal{C}$ 是 Quillen 单纯模型范畴.

([Jar 872], [Jar 97].)

到此我们为 K 理论所用到的拓扑学知识已讲完毕. 希望这是有用的参考资料. 因为材料散见各书, 用的符号和假设不相同, 甚至同一个名词的定义都不一样, 因此学生自学是比较费时的. 这样, 开设一门代数拓扑学的课程是最有效率的学习方法.

第五篇

猜　　想

第15章 代 数 圈

一个代数簇 X 的所有代数子簇所生成的自由群记为 Z_X. 我们称 Z_X 的元素为代数圈 (algebraic cycle), 以区别于同调闭链 (homological cycle). 说 $\sum n_i Z_i$ 是代数圈指 Z_i 是 Zariski 拓扑下的闭集. 链 $\sum n_i \alpha_i$ 是闭链要求 $d(\sum n_i \alpha_i) = 0$, 这里有个算子 d.

研究代数圈是现代 K 理论的重点工作. 本章我们从介绍标准猜想开始. 假设代数簇 X 定义在数域 F 上. 又设 F 有完备化 $\mathbb{C}, \mathbb{R}, F_v$ ([数论]§3), 对应的 X 的基扩张的有理点集分别记为 $X(\mathbb{C}), X(\mathbb{R}), X(F_v)$. 它们都有解析簇 (analytic variety) 的结构 ([Ser 56]). $X(\mathbb{C})$ 的所有解析子簇所生成的自由群记为 $A_{X(\mathbb{C})}$. 同样定义 $A_{X(\mathbb{R})}, A_{X(F_v)}$. 自然会问: 怎样比较 Z_X 和 $(A_{X(\mathbb{C})}, A_{X(\mathbb{R})}, A_{X(F_v)})$? 打个简单比喻: 问怎样知道实解析函数环的理想是由多项式生成的?

在回答这个问题之前也许需要更深入研究 Z_X 的结构. 在群 Z_X 上取代数簇的相交积而得相交环. 自从有解析几何后人们一直在研究这个相交环. 二十世纪三十年代有 van der Waerden 和周炜良 ([Wae 27], [CV 37], [Wae 39]) 提出的相交积的定义, 接着有 Weil ([Wei 46]), Chevalley ([Che 45], [Che 58]), Samuel ([Sam 51]), Serre ([Ser 65]) 的工作. 15.2 节介绍 Grothendieck 给出的相交理论公理. 认识这套公理会让我们明白以后的每套理论的架构, 这对学习是有帮助的.

Grothendieck 的概形从开始成为现代代数几何的基础结构, 到二十世纪七十年代 Fulton 的书 ([Ful 98]) 出现才有一个系统的、可以学习的相交积的介绍. 作为相交理论的一个实例, 15.3 节用 Fulton 谈周炜良环 (Chow ring). 我们亦介绍在数论常用的周坐标 (Chow coordinates). 其间我们讨论第 5 章用过的相交重数公式和 Bloch 周群 (Bloch Chow group).

最后以介绍与代数圈不可分割的原相 (motif) 理论作为结束. 如此我们将看到代数圈的研究是 Grothendieck 建立庞大的 EGA 和 SGA 系统的中心目标, 也是他一生思虑的问题, 同时也是他留给我们的伟大挑战.

15.1 标 准 猜 想

15.1.1 拓扑流形

本节内容参见 [姜].

称有向 n 维紧胞腔流形 M 为 n 维**拓扑流形** ([姜] 第五章, 定义 2.1, 定义 2.3).

这是说可选 M 全体 n 维胞腔协合定向. M 的全体 n 维胞腔的和的同调类记为 $\eta_M \in H_n(M)$, 称为 M 的**基本类**(fundamental class).

M 的上同调群的上积 (或杯积, cup product)

$$H^p(M) \times H^q(M) \to H^{p+q}(M) : \eta, \xi \mapsto \eta \cup \xi$$

是双线性映射, 使得 $H^*(M)$ 是分级环 ([姜] 第四章, 定义 2.1). M 的上-下同调群有卡积 (cap product)

$$H^q(M) \times H_{p+q}(M) \to H_p(M) : \xi, \alpha \mapsto \xi \cap \alpha,$$

使得 $H_*(M)$ 是分级 $H^*(M)$ 模 ([姜] 第四章, 定义 2.2).

Poincaré 对偶定理说: $D : H^q(M) \to H_{n-q}(M) : \xi \mapsto \xi \cap \eta_M$ 是群同构, 于是

$$\langle \xi \cup \eta, \eta_M \rangle_n = \langle \xi, D(\eta) \rangle_q, \quad \xi \in H^q(M), \quad \eta \in H^{n-q}(M),$$

其中 $\langle \cdot, \cdot \rangle_j : H^j(M) \times H_j(M) \to \mathbb{Z}$ 为对偶配对, 并且

$$H^q(M) \times H^{n-q}(M) \to \mathbb{Z} : \eta, \quad \xi \mapsto \langle \eta \cup \xi, \eta_M \rangle$$

是对偶配对 ([姜] 第五章, 定理 2.5, 定理 2.11, 定理 2.12).

15.1.2 微分流形

因为 n 维紧微分流形必能单纯剖分成 n 维紧胞腔流形 ([WhiJ 40], [Mun 66]), 所以可以使用前面的结果.

有向 n 维紧微分流形 M 的 de Rham 上同调群的 Poincaré 对偶是指

$$H_{dR}^k(M) \times H_{dR}^{n-k}(M) \to \mathbb{R} : [\phi], [\varphi] \mapsto \int_M \phi \wedge \varphi$$

是对偶配对 ([BT 82] 44 页).

设 S 是 M 的有向 k 维闭子流形, $i : S \hookrightarrow M$. 取 ω 是闭 k 微分型式, 则

$$\omega \mapsto \int_S i^*\omega \in (H_{dR}^k(M))^* \cong H_{dR}^{n-k}(M),$$

即有唯一的上同调类 $cl(S) \in H_{dR}^{n-k}(M)$ 使得

$$\int_S i^*\omega = \int_M \omega \wedge \phi, \quad cl(S) = [\phi]$$

([BT 82] 51 页).

15.1.3 复流形

设 M 为 n 维紧复流形, V 是 M 的 k 维代数子簇, 称 $i = n - k$ 为 V 的余维数 (codimension). 若 V 是光滑的, 则用 15.1.2 节得 $cl(V) \in H_{dR}^{2(n-k)}(M) \xrightarrow{\approx} H^{2(n-k)}(M)$. 否则, 不假设 V 是光滑的, 我们使用 current 理论亦可得 $cl(V)$ ([GH 78] Chap 3, §2, Example 1, 386 页). 以 M 的 k 维代数子簇为生成元得自由交换群 $Z_k(M)$. 称 $Z_k(M)$ 的元素 $\sum_i n_i V_i$ 为**代数 k 圈**(algebraic k cycle). 又记 $Z_k(M)$ 为 $Z^i(M)$. 称同态

$$cl : Z^i(M) \to H^{2i}(M) : \sum_i n_i V_i \mapsto \sum_i n_i cl(V_i)$$

为圈类映射 (cycle class map) ([PS 08] 1.1.3, 18 页).

前三小节亦可和 [GH 78] Chap 0, §4 和 Chap 1, §1, 140 页比较.

15.1.4 Weil 上同调

André Weil(1906—1998), 法国人, 生于巴黎, 二十世纪伟大的代数数论和代数几何学家之一. 1925 年毕业于巴黎高等师范学校. 1928 年获得博士学位, 导师是 Jacques Hadamard 和 Charles Picard. 曾任教于印度阿里加尔穆斯大学、法国斯特拉斯堡大学、巴西圣保罗大学、美国芝加哥大学, 1958 年任普林斯顿高等研究院教授至 1976 年退休. 他同嘉当 (Henri Cartan), Delsarte, Chevalley, Dieudonne, Ehresmann 等人开始组织对二十世纪数学有深远影响的布尔巴基 (Bourbaki). 他是巴黎科学院院士、英国皇家学院外籍院士和美国国家科学院外籍院士. 1979 年获得 Wolf 奖. 他的著名的有限域上代数簇 Rieman 猜想由 Pierre Deligne 于 1973 年解决, 他的半单线性代数群玉河数 (Tamagawa number) 猜想在数域上由 Langlands-黎景辉-Kottwitz 于 1988 年解决, 在函数域上由 Gaitsgory-Lurie 于 2013 年解决.

代数簇的拓扑和微分结构不同于 $\mathbb{R}^n$. 代数簇可以有各种不同的上同调理论, 如 Betti, de Rham, 平展, 晶体, 刚性, 形式的上同调群. 为了统一地研究它们与代数闭链的关系, 我们提出一组公理来描述它们共有的性质.

spVar$_k$ 记域 k 上光滑射影簇范畴, **grVec**$_F$ 记域 F 上有限维分级向量空间范畴. 系数在域 F 的 Weil 上同调理论是反变函子

$$H : \mathbf{spVar}_k \to \mathbf{grVec}_F$$

配备 Tate 扭转 (Tate twist), 即对整数 r 给出映射 $V \to V \otimes H^2(\mathbb{P}^1)^{\otimes(-r)}$, 使得:

- $\dim H^2(\mathbb{P}^1) = 1$.
- 满足 Künneth 公式: $H^*(X \times Y) \simeq H^*(X) \otimes H^*(Y)$.
- 存在映射乘性迹映射 (multiplicative trace map): $tr : H^{2d}(X)(d) \to F$ 诱导 "Poincaré 对偶".

- 存在乘性圈类映射 (cycle class map) $cl_n : Z^n(X) \to H^{2n}(X)(n)$.
若 $cl_n(\alpha) = 0$, 则说 α 是同调等价于零 (homologically equivalent to zero).
从 Weil 上同调的公理可以推出典范同构

$$H^*(X \times Y) \simeq H^*(X) \otimes H^*(Y) \simeq \operatorname{Hom}(H^*(X), H^*(Y)).$$

由此可把 $H^*(X \times Y)$ 的元素 u 看作从 $H^*(X)$ 至 $H^*(Y)$ 的算子, 称 u 为上同调对应 (cohomological correspondence). 若 $u \in \operatorname{Img} cl$, 则说 u 是代数上同调对应.

经典的上同调理论如 Betti, de Rham, 平展, 晶体上同调都是 Weil 上同调.

关于 Weil 上同调理论可参考 [Kle 68], [Kle 70].

15.1.5 Grothendieck 标准猜想

在二十世纪六十年代 Grothendieck 形成他对代数圈的构思, 现在称为标准猜想 (standard conjectures), 见 [Gro 68].

选定域扩张 $F/\mathbb{Q}$ 和系数在 F 的 Weil 上同调理论 H^*. 取 $X \in \mathbf{spVar}_k$, X 的丰除子 (ample divisor) 的类 $D \in \operatorname{Pic}(X)$, 称 $\eta = cl(D) \in H^2(X)(1)$ 为极化 (polarisation). 以 η 作杯积得 H^* 上的算子 $L(?) = \eta \cup ?$, 称 L 为 Lefschetz 算子, 则对 $i \geqslant 0$ 有

$$L^{d-i} : H^i(X)(r) \to H^{2d-i}(X)(di+r),$$

其中 $d = \dim X$. 可以证明

强 Lefschetz 定理: 对所有 r 和 $i \leqslant d$, L^{d-i} 是同构.

弱 Lefschetz 定理: 若 D 是光滑超平面, 以 η 作杯积得映射 $H^i(X) \to H^i(D)$ 是同构, 若 $i \leqslant d-2$; 是单射, 若 $i = d-1$.

标准猜想是:

1) 以 $\Delta_X \subset X \times X$ 记对角, 在 Künneth 分解

$$H^{2d}(X \times X) \simeq \bigoplus_j H^{2d-j}(X) \otimes H^j(X)$$

下, $cl(\Delta_X) = \sum_j \alpha_j$. 猜想是: α_j 是代数圈.

若 k 是有限域, H^* 是经典的上同调, 则猜想是对的. 如果 X 是 Abel 簇, 则猜想对任何 Weil 上同调理论 H^* 是对的.

2) 在 $\oplus_{i,r} H^i(X)(r)$ 上设算子 $*_{L,X}$ 为 L^{d-i}, 若 $i \leqslant d$; 为 $(L^{d-i})^{-1}$, 若 $i > d$. 称 $*_{L,X}$ 为 Lefschetz 对合映射 (involution). 猜想是: $*_{L,X}$ 是 $\mathbb{Q}$ 上的代数映射.

当 X 是 1 或 2 维时, 猜想是对的. 如果 X 是 Abel 簇, 则猜想是对的.

3) 设 X 是域 k 上光滑射影簇. 以 $C^i(X)$ 记圈类映射 $cl : Z^i(X) \otimes_{\mathbb{Z}} \mathbb{Q} \to H^{2i}(X)$ 的象. $\xi \in H^2(X)$ 的超平面截面给出同态

$$\cup \xi^{n-i} : H^i(X) \to H^{2n-i}(X), \quad i \leqslant n.$$

设

$$P^i(X) := \text{Ker}(\cup \xi^{n-i+1} : H^i(X) \to H^{2n-i+2}(X)), \quad C_P^j(X) := P^{2j}(X) \cap C^j(X).$$

利用迹同构 $t : H^{2n}(X) \cong F$ 定义取值在 $\mathbb{Q}$ 的对称双线性形

$$q_H(x,y) = (-1)^j t(x \cdot y \cdot \xi^{n-2j}), \quad x,y \in C_P^j(X).$$

猜想是: q_H 是正定双线性型.

4) 取 d 维光滑代数簇 X, $cl : Z^i(X) \to H^{2i}(X)$ 是圈映射. 则说:

(1) 余维数 $= i$ 的代数圈 $\alpha \in Z^i X$ 是同调等价于零, 若 $cl(\alpha) = 0$, 以 $A^*_{\text{hom}}(X) \otimes \mathbb{Q}$ 记代数圈同调等价类所生成的 $\mathbb{Q}$ 向量空间.

(2) 余维数 $= k$ 的代数圈 $\alpha \in Z^k X$ 是数值等价于零 (numerically equivalent to zero). 若对所有 $\beta \in Z^{d-k} X$ 使得可以定义相交数 (intersection number) $\#(\alpha \cdot \beta)$, 便有 $\#(\alpha \cdot \beta) = 0$. $A^*_{\text{num}}(X) \otimes \mathbb{Q}$ 记代数圈数值等价类所生成的 $\mathbb{Q}$ 向量空间.

可以证明: 代数圈 αX 是有理等价于零 $\Rightarrow$ αX 是同调等价于零 $\Rightarrow$ αX 是数值等价于零.

猜想是: $A^*_{\text{num}}(X) \otimes \mathbb{Q} = A^*_{\text{hom}}(X) \otimes \mathbb{Q}$.

对余维数 $= 0$ 猜想是对的. 若 k 是特征 0, 当 X 是 1 或 2 维和 Abel 簇时, 猜想是对的.

15.1.6 Hodge 猜想

用解析坐标, 复流形 X 的 (p,q)- 型可表达为

$$\sum a_{i_1,\cdots,i_p;j_1,\cdots,j_q} dz_{i_1} \wedge \cdots \wedge dz_{i_p} \wedge d\bar{z}_{j_1} \wedge \cdots \wedge d\bar{z}_{j_q},$$

按分解 $\Omega^n = \oplus \Omega^{p,q}$, 外微分便分解为 $d = d' + d''$, 其中 d' 是 $(1,0)$ 次, d'' 是 $(0,1)$ 次.

设 X 是紧 Kähler 流形, 则有 Hodge 分解

$$\bigoplus_{p+q=n} H^{p,q}(X) \xrightarrow{\approx} H^n(X, \mathbb{C})$$

([GH 78] Chap 0, §7; [Voi 02]; [DI 02]; [PS 08]).

若 Z 是 X 的余维数 $= p$ 的闭解析子空间, 则 Z 按 Poincaré 对偶, 决定上同调类 $cl(Z) \in H^{2p}(X, \mathbb{Z})$. 在映射 $H^{2p}(X, \mathbb{Z}) \hookrightarrow H^{2p}(X, \mathbb{C})$ 下 $cl(Z)$ 是闭 (p,p) 型的类. 称有理 (p,p) 类为 Hodge 类.

在 [Hod 50], Hodge 提出

Hodge 猜想 在 $\mathbb{C}$ 上光滑射影簇, 任意 Hodge 类是代数圈的有理线性组合.

这是克雷数学研究所 (Clay Mathematical Institute) 的千年问题 (Millennium Problem) 之一; 在他们的网站有 Deligne 文章详细刻画这个猜想 (http://www.claymath.org/millennium-problems). 过去有很多文章对特殊的簇证明 Hodge 猜想, 请留意.

值得一提的是 Tate 代数圈猜想 (Tate's conjecture on algebraic cycles). 这是 Hodge 猜想的 ℓ-进版. $\mathbb{Q}_\ell$ 记 ℓ 进数域. 设 F 是代数数域, X 是定义在 F 上的 n 维光滑射影簇, $A^p(X)_\mathbb{Q}$ 是 X 的余维数 $= p$ 的代数子簇所生成的 $\mathbb{Q}$ 向量空间. Poincaré 对偶给出 ℓ 进圈映射

$$d_p : A^p(X)_\mathbb{Q} \otimes \mathbb{Q}_\ell \to H_\ell^{2p}(\overline{X})(p),$$

其 $H_\ell^{2p}(\overline{X})(p)$ 是 Tate 挠 ℓ- 进平展上同调群. 对 F 的有限扩张 E, 在 $d_p(A^p(X)_\mathbb{Q} \otimes \mathbb{Q}_\ell)$ 里 Galois 群 $\mathrm{Gal}(E/F)$ 所固定的向量组成的 $\mathbb{Q}_\ell$ 子空间记为 $A^p(X, E)$.

Tate 代数圈猜想是: $A^p(X, E)$ 的维数等于 L 函数 $L^{2p}(X/E, s)$ 在极点 $s = p+1$ 的次数, 即

$$\lim_{s \to p+1} (s - (p+1))^{\dim_{\mathbb{Q}_\ell} A^p(X,E)} L^{2p}(X/E, s) \neq 0.$$

详见 [Tat 65]. 最早的两个结果是 Tate 的两个学生做的 ([Poh 68], [Kum 83]). 然后有 [HLR 86] 和 [Lai 85].

15.1.7 圈类映射

在前面几个小节我们几次说到圈类映射 (cycle class map). 这个映射的构造由在使用的上同调群决定. 最好是选定一种上同调群来学习, 我建议参考 [Fu 15]§8.6.

构造圈类映射需要迹态射和对偶理论. 设 X 是域 k 上的几何连通 n 维固有光滑概形, $\mathscr{F}$ 是 X 上的局部自由凝聚层, Serre 对偶说: 对所有 i, 杯积

$$H^i(X, \mathscr{F}) \otimes H^{n-i}(X, \mathscr{H}om_{\mathscr{O}_X}(\mathscr{F}, \mathscr{O}_X) \otimes \Omega_{X/k}^n) \to H^n(X, \Omega_{X/k}^n) \xrightarrow{tr_X} k$$

给出有限维 k 向量空间的完全对偶. Grothendieck 对偶理论推广 Serre 对偶定理至相对情形 $X \to Y$. 关于 Grothendieck 对偶现有两种介绍:

(1) 用 residue complex, 见 [Har 66] 及其补充 [Conr 00].

(2) 推广 Deligne 在 [Har 66] 的附录, 见 [LH 09].

第一个方法比较合适计算和应用. 两个方法都会有相容 "交换图" 未检定的问题 ([Har 66] 117-119 页; [LH 09] 8 页).

15.2 相交理论

我们从两个初等情形开始.

15.2 相交理论

(1) 设 Y 是域 k 上有限维向量空间, X, V 是 Y 的子空间, 取 $W = X \cap V$, 称 $\operatorname{codim} X := \dim Y - \dim X$ 为 X 在 Y 内的余维数. 设 $\dim V \leqslant \dim X$, 则

$$\operatorname{codim} X + \operatorname{codim} V \geqslant \operatorname{codim} W \geqslant \operatorname{codim} V.$$

当 $\operatorname{codim} X + \operatorname{codim} V = \operatorname{codim} W$ 时, 我们说 X 与 V 在 W "正交" (intersect properly).

(2) 我们说曲线 $y = (x-1)^3(x-2)$ 和直线 $y = 0$ 在点 $(1, 0)$ 的 "相交重数" 是 3.

我们在代数几何学中研究: 在一个概形里, 当两个子概形相交时, 以上的两个简单的现象会是怎样的呢?

15.2.1 Grothendieck 公理

固定基域 F. 称 F 上已分有限型 (separated finite type) 的概形为代数概形 (algebraic scheme). 称已约不可约 (reduced irreducible) 代数概形为簇 (variety).

给定一个范畴 $\mathcal{V}_F$. 我们只是要求 $\mathcal{V}_F$ 的对象是代数 F 概形和 $e = \operatorname{Spec} F$ 是 $\mathcal{V}_F$ 的终对象.

选定交换环 Λ. 称 Λ 代数 C 为增广 Λ 代数 (augmented Λ algebra), 若有 Λ 代数同态 $\varepsilon: C \to \Lambda$, 称 ε 为增广映射 (augmentation map). 由增广 Λ 代数组成的范畴记为 $\mathcal{A}_\Lambda$.

$\mathcal{V}_F$ 在 Λ 上的一个**相交理论** (intersection theory) 是包括一个函子

$$A: \mathcal{V}_F^{op} \to \mathcal{A}_\Lambda: X \mapsto AX, \quad (X \xrightarrow{f} Y) \mapsto (AY \xrightarrow{f^*} AX)$$

和对 $X, Y \in \mathcal{V}_F$ 给出 Λ 代数同态

$$AX \otimes_\Lambda AY \to A(X \times Y): \alpha \otimes \beta \mapsto \alpha \times \beta,$$

满足以下条件:

1) (1) $(\alpha \times \beta) \times \gamma = \alpha \times (\beta \times \gamma)$.
(2) $\alpha \times 1_{Ae} = 1_{Ae} \times \alpha = \alpha$.
(3) $(\alpha \times \beta)(\alpha' \times \beta') = \alpha \alpha' \times \beta \beta'$.
(4) 设 $p_1: X \times Y \to X$, $p_2: X \times Y \to Y$ 为投射, 则在 $A(X \times Y)$ 内有

$$\alpha \times \beta = p_1^*(\alpha) p_2^*(\beta).$$

(5) 若 f, g 是平坦态射, 则 $(f \times g)^*(\alpha \times \beta) = f^*\alpha \times g^*\beta$.

2) 对每一固有态射 (proper morphism) $f: X \to Y$ 给出 Λ 模同态 $f_*: AX \to AY$ 使得

(1) $(gf)_* = g_*f_*$, $(id_X)_* = id_{AX}$.

(2) 满足**投射公式**(projection formula): 若 $f: X \to Y$ 是固有态射, 则 $f_*(f^*(\alpha)\beta) = \alpha f_*(\beta)$.

(3) 若 f, g 是固有态射, 则 $(f \times g)_*(\alpha \times \beta) = f_*\alpha \times g_*\beta$.

称代数 AX 的乘法 $\alpha\beta$ 为相交积 (intersection product). 称 $\alpha \times \beta$ 为外积 (exterior product).

注意: (1) 我们说 A 是函子, 所以要求 $(gf)^* = f^*g^*$, $(id_X)^* = id_{AX}$.

(2) 我们说 AX 是 Λ 代数是指 AX 是带乘法单位元 1_{AX} 的环, Λ 代数同态是 Λ 线性保单位元的环同态. 所以要求 $f^*(1_{AY}) = 1_{AX}$ 和

$$\text{若} \beta \in AY, \quad \text{则} \quad \varepsilon(f^*\beta) = \varepsilon(\beta).$$

以及要求增广映射是有以下性质的:

(1) $\varepsilon(1_{AX}) = 1$, 其中 1_{AX} 是 Λ 代数 AX 的单位元.

(2) $\varepsilon: Ae \to \Lambda$ 是同构, 其中 $e = \operatorname{Spec} F$.

(3) $1_{AX} = \lambda_X^*(1_{Ae})$, 其中 λ_X 是唯一的从 X 到 e 的态射.

我们称以上相交理论的定义为 Grothendieck 公理 ([Gro 58] §1) (亦见 [Man 68] §1). 称 F 为定义域 (field of definition), Λ 为系数环 (ring of coefficients). 留意: Grothendieck 和 Manin 是用对角映射 δ^* 来定义相交积的; Fulton [Ful 98] 是用来自 δ 的 Gysin 映射 γ_{Id}^* 定义相交积的.

15.2.2 对应

假设已给出有相交理论的范畴 $\mathcal{V}$, 并对所有态射 f 均可定义推出 f_*, 例如 Manin 和 Scholl 取 $\mathcal{V}$ 为投影簇范畴.

称 $A(X \times Y)$ 的元素为对应 (correspondences). 对 $f \in A(X \times Y), g \in A(Y \times Z)$, 定义合成为

$$g \circ f = p_{13*}(p_{12}^*(f) p_{23}^*(g)) \in A(X \times Z),$$

其中 p_{ij} 表示对 $X \times \times Y \times Z$ 的第 i, j 个因子作投射.

例 假设对所有态射 f 均可定义推出 f_*, 并且 $(f \times g)^*(\alpha \times \beta) = f^*\alpha \times g^*\beta$. 以 $\delta_X: X \to X \times X$ 记对角态射 $x \mapsto (x, x)$. 取 $\Delta_X = (\delta_X)_*(1_X)$, 则 $f \circ \Delta_X = f$, $\Delta_X \circ g = g$.

证明 取 $g \in A(Y \times X)$.

按定义 $(\delta_X)_*: A(X) \to A(X \times X)$, 于是 $\Delta_X = (\delta_X)_*(1_X) \in A(X \times X)$. 设

$$\phi = (id_Y \times \delta_X): Y \times X \to Y \times X \times X.$$

15.2 相交理论

则 $\phi_*: A(Y \times X) \to A(Y \times X \times X)$ 和

$$\phi_*(1_{Y \times X}) = \phi_*(1_Y \times 1_X) = (id_Y)_*(1_Y) \times (\delta_X)_*(1_X) = 1_Y \times \Delta_X,$$

于是

$$\Delta_X \circ g = p_{13*}(p_{12}^*(g)p_{23}^*(\Delta_X)) = p_{13*}(p_{12}^*(g)(1_Y \times \Delta_X)) = p_{13*}(p_{12}^*(g)\phi_*(1_{Y \times X})).$$

用投射公式

$$\Delta_X \circ g = p_{13*}\phi_*(\phi^*(p_{12}^*(g))(1_{Y \times X})) = (p_{13}\phi)_*(((p_{12}\phi)^*(g))(1_{Y \times X}))$$

直接得 $p_{12}\phi = id_{Y \times X}$ and $p_{13}\phi = id_{Y \times X}$. 于是

$$\Delta_X \circ g = (id_{Y \times X})_*((id_{Y \times X})^*(g)(1_{Y \times X})) = (id_{Y \times X})_*(g) = g.$$

此证: $\Delta_X \circ g = g$. ([Man 68]446 页; [Kle 70] 71 页.) □

引入加性范畴 $A\mathcal{V}$: 它的对象是 $\mathcal{V}$ 的对象 ([Man 68] §2). 当我们把 $X \in \mathcal{V}$ 看作 $A\mathcal{V}$ 的对象时便记它为 $\overline{X}$. 对 $\overline{X}, \overline{Y}$, 取 $\text{Hom}(\overline{X}, \overline{Y})$ 等于 $A(X \times Y)$.

对 $\phi: Y \to X$, ϕ 的图 γ_ϕ 为 $(\phi \times id_Y) \circ \delta_Y: Y \to X \times Y$. 定义 $c(\phi) = (\gamma_\phi)_*(1_Y)$ 为 $A(X \times Y)$ 的元素. 则有反变函子

$$\mathcal{V} \to A\mathcal{V}: X \mapsto \overline{X}, \ \phi \mapsto c(\phi).$$

对应公理

已给出有相交理论的范畴 $\mathcal{V}$. 假设对所有态射 ϕ 均有推出 ϕ_* 和 AX 是分级交换 Λ-代数使得 $A^i X = 0$ 对 $i > \dim X$, 并且以下公理成立:

(a^*) 对 $\phi: X \to Y$, 同态 ϕ^* 是零次齐性的.

(b^*) 若 X 的每个分支的维数是 n, Y 的每个分支的维数是 m, 则 $\phi_*: AX \to AY$ 是齐性 $m - n$ 次的.

(c^*) $AX \otimes_\Lambda AY \to A(X \times Y)$ 是零次齐性的.

(d^*) 若 X 是不可约, 则增广同态 $\varepsilon: AX \to \Lambda$ 把 $A^i X, i \geqslant 1$ 映为零, 并且诱导同构 $A^0 X \xrightarrow{\approx} \Lambda$.

对 $\mathcal{V}$ 的 X, Y, X 的每个分支的维数是 n, 取

$$\text{Hom}^i(\overline{X}, \overline{Y}) = A^{i+n}(X \times Y).$$

记此为 $Corr^i(X, Y)$. 称 $Corr^i(X, Y)$ 的元素为齐性的、次数是 i 的对应 (homogeneous correspondences of degree i).

15.2.3 等价关系

当我定义同调群时 mod 掉一个子群 (边缘链群), 这样得到一个有限维的同调空间. 同样在考虑代数圈的时候, 可以 mod 掉一个子群, 换句话说, 引入等价关系 $\sim$. 但这又立刻引起麻烦: 在构造圈 α, β 的相交积时, 我们需要找 $\alpha' \sim \alpha$ 使得 α' 与 β 正交 (proper intersection). 这叫作移动引理.

设 X 是代数概形. 以 X 的 k 维子簇为生成元的自由交换群记为 $Z_k X$, 称此为 X 的 k 圈群 (group of k cycles). 设 V 是 X 的 k 维子簇, 以 $[V]$ 记 V 所决定 $Z_k X$ 的元素. 这样一个 k 圈便是一个有限个项的和 $\sum n_i [V_i]$, 其中 V_i 是 X 的 k 维子簇, n_i 是整数. 我们还引入符号 $Z^k X$ 以记余维数是 k 的圈群 (group of cycles of codimension k).

定义 15.1 已给代数概形 X. 在 X 的圈上假设有一个不是处处定义的相交积:
$$Z^i X \times Z^j X \to Z^{i+j} X : \alpha, \beta \mapsto \alpha \cdot \beta.$$
如果以下条件成立, 则我们说代数圈的等价关系 $\sim$ 对给定的相交积是恰当的 (adequate).

(I) 集合 $Z^i_{\sim 0} X = \{\alpha \in Z^i X; \alpha \sim 0\}$ 是 $Z_i X$ 的子群.

(II) 若在 X 有 $\alpha \sim 0$, 则在 $X \times Y$ 有 $\alpha \times Y \sim 0$.

(III) 若在 $X \times Y$ 有 $\alpha \sim 0$, 则在 X 有 $pr_X(\alpha) \sim 0$.

(IV) 若有圈 α, β 使得 $\alpha \cdot \beta$ 是有定义的, 则由 $\alpha \sim 0$ 得 $\alpha \cdot \beta \sim 0$.

(V) ("移动引理") 取 $\alpha \in Z^i X$, X 的子簇 W_j, $1 \leqslant j \leqslant n$, 则存在 $\beta \in Z^i X$ 使得 $\alpha \sim \beta$ 和对 $1 \leqslant j \leqslant n$, 可以定义 $\beta \cdot W_j$.

定理 15.2 ([Sam 58], [Mur 93]) 设代数圈的等价关系 $\sim$ 对给定的相交积是恰当的. 取 $A^i X = Z^i X / Z^i_{\sim 0} X$ 和 $AX = \oplus A^i X$. 对态射 $\phi: X \to Y$, 取 ${}^t \gamma_\phi = (id_X \times \phi) \circ \delta_X$, 其中 $\delta_X: X \to X \times X$ 是对角态射. 定义映射 $\phi^*: A^i Y \to A^i X$ 为
$$\alpha \mapsto pr_X({}^t \gamma_\phi \cdot (X \times \alpha)),$$
则
$$(X, \phi) \rightsquigarrow (AX, \phi^*)$$
决定反变函子从光滑代数概形范畴到满足 Grothendieck 公理 (15.2.1 小节) 的交换环范畴.

常用的圈的等价关系有: 有理等价、数值等价和同调等价.

15.3 周炜良环

本节借用 Fulton([Ful 98], [EH 16]) 的方法在圈的有理等价类构造相交积而得周环.

15.3.1 有理等价

我们先说明有理等价.

我们将跟随 Fulton ([Ful 98]) 讨论有理等价. Kleiman ([Kle 70] §2) 用移动引理 (moving lemma) 介绍有理等价. Fulton 的方法并不使用移动引理. Bloch 在 [Blo 94] 补证了他所使用的移动引理. 对零圈 (zero cycles) 请留意 Mumford 的反例 ([Mum 69]) 和 Bloch 的曲面猜想. 作为一个简单的实例可以看 [Swa 89]. 关于有理等价的定义当留意 [Sam 56] 的 Math Review 中的修正.

设 X 为簇, 以 $R(X)$ 记 X 的有理函数环. 若 V 是 X 的子簇, 则以 $\mathscr{O}_{V,X}$ 记层 $\mathscr{O}_X$ 在 V 的茎. 若 V 在 X 的余维数是 1, 则 $\mathscr{O}_{V,X}$ 是 1 维局部整环. 对 $a \in \mathscr{O}_{V,X}$ 取

$$\mathrm{ord}_V(a) = \ell_{\mathscr{O}_{V,X}}(\mathscr{O}_{V,X}/(a)),$$

其中 $\ell_A(M)$ 记 A 模 M 的长度 (length). 把 $r \in R(X)^\times$ 写为 $r = a/b$, 然后设

$$\mathrm{ord}_V(r) = \mathrm{ord}_V(a) - \mathrm{ord}_V(b).$$

则有同态 $\mathrm{ord}_V : R(X)^\times \to \mathbb{Z}$.

若 W 是 X 的 $(i+1)$ 维子簇, 并且 $r \in R(W)^\times$, 则用 r 定义 X 的 i-圈 $\mathrm{div}(r)$ 为

$$\mathrm{div}(r) = \sum \mathrm{ord}_V(r)[V],$$

其中 V 走遍 W 的所有余 1 维子簇.

我们说 k 圈 α 是**有理等价于零**(rationally equivalent to zero), 记为 $\alpha \sim 0$, 若 X 内存在有限个 $(i+1)$ 维子簇 W_n 和 $r_n \in R(W_n)^\times$ 使得

$$\alpha = \sum \mathrm{div}(r_n).$$

说 X 的 i-圈 α, β 是有理等价 $\alpha - \beta \sim 0$. 有理等价于零的圈组成 $Z_i X$ 的子群 $Z_{i,\sim 0} X$. 引入商群

$$A_i X = Z_i X / Z_{i,\sim 0}.$$

我们给一个基本的定义: 若 X 概形有不可约分支 $X_1, \cdots, X_s$, 则定义

$$[X] = \sum_{i=1}^s \ell_{\mathscr{O}_{X_i,X}}(\mathscr{O}_{X_i,X})[X_i].$$

Fulton 假设平坦态射是有固定相对维数 (fixed relative dimension).

设 $f: X \to Y$ 是相对维数为 r 的平坦态射. 若 V 为 Y 的子簇, 则 X 的子概形 $f^{-1}V$ 的所有分支均是 $\dim(V)+r$ 维. 可以定义概形 $f^{-1}V$ 的圈 $[f^{-1}V]$. 设

$$f^*[V] = [f^{-1}V].$$

线性扩展为同态

$$f^*: Z_m Y \to Z_{m+r} X.$$

设 $f: X \to Y$ 是相对维数为 n 的平坦态射, α 是 X 上的 k-圈, 且有理等价于零, 则 $f^*\alpha$ 在 $Z_{k+n}X$ 内是 Y 上有理等价于零. 于是 f^* 诱导同态

$$f^*: A_k Y \to A_{k+n} X.$$

称 f^* 为**平坦拉回**(flat pullback) ([Ful 98] thm 1.7).

15.3.2 用法锥定义积

设 V_1, V_2 是光滑簇 X 的子簇. 我们可以利用对角映射 δ_X 把 $V_1 \cap V_2$ 表示为纤维积

$$\begin{array}{ccc} V_1 \cap V_2 & \longrightarrow & V_1 \times V_2 \\ \downarrow & & \downarrow \\ X & \xrightarrow{\delta_X} & X \times X \end{array}$$

我们把这个图推广. 设 X, Y 是代数概形, $i: X \to Y$ 是余维数 $= d$ 的正则嵌入 (即 X 在 Y 的理想的局部方程是局部环 $\mathscr{O}_{Y,X}$ 的正则列), V 是 k 维簇, $f: V \to Y$ 是态射. 取纤维积

$$\begin{array}{ccc} X \times_Y V & \xrightarrow{j} & V \\ g \downarrow & & \downarrow f \\ X & \xrightarrow{i} & Y \end{array}$$

取法丛 $N_X Y = \mathrm{Spec} \oplus \mathscr{I}^n / \mathscr{I}^{n+1}$, 其中 $\mathscr{I}$ 是 X 在 Y 的理想层. 则有秩 d 向量丛 $N = g^* N_X Y \xrightarrow{\pi} X \times_Y V$. 作平坦拉回得同构

$$\pi^*: A_{k-d}(X \times_Y V) \to A_k N$$

(Fulton [Ful 98] thm 3.3 (a)).

因为 $\mathscr{I}$ 生成 $X \times_Y V$ 在 V 的理想层 $\mathscr{J}$, 存在满射

$$\bigoplus_n f^*(\mathscr{I}^n / \mathscr{I}^{n+1}) \twoheadrightarrow \oplus_n \mathscr{J}^n / \mathscr{J}^{n+1}$$

15.3 周炜良环

这便给出从法锥 $C = C_{X \times_Y V} V = \mathrm{Spec} \oplus_n \mathscr{I}^n/\mathscr{I}^{n+1}$ 至 N 的闭嵌入.

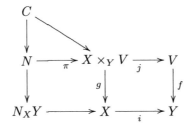

可以证明 C 的所有不可约分支是 k 维的. 定义

$$X \cdot V = (\pi^*)^{-1}[C] \in A_{k-d}(X \times_Y V)$$

([Ful 98] §6.1).

Werner Gysin 于 1915 年出生于瑞士.

在 [Ful 98] 可看到 $X \cdot V$ 的几何意义. 以下看一个简单的例子. 假设 X 是 Y 的有效除子, 用 $f : V \to Y$ 拉回局部方程便得纤维积 $W = X \times_Y V$ 是 V 的除子 f^*D. 假设 $V = \mathrm{Spec}\, A$, W 由 $\phi \in A$ 所生成的理想 I 决定, 即 $W = \mathrm{Spec}\, A/I$. 这样法锥是

$$C = C_W V = \mathrm{Spec}\left(\bigoplus_{n \geqslant 0} I^n/I^{n+1}\right).$$

投射 $p : C \to W$ 是 $I^0/I^1 \hookrightarrow \oplus I^n/I^{n+1}$. 满足 $p \circ s = id_W$ 的零截面 $s : W \to C$ 是 $\oplus I^n/I^{n+1} \to I^0/I^1$. 假设 ϕ 不是零除子 (于是 ϕ 是正则列的一个元), 则典范映射

$$I^0/I^1[X] \to \oplus I^n/I^{n+1}$$

是同构, 于是 $C \approx W \times \mathbb{C}$.

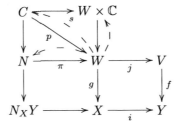

由以上图可见 $X \cdot V$ 是 $[W]$.

15.3.3 有理等价相交理论

在此小节我们记下有理等价相交理论的定义. X 的 k 维子簇为生成元的自由交换群记为 $Z_k X$. $\sim$ 记代数圈的有理等价关系. k 维代数圈有理等价类群是 $A_k X = Z_k X / Z_{k, \sim 0}$.

1) 定义外积.

已给域 F 上代数概形 X, Y. 取纤维积 $X \times_F Y$. 对 X 的子簇 V, Y 的子簇 W, 定义外积

$$\times : Z_k X \times Z_\ell Y \to Z_{k+\ell}(X \times Y)$$

为

$$[V] \times [W] = [V \times_F W],$$

其中 $[V \times_F W]$ 是从概形 $V \times_F W$ 按以上公式得的圈, 然后线性扩张.

若 $\alpha \sim 0$ 和 $\beta \sim 0$, 则 $\alpha \times \beta \sim 0$. 于是得**外积**

$$\times : A_m X \times A_\ell Y \to A_{m+\ell}(X \times Y),$$

并且 $(\alpha \times \beta) \times \gamma = \alpha \times (\beta \times \gamma)$ ([Ful 98] prop 1.10; Example 8.3.7).

若 f, g 是平坦态射, 则

$$(f \times g)^*(\alpha \times \beta) = f^*\alpha \times g^*\beta.$$

2) 定义相交积.

(1) 取余维数 $= d$ 的正则嵌入 $i : X \to Y$, 以及态射 $f : Y' \to Y$. 造纤维积 $X' = X \times_Y Y'$

$$\begin{array}{ccc} X' & \xrightarrow{j} & Y' \\ \downarrow{g} & & \downarrow{f} \\ X & \xrightarrow{i} & Y \end{array}$$

若 V 是 Y' 的 k 维子簇, 则 $A_l(X \times_Y V) \subset A_l(X \times_Y Y'0$. 定义 Gysin 同态 $i^! : Z_k Y' \to A_{k-d} X'$ 为

$$i^!\left(\sum n_V [V]\right) = \sum n_V X \cdot V,$$

可以证明 $i^!$ 与有理等价交换 ([Ful 98] p.98), 于是得

$$i^! : A_k Y' \to A_{k-d} X'.$$

若取 $f = Id_Y$, 则记 $i^!$ 为 i^*, 这时 Gysin 同态是

$$i^* : A_k Y \to A_{k-d} X.$$

(2) 设 $f : X \to Y$ 是态射, 其中 Y 为 n 维光滑簇, X 是概形. f 的图态射 (graph morphism) 是

$$\gamma_f : X \to X \times Y : P \mapsto (P, f(P)),$$

15.3 周炜良环

这是余维数 $= n$ 的正则嵌入. 我们用 Gysin 同态 γ_f^* 定义积

$$A_l X \times A_k Y \xrightarrow{\times} A_{l+k}(X \times Y) \xrightarrow{\gamma_f^*} A_{l+k-n} X : (x, y) \mapsto \gamma_f^*(x \times y),$$

记此积为 $x \cdot_f y$.

(3) 对角映射 $\delta : Y \to Y \times Y$ 是图态射 γ_{Id_Y}. 定义 $x \cdot y$ 为 $x \cdot_{Id_Y} y$. 于是得**相交积**

$$A_l Y \times A_k Y \to A_{l+k-n} Y : x, y \mapsto x \cdot y.$$

可以证明 $AX = \oplus_k A_k X$ 以 $\cdot$ 为乘法是交换环.

3) 定义 f^*.

设 $f : X \to Y$ 是光滑簇 X, Y 的态射. 对 $y \in A_k Y$ 定义 $f^* y \in A_{k+\dim X - \dim Y} X$ 为 $[X] \cdot_f y$. 设 $A^p Y = A_{\dim Y - p} Y$, 则得同态

$$f^* : A^p Y \to A^p X.$$

4) 定义固有推出.

设 $f : X \to Y$ 是固有态射. 若 V 是 X 的子簇, 则 $W = f(V)$ 是 Y 的子簇. 取

$$deg(V/W) = \begin{cases} [R(V) : R(W)], & \dim(W) = \dim(V), \\ 0, & \dim(W) < \dim(V), \end{cases}$$

其中 $[R(V) : R(W)]$ 是域扩张 $R(V)/R(W)$ 的次数. 定义

$$f_*[V] = deg(V/W)[W].$$

然后线性扩展为同态

$$f_* : Z_k X \to Z_k Y.$$

则对固有态射 f, g, 公式 $(gf)_* = g_* f_*$ 成立.

设 $f : X \to Y$ 是固有态射, α 是 X 上的 k-圈, 且有理等价于零, 则 $f_* \alpha$ 是 Y 上有理等价于零. 于是 f_* 诱导同态

$$f_* : A_k X \to A_k Y.$$

并且

(1) 有**投射公式**

$$f_*(f^* y \cdot x) = y \cdot f_*(x),$$

其中 x 是 X 的圈类, y 是 Y 的圈类.

(2) 若 f, g 为固有态射, 则
$$(f \times g)_*(\alpha \times \beta) = f_*\alpha \times g_*\beta$$

([Ful 98] thm 1.4; prop 8.3).

称以上的 f_* 为**固有推出**(proper pushout).

定理 15.3 定义在域 F 上的光滑簇所组成的范畴记为 $s\mathcal{V}_F$. 对 $X \in s\mathcal{V}_F$, 取 $A^p X = Z_{n-i}X/Z_{n-i,\sim 0}$, 其中 $n = \dim X$, $\sim$ 是有理等价. 则 $(\times, A \mapsto AX, f \mapsto f^*)$ 是 $s\mathcal{V}_F$ 在 $\mathbb{Z}$ 上的相交理论 (即满足 Grothendieck 公理).

定理的详细证明见 [Ful 98].

从 Chevalley[Che 58] 开始便常称定理中的 AX 为 X 的**周环** (Chow ring) ([Che 58], [Cho 56], [Sam 56], ([Leu 58]), [Ful 75], [Blo 81], [Bar 96], [Swa 89]). 不过文献里有各种不同的周环.

周炜良 (*Chow W. L.*), *1911 年出生于上海市(籍贯安徽建德(今东至)), 1995 年在美国巴尔的摩市逝世. 1932—1936 年留学德国, 1936 年获莱比锡大学数学博士学位, 博士导师是代数几何学家凡 · 德 · 瓦尔登 (Bartel Leendert van der Waerden, 1903—1996). 1936 年在德国和马戈特 · 维克托完婚. 同年回国, 担任国立中央大学数学系教授. 1937 年抗战爆发后, 因家庭原因, 不得已回到上海. 1947 年到美国普林斯顿大学, 重返离开了 10 年的数学界. 1949 年起执教于约翰斯 · 霍普金斯大学, 1955 年起任霍普金斯大学数学系主任 11 年.*

15.3.4 附录

先说说切空间来帮助我们了解定义.

1) 设概形 Y 的闭子概形 X 是由理想 $\mathscr{I}$ 定义的. X 在 Y 的法锥 (normal cone) 定义为
$$C_X Y = \mathrm{Spec}\left(\bigoplus_{n \geq 0} \mathscr{I}^n/\mathscr{I}^{n+1}\right)$$

($\mathscr{I}^0$ 是 $\mathscr{O}_X$. [GD 60]: EGA II.8; [Ful 98] Appendix B.6.1; 最早重要文章研究法锥是广中平祐得 Fields 奖的大作 [Hir 64], 这是入门代数几何必念的文章.) 留意: Y 沿 X 的胀开 (blow up of Y along X) 是
$$Bl_X Y = \mathrm{Proj}\left(\bigoplus_{n \geq 0} \mathscr{I}^n\right),$$

在 $Bl_X Y$ 里的例外除子 (exceptional divisor) 是
$$E_X Y = \mathrm{Proj}\left(\bigoplus_{n \geq 0} \mathscr{I}^n/\mathscr{I}^{n+1}\right).$$

15.3 周炜良环

概形 X 上秩 r 向量丛是指概形 E 带上态射 $\pi: E \to X$ 满足如微分流形上向量丛的条件 ([CC 83] §3.1). E 的截面层 $\mathscr{E}$ 是秩 r 局部自由 $\mathscr{O}_X$ 模 ([Ful 98] Appendix B.3.1). 在本节我们常不区别 E 和 $\mathscr{E}$.

若 $f: X \to Y$ 是概形的光滑态射, $\Omega^1_{X/Y}$ 记 X/Y 微分层, 相对切丛 (relative tangent bundle) $T_{X/Y}$ 是 $\mathscr{H}om_{\mathscr{O}_X}(\Omega^1_{X/Y}, \mathscr{O}_X)$. 当 $Y = \operatorname{Spec} F$ 时, 便称此为 X 的切丛, 并记为 T_X.

取概形 S. 设 $i: X \to Y$ 是光滑 S 概形的正则闭浸入, 则以下 X 上的向量丛正合序列

$$0 \to T_{X/S} \to i^* T_{Y/S} \to N_X Y \to 0.$$

给出法丛 (normal bundle) $N_X Y$ ([LS 75]). 如果光滑概形的包含态射 $i: X \to Y$ 是正则闭浸入, 则法丛 $N_X Y$ 是与法锥 $C_X Y$ 同构 ([Ful 98] Appendix B.6.2, 7.1).

2) 我们研究在局部情况法锥的定义. 设 A 是有限生成 $\mathbb{C}$ 代数, $V = \operatorname{Spec} A$ 的闭子概形是 $W = \operatorname{Spec} A/I$, I 是 A 的理想. W 在 V 的法锥是

$$C_W V = \operatorname{Spec}\left(\bigoplus_{n \geqslant 0} I^n/I^{n+1}\right).$$

$A/I = I^0/I \hookrightarrow \oplus I^n/I^{n+1}$ 决定投射 $p_C: C_W V \to W$; $\oplus I^n/I^{n+1} \twoheadrightarrow I^0/I = A/I$ 决定闭浸入 (称为零截面) $s_C: W \to C_W V$ 使得 $p_C \circ s_C = id_W$. 由 I 的生成元 $f_1, \cdots, f_d$ 给出的满射 $(A/I)[X_1, \cdots, X_d] \to \oplus I^n/I^{n+1}$ 决定闭浸入 $C_W V \hookrightarrow W \times \mathbb{C}^d$. 以交换图表达

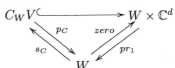

因为 $C_W V$ 是来自齐性理想, 所以 $C_W V$ 是 $W \times \mathbb{C}^d$ 的**子锥**, 即 $C_W V$ 在 $\mathbb{C}^\times$ 对纤维 $\mathbb{C}^d$ 的作用下不变 ([Ful 84] §2.5).

3) 设 F 是代数闭域, X 是已分 F 上有限型概形. 对 $x \in X$, 以 $\mathscr{O}_{X,x}$ 记 X 的结构层在 x 的茎, 记 $\mathscr{O}_{X,x}$ 的极大理想为 $\mathfrak{m}_x$, 以 $\kappa(x)$ 记在点 x 的剩余域.

定义 X 在闭点 x 的切空间 (tangent space) 为 $T_{X,x} = \operatorname{Hom}_F(\mathfrak{m}_x/\mathfrak{m}_x^2, F)$, 则有 F 向量空间同构 $T_{X,x} \xrightarrow{\approx} \operatorname{Hom}_{\mathscr{O}_{X,x}}(\Omega_{X/F,x}, \kappa(x))$.

X 在闭点 x 的法锥 (或称切锥 (tangent cone)) 是

$$C_x X = \operatorname{Spec}\left(\bigoplus_{n \geqslant 0} \mathfrak{m}_x^n/\mathfrak{m}_x^{n+1}\right),$$

又称 X 在 x 的胀开的例外除子

$$E_x X = \mathrm{Proj}\left(\bigoplus_{n\geqslant 0} \mathfrak{m}_x^n/\mathfrak{m}_x^{n+1}\right)$$

为闭点 x 的射影切锥 (projective tangent cone).

x 是代数闭域 F 上的簇 X 的闭点, 则 $\mathscr{O}_{X,x}$ 是正则局部环当且仅当 $T_{X,x} = C_x X$.

4) 为什么法锥有用呢? 假设光滑概形的包含态射 $i: X \to Y$ 是正则闭浸入. Verdier [Ver 76] 发现: 在 $Y \times \mathbb{P}^1$ 沿 $X \times \infty$ 的胀开里有一组以 $\mathbb{P}^1$ 为参数空间概形:

$$\eta: X \times \mathbb{P}^1 \to Bl_{X\times\infty} Y \times \mathbb{P}^1,$$

其中 $\eta|_{X\times 0}$ 是 i, $\eta|_{X\times\infty}$ 是零截面 $X \to C_X Y$. 这样, 便把子概形 X 形变 (deform) 为向量丛 $C_X Y$ 的零截面 ([Ful 98] Chap 5). 然后利用零截面来定义相交积 ([Ful 98] Chap 6).

三位得 Fields 奖的日本几何学家.

小平邦彦 (*Kodaira Kunihiko, 1915—1997*) 在日本东京出生. *1938* 年东京大学毕业. *1949* 年获得东京大学博士学位, 导师是弥永昌吉 (*Iyanaga Shōkichi*). 自 *1967* 年至退休为东京大学教授. *1954* 年获得 Fields 奖, 1984 年获得 Wolf 奖.

广中平祐 (*Hironaka Heisuke*), *1931* 年在日本山口县出生, *1949* 年进入京都大学, *1960* 年获得哈佛大学博士学位, 导师是 *Oscar Zariski*. *1970* 年获得 Fields 奖. 曾任哈佛大学和京都大学教授. 现居日本, 热心为数学教育筹款.

森重文 (*Mori Shigefumi*), *1951* 年在日本名古屋出生, *1978* 年获得京都大学博士学位, 导师是永田雅宜 (*Nagata Masayoshi*), *1980—1989* 年任教于名古屋大学, 自 *1990* 年为京都大学教授, *1990* 年获得 Fields 奖.

日本优秀的数学家未成名前在日本自己训练, 成名后回居日本教书, 难得.

15.3.5 周群的过滤猜想

1980 年 Bloch 猜想: 设 X 为光滑射影簇, 用有理等价定义的周群 $A^p(X)$ 有过滤 ([Blo 10]). 当 X 是 Abel 簇时的结果见 [Blo 79], [Bea 86].

1) 设 X 为光滑射影簇, Bloch-Beilinson 猜想存在过滤:

$$A^p(X) = F^0 \supseteq F^1 \supseteq F^2 \supseteq \cdots \supseteq F^{p+1} = 0$$

使得

(1) $F^0 A^p(X)_{\mathbb{Q}} = A^p(X)_{\mathbb{Q}}$, $F^1 A^p(X)_{\mathbb{Q}} = Z^p(X)/Z(X)^p_{\text{同调等价0}}$, $Z^p(X) := Z(X)_{\dim X - p}$, $F^{p+1} A^p(X)_{\mathbb{Q}} = 0$.

(2) $F^r A^p(X)_{\mathbb{Q}} \cdot F^s A^q(X)_{\mathbb{Q}} \subset F^{r+s} A^{p+q}(X)_{\mathbb{Q}}$.

(3) 若 f 是光滑射影簇的态射, 则 f^*, f_* 保存 F^*.

(4) $gr_F^i A^p(X)_{\mathbb{Q}} = Ext^i(\mathbb{Q}, h^{2p-i}(X)(p))$, 这里的 Ext^i 群是在假设存在的混原相范畴 (见 15.7.2 小节) 内计算的, $h^*(X)$ 是 X 的原相.

Jannsen [Jan 00] 证明: Bloch-Beilinson 猜想等价于以下 Murre 猜想.

2) n 维光滑射影簇 X 的周-Künneth 分解是指一组满足以下条件的投射 $\{\pi_i \in Corr^0(X, X) : 0 \leqslant i \leqslant 2n\}$:

(1) 若 $i \neq j$, 则 $\pi_i \circ \pi_j = 0$.

(2) $\pi_0 + \cdots + \pi_{2n} = \Delta(X)$, $\Delta(X)$ 为对角簇.

(3) $\langle \pi_i \rangle = \Delta(X)_{2n-i,j} \in H^{2n-i}(X) \otimes H^j(X)$.

Murre ([Mur 931]) 猜想:

(i) 光滑射影簇 X 必有周-Künneth 分解 (周-Künneth 猜想). 于是

$$Z^i(X) = (X, \pi_i, 0).$$

(ii) $\pi_0, \cdots, \pi_{j-1}, \pi_{2j+1}, \cdots, \pi_{2n}$ 在 $Z^i(X)$ 上的作用是平凡的. 定义

$$F^r = \operatorname{Ker} \pi_{2j} \cap \operatorname{Ker} \pi_{2j-1} \cap \cdots \cap \operatorname{Ker} \pi_{2j-r+1}.$$

(iii) F^* 与 π_i 的选择无关.

(iv) F^1 是由同调等价于零的代数圈组成的.

15.4 相 交 重 数

回到纤维积

$$\begin{array}{ccc} W & \xrightarrow{j} & V \\ \downarrow g & & \downarrow f \\ X & \xrightarrow{i} & Y \end{array}$$

其中 i 是余维数为 d 的正则嵌入, 概形 V 的每个不可约分支是 k 维的. 设

$$C = C_W V, \quad [C] = \sum_{i=1}^{r} m_i [C_i],$$

C_i 是 C 的不可约分支.

设 Z_i 是 C_i 的支集 (support), 则 $\{Z_1, \cdots, Z_r\}$ 是 $W = f^{-1}(X)$ 的所有不可约分支, 并且

$$k - d \leqslant \dim Z \leqslant k.$$

称 W 的不可约分支 Z_i 为相交 $X \cdot V$ 的正交分支 (proper intersection component), 若 $\dim Z_i = k - d$. 此时称 m_i 为 Z_i 在 $X \cdot V$ 的相交重数 (intersection multiplicity), 并记 m_i 为 $i(Z_i, X \cdot V; Y)$. 注意: m_i 是 $[Z_i]$ 在 $[X \cdot V] \in A_{k-d}(W)$ 的系数 ([Ful 98] Chap 7).

15.4.1 Serre 公式

Y 是光滑簇, X 是余维数为 p 的子簇, V 是余维数为 q 的子簇. 设 Z 是 $X \cdot V$ 的不可约分支, 并且 Z 在 Y 内的余维数为 $p + q$. Serre [Ser 65] 给出以下的重数公式

$$i(Z, X \cdot V; Y) = \sum_{i=0}^{\dim_k Y} (-1)^i \ell(Tor_i^{\mathscr{O}_{Y,Z}}(\mathscr{O}_{Y,Z}/\mathscr{I}_X, \mathscr{O}_{Y,Z}/\mathscr{I}_V)),$$

其中 $\mathscr{I}_X, \mathscr{I}_V$ 分别是 X, V 的定义理想层; ℓ 是指作为 $\mathscr{O}_{Y,Z}$ 模的长度.

15.4.2 Quillen-Chevalley 公式

定义在域 k 上的正则代数概形 X 的 i-圈 α, β 是线性等价 (linearly equivalent), 若 $X \times \mathbb{P}^1$ 有 $i+1$-圈 ω 使得 $X \times \{0\}$ 与 ω 正交, $X \times \{\infty\}$ 与 ω 正交, 并且

$$\alpha - \beta = \pi_*(X \times \{0\} \cdot \omega) - \pi_*(X \times \{\infty\} \cdot \omega),$$

其中 $\pi: X \times \mathbb{P}^1 \to X$ 是投射.

若 X 是正则簇, 则 [Sam 56] (参看此文的 Math Review 中的修正) 证明有理等价当且仅当线性等价.

设 W 是 $X \times \mathbb{P}^1$ 的余维数 $= i$ 的子簇, 并且 $X \times \{0\}$ 与 W 正交, $X \times \{\infty\}$ 与 W 正交. 记 $W_0 = X \times \{0\} \cap W$, $W_\infty = X \times \{\infty\} \cap W$, $Y = \pi(W)$.

若 $\dim(Y) = \dim(W) - 1$, 则 $W = Y \times \mathbb{P}^1$ 和 $W_0 - W_\infty = 0$.

若 $\dim(Y) = \dim(W)$, 则 Y 在 X 的余维数是 $i - 1$. 设 y 是 Y 的一般点 (generic point), w 是 W 的一般点, 于是 $k(w)/k(y)$ 是有限扩张. 以 t 记 $\mathbb{P}^1$ 的坐标函数, 在 $W \hookrightarrow X \times \mathbb{P}^1$ 下拉回为非零的 $t' \in k(w)$. 在 Y 取余维数 $=1$ 的点 x, 于是 $\mathscr{O}_{Y,x}$ 是 1 维局部环, 它的分式域是 $k(y)$. 按 Chevalley([Che 58] I, Expose 2, 2—12 页) 有以下公式

$$x \text{ 在 } W_0 - W_\infty \text{ 重数} = \mathrm{ord}_{yx}(Norm_{k(w)/k(y)} t'),$$

其中 $\mathrm{ord}_{yx}: k(y)^\times \to \mathbb{Z}$ 是唯一同态使得

$$\mathrm{ord}_{yx}(f) = \ell(\mathscr{O}_{Y,x}/f\mathscr{O}_{Y,x}),$$

其中 $0 \neq f \in \mathscr{O}_{Y,x}$. 由此公式可立刻得以下命题.

命题 15.4 设 X 是定义在域 k 上的正则代数概形. X 的余维数 $= i$ 的点组成的集合记为 X_i. 定义

$$\phi : \coprod_{y \in X_{i-1}} k(y)^\times \to \coprod_{x \in X_i} \mathbb{Z} x$$

为: 对 $f \in k(y)^\times$, $\phi(f) = \sum \mathrm{ord}_{yx}(f) \cdot x$, 并且设 $\sum \mathrm{ord}_{yx} = 0$, 若 $x \notin \overline{\{y\}}$, 则 ϕ 的象线性等价于零的圈子群.

15.5 Bloch 周群

Spencer Bloch, 1944 年生于美国纽约市. 1971 年获得哥伦比亚大学博士学位, 导师: Steven Kleiman. 现任芝加哥大学荣休教授.

称代数 k 概形 X 的闭子概形 A 和 B 正确相交 (intersect properly), 若 $A \cap B$ 的每个分支 Z 满足条件 $\mathrm{codim}_X Z = \mathrm{codim}_X A + \mathrm{codim}_X B$ ([Blo 86] 271 页).

代数概形 X 的圈群 $z^*(X)$ 是以 X 的闭子簇为生成元的自由交换群, 若 $i: W \to X$ 是闭子概形和局部完全相交. 取自由交换群 $z^*(X)'$ 的生成元为 X 的闭子簇 Z 使得 Z 与 W 正确相交, 则有拉回映射 $i^* : z^*(X)' \to z^*(W)$.

类似标准拓扑 n 单形我们定义概形

$$\Delta^n = \mathrm{Spec}\left(k[t_0, \cdots, t_n] / \left(\sum_i t_i - 1 \right) \right), \quad n \geqslant 0,$$

则 $\Delta^n \cong \mathbb{A}^n_k$ ([Blo 86] 268 页, [Blo 94] 537 页). 定义

$$\delta_{i*} : \Delta^{n-1} \to \Delta^n : (u_0, u_1, \cdots, u_{n-1}) \mapsto (u_0, \cdots, u_{i-1}, 0, u_i, u_{n-1}).$$

称 $\delta_{i*}(\Delta^{n-1})$ 为 Δ^n 的 i 面. 另外定义

$$\sigma_{j*} : \Delta^{n+1} \to \Delta^n : \sigma_{j*}(u_0, \cdots, u_{n+1}) \mapsto (u_0, \cdots, u_{j-1}, u_j + u_{j+1}, u_{j+1}, \cdots, u_{n+1}).$$

称 X 为等维 (equidimensional) 概形, 若 X 的任何两不可约分支 (irreducible component) 的维数是相等的.

设 X 是等维概形. 考虑 $X \times \Delta^n$ 的子簇 Z 的性质:

(1) Z 的余维数是 i;

(2) 对所有 $j < n$, $X \times \Delta^j$ 的面与 Z 正确相交.

由以上性质的子簇 Z 所生成的自由交换群记为 $z^i(X, n)$.

我们有态射 $id \times \delta_{i*} : X \times \Delta^{n-1} \to X \times \Delta^n$. 在子概形集上的拉回 $(id \times \delta_{i*})^*$ 记为 d_i. 记 $(id \times \sigma_{j*})^*$ 为 s_j. 则 $(z^i(X, n), d_i, s_j)$ 是单形交换群 (simplicial abelian group).

对每个 i, 以 $z^i(X,\bullet)$ 记单形交换群 $m \mapsto z^i(X,m)$. 在 Dold-Kan 对应下, 对应于 $z^i(X,\bullet)$ 的链复形我们记为 $z^i(X,*)$.

(a) 定义 X 的高次周群为
$$CH^i(X,m) = \pi_m(z^i(X,\bullet)) = H_m(z^i(X,*))$$
([Blo 86], [Blo 94]).

(b) 若 X,Y 是拟投射代数 k 概形, 则有群同态
$$CH^i(X,m) \otimes CH^j(X,n) \to CH^{i+j}(X,m+n)$$
([Blo 86] §5).

(c) 若 $f: X \to Y$ 是光滑拟投射代数 k 概形态射, 则闭链拉回映射给出群同态 $f^*: CH^i(Y,n) \to CH^i(X,n)$ 使得 $CH^*(-,n)$ 是从光滑拟投射代数 k 概形范畴到分级交换群的反函子 ([Blo 86] (4.1)).

(d) 对每一拟投射代数 k 概形的固有态射 $f: X \to Y$ 有同态 $f_*: CH^i(X,n) \to CH^i(Y,n)$ 使得
$$(gf)_* = g_*f_*, \quad (id_X)_* = id_{CH}$$
([Blo 86]).

命题 15.5 $CH^i(X,0) = CH^i(X)$.

证明 $z^i(X,0)$ 是余维数是 i 的闭链群. $z^i(X,1)$ 的生成元是 $X \times \mathbb{A}^1$ 的余维数是 i 的子簇 Z, 使得 Z 与 $X \times \{0\}$ 正确相交, Z 与 $X \times \{1\}$ 正确相交. 另外, $\partial_j: z^i(X,1) \rightrightarrows z^i(X,0)$ 将 Z 映为 $Z \cap (X \times \{j\})$. □

命题 15.6 (同伦不变性 (homotopy invariance))   投射 $X \times \mathbb{A}^1 \to X$ 诱导同构
$$CH^i(X,m) \xrightarrow{\approx} CH^i(X \times \mathbb{A}^1, m)$$
([Blo 86] 2.1).

定理 15.7 取 $U \subset X$ 为开子概形, 设 $Y + X = U$, 则 $z^i(X,*)/z^i(Y,*) \to z^i(U,*)$ 是同伦等价.

称此定理为移动引理 (moving lemma) 或局部化定理, 该定理的证明是很难的, 见 [Blo 94]. 经典的情形见 [Rob 72].

15.6 周 坐 标

本节介绍以周炜良命名的周坐标. 老一辈的数学家 (如 Shimura) 用它来讨论模问题. 这是一种经典的投射几何学 (projective geometry) 方法, 以同调代数为中心的代数几何学教科书 (如 [Har 77]) 是不会谈到的. 除了周坐标还有周簇和周概形 (Chow scheme) 的理论. 参考资料: [Wae 39] §36, 37.

15.6 周坐标

15.6.1 簇的复习

1) 称 $(X, \mathcal{O}_X)$ 为整概形, 若对任意开集 $U \subseteq X$, $\mathcal{O}_X(U)$ 是整环; X 为整概形当且仅当 X 是已约和不可约的 ([Har 77] II, §3). 设有域 k. 若整概形 X 具有限型已分态射 $X \to \operatorname{Spec} k$, 则称 X 为 k 簇 ([Har 77] II, §4). 因为 X 是不可约的, 有点 $\eta \in X$ 使得 η 的闭包是 X; 称 η 为 X 的通点 (generic point).

我们一般使用 Zariski 拓扑; 常称闭集为代数闭集. 取包含 k 的代数闭域 K. 称 $S \subseteq \mathbb{P}^n(K)$ 为 k 代数闭集, 若有齐性多项式集 $\mathscr{F} \subseteq k[X_0, \cdots, X_n]$ 使得 S 是 $\mathscr{F}$ 的零点集.

2) 称 $\mathbb{P}^n$ 的点 $(a_0 : a_1 : \cdots : a_n)$ 为 k 上通点, 若有 j 使得 $\{a_i/a_j : i \neq j\}$ 为 k 上代数无关.

$\mathbb{P}^n$ 的超平面 (hyperplane) 是指一个线性方程 $\sum_{i=0}^n a_i x_i = 0$ 的零点集; 这个方程的系数决定 $\mathbb{P}^n$ 的点 $(a_0 : a_1 : \cdots : a_n)$. $\mathbb{P}^n$ 的线性闭集 L 是指一个线性方程组 $\sum_{i=0}^n a_i^{(j)} x_i = 0$, $j = 0, \cdots, r$ 的零点集; 这个方程组的系数决定 $(\mathbb{P}^n)^{r+1}$ 的点. 若此点为通点, 则称 L 为通线性闭集 (generic linear closed set). 设 V 为 $\mathbb{P}^n$ 内的 r 维簇, 则 $r \geqslant s$ 当且仅当任意 $n-s$ 维线性簇 L 必与 V 相交 ([Sam 55] Chap I, §8 -2 b)).

我们以符号 $\mathfrak{P}(x)$ 说: x 有性质 $\mathfrak{P}$. 我们说: (在域 k 上) 对几乎所有 x 有 $\mathfrak{P}(x)$, 若 V 有 k 代数子集 W 使得

$$\{x : x \text{ 没有性质 } \mathfrak{P}\} \subseteq W \subsetneqq V.$$

$\mathbb{P}^n$ 的线性闭集 L 是指一个线性方程组 $\sum_{i=0}^n a_i^{(j)} x_i = 0$, $j = 0, \cdots, r$ 的零点集.

设 V 为 $\mathbb{P}^n$ 内的 r 维簇, 则存在整数 d 使得 (在域 k 上) 几乎所有 $n-r$ 维线性簇 L 与 V 相交于 d 点. 我们称 d 为 V 的次数 (degree) ([Sam 55] Chap I, §8 - 4 b), 38-39 页).

设 V 为 $\mathbb{P}^n$ 内的 d 次 r 维簇, L 为 $n-r$ 维通线性簇, 则 L 与 V 相交于 d 点 ([Sam 55] Chap I, §8-4 c), 40 页).

3) 投射 $pr_2 : \mathbb{P}^n \times \mathbb{P}^m \to \mathbb{P}^m$ 是闭态射, 即, 若 $Z \subset \mathbb{P}^n \times \mathbb{P}^m$ 是代数闭集, 则 $pr_2(Z)$ 是代数闭集 ([Mum 76] 33 页). Mumford 称此为消元法主定理 (Main theorem of elimination theory).

从 $\mathbb{P}^n(K)$ 取 $d+1$ 点 $A^0, \cdots, A^d$, 则得矩阵

$$A = (A^0 \cdots A^d) = (a_i^j), \quad \text{其中 } A^j = \begin{pmatrix} a_0^j \\ \vdots \\ a_n^j \end{pmatrix} \text{ 为 } j \text{ 列}.$$

A 所给出线性映射

$$\phi: K^{n+1} \to K^{d+1}: (x_i) \mapsto (x_i)A = \left(\sum_{i=0}^{n} x_i a_i^j\right)$$

的核 N 是线性闭集

$$\sum_{i=0}^{n} x_i a_i^j = 0, \quad 0 \leqslant j \leqslant d.$$

称由此线性映射所诱导的映射

$$f: \mathbb{P}^n(K) \setminus N \to \mathbb{P}^m(K)$$

为以 N 为中心的投射 (projection). f 的象的维数是 $(n+1) - (\dim N + 1) - 1$.

$A^0, \cdots, A^d$ 是线性无关的当且仅当 A 的秩是 $d+1$. 此时由这些所生成的 d 维线性子空间 L^d 的元素是

$$B = \sum_{i=0}^{d} A^i \lambda_i = A\Lambda, \quad \text{其中 } \Lambda = \begin{pmatrix} \lambda_0 \\ \vdots \\ \lambda_n \end{pmatrix} \in \mathbb{P}^d(K), \quad B = \begin{pmatrix} b_0 \\ \vdots \\ b_n \end{pmatrix}, \quad b_i = \sum_{j=0}^{d} a_i^j \lambda_j.$$

同时中心 N 的维数是 $(n+1) - (d+1) = n-d$.

我们可以这样看: 在 $\mathbb{P}^n$ 内取 d 维线性子空间 L^d, 用 L^d 的基底构造映射 ϕ, 取 ϕ 的核 N, 得投射空间 $\mathbb{P}(N)^{n-d-1}$. 于是有对应 $L^d \to \mathbb{P}(N)^{n-d-1}$.

另一个方向. 从一个秩为 $d+1$ 的 $(n+1) \times (d+1)$ k 矩阵 A 出发, 以 N 为映射 $(x_0, \cdots, x_n) \mapsto (x_0, \cdots, x_n)A$ 的核. 设 $u^i = (u_0^i, \cdots, u_n^i), 1 \leqslant i \leqslant n-d$ 为 N 的基. 则矩阵 $U = (u_i^j)$ 的秩是 $n-d$. 则映射 $x \mapsto xU$ 的核 N' 是

$$\sum_{j=0}^{n} u_j^i x_j = 0, \quad 1 \leqslant i \leqslant n-d.$$

N' 的维数是 $(n+1) - U$的秩 $= d+1$. 以 A^j 记 A 的 j 列, 则 $A^0, \cdots, A^d$ 生成子空间 $L^d = \mathbb{P}(N')$. 我们得对应 $\mathbb{P}(N)^{n-d-1} \to L^d$.

对应 $L^d \leftrightarrow \mathbb{P}(N)^{n-d-1}$ 是一种对偶, 它是推广了 $\mathbb{P}^N$ 的点与超平面的对偶.

15.6.2 与超平面相交

在投射空间 $\mathbb{P}^n$ 内取定义在域 k 上维数为 r 的簇 V. 取 V 在 k 上的通点 P. 即域扩张 $k(P)/k$ 的超越次数 (transcendence degree) 是 r. 一组 $r+1$ 个超平面是 $\mathbb{P}^n$ 的线性闭集 L. 考虑包含 P 的在 $k(P)$ 上的通线性闭集 L. 以 L 为通点在 $(\mathbb{P}^n)^{r+1}$ 内的代数闭集 S 便是所有与 V 相交的 $r+1$ 个超平面组.

15.6 周坐标

设 L 的方程组是 $\sum_{i=0}^n v_i^{(j)} X_i = 0, j = 0, \cdots, r$, 则域扩张 $k(P, (v_i^{(j)}/v_{i'}^{(j)}))/k(P)$ 的超越次数是 $(r+1)(n-1)$. 因为 P 是 L 与 V 的唯一交点, P 是 $k((v_i^{(j)}/v_{i'}^{(j)}))$ 上的代数点, 于是域扩张 $k((v_i^{(j)}/v_{i'}^{(j)}))/k$ 的超越次数是 $r+(r+1)(n-1) = (r+1)n-1$. 因此 S 是 $(\mathbb{P}^n)^{r+1}$ 的超曲面, S 是一个方程 $F_V(u_0^{(0)}, \cdots, u_n^{(0)}; \cdots; u_0^{(r)}, \cdots, u_n^{(r)}) = 0$ 的零点集. F_V 的零点 $(u_i^{(j)})$ 对应于 $\mathbb{P}^n$ 内与 V 相交的 $r+1$ 个超平面 $\sum_{i=0}^n u_i^{(j)} X_i = 0$, $j = 0, \cdots, r$.

设 r 个超平面 $\sum_{i=0}^n u_i^{(j)} X_i = 0$, $j = 1, \cdots, r$ 的交集是 $n-r$ 维通线性闭集 L. 按 V 的次数是 d 的定义, L 与 V 相交于 d 点 $(x_i^{(q)})$, $q = 1, \cdots, d$. 这 d 个点是在 $k(u_0^{(1)}, \cdots, u_n^{(1)}; \cdots; u_0^{(r)}, \cdots, u_n^{(r)})$ 上互共轭的可分代数点, 又是 V 的通点 ([Sam 55] Chap I, §8 - 4 c), 40 页). 与 V 及 L 相交于 $(x_i^{(q)})$, 其中一点的超平面 $\sum_{i=0}^n u_i^{(0)} X_i = 0$ 满足方程 $\prod_{q=1}^d (\sum_{i=1}^n u_i^{(0)} x_i^{(q)})$. 这个方程是系数属于 $k(u^{(1)}, \cdots, u^{(r)})$ 的 $u_i^{(0)}$ 的 d 次齐性多项式. 把这个方程乘以分母后便得系数在 $k[u^{(0)}, u^{(1)}, \cdots, u^{(r)}]$ 的不可约多项式, 这个不可约多项式的零点集是 S. 于是知 F_V 关于变量组 $u_0^{(0)}, \cdots, u_n^{(0)}$ 的次数是 d. 同理其他变量组亦是齐性 d 次的. F_V 关于每组变量 $u_0^{(j)}, \cdots, u_n^{(j)}$ 均是齐性的和次数是同样的.

我们称 F_V 为 V 的 Cayley-周型, 或相伴型 (associated form). 称 F_V 的系数 (看作投影空间的点) 为 V 的**周坐标**(Chow coordinates).

例 (1) 点 $(x_0, \cdots, x_n)$ 的 Cayley-周型 F_V 是 $\sum_{i=0}^n x_i u_i^{(0)}$.

(2) 0 维簇 V 是一个有限的共轭点集 $\{x^{(i)}\}$, $x^{(i)} = (x_0^{(i)}, \cdots, x_n^{(i)})$. 可设 $x_0^{(i)} = 1$. 引入变元 $u_0, \cdots, u_n$. $\theta_1 = -x_1^{(1)} u_1 - \cdots - x_n^{(1)} u_n$ 是 $k(u_1, \cdots, u_n)$ 上的代数元, 于是有不可约多项式 $f(u_0) \in k(u_1, \cdots, u_n)[u_0]$ 使得 $f(\theta_1) = 0$. f 的根就是与 θ_1 共轭的元素 $\theta_i = -x_1^{(i)} u_1 - \cdots - x_n^{(i)} u_n$. 因此

$$f(u_0) = a \prod (u_0 - \theta_i) = a \prod (x_0^{(i)} u_0 + x_1^{(i)} u_1 + \cdots + x_n^{(i)} u_n),$$

其中 $a \in k$. 以 $F(u_0, \cdots, u_n)$ 记 $f(u_0)$. 因为 $f(u_0)$ 是以 u_0 为变元的不可约多项式, 并且 $F(u_0, \cdots, u_n)$ 没有只含 $u_1, \cdots, u_n$ 的因子, 所以 $F(u_0, \cdots, u_n)$ 是系数在 k 以 $u_0, u_1, \cdots, u_n$ 为变元的不可约多项式. 结论: $V = \{x^{(i)}\}$ 的 Cayley-周型是 $\prod (x_0^{(i)} u_0 + x_1^{(i)} u_1 + \cdots + x_n^{(i)} u_n)$.

(3) 我们把 $\sum_j x_j u_j$ 简写为 (xu). 设 V 是连接点 a 和 b 的直线, 则 V 与超平面 $\{u^{(0)} = u^{(1)}\}$ 相交于

$$(u^{(1)}(\lambda_1 a + \lambda_2 b)) = \lambda_1 (u^{(1)} a) + \lambda_2 (u^{(1)} b) = 0.$$

这个方程的解是 $\lambda_1 = (u^{(1)} b)$, $\lambda_2 = -(u^{(1)} a)$. 于是交点是

$$x = (u^{(1)} b) a - (u^{(1)} a) b.$$

结论: V 的 Cayley-周型是

$$F(u^{(0)}, u^{(1)}) = (xu^{(0)}) = (u^{(1)}b)(au^{(0)}) - (u^{(1)}a)(bu^{(0)})$$
$$= \sum_i \sum_j (a_i b_j - a_j b_i) u_i^{(0)} u_j^{(1)}.$$

15.6.3 投射

在投射空间 $\mathbb{P}^n$ 内取定义在域 k 上维数为 r 的簇 V. 考虑以下公式所定义的 k 上通投射 $\rho : \mathbb{P}^n \to \mathbb{P}^{r+1}$,

$$Y_s = \sum_{i=0}^n c_{si} X_i, \quad s = 0, \cdots, r+1,$$

其中 c_{si} 在 k 上是代数无关的. 因为 ρ 的中心 $Z(\rho)$ 是 $n-r-2$ 维的通线性簇, V 与 $Z(\rho)$ 无交, 并且 $\rho(V)$ 是 $\mathbb{P}^{r+1}$ 内的 r 维簇, 于是 $\rho(V)$ 是一个方程 $\underline{G}(Y_s) = 0$ 在 $\mathbb{P}^{r+1}$ 内的零点集. 因为 $\rho(V)$ 是在域 $k(c_{si})$ 上, 于是在乘去公分母后, 可以假设, $\underline{G}(Y_s) \in k[c_{si}]$ 和系数是互素的. 记 $\underline{G}(Y_s) = G_V(Y_s, c_{si}) \in k[Y_s, c_{si}]$. G_V 关于变量 Y_s 和 c_{si} 分别是齐性多项式.

G_V 关于变量 Y_s 的次数 = $\rho(V)$ 的次数 = V 的次数. 记此次数为 d. 按 Noether 正规化引理, 在 $k[c_{si}][Y_0, \cdots, Y_{s-1}, Y_{s+1}, \cdots, Y_{r+1}]/(G_V)$ 上 Y_s 为整元, 所以 $G_V(Y_s, c_{si})$ 里包含一项 $h_s Y_s^d$, $h_s \in k[c_{si}]$.

现固定一个指标 s, 取 $a \in k$, 把 Y_s 和 c_{si}, $0 \leq i \leq n$ 同时换为 aY_s 和 ac_{si}, 由于 $Y_s = \sum c_{si} X_i$, 我们仍然有 $G_V(Y_s, c_{si}) = 0$. 于是 h_s 是包含变量 $c_{s'i}$, $s' \neq s$, 并且在 G_V 内的项 $h_{s'} Y_{s'}^d$ $(s' \neq s)$ 中 $h_{s'}$ 关于变量 $c_{s0}, \cdots, c_{n0}$ 的次数是 d. 由此推得 h_s 关于每一组 $c_{s'0}, \cdots, c_{n'0}$, $s' \neq s$, $0 \leq s' \leq r+1$ 的次数都是 d. 因此 G 关于变量 c_{si} 的次数 d' 是 $\geq d(r+1)$.

称 G_V 为 V 的相伴型 (这是相伴型的第二个定义). 例子: 点 $(x_0, \cdots, x_n)$ 的相伴型 G_V 是 $\sum_{i=0}^n x_i (Y_0 c_{1i} - Y_1 c_{0i})$.

可以证明: 相伴型 G_V 的系数是周坐标的线性组合. 例子: 设直线 V 有参数表示 $x_i = a_i s + b_i t$, 则 V 的 Cayley-周型是 $F_V(u^{(0)}, u^{(1)}) = \sum_{i<j} (a_i b_j - a_j b_i) u_i^{(0)} u_j^{(1)}$. F 的系数是 V 的 Plücker 坐标 $(a_i b_j - a_j b_i)$.

$$G_V(Y, c) = \sum_{i<j} \pm (a_i b_j - a_j b_i) \begin{vmatrix} Y_0 & Y_1 & Y_2 \\ c_{0i} & c_{1i} & c_{2i} \\ c_{0j} & c_{1j} & c_{2j} \end{vmatrix}.$$

15.6.4 Grassmannian

本节取 $\mathbb{C}$ 为基域.

15.6 周　坐　标

Grassmann 簇 $G(m,n)$ 是 $\mathbb{C}^n$ 的 m 维子空间所组成的集合. 这样 $G(1,n)$ 便是 $n-1$ 维射映空间 $\mathbb{P}^{n-1}$. 在 $G(m,n)$ 可取三种坐标.

甲. 仿射坐标. 让我们从 $\mathbb{P}^2$ 说起. $\mathbb{P}^2 = \mathbb{C}^3/\sim$, 其中 $(x,y,z) \sim (x',y',z')$ 当且仅当 $\exists 0 \neq a \in \mathbb{C}$ 使得 $x = ax'$, $y = ay'$, $z = az'$. 以 $\langle x,y,z \rangle$ 记 (x,y,z) 的等价类. 取 $U_1 = \{\langle x,y,z\rangle : x \neq 0\}$, $U_2 = \{\langle x,y,z\rangle : y \neq 0\}$, $U_3 = \{\langle x,y,z\rangle : z \neq 0\}$. 则 $\mathbb{P}^2 = U_1 \cup U_2 \cup U_3$. 考虑分解 $\mathbb{C}^3 \cong \mathbb{C}^1 \oplus \mathbb{C}^2 : (x,y,z) \mapsto x, (y,z)$. 线性变换 $L: \mathbb{C}^1 \to \mathbb{C}^2$ 的图是 $\mathbb{C}^3$ 的 1 维子空间. 这样透过 $\langle x,y,z\rangle = \left\langle 1, \frac{y}{x}, \frac{z}{x} \right\rangle$, 我们可以把 U_1 看作 $\mathrm{Hom}(\mathbb{C}^1, \mathbb{C}^2)$.

同样, 考虑分解 $\mathbb{C}^n \cong \mathbb{C}^m \oplus \mathbb{C}^{n-m}$. 线性变换 $L: \mathbb{C}^m \to \mathbb{C}^{n-m}$ 的图是 $\mathbb{C}^n$ 的 m 维子空间. 把这些 m 维子空间看作 $G(m,n)$ 的开子集 U, 则 $U \cong \mathrm{Hom}(\mathbb{C}^m, \mathbb{C}^{n-m})$. 这样 U 的一点对应于一个 $m \times (n-m)$ 矩阵, 这便是此点的仿射坐标. 取 $\mathbb{C}^n$ 的所有分解便可覆盖整个 Grassmann 簇 $G(m,n)$.

乙. Stiefel 坐标. 设 L 为 $\mathbb{C}^n$ 的 m 维子空间. 以 $\{e_1, \cdots, e_n\}$ 记 $\mathbb{C}^n$ 的标准基. 设 $\{v_1, \cdots, v_m\}$ 为 L 的基, $v_i = \sum_{j=0}^n v_{ij} e_j$. 称 $\{v_{ij}\}$ 为 L 的 Stiefel 坐标.

$m \times n$ 矩阵所组成的集合记为 $M_{m \times n}$. 以 $S(m,n)$ 记 $M_{m \times n}$ 内秩为 m 的矩阵所组成的集合. GL_m 作用在 $S(m,n)$ 上: $M \mapsto gM$, $g \in GL_m$, 则

$$G(m,n) \approx GL_m \backslash S(m,n).$$

丙. Plücker 坐标. 所谓 Plücker 嵌入

$$G(m,n) \hookrightarrow \mathbb{P}(\wedge^m \mathbb{C}^n)$$

是把 $\mathbb{C}^n$ 的 m 维子空间 L 映为 $\wedge^m \mathbb{C}^n$ 的 1 维子空间 $\wedge^m L$. 设 $\{v_1, \cdots, v_m\}$ 为 L 的基, 则

$$v_1 \wedge \cdots \wedge v_m = \sum_{i_1 < \cdots < i_m} p^{i_1 \cdots i_m} e_{i_1} \wedge \cdots \wedge e_{i_m}.$$

称 $\{p^{i_1 \cdots i_m}\} \in \mathbb{P}^{\binom{n}{m}-1}$ 为 L 的 Plücker 坐标. 又以方括号 $[i_1 \cdots i_m]$ 记 $p^{i_1 \cdots i_m}$. $[i_1 \cdots i_m]$ 是从矩阵 (v_{ij}) 中取第 $i_1, \cdots, i_m$ 列得到的 $m \times m$ 矩阵的行列式 ([HP 47] Vol I, Chap VII, §2, 288 页; [CC 83] §3.3, 第 62 页).

显然一组 $(p^{i_1, \cdots, i_m})$ 是 $L \in G(m,n)$ 的 Plücker 坐标当且仅当 m 向量

$$R = \sum_{i_1 < \cdots < i_m} p^{i_1 \cdots i_m} e_{i_1} \wedge \cdots \wedge e_{i_m} \in \wedge^m \mathbb{C}^n$$

是可分解的, 即 R 有表达式 $R = v_1 \wedge \cdots \wedge v_m$, $v_i \in L$ (此时 $v_1, \cdots, v_m$ 是 L 的基). 经典的结果是 $p^{i_1, \cdots, i_m}$ 满足以下二次关系式:

$$\sum_{l=1}^{m+1} (-1)^l p^{i_1, i_2, \cdots, i_{m-1}, j_l} \otimes p^{j_1, j_2, \cdots, \widehat{j_l}, \cdots, j_{m+1}} = 0,$$

其中 $i_1, i_2, \cdots, i_{m-1}$ 为 0 至 n 中任意 $m-1$ 个互不相同的整数，$j_1, j_2, \cdots, j_{m+1}$ 为 0 至 n 中任意 $m+1$ 个互不相同的整数 ([HP 47] Vol I, Chap VII, §6, (2), 310 页及定理 II, 312 页; [GH 78] Chap 1, §5, 211 页; [GKZ 94] Chap 3, §1, 96 页).

例 考虑 $G(2,4)$. 取 $\mathbb{C}^4$ 的标准基 e_1, e_2, e_3, e_4. 于是 $\wedge^2 \mathbb{C}^4$ 的基是 $\{e_1 \wedge e_2, e_1 \wedge e_3, e_1 \wedge e_4, e_2 \wedge e_3, e_2 \wedge e_4, e_3 \wedge e_4\}$，即 $\wedge^2 \mathbb{C}^4$ 的元素是 $\sum_{i<j} \lambda^{ij} e_i \wedge e_j$.

设 $L \in G(2,4)$ 的基是 $\{v, w\}$，$v = \sum_{i=1}^4 v^i e_i$，$w = \sum_{i=1}^4 w^i e_i$，则

$$v \wedge w = \sum_{i<j} p^{ij} e_i \wedge e_j, \quad p^{ij} = a^i b^j - a^j b^i.$$

L 的 Plücker 坐标是 $(p^{ij}) \in \mathbb{P}(\wedge^2 \mathbb{C}^4) = \mathbb{P}^5$. 因为 $v \wedge w \wedge v \wedge w = 0$，所以

$$(p^{12}p^{34} - p^{13}p^{24} + p^{14}p^{23})e_1 \wedge e_2 \wedge e_3 \wedge e_4 = 0,$$

即 L 的 Plücker 坐标满足 $\mathbb{P}(\wedge^2 \mathbb{C}^4)$ 上的二次方程

$$\lambda^{12}\lambda^{34} - \lambda^{13}\lambda^{24} + \lambda^{14}\lambda^{23} = 0.$$

可以进一步证明: 在 Plücker 嵌入下 $G(2,4)$ 的象就是此方程的解 ([CC 83] 62, 63 页).

以 $\underline{G}(m,n)$ 记 Plücker 嵌入的象，以 $\mathcal{B} = \oplus \mathcal{B}_d$ 记 $\underline{G}(m,n)$ 的齐性坐标环，即 $\mathcal{B}_d$ 是 d 次齐性部分. $[i_1 \cdots i_m]$ 是 $\mathcal{B}$ 的生成元，即 $\mathcal{B}$ 的元素是以 $[i_1 \cdots i_m]$ 为变元的多项式. 并且可以把 $\mathcal{B}_d$ 的元素看作以 $\{v_{ij}\}$ 为变元满足以下条件的多项式 f:

$$f(g(v_{ij})) = \det(g)^d f((v_{ij})), \quad \forall g \in GL_m$$

([高线] §4.3).

15.6.5 Grassmannian 的超曲面

我们可以把 $G(m,n)$ 的元素看为投射空间 $\mathbb{P}^{n-1}$ 的 $m-1$ 维投射子空间.

设 $N \subset M$ 分别是 $\mathbb{P}^{n-1}$ 的 $m-2$ 维和 m 维投射子空间，则

$$P_{NM} := \{L : N \subset L \subset M, L \text{ 是 } \mathbb{P}^{n-1} \text{ 的 } m-1 \text{ 维投射子空间}\}$$

与 $\mathbb{P}^1$ 同构.

设 V 为 $\mathbb{P}^n$ 内的超曲面，V 的次数为 d，则 $\mathbb{P}^n$ 的通线 (generic line)L(通 1 维线性簇) 与 V 相交于 d 点. 若 Z 为 $G(m,n)$ 内的超曲面，可以证明: 存在整数 d 使得任意 P_{NM} 与 V 相交于 d 点. 称 d 为 Z 的次数.

命题 15.8 若 Z 是 $G(m,n)$ 的 d 次不可约超曲面，则存在除常数因子外唯一的 $f \in \mathcal{B}_d$ 使得 Z 是 $f = 0$ 的点集.

证明 把 Z 从 $G(m,n) = GL_m \backslash S(m,n)$ 提升至 $M_{m \times n}$ 内的 $\tilde{Z}$. 作为矩阵空间的超曲面, 有不可约多项式 $f(v_{ij})$ 使得 $\tilde{Z}$ 是 $f = 0$ 的点集. 因为 $\tilde{Z}$ 是 GL_m 不变, 于是对 $g \in GL_m$ 有常数 $\chi(g)$ 使得 $f(g(v_{ij})) = \chi(g) f(v_{ij})$. 可以验证 $\chi(g_1 g_2) = \chi(g_1) \chi(g_2)$, 即 χ 是 GL_m 的特征标, 于是 $\chi(g) = \det(g)^{d'}$. 按分解 $\mathcal{B} = \oplus \mathcal{B}_d$, 知 $f \in \mathcal{B}_{d'}$. 余下证明 d' 是 d.

$\Gamma(\mathbb{P}^n, \mathcal{O}(\ell))$ 的基是 $x_0^{a_0} \cdots x_n^{a_n}$, $a_i \geqslant 0$, $\sum a_i = \ell$. 利用 Plücker 嵌入投射空间, 可见条件 $f(g(v_{ij})) = \det(g)^{d'} f(v_{ij})$ 指出 $f \in \Gamma(G(m,n), \mathcal{O}_{G(m,n)}(d'))$ (亦可从 $G(m,n) = \text{Proj} \oplus \mathcal{B}_d$ 得知).

断言: $\mathcal{O}_{G(m,n)}(\ell)|_{P_{NM}} \cong \mathcal{O}_{\mathbb{P}^1}(\ell)$.

因为 $\mathcal{O}(\ell + \ell') = \mathcal{O}(\ell) \otimes \mathcal{O}(\ell')$, 所以只需要证明 $\ell = 1$ 的情形, 也就是说: 对 $0 \neq \phi \in \Gamma(G(m,n), \mathcal{O}(1))$, 证明 ϕ 在任一 P_{NM} 上只有一个零点. 我们可以假设 ϕ 是 $\mathcal{B}$ 的方括号 $[1, \cdots, k]$. 以 $\mathbb{P}\{e_{k+1}, \cdots, e_n\}$ 记由 $\{e_{k+1}, \cdots, e_n\}$ 生成的投射空间, 则 ϕ 的零点是与 $\mathbb{P}\{e_{k+1}, \cdots, e_n\}$ 相交的 $m-1$ 维投射子空间. 于是知 P_{NM} 与 $\phi = 0$ 在一点相交.

断言告诉我们, 若 $f \in \Gamma(G(m,n), \mathcal{O}_{G(m,n)}(d'))$, 则 f 在 P_{NM} 上有 d' 个零点, 即 P_{NM} 与 Z 有 $d' = \deg Z = d$ 个交点. □

取 $\mathbb{P}^{n-1}$ 的 d 次 $r-1$ 维的簇 V. 与 V 相交的 $\mathbb{P}^{n-1}$ 的 $n-r-1$ 维投射子空间 L 组成集合记为 $Z(V)$. 把 $Z(V)$ 看作 $G(n-r, n)$ 代数集. 有映射

$$Z(V) \xleftarrow{q} B(V) \xrightarrow{q} V,$$

其中 $B(V)$ 是由 (v, L) 组成的代数集, $v \in V$, $L \in G(n-r, n)$, $v \in L$; $q(v, L) = L$, $p(v, L) = v$. 一个 $n-r-1$ 维通投射子空间与 V 在一点相交. 因此 q 是双有理同构. $p^{-1}(v) \cong G(n-r-1, n-1)$. 因此, 从 V 是不可约, 得 $B(V)$ 及 $Z(V)$ 是不可约, 并且有

$$\dim Z(V) = \dim B(V) = (n-r-1)r + r - 1$$
$$= r(n-r) - 1 = \dim G(n-r, n) - 1,$$

于是 $Z(V)$ 是超曲面.

V 的次数是 d, 若 M 是 $n-r$ 维的通投射空间, 则 V 与 M 交于 d 点: $x_1, \cdots, x_d$. 考虑 P_{NM}. 若 $L \in Z(V)$, $N \subset L \subset M$, 则 L 必为 N 与 x_i 所生成的投射空间, 其中 $i = 1, \cdots, d$. 于是知超曲面 $Z(V)$ 的次数是 d.

按前命题: 存在除常数因子外唯一的 d 次齐性多项式 H_V 使得 $Z(V)$ 是 $H_V = 0$ 的点集. 称 H_V 为 V 的相伴型 (这是相伴型的第三个定义).

15.7 原　　相

本书不容易避开 motif (或 motive). 在没有大家通用的中译文的时候, 我便谈谈我对 motive 的中文译名. 目前有的译 motive 为"恒机", 有的译为"主题", 我建议译为"原相". 首先"相"字在数学早就有了, 如"位相". 按字典"相"字的意义包括: 视察, 样貌, 形色, 本质. "原"字在自然科学中也是常用的, 例如"原子". "原"者, 本也. 所以"原相"是有 Grothendieck 的 motif 的意义. 另外 Deligne ([Del 79]) 谈到 motive 的时候只是说 motive 的各种 realization. 这样若称 motive 为**原相**, 那就称 realization 为"现相"了.

[Del 94], [Maz 04], [Mil 09] 是介绍原相的文章. 大家可以从以下的几个会议记录学习: [JKS 94], [AB 94], [GL 00], [NP 07], [JL 09].

15.7.1 纯原相

称加性范畴 $\mathcal{C}$ 为**伪 Abel 范畴**(pseudo-abelian (=karoubian, SGA 4, IV, 7.5)), 如果对 $\mathcal{C}$ 的对象 $X \in \mathcal{C}$ 及投影 (projector) $p \in \mathrm{Hom}_{\mathcal{C}}(X,X)$, 存在核 $\mathrm{Ker}\, p$ 及典范同态 $\mathrm{Ker}\, p \oplus \mathrm{Ker}(1_X - p) \to X$ 是同构.

选定域 F, 交换环 Λ. 假设范畴 $\mathcal{V}$ 的对象是 F 上光滑射影簇 (我们还没有指定 $\mathcal{V}$ 的态射). 以 X 的余维数是 i 的子簇为生成元的自由交换群记为 $Z^i X$, 假设 $\sim$ 是 $Z^i X$ 的等价关系. 设 $A^i X = Z^i X / Z^i_{\sim 0} X \otimes_{\mathbb{Z}} \Lambda$ 和 $AX = \oplus A^i X$. 假设由 $X \mapsto AX$ 所定义的函子 $A: \mathcal{V}^{op} \to \mathcal{A}_\Lambda$ 是范畴 $\mathcal{V}$ 的相交理论并且满足对应公理 (15.2.1 小节, 15.2.2 小节, 15.2.3 小节).

定义范畴 $\mathcal{M}'$ 的对象等同 $\mathcal{V}$ 的对象. 取 0 次数对应 (15.2.2 小节) 为范畴 $\mathcal{M}'$ 的态射. 则 $\mathcal{M}'$ 是加性范畴但不是 Abel 范畴.

范畴 $\mathcal{M}'$ 的伪 Abel 完备化 (pseudo-abelian completion) 记为 $\mathcal{M}^+$. 称 $\mathcal{M}^+$ 为**有效纯原相范畴** (category of effective pure motives) ([Man 68] §5).

$\mathcal{M}^+$ 的对象是 (X,p), 其中 $X \in \mathcal{V}$, $p \in Corr^0(X,Y)$ 满足 $p^2 = p$. 称 $(X, 1_X) \in \mathcal{M}^+$ 为 $X \in \mathcal{V}$ 的原相(motive).

$\mathcal{M}^+$ 的态射: 对 $(X,p), (Y,q) \in \mathcal{M}^+$, 定义 $\mathrm{Hom}_{\mathcal{M}^+}((X,p),(Y,q))$ 为以下商群

$$\langle\{f \in Corr^0(X,Y) : fp = qf\}\rangle / \langle\{gp = 0 = qg\}\rangle,$$

其中 $\langle S \rangle$ 是集 S 生成的自由群; 在 $gp = 0$ 里的 0 是交换 Λ 代数 $A^n(X \times Y)$, $n = \dim X$ 的零元素. 不难证明

$$\mathrm{Hom}_+((X,p),(Y,q)) = q \circ Corr^0(X,Y) \circ p.$$

15.7 原相

为了容许像对偶这样的运算我们扩充 $\mathcal{M}^+$.

定义范畴 $\mathcal{M}$ 的对象为 $M=(X,p,m)$, 其中 $X\in\mathcal{V}$, p 是 X 的投影和 $m\in\mathbb{Z}$.

定义 $\mathcal{M}$ 的态射: 设 $M=(X,p,m)$ 和 $N=(Y,q,n)$, 取

$$\mathrm{Hom}_{\mathcal{M}}(M,N) = q\circ Corr^{n-m}(X,Y)\circ p.$$

称 $\mathcal{M}$ 为**虚拟纯原相范畴**(category of virtual pure motives). 常记 $\mathcal{M}$ 为 $Mot_{\sim}(F,\Lambda)$, 其中 F 是定义域, Λ 是系数环和 $\sim$ 是代数圈的等价关系. 定义函子

$$h:\mathcal{V}^{op}\to\mathcal{M}$$

为 $X\to h(X)=(X,id_X,0)$ 和 $\phi:X\to Y$ 映为 $h(\phi):h(X)\to h(Y)$, 其中 $h(\phi)$ 是 $c(\phi)$ 的象 (15.2.2 小节).

以下图为摘要.

$$\boxed{\text{等价关系}} \Rightarrow \boxed{\text{相交理论}} \Rightarrow \boxed{\text{原相}}$$

显然 $(X,p)\to(X,p,0)$ 给出全子范畴 $\mathcal{M}^+\subset\mathcal{M}$ ([Sch 94] lem 1.5, [Mur 04]).

若 $\sim$ 是有理等价, 则 $\mathcal{M}$ 不是 Abel 范畴 ([Sch 94] §3.5). Jannsen ([Jan 92]) 证明: 改变交换限制得的 $\widetilde{Mot_{num}}(F,\Lambda)$ 是 Abel 半单范畴, num 是数值等价.

$\mathcal{M}$ 是伪 Abel 范畴 ([Sch 94], 1.14).

$\mathcal{M}$ 有张量积:

$$M\otimes N := (X\times Y, p\times q, m+n).$$

称张量积的单位 $\mathbf{1}=(\mathrm{Spec}\,k, id, 0)$ 为 Tate 原相 ([Sch 94]; [Mur 04] 129 页).

$\mathcal{M}$ 有对合 (involution): $M=(X,p,m)\mapsto \hat{M}:=(X,{}^tp,d-m)$, 其中 X 是不可约, $d=\dim X$. 称 $\mathbb{L}:=\hat{\mathbf{1}}=(\mathrm{Spec}\,k,id,-1)$ 为 Lefschetz 原相.

附注 Manin ([Man 68], 455 页) 的 Tate 原相 $L=(\mathbb{P}^1, p_1^{\mathbb{P}^1})$ 对应于 Scholl([Sch 94]) 的 Lefschetz 原相.

如果我们选等价关系 $\sim$ 为 "有理等价" (15.3.3 小节), 则称 $\mathcal{M}$ 为**周原相范畴**(category of Chow motives).

如果我们选等价关系 $\sim$ 为 "数值等价"(15.1.5 小节), 则称 $\mathcal{M}$ 为 **Grothendieck 原相范畴** ([Dem 69]).

Kleiman ([Kle 70] §4,5) 选等价关系 $\sim$ 为 "同调等价"(15.1.4 小节) 来构造 $\mathcal{M}$.

以 $\overline{F}$ 记数域 F 的代数闭包. 取素数 ℓ. Galois 群 $\mathrm{Gal}(\overline{F}/F)$ 的 $\mathbb{Q}_\ell$ 表示所组成的范畴记为 $Rep_{\mathbb{Q}_\ell}(\mathrm{Gal}(\overline{F}/F))$.

光滑投射代数簇 X 的 ℓ 进平展上同调群有 Galois 作用, 还有圈类映射

$$cl_j: Z^j X \to H_t^{2j}(X\times_F \overline{F}, \mathbb{Q}_\ell)(j).$$

我们用 $X \mapsto \mathbb{Q}_\ell \otimes_{\mathbb{Z}} cl_j(Z^j X)$ 来定义表示函子

$$\mathscr{R}_{Tate} : {}^*Mot_\sim(F, \mathbb{Q}) \to Rep_{\mathbb{Q}_\ell}(\mathrm{Gal}(\overline{F}/F)).$$

Tate 猜想　$\mathscr{R}_{Tate}$ 是全忠实的 (15.1.6 小节; [Tat 65]).

注　听闻 Grothendieck 曾申请在 Bourbaki 研讨班作一系列他的原相理论报告, 但被 Bourbaki 拒绝. Grothendieck 不喜欢这个决定, 也就不公开谈他这个想法. 俄国才子 Manin 这个时候在巴黎跟 Grothendieck 学习, 作为他的学习报告他写了[Man 68], 这应是第一篇公开报道 Grothendieck 原相理论的文章了. 二十多年后美国数学会开了一个原相会议, 找了 Scholl 重读 Manin 的文章, 这便是[Sch 94].

本节只是告诉大家一些定义, 要得到一点实体的感觉还得细阅这两篇文章, 把其中的计算都重算一次. 作为一个基本的例子就是计算由曲线所生成的 $\mathcal{M}$ 的子范畴, 见 [Man 68] §10, [Mur 04], [Dem 69]. 例如按经典的结果: [Wei 48] thm 22, 79 页; [Lan 59] 153 页, 可以推出: 设周原相范畴的全子范畴 $\mathcal{M}^1$ 的对象是 $h^1(C_1) \oplus \cdots \oplus h^1(C_n)$ 的直和因子, 其中 C_j 为射影曲线, 则范畴 $\mathcal{M}^1$ 等价于 Abel 簇同源类范畴!

15.7.2　混原相

假如想讨论一个志村簇 X 的原相, 要把前节的原相范畴 $\mathcal{M}$ 扩大, 暂时以 $M\mathcal{M}$ 记这个扩大了的范畴.

(i) 要求 $M\mathcal{M}$ 是剖分范畴 ([高线]14.8.2), 因为这样可以讨论 [BBD 82] 的结构.

(ii) X 的复点集是非紧的复流形, 于是它的上同调群有混 Hodge 结构 (mixed Hodge structure), 见 [Del 71], [Del 741]. 我们需要该混 Hodge 结构来定义 X 的 L 函数的 ∞ 部分.

(iii) X 的 L 函数的有限部分来自 ℓ 进上同调群. [Gro 600] SGA 4 (Gabber 对偶 [ILO 08]) 的中心结果是, 平展 ℓ 挠层范畴有 6 个运算: $\otimes$, Hom; $f_*, f^*, f_!, f^!$, 满足 Grothendieck 规则 (Grothendieck formalism).

把定义域 F 换为基概形 S, 取系数环 Λ 是 $\mathbb{Z}, \mathbb{Z}/n, \mathbb{Q}, \overline{\mathbb{Q}}$([Bei 87] §5.10). 建议构造一个混原相范畴 (category of mixed motives) $M\mathcal{M}(S, \Lambda)$ 及导出范畴 $DM\mathcal{M}(S, \Lambda)$ 使得

(1) $M\mathcal{M}(S, \Lambda)$ 是剖分范畴.

(2) 要求有 6 个运算, 即 $M\mathcal{M}(S, \Lambda)$ 有内在的 (internal)$\otimes$, Hom; 对有限型态射 $f: S \to S'$, 在导出范畴上有 $f_*, f^*, f_!, f^!$; 它们满足 Grothendieck 规则.

(3) 有 Tate 对象 $\Lambda(1)$ 使得 $M \mapsto M \otimes \Lambda(n)$ 是 $M\mathcal{M}(S, \Lambda)$ 的自同构.

(4) 对 $\Lambda \supseteq \mathbb{Q}$, 所有对象 M 有权过滤 $W_\bullet$ 与态射交换, 并且 $Gr^W \bullet$ 是半单对象.

过去三十年有好几个构造混原相范畴的方法, 例如 [Jan 90]; [Lev 98]; [VSF 00] 和 [MV 99], [Ayo 07], [Cis 06], [Cis 13], [CD 13].

看来要等待关键的猜想得到证明才可以决定那一个造法会成为公认的.

15.7.3 Hodge 结构

在此我们只是写下定义.

取 $\mathbb{R}$ 向量空间 V, 在 $V_{\mathbb{C}} := \mathbb{C} \otimes_{\mathbb{R}} V$ 上的复共轭 (complex conjugation) 是指

$$\overline{z \otimes v} := \overline{z} \otimes v.$$

称 (V, V^{pq}) 为 $\mathbb{R}$Hodge 结构, 若 V 为有限维 $\mathbb{R}$ 向量空间 V, V^{pq} 为 $V_{\mathbb{C}}$ 的 $\mathbb{C}$ 子空间, 并且

$$V_{\mathbb{C}} = \bigoplus_{p,q \in \mathbb{Z} \times \mathbb{Z}} V^{pq}, \quad \overline{V^{pq}} = V^{qp}.$$

称线性映射 $\phi: V \to W$ 为 Hodge 结构态射, 若 $\phi(V^{pq}) \subset W^{pq}$. 由 $\mathbb{R}$Hodge 结构组成的范畴记为 $Hod_{\mathbb{R}}$. 以下定义 Hodge 结构的张量积

$$(V \otimes W)^{pq} = \bigoplus_{r+r'=p, s+s'=q} V^{r,s} \otimes W^{r's'}.$$

例 经典的 Hodge 结构是来自紧 Kähler 流形 X 的上同调群:

$$H^n(X, \mathbb{C}) = \bigoplus_{p+q=n} H^{p,q}(X), \quad \overline{H^{p,q}(X)} = H^{q,p}(X),$$

其中 $H^{p,q}(X) \cong H^q(X, \Omega_X^p)$. 称 $\dim H^{p,q}(X)$ 为 X 的 Hodge 数 ([KM 71], [Wel 73], [KP 16], [GH 78], [Voi 02] 6.1.3).

以 $\mathbb{S}$ 记代数环面 (algebraic torus)$R_{\mathbb{C}/\mathbb{R}} G_m$. 选定同构 $\mathbb{S}_{\mathbb{C}} \cong G_m \times G_m$. 于是 $\mathbb{S}(\mathbb{R}) = \mathbb{C}^{\times}$, $\mathbb{S}(\mathbb{C}) = \mathbb{C}^{\times} \times \mathbb{C}^{\times}$,

$$\mathbb{S}(\mathbb{R}) \to \mathbb{S}(\mathbb{C}) : z \mapsto (z, \overline{z}).$$

复共轭是 $\overline{(z_1, z_2)} = (\overline{z}_1, \overline{z}_2)$.

$\mathbb{S}$ 的特征标是同态 $(z_1, z_2) \mapsto z_1^p z_2^q$, $(p, q) \in \mathbb{Z} \times \mathbb{Z}$. 即特征标群 $X^*(\mathbb{S}) = \mathbb{Z} \times \mathbb{Z}$, 复共轭的作用是 $(p, q) \mapsto (q, p)$. 因此, $\mathbb{S}$ 在 $\mathbb{R}$ 向量空间 V 的一个表示 $\eta: \mathbb{S} \to GL(V)$ 是等价于在 V 上给出的 $\mathbb{R}$Hodge 结构. 可以选定

$$\eta_{\mathbb{C}}(z_1, z_2)v = z_1^{-p} z_2^{-q} v, \quad v \in V^{pq},$$

亦即

$$\eta(z) = z^{-p} \overline{z}^{-q} v, \quad v \in V^{pq}.$$

$\mathbb{Q}$ Hodge 结构是 (V, V^{pq}, V_n), 其中 V 是 $\mathbb{Q}$ 向量空间, V_n 是 V 的 $\mathbb{Q}$ 子向量空间, V^{pq} 为 $\mathbb{C} \otimes_{\mathbb{Q}} V$ 的 $\mathbb{C}$ 子空间使得

(1) $(\mathbb{R} \otimes_{\mathbb{Q}} V, V^{pq})$ 为 $\mathbb{R}$ Hodge 结构;

(2) $\mathbb{C} \otimes_{\mathbb{Q}} V_n = \bigoplus_{p+q=n} V^{pq}$.

例 定义 Hodge 结构 $\mathbb{Q}(m)$ 为 $(\mathbb{Q}, \mathbb{Q}^{pq}, \mathbb{Q}_n)$, 其中 $\mathbb{Q}^{-m,-m} = \mathbb{C}$, 其他 $\mathbb{Q}^{pq} = 0$; $\mathbb{Q}_{-2m} = \mathbb{Q}$, 其他 $\mathbb{Q}_n = 0$.

设同态 $h : \mathbb{S} \to GL(\mathbb{R} \otimes V)$ 给出 $\mathbb{Q}$ 向量空间的 $\mathbb{Q}$ Hodge 结构. Mumford-Tate 群 $MT(V)$ 是定义在 $\mathbb{Q}$ 上的最小代数子群 $T \subset GL(V)$, 使得 h 分解为

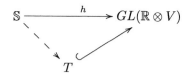

权为 $n \in \mathbb{Z}$ 的 (纯)Hodge 结构 ((pure) Hodge structure of weight n) 是 $(V_{\mathbb{Z}}, V^{p,q})$, 其中 $V_{\mathbb{Z}}$ 是有限生成自由交换群, 并且设 $V_{\mathbb{C}} = V_{\mathbb{Z}} \otimes \mathbb{C}$, 则

$$V_{\mathbb{C}} = \bigoplus_{p+q=n} V^{p,q}, \quad \overline{V^{p,q}} = V^{q,p}.$$

称以上直和为 **Hodge 分解**(Hodge decomposition).

设 $F^p := V^{n,0} \oplus \cdots \oplus V^{p,n-p}$, 则有 $V_{\mathbb{C}}$ 上的过滤

$$V_{\mathbb{C}} = F^0 \supset F^1 \supset \cdots \supset F^n \supset \{0\}$$

使得 $V_{\mathbb{C}} \cong F^p \oplus \overline{F^{n-p+1}}$. 称 $\{F^p\}$ 为 $V_{\mathbb{C}}$ 上的 **Hodge 过滤** (Hodge filtration). 反过来, 若给出 $V_{\mathbb{C}}$ 上的 Hodge 过滤, 则取 $V^{p,q}$ 为 $F^p \cap \overline{F^q}$ 便得 Hodge 分解.

混 Hodge 结构是 Deligne 的创作 ([Del 71], [Del 741]); 现在有很丰富的成果, 例如可参考 [PS 08].

$\mathbb{C}$ 上的**混 Hodge 结构**(mixed Hodge structure) 是指

(i) 有限维 $\mathbb{R}$ 向量空间 V.

(ii) V 的由 $\mathbb{R}$ 子空间组成的有限递增过滤: $\cdots \subset W_{k-1}V \subset W_k V \subset \cdots \subset V$.

(iii) $V_{\mathbb{C}} := \mathbb{C} \otimes_{\mathbb{R}} V$ 的由 $\mathbb{C}$ 子空间组成的有限递减过滤:

$$V_{\mathbb{C}} \supset \cdots \supset Fil^i(V_{\mathbb{C}}) \supset Fil^{i+1}(V_{\mathbb{C}}) \supset \cdots$$

使得自然映射

$$Fil^i((gr_k^W V)_{\mathbb{C}}) \oplus \overline{Fil}^{k+1-i}((gr_k^W V)_{\mathbb{C}}) \to (gr_k^W V)_{\mathbb{C}}$$

是同构 ([GS 73], [FP 94]). 在此 $\overline{Fil^i}(V_{\mathbb{C}}) := f(Fil^i(V_{\mathbb{C}}))$, $f(z \otimes v) = \bar{z} \otimes v$. $gr_k^W V = W_k V / W_{k-1} V$.

$$Fil^i((gr_k^W V)_{\mathbb{C}}) = \frac{(W_k V)_{\mathbb{C}} \cap Fil^i(V_{\mathbb{C}})}{(W_{k-1} V)_{\mathbb{C}} \cap Fil^i(V_{\mathbb{C}})}.$$

让我们暂时简写 $H = (gr_k^W V)_{\mathbb{C}}$, $H^{pq} = Fil^p H \cap \overline{Fil^q} H$. 则以上同构条件等价于

$$H \cong \bigoplus_{p+q=k} H^{pq}, \quad H^{pq} = \overline{H^{qp}}.$$

若有 $\mathbb{C}$ 上的混 Hodge 结构 $(V, W_\bullet, Fil^\bullet V_{\mathbb{C}})$ 和表示 $\rho : \mathrm{Gal}(\mathbb{C}/\mathbb{R}) \to GL_{\mathbb{R}}(V)$ 使得对 $1 \neq c \in \mathrm{Gal}(\mathbb{C}/\mathbb{R})$ 有,

$\rho(c)(W_k V) = W_k V$;

$\rho(c) Fil^i(V_{\mathbb{C}}) = \overline{Fil^i(V_{\mathbb{C}})}$, 在 $V_{\mathbb{C}}$ 中取 $\rho(c)(z \otimes v) = \bar{z} \otimes \rho(c) v$,

则称 $(V, W_\bullet V, Fil^\bullet(V_{\mathbb{C}}), \rho)$ 是 $\mathbb{R}$ 上的混 Hodge 结构.

15.7.4 数域上的投射簇

设 $F/\mathbb{Q}$ 是有限域扩张, $\overline{F}$ 是 F 的代数闭包, $D_{\mathfrak{p}}$ 是在素位 $\mathfrak{p}$ 的分解群, $I_{\mathfrak{p}}$ 是在素位 $\mathfrak{p}$ 的惯性群. 在 $D_{\mathfrak{p}}/I_{\mathfrak{p}}$ 内有算术 Frobenius $Fr_{\mathfrak{p}}^{-1}$, 几何 Frobenius 是指 Fr_v.

设 X 是 F 上的光滑投射簇. 引入记号 $M = h^n(X)(r)$, 其中 n, r 为整数, $n \geqslant 0$. M 的**现相**(realization) 是 $\varrho(M) = (M_{dR}, M_{B,\mathfrak{p}}, M_\ell; \iota_{\ell,\mathfrak{p}}, \iota_{\mathfrak{p}})$, 其中

(1) M_{dR} 是有限维 F 向量空间 $H_{dR}^n(X/F)$ (X/F 的 de Rham 上同调群), M_{dR} 是带有 F 子空间 $(Fil^i M_{dR})$ 下降过滤, 其中 $(Fil^i M_{dR})$ 是 $H_{dR}^n(X/F)$ 的 Hodge 过滤 $F^{i-r} H_{dR}^n(X/F)$.

(2) 对 F 的每个无穷素位 $\mathfrak{p}|\infty$, 有限维 $\mathbb{Q}$ 向量空间 $M_{B,\mathfrak{p}}$ 是 Betti 上同调群

$$M_{B,\mathfrak{p}} = H^n(X \times_F F_{\mathfrak{p}}(\mathbb{C}), (2\pi i)^r \mathbb{Q}),$$

并且若 $F_{\mathfrak{p}} = \mathbb{R}$, 则复共轭是 $M_{B,\mathfrak{p}}$ 上的线性映射.

(3) 对每个素数 ℓ, M_ℓ 是 Galois 群 $\mathrm{Gal}(\overline{F}/F)$ 在平展上同调群 $H_{et}^n(X \times_F \overline{F}, \mathbb{Q}_\ell(r))$ 上的表示.

和比较同构:

(i) 对素数 ℓ 和无穷素位 $\mathfrak{p}$, 有 $\mathrm{Gal}(\overline{F}_{\mathfrak{p}}/F_{\mathfrak{p}})$ 协变的 $\mathbb{Q}_\ell$ 向量空间同构

$$\iota_{\ell,\mathfrak{p}} : \mathbb{Q}_\ell \otimes_{\mathbb{Q}} M_{B,\mathfrak{p}} \xrightarrow{\approx} M_\ell.$$

(ii) 对无穷素位 $\mathfrak{p}$, 有 $\mathbb{C}$ 向量空间同构

$$\iota_{\mathfrak{p}} : \mathbb{C} \otimes_{\mathbb{Q}} M_{B,\mathfrak{p}} \xrightarrow{\approx} \mathbb{C} \otimes_F M_{dR}.$$

使得 $(\mathbb{C} \otimes_{\mathbb{Q}} M_{B,\mathfrak{p}})^{\mathrm{Gal}(\overline{F}_\mathfrak{p}/F_\mathfrak{p})} \xrightarrow{\approx} F_\mathfrak{p} \otimes_F M_{dR}$.

(iii) 对有限素位 $\mathfrak{p}|p$, 有 $B_{dR,\mathfrak{p}}$ 向量空间同构

$$\iota_\mathfrak{p}: B_{dR,\mathfrak{p}} \otimes_{\mathbb{Q}_p} M_p \xrightarrow{\approx} B_{dR,\mathfrak{p}} \otimes_{F_\mathfrak{p}} M_{dR}$$

使得过滤 $F_\mathfrak{p}$ 向量空间同构

$$(B_{dR,\mathfrak{p}} \otimes_{\mathbb{Q}_p} M_p)^{\mathrm{Gal}(\overline{F}_\mathfrak{p}/F_\mathfrak{p})} \xrightarrow{\approx} F_\mathfrak{p} \otimes_F M_{dR}.$$

假设存在固正则平坦概形 $\mathcal{X}_{/\mathbb{Z}} \to \mathrm{Spec}\,\mathbb{Z}$ 使得 $\mathcal{X}_{/\mathbb{Z}} \otimes_{\mathbb{Z}} \mathbb{Q} = X$. 定义 $M = h^n(X)(r)$ 的原相上同调如下:

$$H^0_{\mathcal{M}}(F, M) = \begin{cases} (Z^r(X)/Z^r(X)_{\mathrm{hom}\sim 0}) \otimes_{\mathbb{Z}} \mathbb{Q}, & n = 2r, \\ 0, & n \neq 2r, \end{cases}$$

$$H^1_{\mathcal{M}}(F, M) = \begin{cases} \mathrm{Img}(K^{(r)}_{2r-n-1}(\mathcal{X}_{/\mathbb{Z}}) \to K^{(r)}_{2r-n-1}(X)), & 2r - n - 1 \neq 0, \\ Z^r(X)_{\mathrm{hom}\sim 0} \otimes_{\mathbb{Z}} \mathbb{Q}, & 2r - n - 1 = 0, \end{cases}$$

其中

$$K^{(r)}_{2r-n-1}(Y) = \{x \in K_{2r-n-1}(Y) \otimes_{\mathbb{Z}} \mathbb{Q} : \psi^{(k)} x = k^r x\},$$

$\psi^{(k)}$ 是 k Adams 算子. $Z^r(X)$ 是 X 的余维数为 r 的代数圈所生成的自由交换群. hom ~ 0 是指代数圈同调等价于 0. (在此当 $2r - n - 1 \neq 0$ 时 $H^1_{\mathcal{M}}$ 的定义用了 $\mathcal{X}_{/\mathbb{Z}}$ 以保证所得空间是有限维的.)

用 $M = h^n(X)(r)$ 的现相可定义 M 的 L 函数. 让我们假设 $F = \mathbb{Q}, r = 0$. 取素数 p, ℓ. 设

$$L_p(M_\ell, s) = \begin{cases} \det(1 - p^{-s} \varphi_p | M_\ell^{I_p})^{-1}, & p \neq \ell, \\ \det(1 - p^{-s} \varphi | (M_\ell \otimes B_{cris}))^{-1}, & p = \ell, \end{cases}$$

然后猜想或证明 $L_p(M_\ell, s)$ 与 ℓ 无关. 最后定义 M 的 L 函数 $L(M, s) = \prod_p L_p(M_\ell, s)$.

15.7.5 淡中范畴

淡中范畴是有张量积结构的范畴. 在这样的范畴里便可以做张量代数, 于是便可以讨论线性代数的有限维表示理论. 关于淡中范畴可参阅 [Del 90]. 我们只给出定义以方便读者理解以下的介绍.

取环 R. 称范畴 $\mathcal{C}$ 为 R 线性范畴, 若对 $\mathcal{C}$ 内 M, N, $\mathrm{Hom}_{\mathcal{C}}(M; N)$ 是 R 模, 态射的合成是 R 双线性的.

在 7.1 节我们称带单位对称幺半范畴为张量范畴.

15.7 原相

称两个张量范畴之间的函子 F 为张量函子,若有函子同构 $F(X\otimes Y) \simeq F(X)\otimes F(Y)$,并且 $F(\mathbf{1})=\mathbf{1}$.

称函子态射 $c: F \to F'$ 为张量函子态射,若下图交换

$$\begin{array}{ccc} F(X \otimes Y) & \xrightarrow{\approx} & F(X) \otimes F(Y) \\ \downarrow c_{X\otimes Y} & & \downarrow c_X \otimes c_Y \\ F'(X \otimes Y) & \xrightarrow{\approx} & F'(X) \otimes F'(Y) \end{array}$$

$$\begin{array}{ccc} \mathbf{1}' & \xrightarrow{\approx} & B \\ \downarrow = & & \downarrow c_1 \\ \mathbf{1}' & \xrightarrow{\approx} & D \end{array}$$

设有张量范畴 $(\mathcal{C},\otimes)$. 设 $T \mapsto \mathrm{Hom}(T\otimes X, Y)$ 是可表函子,并且此函子是由对象 $\mathscr{H}om(X,Y)$ 表示,即

$$\mathrm{Hom}(T\otimes X, Y) = \mathrm{Hom}(T, \mathscr{H}om(X,Y)).$$

以 $ev: \mathscr{H}om(X,Y) \otimes X \to Y$ 记 $id_{\mathscr{H}om(X,Y)}$. 例如在 R 模范畴 Mod_R 内, $\mathscr{H}om(X,Y) = \mathrm{Hom}_R(X,Y)$ 和 $ev: f\otimes x \mapsto f(x)$. 称 $\mathscr{H}om$ 为内在的 Hom (internal Hom).

称张量范畴 $(\mathcal{C},\otimes)$ 为刚张量范畴 (rigid tensor category),如果

(1) 对任何对象 X, Y 必有 $\mathscr{H}om(X,Y)$;

(2) 对有限对 (X_i, Y_i) 有同构

$$\otimes_i \mathscr{H}om(X_i, Y_i) \approx \mathscr{H}om(\otimes_i X, \otimes_i Y).$$

(3) 此时可以定义任一对象 X 的对偶为 $X^\vee = \mathscr{H}om(X,\mathbf{1})$. 要求任一对象 X 是自反的 (reflexive),即 $X \approx X^{\vee\vee}$;

(4) 对任一对象 X 存在态射

$$ev: X\otimes X^\vee \to \mathbf{1}, \quad \delta: \mathbf{1} \to X^\vee \otimes X$$

使得以下合成为恒等态射

$$X \xrightarrow{X\otimes\delta} X\otimes X^\vee \otimes X \xrightarrow{ev\otimes X} X,$$

$$X^\vee \xrightarrow{\delta\otimes X^\vee} X^\vee \otimes X \otimes X^\vee \xrightarrow{X^\vee \otimes ev} X^\vee.$$

(5) 存在同构

$$\mathscr{H}om(Z, \mathscr{H}om(X,Y)) \simeq \mathscr{H}om(Z\otimes X, Y).$$

域 k 上向量空间范畴 Vec_k 是刚张量范畴.

称两个刚张量范畴之间的张量函子 F 是指 F 是张量函子并且 $F(X^\vee) \simeq F(X)^\vee$.

说 $(\mathcal{C}, \otimes)$ 是 Abel 张量范畴, 若 $\mathcal{C}$ 是 Abel 范畴及 $\otimes$ 是双加性的 (bi-additive). 交换环 $k := \mathrm{End}\,(1)$ 作用在 $\mathcal{C}$ 的对象上使得 $\mathcal{C}$ 的所有态射均为 k 线性的, $\otimes$ 是 k 双线性的. 称 k 为 $\mathcal{C}$ 的系数环, $(\mathcal{C}, \otimes)$ 为 k 线性 Abel 张量范畴. 例如: 域 k 上向量空间范畴 Vec_k 便是 k 线性 Abel 张量范畴.

设 $\mathcal{C}$ 是 Abel 刚张量范畴并且 $End(1) = F$ 是域. 若有有限域扩张 F'/F 和忠实正合刚张量范畴函子 $\omega: \mathcal{C} \to Vec_{F'}$, 则称 ω 为 $\mathcal{C}$ 在 F' 上的纤维函子 (fiber functor).

以域 F 为系数的 Abel 刚张量范畴 $\mathcal{C}$, 若有 F 上的纤维函子, 则称为**淡中范畴** (Tannakian category).

设有淡中范畴 $(\mathcal{C}, \omega)$. 记 $G(\mathcal{C}, \omega) := Aut^\otimes \omega$. 把 $G(\mathcal{C}, \omega)$ 看作 F 代数范畴上的群概形 ([模曲线] 1.5.3). $Rep_F(G(\mathcal{C}, \omega))$ 是 $G(\mathcal{C}, \omega)$ 的有限维 F 线性表示范畴. Grothendieck 关于淡中范畴的第一个定理如下.

定理 15.9 $G(\mathcal{C}, \omega)$ 是投代数 (pro-algebraic) 仿射平坦 F 群概形, 存在范畴等价 $\mathcal{C} \equiv Rep_F(G(\mathcal{C}, \omega))$.

([Saa 72].)

例 Hodge 结构范畴 $Hod_\mathbb{R}$ 有纤维函子

$$\omega: Hod_\mathbb{R} \to Vec_\mathbb{R}: V \mapsto V.$$

$Hod_\mathbb{R}, \omega$ 是淡中范畴. $G(Hod_\mathbb{R}, \omega)$ 等于 $\mathbb{S}$.

何时 $Mot_\sim(S, \Lambda)$ 是淡中范畴?

F 线性 Abel 刚张量范畴 $(\mathcal{C}, \otimes)$ 是淡中范畴当且仅当 $\mathcal{C}$ 的对象的维数 ([DM 82] 113 页) 是非负整数 ([DM 82] 203 页; [Del 90]). 这样, 取等价关系 $\sim$ 为数值等价 num, 虚拟纯原相范畴 (15.7.1 小节) $Mot_{num}(F, \mathbb{Q})$ 不会是淡中范畴. 因为在这个范畴对象 X 的维数是 Euler 特征 $\chi(X)$; 若取 X 为亏格 g 的曲线, 则 $\chi(X) = 2 - 2g$. 但是在假设: 关于 Künneth 分解的 Grothendieck 标准猜想 I 成立下, [Jan 92] 证明: 更改范畴 $Mot_{num}(F, \mathbb{Q})$ 的交换限制 $M \otimes N \cong N \otimes M$ ([Jan 92] 451 页) 而得的范畴 $\widetilde{Mot}_{num}(F, \mathbb{Q})$ 是淡中范畴. ([And 96] 提出另外的一个方法更改范畴 $Mot_{num}(F, \mathbb{Q})$.)

若我们选定一个方法更改 $Mot_{num}(F, \mathbb{Q})$ 为范畴 $^*Mot_{num}(F, \mathbb{Q})$. 现设 F 是数域. 选定 F 的完备化 $F_\mathfrak{p} = \mathbb{R}$ 或 $\mathbb{C}$. 我们用投射代数簇 X 的 Betti 上同调群 $H^*(X \times F_\mathfrak{p}(\mathbb{C}), \mathbb{Q}(*))$ 来定义现相函子

$$h_B: {}^*Mot_{num}(F, \mathbb{Q}) \to Vec_\mathbb{Q}.$$

15.7 原相

假如得到的 $(*Mot_{\text{num}}(F, \mathbb{Q}), h_B)$ 是淡中范畴, 则称群概形 $G(*Mot_{\text{num}}(F, \mathbb{Q}), h_B)$ 为**原相 Galois 群**(motivic Galois group), 并记此为 $G_{Mot,B}$.

取 $*Mot_{\text{num}}(F, \mathbb{Q})$ 的对象 E, 包含 M 的最小子淡中范畴记为 $\mathcal{M}_E$. 记原相 Galois 群 $G(\mathcal{M}_E, h_B)$ 为 $G_{Mot,B}(E)$.

例 (1) 设 $\mathcal{T}$ 为 Tate 原相, 则 $G_{Mot,B}(\mathcal{T}) = G_m$.

(2) 设 E 为 $\mathbb{Q}$ 上的椭圆曲线, 则

$$G_{Mot,B}(E) = \begin{cases} GL_2, & E \text{ 没有复乘}, \\ T \text{ 或 } N_G T, & E \text{ 有复乘}. \end{cases}$$

T 为 GL_2 的极大环面 ([代数群] 1.2.2).

猜想 $G_{Mot,B}(E)$ 是 $GL(h_B(E))$ 的简约 $\mathbb{Q}$ 子群.

若 $E \in \mathcal{M}_{E'}$, 则设 $E \prec E'$. 此时有满射 $G_{Mot,B}(E) \to G_{Mot,B}(E')$, 并且

$$G_{Mot,B} = \varprojlim_{\prec} G_{Mot,B}(E).$$

于是有投射 $G_{Mot,B} \to G_{Mot,B}(E)$. 取 E 为 Tate 原相 $\mathcal{T}$. 则得映射 $\mathbf{t}: G_{Mot,B} \to G_m$. 记 $\operatorname{Ker} \mathbf{t}$ 为 $G^1_{Mot,B}$.

设有原相 E, 则 $h_B(E)$ 有 $\mathbb{Q}$ Hodge 结构, 于是有 Mumford-Tate 群 $MT(h_B(E))$. 以 $G_{Mot,B}(E)^o$ 记原相 Galois 群 $G_{Mot,B}(E)$ 的单位元连通分支.

Mumford-Tate 猜想 $G_{Mot,B}(E)^o = MT(h_B(E))$ ([Ser 94] §3.4.)

这是源自一个关于 Abel 簇的猜想 ([Mum 66], [Ser 77]).

设 $h_B(M)$ 的 Hodge 结构对应于表示 $\eta: \mathbb{S} \to GL(\mathbb{R} \otimes h_B(E))$. $\delta: G_m(\mathbb{C}) \to \mathbb{S}(\mathbb{C})$ 是对角映射. 设 $w_E: G_m \to G_{Mot,B}(E)$ 为态射, 使得在复点 $G_m(\mathbb{C})$ 上 $w_E = \eta_{\mathbb{C}} \circ \delta$. 取素数 ℓ. 我们用投射代数簇 X 的平展上同调群 $H_t^*(X \times_F \overline{F}, \mathbb{Q}_\ell)(*)$ 来定义现相函子

$$h_\ell: *Mot_{\text{num}}(F, \mathbb{Q}) \to Vec_{\mathbb{Q}_\ell}.$$

一方面有 Galois 表示 $\rho_{\ell,X}: \operatorname{Gal}(\overline{F}/F) \to GL(h_\ell(X))$. 另一方面有比较同构 $\iota_\ell: \mathbb{Q}_\ell \otimes_{\mathbb{Q}} h_B(X) \to h_\ell(X)$. 于是有 $G_{Mot,B}(X)(\mathbb{Q}_\ell) \subset GL(h_\ell(X))$.

猜想 对 $*Mot_{\text{num}}(F, \mathbb{Q})$ 的对象 E, $\rho_{\ell,E}(\operatorname{Gal}(\overline{F}/F))$ 是 $G_{Mot,B}(E)(\mathbb{Q}_\ell)$ 的开子群.

1) 等分布 (equidistribution).

设有紧拓扑空间 X, 连续函数 $X \to \mathbb{C}$ 组成 Banach 空间 $C(X)$. 设 μ 为 X 的 Radon 测度. 称 X 的序列 $\{x_n\}_{n \geqslant 1}$ 为 μ 等分布的 (equidistributed), 若对任意

$f \in C(X)$ 有
$$\lim_{n\to\infty} \frac{1}{n}(f(x_1) + \cdots + f(x_n)) = \mu(f).$$

2) 共轭类空间.

设 $\mathbb{Q}$ 简约代数群 $G = \operatorname{Spec} A$. 以 A^G 记 G 所固定 A 的元素, 则称 $\mathbb{Q}$ 概形 $\operatorname{Spec} A^G$ 为 G 的共轭类空间, 并记为 $Cl\, G$.

3) Sato-Tate 猜想.

佐藤干夫 (Mikio Sato), 超函数理论的创始人, 1928 年生于东京, 1963 年获得东京大学博士学位, 指导教授是弥永昌吉. 曾任京都大学数理解析研究所所长, 1992 年退休. 其著名弟子包括: 柏原正树 (Masaki Kashiwar) 等.

取 $^*Mot_{\mathrm{num}}(\mathbb{Q}, \mathbb{Q})$ 的对象 E. 按前一段的猜想有表示
$$\rho_{\ell, E} : \operatorname{Gal}(\overline{\mathbb{Q}}/\mathbb{Q}) \to G_{Mot, B}(E)(Q_\ell)$$

假设有算术 Frobenius 映射 $Frob_p$ $(p \neq \ell)$ 使得 $\rho_{\ell, E}(Frob_p)$ 的共轭类与 ℓ 无关并且属于 $Cl\, G_{Mot, B}(E)(\mathbb{Q})$; 以 $F_{E, p}$ 记这个共轭类. 假设有正整数 w 使得除有限个 p 外, $\rho_{\ell, E}(Frob_p)$ 的特征根的绝对值, 在所有嵌入 $\overline{\mathbb{Q}_\ell} \hookrightarrow \mathbb{C}$ 下, 是 $p^{-w/2}$. 取
$$\varphi_{E, p} = w_E(Np^{1/2}) F_{E, p}.$$

则 $\varphi_{E, p} \in Cl\, G_{Mot, B}(E)^1(\mathbb{C})$. K 记 $G_{Mot, B}(E)^1(\mathbb{C})$ 的最大紧子群.

猜想

(1) $\varphi_{E, p} \in Cl\, K$. 存在 K 的特征标 $\chi_{\ell, E}$ 使得除有限个 p 外
$$tr\, \rho_{\ell, E}(Frob_p) = \chi_{\ell, E}(\varphi_{E, p}).$$

(2) μ 为 K 的 Haar 测度, $\mu(K) = 1$; 在投射 $K \to Cl\, K$ 下得 $Cl\, K$ 的测度亦记为 μ. 设 $\nu_{\ell, E} = (\chi_{\ell, E})_*(\mu)$. 则序列
$$\left\{ \frac{\chi_{\ell, E}(\varphi_{E, p}^{-n})}{p^{\frac{nw}{2}}} \right\}_{n=1}^{\infty}$$

是 $\nu_{\ell, E}$ 等分布的.

例 当 E 是 $\mathbb{Q}$ 上的椭圆曲线时. 若 E 有复乘, 则可从 Deuring 和 Hecke 推出这个猜想. 若 E 没有复乘, 则是 Clozel, Harris, Shepherd-Barron, Taylor 的定理.

15.7.6 原相结构

自 23 岁就在 Grothendieck 身边的 Deligne 当然了解原相 ([Del 79], [Del 82], [Del 87]). 他认为: 在我们还未完全认识代数圈之前, 不如直接去处理 $h^n(X)(r)$. 这

个 $h^n(X)(r)$ 是一组向量空间和它们的张量积之间的线性映射, 若我们要求原相范畴包含 $h^n(X)(r)$, 则自然要求原相范畴有线性结构和张量积. 那么有线性结构和张量积的范畴是什么呢? Grothendieck 的答案是: 淡中范畴. 以下我们介绍 [Del 79], Fontaine 和 Perrin-Riou [FP 94].

引入一些记号. 选定数域 F. $S(F)$ 是 F 的素位集 ([数论]123 页). $S_\infty(F)$ 是 F 的无穷素位集. $F_\mathfrak{p}$ 是 F 在 $\mathfrak{p} \in S(F)$ 的完备化 ([数论]89 页). $\overline{F}(\overline{F_\mathfrak{p}})$ 是 $F(F_\mathfrak{p})$ 的代数闭包. Galois 群 $G_F := \mathrm{Gal}(\overline{F}/F)$, $G_{F_\mathfrak{p}} := \mathrm{Gal}(\overline{F_\mathfrak{p}}/F_\mathfrak{p}) \subset G_F$.

B 是周期环 ([数论]403, 407, 427 页), p 是素数. 设 $\mathfrak{P}|p$. $\mathbb{C}_p$ 是 $\overline{F_\mathfrak{p}}$ 的完备化, 从此开始构造的 de Rham 周期环我们记为 $B_{dR,\mathfrak{p}}$, 这时 $(B_{dR,\mathfrak{p}})^{G_{F_\mathfrak{p}}} = F_\mathfrak{p}$ ([FP 94] 619, 622, 681 页).

设有限集 $S \supset S_\infty(F)$. 称有限扩张 E/F 在 S 外无分歧, 若对所有 $\mathfrak{p} \in S$, $\mathfrak{P}|\mathfrak{p}$, $E_\mathfrak{P}/F_\mathfrak{p}$ 是无分歧扩张 ([数论]101 页). 以 F_S 记 $\overline{F}/F$ 内最大的 Galois 扩张, 使得 F_S/F 在 S 是外无分歧的. 取素数 ℓ 和有限维 $\mathbb{Q}_\ell$ 向量空间, 称连续群同态 $\rho: G_F \to GL(V)$ 或 V 为 ℓ 进表示. 若限制 $\rho|_{\mathrm{Gal}(\overline{F}/F_S)} = 1$, 则 ρ 是在 S 是外无分歧的. 称 ℓ 进表示 ρ 为伪几何表示 (pseudo geometric representation), 若有有限集 S 使得 ρ 是在 S 是外无分歧的, 并且若 $\mathfrak{p}|\ell$, 则 ρ 是 de Rham 表示 ([数论]428 页).

定义范畴 $\mathbf{PSPM}_F(\mathbb{Q})$ 的对象 $M = (M_{dR}, M_{B,\mathfrak{p}}, M_\ell; \iota_{\ell,\mathfrak{p}}, \iota_\mathfrak{p})$, 其中

(1) M_{dR} 是有限维 F 向量空间, 带有 F 子空间 $(Fil^i M_{dR})$ 下降过滤.

(2) 对 F 的每个无穷素位 $\mathfrak{p}|\infty$, $M_{B,\mathfrak{p}}$ 是有限维 $\mathbb{Q}$ 向量空间, 并且若 $F_\mathfrak{p} = \mathbb{R}$, 则复共轭是 $M_{B,\mathfrak{p}}$ 上的线性映射.

(3) 对每个素数 ℓ, 有 ℓ 进伪几何表示 $G_F \to GL(M_\ell)$.

以及

(i) 对素数 ℓ 和无穷素位 $\mathfrak{p}$, 有 $\mathrm{Gal}(\overline{F_\mathfrak{p}}/F_\mathfrak{p})$-$\mathbb{Q}_\ell$ 向量空间同构

$$\iota_{\ell,\mathfrak{p}}: \mathbb{Q}_\ell \otimes_\mathbb{Q} M_{B,\mathfrak{p}} \xrightarrow{\approx} M_\ell.$$

(ii) 对无穷素位 $\mathfrak{p}$, 有 $\mathrm{Gal}(\overline{F_\mathfrak{p}}/F_\mathfrak{p})$-$\mathbb{C}$ 向量空间同构

$$\iota_\mathfrak{p}: \mathbb{C} \otimes_\mathbb{Q} M_{B,\mathfrak{p}} \xrightarrow{\approx} \mathbb{C} \otimes_F M_{dR}.$$

(iii) 对有限素位 $\mathfrak{p}|p$, 有 $\mathrm{Gal}(\overline{F_\mathfrak{p}}/F_\mathfrak{p})$-$B_{dR,\mathfrak{p}}$ 向量空间同构

$$\iota_\mathfrak{p}: B_{dR,\mathfrak{p}} \otimes_{\mathbb{Q}_p} M_p \xrightarrow{\approx} B_{dR,\mathfrak{p}} \otimes_{F_\mathfrak{p}} M_{dR}.$$

$\mathbf{PSPM}_F(\mathbb{Q})$ 的态射是 $f = (f_{dR}, (f_{B,\mathfrak{p}})_{\mathfrak{p}|\infty}, (f_\ell)): M \to N$, 其中所有 f_* 与 ι_* 相容.

F 上的"预原相结构"(pre-motivic structure) 是指有 $\mathbf{PSPM}_F(\mathbb{Q})$ 的对象 $M = (M_{dR}, M_{B,\mathfrak{p}}, M_\ell)$ 为对象, 以及对 $\mathfrak{p} \in S_\infty(F)$ 有 $\mathbb{R} \otimes_\mathbb{Q} M_{B,\mathfrak{p}}$ 的有限递增过滤 $W_\bullet(\mathbb{R} \otimes_\mathbb{Q} M_{B,\mathfrak{p}})$, 并且在取 $Fil^i(\mathbb{C} \otimes_\mathbb{Q} M_{B,\mathfrak{p}})$ 为 $\iota_\mathfrak{p}^{-1}(\mathbb{C} \otimes_F Fil^i M_{dR})$ 之后我们要求

(1) 当 $F_\mathfrak{p} = \mathbb{C}$ 时,

$$(\mathbb{R} \otimes_\mathbb{Q} M_{B,\mathfrak{p}}, W_\bullet(\mathbb{R} \otimes_\mathbb{Q} M_{B,\mathfrak{p}}), Fil^\bullet(\mathbb{C} \otimes_\mathbb{R} (\mathbb{R} \otimes_\mathbb{Q} M_{B,\mathfrak{p}})))$$

是 $\mathbb{C}$ 上的混 Hodge 结构.

(2) 当 $F_\mathfrak{p} = \mathbb{R}$ 时, 则 $(\mathbb{R} \otimes_\mathbb{Q} M_{B,\mathfrak{p}}, W_\bullet(\mathbb{R} \otimes_\mathbb{Q} M_{B,\mathfrak{p}}), Fil^\bullet(\mathbb{C} \otimes_\mathbb{R} (\mathbb{R} \otimes_\mathbb{Q} M_{B,\mathfrak{p}}))$, 复共轭) 是 $\mathbb{R}$ 上的混 Hodge 结构.

若 $\mathbf{PSPM}_F(\mathbb{Q})$ 的态射 f 与过滤 $W_\bullet$ 相容, 则称 f 为预原相结构态射. 这样便得预原相结构范畴 $\mathbf{SPM}_F(\mathbb{Q})$. 这是淡中范畴 ([FP 94] 682 页).

在选好混原相范畴 $\mathcal{MM}(F, \mathbb{Q})$(15.7.2 小节) 之后, 我们称一个全忠实函子 $h : \mathcal{MM}(F, \mathbb{Q}) \to \mathbf{SPM}_F(\mathbb{Q})$ 为现相函子. 由 $h(\mathcal{MM}(F, \mathbb{Q}))$ 所生成的 $\mathbf{SPM}_F(\mathbb{Q})$ 的最小淡中子范畴定义为原相结构范畴 (category of motivic structures)$\mathbf{SM}_F(\mathbb{Q})$([FP 94] 695 页).

显然我们可以以上节关于 $^*Mot_{num}(F, \mathbb{Q})$ 的猜想套用到 $\mathbf{SM}_F(\mathbb{Q})$!

请注意: $h(\mathcal{MM}(F, \mathbb{Q}))$ 是个未知的因素. 若 $\overline{X}$ 是数域上的光滑拟投射簇 (quasi-projective variety)X 的光滑紧化 (如 [MRTA 75], [Lan 13]), $D := \overline{X} - X$, 则我们希望 $\mathbf{SM}_F(\mathbb{Q})$ 里有 $h^n(\overline{X}, \log D)(r)$.

最后说朗兰兹纲领 (Langlands program) ([Lan 70]). 现在流行把它说为: "原相 M" ↔ "自守表示 π"([Lan 79], [LR 87], [Clo 90]). 开始的结果是 $\pi \mapsto M_\pi$ 这个方向; 也就是问: 构造对应于模形式 f 的原相 M_f. 当 f 的权是 2 时, 这是 Eichler-Shimura 定理 ([Conr 01]). 当 f 的权 > 2 时见 [Del 68], [Sch 90]; Hilbert 模形式见 [BR 93]. 反过来的方向 $M \mapsto \pi_M$ (称为 modularity 问题) 更难: 椭圆曲线 ([BCDT 01]), Fontaine Mazur 猜想 ([FM 95], [Kis 09]).

关于原相我说到此, 这里足够下一章使用, 还有很多其他原相的专题我没有解说的, 这些都留给读者了. 经常有关于本章和下一章提到的猜想的文章, 若你对任何一个问题展开工作, 请在网上先找最新消息为要.

第16章 L 函数猜想

本章旨在说明一些关于 L 函数猜想和玉河数的数论问题. 没有 K 理论是没法说清楚这些数学问题的. 同学在课堂问: 学 K 理论有什么用? 也许本章算是提供一点答案.

多年经验指出可能不大合适在课堂上讲这些猜想. 因为: 一, 关于这些猜想的背景是很复杂的, 例如把说明 Bloch-Kato 猜想的原始文章 [Del 79], [Bei 84], [BK 90], [FP 94], [BF 01] 加起来已三百页, 它们也不过是说说定义; 二, 只是讲猜想就给人高高空泛的感觉, 不会做的东西不切实际. 此外, 因为是猜想, 所以原始资料没有什么证明, 又部分作者不愿意给出支持猜想的例子和实验, 于是比较难验证整理原材料. 但是这些猜想是数论家希望解决的问题, 是具有方向指导价值的. 所以有必要介绍. 写在书里让大家按自己的需要来参考是可以接受的. 也可以引导同学查阅原创文献. 原资料都是讲作者的观点, 很难比较, 在这里我把它们放在一起, 好像打开一张全国地图就容易看见各大城市的位置的关系.

当知道这些猜想只是相关学问的一个部分, 我明白本章的猜想是很大的挑战. 我是一个路边人, 连一部家用四人小车也买不起的在畅谈造超光速星际太空船. 不过既然我们还没有书向大家介绍这些研究, 而国内在几个中心之外的人都是靠自己摸索的, 那就请大家和我一起去看看吧!

从 Dirichlet 的利用数域 ζ 函数特殊值表达类数的公式而猜想 ζ 函数特殊值与 K 的关系是 Lichtenbaum 给的一个很大的跳跃. 跟着有 Borel 对部分 Lichtenbaum 猜想给出证明和 Bloch 对椭圆曲线建立类似结果. 最后由 Beilinson 融入 Deligne 关于原相的猜想而成为非常广义的猜想.

阅读本章需具备代数数论和代数几何的基本知识.

大家可以随意选读中外的代数数论教科书. 不过读书比较慢, 读文章可以较快找到问题去做研究; 比如可以选读以下的文章: [Iwa 69], [Shi 73], [Maz 73], [Gre 74], [Rib 76], [Maz 77], [Shi 78], [Wil 80], [Hid 81], [FL 82], [Fal 83], [MW 84], [GZ 86], [Hid 86], [Ser 87], [Fal 88], [Tha 88], [Maz 89], [Rub 90], [Fon 90], [Wil 95], [Kis 09], [KW 09].

明白一些上同调理论是方便学习代数数论的. 例如拓扑空间上同调 ([姜]), de Rham 上同调 ([BT 95], [Gro 66], [Har 76], [Hir 66], [GH 78], [Voi 02], [PS 08]), Galois 上同调 ([Tat 76], [Tat 01], [Lan 96], [Ser 79], [Ser 97], [Mil 86], [NSW 08]), 平展上同调 (étale cohomology)([Fu 15], [BK 86], [Kat 94]), 平坦上同调 (flat cohomology)

([Mil 86]), 晶体上同调 ([BO 78], [Fal 89], [Tsu 99]), 刚上同调 (rigid cohomology)[LeS 07], 合分上同调 (syntomic cohomology) ([FM 87], [Kat 87], [Kat 91], [KM 92], [KT 03]). 还有 Kato 和他的学生们写下的以上各种上同调的 log 概形的结果. 请勿误会, 我不是说, 要一口气把这些理论学会. 这是不可能的. 比较好的是你所在地有老师给你说明, 然后你慢慢学会怎样用这些工具吧. 如果你是一个人在自学, 我建议先学两种有很好课本的上同调: [BT 82] 和 [Fu 15].

可以把 [数论]§8.10 看作本章的引言.

16.1 整 数 环

我们从代数整数开始, 因为本章的主题 (leitmotif) 是玉河数, 而玉河数可以从代数整数开始 ([数论] 12.1.5, 12.3.4; [代数群]§4). 这样本节是本章的序曲.

设 F 是数域, $\mathcal{O}_F$ 是 F 的整数环.

Quillen([Qui 732]) 证明 $K_n(\mathcal{O}_F)$ 是有限生成群. Borel([Bor 74]) 证明: 对 $n \geqslant 1$, $K_{2n}(\mathcal{O}_F)$ 是有限群;

$$\mathrm{rank}_{\mathbb{Z}}(K_{2n-1}(\mathcal{O}_F)) = \begin{cases} r_1 + r_2, & n \text{ 为奇数} > 1, \\ r_2, & n \text{ 为偶数} \geqslant 1, \end{cases}$$

其中 F 有 r_1 (r_2) 个实 (复) 素位. Soulé([Sou 84]) 证明: 对 $n \geqslant 2$, 有同构 $K_{2n-1}(\mathcal{O}_F) \cong K_{2n-1}(F)$, 对 $n \geqslant 1$, 有正合序列

$$0 \to K_{2n}(\mathcal{O}_F) \to K_{2n}(F) \to \oplus_{\mathfrak{p}} K_{2n-1}(\kappa_{\mathfrak{p}}) \to 0.$$

设 ℓ 是素数, 整数 $n \geqslant 2$, $k = 1, 2$, [Sou 79],[DF 85] 构造陈类映射

$$c^{\ell}_{k,n} : K_{2n-k}(\mathcal{O}_F) \otimes \mathbb{Z}_{\ell} \to H^k_{\text{ét}}\left(\mathrm{Spec}\left(\mathcal{O}_F\left[\frac{1}{\ell}\right]\right), \mathbb{Z}_{\ell}(n)\right).$$

Quillen-Lichtenbaum猜想 除 $\ell = 2$ 及 $r_1(F) > 0$ 外, $c^{\ell}_{k,n}$ 是自然同构.

现在从 Voevodsky([Voe 11]) 的范剩定理 (norm residue theorem)可以推出这个猜想, 可参考 [Kol 15] 的简介. 目前还不知道: 对所有负偶数 m, $H^2_t\Big(\mathrm{Spec}\left(\mathbb{Z}\left[\frac{1}{\ell}\right]\right), \mathbb{Z}_{\ell}(m)\Big)$ 是否为零.

此外局部域的整数环有类同结果. 研究 $K_n(\mathcal{O}_F)$ 是个热门的课题. 文章很多, 略举我国的作品: [QJ 13], [Guo 07], [You 01], [Xu 07]. 以下几篇文章是研究数域的 K 群: [Ban 92], [BG 96], [Ban 13], [BL 95], [BP 13], [Cap 11], [DM 98] [Gon 99], [HS 75], [HM 03], [Kue 12], [Qui 72], [Qui 732], [RO 03], [Sou 79], [Sus 83], [Sus 841], [Sus 87], [Tat 76].

16.1.1 上同调

1) Galois 上同调.

域 F 的可分闭包 F^s 给出几何点 $s: \operatorname{Spec} F^s \to \operatorname{Spec} F$. 在 F^s 上让 Galois 群 $\operatorname{Gal}(F^s/F)$ 取左作用, 于是在 $\operatorname{Spec} F^s$ 有右 Galois 作用, 在 $\operatorname{Spec} F$ 的层 $\mathscr{F}$ 的茎 $\mathscr{F}_s$ 有左 Galois 作用. 因为

$$\mathscr{F}_s = \varinjlim_E \mathscr{F}(\operatorname{Spec} E),$$

其中 E 走遍 F^s 内所有有限扩张 E/F, 以及 $\operatorname{Gal}(F^s/F)$ 的开子群 $\operatorname{Gal}(F^s/E)$ 在 $\mathscr{F}(\operatorname{Spec} E)$ 的作用是平凡的, 所以在 $\mathscr{F}_s$ 取离散拓扑, 则 $\operatorname{Gal}(F^s/F)$ 在 $\mathscr{F}_s$ 的作用是连续的.

命题 16.1 从 $\operatorname{Spec} F$ 的平展层范畴至连续 $\operatorname{Gal}(F^s/F)$ 模范畴的函子 $\mathscr{F} \mapsto \mathscr{F}_s$ 是范畴等价. 对所有 n 有同构

$$H^n_{\text{ét}}(\operatorname{Spec} F, \mathscr{F}) \cong H^n(\operatorname{Gal}(F^s/F), \mathscr{F}_s).$$

([Fu 15] §5.7, prop 5.7.8).

以后常记 Galois 群 $\operatorname{Gal}(F^s/F)$ 为 G_F, Galois 模 M 的上同调群 $H^n(\operatorname{Gal}(F^s/F), M)$ 为 $H^n(G_F, M)$ 或 $H^n(F, M)$.

引理 16.2 取素数 $p \neq \ell$. $\mathbb{F}_{\ell^r}$ 是 ℓ^r 个元素的有限域. $(p^m, \ell^{ri}-1)$ 记大公约数. μ_n 是 n 次单位根群. 则 $H^0(\mathbb{F}_{\ell^r}, \mu_{p^m}^{\otimes i})$ 和 $H^1(\mathbb{F}_{\ell^r}, \mu_{p^m}^{\otimes i})$ 均是 $(p^m, \ell^{ri}-1)$ 个元素的循环群; 当 $j \geqslant 2$ 时 $H^j(\mathbb{F}_{\ell^r}, \mu_{p^m}^{\otimes i}) = 0$.

证明 以 κ 记 $\mathbb{F}_{\ell^r}$. Frobenius 映射 σ 是 Galois 群 $\operatorname{Gal}(\kappa^s/\kappa) = \hat{\mathbb{Z}}$ 的拓扑生成元. 在 $\mathbb{Z}/p^m$ 取 Galois 作用

$$\sigma \cdot x = p^{ri}, \quad x \in \mathbb{Z}/p^m,$$

则 $\operatorname{Gal}(\kappa^s/\kappa)$ 模 $\mu_{p^m}^{\otimes i}$ 与 $\mathbb{Z}/p^m$ 同构. 现在从正合序列得所求

$$0 \to H^0(\kappa, \mu_{p^m}^{\otimes i}) \to \mathbb{Z}/p^m \xrightarrow{\sigma - 1} \mathbb{Z}/p^m \to H^1(\kappa, \mu_{p^m}^{\otimes i}) \to 0. \qquad \square$$

2) 单位根群的上同调.

A 是 Dedekind 环 ([数论] §1.1), F 是 A 的分式域. $A \hookrightarrow F$ 给出单射 $j: \operatorname{Spec} F \to \operatorname{Spec} A$. 选定素数 p. 假设 $\frac{1}{p} \in A$. 考虑 $\operatorname{Spec} F$ 的层 $(\mu_{p^m}^{\otimes i})_F$ 的直象 $j_*((\mu_{p^m}^{\otimes i})_F)$.

引理 16.3 在 $\operatorname{Spec} A$ 上的平展层同态 $(\mu_{p^m}^{\otimes i})_A \to j_*((\mu_{p^m}^{\otimes i})_F)$ 是同构.

证明 把 $\mu_{p^m}^{\otimes i}$ 换为任意局部常值层 $\mathscr{F}$ 引理成立. 只需证明引理中的同态在几何纤维是同构. 于是可设 $\mathscr{F}$ 是常值层. 则从定义得 $j_*(\mathscr{F}_F)$ 是常值层, 并且等于 $\mathscr{F}_A$. □

以后简写 $(\mu_{p^m}^{\otimes i})_F$, $(\mu_{p^m}^{\otimes i})_A$ 为 $\mu_{p^m}^{\otimes i}$.

设 F 的有限素位 v 对应于 A 的素理想 $\mathfrak{p}$, 剩余域是 $\kappa_v = A/\mathfrak{p}$, 于是有闭浸入 $\iota_v : \mathrm{Spec}\,\kappa_v \to \mathrm{Spec}\,A$. 以 $\mathscr{F}$ 记 $R^q j_* \mu_{p^m}^{\otimes i}$. 则从几何纤维的计算知有同构

$$\mathscr{F} \to \bigoplus_v \iota_{v*} \iota_v^* \mathscr{F}.$$

于是 $H^r(\mathrm{Spec}\,A, \mathscr{F}) = \oplus_v H^r(\mathrm{Spec}\,A, \iota_{v*}\iota_v^*\mathscr{F})$. 而且

$$H^r(\mathrm{Spec}\,A, \iota_{v*}\iota_v^*\mathscr{F}) \cong H^r(\mathrm{Spec}\,\kappa_v, \iota_v^*\mathscr{F}) = H^r(\mathrm{Gal}(\kappa_v^s/\kappa_v), \iota_v^*\mathscr{F}(\mathrm{Spec}\,\kappa_v^s)),$$

其中 κ_v^s 是 κ_v 的可分闭包. 按 [Gro 600] SLNM 270, [SGA 4]exp VIII, Cor 4.8, 384 页, 模 $\iota_v^*\mathscr{F}(\mathrm{Spec}\,\kappa_v^s)$ 同构于几何纤维 $\mathscr{F}_y$, $y = \mathrm{Spec}\,\kappa_v^s$.

取 A 在 v 的严格 Hensel 化 $\tilde{A}_v$ ([SGA 4]exp VIII, §4; [Fu 15] §2.8, 110 页; [数论] §10.4), F 在 v 的完备化 F_v, F 在 v 的严格 Hensel 化 $\tilde{F}_v$. 以 T_v 记 F_v 的最大无分歧扩张.

按 ([Gro 600] SLNM 569; $\left[\text{SGA } 4\frac{1}{2}\right]$ Cohomologie étale, II (3.3) II-6 页),

$$(R^q j_* \mu_{p^m}^{\otimes i})_y = H^q(\mathrm{Spec}(\tilde{A}_v \otimes_A F), \mu_{p^m}^{\otimes i}),$$

以下第一个 $\cong$ 是因为 A 的 Krull 维数是 1,

$$H^q(\mathrm{Spec}(\tilde{A}_v \otimes_A F), \mu_{p^m}^{\otimes i}) \cong H^q(\tilde{F}_v, \mu_{p^m}^{\otimes i}) \cong H^q(T_v, \mu_{p^m}^{\otimes i}).$$

第二个 $\cong$ 是用了 [Ray 68] thm 2 iii. 标准 Galois 上同调计算给出 ([Ser 97])

$$H^q(T_v, \mu_{p^m}^{\otimes i}) = \begin{cases} \mathbb{Z}/p^m, & q = 0, \\ (T_v^\times/(T_v^\times)^{p^m}) \otimes \mu_{p^m}^{\otimes(i-1)}, & q = 1, \\ 0, & q \geqslant 2. \end{cases}$$

这样得 $R^q j_* \mu_{p^m}^{\otimes i} = 0$, 若 $q \neq 0, 1$. 于是从函子 j_* 的 Leray 谱序列 ($\left[\text{SGA } 4\frac{1}{2}\right]$ Cohomologie étale, II (3.4) II-6 页; [Mil 80] Chap III, §1, 89 页; [Fu 15] 5.6.9, 216 页)

$$E_2^{rq} = H^r(\mathrm{Spec}\,A, R^q j_* \mu_{p^m}^{\otimes i}) \Rightarrow H^{r+q}(F, \mu_{p^m}^{\otimes i})$$

(留意引理 16.3) 得以下命题的正合序列 ([CE 56] Chap XV, §5, thm 5.11). 当指出 $\mathrm{Gal}(T_v/F_v)$ 模 $T_v^\times \otimes \mu_{p^m}^{\otimes(i-1)}$ 同构于 $\mathrm{Gal}(\kappa_v^s/\kappa_v)$ 模 $\mu_{p^m}^{\otimes(i-1)}$, $E_2^{n\,0} = H^n(\mathrm{Spec}\,A, \mu_{p^m}^{\otimes i})$, $E_2^{(n-1)\,0} = \oplus_v H^{n-1}(\kappa_v, \mu_{p^m}^{\otimes(i-1)})$.

16.1 整 数 环

命题 16.4(Soulé) 设 A 是 Dedekind 环, F 是 A 的分式域, κ_v 是 F 的有限素位 v 的剩余域, μ_n 是 n 次单位根群, $\frac{1}{p} \in A$. 则有正合序列

$$0 \to H^1(\operatorname{Spec} A, \mu_{p^m}^{\otimes i}) \to H^1(F, \mu_{p^m}^{\otimes i}) \to \oplus_v H^0(\kappa_v, \mu_{p^m}^{\otimes (i-1)})$$
$$\cdots \to H^n(\operatorname{Spec} A, \mu_{p^m}^{\otimes i}) \to H^n(F, \mu_{p^m}^{\otimes i}) \to \oplus_v H^{n-1}(\kappa_v, \mu_{p^m}^{\otimes (i-1)})$$
$$\to H^{n+1}(\operatorname{Spec} A, \mu_{p^m}^{\otimes i}) \to \cdots$$

3) $\mathbb{Z}_p(n)$ 的上同调.

F 是数域. $\mathcal{O}_F$ 是 F 的整数环. p 是素数. $F_{\infty p}^{nr}$ 记 F 的极大扩张在所有 $\mathfrak{p} \nmid \infty p$ 为无分歧. $G_F^{(p)}$ 记 $\operatorname{Gal}(F_{(\infty p)}^{nr}/F)$. 则平展上同调群与 Galois 上同调群有以下关系

$$H^i_{\text{ét}}\left(\operatorname{Spec}\mathcal{O}_F\left[\frac{1}{p}\right], \mathbb{Z}/p^m(n)\right) = H^i_{\text{ét}}\left(\operatorname{Spec}\mathcal{O}_F\left[\frac{1}{p}\right], \mu_{p^m}^{\otimes n}\right) \cong H^i(G_F^{(p)}, \mu_{p^m}^{\otimes n}).$$

定义

$$H^i_{\text{ét}}\left(\operatorname{Spec}\mathcal{O}_F\left[\frac{1}{p}\right], \mathbb{Z}_p(n)\right) = \varprojlim H^i_{\text{ét}}\left(\operatorname{Spec}\mathcal{O}_F\left[\frac{1}{p}\right], \mu_{p^m}^{\otimes n}\right),$$

$$H^i_{\text{ét}}\left(\operatorname{Spec}\mathcal{O}_F\left[\frac{1}{p}\right], \mathbb{Q}_p/\mathbb{Z}_p(n)\right) = \varinjlim H^i_{\text{ét}}\left(\operatorname{Spec}\mathcal{O}_F\left[\frac{1}{p}\right], \mu_{p^m}^{\otimes n}\right).$$

正合序列

$$0 \to \mathbb{Z}_p(n) \to \mathbb{Q}_p(n) \to \mathbb{Q}_p/\mathbb{Z}_p(n) \to 0$$

的平展上同调长正合序列的边缘映射是

$$\delta_i : H^{i-1}_{\text{ét}}\left(\operatorname{Spec}\mathcal{O}_F\left[\frac{1}{p}\right], \mathbb{Q}_p/\mathbb{Z}_p(n)\right) \to H^i_{\text{ét}}\left(\operatorname{Spec}\mathcal{O}_F\left[\frac{1}{p}\right], \mathbb{Z}_p(n)\right), \quad i \geqslant 1.$$

$\operatorname{Ker}\delta_i$ 是

$$H^{i-1}_{\text{ét}}\left(\operatorname{Spec}\mathcal{O}_F\left[\frac{1}{p}\right], \mathbb{Q}_p/\mathbb{Z}_p(n)\right)$$

的最大可除子群, $\operatorname{Cok}\delta_i$ 是 $H^i_{\text{ét}}\left(\operatorname{Spec}\mathcal{O}_F\left[\frac{1}{p}\right], \mathbb{Z}_p(n)\right)$ 的挠子群 ([Tat 76]). 于是

$$H^1_{\text{ét}}\left(\operatorname{Spec}\mathcal{O}_F\left[\frac{1}{p}\right], \mathbb{Z}_p(n)\right)_{tors} \cong H^0_{\text{ét}}\left(\operatorname{Spec}\mathcal{O}_F\left[\frac{1}{p}\right], \mathbb{Q}_p/\mathbb{Z}_p(n)\right).$$

命题 16.5 (1) 若 $n \neq 0$, 则 $H^0_{\text{ét}}\left(\operatorname{Spec}\mathcal{O}_F\left[\frac{1}{p}\right], \mathbb{Z}_p(n)\right) = 0$.

(2) 若 $n \geqslant 2$, 则 $\operatorname{rank}_{\mathbb{Z}} H^1_{\text{ét}}\left(\operatorname{Spec}\mathcal{O}_F\left[\frac{1}{p}\right], \mathbb{Z}_p(n)\right) = \begin{cases} r_1 + r_2, & 2 \nmid n > 1, \\ r_2, & 2 \mid n. \end{cases}$

(3) 若 $n \geq 2$, 则 $H^2_{\text{ét}}\left(\operatorname{Spec}\mathcal{O}_F\left[\dfrac{1}{p}\right], \mathbb{Z}_p(n)\right)$ 是有限群, 并且除有限个 p 外是 0.

(4) 若 $i \geq 3, p > 2$, 则 $H^i_{\text{ét}}\left(\operatorname{Spec}\mathcal{O}_F\left[\dfrac{1}{p}\right], \mathbb{Z}_p(n)\right) = 0$.

(5) 若 $i \geq 3$, 则 $H^i_{\text{ét}}\left(\operatorname{Spec}\mathcal{O}_F\left[\dfrac{1}{p}\right], \mathbb{Z}_2(n)\right) \cong \begin{cases} (\mathbb{Z}/2\mathbb{Z})^{r_1}, & 2|(i+n), \\ 0, & 2 \nmid (i+n). \end{cases}$

证明 参见 [Bor 74], [Sou 79], [RW 00].

因为 $H^2_{\text{ét}}\left(\operatorname{Spec}\mathcal{O}_F\left[\dfrac{1}{p}\right], \mathbb{Z}_p(n)\right)$ 是有限群, $H^2_{\text{ét}}\left(\operatorname{Spec}\mathcal{O}_F\left[\dfrac{1}{p}\right], \mathbb{Q}_p(n)\right) = 0$. 于是边缘映射

$$\delta_3: H^2_{\text{ét}}\left(\operatorname{Spec}\mathcal{O}_F\left[\dfrac{1}{p}\right], \mathbb{Q}_p/\mathbb{Z}_p(n)\right) \to H^3_{\text{ét}}\left(\operatorname{Spec}\mathcal{O}_F\left[\dfrac{1}{p}\right], \mathbb{Z}_p(n)\right)$$

是同构. 所以除 $p = 2, 2 \nmid n$ 和 $r_1 > 0$ 外, $H^2_{\text{ét}}\left(\operatorname{Spec}\mathcal{O}_F\left[\dfrac{1}{p}\right], \mathbb{Q}_p/\mathbb{Z}_p(n)\right) = 0$.

假设 $n \geq 2$ 是偶数, $r_2 = 0$, 则 $H^1_{\text{ét}}\left(\operatorname{Spec}\mathcal{O}_F\left[\dfrac{1}{p}\right], \mathbb{Z}_p(n)\right)$ 是挠群. 于是边缘映射

$$\delta_2: H^1_{\text{ét}}\left(\operatorname{Spec}\mathcal{O}_F\left[\dfrac{1}{p}\right], \mathbb{Q}_p/\mathbb{Z}_p(n)\right) \to H^2_{\text{ét}}\left(\operatorname{Spec}\mathcal{O}_F\left[\dfrac{1}{p}\right], \mathbb{Z}_p(n)\right)$$

是同构.

16.1.2 岩泽理论

记幂级数 $\Lambda := \mathbb{Z}_p[[T]]$. 取 Λ 模 M, N. 若模同态 $\phi: M \to N$ 的核和余核均为有限群, 则称 ϕ 为拟同构 (quasi-isomorphism), 以 $\sim$ 记拟同构. 每个有限生成挠 Λ 模 M 有拟同构

$$M \sim \bigoplus \Lambda/p^{n_i} \oplus \bigoplus \Lambda/f_j^{m_j}$$

其中 $f_j \in \mathbb{Z}_p[T]$ 是不可约 ([Lan 90] Chap 5, §3; [Bou 65] Chap 7, §4). 称理想 $\prod_{i,j} p^{n_i}(f_j^{m_j})$ 为 M 的特征理想. 这个特征理想的任一生成元可表达为 $p^\mu g(T)u(T)$, 其中 $u(T)$ 为 Λ 的可逆元, 多项式 $g(T)$ 可表达为

$$g(T) = T^n + b_{n-1}T^{n-1} + \cdots + b_0, \quad p|b_i, \quad \forall i.$$

称 $f(T) = p^\mu g(T)$ 为 M 的特征多项式, 并记 $f(T)$ 为 $\chi_M(T)$.

F 是数域, p 是素数. 若 Galois 扩张 F_∞/F 的 Galois 群 $\operatorname{Gal}(F_\infty/F) \cong \mathbb{Z}_p$, 则称 F_∞/F 为 $\mathbb{Z}_p$ 扩张 ([Iwa 73]). 因为 $\mathbb{Z}_p$ 的非零闭子群一定是 $p^n\mathbb{Z}_p$, 所以存在唯

一的子域 F_n 使得 $\mathrm{Gal}(F_n/F) \cong \mathbb{Z}_p/p^n\mathbb{Z}_p$,并且

$$F = F_0 \subset F_1 \subset F_2 \subset \cdots \subset F_\infty = \bigcup_{n \geqslant 0} F_n.$$

记 $\Gamma = \mathrm{Gal}(F_\infty/F), \Gamma_n = \mathrm{Gal}(F_n/F)$. 以 γ 为 Γ 的拓扑生成元. 称

$$\mathbb{Z}_p[[\Gamma]] := \varprojlim_n \mathbb{Z}_p[[\Gamma_n]]$$

为岩泽代数. 则有同构

$$\mathbb{Z}_p[[\Gamma]] \to \mathbb{Z}_p[[T]] : \gamma \mapsto 1 + T.$$

设 M 是有限生成挠 $\mathbb{Z}_p[[\Gamma]]$ 模. 记

$$M^\Gamma = \{x \in M : gx = x, \ \forall g \in \Gamma\}, \quad M_\Gamma = M/(\gamma - 1)M.$$

以下为等价条件:

(a) M^Γ 是有限;
(b) M_Γ 是有限;
(c) $\chi_M(0) \neq 0$.

并且在以上条件下,

$$\frac{\sharp M^\Gamma}{\sharp M_\Gamma} = |\chi_M(0)|_p$$

([Coa 77].)

16.1.3 特殊值

F 是数域, p 是素数. $\mu_{p^\infty} = \cup \mu_{p^n}$, 设 $G^\infty = \mathrm{Gal}(F(\mu_{p^\infty})/F)$.

G^∞ 作用在 μ_{p^∞} 上, 于是有**分圆特征标**(cyclotomic character)

$$\rho : G^\infty \to \mathbb{Z}_p^\times$$

使得对 $\sigma \in G^\infty$, 有 $\zeta^\sigma = \zeta^{\rho(\sigma)}$.

设 G^∞ 作用在 $\mathbb{Z}_p$ 模 M 上: $m \mapsto m^\sigma$. 对 $n \in \mathbb{Z}$, M 的 n 次 Tate 扭 (twist) $M(n)$ 是 $\mathbb{Z}_p$ 模 M 带上新的 G^∞ 作用如下: 对 $\sigma \in G^\infty$ 有 $m \mapsto \rho(\sigma)^n \cdot m^\sigma$. 于是 $\mathbb{Z}_p(1) \cong \varprojlim \mu_{p^n}, \mathbb{Q}_p/\mathbb{Z}_p(1) \cong \mu_{p^\infty}, M(n) \cong M \otimes_{\mathbb{Z}_p} \mathbb{Z}_p(n)$.

设 G^∞ 作用在 $\mathbb{Z}_p$ 模 M, N 上, 则 G^∞ 作用在 $\mathrm{Hom}_{\mathbb{Z}_p}(M, N)$:

$$f^\sigma(m) = (f(m^{\sigma^{-1}}))^\sigma,$$

易证同构

$$\mathrm{Hom}_{\mathbb{Z}_p}(M(n),\mathbb{Q}_p/\mathbb{Z}_p)\cong \mathrm{Hom}_{\mathbb{Z}_p}(M,\mathbb{Q}_p/\mathbb{Z}_p(-n))\cong \mathrm{Hom}_{\mathbb{Z}_p}(M,\mathbb{Q}_p/\mathbb{Z}_p)(-n).$$

设 $E_\infty=F(\mu_{p^\infty})$. $G^\infty\cong \Gamma\times\Delta$, $\sharp\Delta<\infty$. 设 $E=F(\zeta_{2p})$, $F_\infty=E_\infty^\Delta$. 则 $\Delta\cong\mathrm{Gal}(E/F)$, $\Gamma=\mathrm{Gal}(F_\infty/F)\cong\mathbb{Z}_p$.

假设 F 是 E 的最大实子域.

F_∞/F 在所有 $\mathfrak{p}\nmid\infty p$ 为无分歧, 以 $G_{F_\infty}^{(p)}$ 记 $\mathrm{Gal}(F_{(\infty p)}^{nr}/F_\infty)$. $F_{(\infty p)}^{nr}$ 内最大交换 p 投射扩张 M_∞/F_∞. 记 $\mathrm{Gal}(M_\infty/F_\infty)$ 为 $\mathcal{X}$. 于是有 $\mathbb{Z}_p$ 模正合序列

$$0\to\mathcal{X}\to\mathrm{Gal}(M_\infty/F)\to\Gamma\to 0.$$

因为 $\mathcal{X}$ 是交换群, Γ 以共轭作用在 $\mathcal{X}$ 上使得 $\mathcal{X}$ 是紧 $\mathbb{Z}_p[[\Gamma]]$ 模.

假设 $n\geqslant 2$ 是偶数. 因为 $H_{\text{ét}}^1\left(\mathrm{Spec}\,\mathcal{O}_F\left[\frac{1}{p}\right],\mathbb{Z}_p(n)\right)$ 是有限群, 所以

$$H_{\text{ét}}^1\left(\mathrm{Spec}\,\mathcal{O}_F\left[\frac{1}{p}\right],\mathbb{Q}_p/\mathbb{Z}_p(n)\right)\cong H_{\text{ét}}^2\left(\mathrm{Spec}\,\mathcal{O}_F\left[\frac{1}{p}\right],\mathbb{Z}_p(n)\right).$$

考虑 Hochschild-Serre 谱序列

$$E_2^{pq}=H^p(\Gamma,H^q(G_{F_\infty}^{(p)},\mathbb{Q}_p/\mathbb{Z}_p(n)))\Rightarrow H^{p+q}(G_F^{(p)},\mathbb{Q}_p/\mathbb{Z}_p(n)).$$

因为 Γ 的上同调 p 维数是 1, 所以若 $p>0$, 则 $E_2^{pq}=0$, 于是有同构

$$H^1(G_F^{(p)},\mathbb{Q}_p/\mathbb{Z}_p(n))\cong H^1(G_{F_\infty}^{(p)},\mathbb{Q}_p/\mathbb{Z}_p(n))^\Gamma,$$

$[E_\infty:F_\infty]=2$. $G_{F_\infty}^{(p)}$ 在 $\mathbb{Q}_p/\mathbb{Z}_p(n)$ 的作用是平凡的. 于是

$$H^1(G_{F_\infty}^{(p)},\mathbb{Q}_p/\mathbb{Z}_p(n))=\mathrm{Hom}(G_{F_\infty}^{(p)},\mathbb{Q}_p/\mathbb{Z}_p(n))=\mathrm{Hom}(\mathcal{X},\mathbb{Q}_p/\mathbb{Z}_p(n)),$$

其中 $\mathcal{X}$ 是 $(G_{F_\infty}^{(p)})^{ab}$ 的 p 投射部分. 这样便得

$$H_{\text{ét}}^2\left(\mathrm{Spec}\,\mathcal{O}_F\left[\frac{1}{p}\right],\mathbb{Z}_p(n)\right)\cong\mathrm{Hom}(\mathcal{X}(-n)_\Gamma,\mathbb{Q}_p/\mathbb{Z}_p).$$

于是知 $\mathcal{X}(-n)_\Gamma$ 和 $\mathcal{X}(-n)^\Gamma$ 是有限的.

$\mathcal{X}$ 的有限子模是平凡的, $\mathcal{X}(-n)^\Gamma=0$. 设岩泽模 $\mathcal{X}$ 的特征多项式是 $f(T)$, 则 $\mathcal{X}(-n)$ 的特征多项式是 $f(\kappa(\gamma)^n(1+T)-1)$. 已知

$$\sharp\mathcal{X}(-n)_\Gamma\sim_p f(\kappa(\gamma)^n(1+T)-1)|_{T=0}$$

若整数 m, n 满足 $|m|_p = |n|_p$, 则记此为 $m \sim_p n$. 于是

$$\sharp H^2_{\acute{e}t}\left(\operatorname{Spec}\mathcal{O}_F\left[\frac{1}{p}\right], \mathbb{Z}_p(n)\right) \sim_p f(\kappa(\gamma)^n - 1).$$

岩泽模 $\mathbb{Z}_p$ 的特征多项式是 T. 在 F_∞ 作类同的计算给出

$$\sharp H^1_{\acute{e}t}\left(\operatorname{Spec}\mathcal{O}_F\left[\frac{1}{p}\right], \mathbb{Z}_p(n)\right)_{tors} \sim_p \kappa(\gamma)^n - 1.$$

对黎曼 ζ 函数, Mazur-Wiles 所证明的岩泽主猜想 ([MW 84], [Rub 90]) 说

$$\zeta(1-n) \sim_p (1 - p^{n-1})\zeta(1-n) \sim_p \frac{f(\kappa(\gamma)^n - 1)}{\kappa(\gamma)^n - 1}.$$

于是, 对偶数 $n \geqslant 2$, 有

$$\zeta(1-n) \sim_p \frac{\sharp H^1_{\acute{e}t}\left(\operatorname{Spec}\mathbb{Z}\left[\frac{1}{p}\right], \mathbb{Q}_p/\mathbb{Z}_p(n)\right)}{\sharp H^0_{\acute{e}t}\left(\operatorname{Spec}\mathbb{Z}\left[\frac{1}{p}\right], \mathbb{Q}_p/\mathbb{Z}_p(n)\right)}.$$

利用陈类映射 $c^\ell_{k,n}$ 可以把这个结果看作以下猜想的例子. F 是数域. $\zeta^*_F(n)$ 记数域 F 的 Dedekind ζ 函数 $\zeta_F(s)$ ([数论]§2.5) 在 $s = n$ 的 Taylor 展开的第一个非零系数. R^B_F 是 F 的 Borel 调控子 ([RSS 88] 169-248 页).

Lichtenbaum 猜想

$$\zeta^*_F(n) = \pm \frac{\sharp K_{2n-2}(\mathcal{O}_F)}{\sharp K_{2n-1}(\mathcal{O}_F)_{tors}} \cdot R^B_F(n)$$

([Lic 72], [Lic 73], [Lic 84], [CL 73], [Bor 74]).

16.1.4 Artin

设数域 F 有 r_1 个实素位, r_2 个复素位. 取 $r = r_1 + r_2 - 1$. 以 $w_0, w_1, \cdots, w_r$ 记 F 的无穷素位. 对 $z = (z_{w_j}) \in F \otimes_{\mathbb{Q}} \mathbb{R} = \prod F_{w_j}$, 以

$$\ell(z) = (\log |z_{w_0}|_{w_0}, \cdots, \log |z_{w_r}|_{w_r})$$

定义 $\ell: \prod F_{w_j} \to \mathbb{R}^{r+1}$.

以 $\mathcal{O}_F$ 记 F 的整数环, $\mathcal{O}_F$ 的可逆元组成子群 $\mathcal{O}_F^\times$, F 的单位根组成 $\mathcal{O}_F^\times$ 的子群 $(\mathcal{O}_F^\times)_{tors}$. 可取 $\varepsilon_j \in \mathcal{O}_F^\times$ 使得

$$\mathcal{O}_F^\times = \varepsilon_1^{\mathbb{Z}} \times \cdots \times \varepsilon_r^{\mathbb{Z}} \times (\mathcal{O}_F^\times)_{tors}.$$

设 $\delta_j = [F_{w_j} : \mathbb{R}]$, $\delta = (\delta_0, \cdots, \delta_r)$. 定义矩阵 $\mathfrak{r}$ 的行为向量 $(r_1 + 2r_2)^{-1}\delta$, $\ell(\varepsilon_1), \cdots, \ell(\varepsilon_r)$. 称 $R = |\det(\mathfrak{r})|$ 为 F 的**调控子**(regulator) ([数论] §2.4, 71 页).

数域 F 的 Dedekind ζ 函数是

$$\zeta_F(s) = \prod_{\mathfrak{p}} \left(1 - \mathfrak{N}\mathfrak{p}^{-s}\right)^{-1}, \quad \operatorname{Re} s > 1.$$

设

$$\zeta_F(s)_\infty = (\pi^{-s/2}\Gamma(s/2))^{r_1}((2\pi)^{1-s}\Gamma(s))^{r_2}$$

和 $Z_F(s) = \zeta_F(s)_\infty \zeta_F(s)$, 则可延拓 $Z_F(s)$ 为全复平面的半纯函数, 只有在 $s = 0, 1$ 有单极点, 在 $s = 0$ 的留数是 $-2^{r_1}(2\pi)^{r_2}hR/|(\mathcal{O}_F^\times)_{tors}|$, 其中 h 是 F 的类数 ([Wei 91] VII, §6).

取 E/F 是数域的有限 Galois 扩张. 对 F 的素理想 $\mathfrak{p}$, 剩余域 $\mathcal{O}_F/\mathfrak{p}$ 的元素个数记为 $\mathfrak{N}\mathfrak{p}$. 设 $\rho: \operatorname{Gal}(E/F) \to GL(V)$ 为 Galois 群 $\operatorname{Gal}(E/F)$ 的表示. ρ 的 Artin L 函数 ([数论] §12.5) 是

$$L(s, \rho) = \prod_{\mathfrak{p}} \det(1 - \mathfrak{N}(\mathfrak{p})^{-s}\rho(\varphi_\mathfrak{P})|V_\rho^{I_\mathfrak{P}})^{-1},$$

其中定义中的 $\prod_\mathfrak{p}$ 是对 F 的所有素理想取乘积, $\mathfrak{P}$ 为 E 的素理想使 $\mathfrak{P}|\mathfrak{p}$, $\varphi_\mathfrak{P}$ 是 Frobenius 自同构, $I_\mathfrak{P}$ 为惯性群. Artin L 函数是 $\operatorname{Re}(s) > 1$ 上的解析函数.

在无穷远素位 $\mathfrak{P}$ 分解群

$$D_\mathfrak{P} = \begin{cases} \{1\}, & E_\mathfrak{P} = F_\mathfrak{p}, \\ \{1, \varphi_\mathfrak{P}\}, & F_\mathfrak{p} = \mathbb{R}, E_\mathfrak{P} = \mathbb{C}. \end{cases}$$

此时 $\varphi_\mathfrak{P} = $ 复共轭. 可作 $\rho(\varphi_\mathfrak{P})$ 的特征空间分解 $V = V^+ \oplus V^-$, 其中 $V^+ = \{x \in V : \rho(\varphi_\mathfrak{P})x = x\}$, $V^- = \{x \in V : \rho(\varphi_\mathfrak{P})x = -x\}$. 表示 ρ 的特征标记为 χ^ρ. 设

$$n^+ = \dim V^+ = \frac{1}{2}(\chi^\rho(1) + \chi^\rho(\varphi_\mathfrak{P})), \quad n^- = \dim V^- = \frac{1}{2}(\chi^\rho(1) - \chi^\rho(\varphi_\mathfrak{P})).$$

记

$$\Gamma_\mathbb{R}(s) = \pi^{-s/2}\Gamma(s/2), \quad \Gamma_\mathbb{C}(s) = 2(2\pi)^{-s}\Gamma(s), \quad \Gamma(s) = \int_0^\infty x^s e^{-x}\frac{dx}{x}.$$

定义

$$L_\mathfrak{p}(s, \rho) = \begin{cases} \Gamma_\mathbb{C}(s)^{\dim \rho}, & F_\mathfrak{p} = \mathbb{C}, \\ \Gamma_\mathbb{R}(s)^{n^+}\Gamma_\mathbb{R}(s+1)^{n^-}, & F_\mathfrak{p} = \mathbb{R}. \end{cases}$$

设 $L_\infty(s, \rho) = \prod_{\mathfrak{p}|\infty} L_\mathfrak{p}(s, \rho)$.

用表示 ρ 的特征标 χ^ρ 定义 Artin 导子 $c(\chi^\rho, E/F)$. 定义完全 Artin L 函数为

$$\Lambda(s,\rho) = c(\chi^\rho, E/F)^{\frac{s}{2}} L_\infty(s,\rho) L(s,\rho).$$

可以证明: 完全 Artin L 函数 $\Lambda(s,\rho)$ 是可以延拓为复平面上的半纯函数并且满足函数方程

$$\Lambda(s,\rho) = W(\rho)\Lambda(1-s,\rho^\vee),$$

其中常数 $|W(\rho)| = 1$, $\rho^\vee$ 为 ρ 的逆步表示.

以 G 记 Galois 群 $\mathrm{Gal}(E/F)$. 由 G 的所有不可约表示所组成的集合记为 $\hat{G}$, 则容易证明:

$$\zeta_E(s) = \zeta_F(s) \prod_{\substack{\rho \in \hat{G} \\ \rho \neq 1}} L(s,\rho)^{\dim \rho}.$$

([Neu 99] VII, §10, Cor (10.5), [Lan 86] XII, §1, thm 1.)

16.1.5 Hasse-Weil

Hasse (在椭圆曲线时) 和 Weil(在一般代数曲线时) 可以为曲线定义类似 Dedekind 的 ζ 函数, Weil 证明了特征 p 的域上曲线的 ζ 函数的黎曼猜想 ([Wei 48]), Weil 还提出特征 p 的域上任意代数簇的 ζ 函数的黎曼猜想. 该猜想最后由 Deligne 证明 ([Del 74]).

在这种思潮下自然会引入有理数域 $\mathbb{Q}$ 上的代数簇 X 的 ζ 函数. 我们把 $\mathbb{Q}$ 上的代数簇看作不定方程组. 如此中心问题是不定方程组有多少个解. 从这个角度比较容易理解以下的定义. 以 $\mathbb{Z}_{(p)}$ 记 $\mathbb{Z}$ 在素理想 (p) 的局部化. $\mathbb{Z}_{(p)}/(p) \cong \mathbb{F}_p$. 取定义在 $\mathbb{Q}$ 上的光滑射影簇 X. 设有由素数组成的有限集 S 使得对 $p \notin S$ 有 $\mathbb{Z}_{(p)}$ 上的光滑固有簇 X_p 满足条件: $X_p \times_{\mathbb{Z}_{(p)}} \mathbb{Q} \cong X$. 记 $X_p \times_{\mathbb{Z}_{(p)}} \mathbb{F}_p$ 为 $X(p)$. 用以下条件定义 $Z_p(X,z)$:

$$Z_p(X,0) = 1, \quad z\frac{d}{dz}(\log Z_p(X,z)) = \sum_{n=1}^\infty N_n z^n,$$

其中 $N_n = |X_p(\mathbb{F}_{p^n})|$. 我们还假设已知怎样定义 $Z_p(X,z)$ 当 $p \in S \cup \{\infty\}$, 则 X 的 **Hasse-Weil** ζ **函数**是

$$Z(X,s) = \prod_p Z_p(X, p^{-s})$$

([Ser 69]). 标准的猜想是: 存在 L 函数分解

$$Z(X,s) = \prod_{i=0}^{2\dim X} L^{(i)}(X,s)^{(-1)^i}.$$

对每个素数 ℓ, M_ℓ 是 Galois 群 $\mathrm{Gal}(\overline{\mathbb{Q}}/\mathbb{Q})$ 在平展上同调群 $H^i_{et}(X \times_\mathbb{Q} \overline{\mathbb{Q}}, \mathbb{Q}_\ell)$ 上的表示.

$$L_p(M_\ell, s) = \begin{cases} \det(1 - p^{-s}\varphi_p | M_\ell^{I_p})^{-1}, & p \neq \ell, \\ \det(1 - p^{-s}\phi | (M_\ell \otimes B_{cris}))^{-1}, & p = \ell \end{cases}$$

(B_{cris} 是晶体周期饮, [数论]§11.8). 猜想或证明 $L_p(M_\ell, s)$ 与 ℓ 无关. $L^{(i)}(X, s)$ 是 M 的 L 函数 $L(M, s) = \prod_p L_p(M_\ell, s)$.

以上说明了 L 函数的有限部分 $L^{(i)}(X, s)$, 下一步便是找 L 函数的无穷部分 $L^{(i)}_\infty(X, s)$ 使得可以解延拓完全 L 函数 $L^{(i)}_\infty(X, s) L^{(i)}(X, s)$ 并有函数方程. 按原相的思想, 无穷部分应当报道 $\mathrm{Gal}(\mathbb{C}/\mathbb{R})$ 里的复共轭 (complex conjugation) c 在 X 的 de Rham 上同调的 Hodge 滤链的作用. 我们按 [Del 79] 说明如下.

复共轭定义映射 $X \times_{\mathbb{Q}, Id} \mathbb{C} \to X \times_{\mathbb{Q}, c} \mathbb{C}$, 于是得同态 $F_\infty : H^i(X(\mathbb{C}), \mathbb{Z}) \to H^i(X(\mathbb{C}), \mathbb{Z})$. 取 $H^i(X(\mathbb{C}), \mathbb{C}) = H^i(X(\mathbb{C}), \mathbb{Z}) \otimes_\mathbb{Z} \mathbb{C}$.

光滑射影簇 X 是 Kähler 流形, 于是上同调群有 **Hodge 分解** (hodge decomposition)

$$H^i(X(\mathbb{C}), \mathbb{C}) = \bigoplus_{\substack{p+q=i \\ p,q \geq 0}} H^{pq}, \quad \overline{H^{pq}} = H^{qp}.$$

并且 (Dolbeault 定理) $H^{pq} \cong H^q(X(\mathbb{C}), \Omega^p_X)$, 即全纯微分 p 型式层 Ω^p_X 的 q 次上同调群 ([GH 78] 109,116 页). 从 Hodge 分解我们定义 **Hodge 过滤** (Hodge filtration) 为

$$F^p H^i(X(\mathbb{C}), \mathbb{C}) = \bigoplus_{r \geq p} H^{r, i-r},$$

则显然有 $F^p H^i(X(\mathbb{C}), \mathbb{C}) \cap \overline{F^{i-p} H^i(X(\mathbb{C}), \mathbb{C})} = H^{p, i-p}$.

$F_\infty^2 = Id$. 设 F_∞ 在 $H^i(X(\mathbb{C}), \mathbb{C})^{+1}$ 上是 Id, 在 $H^i(X(\mathbb{C}), \mathbb{C})^{-1}$ 上是 $-Id$. 同样定义 $H^{pp, \pm 1}$. 记

$$h^{pq} = \dim_\mathbb{C} H^{pq}, \quad h^{p, \pm 1} = \dim_\mathbb{C} H^{pp, \pm 1}.$$

设有整数 $m \leq \dfrac{i}{2}$. 取 $n = i + 1 - m$. 则

$$\dim_\mathbb{C} H^i(X(\mathbb{C}), \mathbb{C})^{(-1)^{n-1}} = \begin{cases} \sum_{p<q} h^{pq}, & i \text{ 是奇数}, \\ \sum_{p<q} h^{pq} + h^{i, (-1)^{\frac{i}{2} - m}}, & i \text{ 是偶数} \end{cases}$$

和

$$\dim_\mathbb{C} F^n H^i(X(\mathbb{C}), \mathbb{C}) = \sum_{\substack{p \leq m-1 \\ p < q}} h^{pq}.$$

现在定义

$$L_\infty^{(i)}(X,s) = \begin{cases} \prod_{\substack{p<q \\ p+q=i}} \Gamma_{\mathbb{C}}(s-p)^{h^{pq}}, & i\text{是奇数}, \\ \prod_{\substack{p<q \\ p+q=i}} \Gamma_{\mathbb{C}}(s-p)^{h^{pq}} \cdot \Gamma_{\mathbb{R}}\left(s-\frac{i}{2}\right)^{h^{\frac{i}{2},+1}} \cdot \Gamma_{\mathbb{R}}\left(s-\frac{i}{2}+1\right)^{h^{\frac{i}{2},-1}}, & i\text{是偶数}. \end{cases}$$

半纯函数 $\Gamma(s)$ 的奇点是单极点 $s=0,-1,-2,\cdots$. 于是得见 $L_\infty^{(i)}(X,s)$ 的极点是整数 $s=m\leqslant \frac{i}{2}$, 重数等于

$$\dim_{\mathbb{C}} H^i(X(\mathbb{C}),\mathbb{C})^{(-1)^{n-1}} - \dim_{\mathbb{C}} F^n H^i(X(\mathbb{C}),\mathbb{C}).$$

下一步构造个同调群 $H_\mathcal{D}^\bullet$ 使得它的维数就是这个重数.

16.2 周　　期

在未说明周期与 L 函数的关系之前, 先谈 "周期" 的背景.

16.2.1 周期矩阵

最清楚地看见周期的是在黎曼曲面里 ([GH 78] Chap 2, §1). 设 S 是亏格尚 $g\geqslant 1$ 的紧黎曼曲面.

设 $\omega_1,\cdots,\omega_g$ 是向量空间 $H^0(S,\Omega^1)$ 的基. 引入 $\mathbb{C}^g$ 的子群

$$\Pi(S)=\Pi(S)_{\omega_1,\cdots,\omega_g} := \left\{ \begin{pmatrix} \int_\delta \omega_1 \\ \vdots \\ \int_\delta \omega_g \end{pmatrix} : \forall\, \delta\in H_1(S,\mathbb{Z}) \right\},$$

称 Π 的向量为 S 的**周期**(period). 可以证明 Π 是 $\mathbb{C}^g$ 的格 (秩 $2g$ 离散子群) ([For 81] thm 21.4). 我们可以选自由交换群 $H_1(S,\mathbb{Z})$ 的基 $\delta_1,\cdots,\delta_{2g}$ 使基相交数是

$$\delta_i \cdot \delta_{i+g}=1,\ \delta_i\cdot\delta_j=0,\ \text{若}\ i\neq j.$$

即 $\{\delta_i\}$ 的相交矩阵是

$$\begin{pmatrix} 0 & I_g \\ -I_g & 0 \end{pmatrix},$$

其中 I_g 是 $g \times g$ 单位矩阵 ([GH 78] Chap 0, §4, 227—228 页). 用 $\{\delta_i\}$ 和 $\{\omega_j\}$ 得以下 $g \times 2g$ 矩阵

$$\Phi(S) = \begin{pmatrix} \int_{\delta_1} \omega_1 & \cdots & \int_{\delta_{2g}} \omega_1 \\ \vdots & & \vdots \\ \int_{\delta_1} \omega_g & \cdots & \int_{\delta_{2g}} \omega_g \end{pmatrix}$$

称此为 S 的**周期矩阵**(period matrix). 不难证明周期矩阵的列向量集 $\mathbb{R}$ 线性无关并且是周期格 Π 的基 ([GH 78] 228 页).

S 的零次除子 (divisor of degree zero) 组成的交换群记为 $\mathrm{Div}_0(S)$; 主除子组成的子群记为 $\mathrm{Div}_P(S)$; 零次 Picard 群是 $\mathrm{Pic}_0(S) = \mathrm{Div}_0(S)/\mathrm{Div}_P(S)$. 定义 S 的 Jacobi 簇为

$$\mathrm{Jac}(S) = \mathbb{C}^g/\Pi(S).$$

对 $D \in \mathrm{Div}_0(S)$, 选 S 的 1 链 c 使得 $\partial c = D$, 考虑

$$D \mapsto \begin{pmatrix} \int_c \omega_1 \\ \vdots \\ \int_c \omega_g \end{pmatrix}.$$

著名的 Abel-Jacobi 定理说: 这个 $\mapsto$ 诱导出同构 $\mathrm{Pic}_0(S) \xrightarrow{\approx} \mathrm{Jac}(S)$ ([For 81] thm 21.7; [GH 78] 235 页).

以上是讨论一个黎曼曲面. 现在考虑一组黎曼曲面 $\{S_t\}_{t \in U}$. 可以问用周期矩阵来定义的映射 $t \mapsto \Phi(S_t)$ 有什么性质? 我们发现不是直接去研究这个矩阵, 而是要利用定义这个矩阵的两个空间 $H_1(S, \mathbb{Z})$ 和 $H^0(S_t, \Omega^1)$.

首先在 $H^1(S, \mathbb{Z})$ 上取 $\{\delta_i\}$ 的对偶基 $\{\delta^j\}$, 即 $\delta^j(\delta_i) = \delta_i^j$. 这样就决定了同构

$$m : H^1(S, \mathbb{Z}) \to \mathbb{Z}^{2g},$$

$H^1(S, \mathbb{C}) = H^1(S, \mathbb{Z}) \otimes \mathbb{C}$. 一方面决定了复共轭 ?, 另一方面让我们扩展 m 为

$$m : H^1(S, \mathbb{C}) \to \mathbb{C}^{2g}.$$

这个 m 把 S 的 Hodge 过滤

$$H^1(S, \mathbb{C}) = F^0 \supset F^1 = H^{1,0}(S) \xrightarrow{\eta}{\cong} H^0(S, \Omega^1)$$

映为 $\mathbb{C}^{2g}$ 的旗

$$\mathcal{P}(S) = (m(H^1(S, \mathbb{C})) \supset m\eta(H^0(S, \Omega^1)) \supset \{0\}).$$

我们把这个旗看作 Grassmann 簇 $G(g,2g)$ 的一点 ([GH 78] Chap 1, §5, 193 页; [模曲线]§5.3).

这样从一组黎曼曲面 $\{S_t\}_{t\in U}$ 可以尝试构造一个映射

$$\mathcal{P}: U \to G(g,2g): t \mapsto \mathcal{P}(S_t)$$

来代替周期矩阵映射 $t \mapsto \Phi(S_t)$. 虽然不会明显地看见周期, 但还是称 $\mathcal{P}$ 为周期映射. 按这个观点我们便可以把理论从一维复流形 (黎曼曲面) 推广至带 Hodge 过滤的高维复流形. 这样, 看起来虽是小小的转移阵地却带来非常大的作战空间!

在下一节我们将以 Kähler 流形介绍这个理论.

16.2.2 周期区

上一章的 "原相" 的定义是有丰富的几何背景的. 为了增加读者的实质感觉, 我们给 "周期区" 作个初步的介绍. 在未开始之前, 让我们指出: 前一节说的一般的定义是为了处理: 一、簇可以不是射影簇, 所以有边界的问题; 二、簇可以不是光滑的; 三、态射可以不是光滑的; 四、域扩张 (换基与 Galois 作用) 对代数簇的影响.

文献 [CG 08] 简单介绍周期区. 近二十年很多人从各观点研究 "周期区"; 除论文外还有几部书, 如 [KP 16], [DOR 10], [KU 08], [GG 05], [And 03], [CMP 03], [RZ 96].

首先复习 Kähler 流形. 设 X 是紧复流形, ds^2 是 X 的 Hermite 度量:

$$ds^2 = \sum h_{ij} dz_i \otimes d\bar{z}_j = \sum \varphi_i \otimes \varphi_j.$$

从 ds^2 得 X 的微分 $(1,1)$ 形式

$$\omega = \frac{\sqrt{-1}}{2} \sum \varphi_i \wedge \overline{\varphi_j}.$$

称 X 为紧 Kähler 流形, 若 $d\omega = 0$; 此时称 ω 的上同调类为 X 的 Kähler 类 ([GH 78] Chap 0, §7).

$\eta \mapsto \eta \wedge \omega$ 给出 $L: H^n(X,\mathbb{R}) \to H^{n+2}(X,\mathbb{R})$. 定义 n 次本原上同调 (primitive cohomology) 为

$$P^n(X) := \mathrm{Ker}(L^{m-n+1}: H^n(X,\mathbb{C}) \to H^{2m-n+2}(X,\mathbb{C})).$$

紧 Kähler 流形 X 的第一个重要性质是 X 的上同调 $H^k(X,\mathbb{C})$ 有 Hodge 分解 ([GH 78] 116 页).

1) 设 $f: X \to B$ 是解析态射, 使得 df 是切空间的满射. 对 $b \in B$ 以 X_b 记纤维 $f^{-1}(b)$.

在 B 内固定点 0. Ehresmann 定理说: 存在 0 的邻域 U 使得 $f^{-1}(U)$ 与 $X_0 \times U$ 微分同胚, 即 $f|_U : f^{-1}(U) \to U$ 是纤维丛. 于是得微分同胚

$$X_b \hookrightarrow f^{-1}(U) \cong X_0 \times U \twoheadrightarrow X_0.$$

只要选 U 是可缩的, 此微分同胚是除同伦外唯一确定. 用此得同构

$$H^k(X_b, \mathbb{Z}) \cong H^k(X_b \times U, \mathbb{Z}) \cong H^k(X_0 \times U, \mathbb{Z}) \cong H^k(X_0, \mathbb{Z}).$$

2) 局部周期映射.

取 $n > n_1 > \cdots \geqslant n_k \geqslant 0$. 用 n 维 $\mathbb{C}$ 向量空间 V 的 n_j 维子空间 V^j 得到的旗

$$V = V^0 \supset V^1 \supset \cdots \supset V^k \supset \{0\}$$

来组成的旗簇 (flag variety) 记为 $\mathcal{F}_{n_1, \cdots, n_k}(V)$. 这个齐性空间是射影簇.

现加设 $f : X \to B$ 是固有态射和 X_0 是 n 维紧 Kähler 流形. 因为 Kähler 条件是开条件, 只要适当缩小 U 便可假设对任意 $b \in U$, X_b 是紧 Kähler 流形, 并且 U 是可缩的. 因为定义同构 $H^k(X_b, \mathbb{Z}) \cong H^k(X_0, \mathbb{Z})$ 是用微分同胚, 而不是解析同构, 所以这个同构并不保存 X_b 与 X_0 的 Hodge 结构. 但是 X_b 与 X_0 却有相同的 Hodge 数 ([Voi 02] prop 9.20), 于是 Hodge 过滤的维数 $b_{p,k} := \dim F^p H^k(X_b, \mathbb{C})$ 与 $b \in U$ 的选取无关. 这样便从 b 得到 $H^k(X_0, \mathbb{C})$ 的旗 $\mathcal{P}(b) := (F^1 H^k(X_b, \mathbb{C}) \supset \cdots \supset F^k H^k(X_b, \mathbb{C}))$. 称如此得到的映射

$$\mathcal{P} : U \to \mathcal{F}_{b_{1,k}, \cdots, b_{k,k}}(H^k(X_0, \mathbb{C}))$$

为局部周期映射 (local period mapping). $\mathcal{P}$ 是映入射影簇, 这是使用 Hodge 过滤得到的好性质.

让我们记 $H^k(X_b, \mathbb{C})$ 的 Hodge 过滤为 $\{F^p(b)\}$, 则 Griffiths ([Gri 681] III) 证明

(1) 解析性: $\dfrac{\partial F^p(b)}{\partial \bar{b}} \subset F^p(b)$;

(2) 横截性: $\dfrac{\partial F^p(b)}{\partial b} \subset F^{p-1}(b)$.

从以上的解析性可推出周期映射是解析映射 ([CMP 03] thm 4.4.5). 如果我们不使用 Hodge 过滤而是使用 Hodge 分解里的空间 $H^{pq}(b)$, 则 $b \mapsto H^{pq}(b)$ 不会是解析映射的.

3) 配极局部周期映射.

我们再加假设: 存在 $\omega \in H^2(X, \mathbb{Z})$ 使得 $\omega_b := \omega|_{X_b}$ 是 X_b 的 Kähler 类, 并且在 $H^k(X_b, \mathbb{C})$ 上的双线性型

$$Q_b(\xi, \eta) := \int \omega_b^{n-k} \wedge \xi \wedge \eta$$

给出解析映射 $b \mapsto Q_b$, 这个条件是表达 $b \mapsto \omega_b$ 是解析的. 因此

(1) 黎曼条件: $H^k(X_b, \mathbb{C}) = F^p H^k(X_b, \mathbb{C}) \oplus \overline{F^{k-p+1} H^k(X_b, \mathbb{C})}$.

(2) 正交性: $Q(F^p H^k(X_b, \mathbb{C}), F^{k-p+1} H^k(X_b, \mathbb{C})) = 0$.

(3) 正定性: 若 $p + q = k$, 则在 p, q 次本原上同调群上 $(-1)^{k(k-1)/2} i^{p-q} Q$ 是正定的.

旗簇 $\mathcal{F}_{b_{1,k}, \cdots, b_{k,k}}(H^k(X_0, \mathbb{C}))$ 内满足以上条件的旗所组成的子集记为 $\mathcal{D}$, 并称它为**配极局部周期区** (polarized local period domain). 此时局部周期映射是 $\mathcal{P} : U \to \mathcal{D}$. 按这个观点, 周期区是 Hodge 结构的参数空间 (或模空间).

4) 整体周期映射.

在以上局部的情形, 我们是限制到一点的一个小的可缩邻域. 基本群 $\pi_1(B, 0)$ 的任一元素均定义 $H^k(X_0, \mathbb{Z})$ 的一个自同构. 以 Γ 记全部这些自同构组成的群. 称 Γ 为**单径群** (monodromy group). 可以证明有李群 G 及其抛物子群 P 使得 $\mathcal{D} = G/P$, Γ 是 G 的离散算子群, 并且可以扩展配极局部周期映射为整体周期映射 $B \to \Gamma \backslash G/P$.

16.2.3 Abel 簇

黎曼曲面之外另一个常谈周期的结构是 Abel 簇 ([GH 78] Chap 2, §6). 设代数群 $X/\mathbb{C}$ 是固有簇 ([代数群]§3), 则 X 的 $\mathbb{C}$ 点是复环面 (complex torus) V/Λ, 其中 V 是 n 维 $\mathbb{C}$ 向量空间, Λ 是 V 内秩为 $2n$ 的格. 记 $T = \text{Hom}_{\mathbb{C}}(V, \mathbb{C})$; 以 $\overline{T}$ 记 V 的反 $\mathbb{C}$ 线性函数空间; 有同构 $\text{Hom}_{\mathbb{R}}(V, \mathbb{C}) \cong T \oplus \overline{T}$. V 是 X 的泛覆盖, $\Lambda \cong \pi_1(X, 0) \cong H_1(X, \mathbb{Z})$. 可以证明

- $H^k(X, \mathbb{C}) \cong \wedge^k(\text{Hom}_{\mathbb{R}}(V, \mathbb{C}))$.
- $H^q(X, \Omega_X^p) \cong \wedge^p T \otimes \wedge^q \overline{T}$.
- $H^k(X, \mathbb{C}) \cong \bigoplus_{p+q=k} H^q(X, \Omega_X^p)$ (Hodge 分解).

([Mum 74] Chap I, §1.) 如紧 Kähler 流形一样我们可以研究 Abel 簇的 Hodge 结构给出的周期区 ([Del 82]).

反过来, 给出复环面 $X = V/\Lambda$, 则 X 是 Abel 簇当且仅当自由交换群 Λ 有基 $\lambda_1, \cdots, \lambda_{2n}$, $\mathbb{C}$ 向量空间有基 $e_1, \cdots, e_n$ 使得由关系

$$\lambda_i = \sum \omega_{\alpha i} e_\alpha$$

给出的矩阵 $\Omega = (\omega_{\alpha i})$ 是

$$\Omega = (\Delta, Z), \quad \Delta = \begin{pmatrix} \delta_1 & & \\ & \ddots & \\ & & \delta_n \end{pmatrix}, \quad \delta_i \in \mathbb{Z},$$

并且 Z 是 $n \times n$ 对称 $\mathbb{C}$ 矩阵, 虚部 $\mathrm{Img}\, Z$ 是正定的 ([GH 78] 306 页). 如果把 Λ 看作 $H_1(X, \mathbb{Z})$, 把 V 看作 $H^0(X, \Omega_X^1) \otimes \mathbb{C}$, 则

$$\omega_{\alpha i} = \int_{\lambda_i} e_\alpha,$$

我们称 Ω 为 Abel 簇 X 的周期矩阵 ([GH 78] 304 页).

前面是关于周期矩阵. 以下介绍关于个别周期的结果.

CM 域 K 是指全实代数数域的全虚二次扩张 ([Shi 98]§18.1, 121 页). 以 ρ 记复共轭. 设 $[K:\mathbb{Q}] = 2n$, 嵌入 $\varphi_j : K \hookrightarrow \mathbb{C}, 1 \leqslant j \leqslant n$ 使得 $\{\varphi_1, \cdots, \varphi_n, \varphi_1\rho, \cdots, \varphi_n\rho\}$ 正是所有从 K 到 $\mathbb{C}$ 的嵌入. 记 $\Phi = \{\varphi_1, \cdots, \varphi_n\}$, 则称 (K, Φ) 是 CM 类型 (CM type). 常把 Φ 看作 $\sum \varphi_j$.

设 A 是 $\mathbb{C}$ 上的 Abel 簇, $\tau \in \mathrm{End}(A)$ 作用在 A 的 1 全纯形式空间 Ω_A^1. 设 $\iota : K \to \mathrm{End}(A) \otimes \mathbb{Q}$ 是单态射. 说 (A, ι) 是 (K, Φ) 类型, 若由 ι 给出的 K 在空间 Ω_A^1 的表示等价于 Φ.

取 $a, b \in \mathbb{C}$, 若 $b \neq 0$ 和 $a/b \in \overline{\mathbb{Q}}^\times$, 则记 $a \sim b$.

命题 16.6 对 CM 类型 (K, Φ) 和 $\varphi \in \Phi$, 存在 $p_K(\varphi, \Phi) \in \mathbb{C}^\times / \overline{\mathbb{Q}}^\times$ 使得, 若定义在 $\overline{\mathbb{Q}}$ 上的 (A, ι) 是 (K, Φ) 类型和 ω 是 A 上非零 $\overline{\mathbb{Q}}$ 有理不变 1 形式, 满足条件: $a \in K$ 和 $\iota(a) \in \mathrm{End}(A) \Rightarrow \iota(a)\omega = \varphi(a)\omega$, 则对任意 $\delta \in H_1(A, \mathbb{Z})$, $\int_\delta \omega \sim \pi \cdot p_K(\varphi, \Phi)$ 成立.

([Shi 98]thm 32.2, 196 页; [Shi 77] Remark 3.4). 对 $\varphi \in \Phi$ 定义 $p_K(\varphi\rho, \Phi) = p_K(\varphi, \Phi)^{-1}$. 以 $\{\varphi_1, \cdots, \varphi_n, \varphi_1\rho, \cdots, \varphi_n\rho\}$ 生成的自由交换群记为 I_K. 对 $\xi = \sum n_\tau \tau \in I_K$ 定义 $p_K(\xi, \Phi) = \prod_\tau p_K(\tau, \Phi)^{n_\tau}$. 把 Φ 看作 $\sum \varphi_j$ 时 $\Phi \in I_K$.

命题 16.7 存在双线性映射 $p_K : I_K \times I_K \to \mathbb{C}^\times / \overline{\mathbb{Q}}^\times$ 使得

(1) 若 (K, Φ) 是 CM 类型, 则 $p_K(\xi, \Phi)$ 的定义如上.

(2) $p_K(\xi\rho, \eta) = p_K(\xi, \eta\rho) = p_K(\xi, \eta)^{-1}$.

(3) 若 $\gamma : K' \to K$ 是同构, 则 $p_{K'}(\gamma\xi, \gamma\eta) = p_K(\xi, \eta)$.

([Shi 98]thm 32.5, 198 页)

称 p_K 为**周期符号**(period symbol).

设 Galois 扩张 $K/\mathbb{Q}$ 是 CM 域. 记 $\mathrm{Gal}(K/\mathbb{Q})$ 为 G. 称 G 的表示 ϖ 为奇表示, 若 $\varpi(\rho) = -id$; 为偶表示, 若 $\varpi(\rho) = id$. χ_ϖ 是表示 ϖ 的特征标. G 的不可约 (奇) 表示等价类集合记为 $\hat{G}$ ($\hat{G}_-$). 取 G 的共轭类, 设

$$\mu(c) = \begin{cases} 1, & c = \{1\}, \\ -1, & c = \{\rho\}, \\ 0, & c \neq \{1\}, \{\rho\}. \end{cases}$$

以下猜想给出周期符号与 Artin L 函数的特殊值的关系:

Colmez-Yoshida 猜想

$$\prod_{\sigma\in c} p_K(id,\sigma) \sim \pi^{-\mu(c)/2} \prod_{\varpi\in \hat{G}_-} \exp\left(\frac{|c|\chi_\varpi(\sigma)}{[K:\mathbb{Q}]}\frac{L'(0,\varpi)}{L(0,\varpi)}\right)$$

([Yos 03]).

除了以上谈的黎曼曲面和 Abel 簇的两个情形外, 模形式的周期是数论里的一个经典课题, 比如 [Hec 28], [Man 72], [Shi 73], [Shi 76], [Shi 77], [Shi 771], [Shi 79] 等. Shimura 的文章很多, 一篇改进上一篇的几行, 一个群换另外一个群, ⋯ 写了几十年基本上就是他在做. 除非你有很好的想法, 不宜费时理清他的几千页工作. 现在大家研究的是自守表示的原相 (可以参考在 Columbia 大学的 M.Harris 等的工作).

16.2.4　Deligne 的周期猜想

本节简单介绍 [Del 79] (网上流传有此文的非正式英译本).

1) 给定两个数域 F, E. 考虑有以下性质的 "最小" 淡中范畴 $\mathcal{M}_{F,E}$.

- $\mathcal{M}_{F,E}$ 的每个对象 M 有现相 $\varphi_{\mathcal{M}_{F,E}}(M)$.
- 存在函子 $H^n_r : \mathbf{spVar}_F \to \mathcal{M}_{F,E}$, 其中 $\mathbf{spVar}_F$ 记域 F 上光滑射影簇范畴, 使得, 若 X 是 F 上光滑射影簇, 则 $\varrho_{\mathcal{M}_{F,E}}(H^n_r(X)) = \varphi(h^n(X)(r))$, 其中 $\varphi(h^n(X)(r))$ 是 X 所决定的原相 $^n(X)(r)$ 的现相 (15.7.4 小节).
- 可以定义 $\mathcal{M}_{F,E}$ 的每个对象 M 的 L 函数, H^n_r 保持 L 函数, 并且函数方程成立

$$\Lambda(M,s) = \varepsilon(M,s)\Lambda(M^\vee, 1-s),$$

其中 $M^\vee = \mathrm{Hom}(M,\mathbf{1})$ 是 M 的对偶原相.
- $\mathcal{M}_{F,E}$ 的每个对象 M 有 E 模结构 $E \to End\,(M)$.

我们说 $\mathcal{M}_{F,E}$ 的对象 M 是定义在 F 上以 E 为系数的原相.

最简单的情形是 $F = E = \mathbb{Q}$, 请看 16.1.5 小节.

2) 设原相 M 是定义在有理域 $\mathbb{Q}$ 上并以 $\mathbb{Q}$ 为系数的.

(1) 假设 $\mathrm{Gal}(\mathbb{C}/\mathbb{R})$ 的复共轭有作用 $_BF_\infty$ 在 $M_B\otimes\mathbb{R}$, 有作用 $_{dR}F_\infty$ 在 M_{dR}. 记 $M_B^+ = \{v\in M_B\otimes\mathbb{R} : {}_BF_\infty v = v\}$; $F^- = \{u\in M_{dR} : {}_{dR}F_\infty u = -u\}$; $M_{dR}^+ = M_{dR}/F^-$. 利用比较同构 $\iota : \mathbb{C}\otimes M_B \xrightarrow{\approx} \mathbb{C}\otimes M_{dR}$ 定义

$$\iota^+ : \mathbb{C}\otimes M_B^+ \to \mathbb{C}\otimes M_B \xrightarrow{\approx} \mathbb{C}\otimes M_{dR} \to \mathbb{C}\otimes M_{dR}^+.$$

假设 ι^+ 是同构. 以 $c^+(M)$ 记 $\det(\iota^+)$.

(2) 记
$$\Lambda(M,s) = L_\infty(M,s)L(M,s)$$
(注意: 这里的 Λ 是没有 Artin 导子的因子的). 假设可以解析延拓 M 的 L 函数 $L(M,s)$ 为 s 的半纯函数, 并且存在函数 $\varepsilon(M,s)$ 使得以下函数方程成立
$$\Lambda(M,s) = \varepsilon(M,s)\Lambda(M^\vee, 1-s),$$
其中 $M^\vee$ 是 M 的对偶原相.

定义 16.8 称整数 n 为原相 M 的**临界数**(critical number), 若 $s=n$ 不是 $L_\infty(M,s)$ 的极点也不是 $L_\infty(M^\vee, 1-s)$ 的极点.

Deligne 的 $\mathbb{Q}$ 周期猜想 若 0 是原相 M 的临界数, 则 $\dfrac{L(M,0)}{c^+(M)}$ 是有理数.

当 M 是定义在 $\mathbb{Q}$ 上的光滑射影簇 X 的 i 次上同调的现相 ($H^i_*(X): * = B, dR, t$) 和 0 是原相 M 的临界数时, 可以证明以上的假设 (1) 是对的. 此时, 可取 M_B^+ 的对偶 $\mathbb{Q}$ 基底 $\{c_i\}$ 和 M_{dR}^+ 的 $\mathbb{Q}$ 基底 $\{\omega_j\}$, 则
$$c^+(M) = \det\left(\int_{c_i} \omega_j\right).$$

这样, 我们可以说: Deligne 猜想 L 函数的临界值 $L(M,0)$ 是周期矩阵的行列式的有理倍数.

[Del 79] §2.3, §2.7, §2.8 讨论 $M \in \mathcal{M}_{\mathbb{Q},E}$ 的周期猜想.

3) 例子: Tate 原相.

记复平面的单圆为 δ, 非零复数的微分形式 $\dfrac{dz}{z}$ 记为 ω, μ_m 为 m 次单位根群. 取 $M = \mathbb{Z}(1)$, 则
$$M_B = \mathbb{Q}\delta^\vee, \quad M_{dR} = \mathbb{Q}\omega, \quad M_\ell = \varprojlim_n \mu_{\ell^n} \otimes_{\mathbb{Z}_\ell} \mathbb{Q}_\ell.$$

比较同构 $\iota: M_B \otimes \mathbb{C} \to M_{dR} \otimes \mathbb{C}$ 的行列式是 $\int_\delta \omega = 2\pi i$.

设 $M(n) = \mathbb{Z}(1)^{\otimes n}$. 复共轭在 $M(n)_B$ 的作用是 $(-1)^n$. 因此, 若 n 是负奇整数, 则 $M(n)_B^+ = 0$, $c^+(M(n)) = 1$; 若 n 是正偶整数, 则 $M(n)_B^+ = M(n)_B$, 并且
$$c^+(M(n)) = \det(\iota: M(n)_B \otimes \mathbb{C} \to M(n)_{dR} \otimes \mathbb{C}) = (2\pi i)^n.$$

按经典黎曼 ζ 函数性质, 猜想
$$\frac{L(M(n),0)}{c^+(M(n))} = \begin{cases} \zeta(n) \in \mathbb{Q}^\times, & n \text{ 是负奇整数}, \\ \dfrac{\zeta(n)}{(2\pi i)^n} \in \mathbb{Q}^\times, & n \text{ 是正偶整数} \end{cases}$$
是正确的.

16.3 Deligne 上同调群

设 X 是光滑射影簇. 我们的目的是构造一个同调群 $H_D^\bullet$ 使得它的维数就是

$$\dim_{\mathbb{C}} H^i(X(\mathbb{C}), \mathbb{C})^{(-1)^{n-1}} - \dim_{\mathbb{C}} F^n H^i(X(\mathbb{C}), \mathbb{C}).$$

16.3.1 Hodge-de Rham

以 $\mathscr{A}_M^p$ 记 C^∞ 流形 M 的 C^∞ p-微分型式层, $A_M^p = \Gamma(M, \mathscr{A}_M^p)$. 复形 $(A_M^\bullet, d)$ 给出 de Rham 上同调群 $H_\infty^\bullet(M)$ ([GH 78] 23 页). de Rham 定理 ([GH 78] 44 页) 说: 存在同构

$$H_\infty^p(M) \xrightarrow{\approx} H^p(M, \mathbb{R}).$$

另一方面 $X(\mathbb{C})$ 是复流形, 它的全纯微分型式层复形

$$\Omega_X^\bullet : \Omega_X^0 \xrightarrow{d} \Omega_X^1 \xrightarrow{d} \Omega_X^2 \to \cdots$$

是有超上同调群 $\mathbb{H}^i(X, \Omega_X^\bullet)$, 称此为 de Rham 上同调群, 并记为 $H_{dR}^i(X/\mathbb{C})$ ([Gro 66]; [Har 76]; [BH 69]).

命题 16.9 (1) C^∞ 微分型式 $\mathscr{A}_X^i \otimes \mathbb{C} = \bigoplus_{p+q=i} \mathscr{A}_X^{p,q}$, 定义滤链

$$F^p(\mathscr{A}_X^\bullet \otimes \mathbb{C}) = \bigoplus_{r \geq p} \mathscr{A}_X^{r, \bullet - r}.$$

此过滤复形的谱序列的 E_1 项是 $E_1^{p,q} = \mathbb{H}^{p+q}(Gr^p(\mathscr{A}_X^\bullet \otimes \mathbb{C})) = H^{p+q}(X, \Omega_X^p)$.

(2) 全纯微分型式层复形 $\Omega_X^\bullet$ 的 de Rham 滤链 $F^p \Omega_X^\bullet$ 定义为: $(F^p \Omega_X^\bullet)^k = 0$, 若 $k < p$; $(F^p \Omega_X^\bullet)^k = \Omega_X^k$, 若 $k \geq p$, 即

$$F^p \Omega_X^\bullet = \{0 \to \cdots \to 0 \to \Omega_X^p \to \Omega_X^{p+1} \to \cdots \to \Omega_X^n\}$$

($n = \dim X$). 又记 F^p 为 $\sigma^{\geq p}$.

过滤层复形 $\Omega_X^\bullet$ 的谱序列收敛

$$E_1^{p,q} \Rightarrow \mathbb{H}^{p+q}(X, \Omega_X^\bullet).$$

(3) 嵌入 $j: \Omega_X^\bullet \hookrightarrow \mathscr{A}_X^\bullet \otimes \mathbb{C}$ 为滤链同态, 并且

$$Gr^p(j): Gr^p(\Omega_X^\bullet) \to Gr^p(\mathscr{A}_X^\bullet \otimes \mathbb{C})$$

是拟同构. 于是 $\mathbb{H}^i(Gr^p(\Omega_X^\bullet)) \cong \mathbb{H}^i(Gr^p(\mathscr{A}_X^\bullet \otimes \mathbb{C}))$. 这样便有收敛谱序列

$$E_1^{p,q} = H^{p+q}(X, \Omega_X^p) \Rightarrow H_{dR}^{p+q}(X/\mathbb{C}).$$

证明 (1) $E_1^{p,q} = H^{p+q}(Gr^p(\mathscr{A}_X^\bullet \otimes \mathbb{C})) = H^{p+q}(A_X^{p,\cdot}, \bar{\partial}) = H^{p+q}(X, \Omega_X^p)$.

(2) $Gr^p(j)$ 诱导复形

$$0 \to \Omega_X^p \to \mathscr{A}_X^{p,0} \xrightarrow{\bar{\partial}} \mathscr{A}_X^{p,1} \xrightarrow{\bar{\partial}} \cdots,$$

按 Dolbeault 引理此为正合复形. 于是 $Gr^p\Omega_X^\bullet \to Gr^pF^p(\mathscr{A}_X^\bullet \otimes \mathbb{C})$ 是拟同构. 所以 $H^{p+q}(X, A_X^\bullet \otimes \mathbb{C}) \cong \mathbb{H}^{p+q}(X, \Omega_X^\bullet)$.

从 (1) 和 (2) 得 (3) ([Voi 02] I, 8.3.3). □

定义 de Rham 滤链为

$$F^p H_{dR}^i(X/\mathbb{C}) = \mathrm{Img}\left(\mathbb{H}^i(X, F^p\Omega_X^\bullet) \longrightarrow \mathbb{H}^i(X, \Omega_X^\bullet)\right),$$

于是

$$H_{dR}^i(X/\mathbb{C}) = F^0(H_{dR}^i(X/\mathbb{C})) \supseteq F^1(H_{dR}^i(X/\mathbb{C})) \supseteq \cdots \supseteq F^{i+1}(H_{dR}^i(X/\mathbb{C})) = 0.$$

当 $X/\mathbb{C}$ 是光滑射影簇射时, 可以证明: Hodge 滤链等同 de Rham 滤链, 即

$$F^p H^i(X(\mathbb{C}), \mathbb{C}) = F^p H_{dR}^i(X/\mathbb{C}).$$

([PS 08] §2.3, prop 2.22). 于是 $H^q(X(\mathbb{C}), \Omega_X^p) \cong F^p H_{dR}^{p+q}(X/\mathbb{C}) \cap \overline{F^q H_{dR}^{p+q}(X/\mathbb{C})}$, 并且 $F^p H_{dR}^i(X/\mathbb{C})/F^{p+1}H_{dR}^i(X/\mathbb{C}) \cong H^{i-p}(X(\mathbb{C}), \Omega_X^p)$.

de Rham 全纯微分型式层复形

$$\Omega^\bullet : \Omega^0 \xrightarrow{d} \Omega^1 \xrightarrow{d} \Omega^2 \xrightarrow{d} \cdots,$$

其中 $\Omega_M^0 = \mathscr{O}_M$. 平凡复形

$$\mathbb{C}^\bullet : \mathbb{C} \to 0 \to 0 \to \cdots.$$

按 Poincaré 引理有上同调层同构 $\mathscr{H}^p(\mathbb{C}^\bullet) \xrightarrow{\approx} \mathscr{H}^p(\Omega^\bullet)$. 包含同态 $\mathbb{C}^\bullet \to \Omega^\bullet$ 是拟同构. 于是有超上同调群同构

$$\mathbb{H}^p(X(\mathbb{C}), \mathbb{C}^\bullet) \xrightarrow{\approx} \mathbb{H}^p(X(\mathbb{C}), \Omega^\bullet).$$

复形 $\mathbb{C}^\bullet$ 的第一谱序列

$${}^I E_2^{p,q} = H^p(X(\mathbb{C}), \mathscr{H}^q(\mathbb{C}^\bullet)) = \begin{cases} H^p(X(\mathbb{C}), \mathbb{C}), & q = 0, \\ 0, & q > 0. \end{cases}$$

于是谱序列塌陷,

$$\mathbb{H}^p(X(\mathbb{C}), \mathbb{C}^\bullet) = {}^I E_2^{p,0} = H^p(X(\mathbb{C}), \mathbb{C}).$$

([PS 08] 448 页).

固定 q, 层 Ω^r 的上同调群 $H^q(X(\mathbb{C}), \Omega^r)$ 组成复形

$$H^q(X(\mathbb{C}), \Omega^\bullet) : H^q(X(\mathbb{C}), \Omega^0) \xrightarrow{d} H^q(X(\mathbb{C}), \Omega^1) \xrightarrow{d} \cdots,$$

从这个复形计算上同调群 $H_d^p(H^q(X(\mathbb{C}), \Omega^\bullet))$.

复形 $\Omega^\bullet$ 的第二谱序列

$$^{II}E_2^{p,q} = H_d^p(H^q(X(\mathbb{C}), \Omega^\bullet)).$$

因为 $X(\mathbb{C})$ 是紧 Kähler 流形, 所以 Laplace 算子满足 $2\triangle_{\bar{\partial}} = \triangle_d$ ([GH 78] 115 页), 于是 (由 $\partial = 0$, [Gri 68] Appendix 得) 在 $H^q(X(\mathbb{C}), \Omega^p) \cong H_{\bar{\partial}}^{p,q}(X(\mathbb{C}))$ 上 $d = 0$. 由此便得

$$^{II}E_2^{p,q} = {}^{II}E_\infty^{p,q}.$$

超上同调群 $\mathbb{H}^n(X(\mathbb{C}), \Omega^\bullet) = \varinjlim_{\mathscr{U}} H^n(\check{C}^\bullet(\mathscr{U}))$, 其中 $\mathscr{U}$ 走遍 $X(\mathbb{C})$ 的覆盖, Čech 复形 $\check{C}^n(\mathscr{U}) = \bigoplus_{p+q=n} \check{C}^p(\mathscr{U}, \Omega^q)$. 于是

$$\mathbb{H}^n(X(\mathbb{C}), \Omega^\bullet) = \bigoplus_{p+q=n} H^q(X(\mathbb{C}), \Omega^p).$$

这样从 $\mathbb{H}^n(X(\mathbb{C}), \mathbb{C}^\bullet) = H^n(X(\mathbb{C}), \mathbb{C})$ 得

$$H^n(X(\mathbb{C}), \mathbb{C}) = \bigoplus_{p+q=n} H^q(X(\mathbb{C}), \Omega^p).$$

复流形 M 的全纯微分型式层复形 $\Omega_X^\bullet$ 的 de Rham 滤链 $F^p\Omega_M^\bullet$ 定义为: $(F^p\Omega_M^\bullet)^k = 0$, 若 $k < p$; $(F^p\Omega_M^\bullet)^k = \Omega_M^k$, 若 $k \geqslant p$. 定义上同调群的 de Rham 滤链为

$$F^p H_{dR}^i(M) = \mathrm{Img}\left(\mathbb{H}^i(M, F^p\Omega_M^\bullet) \longrightarrow \mathbb{H}^i(M, \Omega_M^\bullet)\right).$$

T 是交换范畴的左正合函子和 $A^\bullet$ 是有下界复形, 则可得谱序列

$$(E_1^{p,q} = R^q T(A^p), R^{p+q} T(A^\bullet)).$$

取复流形 M, $T = \Gamma(M, -)$, $A^\bullet = \Omega_M^\bullet$ (全纯微分型式层复形), 则此谱序列是

$$(E_1^{p,q} = H^q(M, \Omega_M^p), \mathbb{H}^{p+q}(M, \Omega_M^\bullet)).$$

若 M 为紧 Kähler 流形, 利用 Hodge 分解作维数计算得知这个谱序列的微分 $d_r = 0$, 每当 $r > 1$. 于是有收敛谱序列

$$H^q(M, \Omega_M^p) \Rightarrow H_{dR}^i(M) \text{ 和 } E_\infty^{p,q} = E_1^{p,q},$$

即 $F^pH_{dR}^{p+q}(M)/F^{p+1}H_{dR}^{p+q}(M) \cong H^q(M,\Omega_M^p)$，并且

$$\mathbb{H}^i(M,\Omega_M^\bullet/F^p\Omega_X^\bullet) = H_{dR}^i(M)/F^pH_{dR}^i(M).$$

此外还由此推出 Hodge 滤链等同 de Rham 滤链，即

$$F^pH^i(M,\mathbb{C}) = F^pH_{dR}^i(M).$$

16.3.2 Deligne

设 X 是 $\mathbb{Q}$ 上光滑射影簇.

复共轭 $c: \mathbb{C} \to \mathbb{C}: z \mapsto \bar{z}$ 定义映射 $X \times_{\mathbb{Q},Id} \mathbb{C} \to X \times_{\mathbb{Q},c} \mathbb{C}$，于是得同态 $F_\infty: H^i(X(\mathbb{C}),\mathbb{R}) \to H^i(X(\mathbb{C}),\mathbb{R})$. 设 V 是实向量空间，在 $V\otimes_\mathbb{R} \mathbb{C}$ 上定义共轭为 $\overline{v\otimes z} = v\otimes \bar{z}$. 于是在 $H^i(X(\mathbb{C}),\mathbb{R})\otimes_\mathbb{R} \mathbb{C}$ 上有映射 $F_\infty \otimes {}^-(\alpha\otimes z) = F_\infty(\alpha)\otimes \bar{z}$. 利用同构 $H^i(X(\mathbb{C}),\mathbb{R})\otimes_\mathbb{R} \mathbb{C} \xrightarrow{\approx} H^i(X(\mathbb{C}),\mathbb{C})$，用 $F_\infty \otimes {}^-$ 在 $H^i(X(\mathbb{C}),\mathbb{C})$ 上决定的映射亦以同符号为记.

我们有代数 de Rham 上同调群 $H_{dR}^i(X \otimes_\mathbb{Q} \mathbb{R})$. 另一方面 $X(\mathbb{C})$ 是紧复流形. 按代数几何-解析几何比较定理 (GAGA=[Ser 56]) 有同构

$$H_{dR}^i(X\otimes_\mathbb{Q} \mathbb{R})\otimes_\mathbb{R} \mathbb{C} \xrightarrow{\approx} H_{dR}^i(X(\mathbb{C})).$$

按 [Del 79] prop 1.4 以下是交换图

$$\begin{array}{ccccc}
(H^i(X(\mathbb{C}),\mathbb{R})\otimes_\mathbb{R}\mathbb{C})^{F_\infty\otimes^-} & \hookrightarrow & H^i(X(\mathbb{C}),\mathbb{R})\otimes_\mathbb{R}\mathbb{C} & \xrightarrow{\approx} & H^i(X(\mathbb{C}),\mathbb{C}) \\
\downarrow\iota & & \downarrow & & \downarrow\approx \\
H_{dR}^i(X\otimes_\mathbb{Q}\mathbb{R}) & \hookrightarrow & H_{dR}^i(X\otimes_\mathbb{Q}\mathbb{R})\otimes_\mathbb{R}\mathbb{C} & \xrightarrow{\approx} & H_{dR}^i(X(\mathbb{C}))
\end{array}$$

图中 $(?)^{F_\infty\otimes^-}$ 是指 $F_\infty\otimes{}^-$ 不变量所组成的空间.

取 $\mathbb{R}(p) = (2\pi\sqrt{-1})^p\mathbb{R} \subset \mathbb{C} \subset \mathcal{O}_{X(\mathbb{C})}$. 定义 Deligne 复形为

$$\mathbb{R}(p)_\mathcal{D}: \mathbb{R}(p) \to \Omega_X^0 \to \Omega_X^1 \to \cdots \to \Omega_X^{p-1} \to 0.$$

(第一项 $\mathbb{R}(p)$ 在 0 次的位置.) 从 de Rham 滤链得

$$(\Omega_X^\bullet/F^p\Omega_X^\bullet)[-1]: 0 \to \Omega_X^0 \to \Omega_X^1 \to \cdots \to \Omega_X^{p-1} \to 0.$$

(第一项 0 在 0 次的位置; 复形平移是 $X[n]^i = X^{n+i}$.) 我们又以 $\mathbb{R}(p)^\bullet$ 记复形 $\mathbb{R}(p) \to 0 \to 0 \to \cdots$，则有正合序列

$$0 \to (\Omega_X^\bullet/F^p\Omega_X^\bullet)[-1] \to \mathbb{R}(p)_\mathcal{D} \to \mathbb{R}(p)^\bullet \to 0.$$

16.3 Deligne 上同调群

计算这个正合序列的超上同调群便得上同调长正合序列

$$\to H_{dR}^{i-1}(X(\mathbb{C}))/F^p H_{dR}^{i-1}(X(\mathbb{C})) \to \mathbb{H}^i(X(\mathbb{C}), \mathbb{R}(p)_{\mathcal{D}}) \to H^i(X(\mathbb{C}), \mathbb{R}(p)) \to .$$

因为

$$F^p \cap \overline{F^p} = \bigoplus_{r \geqslant p} H^{r,q} \cap \bigoplus_{q \geqslant p} H^{r,q} h = \bigoplus_{r,q \geqslant p} H^{r,q}, \quad r + q = i,$$

所以当 $i < 2p$ 时, $r + q \geqslant 2p > i$, 于是 $F^p \cap \overline{F^p} = 0$. 因此当 $i < 2p$ 时得正合序列,

$$0 \to H^i(X(\mathbb{C}), \mathbb{R}(p)) \to H_{dR}^i(X(\mathbb{C}))/F^p H_{dR}^i(X(\mathbb{C})).$$

利用该正合序列, 从上同调长正合序列得短正合序列

$$0 \to H^{i-1}(X(\mathbb{C}), \mathbb{R}(p)) \to H_{dR}^{i-1}(X(\mathbb{C}))/F^p H_{dR}^{i-1}(X(\mathbb{C})) \to \mathbb{H}^i(X(\mathbb{C}), \mathbb{R}(p)_{\mathcal{D}}) \to 0.$$

因为 $\mathbb{C} = \mathbb{R}(p) \oplus \mathbb{R}(p-1)$, 从以上短正合序列得

$$0 \to F^p H_{dR}^{i-1}(X(\mathbb{C})) \to H^{i-1}(X(\mathbb{C}), \mathbb{R}(p-1)) \to \mathbb{H}^i(X(\mathbb{C}), \mathbb{R}(p)_{\mathcal{D}}) \to 0.$$

定义实 Deligne 上同调群为

$$H_{\mathcal{D}}^i(X/\mathbb{R}, \mathbb{R}(p)) := \mathbb{H}^i(X(\mathbb{C}), \mathbb{R}(p)_{\mathcal{D}})^{F_\infty \otimes -}.$$

把 (i, p) 换为 $(i+1, n)$. 设 $m = i + 1 - n$, 则可以改写上一个短正合序列为

$$0 \to F^n H_{dR}^i(X/\mathbb{R}) \to H^i(X(\mathbb{C}), \mathbb{R}(n-1))^{(-1)^{n-1}} \to H_{\mathcal{D}}^{i+1}(X/\mathbb{R}, \mathbb{R}(n)) \to 0.$$

由于 Hodge 滤链等同 de Rham 滤链, 我们得

$$\dim_{\mathbb{R}} H_{\mathcal{D}}^{i+1}(X/\mathbb{R}, \mathbb{R}(n)) = \begin{cases} \operatorname{ord}_{s=m} L_\infty^{(i)}(s, X), & m < \frac{i}{2}, \\ \operatorname{ord}_{s=m} L_\infty^{(i)}(s, X) - \operatorname{ord}_{s=m+1} L_\infty^{(i)}(s, X), & m = \frac{i}{2}. \end{cases}$$

这样, 当 X 是 $\mathbb{Q}$ 上光滑射影簇时我们回答了问题: **构造个同调群 $H_{\mathcal{D}}^\bullet$ 使得它的维数就是 L_∞ 函数的重数**.

考虑复形 $\mathbb{Z}(p)_{\mathcal{D}}$ 的例子.

(1) 设 $p = 0$, 则 $\mathbb{Z}(0)_{\mathcal{D}} = \mathbb{Z}$. 此时超上同调群 $\mathbb{H}^i(X(\mathbb{C}), \mathbb{Z}(0)_{\mathcal{D}})$ 等于奇异上同调群 $H^i(X(\mathbb{C}), \mathbb{Z})$.

(2) 设 $p = 1$, 则 $\mathbb{Z}(1)_{\mathcal{D}}$ 是复形 $2\pi\sqrt{-1}\mathbb{Z} \to \mathscr{O}_X \to 0$ (从 0 次开始). 记复形 $\mathscr{O}_X^\times \to 0 \to 0$ 为 $\mathscr{O}_X^\times$, 则 $\mathscr{O}_X^\times[-1]$ 是复形 $0 \to \mathscr{O}_X^\times \to 0$. (注意: $\mathscr{O}_X^\times$ 是以乘法为群, 所以这里的 0 是指 1.) 有正合序列 ([GH 78] 37 页)

$$0 \to 2\pi\sqrt{-1}\mathbb{Z} \to \mathscr{O}_X \xrightarrow{\exp} \mathscr{O}_X^\times \to 0.$$

于是 $\mathbb{Z}(1)_\mathcal{D}$ 拟同构于 $\mathscr{O}_X^\times[-1]$. 因此有同构 $\mathbb{H}^i(X, \mathbb{Z}(1)_\mathcal{D}) \cong H^{i-1}(X, \mathscr{O}_X^\times)$.

设 $\mathscr{F}^\bullet$ 是层复形, 则超上同调群 $\mathbb{H}^n(X(\mathbb{C}), \mathscr{F}^\bullet) = \varinjlim_\mathfrak{U} H^n(\check{C}^\bullet(\mathfrak{U}))$ ([GH 78] 446 页), 其中 $\mathfrak{U}$ 走遍 $X(\mathbb{C})$ 的覆盖, Čech 复形 $\check{C}^n(\mathfrak{U}) = \bigoplus_{p+q=n} \check{C}^p(\mathfrak{U}, \mathscr{F}^q)$, $\check{C}^p(\mathfrak{U}, \mathscr{F}^q) = \prod_{\alpha_0 \neq \cdots \neq \alpha_p} \mathscr{F}^q(U_{\alpha_0} \cap \cdots \cap U_{\alpha_p})$ ([GH 78] 38 页).

于是 $\xi \in \mathbb{H}^1(X, \mathbb{Z}(1)_\mathcal{D})$ 可由 Čech 上闭链

$$(2\pi i m_{\alpha\beta}, F_\alpha) \in \check{C}^1(\mathbb{Z}[1]) \times \check{C}^0(\mathscr{O}_X)$$

代表, 并且上闭链条件是 $F_\beta - F_\alpha = 2\pi i m_{\alpha\beta}$. 因此同构 $\mathbb{H}^1(X, \mathbb{Z}(1)_\mathcal{D}) \cong H^0(X, \mathscr{O}_X^\times)$ 把 ξ 映为 $\exp F_\alpha$ 的上同调类.

16.3.3 Beilinson

X 是 $\mathbb{R}$ 上代数簇, F_∞ 是 $X(\mathbb{C})$ 的复共轭. $\mathscr{F}$ 是 $X(\mathbb{C})$ 的层. $\sigma: \mathscr{F} \to F_{\infty*}\mathscr{F}$ 是对合同态. 则称 $(\mathscr{F}, \sigma)$ 为 X 的层. 这样超上同调群 $\mathbb{H}^p(X(\mathbb{C}), \mathscr{F})$ 便有 σ 作用. 对复形 $\mathscr{F}^\bullet$ 我们便得定义 $\mathbb{H}^p(X, \mathscr{F}^\bullet)$ 为 $H^p(\langle\sigma\rangle, \mathbb{H}^\bullet(X(\mathbb{C}), \mathscr{F}^\bullet))$.

设 X 是 $\mathbb{Q}$ 上光滑射影簇. 设 $\varepsilon^p : \mathbb{R}(p)^\bullet \hookrightarrow \Omega_X^\bullet$ 和 $\iota^p : F^p\Omega_X^\bullet \hookrightarrow \Omega_X^\bullet$ 为包含复形态射, Φ^p 为

$$\mathbb{R}(p) \hookrightarrow \Omega_X^\bullet \to \Omega_X^\bullet / F^p\Omega_X^\bullet.$$

则复形态射锥

$$Cone^\bullet(\mathbb{R}(p) \oplus F^p\Omega_X^\bullet \xrightarrow{\varepsilon^p - \iota^p} \Omega_X^\bullet)[-1] = Cone^\bullet(\mathbb{R}(p) \xrightarrow{\Phi^p} \Omega_X^\bullet / F^p\Omega_X^\bullet)[-1]$$

与 $\mathbb{R}(p)_\mathcal{D}$ 拟同构. 因此

$$\mathbb{H}^i(X(\mathbb{C}), \mathbb{R}(p)_\mathcal{D}) \cong \mathbb{H}^i(X(\mathbb{C}), Cone^\bullet(\varepsilon^p - \iota^p)[-1])$$

(复形态射锥见 [高线] 14.9.3).

下一步不再假设 X 是射影簇. 但是我们假设 X 有光滑紧化 $j : X \hookrightarrow \overline{X}$, $\overline{X}$ 是光滑固有簇, 并且 $D = \overline{X} - X$ 是正规交叉除子. $\Omega_{\overline{X}}^\bullet(\log D)$ 是对数复形 ([GH 78] 449 页). 定义 Deligne-Beilinson 复形为

$$\mathbb{R}(p)_{\mathcal{D}, \overline{X}} = Cone^\bullet(Rj_*\mathbb{R}(p) \oplus F^p\Omega_{\overline{X}}^\bullet(\log D) \xrightarrow{\varepsilon^p - \iota^p} Rj_*\Omega_X^\bullet)[-1],$$

在原本的 X 上可以定义 $\mathbb{R}(p)_\mathcal{D}$, 不过这样会容许微分型式在无穷远有任意的奇点. Beilinson 认为在 D 上只容许对数极点.

引理 16.10 已给 $u_1 : A_1^\bullet \to B^\bullet$ 和 $u_2 : A_2^\bullet \to B^\bullet$, 则

$$Cone\left(A_1^\bullet \oplus A_2^\bullet \xrightarrow{u_1 - u_2} B^\bullet\right)[-1]$$
$$= Cone\left(A_1^\bullet \xrightarrow{u_1} Cone(A_2^\bullet \xrightarrow{-u_2} B^\bullet)\right)[-1]$$
$$= Cone\left(A_2^\bullet \xrightarrow{-u_2} Cone(A_1^\bullet \xrightarrow{u_1} B^\bullet)\right)[-1].$$

16.3 Deligne 上同调群

在 $\mathbb{R}(p)_{\mathcal{D},\overline{X}}$ 的定义中可用 $\mathbb{R}$ 的任意子环 A 代替 $\mathbb{R}$ 而得 $A(p)_{\mathcal{D},\overline{X}}$. 例如用引理得

$$\mathbb{Z}(p)_{\mathcal{D},\overline{X}} = Cone(Rj_*\mathbb{Z}(p) \oplus F^p\Omega_X^\bullet(\log D) \xrightarrow{\varepsilon^p - \iota^p} Rj_*\Omega_X^\bullet)[-1]$$
$$= Cone\left(Rj_*\mathbb{Z}(p) \to Cone(F^p\Omega_X^\bullet(\log D) \to Rj_*\Omega_X^\bullet)\right)[-1].$$

因此有似同构 $\alpha: \mathbb{Z}(p)_{\mathcal{D}} \to \mathbb{Z}(p)_{\mathcal{D},\overline{X}}|_X$ (比较 Deligne 复形和 Deligne-Beilinson 复形). 可以如下给出 α:

$$\begin{array}{ccccccccc}
\mathbb{Z}(p) & \to & \mathscr{O}_X & \to & \cdots & \to & \Omega_X^{p-2} & \to & \Omega_X^{p-1} & \to & 0 \\
\downarrow{\alpha_0} & & \downarrow{\alpha_1} & & & & \downarrow{\alpha_{p-1}} & & \downarrow{\alpha_p} & & \downarrow \\
\mathbb{Z}(p) & \xrightarrow{\varepsilon} & \mathscr{O}_X & \xrightarrow{-\delta_1} & \cdots & \to & \Omega_X^{p-2} & \xrightarrow{-\delta_{p-1}} & \Omega_X^p \oplus \Omega_X^{p-1} & \xrightarrow{-\delta_p} & \Omega_X^{p+1} \oplus \Omega_X^p
\end{array}$$

其中 $\alpha_p(\omega) = (d\omega, \omega)(-1)^p$, $\alpha_i(\omega) = (-1)^i\omega$, $\delta_{p-1}(\eta) = (0, d\eta)$, $\delta_p(\varphi, \eta) = (-d\varphi, -\varphi + d\eta)$.

用引理 16.10 可证明超上同调群 $\mathbb{H}^q(\overline{X}, A(p)_{\mathcal{D},\overline{X}})$ 与 $\overline{X}$ 无关, 于是可以定义 **Deligne-Beilinson 上同调群** $H^q_{\mathcal{D}}(X, A(p))$ 为 $\mathbb{H}^q(\overline{X}, A(p)_{\mathcal{D},\overline{X}})$ ([RSS 88] Esnault-Viehweg, lem 2.8). 到此我们便到了 [Bei 85] 的第一行.

可构造乘积 $\cup$ 使得 $\oplus_{p,q} H^q_{\mathcal{D}}(X, A(p))$ 是有单位元的环, 并且对 $\gamma \in H^q_{\mathcal{D}}(X, A(p))$, $\gamma' \in H^{q'}_{\mathcal{D}}(X, A(p'))$ 以下成立

$$\gamma \cup \gamma' - (-1)^{qq'} \gamma' \cup \gamma.$$

([RSS 88] Esnault-Viehweg, §3, thm 3.9.)

命题 16.11 X 是光滑代数簇 (在 $\mathbb{C}$ 或 $\mathbb{R}$ 上), X 上可逆代数函数组成的群记为 $\mathscr{O}(X)^\times_{alg}$.

(1) 对 $q \leqslant 0$ 和 $p \geqslant 1$ 有 $H^q_{\mathcal{D}}(X, \mathbb{R}(p)) = 0$.

(2) $H^1_{\mathcal{D}}(X, \mathbb{R}(1)) = \{f \in H^0(\overline{X}, j_*\mathscr{O}_X/\mathbb{R}(1)): df \in H^0(\overline{X}, \Omega^1_{\overline{X}}(\log D))\}$.

(3) 自然映射 $\rho: \mathscr{O}(X)^\times_{alg} \to H^1_{\mathcal{D}}(X, \mathbb{Z}(1))$ 是同构.

证明 (1) 按引理 16.10 有正合序列

$$\to \mathbb{H}^q(\mathbb{R}(p)_{\mathcal{D},\overline{X}}) \to \mathbb{H}^q(F^p\Omega_X^\bullet(\log D)) \to \mathbb{H}^q(cone(Rj_*\mathbb{R}(p) \xrightarrow{\varepsilon} Rj_*\Omega_X^\bullet)) \to,$$

因为 $cone(Rj_*\mathbb{R}(p) \xrightarrow{\varepsilon} Rj_*\Omega_X^\bullet) = Rj_*\mathbb{C}/\mathbb{R}(p)$, 所以

$$\to H^q_{\mathcal{D}}(X, \mathbb{R}(p)) \to F^p H^q(X, \mathbb{C}) \to H^q(X, \mathbb{C}/\mathbb{R}(p)) \to H^{q+1}_{\mathcal{D}}(X, \mathbb{R}(p)) \to.$$

由于对 $q < 0$ 有 $H^q_{\mathcal{D}}(X, \mathbb{C}/\mathbb{R}(p)) = 0$ 和对 $p \geqslant 1$ 有 $F^p H^0(X, \mathbb{C}) = 0$, 从以上正合序列得 (1).

(2) 按引理 16.10 有 $\mathbb{R}(1)_{\mathcal{D},\overline{X}} = cone(F^1\Omega_{\overline{X}}^\bullet(\log D) \to Rj_*cone(\mathbb{R}(1) \to \Omega_X^\bullet))[-1]$.
设 $\widetilde{\mathbb{R}(1)} := cone(F^1\Omega_{\overline{X}}^\bullet(\log D) \to j_*cone(\mathbb{R}(1) \to \Omega_X^\bullet))[-1]$，则有复形态射 $\widetilde{\mathbb{R}(1)} \to \mathbb{R}(1)_{\mathcal{D},\overline{X}}$. 从 (1) 中的正合序列得

$$\begin{array}{ccccccccc}
0 & \longrightarrow & H^0(\overline{X}, j_*\mathbb{C}/\mathbb{R}(1)) & \longrightarrow & \mathbb{H}^1(\overline{X}, \widetilde{\mathbb{R}(1)}) & \longrightarrow & F^1H^1(X, \mathbb{C}) & \longrightarrow & H^1(\overline{X}, j_*\mathbb{C}/\mathbb{R}(1)) \\
& & \parallel & & \downarrow \vartheta & & \parallel & & \downarrow \\
0 & \longrightarrow & H^0(X, \mathbb{C}/\mathbb{R}(1)) & \longrightarrow & H_{\mathcal{D}}^1(X, \mathbb{R}(1)) & \longrightarrow & F^1H^1(X, \mathbb{C}) & \longrightarrow & H^1(X, \mathbb{C}/\mathbb{R}(1))
\end{array}$$

用 5 引理得 ϑ 是同构. $\widetilde{\mathbb{R}(1)}$ 是似同构于

$$0 \to \Omega_{\overline{X}}^1(\log D) \oplus j_*\mathscr{O}_X/\mathbb{R}(1) \xrightarrow{\delta} \Omega_{\overline{X}}^2(\log D) \oplus j_*\Omega_X^1 \to \cdots,$$

其中 $\delta: (\omega, f) \mapsto (d\omega, \omega - df)$. 然后 $H_{\mathcal{D}}^1(X, \mathbb{R}(1)) = H^0(\mathrm{Ker}\,\delta)$.

(3) 有交换图

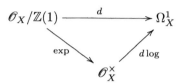

又知 $\phi \in H^0(\overline{X}, j_*\mathscr{O}_X^\times)$ 沿 D 为亚纯函数当且仅当 $d\log\phi \in H^0(\overline{X}, \Omega_{\overline{X}}^1(\log D))$. 从 (2) 得

$$H_{\mathcal{D}}^1(X, \mathbb{Z}(1)) = \{\phi H^0(\overline{X}, j_*\mathscr{O}_X^\times): \phi \text{ 沿 为亚纯函数}\},$$

按 GAGA 亚纯函数 $\varinjlim_\nu H^0(\overline{X}, \mathscr{O}_X(\nu \cdot D))$ 就是代数函数. $\square$

$X(\mathbb{C})$ 的 $\mathbb{R}$ 值 C^∞ 微分型式复形记为 $\mathscr{S}_X^\bullet$；$X(\mathbb{C})$ 的 $\mathbb{C}$ 值 C^∞ 微分型式复形记为 $\mathscr{A}_X^\bullet$. 则 $\mathscr{A}_X^\bullet = \mathscr{S}_X^\bullet \otimes \mathbb{C}$. 设 $\mathscr{S}_X^\bullet(p) = \mathscr{S}_X^\bullet \otimes_\mathbb{R} \mathbb{R}(p)$. 使用表达式 $\mathbb{C} = \mathbb{R}(p) \oplus \mathbb{R}(p-1)$, 用投射定义

$$\Omega_X^\bullet \to \mathscr{A}_X^\bullet \to \mathscr{S}_X^\bullet(p-1).$$

由此映射诱导出

$$\pi_{p-1}: F^p\Omega_{\overline{X}}^\bullet(\log D) \to j_*\Omega_X^\bullet \to j_*\mathscr{S}_X^\bullet(p-1).$$

设 $\widetilde{\mathbb{R}(p)}_{\mathcal{D}} := cone(F^p\Omega_{\overline{X}}^\bullet(\log D) \xrightarrow{-\pi_{p-1}} j_*\mathscr{S}_X^\bullet(p-1))[-1]$.
用以下公式定义乘积 $\cup: \widetilde{\mathbb{R}(p)}_{\mathcal{D}} \otimes \widetilde{\mathbb{R}(p)}_{\mathcal{D}} \to \widetilde{\mathbb{R}(p)}_{\mathcal{D}}$, $f_p \cup f_q$ 为 $f_p \wedge f_q$, $s_p \cup f_q$ 为 $s_p \wedge \pi_q f_q$, $f_p \cup s_q$ 为 $(-1)^{\deg f_p}\pi_p f_p \wedge s_q$, $s_p \cup s_q$ 为 0.

定义

$$\rho_p: \mathbb{R}(p)_{\mathcal{D},\overline{X}} \to \widetilde{\mathbb{R}(p)}_{\mathcal{D}}$$

为 $\rho_p|_{\mathbb{R}(p)} = 0$, $\rho_p|_{Rj_*\Omega_X^\bullet} = \pi_{p-1}$, 在 $F^p\Omega_{\overline{X}}^\bullet(\log D)$ 取 ρ_p 为 id.

16.3 Deligne 上同调群

命题 16.12 (1) ρ_p 是似同构.
(2) 对 $q \leq p$, 复形 $H^0(X, \widetilde{\mathbb{R}(p)}_\mathcal{D})$ 的第 q 个上同调群是 $H^q_\mathcal{D}(X, \mathbb{R}(p))$.
(3) $H^1_\mathcal{D}(X, \mathbb{R}(1))$ 的元素是 $\eta \in H^0(\overline{X}, j_*\mathscr{S}^0_X)$ 使得

$$d\eta \in \text{Img}\{H^0(\overline{X}, \Omega^1_X(\log D)) \xrightarrow{\pi_0} H^0(\overline{X}, j_*\mathscr{S}^1_X)\}.$$

(4) 设 $[\varphi, \eta], [\varphi', \eta']$ 代表 $\mathbb{H}^1(\overline{X}, \widetilde{\mathbb{R}(1)}_\mathcal{D})$ 的元素, 则

$$[\varphi, \eta] \cup [\varphi', \eta'] = [\varphi \wedge \varphi', \eta \wedge \pi_1\varphi' - \pi_1\varphi \wedge \eta'].$$

设 $\eta, \eta' \in H^1_\mathcal{D}(X, \mathbb{R}(1))$, 则在 $\mathbb{H}^2(\overline{X}, \widetilde{\mathbb{R}(2)}_\mathcal{D}) = H^2_\mathcal{D}(X, \mathbb{R}(2))$ 里有

$$\eta \cup \eta' = [4d\eta \wedge d\eta', 2\eta\pi_1\partial\eta' - 2\eta'\pi_1\partial\eta].$$

证明 (1) 是直接计算.
(2) $\widetilde{\mathbb{R}(p)}_\mathcal{D}$ 是复形

$$0 \to j_*\mathscr{S}^0_X(p-1) \to \cdots \to j_*\mathscr{S}^{p-2}_X(p-1) \to$$
$$\Omega^p_X(\log D) \oplus j_*\mathscr{S}^{p-1}_X(p-1) \to \Omega^{p+1}_X(\log D) \oplus j_*\mathscr{S}^p_X(p-1) \to \cdots,$$

其中 $j_*\mathscr{S}^0_X(p-1)$ 是在 1 次的位置. 我们得 (2) 是因为所有 $j_*\mathscr{S}^j_X(p-1)$ 是零调的 (acyclic).

(3) 在 (2) 中取 $p = q = 1$, $H^1_\mathcal{D}(X, \mathbb{R}(1))$ 是以下同态的核

$$H^0(\overline{X}, \Omega^1_X(\log D)) \oplus H^0(\overline{X}, j_*\mathscr{S}^0_X) \to H^0(\overline{X}, \Omega^2_X(\log D)) \oplus H^0(\overline{X}, j_*\mathscr{S}^1_X),$$
$$(\varphi, \eta) \mapsto (d\varphi, \pi_0\varphi - d\eta),$$

所以条件是 $\pi_0\varphi = d\eta$.
(4) 见 [RSS 88] Esnault-Viehweg, §3, 3.12; [Bei 85] (1.2.5). □

16.3.4 曲线

让我们复习一个复变函数的计算, 设 $\phi(z) = b_{-1}/z$, $g(z) = \sum_{n=0}^\infty a_n z^n$ 在 $z = 0$ 绝对收敛, γ 是以零点为中心半径小于 $g(z)$ 的收敛半径的正向圆. 用 ϕ 定义分布 T_ϕ. 则

$$T_\phi(g) = \int_\gamma \phi(z)g(z)dz = 2\pi i \text{Res}_{z=0}(\phi)\delta_0(g),$$

其中分布 δ 是 $\delta_0(g) = g(0)$, $\text{Res}_{z=0}(\phi) = b_{-1}$ 是残数. 我们可以这样写

$$T_\phi = 2\pi i \text{Res}_{z=0}(\phi)\delta_0.$$

关于分布 (distribution) 与流 (current) 可参考: [GH 78] §3.1, [Rha 84], [Kin 71], [Sch 66] Chap IX; [Rud 73] Chap 6.

若 X 是复数域 $\mathbb{C}$ 上的光滑代数曲线, 则它的复数点 $X(\mathbb{C})$ 是黎曼曲面 ([Don 11] 3.2.2, 4.2.3; [GH 78] Chap 2). 在 $X(\mathbb{C})$ 上取复局部坐标 $z = x + iy$, $i = \sqrt{-1}$, 若 f 是 C^∞ 复值函数, 设

$$\frac{\partial f}{\partial z} = \frac{1}{2}\left(\frac{\partial f}{\partial x} - i\frac{\partial f}{\partial y}\right), \quad \frac{\partial f}{\partial \overline{z}} = \frac{1}{2}\left(\frac{\partial f}{\partial x} + i\frac{\partial f}{\partial y}\right), \quad \partial f = \frac{\partial f}{\partial z}dz, \quad \overline{\partial} f = \frac{\partial f}{\partial \overline{z}}d\overline{z},$$

则 f 的微分 1 型式是 $df = \partial f + \overline{\partial} f$ ([Don 11] 75 页).

若 $\alpha = adz + bd\overline{z}$ 是 C^∞ 1 型式, 设

$$\partial \alpha = \frac{\partial b}{\partial z}dz \wedge d\overline{z}, \quad \overline{\partial}\alpha = -\frac{\partial a}{\partial \overline{z}}dz \wedge d\overline{z},$$

则

$$d\alpha = da \wedge dz + db \wedge d\overline{z} = \partial\alpha + \overline{\partial}\alpha.$$

设 $-\Delta f = \frac{\partial^2 f}{\partial x^2} + \frac{\partial^2 f}{\partial y^2}$ (Laplace 算子), 利用 $dz \wedge d\overline{z} = -2idx \wedge dy$, 得

$$2i\overline{\partial}\partial f = \Delta f dx \wedge dy$$

([Don 11] 77 页).

设 $f = u + iv$, u, v 为实值函数. 记 $\phi = fdz$. 则

$$\phi = (udx - vdy) + i(vdx + udy).$$

设有可微函数 η 使得 $d\eta = \mathrm{Re}\phi$, 即

$$\frac{\partial \eta}{\partial x}dx + \frac{\partial \eta}{\partial y}dy = (udx - vdy).$$

则

$$\partial \eta = \frac{1}{2}\left(\frac{\partial \eta}{\partial x} - i\frac{\partial \eta}{\partial y}\right)dz = \frac{1}{2}(u+iv)dz = \frac{1}{2}\phi.$$

命题 16.13 设 $\overline{X}$ 是复数域 $\mathbb{R}$ 上的固有光滑代数曲线, D 是 $\overline{X}$ 的 0 维闭子概形, $X = \overline{X} \setminus D$ 是 $\mathbb{R}$ 上的仿射光滑代数曲线. $\mathbb{R}[D]^0$ 是 D 的零次数除子群 $\otimes \mathbb{R}$. 则 Deligne 上同调群

(1) $H^2_D(X, \mathbb{R}(2)) = H^1(X, \mathbb{R}(1))$.

(2) $H^1_D(X, \mathbb{R}(1))$

$$= \{\eta \in H^0(\overline{X}, j_*\mathscr{S}_X^0) : \partial \eta \in H^0(\overline{X}, \Omega^1_X(\log D))\}$$

$$= \left\{\varepsilon \in C^\infty(X, \mathbb{R}) \cap L^1(X(\mathbb{C})) : \overline{\partial}\partial\varepsilon = \pi i \sum_{x \in D(\mathbb{C})} \alpha_x \delta_x, \ \alpha = \sum_{x \in D(\mathbb{C})} \alpha_x x \in \mathbb{R}[D]^0 \right\}.$$

16.3 Deligne 上同调群

(3) 除子映射给出正合序列

$$0 \to \mathbb{R} \to H^1_{\mathcal{D}}(X, \mathbb{R}(1)) \xrightarrow{\text{div}} \mathbb{R}[D]^0 \to 0.$$

(4) 设 $\eta, \eta' \in H^1_{\mathcal{D}}(X, \mathbb{R}(1))$, 则在 $H^0(X, \mathscr{S}^1_X(1))/dH^0(X, \mathscr{S}^0_X(1)) = H^1(X, \mathbb{R}(1))$ 里有

$$\eta \cup \eta' = [2\eta \pi_1 \partial \eta' - 2\eta' \pi_1 \partial \eta].$$

证明 (1) 由于 $\dim X = 1$, $F^2\Omega^\bullet_X(\log D) = 0$, $\widetilde{\mathbb{R}(2)}_{\mathcal{D}} = j_*\mathscr{S}^\bullet_X(1)[-1]$ 似同构于 $Rj_*\mathbb{R}(1)[-1]$.

(2) 由命题 16.12: 条件是 $\pi_0\varphi = d\eta$, 得 $2\partial\eta = \phi$.

取 $\overline{X}$ 的函数 η 使得 $\partial\eta \in H^0(\overline{X}, \Omega^1_X(\log D))$, 则沿 D, η 有对数极点, 于是 η 和 $d\eta$ 均可积. 以 $T_{\partial\eta}$ 记 $\partial\eta$ 所定义的分布. 则用 Cauchy 公式得

$$\overline{\partial} T_{\partial\eta} = 2\pi i \sum_{x \in D(\mathbb{C})} \text{Res}_x(\partial\eta)\delta_x,$$

其中 δ_x 是 Dirac 分布, 即 $\delta_x(g) = g(x)$. 若有复微分 1 型式 ϕ 使得 $d\eta = \text{Re}\,\phi$, 则 $2\partial\eta = \phi$. 记 $a_x = \text{Res}_x(\phi)$. 则

$$\overline{\partial}\partial\eta = \pi i \sum_{x \in D(\mathbb{C})} a_x \delta_x.$$

(3) 按 Weyl 引理 ([Don 11] §9.4): 齐性 Poisson 方程的分布解是 $\overline{X}(\mathbb{C})$ 的调和函数, 于是是常数, 便知列在中间项正合.

(4) 用命题 16.12. □

在 $H^1(X(\mathbb{C}), \mathbb{C})$ 内 Hodge 过滤的 F^1 项是 $F^1(X(\mathbb{C})) = H^0(X(\mathbb{C}), \Omega^1_{X(\mathbb{C})}\langle D(\mathbb{C})\rangle)$, 并且有同构

$$H^1(\overline{X}(\mathbb{C}), \mathbb{C}) \oplus (F^1(X(\mathbb{C})) \cap \overline{F^1(X(\mathbb{C}))}) \xrightarrow{\approx} H^1(X(\mathbb{C}), \mathbb{C}).$$

取 $F_\infty \otimes^-$ 不变元素得

$$H^1(X_{an}, \mathbb{C}) = H^1(\overline{X}_{an}, \mathbb{C}) \oplus (F^1(X(\mathbb{C})) \cap \overline{F^1(X(\mathbb{C}))}),$$

于是有

$$H^1(X_{an}, \mathbb{R}(1)) = H^1(\overline{X}_{an}, \mathbb{R}(1)) \oplus (H^1(X_{an}, \mathbb{R}(1)) \cap F^1(X(\mathbb{C}))).$$

该直和给出投射 $pr_{\mathcal{D}}: H^1(X_{an},\mathbb{R}(1)) \to H^1(\overline{X}_{an},\mathbb{R}(1))$. 用以下 (列为正合的) 交换图定义 $[\ ,\ ]_{\mathcal{D}}$

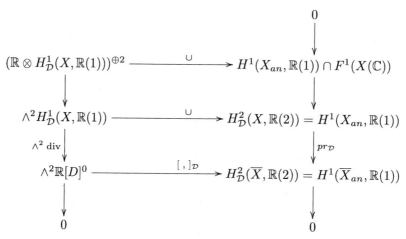

利用偶对

$$\langle \xi, \eta \rangle = \frac{1}{2\pi i} \int_{\overline{X}(\mathbb{C})} \xi \wedge \eta,$$

其中 ξ, η 是 C^∞ 微分 1 型式, 可得同构 (Poincaré 对偶)

$$H^1(\overline{X}_{an}, \mathbb{R}(1)) \xrightarrow{\approx} \mathrm{Hom}(H^0(X(\mathbb{C}), \Omega^1)^{F_\infty \otimes^-}, \mathbb{R}).$$

命题 16.14 对 $\alpha, \beta \in \mathbb{R}[D]^0$, 取 $\eta_\alpha, \eta_\beta \in H^1_{\mathcal{D}}(X, \mathbb{R}(1))$ 使得 $\mathrm{div}\, \eta_\alpha = \alpha$, $\mathrm{div}\, \eta_\beta = \beta$. 则对任意全纯 $\omega \in H^0(X(\mathbb{C}), \Omega^1)^{F_\infty \otimes^-}$ 有

$$\frac{1}{2}\langle \omega, [\alpha, \beta]_{\mathcal{D}} \rangle = \frac{1}{2\pi i} \int_{\overline{X}(\mathbb{C})} (\eta_\alpha \overline{\partial} \eta_\beta) \wedge \omega.$$

证明 在 $D(\mathbb{C})$ 的点上 η_α, η_β 的奇点是象 $\log|z|$, 于是有 $\int \omega \wedge \overline{\partial}(\eta_\alpha \eta_\beta) = \int \omega \wedge d(\eta_\alpha \eta_\beta) = \int d(\omega \eta_\alpha \eta_\beta) = 0$ (Stokes 公式 ([GH 78] 33 页)). 因此

$$\int \omega \wedge (\eta_\alpha \cup \eta_\beta) = \int \omega \wedge \left(\eta_\beta \frac{1}{2}(\partial \eta_\beta - \overline{\partial} \eta_\beta) - \eta_\beta \frac{1}{2}(\partial \eta_\alpha - \overline{\partial} \eta_\alpha) \right)$$
$$= \int \omega \wedge \frac{1}{2}(\eta_\beta \overline{\partial} \eta_\alpha - \eta_\alpha \overline{\partial} \eta_\beta) = \int \eta_\alpha \overline{\partial} \eta_\beta \wedge \omega. \qquad \square$$

16.4 陈省身示性类

16.4.1 GL_n 的同调群

为了方便叙述先考虑 GL_n.

16.4 陈省身示性类

称概形 X 为拟投射概形 (quasi-projective scheme), 若有仿射概形 S 上的投射概形 P 使得 X 与 P 的开子概形同构.

域 F 上的光滑拟投射概形所组成的范畴记为 $s\mathcal{V}_F$. 在 $s\mathcal{V}_F$ 上取 Zariski 拓扑得到的 Zariski 位形仍然记为 $s\mathcal{V}_F$ ([模曲线]§3.1, 例 3.3). $s\mathcal{V}_F$ 上的交换层复形的导出范畴记为 $D(s\mathcal{V}_F)$. 有下界交换层复形的导出范畴记为 $D^+(s\mathcal{V}_F)$ ([模曲线] 1.6.6).

单纯概形 $Y_\bullet$. 定义 $s\mathcal{V}_F$ 上的单纯集记为 $\underline{Y}_\bullet$. 由这个集所生成的 $\mathbb{Z}$ 模单纯层记为 $\mathbb{Z}\underline{Y}_\bullet$. 定义复形

$$N\mathbb{Z}\underline{Y}_\bullet: \cdots \to \mathbb{Z}\underline{Y}_{-k} \xrightarrow{\partial_k} \mathbb{Z}\underline{Y}_{-k+1} \to \cdots, \quad \partial_k = \sum_{\nu=0}^{-k}(-1)^\nu d_\nu,$$

其中 $\mathbb{Z}\underline{Y}_{-k}$ 在 k 次位置.

引理 16.15 对 $\mathscr{F}^\bullet \in D^+(s\mathcal{V}_F)$, 则

$$H^*(Y_\bullet, \mathscr{F}^\bullet) = \mathrm{Hom}_{D(s\mathcal{V}_F)}(N\mathbb{Z}\underline{Y}_\bullet, \mathscr{F}^\bullet[*]).$$

证明 可以假设 $\mathscr{F}^\bullet$ 是内射层. 从 [Fri 82] prop 2.4 的证明知 $H^*(Y_\bullet, \mathscr{F}^\bullet)$ 用以下复形计算

$$(\mathrm{Hom}_{Y_k}(\mathbb{Z}, \mathscr{F}^j))_{k,j} = (\mathrm{Hom}_{s\mathcal{V}_F}(\mathbb{Z}\underline{Y}_k, \mathscr{F}^j))_{k,j}.$$

按 Yoneda(如 [Har 66] Chap I.§6.4) 等式右边计算

$$Ext^*_{D(s\mathcal{V}_F)}(N\mathbb{Z}\underline{Y}_\bullet, \mathscr{F}^\bullet) = \mathrm{Hom}_{D(s\mathcal{V}_F)}(N\mathbb{Z}\underline{Y}_\bullet, \mathscr{F}^\bullet[*]). \qquad \square$$

用群概形 GL_n 的乘法 $\mu: GL_n \times GL_n \to GL_n$ 定义单纯概形 $B_\bullet GL_n$ 为

$$\mathrm{Spec}\, F \leftleftarrows GL_n \xleftarrow[\mu]{\overset{1 \times id}{\longleftarrow}}_{id \times 1} GL_n \times GL_n \leftarrow \cdots$$

命题 16.16 (1) $H^*(B_\bullet GL_n, \mathscr{F}^\bullet) = \mathrm{Hom}_{D(s\mathcal{V}_F)}(N\mathbb{Z}\underline{B_\bullet GL_n}, \mathscr{F}^\bullet[*])$, 其中 $\mathscr{F}^\bullet \in D^+(s\mathcal{V}_F)$.

(2) 存在 n_0 使得对 $n \geqslant n_0$ 有

$$\mathrm{Hom}_{D(s\mathcal{V}_F)}(N\mathbb{Z}\underline{B_\bullet GL_n}, \mathscr{F}^\bullet[*]) = \mathrm{Hom}_{D(s\mathcal{V}_F)}(N\mathbb{Z}\underline{B_\bullet GL}, \mathscr{F}^\bullet[*]),$$

其中 $B_\bullet GL := \varinjlim_n B_\bullet GL_n$.

(1) 是来自引理 16.15.

(2) 是来自复形拟同构

$$N\mathbb{Z}\underline{B_\bullet GL_n} \to N\mathbb{Z}\underline{B_\bullet GL},$$

在次数 $\geqslant -\dfrac{n-1}{2}$ 时成立, 因为只需要知道, 当 A 是局部环时,

$$N\mathbb{Z}B_\bullet GL_n(A) \to N\mathbb{Z}B_\bullet GL(A),$$

在次数 $\geqslant -\dfrac{n-1}{2}$ 时是拟同构([Mil 80] II, 2.9(d), 3.20(a)). 而该成立是因为 GL_n 的同调群的稳定性 (stability): 当 $n \geqslant 2k+1$ 时有同构

$$H_k(GL_n(A), \mathbb{Z}) \to H_k(GL(A), \mathbb{Z}).$$

([Kal 80], [Sus 82] Cor 8.3.)

16.4.2 调控子

称层复形 $\mathscr{F}^\bullet$ 有积结构 (product structure), 若在 $D^+(s\mathcal{V}_F)$ 内有同态

$$\cup : \mathscr{F}^\bullet \otimes_{\mathbb{Z}}^{L} \mathscr{F}^\bullet \to \mathscr{F}^\bullet, \quad e : \mathbb{Z} \to \mathscr{F}^\bullet$$

使得 $\cup$ 满足结合律、分级交换和 e 是单位.

定理 16.17 若 $s\mathcal{V}_F$ 上有积结构的层复形 $\mathscr{F}^\bullet$ 满足以下条件:

(I) (同伦性质) 对 $Y \in s\mathcal{V}_F$, 自然态射 $\mathbb{A}_Y^1 \to Y$ 诱导同构

$$H^*(Y, \mathscr{F}^\bullet) \xrightarrow{\approx} H^*(\mathbb{A}_Y^1, \mathscr{F}^\bullet).$$

(II) (投射空间性质) 在 $D^+(s\mathcal{V}_F)$ 内有同态 $\tilde{c} : G_m[-1] \to \mathscr{F}^\bullet$ 使得对 $Y \in s\mathcal{V}_F$, $n \geqslant 0$ 有 $D^+(s\mathcal{V}_F)$ 内同构

$$\sum_{k=0}^{n} \pi^*(\cdot) \cup \xi^k : \bigoplus_{k=0}^{n} H^{*-2k}(Y, \mathscr{F}^\bullet) \xrightarrow{\approx} H^*(\mathbb{P}_Y^n, \mathscr{F}^\bullet),$$

其中 $\pi : \mathbb{P}_Y^n \to Y$, $\xi = \tilde{c}(\mathscr{O}(1), \tilde{c} : H^1(\mathbb{P}_Y^n, \mathscr{O}^\times) \to H^2(\mathbb{P}_Y^n, \mathscr{F}^\bullet)$.

(III) (Gysin 性质) 设有 $s\mathcal{V}_F$ 内的余维数 $= 1$ 的闭浸入 $\iota : Z \hookrightarrow Y$, 以 $[Z] \in H^1(Y, \mathscr{O}^\times)$ 记 Z 所决定的 Y 的除子类. 若 $x \in H^{2*}(Y, \mathscr{F}^\bullet)$ 满足 $\iota^* x = 0$, 则 $x \cup \tilde{c}([Z]) = 0$.

则存在映射

$$ch_i^Y : K_i(Y) \to \bigoplus_{j \geqslant 0} H^{2j-i}(Y, \mathscr{F}^\bullet)$$

使得

(i) $ch_i^Y(K_i^{(j)}(Y)) \subseteq H^{2j-i}(Y, \mathscr{F}^\bullet)$;

(ii) 对 $x \in K_{i_1}(Y)$, $y \in K_{i_2}(Y)$ 有 $ch_{i_1+i_2}^Y(x \cdot y) = ch_{i_1}^Y(x) \cup ch_{i_2}^Y(y)$, 其中

$$K_i^{(j)}(X) := \{x \in K_i(X) \otimes \mathbb{Q} : \forall k \geqslant 1, \psi^{(k)}(x) = k^j x\}$$

16.4 陈省身示性类

由 Adams 算子 $\{\psi^k : k \geqslant 1\}$ 在 X 的 K 群上的作用定义. (按规定: 若 $n < 0$, 则 $K_n = 0$. 于是若 $j > 2i$, 则 $H^j_{\mathcal{A}}(X, \mathbb{Q}(i)) = 0$.)

称 ch_i^Y 为**陈特征标**(Chern character).

定义 X 的**绝对上同调群**(absolute cohomology) $H^j_{\mathcal{A}}(X, \mathbb{Q}(i)) := K^{(i)}_{2i-j}(X)$. 于是 $K_i^{(j)}(X) = H^{2j-i}_{\mathcal{A}}(X, \mathbb{Q}(j))$. 因为 $K_i(X) \xrightarrow{\approx} \oplus_j K_i^{(j)}(X)$, 利用投射 pr, 下图定义映射 R,

$$\begin{array}{ccc} & K_i(Y) & \\ {\scriptstyle pr} \downarrow & & \searrow {\scriptstyle ch_i^Y} \\ H^{2j-i}_{\mathcal{A}}(Y, \mathbb{Q}(j)) & \xrightarrow{R} & H^{2j-i}(Y, \mathscr{F}^\bullet) \end{array}$$

Beilinson [Bei 85] §1 证明 Deligne-Beilinson 复形 $\mathbb{R}(j)_{\mathcal{D}}$ 有积结构并且满足定理中的条件. 于是下图定义映射 $r_{\mathcal{D}}$,

$$\begin{array}{ccc} H^i_{\mathcal{A}}(X, \mathbb{Q}(j)) & \xrightarrow{r_{\mathcal{D}}} & H^i_{\mathcal{D}}(X_{/\mathbb{R}}, \mathbb{R}(j)) \\ \downarrow & & \| \\ H^i_{\mathcal{A}}(X_{/\mathbb{R}}, \mathbb{Q}(j)) & \xrightarrow{R} & H^i_{\mathcal{D}}(X_{/\mathbb{C}}, \mathbb{R}(j))^{conjug} \end{array}$$

我们称 $r_{\mathcal{D}} : H^i_{\mathcal{A}}(X, \mathbb{Q}(j)) \to H^i_{\mathcal{D}}(X_{/\mathbb{R}}, \mathbb{R}(j))$ 为**调控子映射**(regulator map). 这是一个重要的映射告诉我们陈省身示性类、K 群和 L 函数的关系.

16.4.3 Beilinson 猜想

设 X 是 $\mathbb{Q}$ 上光滑投射簇. $Z^k(X)$ 是 X 上余维数为 k 的代数圈所生成的自由交换群, $\overline{\mathbb{Q}}$ 上同调等价于零的代数圈所生成的子群, 记为 $Z^k_{\sim 0}(X)$. 设 $A^k(X) = Z^k(X)/Z^k_{\sim 0}(X)$. 圈映射 $A^k(X) \to H^{2k}_{dR}(X_{/\mathbb{R}})$ 给出

$$\mathbf{z}_{\mathcal{D}} : A^k(X) \to H^{2k+1}_{\mathcal{D}}(X_{/\mathbb{R}}, \mathbb{R}(k+1)).$$

选定整数 $0 \leqslant j \leqslant 2\dim X$. 以 M 记 X 的所有 $H^j_*(X)$. 于是可以定义 M 的 L 函数 $L(M, s)$, s 为复变数. 以 $c(j, n)$ 记 $L(M, s)$ 在 $s = n$ Taylor 展开的首系数.

Beilinson 调控子映射**猜想**: 设

$$\mathbf{r}^*_{\mathcal{D}} : H^*_{\mathcal{A}}(X, \mathbb{Q}(\star)) \to H^*_{\mathcal{D}}(X_{/\mathbb{R}}, \mathbb{R}(\star)).$$

猜想 I.
(1) 当 $n < \dfrac{j}{2}$ 时, 调控子映射诱导同构

$$\mathbf{r}^{(j+1)}_{\mathcal{D}} : H^{j+1}_{\mathcal{A}}(X_{/\mathbb{Z}}, \mathbb{Q}(j+1-n)) \otimes_{\mathbb{Q}} \mathbb{R} \xrightarrow{\approx} H^{j+1}_{\mathcal{D}}(X_{/\mathbb{R}}, \mathbb{R}(j+1-n)),$$

(2) 当 $n = \frac{j}{2}$ 时, 则 $\mathbf{r}_\mathcal{D} \oplus \mathbf{z}_\mathcal{D}$ 诱导同构

$$(H_\mathcal{A}^{2n+1}(X_{/\mathbb{Z}}, \mathbb{Q}(n+1)) \otimes_\mathbb{Q} \mathbb{R}) \oplus (A^n(X) \otimes \mathbb{R}) \xrightarrow{\approx} H_\mathcal{D}^{2n+1}(X_{/\mathbb{R}}, \mathbb{R}(n+1)).$$

猜想 II.

(1) 当 $n < \frac{j}{2}$ 时, 则 $c(j, n) \equiv \det \mathbf{r}_\mathcal{D}^{(j+1)} \mod \mathbb{Q}^\times$.

(2) 当 $n = \frac{j}{2}$ 时, 则 $c(j, n) \equiv \det(\mathbf{r}_\mathcal{D} \oplus \mathbf{z}_\mathcal{D})^{(2n+1)} \mod \mathbb{Q}^\times$.

([Bei 85] 3.4, 3.7; [Blo 00], [Bor 74], [Den 90], [GJ 12], [RSS 88], [Sou 845].)

16.4.4 定理的证明

在本小段我们介绍前面关于陈特征标存在的定理 16.17 的证明.

我们把定理的条件 (II)(投射空间性质) 看作局部条件, 因此, 便知:

若 E 是 $s\mathcal{V}_F$ 的单纯概形 $Y_\bullet$ 的秩 n 向量丛, 则有同构

$$\sum_{k=0}^{n-1} \pi^*(\cdot) \cup \xi_E^k : \bigoplus_{k=0}^{n-1} H^{*-2k}(Y_\bullet, \mathscr{F}^\bullet) \xrightarrow{\approx} H^*(\mathbb{P}(E), \mathscr{F}^\bullet),$$

其中 $\pi : \mathbb{P}(E) \to Y_\bullet$ 是 E 的投射丛, $\xi_B \in H^2(\mathbb{P}(E), \mathscr{F}^\bullet)$ 是 $\tilde{c}(\mathscr{O}(1), \tilde{c} : H^1(\mathbb{P}(E), \mathscr{O}^\times) \to H^2(\mathbb{P}(E), \mathscr{F}^\bullet)$ ([Gil 81] lem 2.4).

于是知 E 唯一决定 $c_j(E) \in H^{2j}(Y_\bullet, \mathscr{F}^\bullet)$, $c_0(E) = 1$, $c_j(E) = 0$, 若 $j > n$, 在 $H^{2n}(\mathbb{P}(E), \mathscr{F}^\bullet)$ 内满足等式

$$\xi_B^n + \pi^*(c_1(E)) \cup \xi_B^{n-1} + \cdots + \pi^*(c_n(E)) = 0.$$

称 $c_j(E)$ 为 E 的陈省身示性类 (Chern characteristic class) 或简称为 **陈类**(Chern class).

取 $Y_\bullet$ 是单纯概形. 设 $\mathscr{F}^\bullet$ 为单纯概形 $Y_\bullet$ 的层复形, 并满足定理 16.17 的条件. 在 $H^0(Y_\bullet, \mathbb{Z}) \times \prod_{j \geqslant 0} H^{2j}(Y_\bullet, \mathscr{F}^\bullet)$ 取元素 $x = (r, 1, x_1, x_2, \cdots)$ 组成子集 $\mathfrak{ch}(Y_\bullet, \mathscr{F}^\bullet)$, 其中 $r \in H^0(Y_\bullet, \mathbb{Z}), 1 \in H^0(Y_\bullet, \mathscr{F}^\bullet)$, 其余 $j > 0, x_j \in H^{2j}(Y_\bullet, \mathscr{F}^\bullet)$.

命题 16.18 (1) $\mathfrak{ch}(Y_\bullet, \mathscr{F}^\bullet)$ 是增广 $H^0(Y_\bullet, \mathbb{Z})$ λ 代数, 并且 Adams 算子的作用是

$$\psi^k(r, 1, x_1, x_2, \cdots) = (r, 1, kx_1, k^2 x_2, \cdots).$$

(2) 利用向量丛 E 的陈类 $c_n(E)$ 来构造的映射 $[E] \mapsto (\operatorname{rank} E, c_0(E), c_1(E), \cdots)$ 诱导增广 $H^0(Y_\bullet, \mathbb{Z})$ λ 代数自然同态

$$c : K_0(Y_\bullet) \to \mathfrak{ch}(Y_\bullet, \mathscr{F}^\bullet).$$

16.4 陈省身示性类

(1) 的证明见 [Gro 71] SGA 6, exp 0, App. I, §3; exp V, §6; (2) 的证明见 [Gro 581] §3; 142 页 Corollaire.

取命题 16.18 中的 $Y_\bullet$ 为 $B_\bullet GL_n$ 便得

$$c : \varprojlim_n K_0(B_\bullet GL_n) \to \varprojlim_n \mathfrak{ch}(B_\bullet GL_n, \mathscr{F}^\bullet).$$

分别以 E^n, I^n 记 $B_\bullet GL_n$ 上的秩 $= n$ 的泛向量丛和平凡向量丛. 我们可在 $\varprojlim_n K_0(B_\bullet GL_n)$ 取元素 $\{[E^n] - [I^n]\}_n$. 记

$$c(\{[E^n] - [I^n]\}_n) = \{(0, c_0^n, c_1^n, \cdots)\}_n,$$

其中 $c_j^n \in H^{2j}(B_\bullet GL_n, \mathscr{F}^\bullet)$ 与映射 $GL_n \hookrightarrow GL_{n+1}$ 相容. 按命题 16.16 得 c_j^n 同态

$$c_j : N\mathbb{Z}\underline{B_\bullet GL} \longrightarrow \mathscr{F}^\bullet[2j].$$

取仿射概形 $\operatorname{Spec} A \in s\mathcal{V}_F$. 则有复形同态

$$c_j : N\mathbb{Z}B_\bullet GL(A) \to N\mathbb{Z}\underline{B_\bullet GL}(\operatorname{Spec} A) \to \mathscr{F}^\bullet[2j](\operatorname{Spec} A).$$

因为 $N\mathbb{Z}B_\bullet GL(A)$ 是 $GL(A)$ 的分解 ([Mac 63] Chap IV, §5, Bar resolution; [高线] §13.6), 于是计算同调得同态

$$c_{i,j} : H_i(GL(A), \mathbb{Z}) \to H^{2j-i}(\operatorname{Spec} A, \mathscr{F}^\bullet).$$

利用以上的 $c_{i,j}$ 和 Hurewicz 映射 $\eta : \pi_i \to H_i$ 我们从下图

$$\begin{CD}
H_i(BGL(A)^+, \mathbb{Z}) @= H_i(GL(A), \mathbb{Z}) \\
@A\eta AA @VV c_{i,j} V \\
\pi_i(BGL(A)^+) @>>> H^{2j-i}(\operatorname{Spec} A, \mathscr{F}^\bullet)
\end{CD}$$

得同态 $c_{i,j} : K_i(A) = \pi_i(BGL(A)^+) \to H^{2j-i}(\operatorname{Spec} A, \mathscr{F}^\bullet)$.

引理 16.19 (Jouanolou) 设 X 是域 F 上的拟投射概形, 则存在 X 上的向量丛 $E \to X$ (看作群概形) 和 X 上的 E-挠子 ([代数群]§5.3) $W \to X$, 并且 W 是仿射概形.

([Jou 73] lem 1.5, 297 页.)

现取 $Y \in s\mathcal{V}_F$, 再按 Jouanolou 引理取向量丛 - 挠子 $p : W \to Y$. 然后用定理中的假设 (I)(同伦性质) 来为 Y 定义 $c_{i,j}$ 如下图

$$\begin{CD}
K_i(W) @>c_{i,j}>> H^{2j-i}(Y, \mathscr{F}^\bullet) \\
@Ap^*A\cong A @AAp^*\cong A \\
K_i(Y) @>>> H^{2j-i}(Y, \mathscr{F}^\bullet)
\end{CD}$$

仍然用同样符号记上图所给出的同态

$$c_{i,j}: K_i(Y) \to H^{2j-i}(Y, \mathscr{F}^\bullet), \quad i,j \geqslant 0.$$

不难验证此定义与挠子 W 的选择无关.

最后用下面的一组公式定义陈特征标

$$ch_i^Y: K_i(Y) \to \bigoplus_{j \geqslant 0} H^{2j-i}(Y, \mathscr{F}^\bullet)$$

取

$$ch_i^Y := \begin{cases} \sum_{j \geqslant 1} \dfrac{(-1)^{j-1}}{(j-1)!} c_{i,j}, & i \geqslant 1, \\ ch_{00} + \sum_{j \geqslant 1} \dfrac{(-1)^{j-1}}{(j-1)!} \bar{c}_{0,j}, & i = 0, \end{cases}$$

其中

$$ch_{00}: K_0(Y) \xrightarrow{\text{rank}} H^0(Y, \mathbb{Z}) \to H^0(Y, \mathscr{F}^\bullet),$$

$$\sum_{j \geqslant 1} \bar{c}_{0,j} t^j = \log\left(1 + \sum_{j \geqslant 1} c_{0,j} t^j\right).$$

([Gro 71] SGA 6, exp V, §6.3.)

命题 16.20 对 $i_1, i_2 \geqslant 1, i = i_1 + i_2, j \geqslant 0, x \in K_{i_1}(Y), y \in K_{i_2}(Y)$ 有

$$c_{i,j}(x \cdot y) = \sum_{j_1 + j_2 = j} \frac{-(j-1)!}{(j_1-1)!(j_2-1)!} c_{i_1, j_1}(x) \cup c_{i_2, j_2}(y).$$

证明见 [RSS 88] Schneider, 28 页; [Gil 81] prop 2.35; [Sou 79] 262—265 页. 其余的证明留给读者.

16.4.5 其他证明

以下我们介绍构造 Deligne-Beilinson 上同调的陈类结构的另一个说法.

首先我们把拓扑空间 B 上的向量丛 E 换为概形 X 上的局部自由有限秩 $\mathscr{O}_X$ 模 $\mathscr{F}$. 然后推广为表示, 概形 X 上的表示是指层同态 $\rho: \mathscr{G} \to \mathscr{GL}(\mathscr{F})$, 其中 $\mathscr{G}$ 是 X 上的群层, $\mathscr{F}$ 是局部自由 $\mathscr{O}_X$ 模. 向量丛 E 的陈类 $c_i(E) \in H^{2i}(B, \mathbb{Z})$. 我们要把同调群的系数 $\mathbb{Z}$ 换为微分分级环复形层, 定义见下一段.

假设

(1) 对每个整数 i 给出交换群 $A(i)$;

(2) 给定"乘法": $A(i) \otimes A(j) \to A(i+j): a \otimes b \to ab$ 使得 $\oplus_i A(i)$ 是带 (乘法) 单位的环, 并且对 $a \in A(i), b \in A(j)$, 则 $ab = (-1)^{ij} ba$ 成立;

16.4 陈省身示性类

(3) 给出 "微分" $d : A(i) \to A(i+1)$ 满足条件

$$d(ab) = da \cdot b + (-1)^i a \cdot db, \quad a, \in A(i),$$

则称 $\oplus_i A(i)$ 为微分分级环 (differential graded ring, dgr). 以 $\mathfrak{D}gr$ 记微分分级环范畴.

设: 对每个整数 i 给出交换群复形

$$A(i)^\bullet : \quad \cdots \to A(i)^n \xrightarrow{d} A(i)^{n+1} \to \cdots, \quad d^2 = 0.$$

以 $B^\bullet$ 记复形直和 $\oplus_i A(i)^\bullet$, 即 $B^n = \oplus_i A(i)^n$. 若对每个 n, B^n 是微分分级环, 则 $B^\bullet$ 是微分分级环复形. 以 $\mathcal{K}om(\mathfrak{D}gr)$ 记微分分级环复形范畴. 称取值于 $\mathcal{K}om(\mathfrak{D}gr)$ 的层为微分分级环复形层. (注意: 对有上界的复形层才可以定义左导出张量积, 见 [Har 66] Chap II, §4.)

设概形范畴 Sch 的全子范畴 $\mathfrak{V}$ 满条件: 若 X 为 $\mathfrak{V}$ 的对象, $\varphi : U \to X$ 为开浸入 (open immersion), 则 U 为 $\mathfrak{V}$ 的对象, 于是 φ 为 $\mathfrak{V}$ 的态射. 换基保持开浸入, 即, 概形态射 $Y \to X \leftarrow U$ 决定纤维积 $\varrho : Y \times_X U \to Y$, 若 $X \leftarrow U$ 为开浸入, 则 ϱ 亦是开浸入. 因此, 若 $X \in \mathfrak{V}$, $U \to X$, $V \to X$ 为开浸入, 则 $U \times_X V \in \mathfrak{V}$. 取 $X \in \mathfrak{V}$, 称一组开浸入 $\{\varphi_i : U_i \to X\}$ 为 X 的 Zariski 覆盖, 若 $X = \cup_i \varphi_i(U_i)$. 对每个 $X \in \mathfrak{V}$ 取 X 的所有 Zariski 覆盖得出 $\mathfrak{V}$ 的 Grothendieck 拓扑, $\mathfrak{V}$ 取这个拓扑便是 Zariski 位形 (site)$\mathfrak{V}_{Zar}$. 于是可以定义 $\mathfrak{V}$ 上 Zariski 层. (关于 Grothendieck 拓扑看 [模曲线].)

定义 16.21 给定 Zariski 位形 $\mathfrak{V}_{Zar}$ 上微分分级环复形层 $\Gamma = \oplus_i \Gamma(i)^\bullet$. 假设: 对每个概形 $X \in \mathfrak{V}$ 上的表示 $\rho : \mathscr{G} \to \mathscr{GL}(\mathscr{F})$ 有 $c_i(\rho) \in H^{2i}(X, \mathscr{G}, \Gamma(i))$, $i \geqslant 0$ 满足以下条件:

(I) (1) $c_0(\rho) = 1$.

(2) 若 $\varepsilon : \{e\} \to GL_1(\mathscr{O}_X)$ 是平凡表示, 则 $c(\varepsilon) = 1$, 其中 $c = \prod c_i$ 属于 $H^*(X, \mathscr{G}, \Gamma(*)) = \prod_{i,j} H^j(X, \mathscr{G}, \Gamma(i))$.

(II) (函子性) 设有 $f : X' \to X \in \mathfrak{V}$, X' 上的群同态 $\phi : \mathscr{H} \to f^*\mathscr{G}$, 则从 X 上的表示 $\rho : \mathscr{G} \to \mathscr{GL}(\mathscr{F})$ 得 X' 上的表示

$$f^*(\rho) \circ \phi : \mathscr{H} \to \mathscr{GL}(\mathscr{F} \otimes_{\mathscr{O}_X} \mathscr{O}_{X'}).$$

则 $c_i(f^*(\rho)\phi) = \phi^* f^*(c_i(\rho))$.

(III) (加性) 若 $0 \to \rho' \to \rho \to \rho'' \to 0$ 是表示正合序列, 则 $c(\rho) = c(\rho')c(\rho'')$.

则称 $c_i^\Gamma(\rho)$ 为 ρ 的系数在 Γ 的 i 陈类. c 为全陈类.

([Gil 81] §2.)

命题 16.22 陈类 c_i^Γ 存在.

(原证明见 [Gil 81] §2, thm 2.2; [Blo 86]; [Wei 13] Chap V, §11, thm 11.11.) Grothendieck[Gro 581] 指出可以在代数范畴建立陈类结构. 于是对概形的每一种上同调群都有对应的陈类. Weibel ([Wei 13] Chap V, §11) 给出现行的系统做法. 可以说这样是给出原相的陈类.

16.4.6 经典陈类

陈省身, 1911 年生于浙江秀水县(今属嘉兴市), 2004 年在天津逝世. 1930 年南开大学数学系毕业, 获学士学位. 1934 年清华大学毕业, 获硕士学位, 导师为孙光远. 1936 年获德国汉堡大学自然科学博士学位, 导师为 Blaschke. 然后去法国巴黎跟从 E. Cartan 学习. 1937 年回国. 1939 年与郑士宁结婚. 1943—1946 年进入美国普林斯顿高等研究所, 其间完成了陈省身示性类的文章[Chern 46]. 在[Chern 53]发表的示性类有效构造方法影响了 Grothendieck 的工作[Gro 581].

为了帮助读者了解背景我们叙述两个经典结果.

$x \in P^1(\mathbb{C})$ 生成 $\mathbb{C}^2$ 的 1 维子空间记为 $[x]$. $P^1(\mathbb{C})$ 的典范线丛 E_1 在 x 的纤维是 $[x]$.

定理 16.23 设 B 是仿紧 (paracompact) 拓扑空间. 存在唯一的函数 $c_0, c_1, c_2, \cdots$ 使得对每个复向量丛 $E \to B$ 有 $c_i(E) \in H^{2i}(B, \mathbb{Z})$, 满足以下条件

(I) (1) 若复向量丛 $E' \to B$ 与 $E \to B$ 同构, 则 $c_i(E') = c_i(E)$.

(2) $c_0(E) = 1$.

(3) 若 $i > \dim E$, 则 $c_i(E) = 0$.

(4) (标准化) 取 E_1 为 $P^1(\mathbb{C})$ 的典范线丛, 则 $-c_1(E_1)$ 是 $H^2(P^1(\mathbb{C}), \mathbb{Z})$ 的生成元.

(II) (函子性) 若 $f: B' \to B$ 为连续映射, 则 $c_i(f^*E) = f^*(c_i(E))$.

(III) (加性) 若 $0 \to E' \to E \to E'' \to 0$ 是复向量丛正合序列, 则 $c(E) = c(E') \cup c(E'')$, 其中 $c = 1 + c_1 + \cdots \in H^*(B, \mathbb{Z})$.

详细证明见 [Hat 09] Chap 3, thm 3.2; [Hus 94] Chap 17, §5, 6; [Hir 66] Chap 1, §4, 59—60 页.

称 $c_i(E)$ 为 E 的 i **陈类**, $c(E)$ 为 E 的全陈类 (total Chern class). (陈类是陈省身示性类 (Characteristic class) 的简称.)

在微分流形上可以用曲率计算陈类.

定理 16.24 取 C^∞ 紧流形 M 和 C^∞ 复向量丛 $E \to M$, 则

(1) E 上必有 Hermite 结构 $(\cdot, \cdot)$.

(2) E 有容许连络 D.

(3) 设 $\Theta \in A^2(\mathrm{Hom}(E,E))$ 是连络 D 的曲率矩阵, 则

$$c_i(E) = \left[P^i\left(\frac{\sqrt{-1}}{2\pi}\Theta\right)\right] \in H_{dR}^{2i}(M),$$

其中 $P^i(A)$ 是由等式 $\det(A+tI) = \sum_{k=0}^n P^{n-k}(A)t^k$ 所决定的不变多项式, $P^i(A) = \mathrm{trace}(\wedge^i A)$.

证明见 [CC 83] §4.1, 7.4, 262 页; [GH 78] §3.3, 407 页, §1.1, 139 页; [KN 69] §XII.3, thm 3.1. 和前一定理比较时我们使用了 de Rham 定理 $H^i(M,\mathbb{Z}) \subset H^i(M,\mathbb{R}) \xrightarrow{\approx} H_{dR}^i(M)$.

X 是域 F 上的代数概形. $A_k X$ 记 k 维代数圈有理等价类群 (15.3.3 小节). 设 $AX = \oplus_{k \geqslant 0} A_k X$.

当 X 是光滑时, 把向量丛映为它的截面层确定了从向量丛的 Grothendieck 群到凝聚层的 Grothendieck 群的同构. 以 $K_0(X)$ 记这个 Grothendieck 群. 用向量丛的张量积定义 $K_0(X)$ 的积, $K_0(X)$ 成为交换环. 用向量丛的拉回, 从态射 $f: X \to Y$ 得同态 $f^*: K_0(Y) \to K_0(X)$. 若 f 是固有态射, 则用高次直象 $R^\bullet f_*$ 定义 $f_*: K_0(X) \to K_0(Y)$ 为

$$f_*([E]) = \sum_{i \geqslant 0}(-1)^i[R^i f_* E].$$

用形式分解

$$\sum_{i \geqslant 0} c_i(E) t^i = \prod_{j \geqslant 1}(1+a_j t).$$

定义向量丛 E 的陈根 (Chern root) a_j, 其中 $c_i(E)$ 是陈类. 然后定义 Todd 类为

$$td(E) = \prod Q(a_j),$$

其中

$$Q(x) = \frac{x}{1-e^{-x}} = \sum_{j=0}^{\infty} \frac{(-1)^j B_j}{j!} x^j,$$

B_j 是 Bernoulli 数. 又设 $ch(E) = \sum_{j \geqslant 1} e^{a_j}$.

Grothendieck ([Gro 581]) 的定理如下.

定理 16.25 X 是域 F 上的光滑代数概形. T_X 是 X 的切向量丛. 则陈特征标

$$ch: K_0(X) \to A(X) \otimes \mathbb{Q}$$

是环同态使得

(1) 对态射 $f: X \to Y$, $\beta \in K_0(Y)$, 有 $ch(f^*\beta) = f^*(ch\beta)$.

(2) 对固有态射 $f\colon X \to Y$, $\alpha \in K_0(X)$, 有

$$ch(f_*\alpha) \cdot td(T_Y) = f_*\left(ch(\alpha) \cdot td(T_X)\right).$$

称 (2) 中的等式为 Grothendieck 的 Riemann-Roch 公式. 当 Y 为一点时, Grothendieck 的 Riemann-Roch 公式便是 Hirzebruch 的 Riemann-Roch 公式

$$\chi(E) = \int_X ch(E) \cdot td(T_X),$$

其中 $\chi(E) = \sum_{j \geqslant 0} \dim(-1)^j H^j(X,E)$ 是 E 的 Euler 特征. 若 X 是 1 维时, Hirzebruch 的 Riemann-Roch 公式便是经典的紧黎曼面的 Riemann-Roch 公式 ([GH 78] Chap 2, §3).

本节开始的时候就是把 Grothendieck 的结果与 Quillen 的工作合并, 把 K_0 上的公式推到 K_i 去. 我们没有多谈 Riemann-Roch 公式. 有关 Riemann-Roch 的文章很多, 大家可以多多研究.

16.5 Selmer 群

16.5.1 Galois 上同调群

我们记下一些局部 Galois 上同调群的对偶结果. 证明见: [Mil 86], [NSW 08], [数论].

取素数 p 和有限域扩张 $F/\mathbb{Q}_p$. 记 $\mathrm{Gal}(\overline{F}/F)$ 为 G_F, I_F 为惯性群, $\mu(\overline{F})$ 为 $\overline{F}$ 的单位根群. $H^i(F,M)$ 记 G_F 模 M 的 Galois 上同调群 $H^i(G_F, M)$.

命题 16.26 设 G_F 作用在有限群 M 上.

(1) 若 $i > 2$, 则 $H^i(G_F, M) = 0$.

(2) 取 $M^* = \mathrm{Hom}(M, \mu(\overline{F}))$. G_F 在 M^* 的作用是: $(gx^*)(x) = g(x^*(g^{-1}x))$. G_F 偶对 $M \times M^* \to \overline{F}^\times$ 诱导非退化偶对

$$H^i(F,M) \times H^{2-i}(F,M^*) \to H^2(F,\overline{F}^\times) = \mathbb{Q}/\mathbb{Z}.$$

(3) 若 p 与 M 的元素个数互素, 则在对偶 $H^1(F,M) \times H^1(F,M^*) \to \mathbb{Q}/\mathbb{Z}$ 下 $H^1(G_F/I_F, M^{I_F})^\perp = H^1(G_F/I_F, (V^*)^{I_F})$.

常说以上是"有限系数"(M) 的 Galois 上同调群的对偶性质.

命题 16.27 设 G 是射影有限群使得对所有 $i \geqslant 0$ 和 G 的任意开子群 U, $H^i(U, \mathbb{Z}/\ell\mathbb{Z})$ 是有限集. 设 V 是有限维 $\mathbb{Q}_\ell$ 向量空间, $G \to GL_{\mathbb{Q}_\ell}(V)$ 是连续的群同态, 格 $\Lambda \subseteq V$ 满足 $G(\Lambda) \subseteq \Lambda$. 则 $H^i(G, \Lambda)$ 是有限 $\mathbb{Z}_p$ 模, 并且存在典范同构

$$H^i(G,\Lambda) \cong \varprojlim_n H^i(G, \Lambda/p^n\Lambda), \quad H^i(G,V) \cong H^i(G,\Lambda) \otimes_{\mathbb{Z}_p} \mathbb{Q}_p$$

([Tat 76], [数论]). 利用以上命题推广对偶性至连续系数.

$F/\mathbb{Q}_p$ 是有限域扩张. 取素数 ℓ, V 是有限维 $\mathbb{Q}_\ell$ 向量空间, 称连续的群同态 $\rho: G_F \to GL_{\mathbb{Q}_\ell}(V)$ 或 V 为 ℓ 进 Galois 表示.

命题 16.28 (1) 若 $i > 2$, 则 $H^i(G_F, V) = 0$.

(2) (对偶) 有典范同构 $H^2(G_F, \mathbb{Q}_p(1)) \cong \mathbb{Q}_p$. 杯积给出非退化偶对

$$H^i(G_F, V) \times H^{2-i}(G_F, V^*(1)) \to H^2(G_F, \mathbb{Q}_p(1)) \cong \mathbb{Q}_p, \quad i = 0, 1, 2.$$

(3) (Euler 特征)

$$\dim H^0(G_F, V) - \dim H^1(G_F, V) + \dim H^2(G_F, V) = \begin{cases} 0, & \ell \neq p, \\ [F : \mathbb{Q}_p] \dim V, & \ell = p. \end{cases}$$

16.5.2 Kummer 序列

在代数数论中我们已经学过乘法群 G_m/F 的 Kummer 序列 ([Sil 86] §VIII.2, 217 页; [数论] §5.7, 7.2). 这里我们介绍椭圆曲线的 Kummer 序列.

取素数 p. 设 E 是数域 F 上的椭圆曲线, 则 $[p^n]$ 的核 $E[p^n]$ 是 F 上的有限交换群概形. 记 F^{sep}/F 的 Galois 群为 G_F.

对 $z \in E(\overline{F})$, $g \in G_F$, 设 $c_z(g) := g(z) - z$. 因为 $E(\overline{F})$ 是 p 可除群, 对 $x \in E(F)$ 有 $y \in \in E(\overline{F})$ 使得 $p^n y = x$. 于是 $p^n c_y(g) = g(p^n y) - p^n y = gx - x = 0$, 即 $c_y(g) \in E[p^n](\overline{F})$. 不难验证映射 $g \mapsto c_y(g)$ 决定上同调类 $\bar{c}_y \in H^1(F, E[p^n](\overline{F}))$.

若另有 $y_0 \in \in E(\overline{F})$ 使得 $p^n y_0 = x$, 则 $z = y - y_0 \in E[p^n](\overline{F})$, 并且 $c_y(g) = c_{y_0}(g) + gz - z$, 于是 $\bar{c}_y = \bar{c}_{y_0}$, 即 $\bar{c}_y$ 与 y 的选择无关. 如此得映射 $E(F) \to H^1(F, E[p^n](\overline{F})): x \mapsto \bar{c}_y$.

现设 $x, x' \in E(F)$, $p^n y = x$, $p^n y' = x'$, 则 $c_{y-y'}(g) = c_y(g) - c_{y'}g$. 于是 $x - x' \mapsto \bar{c}_y - \bar{c}_{y'}g$, 即 $x \mapsto \bar{c}_y$ 是群同态.

若取 $x \in p^n E(F)$, 即 $x = p^n y$, $y \in E(F)$. 于是 $c_y(g) = 0$. 因此 $x \mapsto \bar{c}_y = 0$. 所以得群同态

$$k_n : E(F)/p^n E(F) \to H^1(F, E[p^n](\overline{F})).$$

为了明白 k_n 的性质, 取 G_F 模正合序列

$$0 \to E[p^n](\overline{F}) \to E(\overline{F}) \xrightarrow{[p^n]} E(\overline{F}) \to 0$$

的长正合序列

$$E(\overline{F}) \xrightarrow{[p^n]} E(\overline{F}) \xrightarrow{\delta} H^1(F, E[p^n](\overline{F})) \to H^1(F, E(\overline{F})) \xrightarrow{[p^n]} H^1(F, E(\overline{F})),$$

其中 δ 为连接映射. 于是得正合序列

$$0 \to E(F)/p^n E(F) \xrightarrow{k_n} H^1(F, E[p^n](\overline{F})) \longrightarrow H^1(F, E(\overline{F}))[p^n] \to 0.$$

称此为 E/F 的 Kummer 序列 ([Sil 86] §VIII.2, §X.4). 这样我们可以在 $H^1(F, E[p^n](\overline{F}))$ 里 "看到" $E(F)/p^n E(F)$. 不过 H^1 一般是很大的, 例如 $H^1(F, \mu) = F^\times/(F^\times)^m$. 一个办法是用部局条件在 H^1 里找个比较小的子群. F_v 记 F 在素位 v 的完备化. 从包含映射 $G_{F_v} \subset G_F$, $E(\overline{F}) \subset E(\overline{F}_v)$ 得上同调限制映射, 于是有以下交换图

$$\begin{array}{ccccccccc} 0 & \longrightarrow & E(F)/p^n E(F) & \xrightarrow{k_n} & H^1(F, E[p^n]) & \longrightarrow & H^1(F, E)[p^n] & \longrightarrow & 0 \\ & & \downarrow & & \downarrow & & \downarrow & & \\ 0 & \longrightarrow & \prod_v E(F_v)/p^n E(F_v) & \longrightarrow & \prod_v H^1(F_v, E[p^n]) & \longrightarrow & \prod_v H^1(F_v, E)[p^n] & \longrightarrow & 0 \end{array}$$

([Sil 86] 332 页). k_n 的象是 $H^1(F, E[p^n]) \to H^1(F, E)[p^n]$ 的核. 观察以上交换图我们引入定义.

定义 16.29 数域 F 上的椭圆曲线 E 的 p^n Selmer 群是

$$\mathrm{Sel}_{p^n}(E/F) := \mathrm{Ker}\left\{H^1(F, E[p^n]) \to \prod_v H^1(F_v, E)\right\},$$

$$\mathrm{III}(E/F) := \mathrm{Ker}\left\{H^1(F, E) \to \prod_v H^1(F_v, E)\right\},$$

则从交换图得正合序列

$$0 \to E(F)/p^n E(F) \to \mathrm{Sel}_{p^n}(E/F) \to \mathrm{III}(E/F)[p^n] \to 0,$$

并且可以证明 $\mathrm{Sel}_{p^n}(E/F)$ 是有限群 ([Sil 86] §X.4, thm 4.2; [Cass 59]).

按 Mordell-Weil 定理 $E(F)$ 是有限生成群 ([Sil 86] §VIII.6, thm 6.7), 因此 $E(F) \otimes_\mathbb{Z} \mathbb{Z}_p$ 同构于 $\varprojlim_n E(F)/p^n E(F)$. 于是 $\dim E(F) \otimes_\mathbb{Z} \mathbb{Q}_p$ 等于 $\mathrm{rank}_\mathbb{Z} E(F)$.

BSD 猜想数域上的椭圆曲线的 $\mathrm{III}(E/F)$ 是有限群, 并且

$$\mathrm{ord}_{s=1} L(E/F, s) = \mathrm{rank}_\mathbb{Z} E(F).$$

这样 BSD 便是猜想

$$\mathrm{ord}_{s=1} L(E/F, s) = \dim_{\mathbb{Q}_p} \varprojlim_n \mathrm{Sel}_{p^n}(E/F) \otimes_{\mathbb{Z}_p} \mathbb{Q}_p.$$

以上的讨论亦适用于域 F 上的交换群概形 ([代数群]§1)A, 如果假设 "乘 p", $[p]: A \to A$ 是有限满射和 $A(F)$ 是有限生成群.

Bloch-加藤猜想是问怎样把这个猜想推广到一般的代数簇的.

16.5.3 无分歧上同调

取素数 p, ℓ. $F/\mathbb{Q}_p$ 是有限域扩张, 记 $\mathrm{Gal}(\overline{F}/F)$ 为 G_F. F^{nr}/F 记 $\overline{F}$ 内最大无分歧扩张. 惯性群 I_F 是 G_F 的子群 $\mathrm{Gal}(\overline{F}/F^{nr})$.

V 是有限维 $\mathbb{Q}_\ell$ 向量空间, $\rho: G_F \to GL_{\mathbb{Q}_\ell}(V)$ 为连续的群同态, 称 ρ 或 V 为 Galois 表示. 若 $\ell \neq p$, 称 ρ 为 ℓ 进表示; 若 $\ell = p$, 称 ρ 为 p 进表示.

我们可以把 V 看作 $\mathrm{Spec}\, F$ 上的光滑 p 进平展层, 这样

$$H^i(G_F, V) = H^i_t(\mathrm{Spec}\, F, V),$$

$F^{nr}_{\infty\ell}$ 记 F 的极大扩张在所有 $\mathfrak{p} \nmid \infty\ell$ 上为无分歧, 则 Galois 上同调群 $H^i(F^{nr}_{\infty\ell}, V)$ 等于平展上同调群 $H^i\left(\mathrm{Spec}\, \mathcal{O}_F\left[\frac{1}{\ell}\right], V\right)$.

Galois 表示 ρ 的无分歧 H^1 定义为

$$H^1_{nr}(F, V) := \mathrm{Ker}(H^1(F, V) \to H^1(F^{nr}, V)),$$

则 $H^1_{nr}(F, V) = H^1(G_F/I_F, V^{I_F})$.

命题 16.30 (正交关系) $F/\mathbb{Q}_p$ 是有限域扩张. 设 V 为 ℓ 进表示, 以及 $\ell \neq p$, 在对偶 $H^1(F, V) \times H^1(F, V^*(1)) \to \mathbb{Q}_\ell$ 下 $H^1_{nr}(F, V)^\perp = H^1_{nr}(F, V^*(1))$.

16.5.4 局部 Bloch-加藤 Selmer 群

设 V 为 p 进表示 (即 $\ell = p$), 定义

$$H^1_f(F, V) = \mathrm{Ker}(H^1(F, V) \to H^1(F, B_{cris} \otimes_{\mathbb{Q}_p} V)),$$

其中 B_{cris} 是晶体周期环 ([数论]11.8.2).

B^+_{dR} 是 de Rham 周期环, B_{dR} 是 B^+_{dR} 的分式域 ([数论] 11.8.1, 407 页). $D_{B^+_{dR}}(F, V)$ 是 $(V \otimes_{\mathbb{Q}_p} B^+_{dR})^{G_F}$, $D_{B_{dR}}(F, V)$ 是 $(V \otimes_{\mathbb{Q}_p} B_{dR})^{G_F}$. 称 V 为 de Rham p 进表示, 若 $B_{dR} \otimes_F D_{B_{dR}}(F, V) \cong B_{dR} \otimes_F V$ ([数论] 11.10.4, 428 页).

命题 16.31 (正交关系) $F/\mathbb{Q}_p$ 是有限域扩张. 设 V 为 de Rham p 进表示, 在对偶 $H^1(F, V) \times H^1(F, V^*(1)) \to \mathbb{Q}_p$ 下 $H^1_f(F, V)^\perp = H^1_f(F, V^*(1))$.

([BK 90] §3, prop 3.8.)

16.5.5 Selmer 结构

F 是数域. V 是有限维 $\mathbb{Q}_p$ 向量空间, $\rho: G_F \to GL_{\mathbb{Q}_p}(V)$ 为 Galois 表示. V 的 Selmer 结构 $\mathcal{L}$ 是 $\{L_v\}_{v<\infty}$, 其中 v 是 F 的素位, L_v 是 $H^1(F_v, V)$ 的子空间, 并且除有限个 v 外, $L_v = H^1_{nr}(F_v, V)$ ([DDT 97] 51 页).

在对偶 $H^1(F_v,V) \times H^1(F_v,V^*(1)) \to \mathbb{Q}_p$ 下取 $L_v^\perp \subseteq H^1(F_v,V^*(1))$. 显然 $\mathfrak{L}^\perp := \{L_v^\perp\}_{v<\infty}$ 是 $V^*(1)$ 的 Selmer 结构.

定义 $\mathfrak{L}$ Selmer 群为

$$H^1_\mathfrak{L}(F,V) = \mathrm{Ker}\left(H^1(F,V) \to \prod_{v<\infty} H^1(F_v,V)/L_v\right),$$

即是

$$\begin{array}{ccc} H^1_\mathfrak{L}(F,V) & \longrightarrow & H^1(F,V) \\ \downarrow & & \downarrow \\ \prod_{v<\infty} L_v & \longrightarrow & \prod_{v<\infty} H^1(F_v,V) \end{array}$$

命题 16.32 (Greenberg-Wiles 公式)

$$\dim H^1_\mathfrak{L}(F,V) - \dim H^0(F,V)$$
$$= \dim H^1_{\mathfrak{L}^\perp}(F,V^*(1)) - \dim H^0(F,V^*(1)) + \sum_v \left(\dim L_v - \dim H^0(F_v,V)\right).$$

(在以上公式中, 若 $v|\infty$, 设 $L_v = \{0\}$.) ([Gre 89], [Wil 95], 证明见: [DDT 97] thm 2.18, 52 页.)

现取 Selmer 结构 $\mathfrak{L}$ 如下:

$$L_v = \begin{cases} H^1_{nr}(F_v,V), & v \nmid p, \\ H^1_f(F_v,V), & v|p. \end{cases}$$

记此 $\mathfrak{L}$ Selmer 群为 $H^1_f(F,V)$, 并称为 **Bloch-加藤 Selmer 群** ([FP 94] Chap II, §5.3.4, 664 页.)

命题 16.33 $F/\mathbb{Q}_p$ 是有限域扩张.

(1) 设 V 为 ℓ 进表示, 以及 $\ell \neq p$, 则 $\dim_{\mathbb{Q}_p} H^1_{nr}(F,V) = \dim_{\mathbb{Q}_p} H^0(F,V)$.

(2) 设 V 为 G_F 的 de Rham p 进表示, 则

$$\dim_{\mathbb{Q}_p} H^1_f(F,V) - \dim_{\mathbb{Q}_p} H^0(F,V) = \dim_{\mathbb{Q}_p}(D_{B_{dR}}(F,V)/D_{B_{dR}^+}(F,V)).$$

假设对 $v|p$, G_{F_v} 在 V 的表示为 de Rham p 进表示, 则由正交关系得 $\mathfrak{L} = \mathfrak{L}^\perp$. 从以上命题得 Bloch-加藤 Selmer 群的 Greenberg-Wiles 公式

$$\dim H^1_f(F,V) - \dim H^0(F,V)$$
$$= \dim H^1_f(F,V^*(1)) - \dim H^0(F,V^*(1))$$
$$+ \sum_{v|p} \dim(D_{B_{dR}}(F_v,V)/D_{B_{dR}^+}(F_v,V)) - \sum_{v|\infty} \dim H^0(F_v,V).$$

16.5.6 L 函数

F 是数域, $\rho: G_F \to GL_{\mathbb{Q}_p}(V)$ 是 Galois 群 G_F 的有限维 $\mathbb{Q}_p$ 表示. 选定嵌入 $\mathbb{Q}_p \hookrightarrow \mathbb{C}$.

若 F 的素位 $v \nmid p$, 取
$$L_v(s, V) = \det \left(I - (\mathrm{Frob}_v^{-1} q_v^{-s})|_{V^{I_{F_v}}} \right)^{-1},$$

F_v 的剩余域有 q_v 个元素.

若 F 的素位 $v|p$, 取
$$L_v(s, V) = \det \left(I - (\varphi^{-1} q_v^{-s})|_{D_{B_{cris}}(V|_{G_{F_v}})} \right)^{-1},$$

$\varphi = \phi^{f_v}$, ϕ 是晶体 Frobenius 映射, $q_v = p^{f_v}$.

定义 $L(s, V) = \prod_{v < \infty} L_v(s, V)$.

设 X 是数域 F 上的 n 维光滑固有代数簇. $\mathcal{O}_{(v)}$ 记 F 的整数环 $\mathcal{O}_F$ 在素位 v 的局部化. 说 X 在 v 有好约化 (good reduction), 若存在 $\mathcal{O}_{(v)}$ 上的光滑固有概形 $\mathcal{X}$ 使得 $X \cong \mathcal{X} \times_{\mathrm{Spec}\,\mathcal{O}_{(v)}} \mathrm{Spec}\,K$.

取素数 p. 以 $V_p(X)$ 记以下有限维 $\mathbb{Q}_p$ 空间
$$H^i(X, \mathbb{Q}_p) := \left(\varprojlim_n H^i_t(X \times \overline{F}, \mathbb{Z}/p^n \mathbb{Z}) \right) \otimes_{\mathbb{Z}_p} \mathbb{Q}_p,$$

则 $V_p(X)$ 是 G_F 模 ([Fu 15]).

若 X 在 $v|p$ 有好约化, 则按 Bloch-加藤猜想有
$$\mathrm{ord}_{s=0} L(s, V_p(X)) = \dim H^1_f(F, V_p(X)^*(1)) - \dim H^0(F, V_p(X)^*(1))$$

([FP 94] Chap II, §3.4.5, Conj i), 这里说的只是 Fontaine 文中的一个特殊例子. 按以下命题可见此猜想是 16.5.2 小节里的关于椭圆曲线的 BSD 猜想的推广.

命题 16.34 E 是数域 F 上的椭圆曲线. 设 $V_p(E) = (\varprojlim_n E[p^n](\overline{F})) \otimes_{\mathbb{Z}_p} \mathbb{Q}_p$.
(1) $H^0(F, V_p(E)) = 0$.
(2) $H^1_f(F, V_p(E)) = \varprojlim_n \mathrm{Sel}_{p^n}(E/F) \otimes_{\mathbb{Z}_p} \mathbb{Q}_p$.

有了这些关于 Selmer 群的背景我们便可以在下一节介绍 Bloch-加藤猜想.

16.6 Bloch-加藤猜想

加藤和也 (Kato Kazuya), 日本优秀的数论家. 1952 年生于和歌山县, 1970 年入东京大学, 1980 年获东京大学理学博士学位, 导师: 伊原康隆 (Ihara Yasutaka),

1990 年任东京大学理学部教授, 2001 年任京都大学理学部教授, 2005 年获日本学士院恩赐赏, 2009 年任芝加哥大学教授.

Bloch-加藤有另外一个猜想, 是由 Voevodsky ([Voe 11], [Rio 13])证明的, 由此可以推出 Quillen-Lichtenbaum 猜想的证明. [Kol 15]给了这方面的介绍. 更详细的讨论见 Haesemeyer 和 Weibel 即将出版的书 The Norm Residue Theorem in Motivic Cohomology.

以下我们介绍 Bloch-加藤的玉河数猜想, 原文见 [BK 90]; 此外有 [Fon 92],[Bel 09] (≠Bloch-加藤-Milnor 猜想).

想法是: 从一个原相我们得出一组算术资料, 而玉河数是从这组算术资料构造出来的不变量.

1) $\mathbb{Q}_p$ 是 p 进数域 ([数论]§3.4). 有理数域 $\mathbb{Q}$ 的有限加元环 (finite adele ring) 是

$$\mathbf{A}_f = \bigcup_S \prod_{p \in S} \mathbb{Q}_p \times \prod_{p \notin S} \mathbb{Z}_p,$$

其中 S 走遍所有 "素数的有限集" ([数论]§4.1). 记 $\hat{\mathbb{Z}} = \prod_p \mathbb{Z}_p$.

设有有限扩张 $F/\mathbb{Q}_p$, F_0 是 F 的最大无分歧子扩张, $\overline{F}$ 是 F 的代数闭包, F^{nr} 是 F 的最大无分歧扩张. B_{dR}, B_{cris} 是周期环 ([Fon 94], [数论]§11.8, 407 页, 411 页).

设 V 是有限维 $\mathbb{Q}_p$ 向量空间, Galois 群 $\mathrm{Gal}(\overline{F}/F)$ 在 V 上有连续作用. 设

$$D_{dR}(V) := H^0(F, B_{dR} \otimes V),$$

$D_{dR}(V)$ 是带下降过滤的 F 向量空间

$$Fil^i D_{dR}(V) := H^0(F, Fil^i B_{dR} \otimes V) \quad (i \in \mathbb{Z}).$$

设

$$D_{cris}(V) := H^0(F, B_{cris} \otimes V),$$

则 $D_{cris}(V)$ 是带 Frobenius 映射 $Frob$ 作用的 F_0 向量空间 和 $F \otimes_{K_0} D_{cris}(V) \hookrightarrow D_{dR}(V)$. 称 V 为晶体表示, 若 $\dim_{F_0}(D_{cris}(V)) = \dim_{\mathbb{Q}_p}(V)$ ([数论]§11.10).

2) 设 ℓ 是素数, Galois 群 $\mathrm{Gal}(\overline{F}/F)$ 在有限维 $\mathbb{Q}_\ell$ 向量空间 V 上有连续作用. 定义

$$P(V, u) = \begin{cases} \det_{\mathbb{Q}_p}(1 - f_F u : H^0(F^{nr}, V)) \in \mathbb{Q}_\ell[u], & \ell \neq p, \\ \det_{F_0}(1 - f_F u : D_{cris}(V)) \in F_0[u], & \ell = p, \end{cases}$$

其中, 若 $\ell \neq p$, $f_F \in \mathrm{Gal}(\overline{F}/F)$ 在 $\mathbb{Z}_\ell(-1)$ 的作用是乘以 $p^{[F_0:\mathbb{Q}_p]}$; 若 $\ell = p$, f_F 是 F_0 线性映射 $Frob^{[F_0:\mathbb{Q}_p]}$.

称 $P(V,u)^{-1}$ 为 V 所决定的局部 L 函数.

3) 取 $\mathbf{Q}$ 为基域. 以 p 记 $\mathbf{Q}$ 的素位, 即 p 为素数或 ∞. 对每个 p, 固定嵌入 $\overline{\mathbf{Q}} \hookrightarrow \overline{\mathbf{Q}_p}$. 对 $\mathbb{Q}$ 向量空间 V 记 $V_p = V \otimes \mathbf{Q}_p$. 对有 $\mathrm{Gal}(\mathbb{C}/\mathbb{R})$ 作用的 $\mathbb{C}$ 向量空间 W 和子集 $U \subseteq W$, 记 $U^+ = \{u \in U : \eta u = u\}$, 其中 η 是复共轭.

定义 16.35 原相对 (V, D) 是指带以下性质 (P1)-(P4) 的结构 (i)-(iii).

(i) 设有有限维 $\mathbf{Q}$ 向量空间 V, D. 又设 $V \otimes \mathbf{A}_f$ 有连续 $\mathbf{A}_f$-线性 Galois 作用使得在作用下 $\mathrm{Gal}(\mathbf{C}/\mathbf{R}) \subset \mathrm{Gal}(\overline{\mathbb{Q}}/\mathbb{Q})$ 把 $V \subset V \otimes \mathbf{A}_f$ 映入 V.

(ii) D 有以 $\mathbb{Q}$ 向量空间组成的下降过滤 $(D^i)_{i \in \mathbf{Z}}$, 使得对 $i \gg 0$ 有 $D^i = (0)$ 和对 $i \ll 0$ 有 $D^i = D$.

(iii) 若 $p < \infty$, 则有保持过滤的 $\mathbb{Q}_p$- 向量空间同构 $\theta_p : D_p \cong D_{dR}(V_p)$, 其中 $D_p = D \otimes \mathbb{Q}_p$.

若 $p = \infty$, 则有 $\mathbb{R}$ 向量空间同构 $\theta_\infty : D_\infty \cong (V_\infty \otimes_{\mathbf{R}} \mathbf{C})^+$. ($\mathrm{Gal}(\mathbb{C}/\mathbb{R})$ 在 $\mathbf{V}_\infty \otimes \mathbf{C}$ 的作用为 $\sigma \otimes \sigma$.)

性质:

(P1) 存在 $\mathrm{Spec}(\mathbf{Z})$ 的非空子集 U 使得对 $p \in U$, V_p 是晶体表示, 以及对 $\ell \neq p$, V_ℓ 在 p 是无分歧的.

(P2) 设 M 是 V 的 $\mathbf{Z}$-格, 又设 L 是 D 的 $\mathbf{Z}$-格, 则存在 $\mathbb{Q}$ 的素位的有限集 S 使得 $\infty \in S$ 并且对 $p \notin S$, V_p 是 $\mathrm{Gal}(\overline{\mathbf{Q}_p}/\mathbf{Q}_p)$ 的晶体表示, 并且有 $i, j \in \mathbf{Z}$ 使得 $j - i < p$ 和 $D_{dR}(V)^i = D_{dR}(V)$, $D_{dR}(V)^j = (0)$. $L \otimes \mathbf{Z}_p$ 是 $D_p = Cris\,(V)_p$ 的强可除格, 以及 $\theta_p(L \otimes \mathbf{Z}_p) = M \otimes \mathbf{Z}_p$.

(P3) 对 $p < \infty$, 设 $P_p(V_\ell, u)$ 为 $\mathrm{Gal}(\overline{\mathbb{Q}}/\mathbb{Q})$ 模 V_ℓ 的多项式 $P(V_\ell, u)$, 则对所有 ℓ, $P_p(V_\ell, u) \in \mathbb{Q}[u]$, 并且这些多项式与 ℓ 无关.

(P4) 若 $p < \infty$, 则 $V \otimes \mathbb{A}_f$ 有 $\mathbf{Z}$-格 $T \subset$ 使得 $\mathrm{Gal}(\overline{\mathbf{Q}_p}/\mathbf{Q}_p)(T) \subseteq T$, 除有限个 ℓ 外, $H^0(\mathbb{Q}_{p,nr}, T \otimes \mathbb{Q}_\ell/\mathbb{Z}_\ell)$ 是可除的.

4) 称原相对 (V, D) 的权 (weight) $\leqslant w$, 若对 $p < \infty$, 可分解多项式 $P_p(V, u)$ 为 $\prod(1 - \alpha_i u)$, 其中 $|\alpha_i| \leqslant p^{w/2}$, 并且对 $i > w/2$ 有 $D_\infty^i \cap V_\infty^+ = (0)$.

假设 (V, D) 的权 $\leqslant w$, 以及 S 是 $\mathbb{Q}$ 的素位的有限集, 并且 $\infty \in S$.

定义 L-函数 $L_S(V, s)$ 为

$$L_S(V, s) = \prod_{p \notin S} P_p(V, p^{-s})^{-1}.$$

若 $\mathbf{Re}(s) > w/2 + 1$, 设此无穷积收敛.

5) 设 $\mathrm{Gal}(\overline{F}/F)$ 在有限维 $\mathbb{Q}_p$ 向量空间 V 上有连续表示.

固定素数 ℓ. 若 $\ell \neq p$, 取

$$H^1_f(F, V) = Ker(H^1(F, V) \to H^1(F^{nr}, V)).$$

若 $\ell = p$, 取
$$H_f^1(F,V) = Ker(H^1(F,V) \to H^1(F, B_{cris} \otimes V)).$$

记 $\rho_v : H^1(F,T) \to H^1(F_v, T)$. 取 $\Lambda = \mathbf{Z}_\ell, \mathbf{Q}_\ell, \hat{\mathbf{Z}}, \mathbf{A}_f$. 设有限秩自由 Λ-模 T 有 Λ 线性的 $\mathrm{Gal}(\overline{F}/F)$ 作用, U 是 $\mathrm{Spec}(\mathcal{O}_F)$ 的非空开子集, 定义
$$H_{f,U}^1(K,T) = \{\alpha \in H^1(F,T) : v \in U \Rightarrow \rho_v \alpha \in H_f^1(F_v, T)\}.$$

6) 设 (V,D) 的权 $\leqslant -3$. 假设存在有限维 $\mathbb{Q}$ 向量空间 Φ 及 $\mathbb{R}$ 向量空间同构
$$R_\infty : \Phi \otimes \mathbb{R} \cong D_\infty/(D_\infty^0 + V_\infty^+)$$

和 $\mathbb{A}_f$ 模同构
$$R_{Gal} : \Phi \otimes \mathbb{A}_f \cong H_{f,Spec(\mathbb{Z})}^1(\mathbb{Q}, V \otimes \mathbb{A}_f).$$

7) 在 V 内固定 $\mathbb{Z}$ 格 M 使得在 $V \otimes \mathbb{A}_f$ 内 Galois 作用把 $M \otimes \hat{\mathbb{Z}}$ 映回 $M \otimes \hat{\mathbb{Z}}$. 以 $A(\mathbb{Q})$ 记 $H_{f,Spec(\mathbb{Z})}^1(\mathbb{Q}, M \otimes \hat{\mathbb{Z}})$ 的子空间 $R_{Gal}(\Phi)$. 设 $A(\mathbb{Q}_p)$ 为 $H_f^1(\mathbb{Q}_p, M \otimes \hat{\mathbb{Z}})$ $(p < \infty)$,
$$A(\mathbb{Q}_\infty) = ((D_\infty \otimes_\mathbb{R} \mathbb{C})/((D_\infty^0 \otimes_\mathbb{R} \mathbb{C}) + M))^+.$$

8) 取 (V, D, Φ, M) 如上. 用映射
$$\alpha_M : \frac{H^1(\mathbb{Q}, M \otimes \mathbb{Q}/\mathbb{Z})}{A(\mathbb{Q}) \otimes \mathbb{Q}/\mathbb{Z}} \to \bigoplus_{p \leqslant \infty} \frac{H^1(\mathbb{Q}_p, M \otimes \mathbb{Q}/\mathbb{Z})}{A(\mathbb{Q}_p) \otimes \mathbb{Q}/\mathbb{Z}}$$

定义
$$\text{Ш}(M) = \mathrm{Ker}(\alpha_M).$$

9) 当权 $\leqslant -3$ 时, 设有同构
$$exp : (D_p/D_p^0) \cong H_f^1(\mathbb{Q}_p, V_p)$$

和同态
$$exp : D_\infty/D_\infty^0 \to A(\mathbb{Q}_\infty)$$

固定同构
$$\omega : det_\mathbb{Q}(D/D^0) \cong \mathbb{Q}.$$

对 $p \leqslant \infty$, 则有
$$det_{\mathbb{Q}_p}(D_p/D_p^0) \cong \mathbb{Q}_p.$$

于是在 D_p/D_p^0 上得 Haar 测度, 在 $A(\mathbb{Q}_p)$ 上得 Haar 测度 $\mu_{p,\omega}$. 对包含 ∞ 的充分大有限集 S, 对 $p \notin S$,
$$\mu_{p,\omega}(A(\mathbb{Q}_p)) = P_p(V, 1).$$

16.6 Bloch-加藤猜想

由于假设权 $\leqslant -3$,
$$L_S(V,0)^{-1} = \prod_{p \notin S} \mu_{p,\omega}(A(\mathbb{Q}_p))$$

收敛, 因此可以定义 (V,D) 的玉河测度 $\mu = \prod_{p \leqslant \infty} \mu_{p,\omega}(A(\mathbb{Q}_p))$. 定义玉河数
$$Tam(M) = \mu\left(\left(\prod A(\mathbb{Q}_p)\right)/A(\mathbb{Q})\right).$$

10) 对 $\mathbb{Q}$ 上光滑概形 X 给出的原相 $H^m(X)(r)$ 定义
$$V = H^m(X(\mathbb{C}), \mathbb{Q}((2\pi i)^r)) \quad D = H^m_{dR}(X/\mathbb{Q})$$

我们有 $V \otimes \mathbb{A}_f \cong H^m_{et}(X_{\overline{\mathbb{Q}}}, \mathbb{A}_f)(r)$. 用 H_{dR} 的 Hodge 过滤得
$$D^i = Fil^{r+i} H^m_{dR}(X/\mathbb{Q}).$$

Faltings 比较定理 ([Fal 88]; [数论] 11.10.3) 给出典范同构
$$\theta_p : D_p \cong D_{dR}(V_p).$$

从 Beilinson 的猜想知道: 取映射
$$gr^r(K_{2r-m-1}(\mathfrak{X}) \otimes \mathbb{Q}) \to gr^r(K_{2dr-m-1}(\mathfrak{X}) \otimes \mathbb{Q})$$

的象为空间 Φ, 则 R_{Gal} 由陈类映射给出, 并且 R_∞ 由 Beilisnson 调控子给出. 取
$$M = H^m(X(\mathbb{C}), \mathbb{Z}(2\pi i)^r)/tors$$

(符号 $G/tors$ 是指商群 G/G的挠子群), 称以上定义的 (V, D, Φ, M) 来自原相 $H^m(X)(r)$. 对此 Bloch-加藤有以下猜想.

猜想 $\text{III}(M)$ 有限, 并且
$$Tam(M) = \frac{\#(H^0(\mathbb{Q}, \text{Hom}(M, \mathbb{Z}) \otimes \mathbb{Q}/\mathbb{Z}(1)))}{\#(\text{III}(M))}.$$

如此表达便把 L 函数的特殊值隐藏在测度的选择内. 当 Fontaine, Perrin-Riou 重新描述这个猜想的时候他们决定避开 K 群和 III 群, 直接写为 L 函数特殊值的猜想, 见 [FP 94] 的 Introduction 和 Chap III, §4.2.2. Fontaine 一直关心的是由 Galois 群的表示所组成的范畴的线性代数结构, 他当然在这个框架内看 L 函数的特殊值.

加藤有一列系重要作品与本节问题相关, 因我资料较少, 只能介绍 [Kat 93], [Kat 931], [Kat 04].

玉河数 (Tamagawa number)

经典玉河数是关于线性代数群的, 不同于本节的 Bloch-加藤玉河数. 经典玉河数的介绍可以看 [代数群]4.3.1 和 [数论] 8.10.7; 更详细的见 [Wei 82], [Ono 65].

椭圆曲线的玉河数见 [Cass 66]§29; [Blo 80],[Bars 02].

玉河数与 Yang-Mills 场的关系见 [ADK 08].

16.7 黎曼 ζ 函数

16.7.1 特殊值

根据整数的因子分解知有以下等式 ($\prod_p$ 是指对所有素数 p 取积)

$$\sum_{n=1}^{\infty} \frac{1}{n^s} = \prod_p \left(1 - \frac{1}{p^s}\right)^{-1}.$$

以上等式的左边和右边在右复半平面 $\{s \in \mathbb{C} : \mathrm{Re}\, s > 1\}$ 的紧集上一致绝对收敛, 因此这个定义在这复半平面上的解析函数可以解析延拓至全复平面. 以 $\zeta(s)$ 记该定义在全复平面的函数. 称 ζ 为黎曼 ζ 函数. 除在 $s = 1$ 有留数为 1 的单极之外 ζ 为解析函数; $\lim_{s \to 1}(s-1)\zeta(s) = 1$.

取 $\zeta_\infty(s) = \pi^{-s/2}\Gamma\left(\dfrac{s}{2}\right)$, $Z(s) = \zeta_\infty(s)\zeta(s)$, 则有函数方程 $Z(s) = Z(1-s)$.

B_n 是 Bernoulli 数. 取正整数 $m > 0$, 则有黎曼 ζ 函数特殊值如下:

$$\zeta(0) = -\frac{1}{2}, \quad \zeta(-2m) = 0, \quad \zeta(2m) = \pi^{2m}\frac{2^{2m}(-1)^{m+1}B_{2m}}{2(2m)!}, \quad \zeta(1-2m) = -\frac{B_{2m}}{2m}.$$

以上是解析数论的结果. 以下则是代数数论的结果

$$\zeta(1-2m) = \pm \prod_{p < \infty} \frac{\#H_{et}^1(\mathbb{Z}[1/p], \mathbb{Q}_p/\mathbb{Z}_p(2m))}{\#H_{et}^0(\mathbb{Z}[1/p], \mathbb{Q}_p/\mathbb{Z}_p(2m))}.$$

这是从 Mazur-Wiles ([MW 84]) 所证明的有理数域的岩泽主猜想推出的结论. 我们要从这个结果了解解析数论与代数数论的不同.

16.7.2 Tate 原相

引入记号: $\mathbb{Q}(0) = H^*(\text{点})$, $\mathbb{Q}(-1) = H^2(\mathbb{P}^1)$, $\mathbb{Q}(1) = H_1(\mathbb{G}_m)$. 对整数 $n > 0$, $\mathbb{Q}(n) = \otimes^n \mathbb{Q}(1)$, $\mathbb{Q}(-n) = \otimes^n \mathbb{Q}(-1)$.

按 Deligne([Del 79]) 定义原相的现相 (realization), 我们得

1) $\mathbb{Q}(1)$ 的现相.

Betti 现相: $\mathbb{Q}(1)_B = H_1(\mathbb{C}^\times, \mathbb{Q}) = \mathbb{Q} \cdot 1_B$, $F_\infty(1_B) = -1_B$, $d^+ = 0, d^- = 1$, $\mathbb{Q}(1)_B^+ = 0$, $\mathbb{Q}(1)_B^- = \mathbb{Q} \cdot 1_B$.

de Rham 现相: $\mathbb{Q}(1)_{dR} = \mathbb{Q} \cdot 1_{dR}$ 的对偶是 $H_{dR}^1(\mathbb{G}_m) \cong \mathbb{Q} \cdot \dfrac{dz}{z}$.

ℓ 进现相: $\mathbb{Q}(1)_\ell = \mathbb{Q}_\ell(1) = \mathbb{Z}_\ell(1) \otimes \mathbb{Q}$, $\mathbb{Z}_\ell(1) = \varprojlim_n \mu_{\ell^n}(\overline{F})$, F 为系数域. 算术 Frobenius 映射 φ_p 在 $\mathbb{Q}_\ell(1)$ 的作用是 $\varphi_p \cdot x = p^{-1}x$.

L 函数是 $L(s, \mathbb{Q}(1)) = \prod_p (1 - p^{-1}p^{-s})^{-1} = \zeta(s+1)$.

2) 对 $n > 0$, $\mathbb{Q}(-n) = H^{2n}(\mathbb{P}^n)$ 的现相.

Betti 现相: $\mathbb{Q}(-n)_B = H_B^{2n}(\mathbb{P}^n(\mathbb{C}), \mathbb{Q}) = \mathbb{Q} \cdot 1_B$, $F_\infty(1_B) = (-1)^n 1_B$,

$$\mathbb{Q}(-n)_B^+ = \begin{cases} \mathbb{Q} \cdot 1_B, & n \text{ 是偶数,} \\ 0, & n \text{ 是奇数,} \end{cases} \quad \mathbb{Q}(-n)_B^- = \begin{cases} \mathbb{Q} \cdot 1_B, & n \text{ 是奇数,} \\ 0, & n \text{ 是偶数.} \end{cases}$$

de Rham 现相: $\mathbb{Q}(-n)_{dR} = H_{dR}^{2n}(\mathbb{P}^n/\mathbb{Q}) = \mathbb{Q} \cdot 1_{dR}$, $F^n \mathbb{Q}(-n)_{dR} = \mathbb{Q} \cdot 1_{dR}$, $F^{n+1} \mathbb{Q}(-n)_{dR} = 0$.

$$\mathbb{Q}(-n)_{dR}^+ = \begin{cases} \mathbb{Q} \cdot 1_{dR}, & n \text{ 是偶数,} \\ 0, & n \text{ 是奇数,} \end{cases} \quad \mathbb{Q}(-n)_{dR}^- = \begin{cases} \mathbb{Q} \cdot 1_{dR}, & n \text{ 是奇数,} \\ 0, & n \text{ 是偶数.} \end{cases}$$

ℓ 进现相: $H^{2n}(\mathbb{P}^n(\overline{\mathbb{Q}}), \mathbb{Q}_\ell) = \mathbb{Q}_\ell(-n)$. 算术 Frobenius 映射 φ_p 的作用是 $\varphi_p \cdot x = p^n x$.

L 函数是 $L(s, \mathbb{Q}(-n)) = \prod_p (1 - p^n p^{-s})^{-1} = \zeta(s - n)$.

16.7.3 玉河数

原相 $\mathbb{Q}(r)$ 的 $\Phi = K_{2m-1}(\mathbb{Z}) \otimes \mathbb{Q}$, 映射 R 是陈类映射 $c_{m,1} : K_{2m-1}(\mathbb{Z}) \otimes \mathbb{Q} \to H_t^1\left(\text{Spec } \mathbb{Z}\left[\frac{1}{p}\right], \mathbb{Q}_p(m)\right)$.

引理 16.36 若 r 为偶数, 则 $\text{Tam}(\mathbb{Z}(r)) = \pm \dfrac{2}{\zeta(1-r)} \cdot \dfrac{\sharp H^0(\mathbb{Q}, \mathbb{Q}/\mathbb{Z}(1-r))}{\sharp H^0(\mathbb{Q}, \mathbb{Q}/\mathbb{Z}(r))}$.

证明 指数映射

$$\exp : (\mathcal{O}_F)^\times \otimes \mathbb{Q} \to \varprojlim_n F^\times / F^{\times p^n} \otimes \mathbb{Q} \cong H^1(G_F, \mathbb{Q}_p(1))$$

的象是 $H_f^1(F, \mathbb{Q}_p(1))$. $A(\mathbb{Q}_p) = H^1(\mathbb{Q}_p, \hat{\mathbb{Z}}(r))$. 由 [BK 90] 定理 4.2 得

$$\mu_p(A(\mathbb{Q}_p)) = \sharp H^0(\mathbb{Q}, \mathbb{Q}_p/\mathbb{Z}_p(1-r))|(r-1)!|_p(1-p^{-r}).$$

因此

$$\prod_{p < \infty} \mu_p(A(\mathbb{Q}_p)) = \frac{\sharp H^0(\mathbb{Q}, \mathbb{Q}/\mathbb{Z}(1-r))}{(r-1)!\zeta(r)}.$$

若 r 为偶数, 则 $A(\mathbb{R}) = \mathbb{R}/(2\pi)^r \mathbb{Z}$, $\sharp A(\mathbb{Q}) = \sharp H^0(\mathbb{Q}, \mathbb{Q}/\mathbb{Z}(r))$. 所以

$$\text{Tam}(\mathbb{Z}(r)) = \mu\left(\frac{\prod A(\mathbb{Q}_p)}{A(\mathbb{Q})}\right), \text{ 积包括 } p = \infty \text{ 和 } p < \infty$$

$$= \pm \frac{2}{\zeta(1-r)} \cdot \frac{\sharp H^0(\mathbb{Q}, \mathbb{Q}/\mathbb{Z}(1-r))}{\sharp H^0(\mathbb{Q}, \mathbb{Q}/\mathbb{Z}(r))}. \qquad \square$$

以 $A\{p\}$ 记交换群 A 的 p 准素部分 (p primary part).

引理 16.37 设 $p \neq 2$, 则 $\mathrm{III}(\mathbb{Q}(r))\{p\} \cong H_t^2\left(\operatorname{Spec}\mathbb{Z}\left[\frac{1}{p}\right], \mathbb{Z}_p(r)\right)$.

若 $p \neq 2$, r 为偶数, 则 $\mathrm{III}(\mathbb{Q}(r))\{p\} \cong H_t^1\left(\operatorname{Spec}\mathbb{Z}\left[\frac{1}{p}\right], \mathbb{Q}_p/\mathbb{Z}_p(r)\right)$.

证明 从正合序列

$$H^2(\mathbb{Z}[1/p], \mathbb{Z}_p(r)) \xrightarrow{u} H^2(\mathbb{Q}_p, \mathbb{Z}_p(r)) \xrightarrow{v} H^0(\mathbb{Z}[1/p], \mathbb{Q}_p/\mathbb{Z}_p(1-r))^*$$

和 Tate 对偶 $H^2(\mathbb{Q}_p, \mathbb{Z}_p(r)) \cong H^0(\mathbb{Q}_p, \mathbb{Q}_p/\mathbb{Z}_p(1-r))^*$, 得 $u = 0$. 考虑

$$\begin{array}{ccccc}
\frac{H^1(\mathbb{Z}[1/p], \mathbb{Q}_p/\mathbb{Z}_p(r))}{A(\mathbb{Q}) \otimes \mathbb{Q}_p/\mathbb{Z}_p} & \longrightarrow & \frac{H^1(\mathbb{Q}, \mathbb{Q}_p/\mathbb{Z}_p(r))}{A(\mathbb{Q}) \otimes \mathbb{Q}_p/\mathbb{Z}_p} & \longrightarrow & \oplus_{\ell \neq p} H^0(\mathbb{F}_\ell, \mathbb{Q}_p/\mathbb{Z}_p(r-1)) \\
\downarrow s & & \downarrow t & & \| \\
\frac{H^1(\mathbb{Q}_p, \mathbb{Q}_p/\mathbb{Z}_p(r))}{A(\mathbb{Q}_p) \otimes \mathbb{Q}_p/\mathbb{Z}_p} & \longrightarrow & \oplus_\ell \frac{H^1(\mathbb{Q}_\ell, \mathbb{Q}_p/\mathbb{Z}_p(r))}{A(\mathbb{Q}_\ell) \otimes \mathbb{Q}_p/\mathbb{Z}_p} & \longrightarrow & \oplus_{\ell \neq p} H^0(\mathbb{F}_\ell, \mathbb{Q}_p/\mathbb{Z}_p(r-1))
\end{array}$$

其中

$$\oplus_\ell \frac{H^1(\mathbb{Q}_\ell, \mathbb{Q}_p/\mathbb{Z}_p(r))}{A(\mathbb{Q}_\ell) \otimes \mathbb{Q}_p/\mathbb{Z}_p} = \frac{H^1(\mathbb{Q}_p, \mathbb{Q}_p/\mathbb{Z}_p(r))}{A(\mathbb{Q}_p) \otimes \mathbb{Q}_p/\mathbb{Z}_p} \oplus \oplus_{\ell \neq p} H^0(\mathbb{F}_\ell, \mathbb{Q}_p/\mathbb{Z}_p(r-1)).$$

然后 $\mathrm{III}(\mathbb{Q}(r))\{p\} = \operatorname{Ker} t \cong \operatorname{Ker} s \cong \operatorname{Ker} u$. □

当 r 为偶数, 从以上引理便得以下命题.

命题 16.38 对 $r \geqslant 2$, 除 2 的幂因子外, $\mathbb{Q}(r)$ 的 Bloch-加藤的玉河数猜想是正确的, 即

$$\operatorname{Tam}(\mathbb{Q}(r)) = 2^? \frac{\# H^0(\mathbb{Q}, \mathbb{Q}/\mathbb{Z}(1-r))}{\#\mathrm{III}(\mathbb{Q}(r))}.$$

当 r 为奇数时, [BK 90] 的证明用了猜想 6.2, 这个猜想 6.2 的证明见 [Coa 15].

16.8 等变玉河数猜想

16.8.1 半单环

设 R 是域 F 上的中心单代数. 取分裂域 F'/F, 即有 $R \otimes_F F' \cong M_n(F')$ 和不可分解幂等元素 $e \in R \otimes_F F'$. 在有限生成投射 R 模范畴上映射 $V \to \dim_{F'} e(V \otimes_F F')$ 诱导同态 $rr_R : K_0(R) \to \mathbb{Z}$. 称此为约化秩同态 (reduced rank homomorphism).

若 $\phi \in End_R(V)$, 设 $detred(\phi) = \det_{F'}(\phi \otimes 1) e(V \otimes_F F')$. 取 $K_1(R)$ 的生成元 $[V, \phi]$, 设 $nr([V, \phi]) = detred(\phi)$, 则得同态

$$nr : K_1(R) \to Z(R)^\times.$$

16.8 等变玉河数猜想

$Z(R)$ 是 R 的中心. 如果 F 是局部域或整体域, 则 nr 是单射.

设 R 是 $\mathbb{Q}$ 的有限生成子环, A 是有限维 $\mathbb{Q}$ 代数. 于是 A 是 R 代数. 称 A 的 R 子代数 $\mathfrak{A}$ 为 R 阶 (R order), 若 $\mathfrak{A}$ 是有限生成 R 模和 $\mathfrak{A} \otimes_{\mathbb{Z}} \mathbb{Q} = A$.

按定理 2.4, 从同态 $\mathfrak{A} \to A_F$ 得正合序列

$$K_1(\mathfrak{A}) \to K_1(A_F) \xrightarrow{\delta^1_{\mathfrak{A},F}} K_0(\mathfrak{A}, F) \xrightarrow{\delta^0_{\mathfrak{A},F}} K_0(\mathfrak{A}) \to K_0(A_F),$$

其中我们把环同态 $\mathfrak{A} \to A_F$ 在有限生成投射 $\mathfrak{A}$ 模范畴上所决定的函子 $f: P \mapsto A_F \otimes_{\mathfrak{A}} P$ 的纤维范畴的 K 群改写为 $K_0(\mathfrak{A}, F)$.

存在同态 $\hat{\delta}^1_{\mathfrak{A},\mathbb{R}} : Z(A_{\mathbb{R}})^\times \to Cl(\mathfrak{A}, \mathbb{R})$ 使得对 $x \in K_1(A_{\mathbb{R}})$, 有 $\delta^1_{\mathfrak{A},\mathbb{R}}(x) = \hat{\delta}^1_{\mathfrak{A},\mathbb{R}}(nr_{A_{\mathbb{R}}}(x))$ ([BF 01] lem 9, 534 页).

16.8.2 猜想

本小节介绍 "等变玉河数猜想" (equivariant Tamagawa number conjecture, ETNC). 这个猜想的准确报道见 [BF 01], [BF 03]; [BB 01], [BB 011], [BrB 10], [Burn 15] Remark 2.9, [BG 03], [DFG 04], [Fla 04], [FP 94], [Nic 14].

在对混原相 (mixed motive) 范畴的定义未有共识之前, 原相结构范畴 $\mathbf{SM}_F(\mathbb{Q})$ 的定义是没有意思的. 但大家都预计 $\mathbf{SM}_F(\mathbb{Q})$ 包含所有的 $h^n(X)(r)$ (15.7.4 小节) 的现相的最小的淡中范畴. 称 $\mathbf{SM}_F(\mathbb{Q})$ 的对象为原相.

设 M 是原相, A 是有限维半单 $\mathbb{Q}$ 代数和环同态 $\phi: A \to End(M)$, 则说 M 有系数在 A. 此时又以 $_AM$ 记 M.

设 R 是 $\mathbb{Q}$ 的有限生成子环, $\mathfrak{A}$ 是 A 的 R 阶. 我们假设 $_AM$ 有实现. M 上的 $\mathfrak{A}$ 结构 T 是集合 $\{T_\mathfrak{p} : \mathfrak{p} \in S_\infty\}$, 其中 $T_\mathfrak{p}$ 是 $M_{B,\mathfrak{p}}$ 的 $\mathfrak{A}$ 格 (即 $T_\mathfrak{p}$ 是 $M_{B,\mathfrak{p}}$ 的有限生成 $\mathfrak{A}$ 子模, $A \otimes_{\mathfrak{A}} T_\mathfrak{p} = M_{B,\mathfrak{p}}$), 并且对素数 ℓ 在比较同构 $\iota_{\ell,\mathfrak{p}} : \mathbb{Q}_\ell \otimes_{\mathbb{Q}} M_{B,\mathfrak{p}} \xrightarrow{\approx} M_\ell$ 下 $\mathbb{Z}_\ell \otimes_{\mathbb{Z}} T_\mathfrak{p}$ 的象 T_ℓ 与 $\mathfrak{p}$ 无关, 以及 $G_F(T_\ell) \subset T_\ell$. 当所有 $T_\mathfrak{p}$ 是投射 $\mathfrak{A}$ 子模时便称 T 为 M 上投射结构.

我们假设 $_AM$ 有现相, 因此可以定义 L 函数 $L(_M, s)$. 例如, 若 ℓ 是素数, $\mathfrak{p}$ 是 F 的有限素位, $\mathfrak{p} \nmid \ell$, 则取

$$L_\mathfrak{p}(M_\ell, s) = detred_A(1 - \mathfrak{N}(\mathfrak{p})^{-s} \varphi_\mathfrak{P} | M_\ell^{I_\mathfrak{P}})^{-1} \in Z(A_\mathbb{C})$$

([BF 01] 534 页.)

$t(M) := M_{dR}/Fil^0 M_{dR}$ 在 $F = \mathbb{Q}$, 比较同构 $(M_B \otimes_{\mathbb{Q}} \mathbb{C})^+ \cong M_{dR,\mathbb{R}}$, $M^+_{B,\mathbb{R}} \subset (M_B \otimes_{\mathbb{Q}} \mathbb{C})^+$ 和投射 $M_{dR,\mathbb{R}} \to t(M)_\mathbb{R}$ 诱导周期映射

$$\alpha_M : M^+_{B,\mathbb{R}} \to t(M)_\mathbb{R}.$$

一般的情况是

$$0 \to \operatorname{Ker}\alpha_M \to \bigoplus_{v \in S_\infty} (M_{B,v} \otimes_{\mathbb{Q}} \mathbb{R})^{G_v} \xrightarrow{\alpha_M} \bigoplus_{v \in S_\infty} M_{dR} \otimes_F F_v/Fil^0 \to \operatorname{Cok}\alpha_M \to 0$$

([BF 01] 519 页).

对于原相 M, 我们假设可以定义原相上同调的有限部分 $H_f^0(F, M), H_f^1(F, M)$ 并且假设可以证明它们是有限维向量空间.

基本列猜想(Fontaine-Perrin-Riou Mot_∞ 猜想)

$$0 \to H_f^0(F, M) \otimes_{\mathbb{Q}} \mathbb{R} \xrightarrow{\varepsilon} \operatorname{Ker}(\alpha_M) \xrightarrow{r_B^*} (H_f^1(F, M^*(1) \otimes_{\mathbb{Q}} \mathbb{R}))^*$$
$$\xrightarrow{\delta} H_f^1(F, M) \otimes_{\mathbb{Q}} \mathbb{R} \xrightarrow{r_B} \operatorname{Cok}(\alpha_M) \xrightarrow{\varepsilon^*} (H_f^0(F, M^*(1) \otimes_{\mathbb{Q}} \mathbb{R}))^* \to 0.$$

定义基本线为

$$\Xi(M) = Det_A(H_f^0(F, M)) Det_A^{-1}(H_f^1(F, M)) Det_A(t(M))$$
$$\cdot Det_A^{-1}(H_f^0(F, M^*(1))^*) Det_A(H_f^1(F, M^*(1))^*) \prod_{\mathfrak{p} \in S_\infty} Det_A^{-1}(M_{B,\mathfrak{p}}^+)$$

($Vir(A)$ 的对象), 则从基本列猜想得

$$\theta_\infty : \Xi(M)_{\mathbb{R}} \cong Det_{A_{\mathbb{R}}}(0).$$

对 $M = h^n(X)(r)$, $A = \mathbb{Q}$. 取 $H_f^i(F, M)$ 为 $H_{\mathcal{M}}^i(\mathbb{Z}, M)$. 此 $M^* = \operatorname{Hom}_{\mathbb{Q}}(M, \mathbb{Q})$, 若 V 是 $\mathbb{R}$ 向量空间, 则 $V^* = \operatorname{Hom}_{\mathbb{R}}(V, \mathbb{R})$.

整体猜想 (Deligne-Beilinson 猜想):

(1) 设 $r_M = \operatorname{ord}_{s=0} L(M, s)$, 则

$$r_M = rr_A(H_f^1(F, M^*(1))^*) - rr_A(H_f^0(F, M^*(1))^*).$$

(2) (有理性) 定义

$$L(M, 0)^* = \lim_{s \to 0} s^{-r_M} L(M, s) \in Z(A \otimes_{\mathbb{Q}} \mathbb{R})^\times.$$

(i) 设 $F = \mathbb{Q}$, A 为交换的 (于是 $K_1(A) \cong A^\times$), 则有同构

$$\zeta_A(M) : Det_A(0) \xrightarrow{\approx} \Xi(M)$$

(ζ 同构) 使得

$$\theta_\infty \circ \zeta_A(M)_{\mathbb{R}} = (L(M, 0)^*)^{-1} \in A_{\mathbb{R}}^\times = K_1(A_{\mathbb{R}}).$$

(ii) 设 $F = \mathbb{Q}$ (不要求 A 是交换的). 已知 $L(M,0)^* \in Z(A_\mathbb{R})^\times$, 约化行列式 $K_1(A_\mathbb{R}) \to Z(A_\mathbb{R})^\times$ 是单射但不是满射, 不过存在 $\lambda \in Z(A)^\times$ 使得 $(\lambda L(M,0)^*)^{-1} \in K_1(A_\mathbb{R})$ ([BF 01] lem 9). 于是猜想有同构

$$\zeta_A(M, \lambda^{-1}) : Det_A(0) \xrightarrow{\approx} \Xi(M)$$

使得

$$\theta_\infty \circ \mathbb{R} \otimes_\mathbb{Q} \zeta_A(M, \lambda^{-1}) = (\lambda L(M,0)^*)^{-1} \in K_1(A_\mathbb{R}).$$

(iii) 存在 $\lambda \in Z(A)^\times$ 使得 $nr_{A_\mathbb{R}}^{-1}(\lambda L(M,0)^*)^{-1} \in K_1(A_\mathbb{R})$, 于是猜想有同构

$$\zeta_A(M, \lambda^{-1}) : Det_A(0) \xrightarrow{\approx} \Xi(M)$$

使得

$$\theta_\infty \circ \mathbb{R} \otimes_\mathbb{Q} \zeta_A(M, \lambda^{-1}) = nr_{A_\mathbb{R}}^{-1}(\lambda L(M,0)^*)^{-1} \in K_1(A_\mathbb{R})$$

([BF 01] Conj 5).

下面先考虑 $F = \mathbb{Q}$, A 是交换的情形.

设 $D_{cris}(M_p) := (B_{cris} \otimes_{\mathbb{Q}_p} M_p)^{G_{\mathbb{Q}_p}}$, $D_{dR}(M_p) := (B_{dR} \otimes_{\mathbb{Q}_p} M_p)^{G_{\mathbb{Q}_p}}$.

定义

$$R\Gamma_f(\mathbb{Q}_v, M_p) = \begin{cases} R\Gamma(\mathbb{R}, M_p), & v = \infty, \\ M_p^{I_v} \xrightarrow{1 - Frob_v^{-1}} M_p^{I_v}, & v \neq p, \infty, \\ D_{cris}(M_p) \xrightarrow{1 - \phi, pr} D_{cris}(M_p) \oplus D_{dR}(M_p)/Fil^0 D_{dR}(M_p), & v = p. \end{cases}$$

$I_v \subset G_v = \text{Gal}(\overline{\mathbb{Q}}_v/\mathbb{Q}_v)$. 第二、三个情形复形是在 $0,1$ 位置. 从定义得同构

$$\iota_v : Det_{A_{\mathbb{Q}_p}}^{-1}(R\Gamma_f(\mathbb{Q}_v, M_p)) \xrightarrow{\approx} \begin{cases} Det_{A_{\mathbb{Q}_p}}^{-1} M_p^+, & v = \infty, \\ Det_{A_{\mathbb{Q}_p}}(0), & v \neq p, \infty, \\ Det_{A_{\mathbb{Q}_p}}(D_{dR}(M_p)/Fil^0 D_{dR}(M_p)), & v = p. \end{cases}$$

设 v 是 $\mathbb{Q}$ 的素位, V 是连续 $\text{Gal}(\overline{\mathbb{Q}}_v/\mathbb{Q}_v)$ 模. 设

$$R\Gamma(\mathbb{Q}_v, V) = C^\bullet(\text{Gal}(\overline{\mathbb{Q}}_v/\mathbb{Q}_v), V)$$

为从 $\text{Gal}(\overline{\mathbb{Q}}_v/\mathbb{Q}_v)$ 到 V 的连续闭链复形.

$R\Gamma_{/f}(\mathbb{Q}_v, M_p)$ 为余核

$$0 \to R\Gamma_f(\mathbb{Q}_v, M_p) \to R\Gamma(\mathbb{Q}_v, M_p) \to R\Gamma_{/f}(\mathbb{Q}_v, M_p) \to 0.$$

$\mathbb{Q}$ 的有限素位集 S 包含 ∞. $\mathbb{Q}_S^{nr}$ 是在 S 以外的 $\mathbb{Q}$ 的最大交换扩张. 设

$$R\Gamma(\mathbb{Z}_S, V) = C^{\bullet}(\mathrm{Gal}(\overline{\mathbb{Q}}_S^{nr}/\mathbb{Q}), V)$$

为从 $\mathrm{Gal}(\overline{\mathbb{Q}}_S^{nr}/\mathbb{Q})$ 到 V 的连续闭链复形.

定义

$$R\Gamma_c(\mathbb{Z}_S, V) = Cone\left(R\Gamma(\mathbb{Z}_S, V) \to \bigoplus_{v \in S} R\Gamma(\mathbb{Q}_v, V)\right)[-1].$$

定义

$$R\Gamma_f(\mathbb{Q}, M_p) := Cone\left(R\Gamma(\mathbb{Z}_S, M_p) \to \bigoplus_{v \in S} R\Gamma_{/f}(\mathbb{Q}_v, M_p)\right)[-1],$$

取 $H_f^i(\mathbb{Q}, M_p) = H^i(R\Gamma_f(\mathbb{Q}, M_p))$.

设原相 M 是 $\mathbf{SM}_F(\mathbb{Q})$ 的对象. M 有系数在交换代数 A. $\mathfrak{A}$ 是 A 的阶. T_B 为 M 上投射 $\mathfrak{A}$ 结构. $\mathbb{Q}$ 的有限素位集 S 包含 ∞. 若 $p \notin S$, 则 M_p 是无分歧的.

p 进调控子猜想 (Mot_p 猜想) 对所有 p, p 进调控子

$$\mathbf{r}_p^{(i)} : H_{\mathcal{M}}^i(\mathbb{Z}, M) \otimes \mathbb{Q}_p \to H_f^i(\mathbb{Q}, M_p), \quad i = 0, 1$$

是同构.

命题 16.39 (1) $R\Gamma_c(\mathbb{Z}_S, M_p) \to R\Gamma_f(\mathbb{Q}, M_p) \to \bigoplus_{v \in S} R\Gamma_f(\mathbb{Q}_v, M_p)$.
(2) $Det_{A_{\mathbb{Q}_p}}(R\Gamma_c(\mathbb{Z}_S, M_p)) \cong Det_{A_{\mathbb{Q}_p}}(R\Gamma_f(\mathbb{Q}_v, M_p)) \prod_{v \in S} Det_{A_{\mathbb{Q}_p}}^{-1}(R\Gamma_f(\mathbb{Q}_v, M_p))$.
(3) 存在同构

$$\theta_p : \Xi(M)_{\mathbb{Q}_p} \cong Det_{A_{\mathbb{Q}_p}}(R\Gamma_c(\mathbb{Z}_S, M_p)).$$

证明 (1) 直接从定义得正合三角形. 于是得 (2). 利用 ι_v 和基本线的定义便得 (3). □

设 $A/\mathbb{Q}$ 是有限维半单代数. 如果子代数 $\mathfrak{A}$ 是有限生成群使得 $A = \mathfrak{A} \otimes_{\mathbb{Z}} \mathbb{Q}$, 则称 $\mathfrak{A}$ 为 A 的阶 (order). 原相 M 的投射 $\mathfrak{A}$ 结构是指投射 $\mathfrak{A}$ 模 $T_B \subset M_B$ 使得对所有 p, Galois 群把 $c_p T_B$ 映入 $c_p T_B$, 其中 $c_p : M_B \otimes_{\mathbb{Q}} \mathbb{Q}_p \cong M_p$ 是比较同构.

局部猜想 存在同构 $\zeta_{\mathfrak{A}_{\mathbb{Z}_p}} : Det_{\mathfrak{A}_{\mathbb{Z}_p}}(0) \cong Det_{\mathfrak{A}_{\mathbb{Z}_p}}(R\Gamma_c(\mathbb{Z}_S, T_B \otimes_{\mathbb{Z}} \mathbb{Z}_p))$ 使得

$$\theta_p \circ (\zeta_{\mathfrak{A}_{\mathbb{Z}_p}})_{\mathbb{Q}_p} = \zeta_A(M)_{\mathbb{Q}_p},$$

其中 $\zeta_A(M)$ 是整体猜想中的 ζ 同构.

设 $F = \mathbb{Q}$, 但不要求 A 是交换的. 整体猜想说有同构 $\zeta_A(M, \lambda^{-1}) : Det_A(0) \xrightarrow{\approx} \Xi(M)$. 局部猜想是: 存在同构 $\zeta_{\mathfrak{A}_{\mathbb{Z}_p}} : Det_{\mathfrak{A}_{\mathbb{Z}_p}}(0) \cong Det_{\mathfrak{A}_{\mathbb{Z}_p}}(R\Gamma_c(\mathbb{Z}_S, T_B \otimes_{\mathbb{Z}} \mathbb{Z}_p))$ 使得

$$\theta_p \circ (\zeta_{\mathfrak{A}_{\mathbb{Z}_p}})_{\mathbb{Q}_p} = \lambda \zeta_A(M, \lambda^{-1})_{\mathbb{Q}_p}.$$

小结 让我们不重复定义, 只选核心的部分和简化假设为: 交换有限维 $\mathbb{Q}$ 代数 A 作用在原相 M.

整体 ETNC: 存在同构 $\zeta_A(M) : Det_A(0) \xrightarrow{\approx} \Xi(M)$ 使得

$$\theta_\infty \circ \zeta_A(M)_\mathbb{R} = (L(M,0)^*)^{-1} \in A_\mathbb{R}^\times = K_1(A_\mathbb{R}).$$

局部 ETNC: 存在同构 $\zeta_{A_{\mathbb{Z}_p}} : Det_{A_{\mathbb{Z}_p}}(0) \cong Det_{A_{\mathbb{Z}_p}}(R\Gamma_c(\mathbb{Z}_S, A_{\mathbb{Z}_p}))$ 使得

$$\theta_p \circ (\zeta_{A_{\mathbb{Z}_p}})_{\mathbb{Q}_p} = \zeta_A(M)_{\mathbb{Q}_p}.$$

注 在这部"代数"书里我只谈到这些猜想的代数部分而没有提到非常重要的"解析"部分, 特别是自守表示的应用.

16.9 椭圆曲线

本节以椭圆曲线为实例来说明 ETNC 猜想 ([Bars 02], [King 01], [King 11]). 关于椭圆曲线的基本知识请参考 [Cass 59], [Sil 86].

选定椭圆曲线 $E/\mathbb{Q}$. $L(E,s)$ 是 E 的 L 函数. 取 $M = h^1(E)(1)$. 则

$$L(M,s) = L(E, s+1).$$

设 $r_{E,1} = \mathrm{ord}_{s=1} L(E,s)$. 定义

$$L(E,1)^* = \lim_{s \to 1}(s-1)^{r_{E,1}} L(E,s).$$

由于 $H^0_\mathcal{M}(\mathbb{Z}, M^\vee(1)) = 0$ 和 $H^1_\mathcal{M}(\mathbb{Z}, M^\vee(1))_\mathbb{Q} = E(\mathbb{Q})_\mathbb{Q}^\vee \cong E(\mathbb{Q})_\mathbb{Q}$, 所以整体 ETNC 和 BSD 都是猜想:

$$r_{E,1} = rk_\mathbb{Z} E(\mathbb{Q}).$$

设 $E(\mathbb{C}) \cong \mathbb{C}/\Lambda$. 则用卡积 $\cap : \Lambda \times \Lambda \to (2\pi i)\mathbb{Z}$ 得

$$H^1(E(\mathbb{C}), (2\pi i)\mathbb{Q}) = \mathrm{Hom}(\Lambda, (2\pi i)\mathbb{Z})_\mathbb{Q} \cong \Lambda_\mathbb{Q}.$$

Hodge 分解

$$H^1(E(\mathbb{C}), \mathbb{C}) = H^{1,0} \oplus H^{0,1}, \quad H^{p,q} = H^q(E, \Omega_E^p).$$

de Rham 滤链

$$0 \to H^0(E, \Omega^1_{E/\mathbb{Q}}) \to H^1_{dR}(E/\mathbb{Q}) \to H^1(E, \mathcal{O}_E) \to 0,$$

$Fil^1 H^1_{dR}(E/\mathbb{Q}) = H^0(E, \Omega^1_{E/\mathbb{Q}})$. 设 $(\Omega^1_{E/\mathbb{Q}})^\vee = \mathscr{H}om(\Omega^1_E, \mathcal{O}_E)$. Serre 对偶

$$\mathcal{H}^1(E, \mathcal{O}_E) \cong (\Omega^1_{E/\mathbb{Q}})^\vee,$$

即 $H^1(E, \mathcal{O}_E) \cong Lie(E)$.

$M_B = H^1(E(\mathbb{C}), (2\pi i)\mathbb{Q})$. 复共轭是 $\mathrm{Gal}(\mathbb{C}/\mathbb{R})$ 的元素, 它作用在 $E(\mathbb{C})$ 和 $(2\pi i)\mathbb{Q}$ 上, 在该作用下 M_B 的不变元记为 M_B^+.

$E(\mathbb{R})$ 的单位连通分支 $E^0(\mathbb{R})$ 决定 $H^1(E(\mathbb{C}), \mathbb{Z})^+ \cong \Lambda^+$ 的生成元 $cl_{E(\mathbb{R})^0}$.

$M_{dR} = H^1_{dR}(E/\mathbb{Q})$,

$t(M) = M_{dR}/Fil^0 M_{dR} = H^1(E, \mathcal{O}_E) \cong Lie(E)$,

$\iota : \mathbb{C} \otimes_\mathbb{Q} H^1(E(\mathbb{C}), (2\pi i)\mathbb{Q}) \xrightarrow{\approx} \mathbb{C} \otimes_\mathbb{Q} H^1_{dR}(E/\mathbb{Q})$,

$$M_B^+ \otimes_\mathbb{Q} \mathbb{R} \subset (M_B \otimes_\mathbb{Q} \mathbb{C})^+ \xrightarrow{\iota} (M_{dR} \otimes_\mathbb{Q} \mathbb{C})^+ = M_{dR} \otimes_\mathbb{Q} \mathbb{R} \to t(M) \otimes_\mathbb{Q} \mathbb{R},$$

称 $\alpha_M : M_B^+ \otimes_\mathbb{Q} \mathbb{R} \to t(M) \otimes_\mathbb{Q} \mathbb{R}$ 为周期映射 (period map).

因为有正合序列 $0 \to \mathrm{Ker}\,\alpha_M \to M_{B,\mathbb{R}}^+ \to t(M)_\mathbb{R} \to \mathrm{Cok}\,\alpha_M \to 0$, 所以

$$\mathrm{Det}_\mathbb{R}(t(M)_\mathbb{R}) \mathrm{Det}_\mathbb{R}^{-1}(M_{B,\mathbb{R}}^+) = \mathrm{Det}_\mathbb{R}(\mathrm{Cok}\,\alpha_M) \mathrm{Det}_\mathbb{R}^{-1}(\mathrm{Ker}\,\alpha_M).$$

此外还有 $H^0_\mathcal{M}(\mathbb{Z}, M) = 0 = H^0_\mathcal{M}(\mathbb{Z}, M^\vee(1))$, $H^1_\mathcal{M}(\mathbb{Z}, M)_\mathbb{R} = E(\mathbb{Q})_\mathbb{R}$, $H^1_\mathcal{M}(\mathbb{Z}, M^\vee(1))_\mathbb{R} = E(\mathbb{Q})_\mathbb{R}^\vee$. 于是我们对这个从椭圆曲线来的 M 定义基本线为

$$\Xi(M) = \mathrm{Det}_\mathbb{Q}^{-1}(E(\mathbb{Q})_\mathbb{Q}) \mathrm{Det}_\mathbb{Q}(E(\mathbb{Q})_\mathbb{Q}^\vee) \mathrm{Det}_\mathbb{Q}^{-1}(M_B^+) \mathrm{Det}_\mathbb{Q}(Lie(E)).$$

这样便得到

$$\beta : \mathrm{Det}_\mathbb{Q}(0) = \mathrm{Det}_\mathbb{Q}^{-1}(\mathbb{Q}^r) \mathrm{Det}_\mathbb{Q}(\mathbb{Q}^r) \mathrm{Det}_\mathbb{Q}^{-1}(\mathbb{Q}) \mathrm{Det}_\mathbb{Q}(\mathbb{Q})$$
$$\to \Xi(M) = \mathrm{Det}_\mathbb{Q}^{-1}(E(\mathbb{Q})_\mathbb{Q}) \mathrm{Det}_\mathbb{Q}(E(\mathbb{Q})_\mathbb{Q}^\vee) \mathrm{Det}_\mathbb{Q}^{-1}(M_B^+) \mathrm{Det}_\mathbb{Q}(Lie(E)),$$
$$\theta_\infty : \Xi(M)_\mathbb{R} = \mathrm{Det}_\mathbb{R}^{-1}(E(\mathbb{Q})_\mathbb{R}) \mathrm{Det}_\mathbb{R}(E(\mathbb{Q})_\mathbb{R}^\vee) \mathrm{Det}_\mathbb{R}^{-1}(M_{B,\mathbb{R}}^+) \mathrm{Det}_\mathbb{R}(Lie(E)_\mathbb{R})$$
$$\to \mathrm{Det}_\mathbb{R}(0) \cong \mathrm{Det}_\mathbb{R}^{-1}(E(\mathbb{Q})_\mathbb{Q}) \mathrm{Det}_\mathbb{R}(E(\mathbb{Q})_\mathbb{Q}^\vee) \mathrm{Det}_\mathbb{R}^{-1}(\mathrm{Ker}\,\alpha_M) \mathrm{Det}_\mathbb{R}(\mathrm{Cok}\,\alpha_M).$$

选定 $H^0(E, \Omega^1_{E/\mathbb{Q}})$ 的基 ω 及其对偶 $\omega^\vee \in Lie(E)$. 比如设 $E/\mathbb{Q}$ 椭圆曲线的最小 Weierstrass 方程是

$$Y^2 Z + \alpha_1 XYZ + \alpha_3 YZ^2 = X^3 + \alpha_2 X^2 Z + \alpha_4 XZ^2 + \alpha_6 Z^3,$$

则在开集 $Z \neq 0$ 上可取

$$\omega = \frac{dX}{2Y + a_1 X + a_3}.$$

16.9 椭圆曲线

E 的周期 Ω_∞ 是由以下决定的实数

$$\alpha_M(cl_{E(\mathbb{R})^0}) = \Omega_\infty \omega^\vee,$$

即 $\Omega_\infty = \int_{E(\mathbb{R})^0} \omega$.

设 $e_1, \cdots, e_r$ 是 $E(\mathbb{Q})_\mathbb{Q}$ 的基, Néron-Tate 偶对 $\langle\,,\,\rangle$ 的**判别式**(discriminant) 是

$$\mathfrak{d}_{E/\mathbb{Q}} = \det(\langle e_i, e_j\rangle)_{1 \leqslant i,j \leqslant r}.$$

留意到 $(\theta_\infty \beta_\mathbb{R})|_{\operatorname{Det}_\mathbb{R}^{-1}(\mathbb{Q}^r)\operatorname{Det}_\mathbb{R}(\mathbb{Q}^r)} = \mathfrak{d}_{E/\mathbb{Q}}^{-1}$, $(\theta_\infty \beta_\mathbb{R})|_{\operatorname{Det}_\mathbb{R}^{-1}(\mathbb{Q})\operatorname{Det}_\mathbb{R}(\mathbb{Q})} = \Omega_\infty^{-1}$, 得

$$\theta_\infty \beta_\mathbb{R} = (\Omega_\infty \mathfrak{d}_{E/\mathbb{Q}})^{-1}.$$

我们选非零有理数 q_1 使得 $\zeta_\mathbb{Q}(M) = q_1 \beta$. 按 ETNC 整体猜想

$$q\theta_\infty \beta_\mathbb{R} = (L(M,0)^*)^{-1} \in K_1(\mathbb{R}) = \mathbb{R}^\times,$$

于是

$$\frac{\Omega_\infty \mathfrak{d}_{E/\mathbb{Q}}}{L(M,0)^*} = q_1 \in \mathbb{Q}^\times.$$

$M_p = H^1(E \times_\mathbb{Q} \overline{\mathbb{Q}}, \mathbb{Q}_p(1))$, $\mathbb{Q}_p(1)$ 是 Tate 扭, 即 1 维 $\mathbb{Q}_p$ 向量空间, Galois 群以分圆特征标作用.

$T_p E = \varprojlim_n E[p^n](\overline{\mathbb{Q}})$, $V_p(E) = T_p E \otimes_{\mathbb{Z}_p} \mathbb{Q}_p$.

$M = h^1(E)(1)$, $H^0_\mathcal{M}(\mathbb{Q}, M) = 0$, $H^1_\mathcal{M}(\mathbb{Q}, M) = Z^1(E)_\mathbb{Q}^0 \cong \operatorname{Pic}^0(E/\mathbb{Q})_\mathbb{Q} \cong E(\mathbb{Q})_\mathbb{Q}$.

$E/\mathbb{Q}$ 的 Kummer 序列

$$0 \to E(\mathbb{Q})/mE(\mathbb{Q}) \to H^1(\mathbb{Q}, E[m]) \to H^1(\mathbb{Q}, E(\overline{\mathbb{Q}}))[m] \to 0$$

([Sil 86] §VIII. 2, 197 页). 记 p 进完备化为 $E(\mathbb{Q}_v)^{\wedge p} = \varprojlim_n E(\mathbb{Q}_v)/p^n E(\mathbb{Q}_v)$, 则

$$0 \to E(\mathbb{Q}_v)^{\wedge p} \to H^1(\mathbb{Q}_v, T_p E) \to T_p H^1(\mathbb{Q}_v, E(\overline{\mathbb{Q}}_v)) \to 0.$$

命题 16.40 (1) $H^1_f(\mathbb{Q}_v, T_p E) = E(\mathbb{Q}_v)^{\wedge p}$.

(2) $H^1_{/f}(\mathbb{Q}_v, T_p E) = T_p H^1(\mathbb{Q}_v, E)$.

(3) 若 $v \neq \infty$, 则 $H^0_f(\mathbb{Q}_v, T_p E) = 0$.

(4) 若 $v \neq \infty$, 则 $\operatorname{Det}_{\mathbb{Z}_p}^{-1}(R\Gamma_f(\mathbb{Q}_v, T_p E)) \cong \operatorname{Det}_{\mathbb{Z}_p}^{-1}(E(\mathbb{Q}_v)^{\wedge p})$.

若 $v \neq p, \infty$, 从 $R\Gamma_f$ 的定义已知 $\operatorname{Det}_{\mathbb{Q}_p}^{-1}(R\Gamma_f(\mathbb{Q}_v, V_p E)) \cong \operatorname{Det}_{\mathbb{Q}_p}(0)$, 于是

$$\operatorname{Det}_{\mathbb{Z}_p}^{-1}(E(\mathbb{Q}_v)^{\wedge p}) \cong \operatorname{Det}_{\mathbb{Z}_p}(0).$$

命题 16.41 (1) $\mathrm{Det}_{\mathbb{Z}_p}^{-1}(E(\mathbb{Q}_p)^{\wedge p}) \cong \mathrm{Det}_{\mathbb{Z}_p}(\mathbb{Z}_p)$.

(2) 利用比较同构 $H_1(E(\mathbb{C}),\mathbb{Z}) \otimes_{\mathbb{Z}} \mathbb{Z}_p \cong T_pE$ 定义 T_pE 的子群 T_pE^+ 使得 $H_1(E(\mathbb{C}),\mathbb{Z})^{F_\infty=1} \otimes_{\mathbb{Z}} \mathbb{Z}_p \cong T_pE^+$, 则

$$\mathrm{Det}_{\mathbb{Z}_p}(T_pE^+) \cong \mathrm{Det}_{\mathbb{Z}_p}^{-1}(\mathbb{Z}_p).$$

椭圆曲线 $E/\mathbb{Q}$ 的 **Shafarevich 群**是

$$\text{Ш}(E/\mathbb{Q}) = \mathrm{Ker}\left(H^1(\mathbb{Q},E) \to \prod_v H^1(\mathbb{Q}_v,E)\right)$$

([Sil 86] §X.4). BSD 猜想的一个重要部分是 Ш$(E/\mathbb{Q})$ 是有限的. 设

$$H_f^1(\mathbb{Q},T_pE) = \mathrm{Ker}\left(H^1(\mathbb{Q},T_pE) \to \prod_{v \neq \infty} H_{/f}^1(\mathbb{Q}_v,T_pE)\right).$$

命题 16.42 若 Ш$(E/\mathbb{Q})$ 是有限的, 则在 $H^1(\mathbb{Q},T_pE)$ 内有同构

$$E(\mathbb{Q}) \otimes_{\mathbb{Z}} \mathbb{Z}_p \cong E(\mathbb{Q})^{\wedge p} \cong H_f^1(\mathbb{Q},T_pE).$$

设 E 是秩 r. $E(\mathbb{Q})_{tors}$ 是 $E(\mathbb{Q})$ 的挠子群. 于是

$$\mathrm{Det}_{\mathbb{Z}_p}(H_f^1(\mathbb{Q},T_pE)) \cong \mathrm{Det}_{\mathbb{Z}_p}(E(\mathbb{Q})_{free} \otimes_{\mathbb{Z}} \mathbb{Z}_p)\mathrm{Det}_{\mathbb{Z}_p}(E(\mathbb{Q})_{tors} \otimes_{\mathbb{Z}} \mathbb{Z}_p) \cong \mathrm{Det}_{\mathbb{Z}_p}(\mathbb{Z}_p^r).$$

$E/\mathbb{Q}$ 在素数 p 的 Selmer 群是

$$Sel_{p^\infty}(E/\mathbb{Q}) = \mathrm{Ker}\left(H^1(\mathbb{Q},E[p^\infty]) \to \prod_v H^1(\mathbb{Q}_v,E[p^\infty])\right)$$

([Sil 86] §X.4). 于是有正合序列

$$0 \to E(\mathbb{Q}) \otimes_{\mathbb{Z}_p} \mathbb{Q}_p/\mathbb{Z}_p \to Sel_{p^\infty}(E/\mathbb{Q}) \to \text{Ш}(E/\mathbb{Q})[p^\infty] \to 0.$$

取对偶得

$$0 \to \text{Ш}(E/\mathbb{Q})[p^\infty]^* \to Sel_{p^\infty}(E/\mathbb{Q})^* \to (E(\mathbb{Q})_{free})^\vee \otimes_{\mathbb{Z}} \mathbb{Z}_p \to 0,$$

其中 $\mathbb{Z}$ 模 N 的对偶是 $N^\vee = \mathrm{Hom}_{\mathbb{Z}}(N,\mathbb{Z})$; 交换拓扑群 G 的 Poincaré 对偶是 $G^* = \mathrm{Hom}_{cont}(G,\mathbb{Q}_p/\mathbb{Z}_p)$, 其中 $\mathbb{Q}_p/\mathbb{Z}_p$ 取离散拓扑. 若 Ш$(E/\mathbb{Q})$ 是有限的, 则

$$\mathrm{Det}_{\mathbb{Z}_p}(Sel_{p^\infty}(E/\mathbb{Q})^*) \cong \mathrm{Det}_{\mathbb{Z}_p}(\mathbb{Z}_p^r).$$

可以使用 Poitou-Tate 对偶来证明以下定理.

定理 16.43 *存在同构*

$$\mathrm{Det}_{\mathbb{Z}_p}(R\Gamma_c(\mathbb{Z}_S, T_pE)) \cong \mathrm{Det}_{\mathbb{Z}_p}^{-1}(H_f^1(\mathbb{Q}, T_pE))\mathrm{Det}_{\mathbb{Z}_p}(Sel_{p^\infty}(E/\mathbb{Q})^*)$$
$$\cdot \mathrm{Det}_{\mathbb{Z}_p}^{-1}(H^0(\mathbb{Z}_S, E[p^\infty])^*) \prod_{v \in S} \mathrm{Det}_{\mathbb{Z}_p}(E(\mathbb{Q}_v)^{\wedge p})\mathrm{Det}_{\mathbb{Z}_p}^{-1}(T_pE^+)$$

使得在 $\otimes_{\mathbb{Z}_p}\mathbb{Q}_p$ 得到从命题 16.39 导出来的同构

$$\mathrm{Det}_{\mathbb{Q}_p}(R\Gamma_c(\mathbb{Z}_S, V_pE)) \cong \mathrm{Det}_{\mathbb{Q}_p}(R\Gamma_f(\mathbb{Q}, V_pE))\mathrm{Det}_{\mathbb{Q}_p}(H_f^1(\mathbb{Q}_p, V_pE))\mathrm{Det}_{\mathbb{Q}_p}^{-1}(V_pE^+).$$

注意: $H_f^0(\mathbb{Q}_p, V_pE) = 0$; 并且若 $v \neq p, \infty$, 则 $H_f^i(\mathbb{Q}_v, V_pE) = 0$, $i = 0, 1$.

以 $\tilde{\alpha}$ 记 $\alpha \mod p$, κ 记 $\mathbb{Q}_p$ 的剩余域. 方程

$$Y^2Z + \tilde{\alpha}_1XYZ + \tilde{\alpha}_3YZ^2 = X^3 + \tilde{\alpha}_2X^2Z + \tilde{\alpha}_4XZ^2 + \tilde{\alpha}_6Z^3$$

定义曲线 $\tilde{E}/\kappa$. $\tilde{E}(\kappa)$ 的非奇异点组成子群 $\tilde{E}^{ns}(\kappa)$. 定义

$$E_0(\mathbb{Q}_p) = \{x \in E(\mathbb{Q}_p) : \tilde{x} \in \tilde{E}^{ns}(\kappa)\}$$

([Sil 86] §VII.2). 设

$$c_v = \begin{cases} |E(\mathbb{Q}_v)/E_0(\mathbb{Q}_v)|, & v \neq \infty, \\ |E(\mathbb{R})/E^0(\mathbb{R})|, & v = \infty, \end{cases}$$

其中 $E^0(\mathbb{R})$ 是 $E(\mathbb{R})$ 的单位连通分支.

把以上的计算代入定理中便到 ETNC 局部猜想所要求的同构

$$\zeta_{\mathbb{Z}_p} : \mathrm{Det}_{\mathbb{Z}_p}(0) \cong \mathrm{Det}_{\mathbb{Z}_p}(R\Gamma_c(\mathbb{Z}_S, T_pE)).$$

定理 16.44 对所有 p, $\theta_p\zeta_{\mathbb{Z}_p} = [q_2]_p\beta_{\mathbb{Q}_p}$, 其中 $[q_2]_p$ 是 q_2 的 p 幂因子,

$$q_2 = \frac{|E(\mathbb{Q})_{tors}^{\wedge p}|^2}{|\Sha E(\mathbb{Q})[p^\infty]| \prod_c [c_v]_p}.$$

局部 ETNC 是要求: 对所有 p, $\theta_p \circ (\zeta_{\mathbb{Z}_p})_{\mathbb{Q}_p} = \zeta_{\mathbb{Q}}(M)_{\mathbb{Q}_p}$. 按前面定理在假设 $\Sha(E/\mathbb{Q})$ 是有限之下, 这等价于 BSD 猜想关于 $L(E, 1)^*$ 的要求.

不妨写下前面几次提到的 BSD 猜想. $E/\mathbb{Q}$ 是椭圆曲线.

(1) $\mathrm{ord}_{s=1} L(E, s) = \mathrm{rank}_{\mathbb{Z}} E(\mathbb{Q})$ (秩猜想).

(2) $\Sha(E/\mathbb{Q})$ 是有限的.

(3)
$$L(E, 1)^* = \frac{\Omega_\infty \mathfrak{d}_{E/\mathbb{Q}} |\Sha(E/\mathbb{Q})| \prod_v c_v}{|E(\mathbb{Q})_{tors}|^2}.$$

BSD 是指两个英国数学家 Birch (1931-) 和 Swinnerton-Dyer (1927-). 在大量机器计算后他们提出以上的猜想. BSD 的官方介绍是 Clay Mathematical Institute 的 Millenium Problems 网页中的一篇文章, 是由 Andrew Wiles 写的.

英国数论家 David Burns 和 John Coates 及他们的合作人在一系列文章中指出"等变玉河数猜想"是和一些标准的猜想如 Stark 猜想、Iwasawa 猜想有关的.

16.10 模 曲 线

设 $\hat{\mathbb{Z}} = \varprojlim_n \mathbb{Z}/n\mathbb{Z}$, $\mathbb{A}_f$, $\mathbb{A}_f$ 是 $\mathbb{Q}$ 的有限加元环, 即 $\mathbb{Q}_p$ ($p < \infty$) 的限制直积 ([数论]§4.1). 设 $G = GL_2$ 是 $\mathbb{Z}$ 的群概形, $G(\mathbb{Q})$ 的 $\mathbb{Q}$ 点等 ([代数群]).

记 $\mathfrak{h} = \{z \in \mathbb{C} : \text{Re } z > 0\}$ (上复平面), $\mathfrak{h}^\pm = \{z \in \mathbb{C} : \text{Re } z \neq 0\}$ (上下复平面). 对 $G(\mathbb{A}_f)$ 的紧开子群 K 有定义在 $\mathbb{Q}$ 上的代数曲线 M_K, 使得

$$M_K(\mathbb{C}) = G(\mathbb{Q}) \backslash \left(\mathfrak{h}^\pm \times (G(\mathbb{A}_f)/K) \right),$$

其中 $G(\mathbb{Q})$ 作用在 $\mathfrak{h}^\pm$ 和 $G(\mathbb{A}_f)/K$ - $\langle qz, qaK \rangle = \langle z, aK \rangle$. 存在有限个 $g_j \in G(\mathbb{A}_f)$ 使得 $M_K(\mathbb{C}) = \cup_j (g_j K g_j^{-1} \cap G(\mathbb{Q}))\mathfrak{h}$.

记 K_n 为投射 $G(\hat{\mathbb{Z}}) \to G(\mathbb{Z}/n\mathbb{Z})$ 的核. 椭圆曲线 E 带结构 $(\mathbb{Z}/n\mathbb{Z})^2 \xrightarrow{\approx} E[n]$ (E 的 n 阶点) 的模曲线的复点是 $M_{K_n}(\mathbb{C})$ ([模曲线] §7, 10; [Sch 89]).

存在包含 M_K 定义 $\mathbb{Q}$ 上的光滑投影曲线 $\overline{M}_K$ 使得 $M_K^\infty = \overline{M}_K \setminus M_K$ 是有限集. 又存在 $\mathbb{Z}$ 上的正则曲线 $\overline{M}_{K/\mathbb{Z}}$ 使得 $\overline{M}_K = \overline{M}_{K/\mathbb{Z}} \otimes_\mathbb{Z} \mathbb{Q}$.

Beilinson 的猜想是关于调控子映射的

$$r_\mathcal{D} : H^2_\mathcal{A}(\overline{M}_{K/\mathbb{Z}}, \mathbb{Q}(2)) \to H^2_D(\overline{M}_{K/\mathbb{R}}, \mathbb{R}(2)),$$

其中 $H^2_\mathcal{A}(\overline{M}_{K/\mathbb{Z}}, \mathbb{Q}(2)) := \text{Img}(K_2^{(2)}(\overline{M}_{K/\mathbb{Z}}) \to K_2^{(2)}(\overline{M}_K))$.

取 $\overline{M}_K \otimes \overline{\mathbb{Q}}$ 的不可约分支 C, 则 $K_2(C) \hookrightarrow K_2(\overline{\mathbb{Q}}(C))$ (5.1.2 小节). 域 $\overline{\mathbb{Q}}(C)$ 的元素是符号 $\{x,y\}$, $x,y \in \overline{\mathbb{Q}}(C)^\times$.

对 $\varphi, \psi \in \mathcal{O}(M_K)^\times$, $\{\varphi, \psi\} \in H^2_\mathcal{A}(M_K, \mathbb{Q}(2))$, 则

$$r_\mathcal{D}\{\varphi, \psi\} = \log|\varphi| \cup \log|\psi|$$

(Bei 85] §4.4-未见证明). 注意: $r_\mathcal{D}$ 是用陈类定义的. 这样我们落在 $H^2_D(\overline{M}_{K/\mathbb{R}}, \mathbb{R}(2)) = H^1_B(\overline{M}_{K/\mathbb{R}}, \mathbb{R}(1))$ 里. 检查 H^1_B 的元素 η 可以用 Poincaré对偶

$$H^1_B(M_{K/\mathbb{R}}, \mathbb{R}(1)) \times \Omega^1(M_k) \to \mathbb{R}, \quad \langle \eta, \omega \rangle = \frac{1}{2\pi i} \int_{M_K(\mathbb{C})} \eta \wedge \omega.$$

16.10 模曲线

设 $\mathrm{pr}_{\mathcal{D}} : H_B^1(M_{K/\mathbb{R}}, \mathbb{R}(1)) \to H_B^1(\overline{M}_{K/\mathbb{R}}, \mathbb{R}(1))$,则简单计算给出

$$\langle \mathrm{pr}_{\mathcal{D}}(r_{\mathcal{D}}\{\varphi, \psi\}), \omega \rangle = \frac{1}{2\pi i} \int_{M_K(\mathbb{C})} \log|\varphi| \overline{d \log \psi} \wedge \omega$$

([Bei 85] §5; [RSS 88] Schappacher, Scholl, §1.3.0).

选 $G(\mathbb{R})$ 的适当紧子群 K_∞,$M_K(\mathbb{C}) = G(\mathbb{Q})\backslash G(\mathbb{A})/K_\infty K$. 自然看到 $H_B^1(M_{K/\mathbb{R}}, \overline{\mathbb{Q}} \otimes \mathbb{R}(1))$ 是一个 $G(\mathbb{A})$ 表示空间. 这样便可以用模型式来计算以上积分了 ([Lan 73]). 就是用这个想法 [Bei 85] §5 对 $\overline{M}_K$ 证明了他的猜想, [RSS 88] Schappacher, Scholl 为此文作补充. (这两篇文献比较像自用笔记, 部分关键概念、符号没有说明定义, 定理没有证明等. 但作为方向提示是有一定价值的. 不过为一般的志村簇证明 Beilinson 猜想, 我相信需要新思路、新方法.)

后　　记

　　有一年我常跟 Weil 在 IAS 的小林散步,有一次我问他:为什么他将要出版的数论历史新书 ([Wei 84]) 停在 Gauss 之前?他回答:现代数论从 Gauss 开始,这个故事留给下一代的数论家说了.自二十世纪七十年代我常介绍数论,从谈模型式开始的第一部书 [二阶] 到本书最后一节亦以模型式为终,总算是把一段故事说完.显然这些数学还是不停地在发展,成就更光辉,新创建由你发现,下一段故事就留给你说了.正是:

　　　　霹雳七剑下天山,百丈铜关侠影翻.
　　　　难觅良朋醉永夜,或有知心潜民间.

参 考 文 献

[陈志杰]	陈志杰. 代数基础-模、范畴、同调代数与层. 上海：华东师大出版社, 2001.
[CC 83]	陈省身, 陈维桓. 微分几何讲义. 北京：北京大学出版社, 1983.
[二阶]	黎景辉, 蓝以中. 二阶矩阵群的表示与自守形式. 北京：北京大学出版社, 1986.
[代数群]	黎景辉, 陈志杰, 赵春来. 代数群引论. 北京：科学出版社, 2006, 2016.
[拓扑群]	黎景辉, 冯绪宁. 拓扑群引论. 2 版. 北京：科学出版社, 2014.
[高线]	黎景辉, 白正简, 周国晖. 高等线性代数学. 北京：高等教育出版社, 2014.
[模曲线]	黎景辉, 赵春来. 模曲线导引. 2 版. 北京：北京大学出版社, 2015.
[数论]	黎景辉. 代数数论. 北京：高等教育出版社, 2016.
[李克正 99]	李克正. 交换代数与同调代数. 北京：科学出版社, 1999.
[李克正 04]	李克正. 代数几何初步. 大学数学科学丛书, 北京：科学出版社, 2004.
[李文威]	李文威. 代数学方法. 1 卷. 北京：高等教育出版社, 2016.
[廖刘]	廖山涛, 刘旺金. 同伦论基础. 北京：北京大学出版社, 1980.
[尤]	尤承业. 基础拓扑学讲义. 北京：北京大学出版社, 1997.
[江]	江泽涵. 拓扑学引论. 上海：上海科技出版社, 1978.
[姜]	姜伯驹. 同调论. 北京：北京大学出版社, 2006.
[AR 94]	Adamek J, Rosicky J. Locally Presentable and Accessible Categories. Cambridge University Press, 1994.
[Ada 62]	Adams J F. Vector fields on spheres. Ann. of Math., 1962, 75: 603-632.
[Ada 74]	Adams J F. Stable Homotopy and Generalised Homology. University of Chicago Press, 1974.
[AGP 02]	Aguilar M, Gitler S, Prieto C. Algebraic Topology from a Homotopical Viewpoint. Springer-Verlag, 2002.
[AB 94]	Albano A, Bardelli F. Algebraic Cycles and Hodge Theory. Lecture Notes in Math., 1594. Springer, 1994.
[And 96]	André Y. Pour une théorie inconditionnelle des motifs. Publ. Math. IHES., 1996, 83: 5-49.
[And 03]	André Y. Period Mappings and Differential Equations. Math. Soc. Japan., Maruzen Co. 2003.
[Ang 81]	Angeniol B. Familles de Cycle Algebriques-Schema de Chow. Lecture Notes in Math., 896. Springer, 1981.
[Ark 11]	Arkowitz M. Introduction to Homotopy Theory. Springer, 2011.
[AS 13]	Asakura M, Sato K. Syntomic cohomology and Beilinson's Tate conjecture for K_2. J. Algebraic Geometry, 2013, 22: 481-547.
[ADK 08]	Asok A, Doran B, Kirwan F. Yang-Mills theory and Tamagawa numbers: the fascination of unexpected links in mathematics. Bull. London Math. Soc., 2008, 40: 533-567.

[Ati 57]　　Atiyah M. Vector bundles over an elliptic curve. Proc. London Math Soc., 1957, 7: 414-452.

[Ati 69]　　Atiyah M. K-Theory. Benjamin, 1969.

[AT 69]　　Atiyah M, Tall D O. Group representations, λ rings and the J-homomorphism. Topology, 1969, 8: 253-297.

[Ayo 07]　　Ayoub J. Les Six Opérations de Grothendieck et le Formalisme des Cycles Évanescents dans le Monde Motivique (I)(II). Asterisque, 314, 315. Soc. Math. France, 2007.

[Ban 92]　　Banaszak G. Algebraic K-theory of number fields and rings of integers and the Stickelberger ideal. Ann. of Math., 1992, 135: 325-360.

[Ban 13]　　Banaszak G. Wild kernels and divisibility in K-groups of global fields. J. Number Theory, 2013, 133: 3207-3244.

[BG 96]　　Banaszak G, Gajda W. Euler systems for higher K-theory of number fields. J. Number Theory, 1996, 58(2): 213-256.

[BP 13]　　Banaszak G, Popescu C. The Stickelberger splitting map and Euler systems in the K-theory of number fields. J. Number Theory, 2013, 133: 842-870.

[Bar 96]　　Barlow R. Complete intersections and rational equivalence. Manusc. Math., 1996, 90: 155-174.

[Bars 02]　　Bars F. On the Tamagawa number conjecture for CM ellitptic curves defined over Q. J. Number Theory, 2002, 95: 190-208.

[Bas 68]　　Bass H. Algebraic K-Theory. Benjamin, 1968.

[Bas 73]　　Bass H. Algebraic K-theory, I, II, III//Proceedings of Conference. Lecture Notes in Math., 341, 342, 343. Springer-Verlag, 1973.

[Bas 74]　　Bass H. Introduction to some methods of algebraic K-theory// Regional Conference Series in Mathematics. Amer. Math. Soc., 1974.

[BMS 67]　　Bass H, Milnor J, Serre J P. Solution of the congruence subgroup problem for $SL_n(n \geqslant 3)$ and $Sp_{2n}(n \geqslant 2)$. Inst. Hautes études Sci. Publ. Math., 1967, 33: 59-137.

[BFM 75]　　Baum P, Fulton W, Macpherson R. Riemann-Roch for singular varieties. Publ. Math. IHES., 1975, 45: 101-145.

[BC 10]　　Baum P, Cortinas G. Topics in Algebraic and Topological K-Theory. Lecture Notes in Math., 2008. Springer, 2010.

[Bea 86]　　Beauville A. Sur l'anneau de Chow d'une variété abélienne. Math. Ann., 1986, 273: 647-651.

[Beh 91]　　Behrend K. The Lefschetz trace formula for the moduli stack of principal bundles. UC Berkeley. Ph. D. Thesis, 1991.

[BD 07]　　Behrend K, Dhillon A. On the motivic class of the stacks of bundles. Adv. in Math., 2007, 212: 617-644.

[BBD 82]	Beilinson A, Bernstein J, Deligne P. Faisceaux pervers. Asterisque, 1982, 100: 5-171.
[Bei 85]	Beilinson A. Higher regulators and values of L-functions. J. Soviet Math., 1985, 30: 2036-2070.
[Bei 86]	Beilinson A. Higher regulators of modular curves//Applications of Algebraic K-Theory to Algebraic Geometry and Number Theory. Contemporary Mathematics, 55. Amer. Math. Soc., 1986: 1-34.
[Bei 87]	Beilinson A. Height pairing between algebraic cycles//K-Theory, Arithmetic and Geometry (Moscow, 1984-1986). Lecture Notes in Math., 1289. Springer, 1987: 1-25.
[BD 04]	Beilinson A, Drinfeld V. Chiral Algebra. Amer. Math. Soc., 2004.
[Bel 09]	Bellaiche J. An introduction to the conjecture of Bloch and Kato. Clay Mathematical Institute Summer School, 2009.
[BN 02]	Benois D, Do T N Q. Les nombres de Tamagawa locaux et la conjecture de Bloch et Kato pour les motifs Q(m) sur un corps abelien. Ann. Scient. Ec. Norm. Sup., 2002, 35: 641-672.
[BK 95]	Berrick J, Keating M. The localization sequence in K-theory. K-Theory, 1995, 9: 577-589.
[Ber 71]	Berthelot P. Generalites sur les λ anneaux, Exp V; Le K d'un fibre projectif, Exp VI, in SGA 6//Théorie des Intersections et Théorème de Riemann-Roch. Lecture Notes in Math., 225. Springer, 1971.
[BO 78]	Berthelot P, Ogus A. Notes on Cristalline Cohomology. Princeton University Press, 1978.
[BSD 65]	Birch B, Swinnerton-Dyer H. Notes on elliptic curves, II. J. Reine Angew. Math., 1965, 218: 79-108.
[Bla 86]	Blackadar B. K-Theory for Operator Algebras. Springer, 1986.
[BR 93]	Blasius D, Rogawski J D. Motives for Hilbert modular forms. Invent. Math., 1993, 114: 55-87.
[BB 01]	Bley W, Burns D. Equivariant Tamagawa numbers, fitting ideals and Iwasawa theory. Compositio Mathematica, 2001, 126: 213-247.
[BB 011]	Bley W, Burns D. Explicit units and the equivariant Tamagawa number conjecture. American Journal of Mathematics, 2001, 123: 931-949.
[Bley 06]	Bley W. On the equivariant Tamagawa number conjecture for abelian extensions of a imaginary quadratic field. Doc. Math., 2006, 11: 73-118.
[Blo 79]	Bloch S. Some elementary theorems about algebraic cycles on abelian varieties. Inven. Math., 1979, 37: 215-228.
[Blo 80]	Bloch S. A note on height paairings, Tamagawa numbers and the Birch Swinnerton-Dyer conjecture. Inv. Math., 1980, 58: 65-76.

[Blo 81]   Bloch S. On the Chow groups of certain rational surfaces. Ann. Scient. Ec. Norm. Sup., 1981, 14: 41-49.

[Blo 84]   Bloch S. Height pairing for algebraic cycles. J. Pure Appl. Algebra, 1984, 34: 119-145.

[Blo 86]   Bloch S. Algebraic cycles and higher K-theory. Adv. in Math., 1986, 61: 267-304.

[Blo 861] Bloch S. Algebraic cycles and the Beilinson conjectures. Contemporary Mathematics, 1986, 58(1): 65-79.

[Blo 94]   Bloch S. The moving lemma for higher Chow groups. J. Alg. Geometry, 1994, 3: 537-568.

[Blo 00]   Bloch S. Higher Regulators, Algebraic K-Theory and Zeta Functions of Elliptic Curves. CRM Monograph Series. Amer. Math. Soc., 2000.

[Blo 10]   Bloch S. Lectures on Algebraic Cycles. Cambridge University Press, 2010.

[BK 86]   Bloch S, Kato K. P-adic etale cohomology. Publ. Math. IHES., 1986, 63: 107-152.

[BK 90]   Bloch S, Kato K. L-functions and Tamagawa numbers of motives//The Grothendieck Festschrift. 1. Progress in Math., 86. Birkhäuser, 1990: 333-400.

[BL 95]   Bloch S, Lichtenbaum S. A Spectral Sequence for Motivic Cohomology. K-theory, 1995.

[BH 69]   Bloom T, Herrera M. de Rham cohomology of an analytic space. Inv. Math., 1969, 7: 275-296.

[BN 93]   Bökstedt M, Neeman A. Homotopy limits in triangulated categories. Compositio Math., 1993, 86: 209-234.

[BS 58]   Borel A, Serre J P. Le theoreme de Riemann-Roch. Bull. Soc. Math. France., 1958, 86: 97-136.

[Bor 74]   Borel A. Cohomologie de SL_n et valeurs de fonction zeta. Ann. Sci. Scuola Norm. Sup. Pisa, 1974, 4: 235-272.

[Bor 77]   Borel A. Stable real cohomology of arithmetic groups. Ann. Scient. Ec. Norm. Sup., 1977, 7: 613-636.

[Borg 13] Borger J. Witt vectors, semirings, and total positivity. 2013. arXiv: 1310.3013.

[BT 95]   Bott R, Tu L W. Differential Forms in Algebraic Topology. Graduate Texts in Mathematics. Springer, 1995.

[Bou 65]   Bourbaki N. Algebre Commutative, Elements de Mathematique. Hermann, 1965.

[BK 87]   Bousfield A, Kan D. Homotopy Limits Completions and Localization. LNM. 304. Springer, 1987.

[BCDT 01] Breuil C, Conrad B, Diamond F, et al. On the modularity of elliptic curve over $\mathbb{Q}$. JAMS, 2001, 14(4): 843-939.

[BrE 62]   Brown E. Cohomology theories. Ann. of Math., 1962, 75: 467-484; 1963, 78: 201.

[BrK 74]   Brown K. Abstract homotopy theory and generalized sheaf cohomology. Trans. Amer. Math. Soc., 1974, 186: 419-458.

[BG 73]   Brown K, Gersten S. Algebraic K-theory as generalised cohomology//Algebraic K-Theory, 1. Lecture Notes in Math., 341. Springer, 1973: 266-292.

[BS 58]   Borel A, Serre J P. Le theoreme de Riemann Roch. Bull. Soc. Math. France, 1958, 86: 97-136.

[Bor 74]   Borel A. Cohomologie de SL_n et valeurs de fonctions zeta. Ann. Scuola Normale Superiore, 1974, 7: 613-636.

[BT 82]   Bott R, Tu L. Differential Forms in Algebraic Topology. Springer, 1982.

[BrB 10]   Breuning M, Burns D. On equivariant dedekind zeta functions at $s = 1$. Doc. Math., Extra Vol., 2010: 119-146.

[BD 67]   Burghelea D, Deleanu A. The homotopy category of spectra. I. Illinois J. Math., 1967, 11: 454-473; II. Math. Ann., 1968, 178: 131-144; III. Math. Z., 1969, 108: 154-170.

[BF 01]   Burns D, Flach M. Tamagawa numbers for motives with (non-commutative) coefficients. Doc. Math., 2001, 6: 501-570.

[BF 03]   Burns D, Flach M. Tamagawa numbers for motives with (non-commutative) coefficients II. Amer. J. Math., 2003, 125: 475-512.

[BG 03]   Burns D, Greither C. On the equivariant Tamagawa number conjecture for Tate motives. Invent. Math., 2003, 153: 303-359.

[Burn 15]   Burns D. On main conjectures in non-commutative Iwasawa theory and related conjectures. J. Reine Angew. Math., 2015, 698: 105-159.

[Cap 11]   Caputo L. Splitting in the K-theory localization sequence of number fields. Journal of Pure and Applied Algebra, 2011, 215: 485-495.

[CMP 03]   Carlson J, Müller S, Peters C. Periods Mappings and Period Domains. Cambridge University Press, 2003.

[CG 08]   Carlson J, Griffiths P. What is a period domain. Notices of AMS, 2008, 55: 1418-1419.

[CE 56]   Cartan H, Eilenberg S. Homological Algebra. Princeton, 1956.

[Car 72]   Carter R. Simple Groups of Lie Type. Wiley, 1972.

[Cass 59]   Cassels J. Arithmetic on curves of genus 1. I to VI. J. Reine Angew. Math., 1959, 202: 52-99, 1960, 203: 174-208, 211 1962 95-112, 1964, 214/215: 65-70; Proc. London Math. Soc., 1962, 12(3): 259-296, 1963, 13: 768; J. London Math. Soc., 1963, 38: 244-248.

[Cass 66]   Cassels J. Diophantine equations with special reference to elliptic curves. Journal London Math. Soc., 1966, 41: 193-291.

[Cat 14] Cattani E, Zein E F, Griffiths P A, et al. Hodge Theory. Princeton University Press, 2014.

[Che 16] Chen J L. Relative derived category with respect to a subcategory. Journal of Algebra and Its Applications, 2016, 15: 2041-2057.

[Chern 46] Chern S S. Characteristic classes of hermitian manifolds. Ann. of Math., 1946, 47(1): 85-121.

[Chern 53] Chern S S. On the characteristic classes of complex sphère bundles and algebraic varieties. Amer. J. Math., 1953, 75: 565-597.

[Che 45] Chevalley C. Intersections of algebraic and algebroid varieties. Trans. Amer. Math. Soc., 1945, 57: 1-85.

[Che 58] Chevalley C. Les classes d'equivalence rationalle. I, II. Sem Chevalley, 1958, 3: Numdam.

[CPT 15] Chinburg T, Pappas G, Taylor M. Higher adeles and non-abelian Riemann-Roch. Adv. in Math., 2015, 281: 928-1024.

[CV 37] Chow W L, van der Waerden B L. Ueber augeordnete Formen und algebraische Systeme von algebraischen Mannigfaltigkeiten. Math. Ann., 1937, 113: 692-704.

[Cho 56] Chow W L. On equivalence classes of cycles in an algebraic variety. Ann. of Math., 1956, 64: 450-479.

[Cis 06] Cisinski D C. Les préfaisceaux comme modèles des types d'homotopie. Asterisque. 308. Soc. Math. France, 2006.

[Cis 13] Cisinski D C. Descente par eclatements en K-théorie invariante par homotopie. Ann. of Math., 2013, 177 (2): 425-448.

[CD 13] Cisinski D C, Deglise F. Triangulated Categories of Mixed Motives. arXiv, 2013.

[Clo 90] Clozel L. Motifs et formes automorphes: applications du principe de fonctorialite//Automorphic Forms, Shimura Varieties, and L-Functions, I (Ann Arbor, MI, 1988), Perspect. Math. 10. Academic Press, 1990: 77-159.

[CL 73] Coates J, Lichtenbaum S. On the ℓ adic zeta function. Ann. of Math., 1973, 98: 498-550.

[Coa 77] Coates J. P-adic L-functions and Iwasawa theory//Frohklich ed. Algebraic Number Theory. Academic Press, 1977: 269-353.

[Coa 12] Coates J, Schneider P, Sujatha R, et al. Noncommutative Iwasawa Main Conjectures over Totally Real Fields. Springer, 2014.

[Coa 15] Coates J, Raghuram A, Saikia A, et al. The Bloch-Kato Conjecture for the Riemann Zeta Function. London Mathematical Society Lecture Note Series, 418. Cambridge University Press, 2015.

[CG 07]	Coates T, Givental A. Quantum Riemann-Roch, lefschetz and serre. Ann. of Math., 2007, 165(1): 15-53.
[Con 85]	Connes A. Non-commutative differential geometry. Publ. Math. IHES., 1985, 62: 41-144.
[Conr 00]	Conrad B. Grothendieck Duality and Base Change. Lecture Notes in Math. 1750., Springer, 2000.
[Conr 01]	Conrad B. The Shimura construction in weight 2//Arithmetic Algebraic Geometry, IAS/Park City Mathematics Series, 9. Amer. Math. Soc., 2001: 205-221.
[CF 15]	Cooke G, Finney R. Homology of Cell Complexes. Princeton University Press, 2015.
[CS 04]	Cuntz J, Skandalis G. Cyclic Homology in Non-Commutative Geometry. Encyclopaedia of Mathematical Sciences, 121. Springer, 2004.
[Cur 71]	Curtis E. Simplicial homotopy theory. Adv. in Math., 1971, 6: 107-209.
[DS 95]	Dalbec J, Sturmfels B. Introduction to Chow forms//White N. Invariant Methods in Discrete and Computational Geometry. Kluwer Academic Publishers, 1995: 37-58.
[DDT 97]	Darmond H, Diamond F, Taylor R. Fermat's last theorem//Coates J. Elliptic Curves, Modular Forms, Fermat's Last Theorem. Conference in Hong Kong. International Press, 1997.
[DOR 10]	Dat F, Orlik S, Rapoport M. Period Domains over Finite and P-Adic Fields. Cambridge University Press, 2010.
[DK 01]	Davis J, Kirk P. Lecture Notes in Algebraic Topology. Amer. Math. Soc., 2001.
[Del 68]	Deligne P. Formes modulaires repesentations l-adiques. Seminaire de Bourbaki, 1968-1969, exp. 355, 139-172. (有英译在 IAS 网站)
[Del 71]	Deligne P. Théorie de Hodge II. Publ. Math. IHES., 1971, 40: 5-58.
[Del 74]	Deligne P. La conjecture de Weil. Publ. Math. IHES., 1974, 43: 273-307; 1980, 52: 137-252.
[Del 741]	Deligne P. Théorie de Hodge: III. Publ. Math. IHES., 1974, 44: 5-77.
[Del 79]	Deligne P. Valeurs de fonctions L et periods d'integrales. Proc. Sym. Pure Math., 1979, 33(2): 313-346.
[Del 82]	Deligne P. Hodge Cycles on Abelian Varieties//Hodge Cycles, Motives, and Shimura Varieties. Lecture Notes in Math., 900. Springer, 1982: 9-100.
[DM 82]	Deligne P, Milne J. Tannakian categories//Hodge Cycles, Motives, and Shimura Varieties. Lecture Notes in Math., 900. Springer, 1982: 101-228.
[Del 87]	Deligne P. Le Groupe Fondamental de la Droite Projective Moins Trois Points//Galois Groups over Q, 1987: 79-298.
[Del 871]	Deligne P. Le déterminant de la cohomologie//Current Trends in Arithmetical Algebraic Geometry. Cont. Math., 67. Amer. Math. Soc., 1987: 313-346.

[Del 90] Deligne P. Categories Tannakiennes// Grothdendieck Festschrift 2. Birkhauser, 1990: 111-197.

[Del 94] Deligne P. A quoi servent les motifs//Motives, Proc. Sympos. Pure Math., 55, Part 1. Amer. Math. Soc., 1994: 143-161.

[DI 02] Demailly J, Illusie L. Introduction to Hodge Theory. Amer. Math. Soc, 2002.

[Dem 69] Demazure M. Motifs des Varietes Algebriques//Sem Bourbaki. Lecture Notes in Math., 180. Springer, 1971.

[Den 90] Deninger C. Higher regulators and Hecke L-series of imaginary quadratic fields II. Ann. of Math., 1990, (2)192: 131-155.

[DFG 04] Diamond F, Flach M, Guo L. The Tamagawa number conjecture of adjoint motives of modular forms. Ann. Scient. Ec. Norm. Sup., 2004, 37: 663-727.

[Die 63] Dieudonne J. La Geometrie des Groups Classiques. Springer, 1963.

[DTY 16] Douglas R, Tang X, Yu G. An analytic Grothendieck Riemann Roch theorem. Adv. in Math., 2016, 294: 307-331.

[DHKS 04] Dwyer W, Hirschorn P, Kan D, et al. Homotopy Limit Functors on Model Categories and Homotopical Categories. Amer. Math. Soc., 2004.

[Dol 58] Dold A. Homology of symmetric products and other functors of complexes. Ann. of Math., 1958, 68: 54-80.

[DP 61] Dold A, Puppe D. Homologie nicht-additiver Funktoren Anwendungen. Annales de l'institut Fourier, 1961, 11: 201-312.

[DT 58] Dold A, Thom R. Quasifaserungen und unendliche symmetrische Produkte. Ann. of Math., 1958, 67: 239-281.

[Dol 63] Dold A. Partitions of unity in the theory of fibrations. Ann. of Math., 1963, 78: 223-255.

[Don 11] Donaldson S. Riemann Surfaces. Oxford University Press, 2011.

[Dup 78] Dupont J. Curvature and Characteristic Classes. LMN. 640. Springer, 1978.

[DF 85] Dwyer W, Friedlander E. Algebraic and étale K-theory. Trans. AMS., 1985, 292: 247-280.

[DM 98] Dwyer W, Mitchell S. On the K-theory spectrum of a ring of algebraic integers. K-Theory, 1998, 14: 201-263.

[Edi 13] Edidin D. Riemann-Roch for Deligne-Mumford stacks//A Celebration of Algebraic Geometry, 241-266. Clay Math. Proc., 18. Amer. Math. Soc., Providence, RI, 2013.

[ES] Eilenberg S, Steenrod N. Foundations of Algebraic Topology. Princeton University Press, 1952.

[EZ 50] Eilenberg S, Zilber J A. Semi-simplicial complexes and singular homology. Ann. of Math., 1950, 51: 499-513.

[EH 16] Eisenbud D, Harris J. 3264 and All That: A Second Course in Algebraic

	Geometry. Cambridge University Press, 2016.
[Eke 09]	Ekedahl T. The Grothendieck group of algebraic stacks. ArXiv, math.AG., 2009.
[EKM 96]	Elmendorf A D, Kriz I, Mandell M A, et al. Rings, Modules and Algebras in Stable Homotopy Theory. Amer. Math. Soc. Surveys and Monographs. 47. Amer. Math. Soc., 1996.
[Eps 66]	Epstein D. Functors between tensored categories. Inven. Math., 1966, 1: 221-228.
[Fal 83]	Faltings G. Endlichkeitssatze fur abelsche Varietaten uber Zahlkorpern. Inv. Math., 1983, 73: 349-366. (English translation in Cornell G, Silverman J H, eds. Arithmetic Geometry. Springer Verlag, 1986.)
[Fal 88]	Faltings G. P-adic Hodge theory. J. Amer. Math. Soc., 1988, 1: 255-299.
[Fal 89]	Faltings G. Crystalline cohomology and p-adic Galois representations//Algebraic Analysis, Geometry and Number Theory. Johns Hopkins Univ. Press, 1989: 25-80.
[Fal 92]	Faltings G. Notes taken by Shouwu Zhang. Lectures on the Arithmetic Riemann-Roch Theorem. Annals of Mathematics Studies, 127. Princeton University Press, 1992.
[FGI 06]	Fantechi B, Gottsche L, Illusie L. Fundamental Algebraic Geometry. Mathematical Surveys and Monographs. Amer. Math. Soc., 2006.
[FV 01]	Fesenko I, Vostokov S. Local fields and their extensions. Amer. Math. Soc., 2001.
[Fla 04]	Flach M. The equivariant Tamagawa number conjecture: A survey. Stark's conjecture: Recent Works and New Directions Contemp. Math., 358 (2004) with an appendix by C. Greither, 79-125.
[FL 82]	Fontaine J M, Laffaille G. Construction de representations p-adiques. Ann. Scient. Ec. Norm. Sup., 1982, 15: 547-608.
[FM 87]	Fontaine J M, Messing W. P-adic periods and p-adic etale cohomology//Current trends in arithmetic algebraic geometry. AMS Contemp. Math., 1987, 67: 179-207.
[Fon 90]	Fontaine J M. Representations p-adiques des corps locaux I//The Grothendieck Festschrift, II, 249-309. Progr. Math., 87. Birkhäuser Boston, 1990.
[Fon 92]	Fontaine J M. Valeurs spécials des fonctions L des motifs. Sem. Bourbaki, 1992: 751.
[Fon 94]	Fontaine J M. Le corps des periodes p-padiques. Asterisque, 1994, 223: 59-11.
[FM 95]	Fontaine J M, Mazur B. Geometric Galois representations//Coates J, S -T Yau. Elliptic curves, modular forms, Fermat's last theorem. Int. Press, 1995:

41-78.

[FP 94] Fontaine J M, Perrin-Riou B. Autour des conjectures de Bloch et Kato: cohomologie galoisienne et valeurs de fonction L. Motives (Seattle) Proc. Symp. Pure Math., 55, I, 1994: 599-706.

[For 81] Forster O. Lectures on Riemann Surfaces. Springer, 1981.

[Fri 82] Friedlander E. Etale Homotopy of Simplicial Schemes. Ann. of Mathematics Studies. 104. Princeton University Press, 1982.

[FS 81] Friedlander E, Stein M. Algebraic K-Theory, Evanston 1980: Proceedings of the Conference Held at Northwestern University Evanston. Lecture Notes in Math., 854. Springer, 1981.

[FS 02] Friedlander E, Suslin A. The spectral sequence relating algebraic K-theory to motivic cohomology. Ann. Scient. Ec. Norm. Sup., 4e série, 2002, 35: 773-875.

[FH 88] Freitag E, Kiehl R. Etale Cohomology and the Weil Conjecture. Springer, 1988.

[FP 90] Fritsch R, Piccinini R A. Cellular structures in topology. Cambridge Studies in Advanced Mathematics. 19. Cambridge University Press, 1990.

[Fu 06] Fu L. Algebraic Geometry. 北京: 清华大学出版社, 2006.

[Fu 15] Fu L. Etale Cohomology Theory. Revised edition. World Scientific. 2015.

[FK 06] Fukaya T, Kato K. A formulation of conjectures on p-adic zeta functions in noncommutative Iwasawa theory. Proc. St. Petersburg Math. Soc., vol XII, 1-85. Amer. Math. Soc. Transl. Ser 2, 219. Amer. Math. Soc., 2006.

[Ful 75] Fulton W. Rational equivalence on singular varietie. Publ. Math. IHES., 1975, 45: 147-167.

[Ful 84] Fulton W. Introduction to Intersection Theory in Algebraic Geometry. Amer. Math. Soc., 1984.

[Ful 98] Fulton W. Intersection Theory. 2nd ed. Springer, 1998.

[FL 85] Fulton W, Lang S. Riemann Roch Algebra. Springer, 1985.

[GZ 67] Gabriel P, Zisman M. Calculus of Fractions and Homotopy Theory. Springer, 1967.

[GU 71] Gabriel P, Ulmer F. Lokal Präsentierbare Kategorien. Lecture Notes in Math., 221. Springer, 1971.

[Gae 90] Gaeta F. Associate forms, joins, multiplicities and intrinsic elimination theory//Topics in Algebra, Banach Center Publications, 26, Part 2. PWN Polish Scientific Publishers, 1990.

[Gaj 13] Gajer P. Geometry of Deligne cohomology. preprint.

[GKZ 94] Gelfand I, Kapranov M, Zelevinsky A. Discriminant, Resultants and Multidimensional Determinants. Birkhauser, 1994.

[GJ 12] Gil J I B, Jeu R D. Regulators. Regulators III Conference, July 12-22, 2010, Barcelona, Spain (Contemporary Mathematics). Amer. Math. Soc., 2012.

[Gil 81]	Gillet H. Riemann Roch theorems for higher algebraic K-theory. Adv. in Math., 1981, 40: 203-289.
[Gil 83]	Gillet H. Universal cycle classes. Compo. Math., 1983, 49: 3-49.
[Gir 71]	Giraud J. Cohomologie Non-abelienne. Springer-Verlag, 1971.
[God 73]	Godement R. Topologie Algébrique et Théorie des Faisceaux. Hermann, 1973.
[GJ 09]	Goerss P, Jardine J. Simplicial Homotopy Theory. Birkhauser, 2009.
[Gon 99]	Goncharov A. Volumes of hyperbolic manifolds and mixed Tate motives. Journal American mathematical society, 1999, 12: 569-618.
[GL 00]	Gordon B, Lewis J. The Arithmetic and Geometry of Algebraic Cycles. Amer. Math. Soc., 2000.
[Gra 75]	Gray B. Homotopy Theory. Academic Press, 1975.
[Gra 76]	Grayson D. Higher K Theory II. LNM, 551. Springer, 1976: 217-240.
[Gra 95]	Grayson D. Adams Operation on Higher K-theory. K-Theory, 1992, 6(2): 97-111.
[GG 05]	Green M, Griffiths P. On the Tangent Space to the Space of Algebraic Cycles on a Smooth Algebraic Variety. Annals of Mathematics Studies. Princeton University press, 2005.
[Gre 74]	Greenberg R. On p-adic L functions and cyclotomic fields. Nagoya Math. J., 1974, 56: 61-77.
[Gre 89]	Greenberg R. Iwasawa theory for p-adic representations// Algebraic Number Theory, in honor of K. Iwasawa, Adv. Studies in Pure Math. 17. Academic Press, 1989: 97-137.
[Gre 91]	Greenberg R. Iwasawa theory for motives// L Functions and Arithmetic. London Math Soc Lecture Notes, 1991, 153: 211-233.
[Gri 68]	Griffiths P. Some results on algebraic cycles on algebraic manifolds// Proceedings of the International Conference on Algebraic Geometry, Tata Institute (Bombay). Oxford University Press, 1968: 93-191.
[Gri 681]	Griffiths P. Periods of integrals on algebraic manifolds, I. Construction and properties of the modular varieties. Amer. J. Math., 1968, 90: 568-626; II. Local study of the period mapping. Amer. J. Math., 1968, 90: 805-865; III, Some global differential-geometric properties of the period mapping. Inst. Hautes Etudes Sci. Publ. Math. No., 1970, 38: 125-180.
[Gri 69]	Griffiths P. On the periods of certain rational integrals. I, II. Ann. of Math., 1969, 90: 460-495, 496-541.
[GS 73]	Griffiths P, Schmid W. Recent developments in Hodge theory//Discrete Subgroups of Lie Groups and Application to Moduli, Tata Conference. Oxford University Press, 1973: 31-127.
[GH 78]	Griffiths P, Harris J. Principles of Algebraic Geometry. Wiley, 1978.

[GZ 86]   Gross B H, Zagier D B. Heegner points and derivatives of L-series. Invent. Math., 1986, 84: 225-320.

[Gro 56]   Grothendieck A. Fondements de la Géométric Algébrique. FGA Sém. Bourbaki, 149,182,190, 212, 221, 232, 236.

[Gro 571] Grothendieck A. Sur la classification des fibres holomorphes sur la sphere de Riemann. Amer. J. Math., 1957, 79: 121-138.

[Gro 572] Grothendieck A. Sur quelques points d'algebre homologique. Tôhoku Math. J., 1957, 9(2): 119-221.

[Gro 58]   Grothendieck A. Sur quelques propriétés fondamentales en théorie des intersections, Seminaire C. Chevalley 3: anneaux de Chow et applications, Secre'tariat mathematique, Paris, 1958.

[Gro 581] Grothendieck A. La theorie des classes de Chern. Bull. Soc. Math. France., 1958, 86: 137-154.

[Gro 582] Grothendieck A. Technique de Descente et Théorèmes D'existence en Géométrie Algébriques. II. Le Théorème D'existence en Théorie Formelle des Modules. 1958-1960.

[Gro 583] Grothendieck A. The cohomology theory of abstract algebraic varieties. Edinburgh: Proc. Int. Cong. Math., 1958: 103-118.

[GD 60]   Grothendieck A, Dieudonné J. Eléments de Géométrie Algébrique. Publ. Math. IHES., [EGA I] 4; [EGA II] 8 ; [EGA III] 11,17; [EGA IV]20, 24, 28, 32.

[Gro 600] Grothendieck A, et al. Séminaire de Géométric Algébrique. Springer Lect. Notes Math., [SGA 1] 224; [SGA 3] 151, 152, 153; [SGA 4] 269,270,305; [SGA $4\frac{1}{2}$] 569 [SGA 5] 569; [SGA 6] 225; [SGA 7] 288, 340.

[Gro 60]   Grothendieck A. Techniques de construction en géométrie analytique. IV. Formalisme général des foncteurs représentables, 1960-1961.

[Gro 66]   Grothendieck A. On the de Rham cohomology of algebraic varieties. Publ. Math. IHES., 1966, 29: 95-103.

[Gro 68]   Grothendieck A. Standard Conjectures on Algebraic Cycles//Algebraic Geometry (Internat. Colloq., Tata Inst. Fund. Res., Bombay, 1968). Oxford University Press, 193-199.

[Gro 682] Grothendieck A. Classes de Chern et representations lineaires des groupes discrets//Dix Exposes sur la Cohomologie des Schemas. North-Holland, 1968: 215-305.

[Gro 71]   Grothendieck A, Berthelot P, Illusie L. Théorie des Intersections et Théoréme de Riemann-Roch (SGA 6). Lecture Notes in Math., 225. Springer, 1971.

[Gro 711] Grothdendieck A. Classes de faisceaux et theoreme de Riemann-Roch. SGA 6 Expose0, SLN, 1971, 225: 1-77.

[GS 04]   Goerss P, Schemmerhorn K. Model Categories and Simplicial Methods. Notes

	from Lectures Given at the University of Chicago, 2004.
[Guo 07]	Guo X J. A remark on K_2O_F of the rings of integers of totally real number fields. Comm. Algebra., 2007, 35: 2889-2893.
[HO 89]	Hahn A, O'Meara O. The Classical Groups and K-Theory. Springer, 1989.
[HLR 86]	Harder G, Langlands R P, Rapopor M. Algebraische zyklen auf hilbertblumenthal Flächen. J. Reine Angew. Math., 1986, 366: 53-120.
[Har 11]	Harder G. Lectures on Algebraic Geometry, I, II. Aspects of Mathematics, Springer, 2011.
[HS 75]	Harris B, Segal G. K_i groups of rings of algebraic integers. Ann. of Math., 1975, 101: 20-33.
[Har 66]	Hartshorne R. Residues and duality. Lecture Notes in Math., 20. Springer, 1966.
[Har 76]	Hartshorne R. On the de Rham cohomology of algebraic varieties. Publ. Math. IHES, 1976, 45: 5-99.
[Har 77]	Hartshorne R. Algebraic Geometry. Springer, 1977.
[Hat 02]	Hatcher A. Algebraic Topology. Cambridge University Press, 2002.
[Hat 09]	Hatcher A. Vector bundles and K-theory. preprint 2009.
[Hec 28]	Hecke E. Bestimmung der Perioden gewisser Integrate durch die Theorie der Klassenkörper. Math. Zeitschr., 1928, 28: 708-727.
[Hel 65]	Heller A. Some exact sequences in algebraic K-theory. Topology, 1965, 3: 389-408.
[HM 03]	Hesselholt L, Madsen I. On the K-theory of local fields. Ann. of Math., 2003, 158: 1-113.
[Hid 81]	Hida H. Congruences of cusp forms and special values of their zeta functions. Inv. Math., 1981, 63: 225-261.
[Hid 86]	Hida H. Galois representations into $GL_2(\mathbb{Z}_p[[X]])$ attached to ordinary cusp forms. Inv. Math., 1986, 85: 545-613.
[HR 00]	Higson N, Roe J. Analytic K-Homology. Oxford, 2000.
[Hil 81]	Hiller H. λ-rings and algebraic K-theory. J. Pure App. Alg., 1981, 20: 241-266.
[HS 71]	Hilton P, Stammbach U. A Course in Homological Algebra. Springer, 1971.
[HS 85]	Hinich V, Shechtman V. Geometry of a category of complexes and algebraic K-theory. Duke Math J., 1985, 52: 399-430.
[Hir 64]	Hironaka H. Resolution of singularities of an algebraic variety over a field of characteristic zero. Ann. of Math., 1964, (2)79: 109-326.
[Hirs 03]	Hirschhorn P. Model Categories and Their Localization. Amer. Math. Soc., 2003.
[Hir 66]	Hirzebruch F. Topological Methods in Algebraic Geometry. Springer, 1966.
[HHR 16]	Hill M, Hopkins M, Ravenel D. On the nonexistence of elements of Kervaire

	invariant one. Ann. of Math., 2016, 184(1): 1-262.
[HP 47]	Hodge W V D, Pedoe D. Methods of Algebraic Geometry. Cambridge University Press, 1947.
[Hod 50]	Hodge W V D. The topological invariants of algebraic varieties. //Proceedings ICM 1950. Amer. Math. Soc., 1952: 181-192.
[Hov 99]	Hovey M. Model Categories. Amer. Math. Soc., 1999.
[HSS 99]	Hovey M, Shipley B, Smith J. Symmetric spectra. JAMS, 1999, 13: 149-208.
[HK 03]	Huber A, Kings G. Bloch-Kato conjecture and Main conjecture for Iwasawa theory for Dirichlet characters. Duke Math. J., 2003, 119: 393-464.
[Hus 94]	Husemoller D. Fibre Bundles. Springer, 1994.
[ILO 08]	Illusie L, Lazslo Y, Orgogozo F. Travaux de Gabber sur l'uniformisation locale et la cohomologie etale des schemas quasi-excellents. Seminaire a l'Ecole polytechnique 2006-2008. arXiv:1207.3648, (2008).
[Ive 86]	Iversen B. Cohomology of Sheaves. Springer, 1986.
[Iwa 69]	Iwasawa K. On P-adic L-function. Ann. of Math., 1969, 89: 198-205.
[Iwa 73]	Iwasawa K. On $\mathbb{Z}_\ell$-extensions of algebraic number fields. Ann. of Math., 1973, 98: 246-326.
[Jan 90]	Jannsen U. Mixed Motives and Algebraic K-Theory. Lecture Notes in Math., 1400. Spring, 1990.
[Jan 92]	Jannsen U. Motives, numerical equivalence and semi-simplicity. Inv. Math., 1992, 107: 447-452.
[Jan 00]	Jannsen U. Equivalence relations on algebraic cycles//The Arithmetic and Geometry of Algebraic Cycles, Banff 1998. Kluwer Acad. Publisher, 2000: 225-260.
[JKS 94]	Jannsen U, Kleiman S, Serre J P. Motives. Proceedings Symposia Pure Mathematics. 55. Amer. Math. Soc., 1994.
[Jar 871]	Jardine J F. Simplicial presheaves. J. Pure Applied Algebra, 1987, 47: 35-87.
[Jar 872]	Jardine J F. Stable homotopy theory of simplicial presheaves. Can. J. Math., 1987, 39(3): 733-747.
[Jar 97]	Jardine J F. Generalized Etale Cohomology. Birkhauser, 1997.
[Jech 06]	Jech T. Set Theory. Springer, 2006.
[JL 09]	Jeu R D, Lewis J. Algebraic Cycles and Motives. Amer. Math. Soc., 2009.
[Jos 93]	Joshua R. Riemann-Roch for weakly-equivariant D-modules II. Math. Z., 1993, 214(2): 297-324.
[Jos 02]	Joshua R. Intersection Theory on algebraic stacks, I, II. K-Theory, 2002, 27: 134-195, 197-244.
[Jos 03]	Joshua R. Riemann-Roch for algebraic stacks: I. Compositio Math., 2003, 136(2): 117-169.

[Jos 10]　　Joshua R. *K*-theory and absolute cohomology for algebraic stacks. preprint (2010).

[Jou 73]　　Jouanolou J P. Une Suite Exacte de Mayer-Vietoris en *K*-Theorie Algebrique. Lecture Notes in Math., 341. Springer, 1973: 293-316.

[Jou 77]　　Jouanolou J P. Cohomologie de quelque schemas classiques et theorie cohomologique des classes de Chern. SGA 5 Exp VII, SLN, 1977, 589: 282-350.

[Kal 80]　　van der Kallen W. Homology stability for linear groups. Inv. Math., 1980, 60: 269-295.

[Kan 57]　　Kan D M. On the homotopy relation for c.s.s. maps. Bol. Soc. Mat. Mex., 1957, 2: 75-81.

[Kan 581]　Kan D M. On homotopy theory and CSS groups. Ann. of Math., 1958, 68: 38-53.

[Kan 58]　　Kan D M. Adjoint functors. Trans. AMS., 1958, 87: 294-329.

[Kan 582]　Kan D M. Functors involving c.s.s. complexes. Transactions of the American Mathematical Society, 1958, 87: 330-346.

[Kan 63]　　Kan D M. Semisimplicial spectra. Illinois J. Math., 1963, 7: 463-478.

[KW 65]　　Kan D M, Whitehead G W. Orientability and poincaré duality in general homology theory. Topology, 1965, 3(3): 231-270.

[Kana 05]　Kanamori A. The Higher Infinite: Large Cardinals in Set Theory from Their Beginnings. Springer, 2005.

[Kar 78]　　Karoubi M. *K*-Theory. Springer, 1978.

[KS 90]　　Kashiwara M, Schapira P. Sheaves on Manifolds. Springer, 1990.

[Kat 79]　　Kato K. A generalization of local class field theory by using K group, I, II. J. Fac. Sci. Univ. Tokyo Sect. 1A, Math., 1979, 26: 303-376; 1980, 27: 603-683.

[Kat 87]　　Kato K. On p-adic vanishing cycles. Advanced Studies in Pure Mathematics, 1987, 10: 207-251.

[Kat 91]　　Kato K. The explicit reciprocity law and the cohomology of Fontaine-Messing. Bull. Soc. Math. France., 1991, 119: 397-441.

[KM 92]　　Kato K, Messing W. Syntomic cohomology and p-adic etale cohomology. Tohoku Math. J., 1992, 44: 1-9.

[Kat 93]　　Kato K. Iwasawa theory and p-adic Hodge theory. Kodai Math. J., 1993, 16: 1-31.

[Kat 931]　Kato K. Lectures on the Approach to Iwasawa Theory for Hasse-Weil L-functions via B_{dR} I. Lecture Notes in Math., 1553. Springer, 1993: 50-163.

[Kat 94]　　Kato K. Semi-stable reduction and p-adic etale cohomology. Asterisque, 1994, 223: 221-268.

[KT 03]　　Kato K, Trihan F. On the conjectures of Birch and Swinnerton-Dyer in characteristic $p > 0$. Invent. Math., 2003, 153: 537-592.

[Kat 04]　　Kato K. P-adic Hodge theory and values of zeta functions of modular forms. Asterisque, 2004, 295: 117-290.

[KU 08]　　Kato K, Usui S. Classifying Spaces of Degenerating Polarized Hodge Structures (AM-169). Annals of Mathematics Studies. Princeton University Press, 2008.

[Kel 90]　　Keller B. Chain complexes and stable categories. Manuscripta Math., 1990, 67(4): 379-417.

[KP 16]　　Kerr M, Pearlstein G. Recent Advances in Hodge Theory: Period Domains, Algebraic Cycles, and Arithmetic. London Mathematical Society Lecture Note Series. Cambridge University Press, 2016.

[Ker 70]　　Kervaire M. Multiplicateurs de Schur et K-théorie//Essays on Topology and Related Topics (Memoires dédiés à Georges de Rham). Springer, 1970: 212-225.

[KW 09]　　Khare C, Wintenberger J-P. Serre's modularity conjecture. Inventiones Mathematicae, 2009, 178(3): 485-586.

[King 01]　　King G. The Tamagawa number conjecture for CM elliptic curves. Inven. Math., 2001, 143: 571-627.

[King 03]　　King G. The Bloch-Kato conjecture on special values of L functions-a survey of known results. J. de théorie des nombres de bordeaux, 2003, 15: 179-198.

[King 11]　　King G. The equivariant Tamagawa number conjecture and the Birch-Swinnerton-Dyer conjecture for elliptic curves//Arithmetic of L-function, IAS/Park City math Series, 18. Amer. Math. Soc., 2011.

[Kin 71]　　King J. The currents defined by analytic varieties. Acta Math., 1971, 127: 185-220.

[Kis 09]　　Kisin M. The Fontaine-Mazur conjecture for GL(2). JAMS, 2009, 22(3): 641-690.

[Kle 68]　　Kleiman S. Algebraic cycles and the Weil conjectures//Dix Expose sur la Cohomology. North Holland, 1968.

[Kle 70]　　Kleiman S. Motives in Algebraic Geometry, Oslo 1970 (ed. F. Oort). Groningen: Walters-Noordhoff, 1972: 53-82.

[KM 76]　　Knudsen F, Mumford D. The projectivity of the moduli space of stable curves I: Preliminaries on 'det' and 'Div'. Math. Scand., 1976, 39: 19-55.

[Knu 73]　　Knudsen F. λ Rings and the Representation Theory of the Symmetric Group. LNM. 308. Springer, 1973.

[Knu 02]　　Knudsen F. Determinant functors on exact categories and their extensions to categories of bounded complexes. Mich. Math. J., 2002, 50: 407-444.

[KN 69]　　Kobayashi S, Nomizu K. Foundations of Differential Geometry, 2. Wiley, 1969.

[Kod 60]　　Kodaira K. On compact analytic surfaces, I, II, III. Ann. of Math., 1960, 71: 111-152, 1963, 77: 563-626, 1963, 78: 1-40.

[KM 71]	Kodaira K, Morrow J. Complex Manifolds. Holt, Rinehart and Winston, 1971.
[Kol 15]	Kolster M. The Norm Residue Theorem and the Quillen-Lichtenbaum Conjecture//Coates J, ed. The Bloch-Kato Conjecture for the Riemann Zeta Function. Cambridge University Press, 2015.
[KT 06]	Kono A, Tamaki D. Generalized Cohomology. Amer. Math. Soc., 2006.
[KZ 01]	Kontsevich M, Zagier D. Periods, IHES preprint, 2001.
[Kot 88]	Kottwitz R. Tamagawa numbers. Ann. of Math., 1988, 127: 629-646.
[Kra 80]	Kratzer C. λ structure en K-théorie algebrique. Comment. Math. Helvetici, 1980, 55: 233-254.
[Kue 12]	Kuessner T. Locally symmetric spaces and K-theory of number fields. Algebraic & Geometric Topology, 2012, 12: 155-213.
[Kum 83]	Murty V K. Algebraic cycles on abelian surfacs. Duke Math. J., 1983, 50: 487-504.
[Lai 85]	Lai K F. Algebraic cycles on compact Shimura surfacs. Math. Zeit., 1985: 593-602.
[LV 07]	Lai K F (黎景辉), Vostokov S V. The Kneser relation and the Hilbert pairing in multidimensional local field. Math. Nachrichten, 2007, 280(16): 1-18.
[LB 15]	Lakshmibai V, Brown J. The Grassmannian Variety: Geometric and Representation-Theoretic Aspects. Springer, 2015.
[Lam 68]	Lam T Y. Induction theorems for Grothendieck groups and Whitehead groups of finite groups. Ann. scientif. ENS., 1968, 1: 91-148.
[Lam 91]	Lam T Y. A First Course in Noncommutative Rings. Springer, 1991.
[Lam 99]	Lam T Y. Lectures on Modules and Rings. Springer, 1999.
[Lam 10]	Lam T Y. Serre's Problem on Projective Modules. Springer, 2006.
[Lamo 68]	Lamotke K. Semisimplizial Algebraische Topologie. Springer, 1968.
[Lan 13]	Lan K-W. Arithmetic Compactifications of PEL Type shimura Varieties. Princeton University Press, 2013.
[Land 91]	Landsberg S. K-theory and patching for categories of complexes. Duke Math J., 1991, 62: 359-384.
[Lan 59]	Lang S. Abelian Varieties. Interscience, 1959 and Springer Verlag, 1983.
[Lan 86]	Lang S. Algebraic Number Theory. Springer, 1986.
[Lan 90]	Lang S. Cyclotomic Fields. Springer, 1990.
[Lan 96]	Lang S. Topics in Cohomology of Groups. Lecture Notes in Math. 1625. Springer, 1996.
[Lan 70]	Langlands R P. Problems in the Theory of Automorphic Forms to Salomon Bochner in Gratitude. Lectures in Modern Analysis and Applications III. Lecture Notes in Math. 170. Springer, 1970: 18-61.
[Lan 73]	Langlands R P. Modular forms and l-adic representations//Modular functions

of one variable II. Lecture Notes in Math., 349. Springer 1973: 361-500.

[Lan 79] Langlands R P. Automorphic representations, motives, and Shimura varieties. Ein Märchen. Ams Proc. Sympo. Pure Math., 1979, 33(2): 205-246.

[LR 87] Langlands R P, Rapoport M. Shimuravarietäten und Gerben. J. für die reine und angewandte Mathematik 378, 1987.

[LMB 00] Laumon G, Moret-Bailly L. Champs Algébriques. Springer, 2000.

[LS 75] Lascu A T, Scott D B. An algebraic correspondence with applications to blowing up Chern classes. Ann. Di. Mat., 1975, 102: 1-36.

[Lec 98] Lecomte F. Opérations d'Adams en K-théorie algébrique. K-Theory, 1998, 13: 179-207.

[Lei 04] Leinster T. Higher Operads, Higher Categories. Cambridge University Press, 2004.

[LeS 07] Stum B L. Rigid Cohomology. Cambridge University Press, 2007.

[Leu 58] Leung K T. Die Multiplizitaten in der algebraischen Geometrie. Math. Ann, 1958, 135: 170-188.

[Lev 98] Levine M. Mixed Motives. Amer. Math. Soc., 1998.

[LMS 86] Lewis L, May P, Steinberger M. Equivariant Stable Homotopy Theory. Lecture Notes in Math. 1213. Springer, 1986.

[Lew 91] Lewis L G. Is there a convenient category of spectra? Journal of Pure And Applied Algebra, 1991, 73: 233-246.

[LL 87] Li F A, Liu M L. A generalized sandwhich theorem. K-Theory, 1987, 1: 171-183.

[Lic 72] Lichtenbaum S. On the values of zeta and L-function: I. Ann. of Math., 1972, 96: 338-360.

[Lic 73] Lichtenbaum S. Values of Zeta Function, étale Cohomology and Algebraic K-Theory. Lecture Notes in Math., 342. Springer, 1973: 489-501.

[Lic 84] Lichtenbaum S. Values of zeta-functions at nonnegative integers// Number theory, Noordwijkerhout. Lecture Notes in Math., 1068. Springer, 1984: 127-138.

[LH 09] Lipman J, Hashimoto M. Foundations of Grothendieck Duality for Diagrams of Schemes. Lecture Notes in Math., 1960. Springer, 2009.

[Lod 76] Loday J L. K-théorie algebrique et representations de groupes. Ann. Scient. Ec. Norm. Sup., 1976, 9: 309-377.

[Lod 98] Loday J L. Cyclic Homology. Grundlehren der mathematischen Wissenschaften. 301. Springer, 1998.

[LB 12] Loday J L, Bruno V. Algebraic Operads. Grundlehren der Mathematischen Wissenschaften. 346. Springer, 2012.

[LW 69] Lundell A T, Weingram S. The Topology of CW Complexes. Van Nostrand,

	1969.
[Lur 09]	Lurie J. Higher Topos Theory. Princeton University Press, 2009.
[Lur 15]	Lurie J. Higher Algebra. Harvard, 2015.
[Mac 63]	Mac Lane S. Homology. Springer, 1963.
[Mac 78]	Mac Lane S. Categories for the Working Mathematician. Springer, 1978.
[MP 89]	Makkai M, Pare R. Accessible Categories. Contemporary Math. 104. Amer. Math. Soc., 1989.
[Man 68]	Manin Yu I. Correspondences, motifs and monoidal transformations. Mathematics of the USSR-Sbornik, 1968, 6(4): 439-470.
[Man 72]	Manin Yu I. Parabolic points and zeta functions of modular curves. Izv. Akad. Nauk. SSSR, Ser. Mat., 1972, 36: 19-66.
[Mat 76]	Mather M. Pull-backs in homotopy theory. Canad. J. Math., 1976, 28(2): 225-263.
[May 67]	May J P. Simplicial Objects in Algebraic Topology. Van Nostrand, 1967.
[May 72]	May J P. The Geometry of Iterated Loop Spaces. Lecture Notes in Math., 271. Springer, 1972.
[May 74]	May J P. E_∞ spaces, group completions, and permutative categories//New Developments in Topology. London Mathematical Society Lecture Note Series, 11, 1974: 61-94.
[May 77l]	May J P. E_∞ Ring Spaces and E_∞ Ring Spectra. Lecture Notes in Math., 577. Springer, 1977.
[May 77]	May J P. Infinite loop space theory. Bull. Am. Math. Soc., 1977, 83: 456-494.
[MT 78]	May J P, Thomason R. The uniqueness of infinite loop space machines. Topology, 1978, 17: 205-224.
[May 79]	May J P. Infinite loop space theory revisited//Algebraic Topology Waterloo. Lecture Notes in Math. 741, Springer, 1979: 625-642.
[May 80]	May J P. Pairings of categories and spectra. J. Pure and Applied Algebra. 1980, 19: 299-348.
[May 99]	May J P. A Concise Course in Algebraic Topology. University of Chicago Press, 1999.
[May 09]	May J P. What precisely are E_∞ ring spaces and E_∞ ring spectra. Geometry & Topology Monographs, 2009, 16: 215-282.
[MP 12]	May J P, Ponto K. More Concise Algebraic Topology. University of Chicago Press, 2012.
[Maz 73]	Mazur B. Notes on the étale cohomology of number fields. Ann. scient. Ec. Norm. Sup. 6, 1973: 521-552.
[Maz 77]	Mazur B. Modular curves and the Eisenstein ideal. Inst. Hautes Etudes Sci. Publ. Math., 1977, 47: 33-186.

[MW 84] Mazur B, Wiles A. Class fields of abelian extensions of Q. Invent. Math., 1984, 76(2): 179-330.

[Maz 89] Mazur B. Deforming Galois representations//Ihara Y, Ribet K, Serre J-P, ed. Galois Groups Over ℚ MSRI Pub. 16. Heidelberg. Springer- Verlag, 1989: 385-437.

[Maz 04] Mazur B. What is a motive?. Notices AMS, 2004, 51: 1214-1216.

[MR 87] McConnell J, Robson J. Noncommutative Noetherian Rings. Amer. Math. Soc., 1987.

[Meb 89] Mebkhout Z. Le formalisme des six opérations de Grothendieck pour les D_X modules cohérents. Herman, 1989.

[Mil 80] Milne J. Etale Cohomology. Princeton University Press, 1980.

[Mil 86] Milne J. Arithmetic Duality Theorems. Academic Press, 1986.

[Mil 09] Milne J. Motives-Grothendieck's dream. Milne 网页 (2009).

[Mil 56] Milnor J. On the construction of universal bundles, II. Annals of Math., 1956, 63: 430-436.

[Mil 57] Milnor J. The geometric realization of a semi-simplicial complex. Ann. of Math., 1957, (2)65: 357-362.

[Mil 71] Milnor J. Introduction to Algebraic K-Theory. Princeton University Press, 1971.

[MS 74] Milnor J. Stasfeff, Characteristic classes. Princeton University Press, 1974.

[Moe 95] Moerdijk I. Classifying Spaces and Classifying Topoi. Lecture Notes in Math. 1616. Springer, 1995.

[MV99] Morel F, Voevodsky V. A^1-homotopy theory of schemes. Publ. Math. IHES., 1999, 90: 45-143.

[Muk 12] Mukai S. An Introduction to Invariants and Moduli. Cambridge University Press, 2012.

[Mum 66] Mumford D. Families of Abelian varieties. Proc. Symp. Pure Math., 9, 347-351 1966.

[Mum 69] Mumford D. Rational equivalence of 0-cycles on surfaces. J. Math. Kyoto Univ., 1969, 9: 195-204.

[Mum 74] Mumford D. Abelian Varieties. Hindustan Book Agency, 1974.

[Mum 76] Mumford D. Algebraic Geometry I-Complex Projective Varieties. Springer, 1976.

[MRTA 75] Mumford D, Rapoport M, Tai Y-S, et al. Smooth Compactification of Locally Symmetric Varieties. Math. Sci. Press, 1975.

[Mun 66] Munkres J. Elementary Differential Topology. revised edition. Annals of Mathematics Studies 54. Princeton University Press, 1966.

[MTW] Muro F, Tonks A, Witte M. On determinant functors and K-theory.

	arXiv:1006.5399v1 [math.KT] (2010).
[Mur 93]	Murre J P. Algebraic Cycles and Algebraic Aspects of Cohomology and K-theory. Torino, 1993.
[Mur 931]	Murre J P. On a conjectural filtration on the Chow groups of an algebraic variety. Indag. math., 1993, 4: 177-188.
[Mur 04]	Murre J P. Lecture on Motives. Transcendental Aspects of Algebraic Cycles. London Mathematical Society Lecture Note Series, 313. Cambridge University Press, 2004: 123-170.
[NP 07]	Nagel J, Peters C. Algebraic Cycles and Motives. London Mathematical Society Lecture Note Series. Cambridge University Press, 2007.
[Nee 01]	Neeman A. Triangulated categories//Annals of Mathematics Studies, 148. Princeton University Press, 2001.
[Nee 05]	Neeman A. The K-Theory of Triangulated Categories. Handbook of K-Theory. Springer, 2005: 1011-1078.
[Nek 06]	Nekovar J. Selmer Complexes. Asterisques, 310. Soc. Math France, 2006.
[NS 90]	Nesterenko Y, Suslin A. Homology of the general linear group over a local ring, and Milnor's K-theory. Math. USSR-Izv., 1990, 34(1): 121-145.
[Neu 99]	Neukirch J. Algebraic Number Theory. Springer, 1999.
[NSW 08]	Neukirch J, Schmidt A, Wingberg K. Cohomology of Number Fields. Springer, 2008.
[Nic 14]	Nickel A. Integrality of Stickelberger elements and the equivariant Tamagawa number conjecture. J. Reine Angew. Math., 2014, 719(2016): 101-132.
[OTT 85]	O'Brian N, Toledo D, Tong Y. A Grothendieck-Riemann-Roch formula for maps of complex manifolds. Math. Ann., 1985, 271(4): 493-526.
[Ols 16]	Olsson M. Algebraic Spaces and Stacks. Amer. Math. Soc., 2016.
[Ono 65]	Ono T. On the relative theory of Tamagawa numbers. Ann. of Math., 1965, 82: 88-111.
[Pap 07]	Pappas G. Integral Grothendieck-Riemann-Roch theorem. Invent. Math., 2007, 170(3): 455-481.
[Pas 04]	Passman D. A Course in Ring Theory. AMS Chelsea Publishing, 2004.
[PS 08]	Peters C, Steenbrink J. Mixed Hodge Structures. Springer, 2008.
[Poh 68]	Pohlmann H. Algebraic cycles on abelian varieties of complex multiplication type. Ann. of Math., 1968, 88: 161-180.
[Por 81]	Porteus I. Topological Geometry. Cambridge University Press, 1981.
[PS 88]	Pressley A, Segal G. Loop Groups. Oxford Press, 1988.
[Qin 01]	Qin H R. Tame kernels and Tate kernels of quadratic number fields. J. Reine Angew. Math., 2001, 530: 105-144.
[Qin 16]	Qin H R. Anomalous primes of the elliptic curve $E_D : y^2 = x^3 + D$. Proc.

Lond. Math. Soc., 2016, 112(2): 415-453.

[QG 07] Qin H R, Guo X. The 3-adic regulators and wild kernels. Journal of Algebra. 2007, 312(1):418-425.

[QJ 13] Qin H R, Ji Q Z. Iwasawa theory for $K_{2n}(\mathcal{O}_F)$. J. K-Theory, 2013, 12(1): 115-123.

[Qui 67] Quillen D. Homotopical Algebra. Lecture Notes in Math., 43. Springer, 1967.

[Qui 68] Quillen D. The geometric realization of a Kan fibration is a Serre fibration. Proc. AMS., 1968, 19: 1499-1500.

[Qui 69] Quillen D. Rational homotopy theory. Ann. of Math., 1969, 90: 205-295.

[Qui 72] Quillen D. On the cohomology and K-theory for the general linear group over a finite field. Ann. of Math., 1972, 96: 552-586.

[Qui 73] Quillen D. Higher Algebraic K-theory: I. Lecture Notes in Math., 341. Springer, 1973: 85-147.

[Qui 732] Quillen D. Finite Generation of the Groups K_i of Rings of Algebraic Integers. Lecture Notes in Math., 341. Springer, 1973: 179-198.

[Qui 76] Quillen D. Projective modules over polynomial rings. Invent. Math., 1976, 36: 167-171.

[Qui 85] Quillen D. Determinants of Cauchy-Riemann operators over a Riemann surface. Funk. Analiz. i ego., 1985, 19: 37-41.

[Ran 93] Ran Z. Derivatives of moduli. Intern. Math. Res. Notices., 1993(4): 93-106.

[Ran 00] Ran Z. Canonical infinitesimal deformations. J. Alg. Geometry., 2000, 9(1): 43-69.

[RSS 88] Rapoport M, Schneider P, Schappacher N. Beilinson's Conjectures on Special Values of L-functions. Academic Press, 1988.

[RZ 96] Rapoport M, Zink T. Period Spaces for P-Divisible Groups. Annals of Mathematics Studies. Princeton University Press, 1996.

[Ray 68] Raynaud M. Caractéristique d'Euler Poincaré d'un faisceau et cohomologie des variétés abéliennes. Dix exposes sur la cohomologie des schemas. Masson, 1968.

[Rib 76] Ribet K. A modular construction of unramified p-extensions of $\mathbb{Q}(\mu_p)$. Invent. Math., 1976, 34(3): 151-162.

[Rio 13] Riou J. La conjecture de Bloch-Kato (d'apres Rost et Voevodsky). Sem. Bourbaki, 2013.

[Rha 84] Rham G D. Differentiable Manifolds, Springer, 1984.

[Rie 14] Riehl E. Categorical Homotopy Theory. Cambridge University Press, 2014.

[Rob 72] Roberts J. Chow's moving lemma//Algebraic Geometry Oslo Conference 1970, Wolters-Noordhoff, 1972: 89-96.

[RW 00] Rognes J, Weibel C. Two primary algebraic K-theory of rings of integers in

	number fields. JAMS., 2000, 13: 1-54.
[Ros 95]	Rosenberg J. Algebraic K-Theory and Its Applications. Springer, 1995.
[RO 03]	Rosenschon A, Østvær P. K-theory of curves over number fields. Journal of Pure and Applied Algebra, 2003, 178: 307-333.
[Row 88]	Rowen L. Ring Theory, I, II. Academic Press, 1988.
[Rub 90]	Rubin K. The Main Conjecture. Lang, Cyclotomic Fields. Springer, 1990: 397-420.
[Rud 73]	Rudin W. Functional Analysis. McGraw-Hill, 1973.
[Saa 72]	Saavedra S. Categories Tannakiennes. Lecture Notes in Math., 265. Springer, 1972.
[Sam 51]	Samuel P. La notion de multiplicite en algebra et en geometrie algebrique. J. Math. Pures Appl., 1951, 30: 159-274.
[Sam 55]	Samuel P. Methodes d'Algebre Abstraite en Geometrie Algebrique. Springer, 1955.
[Sam 56]	Samuel P. Rational equivalence of arbitrary cycles. Am. J. Math., 1956, 78: 383-400.
[Sam 58]	Samuel P. Relations d'équivalence en geometrie algebrique. Proc. Int. Congr. Math., Edinburgh, 1958: 470-487.
[Sch 88]	Schechtman V. On the delooping of Chern characters and Adams operations//Manin Y, ed K-Theory, Arithmetic and Geometry. Lecture Notes in Math., 1289. Springer, 1988: 265-319.
[Sch 11]	Schlichting M. Higher algebraic K theory// Topics in Algebraic and Topological K-Theory. Lecture Notes in Math., 2008. Springer, 2011: 167-241.
[Sch 89]	Scholl A. On modular units. Math. Ann., 1989, 285: 503-510.
[Sch 90]	Scholl A. Motives for modular forms. Inventiones Math., 1990, 100: 419-430.
[Sch 94]	Scholl A. Classical motives//Motives. Proc. Sympos. Pure Math., 55 Part 1. Amer. Math. Soc., 1994: 163-187.
[Sch 72]	Schubert H. Categories. Springer, 1972.
[Sch 66]	Schwartz L. Theorie Des Distributions. Hermann, 1966.
[SS 02]	Schwede S, Shipley B. A uniqueness theorem for stable homotopy theory. Math. Z., 2002, 239(4): 803-828.
[SS 03]	Schwede S, Shipley B. Equivalences of monoidal model categories. Algebr. Geom. Topol., 2003, 3: 287-334.
[Seg 68]	Segal G. Classifying spaces and spectral sequences. Inst. Hautes Etudes Sci. Publ. Math., 1968: 105-112.
[Seg 74]	Segal G. Categories and cohomology theories. Topology, 1974, 13: 293-312.
[Ser 56]	Serre J-P. Geometrie algébrique et geometrie analytique. Ann. Inst. Fourier, 1956, 6: 1-42.

[Ser 65]   Serre J P. Algebre Locale Multiplicites. Lecture Notes in Math., 11. Springer, 1965.

[Ser 68]   Serre J P. Groupes de Grothendieck des schémas en groupes déployés. Publ. Math. IHES., 1968, 4: 37-52.

[Ser 69]   Serre J P. Facteurs locaux des fonctions zêta des variétés algébriques. Sém. Delange Pisot Poitou exp., 1969, 19.

[Ser 77]   Serre J P. Representations l-adiques//Iyanaga S. Algebraic Number Theory (International Symposium, Kyoto 1976). Japanese Society for the Promotion of Science, 1977.

[Ser 771]   Serre J P. Linear Representations of Finite Groups. Springer, 1977.

[Ser 79]   Serre J P. Local Fields. Translated from the French by Marvin Jay Greenberg. Springer-Verlag, 1979.

[Ser 87]   Serre J P. Sur les representations modulaires de degre 2 de $\mathrm{Gal}(\overline{\mathbb{Q}}/\mathbb{Q})$. Duke Mathematical Journal, 1987, 54 (1): 179-230.

[Ser 94]   Serre J P. Proprietes conjecturales des groupes de Galois motiviques et des representations ℓ-adiques//Motives. Proc. Symposia Pure Math., 55, Part 1. Amer. Math. Soc., 1994: 377-400.

[Ser 97]   Serre J P. Galois Cohomology. Translated from the French by Patrick Ion. Springer-Verlag, 1997.

[Ser 11]   Serre J P. Lectures on $N_X(p)$. Research Notes in Mathematics. CRC Press, 2011.

[SS 79]   Shimada N, Shimakawa K. Delooping symmetric monoidal categories. Hiroshima Math. J., 1979, 9: 627-645.

[Shi 73]   Shimura G. On the factors of the jacobian variety of a modular function field. J. Math. Soc. Japan., 1973, 25: 523-544.

[Shi 76]   Shimura G. The special values of the zeta functions assoicaited with cusps forms. Comm. Pure Appl. Math., 1976, 29: 783-804.

[Shi 77]   Shimura G. On the derivatives of theta functions and modular forms. Duke Math. J., 1977, 44: 365-387.

[Shi 771]   Shimura G. On the periods of modular forms. Math. Ann., 1977, 229: 211-221.

[Shi 78]   Shimura G. On some problems of algebraicity. Proceed. ICM, 1978: 373-379.

[Shi 79]   Shimura G. Automorphic forms and the periods of abelian varieties. J. Math. Soc. Japan., 1979, 31: 561-592.

[Shi 98]   Shimura G. Abelian Varieties with Complex Multiplications and Modular Functions. Princeton University Press, 1998.

[Siu 73]   Man K S. Unitary Whitehead group of cyclic groups. BULL AMS, 1973, 79: 92-95.

[Sil 86]   Silverman J. The Arithmetic of Elliptic Curves. Springer, 1986.

[Sna 02] Snaith V. Algebraic K-Groups as Galois Modules. Birkhauser, 2002.

[Sou 79] Soulé C. K-théorie des anneaux d'entiers du corps de nombres et cohomologie étale. Inven. Math., 1979, 55: 251-295.

[Sou 84] Soulé C. Groupes de Chow et K-théorie de variétés sur un corps fini. Math. Ann., 1984, 268: 317-345.

[Sou 85] Soulé C, Opérations en K théorie algébrique. Can. J. Math., 1985, 37: 488-550.

[Sou 845] Soulé C. Regulateurs, Sem. Bourbaki, 1984-1985, exp. 644, 237-253.

[Spa 66] Spanier E. Algebraic Topology. McGraw Hill, 1966.

[Spr 98] Springer T. Linear Algebraic Groups. Birkhauser, 1998.

[Sri 95] Srinivas V. Algebraic K-Theory. Birkhauser, 1995.

[Ste 51] Steenrod N. Topology of Fibre Bundles. Princeton, 1951.

[Stei 68] Steinberg R. Lectures on Chevalley groups. Dept. of Mathematics. Yale University, 1968.

[Sto 03] Stopple J. Stark conjectures for CM elliptic curves over number field. J. Number Theory, 2003, 103: 163-196.

[Str 72] Street R. Two constructions on lax functors. Cahiers de Topologie et Geometric Differentielle, 1972, 13: 217-264.

[Sus 82] Suslin A. Stability in Algebraic K-theory//Algebraic K-Theory. Springer, 1982.

[Sus 83] Suslin A. On the K-theory of algebraically closed fields. Invent. Math., 1983, 73: 241-245.

[Sus 84] Suslin A. Homology of GL_n, characteristic classes and Milnor K-theory. Springer Lect Notes Math., 1984, 1046: 357-375.

[Sus 841] Suslin A. On the K-theory of local fields. Journal of Pure and Applied Algebra, 1984, 34: 301-318.

[Sus 87] Suslin A. Algebraic K-theory of fields. Proc. Berkeley ICM, 1. Amer. Math. Soc., 1987: 222-244.

[SV 76] Suslin A, Vaserstein L. Serre's problem on projective modules over polynomial rings and algebraic K-theory. Mathematics of USSR-Izvestija, 1976, 10: 937-1001.

[SW 92] Suslin A, Wodzicki M. Excision in algebraic K-theory. Ann. of Math., 1992, 136: 51-122.

[Swa 60] Swan R G. Induced representations and projective modules. Ann. of Math., 1960, 71: 552-578.

[Swa 68] Swan R G. Algebraic K-Theory. Lecture Notes in Math., 76. Springer, 1968.

[Swa 71] Swan R G. A splitting principle in algebraic K-theory. AMS Proc. Symp. Pure Math., 1971, 21: 155-159.

[Swa 89] Swan R G. Zero cycles on quadric hypersurfaces. Proc. AMS, 1989, 107: 43-46.

[Swi 75]   Switzer R M. Algebraic Topology–Homology and Homotopy. Springer-Verlag, 1975.

[Tat 65]   Tate J. Algebraic cycles and poles of zeta functions//Schilling O F G. Arithmetical Algebraic Geometry. Harper and Row, 1965.

[Tat 76]   Tate J. Relations between K_2 and Galois cohomology. Inventiones Math., 1976, 36: 257-274.

[Tat 01]   Tate J. Galois Cohomology//Conrad B, Rubin K, ed. Arithmetic Algebraic Geometry. IAS/Park City Mathematics Series, 9. American Mathematics Society and IAS/Park City Mathematics Institute, USA, 2001.

[Tha 88]   Thaine F. On the ideal class groups of real abelian number fields. Ann. of Math., 1988, 128(1): 1-18.

[Tho 79]   Thomason R W. Homotopy colimits in the category of small categories. Math. Proc. Camb. Phil. Soc., 1979, 85: 91-109.

[Tho 791] Thomason R W. Uniqueness of delooping machines. Duke Math. J., 1979, 46: 217-252.

[Tho 80]   Thomason R W. Beware the phony multiplication on Quillen's $A^{-1}A$. Proc. Amer. Math. Soc., 1980, 80: 569-573.

[Tho 82]   Thomason R W. First quadrant spectral sequences in algebraic K-theory via homotopy colimits. Communications in Algebra. 1982, 10(15): 1589-1666.

[Tho 85]   Thomason R W. Algebraic K-theory and etale cohomology. Ann. Scient. Ec. Norm. Sup. (Paris), 1985, 118: 437-552.

[Tho 86]   Thomason R W. Lefschetz-Riemann-Roch theorem and coherent trace formula. Invent. Math., 1986, 85(3): 515-543.

[Tho 90]   Thomason R W, Trobaugh T. Higher algebraic K-theory of schemes and of derived categories//The Grothendieck Festschrift III. Progress in Math., 88. Birkhauser, 1990: 247-435.

[Toe 99]   Toen B. K Théorie et Cohomologie des Champs Algébriques. Docteur These Toulouse, 1999, arXiv:math.AG/9908097v2.

[Toe 991] Toen B. Theoremes de Riemann-Roch pour les champs de Deligne-Mumford. K-Theory, 1999, 18: 33-76.

[Toe 09]   Toen B. Anneaux de Grothendieck des n-champs d'Artin. arXiv:math/0509098v3[math.AG].

[TT 76]   Toledo D, Tong Y L. A paramatrix for $\bar{\partial}$ and Riemann-Roch in Cech theory. Topology, 1976, 15: 273-302.

[Tot 92]   Totaro B. Milnor K-theory is the simplest part of algebraic K-theory. K-Theory, 1992, 6(2): 177-189.

[Tsu 99]   Tsuji T. P-adic etale cohomology and crystalline cohomology in the semi-stable reduction case. Invent. Math., 1999, 137: 233-411.

[Ver 76]	Verdier J L. Le theoreme de Riemann-Roch pour les intersections completes. Asterisque, 1976, 36-37: 189-228.
[Voe 98]	Voevodsky V. A^1-homotopy theory//Proceedings of the International Congress of Mathematicians, Vol. I (Berlin, 1998), pp. 579-604, (1998).
[VSF 00]	Voevodsky V, Suslin A, Friedlander E. Cycles, Transfers, and Motivic Homology Theories. Annals of Mathematics Studies, 143. Princeton University Press, 2000.
[Voe 02]	Voevodsky V. Motivic cohomology groups are isomorphic to higher Chow groups in any characteristic. Int. Math. Res. Not., 2002, (7): 351-355.
[Voe 03]	Voevodsky V. Motivic cohomology with Z/2-coefficients. Publ. Math. IHES., 2003, 98: 59-104.
[Voe 07]	Voevodsky V, et al. Motivic Homotopy Theory. Springer, 2007.
[Voe 11]	Voevodsky V. On motivic cohomology with Z/l-coefficients. Ann. of Math., 2011, 174: 401-438.
[Vog 73]	Vogt R. Homotopy limits and colimits. Math. Zeit., 1973, 134: 11-52.
[Voi 02]	Voisin C. Hodge Theory and Complex Algebraic Geometry I, II. Cambridge University Press, 2002.
[Vos 78]	Vostokov S. Explicit form of the law of reciprocity. Eng in Math USSR-Izvest, 1979, 13(13): 557.
[Wae 27]	van der Waerden B L. Der Multiplizitatsbegriff der algebraischen Geometrie. Math. Ann., 97 (1927).
[Wae 39]	van der Waerden B L. Einführung in Die Algebraische Geometrie. Springer, 1939.
[Wal 78]	Waldhausen F. Algebraic K-theory of generalized free products. Ann. of Math., 1978, 108: 135-256.
[Wal 85]	Waldhausen F. Algebraic K-theory of Spaces. Lecture Notes in Math., 1126. Springer, 1985.
[Wel 73]	Jr R O W. Differential Analysis on Complex Manifolds. Prenticw Hall, 1973.
[WY 92]	Weibel C, Yao D. Localization for the K-theory of noncommutative tings. Contemporary Math. 126. Amer. Math, Soc., 1992: 219-230.
[Wei 94]	Weibel C A. An Introduction to Homological Algebra. Cambridge University Press, 1994.
[Wei 13]	Weibel C A. The K-book. Amer. Math. Soc. Graduate Studies in Mathematics 145, 2013.
[Wei 46]	Weil A. Foundations of Algebraic Geometry. Colloquium Publ. , Amer. Math. Soc., 1946.
[Wei 48]	Weil A. Variétés Abéliennes et Courbes Algébriques. Hermann, 1948.
[Wei 82]	Weil A. Adeles and Algebraic Group. Birkhauser, 1982.

[Wei 84]	Weil A. Number Theory: An Approach Through History from Hammurapi to Legendre. Birkhäuser, 1984.
[Wei 91]	Weil A. Basic Number Theory. Springer, 1991.
[WhiJ 40]	Whitehead J H C. On C^1-Complexes. Ann. of Math. Second Series, 1940, 41(4): 809-824.
[WhiJ 49]	Whitehead J H C. Combinatorial homotopy I. Bull. Amer. Math. Soc., 1949, 55: 213-245.
[Whi 78]	Whitehead G. Elements of Homotopy Theory. GTM 61. Springer-Verlag, 1978.
[Wil 80]	Wiles A. Modular curves and the class group of $\mathbb{Q}(\zeta_p)$. Invent. Math., 1980, 58(1): 1-35.
[Wil 95]	Wiles A. Modular elliptic curves and fermat's last theorem. Ann. of Math., 1995, 141: 443-551.
[Xi 13]	Xi C C. Higher algebraic K-theory and D-split sequences. Math. Zeitschrift, 2013, 273: 1025-1052.
[Xu 07]	Xu K J. On the elements of prime power order in K_2 of a number field. Acta Arith., 2007, 127(2): 199-203.
[XuS 17]	Xu K J, Sun C C. On tame kernels and second regulators of number fields and their subfields. Journal of Number Theory, 2017, 171: 252-274.
[Yos 03]	Yoshida H. Absolute CM-Periods. Amer. Math. Soc., 2003.
[You 01]	You H. Computation of K_2 of ring of integers of quadratic imaginary fields. Sci. China Ser A., 2001, 44: 846-855.

《现代数学基础丛书》已出版书目

（按出版时间排序）

1. 数理逻辑基础（上册） 1981.1 胡世华 陆钟万 著
2. 紧黎曼曲面引论 1981.3 伍鸿熙 吕以辇 陈志华 著
3. 组合论（上册） 1981.10 柯召 魏万迪 著
4. 数理统计引论 1981.11 陈希孺 著
5. 多元统计分析引论 1982.6 张尧庭 方开泰 著
6. 概率论基础 1982.8 严士健 王隽骧 刘秀芳 著
7. 数理逻辑基础（下册） 1982.8 胡世华 陆钟万 著
8. 有限群构造（上册） 1982.11 张远达 著
9. 有限群构造（下册） 1982.12 张远达 著
10. 环与代数 1983.3 刘绍学 著
11. 测度论基础 1983.9 朱成熹 著
12. 分析概率论 1984.4 胡迪鹤 著
13. 巴拿赫空间引论 1984.8 定光桂 著
14. 微分方程定性理论 1985.5 张芷芬 丁同仁 黄文灶 董镇喜 著
15. 傅里叶积分算子理论及其应用 1985.9 仇庆久等 编
16. 辛几何引论 1986.3 J.柯歇尔 邹异明 著
17. 概率论基础和随机过程 1986.6 王寿仁 著
18. 算子代数 1986.6 李炳仁 著
19. 线性偏微分算子引论（上册） 1986.8 齐民友 著
20. 实用微分几何引论 1986.11 苏步青等 著
21. 微分动力系统原理 1987.2 张筑生 著
22. 线性代数群表示导论（上册） 1987.2 曹锡华等 著
23. 模型论基础 1987.8 王世强 著
24. 递归论 1987.11 莫绍揆 著
25. 有限群导引（上册） 1987.12 徐明曜 著
26. 组合论（下册） 1987.12 柯召 魏万迪 著
27. 拟共形映射及其在黎曼曲论中的应用 1988.1 李忠 著
28. 代数体函数与常微分方程 1988.2 何育赞 著
29. 同调代数 1988.2 周伯壎 著

30	近代调和分析方法及其应用	1988.6 韩永生 著
31	带有时滞的动力系统的稳定性	1989.10 秦元勋等 编著
32	代数拓扑与示性类	1989.11 马德森著 吴英青 段海鲍译
33	非线性发展方程	1989.12 李大潜 陈韵梅 著
34	反应扩散方程引论	1990.2 叶其孝等 著
35	仿微分算子引论	1990.2 陈恕行等 编
36	公理集合论导引	1991.1 张锦文 著
37	解析数论基础	1991.2 潘承洞等 著
38	拓扑群引论	1991.3 黎景辉 冯绪宁 著
39	二阶椭圆型方程与椭圆型方程组	1991.4 陈亚浙 吴兰成 著
40	黎曼曲面	1991.4 吕以辇 张学莲 著
41	线性偏微分算子引论(下册)	1992.1 齐民友 许超江 编著
42	复变函数逼近论	1992.3 沈燮昌 著
43	Banach 代数	1992.11 李炳仁 著
44	随机点过程及其应用	1992.12 邓永录等 著
45	丢番图逼近引论	1993.4 朱尧辰等 著
46	线性微分方程的非线性扰动	1994.2 徐登洲 马如云 著
47	广义哈密顿系统理论及其应用	1994.12 李继彬 赵晓华 刘正荣 著
48	线性整数规划的数学基础	1995.2 马仲蕃 著
49	单复变函数论中的几个论题	1995.8 庄圻泰 著
50	复解析动力系统	1995.10 吕以辇 著
51	组合矩阵论	1996.3 柳柏濂 著
52	Banach 空间中的非线性逼近理论	1997.5 徐士英 李 冲 杨文善 著
53	有限典型群子空间轨道生成的格	1997.6 万哲先 霍元极 著
54	实分析导论	1998.2 丁传松等 著
55	对称性分岔理论基础	1998.3 唐 云 著
56	Gel'fond-Baker 方法在丢番图方程中的应用	1998.10 乐茂华 著
57	半群的 S-系理论	1999.2 刘仲奎 著
58	有限群导引(下册)	1999.5 徐明曜等 著
59	随机模型的密度演化方法	1999.6 史定华 著
60	非线性偏微分复方程	1999.6 闻国椿 著
61	复合算子理论	1999.8 徐宪民 著
62	离散鞅及其应用	1999.9 史及民 编著
63	调和分析及其在偏微分方程中的应用	1999.10 苗长兴 著

64	惯性流形与近似惯性流形 2000.1	戴正德 郭柏灵 著
65	数学规划导论 2000.6	徐增堃 著
66	拓扑空间中的反例 2000.6	汪 林 杨富春 编著
67	拓扑空间论 2000.7	高国士 著
68	非经典数理逻辑与近似推理 2000.9	王国俊 著
69	序半群引论 2001.1	谢祥云 著
70	动力系统的定性与分支理论 2001.2	罗定军 张 祥 董梅芳 编著
71	随机分析学基础(第二版) 2001.3	黄志远 著
72	非线性动力系统分析引论 2001.9	盛昭瀚 马军海 著
73	高斯过程的样本轨道性质 2001.11	林正炎 陆传荣 张立新 著
74	数组合地图论 2001.11	刘彦佩 著
75	光滑映射的奇点理论 2002.1	李养成 著
76	动力系统的周期解与分支理论 2002.4	韩茂安 著
77	神经动力学模型方法和应用 2002.4	阮炯 顾凡及 蔡志杰 编著
78	同调论——代数拓扑之一 2002.7	沈信耀 著
79	金兹堡-朗道方程 2002.8	郭柏灵等 著
80	排队论基础 2002.10	孙荣恒 李建平 著
81	算子代数上线性映射引论 2002.12	侯晋川 崔建莲 著
82	微分方法中的变分方法 2003.2	陆文端 著
83	周期小波及其应用 2003.3	彭思龙 李登峰 谌秋辉 著
84	集值分析 2003.8	李 雷 吴从炘 著
85	数理逻辑引论与归结原理 2003.8	王国俊 著
86	强偏差定理与分析方法 2003.8	刘 文 著
87	椭圆与抛物型方程引论 2003.9	伍卓群 尹景学 王春朋 著
88	有限典型群子空间轨道生成的格(第二版) 2003.10	万哲先 霍元极 著
89	调和分析及其在偏微分方程中的应用(第二版) 2004.3	苗长兴 著
90	稳定性和单纯性理论 2004.6	史念东 著
91	发展方程数值计算方法 2004.6	黄明游 编著
92	传染病动力学的数学建模与研究 2004.8	马知恩 周义仓 王稳地 靳 祯 著
93	模李超代数 2004.9	张永正 刘文德 著
94	巴拿赫空间中算子广义逆理论及其应用 2005.1	王玉文 著
95	巴拿赫空间结构和算子理想 2005.3	钟怀杰 著
96	脉冲微分系统引论 2005.3	傅希林 闫宝强 刘衍胜 著
97	代数学中的 Frobenius 结构 2005.7	汪明义 著

编号	书名	出版时间	作者
98	生存数据统计分析	2005.12	王启华 著
99	数理逻辑引论与归结原理(第二版)	2006.3	王国俊 著
100	数据包络分析	2006.3	魏权龄 著
101	代数群引论	2006.9	黎景辉 陈志杰 赵春来 著
102	矩阵结合方案	2006.9	王仰贤 霍元极 麻常利 著
103	椭圆曲线公钥密码导引	2006.10	祝跃飞 张亚娟 著
104	椭圆与超椭圆曲线公钥密码的理论与实现	2006.12	王学理 裴定一 著
105	散乱数据拟合的模型方法和理论	2007.1	吴宗敏 著
106	非线性演化方程的稳定性与分歧	2007.4	马天 汪守宏 著
107	正规族理论及其应用	2007.4	顾永兴 庞学诚 方明亮 著
108	组合网络理论	2007.5	徐俊明 著
109	矩阵的半张量积:理论与应用	2007.5	程代展 齐洪胜 著
110	鞅与 Banach 空间几何学	2007.5	刘培德 著
111	非线性常微分方程边值问题	2007.6	葛渭高 著
112	戴维-斯特瓦尔松方程	2007.5	戴正德 蒋慕蓉 李栋龙 著
113	广义哈密顿系统理论及其应用	2007.7	李继彬 赵晓华 刘正荣 著
114	Adams 谱序列和球面稳定同伦群	2007.7	林金坤 著
115	矩阵理论及其应用	2007.8	陈公宁 著
116	集值随机过程引论	2007.8	张文修 李寿梅 汪振鹏 高勇 著
117	偏微分方程的调和分析方法	2008.1	苗长兴 张波 著
118	拓扑动力系统概论	2008.1	叶向东 黄文 邵松 著
119	线性微分方程的非线性扰动(第二版)	2008.3	徐登洲 马如云 著
120	数组合地图论(第二版)	2008.3	刘彦佩 著
121	半群的 S-系理论(第二版)	2008.3	刘仲奎 乔虎生 著
122	巴拿赫空间引论(第二版)	2008.4	定光桂 著
123	拓扑空间论(第二版)	2008.4	高国士 著
124	非经典数理逻辑与近似推理(第二版)	2008.5	王国俊 著
125	非参数蒙特卡罗检验及其应用	2008.8	朱力行 许王莉 著
126	Camassa-Holm 方程	2008.8	郭柏灵 田立新 杨灵娥 殷朝阳 著
127	环与代数(第二版)	2009.1	刘绍学 郭晋云 朱彬 韩阳 著
128	泛函微分方程的相空间理论及应用	2009.4	王克 范猛 著
129	概率论基础(第二版)	2009.8	严士健 王隽骧 刘秀芳 著
130	自相似集的结构	2010.1	周作领 瞿成勤 朱智伟 著
131	现代统计研究基础	2010.3	王启华 史宁中 耿直 主编

132 图的可嵌入性理论(第二版) 2010.3 刘彦佩 著
133 非线性波动方程的现代方法(第二版) 2010.4 苗长兴 著
134 算子代数与非交换 L_p 空间引论 2010.5 许全华 吐尔德别克 陈泽乾 著
135 非线性椭圆型方程 2010.7 王明新 著
136 流形拓扑学 2010.8 马 天 著
137 局部域上的调和分析与分形分析及其应用 2011.6 苏维宜 著
138 Zakharov 方程及其孤立波解 2011.6 郭柏灵 甘在会 张景军 著
139 反应扩散方程引论(第二版) 2011.9 叶其孝 李正元 王明新 吴雅萍 著
140 代数模型论引论 2011.10 史念东 著
141 拓扑动力系统——从拓扑方法到遍历理论方法 2011.12 周作领 尹建东 许绍元 著
142 Littlewood-Paley 理论及其在流体动力学方程中的应用 2012.3 苗长兴 吴家宏 章志飞 著
143 有约束条件的统计推断及其应用 2012.3 王金德 著
144 混沌、Mel'nikov 方法及新发展 2012.6 李继彬 陈凤娟 著
145 现代统计模型 2012.6 薛留根 著
146 金融数学引论 2012.7 严加安 著
147 零过多数据的统计分析及其应用 2013.1 解锋昌 韦博成 林金官 编著
148 分形分析引论 2013.6 胡家信 著
149 索伯列夫空间导论 2013.8 陈国旺 编著
150 广义估计方程估计方法 2013.8 周 勇 著
151 统计质量控制图理论与方法 2013.8 王兆军 邹长亮 李忠华 著
152 有限群初步 2014.1 徐明曜 著
153 拓扑群引论(第二版) 2014.3 黎景辉 冯绪宁 著
154 现代非参数统计 2015.1 薛留根 著
155 三角范畴与导出范畴 2015.5 章 璞 著
156 线性算子的谱分析(第二版) 2015.6 孙 炯 王 忠 王万义 编著
157 双周期弹性断裂理论 2015.6 李 星 路见可 著
158 电磁流体动力学方程与奇异摄动理论 2015.8 王 术 冯跃红 著
159 算法数论(第二版) 2015.9 裴定一 祝跃飞 编著
160 偏微分方程现代理论引论 2016.1 崔尚斌 著
161 有限集上的映射与动态过程——矩阵半张量积方法 2015.11 程代展 齐洪胜 贺风华 著
162 现代测量误差模型 2016.3 李高荣 张 君 冯三营 著
163 偏微分方程引论 2016.3 韩丕功 刘朝霞 著
164 半导体偏微分方程引论 2016.4 张凯军 胡海丰 著
165 散乱数据拟合的模型、方法和理论(第二版) 2016.6 吴宗敏 著

166	交换代数与同调代数(第二版) 2016.12	李克正 著
167	Lipschitz 边界上的奇异积分与 Fourier 理论 2017.3	钱 涛 李澎涛 著
168	有限 p 群构造(上册) 2017.5	张勤海 安立坚 著
169	有限 p 群构造(下册) 2017.5	张勤海 安立坚 著
170	自然边界积分方法及其应用 2017.6	余德浩 著
171	非线性高阶发展方程 2017.6	陈国旺 陈翔英 著
172	数理逻辑导引 2017.9	冯 琦 编著
173	简明李群 2017.12	孟道骥 史毅茜 著
174	代数 K 理论 2018.6	黎景辉 著